SECOND EDITION

（第二版）

发展心理学

林崇德 著

DEVELOPMENTAL PSYCHOLOGY

浙江教育出版社 · 杭州

DEVELOPMENTAL PSYCHOLOGY

再版前言

我的由东华书局与浙江教育出版社出版的独立专著《发展心理学》写于1995年，其写作的缘起、目的、过程及其所遇的感受，我都在自序中做了一一倾吐。

该书出版已二十多年了，二十多年来，我拜读过一些书评，也获悉此书在海峡两岸的影响。因为该书先由我国台湾东华书局出版，在21世纪前10年与张春兴先生多次通话中，他告诉我，台湾不少师范院校把它当作师范生的参考书；我国台湾教育家高震东先生曾把此书推荐给其创建的忠信高专的学生作为阅读的图书，因此该书在台湾的发行量不低。在大陆，发行的是浙江教育出版社的简体字版本。我知道，一些师范院校把它与我主编的人民教育出版社出版的《发展心理学》一起列为高校心理专业发展心理学的教材或教学参考书。此书拥有一批对我十分信任的读者，在2016年一次由我弟子主持的论坛上，一位来自北京大学的嘉宾，竟然手举此书上讲台，大谈此书对人生发展的启迪。

尽管我坚持当年撰著自己的《发展心理学》的各种理论，但毕竟该书第一版出版至今已有五分之一世纪了。发展心理学逐渐走向发展科学，并产生不少毕生发展的新理论，即使我自己所提出的观点，也需要更新支持的实验资料。于是我于2017年初夏开始，着手修订该书。由于年事已高，杂事缠身，工作效率极低，迟迟见不到成果，于是只好连2017年10月在阜外心血管医院住院期间，还带着此书原版本在上面做修补工作。直至2017年底我赴杭州开会时才将修订完的书稿交给浙江教育出版社。

感谢我的弟子周宗奎与朱丽二位教授，为该书的研究资料更新做了大量艰苦的工作；感谢我的弟子贾绪计博士，为该书最后参考资料的定稿所付出的艰辛。我更要感谢浙江教育出版社周俊总编，是他的重视再版，一次次商议催促，甚至来北京登寒舍访问探讨该书重版事宜；责任编辑江雷积极工作，并不厌其烦地接受我过分的意见。所有这些，使老朽深为感动。

我期待着自己的《发展心理学》修订版与原版一样受读者的欢迎。

林崇德

2018年4月于北京师范大学发展心理研究院

自 序

素有“东海明珠”之称的浙东沿海重镇——石浦镇，是一个近年来台湾渔民在大陆的主要避风港。那里有我刻骨难忘的童年嬉戏的伙伴、年近八旬的慈母，以及养育我的富沃土地和浩瀚大海。

作为母亲的骨肉，是母亲给予我厚道的心性、勤奋的品质；作为大海的儿子，是大海赋予我博大的胸怀、坚毅的性格；作为中华儿女的一员，是中华民族的乳汁哺育我成长，教育我成人，培养我成为1949年后中国的第一个“教育科学博士”。对此，我心怀感激并扪心自问：作为一个书生，一个渔家的后代，我能贡献给大地和母亲什么呢？窃以为我选择的职业是最好的回答！

我所从事的职业——教师，是世上“最伟大而神圣的事业”，是“春蚕到死丝方尽”的奉献。教书育人之余，我倾一己之精力研究个体一生心理发展的特点和规律。穷三十多年教学与科研之学术生涯，探索个体从受精卵开始到出生、成熟、衰老的生命全程中心理发生、发展的特点和规律，乐在其中！我犹如乘一艘快艇在人类生命长河中急驶，有时顺水而下，有时逆水而上；有时晴空万里、一帆风顺，有时浊浪滔天、雷电交加。穿梭往返其中，孜孜不倦地寻觅着生命全程中心理变化的奥秘：

我曾投入嗷嗷待哺的婴儿的研究中，为优生、优育、优教唱过赞歌；

我曾走到幼儿园小天使的中间，为《早期智力开发哆来咪》电视剧创作脚本；

我喜欢背起书包上学去的儿童，为发展小学生心理能力做过系统的研究；

我与中学生交过十多年的朋友，为青少年的智力发展和品德成长提出己见；

我和青年朋友朝夕相处，曾为他们的成长付出了艰辛的劳动，业已培养了15名发展心理学博士、43名硕士，其中大部分晋升为教授、副教授；

我本人属于中年人，从自己的切身体验中，经常为减轻中年人沉重的负担而摇旗呐喊；

我尊重、体贴老年人，并为自己即将步入老年期而感骄傲，也为自己面临老化衰退而生惋惜。

一言以蔽之，揭示个体毕生心理发展的特点和规律，目的在于为提高中华民族乃至全人类的人口素质贡献自己的一分力量。此乐何极！

从20世纪60年代开始，我师承发展心理学泰斗朱智贤教授（1908—1991），终于如愿以偿成为他忠诚的及门弟子。朱智贤教授对我影响极深。我非常赞同恩师将发展心理学的研究对象概括为“研究人类心理发展的规律和人类各年龄阶段的心理特征”的观点（1962，1979）。这里所谓研究的“规律”，实际上是对人类发展原理的探讨，而研究“各年龄阶段的心理特征”则主要是对心理发展各时期特点的揭示。在本书的写作过程中，我把全书十章分为两个部分，前两章是研究发展原理，并评价诸多心理学派关于心理发展规律的理论；后八章则系统地论述个体心理各个发展时期的特征。当然，发展心理学研究发展心理的原理和研究各年龄阶段的心理特征是相互交叉的，在本书中，这种思想亦一以贯之。例如，前两章也涉及各年龄阶段心理特征的问题，后八章在讨论每个年龄阶段心理发展的特征时，也做了一定的理论阐述。这样的体例安排，在国际发展心理学界是常见的，而对我来说，却是刻意安排，因为这体现了朱智贤教授和我的学术思想。

在发展心理学研究中，我主张将基础研究和应用研究相结合，理论和实践相结合。在我自己发展心理学的研究生涯中，一方面，我从事基础理论的研究，建立了多媒体认知发展实验室，主持十余项各种基础的重大课题，并将研究的成果撰写成论著，与朱智贤教授合著的《思维发展心理学》（1986）一书，在国内外学术界获得了一定的声誉；另一方面，我重视中小学教育的应用研究，将自己的思维发展理论应用于提高教育质量上去，并在全国26个省份建立了实验点，在国内外教育界颇有影响，拙著《学习与发展》（1992）和《教育与发展》（1998）正是这方面成果的结晶。发展心理学的基础研究和应用研究并重，二者缺一不可。

校阅案头的《发展心理学》书稿清样，我感慨良多：一介书生无扭转乾坤之功，一个渔家后代无丰衣足食之力，一个学者却应有唤起民众良知、提高民族素质之责任，展示最佳发展道路之设计。衷心希望拙作在这方面尽力、尽责、尽忠，这也是我的写作初衷之一。

此外，我之所以能在东华书局和浙江教育出版社出版《发展心理学》，论述自己对人类心理毕生发展的看法，这应该感谢我的良师益友——台湾师范大学张春兴教授。张先生长我14岁，按国际心理学界的惯例，十至二十年算一代人，张先生是我的师长辈。然而他出于对我的信任，于1992年8月与张师母周慧强教授前来大陆，亲自向我约稿，使我十分感动，从此我俩建立了深厚的忘年交情。多年来，我亲眼看到张先生为“世纪心理学丛书”所付出的心血与艰辛。“世纪心理学丛书”的出版对未来中国心理科学的发展，意义是十分重大的。我不敢对自己参与写作的“世纪心理学丛书”做评价，但我敢说，在中国心理学界，20世纪之内再要出这样质量的一套心理学丛书不是太容易。我想成果是对张先生最好的回报。台湾东华书局负责人卓鑫淼先生是中国出版界德高望重的老前辈，张春兴教授向我介绍，卓先生出生于浙江省宁波市，长于上海。作为晚辈，我也是在上海长大的宁波人，这算是缘分吧。我为卓先生鼎力资助由繁、简两种字体在海峡两岸发行“世纪心理学丛书”一事而感激不已，他在两岸文化学术交流方面所做的贡献，我想两岸文化学界的同仁都不会忘记的。东华书局和浙江教育出版社编辑们的学识令人深深地敬佩，特别是对书稿质量精益求精的做法，使我难以忘怀。我将永远记住这些未见过面的、甘为无名英雄的朋友。同时，在我成书的三年多时间里，曾碰到种种困难，而家庭的支持是克服困难的最大力量。内子曹承慧副教授是我相濡以沫的贤内助，我的每一次成功，都有她过半的功劳。小儿林众、儿媳瑞琴也为我的书稿打字校对付出艰辛劳动。在我写作过程中，我的贤棣们为我提供了大量的材料，特别是董奇、申继亮、俞国良、白学军和辛涛五位博士更令我倍感师道之乐。谨此一并敬表谢意。

林崇德谨识

1998年4月于北京师范大学

目 录

第一章　绪论

（本章内容细目）

所谓**发展**（development），有多种含义。一般人们理解为泛指某种事物的增长、变化和进步。在此含义上，它与**生长**（growth）为同一语。但严格意义上，发展尤指一种持续的系列变化，特别是有机体在整个生命期的持续变化，这种变化可能是由于遗传因素，也可能是环境或学习的结果，这种变化既可是量变也可是质变。而生长通常用于生理方面，对人类来说，生长是从卵子受精开始，直至个体或组织衰亡为止的持续过程。发展与生长两个术语既有联系又有区别。**成熟**（maturation）比前两者更为复杂，它有两层含义，其一为生理的成熟，即身体上各种器官的形态、结构和机能臻至完备状态，生长即告停止；其二为心理成熟，包括智能的成熟、情绪的成熟和社会性的成熟三个方面。简言之，成熟是指随年龄的增长自然而然出现的个体身心的成长与变化，成熟排除了练习和经验。一般来说，成熟不但确定个体发展的最大限度，同时也决定个体学习的效果和速度。但生理成熟和心理成熟并不完全一致，这就形成了个体发展的复杂性和多样性。

人的发展指的是人类身心的生长和变化，如同一条蜿蜒的长河，时而会激起奔腾的波涛，时而会静静地流逝着。人的发展也会有起有伏，有激流勇进，有平静流淌；循环往复，循规变化。人从出生后，随着年龄的增长，心理和生理由简单到复杂，由低级到高级，由旧质到新质不断地变化。不同年龄阶段有不同的生理和心理特点。生理发展是心理发展的物质基础，在一定程度上制约着心理发展，但生理发展不是心理发展的唯一决定因素。个体的发展除了依靠生理结构机能外，更重要的是受到社会生活条件的制约。人的心理发展作为人类发展的一个重要部分，从种系心理的演变，到个体心理的变化过程，构成了发展心理学的研究领域。

本章主要探讨的是发展心理学的几个基本理论问题：

1. 发展心理学的概念及其研究内容。
2. 种系心理发展与个体心理发展的特点，两者的联系与区别。
3. 从儿童心理学到发展心理学的演变历史。
4. 发展心理学的中国化问题。
5. 发展心理学的方法学和具体研究方法。
6. 发展心理学的进展与今后展望。

第一节　发展心理学的界说

“发展心理学”一词，是在儿童心理学的基础上产生的。虽然心理学家对儿童心理学和发展心理学的看法不尽相同，但有一点是共同的，即不论是儿童心理学还是发展心理学，都是研究人的发展。

一、心理学与发展心理学

心理学（psychology）不仅是一门认识世界的科学，也是一门了解、预测和调节人的心理活动与行为的科学，对改造客观世界和主观世界具有重大意义。随着社会和科学的发展，心理学研究与应用的范围也日益扩展，形成了诸多分支学科。发展心理学就是心理学的一个分支，在心理学的大家庭中发挥着重要作用。

（一）心理学

心理学是研究心理活动和行为表现的一门科学。在英文中心理学“psychology”一词来源于希腊文，意思是关于灵魂的科学。随着科学的发展，心理学研究对象由**灵魂**（soul）改变为**心灵**（mind）；心理学是对心灵的研究，亦可称**心灵哲学**（philosophy of mind）。19世纪初叶，德国哲学家、教育学家赫尔巴特（Johann Friedrich Herbart，1776—1841）首次提出心理学是一门独立的科学之说。1879年，德国心理学家冯特（Wilhelm Wundt，1832—1920）在莱比锡创立了世界上第一个心理学实验室，宣告心理学脱离哲学而成为独立的实验科学，并培养和建立了一支国际心理学专业队伍。因此，在心理学发展史上，冯特被确认为近代科学心理学的创始人。

人在实践活动和生活活动中，与周围环境发生交互作用，必然会产生种种主观活动和行为表现。这就是人的心理活动，或称为心理。具体地讲，外界事物或体内的变化作用于人的机体或感官，经过神经系统和大脑的**信息加工**（information processing），引起人对周围事物的感觉和知觉，并注意环境变化，记忆发生过的事件，思考各类不同的问题，想象未来情景，这种感觉、知觉、注意、记忆、思维（思考）和想象等心理活动，就是人的**认知**（cognition）或**认识**（knowing）过程。人们对周围环境的体验有喜、怒、哀、乐、爱、恶、惧等，这是人的情感过程。人们根据既定目的，克服困难，做出努力，并通过行为去处理和改变客观的现实，这是人的意志过程。这三个过程，简称知、情、意，是人的心理过程。同时，对待某个事件，不同的人会表现出不同的能力、气质、性格、兴趣、动机和价值观等，这种差异既与各人的先天素质有关，也与其后天的经验和学习有关。这就是**人格**（或**个性**）（personality）。人的心理现象，就是针对人的心理过程和人格（或个性）而言的。

与物理现象不同，心理现象不具形体，不能直接观察得到，这就构成了心理科学的特殊性。正如台湾师范大学心理学教授张春兴提出的："心理学是超科学的科学。"（张春兴，1991）因此，在进行心理学研究时，人们首先把注意力集中于人的外表**行为**（behavior）活动上。心理活动，不仅来源于客观现实，来源于实践活动，还能通过其外部行为活动，主要由动作和言语表现出来。第一，人的行为活动很明显地要受到心理活动的支配和调节。外部行为是人的心理活动的直接表现，而认知、情感、意志等心理过程及整个人格（或个性）对行为又有很大的影响。第二，人是有意识的高等动物，人的心理非常复杂，人们可以有意识地掩饰自己的某些心理活动，甚至表现出一些与内心不符合的外部假象，说出一些与心理事实不相符合的话语。因此，当我们根据直接观察到的行为去分析人的某种心理活动时，必须非常谨慎。第三，人的心理的复杂性与外表行为的多变性，并不能使心理活动成为神秘莫测、不可捉摸、无法研究的东西。心理现象由外界事物和体内变化引起，总会在行为活动上有所表现，而且也是有规律可循的，即使直接表现受到掩盖，它也会间接地在其他方面有所流露。因此通过较长时间、全面系统的观察或借助于仪器分析，我们仍然可以对一个人的心理有所了解。

（二）发展心理学

心理现象的复杂性，使无数心理学家众说纷纭，因而形成了许多派别。由于争议的结果趋于求同存异，各家合理思想的保留，才使心理学在一百余年内获得了迅速的发展。

心理现象的复杂性，也使得心理学家们从不同的方面展开跨学科和多学科的探讨。心理学既与生物科学、技术科学相结合，又与社会科学、人文科学相结合，这种特点使心理学成为兼具自然科学和社会科学两种属性的边缘科学、中间科学、模糊科学，即超科学的科学。心理现象的复杂性，又使大多数心理学家往往从一个侧面去深入研究，使心理学研究范围广阔，分支众多。

心理学尽管分支繁杂，但仍可从两个角度予以分析，一是从其性质上分门别类，一是从应用上分门别类。如果把心理活动分成不同层次，在不同水平上加以研究，心理学可以有实验心理学、生理心理学、发展心理学、认知心理学、人格心理学、社会心理学、理论心理学等。如果把心理学按其应用范围加以研究，心理学可以有教育心理学、临床心理学、工业心理学、商业心理学、医学心理学、法律心理学、军事心理学等。普通心理学则是概论性的基础理论的心理学。由此可见，发展心理学是心理学的一个分支。

发展心理学（developmental psychology）是研究个体从受精卵开始到出生、成熟、衰老的**生命全程**（life-span）中，心理发生、发展的特点和规律；简言之，就是研究个体毕生心理发展的特点和规律。人的身心在生命进程中表现出量和质两方面的变化，且与年龄有密切的联系；其间既表现出连续性又表现出发展的阶段性，因而形成**年龄特征**（age characteristics）。发展心理学正是要研究各种心理活动的年龄特征。具体地说，研究心理发展的年龄特征范围，应当包括两个主要部分和四个有关方面。

两个主要部分：一是人的认知发展的年龄特征，它包括感觉、知觉、记忆、思维、想象等，其中对思维的年龄特征的研究是最主要的一环；二是社会性发展的年龄特征，包括兴趣、动机、情感、价值观、自我意识、能力、性格等，而对人格的年龄特征的研究是最主要的一环。

为了研究生命全程或个体毕生心理发展年龄特征这两个主要部分，还必须结合研究如下四个方面的问题：一是心理发展的社会生活条件和教育条件；二是生理因素的发展；三是动作和活动的发展；四是语言的发展。

人的个体发展离不开种系发展。所谓**种系心理发展**（species mental development），指的是从动物到人类的心理演变过程。这个过程又包括两个部分，一个是动物心理的进化过程，一个是人类心理的进化过程。前者研究的是动物心理学的内容，即研究动物心理和行为变化规律，以此研究结果来进一步揭示人的心理和行为的实质。后者研究的是民族心理学（主要是原始人类心理学）和个体发展心理学的内容，意指随着人类社会的演进，人类生活和文化水平的不断提高，人的心理水平也日趋发展。现代儿童的心理发展水平，远非原始社会成人所能比拟。这说明社会条件对人类心理发展的作用。因此，从广义来说，发展心理学是研究种系和个体心理发生与发展的科学。狭义的发展心理学，就是**个体发展心理学**（psychology of individual development）。以下分别叙述种系心理发展和个体心理发展。

二、种系发展与个体发展

种系心理发展和个体心理发展既有联系，又有区别。种系心理发展，指从动物到人类心理的演变过程；个体心理发展，指人的个体从受精卵开始到出生、成熟、衰老的整个生命中，心理发生和发展的过程。两者构成了从动物到人类心理发展的整体面貌。

（一）种系心理发展

1. 动物心理的进化过程　心理现象主要为人类所特有，但它是在动物界长期进化的基础上产生的。在动物进化过程中逐步出现的一些心理现象，为人类心理发生和发展准备了前提条件。

对动物心理进化研究，是**动物心理学**（animal psychology）或**比较心理学**（comparative psychology）的主要课题。从历史上说，最早可追溯到古希腊时期。亚里士多德（Aristotle，公元前384—公元前322）在其著作《动物历史》中提出的自然等级表，谈的就是动物种系心理进化的顺序。1864年，法国生理学家弗洛伦斯（Marie Jean Pierre Flourens，1794—1867）出版了《比较心理学》，这是对动物行为进化阶段研究有意义的尝试。在动物心理进化研究中，达尔文（Charles Darwin，1809—1882）做出了杰出的贡献。他于1872年出版的《人类和动物的表情》一书，就是运用进化观点对动物行为进行了比较的研究。科学心理学诞生之后，心理学家开始了许多动物智力进化方面的实验研究，例如，迷津学习、问题解决等课题。桑代克（Edward Lee Thorndike，1874—1949）的**尝试错误学习**（trial and error learning）、巴甫洛夫（Ivan Petrovich Pavlov，1849—1936）的**条件反射学说**（conditional reflection theory）等，都建立在动物行为实验研究的基础上。20世纪中期是动物心理学迅速发展的时期，"发展"的观念受到了极大的重视，于是对动物心理进化问题进行了较多的研究。例如，哈洛（Harry F. Harlow，1905—1981）等人对恒河猴的研究，阐明了剥夺社会经验对后来社会化的影响。柯勒（Wolfgang Köhler，1887—1967）对猩猩（类人猿）学习和问题解决的研究，不仅提出了**顿悟学说**（insight theory），而且阐述了动物在行为改变和可塑性方面具有较大的潜力。对动物行为发生和发展的研究，其重点是考察行为进化和发展的因素，探讨遗传与经验即先天和后天在动物心理发展中的作用。

动物进化的标志之一是其结构的分化，其中最主要的是**神经系统**（nervous system）的出现，这对于种系心理发展，具有非常重要的意义。具体来说，动物神经系统的发展经历过四个阶段，在此基础上，逐步产生了原始的心理。

（1）刺激感应性阶段：原生动物是动物进化阶梯中最低等的一种，例如变形虫等一类单细胞动物，它们具有刺激感应性的各种特点，即能在一定范围内按照环境中的变化因素与自身的生存关系来调整自己的动作。

动物界的进化是由单细胞动物发展为多细胞动物，例如，腔肠动物中的水螅。这时产生一种散漫的、无意向的、无中枢的网状神经系统，尽管那时反应形式属于刺激感应性阶段，但是它们产生的感觉细胞，能专门负担反应的传导职能。

（2）感觉阶段：网状神经系统进一步发展，进化到梯形神经系统。环节动物的蚯蚓就是代表。它们不但产生了头神经节，而且出现了彼此独立的原生质的**神经元**（neuron）。神经元之间的联结处叫**突触**（synapse），突触式的联系使神经系统形成了新的功能。于是动物进入了心理发展最初形式的感觉阶段。这时，动物能够回答那些起信息作用并能指导动物行为的个别刺激物或物体的个别属性的作用。

在无脊椎动物的发展中，节肢动物如昆虫，是进入较高级发展水平的动物。昆虫的节状神经系统，有其较庞大的脑神经节，并形成了相当发达和专门的受纳器官，还不仅使感官越来越发达，而且形成各种本能。例如蚂蚁的觅食和存食本能，蜜蜂的交际本能。

（3）知觉阶段：动物进化为脊椎动物，其神经系统有了很大的发展，各类脊椎动物的神经系统都是空心管状的。管的后端是**脊髓**（spinal cord）；管的前端有膨大部分叫作**脑泡**（brain bladder）。在发展过程中，由三个脑泡变为五个脑泡，即前脑、间脑、中脑、后脑和末脑。

低等脊椎动物，从鱼类开始，发展到两栖类，再到爬行类及鸟类，其神经系统，特别是脑的变化是比较大的。例如，爬行类，在大脑半球的背外侧面出现了一层新的结构——**大脑皮质**（cerebral cortex）；鱼类则发展了大脑半球的腹内侧面，即**纹状体**（corpus striatum）。于是，这些脊椎动物产生了较高的分析综合能力，使种系心理发展进入知觉阶段。

随着大脑的进化，低等脊椎动物的行为逐渐脱离感觉冲动的直接控制，变为由综合各种感觉冲动的大脑半球新皮层的复杂过程来控制，也就是由感觉过程到知觉过程。动物发展到了知觉阶段，就是对周围事物的刺激，不再只是回答其个别属性，而是在其行为中形成了不可缺少的个体经验，对周围事物做出整体的反应。

（4）思维萌芽阶段：哺乳类动物属于高等脊椎动物，它们是由爬行类动物进化而来的。哺乳类动物种类极其多样、分布极广，在生态方面的差别也极大，所以它们的心理发展水平也存在着很大的差距。在种系心理发展的研究中，最有代表意义的是灵长目的类人猿。类人猿的发展，进入了思维萌芽阶段。

类人猿有发达的大脑和大脑皮质，从外形看，与人脑相差不多，各种感官也接近人类的构造。动物心理学家通过实验研究，发现猩猩的行为出现新的特点：①利用简单的工具解决问题。例如，黑猩猩用石头砸开硬壳果等。典型的研究是柯勒的黑猩猩取食物的实验。在黑猩猩前面放着食物，身旁放好一粗一细的两根竿子，每根竿子的长度都不足以取到食物。经过摆弄，黑猩猩偶然地把两根竿子接（套）在一起，于是它接好竿子，动作迅速而准确，竿子也较结实，结果取到了食物。②模仿人的动作，如拿抹布擦地，拿扫帚扫地，用勺子舀水，用茶杯喝水，甚至“学习”人的抽烟、缝纫等动作。③学会手势语言。美国加特纳（Gardner & Gardner，1969）应用聋哑人用的手势，教会黑猩猩许多手势，并使其能应用这些手势和人们进行交际，这些手势包括名词、动词、形容词和副词等。普利马克（Premack & Premack，1972）利用符号语言对一只6岁的黑猩猩做实验，实验内容有八种：字词、句子、是非问题、用语言教语言、类概念、联结词、量词和条件关系词，结果这只黑猩猩能用塑料小片与事物建立联系，造句、辨别颜色、大小和形状并建立**类概念**（或**类属概念**）（class conception）。④在直觉水平上，有理解他人错误信念的能力。近期在《科学》期刊上发表了一项研究（Krupenye，2016），研究者利用预期注视测验（该测验原本只用于研究人类婴儿）发现倭黑猩猩、黑猩猩、红毛猩猩能够凭直觉了解他人的想法。

由此可见，哺乳类动物，尤其是灵长目哺乳类动物不仅对周围环境有粗浅的感觉和完整的知觉，产生清晰的表象，而且能对事物与事物之间的联系和综合属性做出完整的反应，初步解决了一些问题，证明它们萌芽了思维。这种初级思维或动作思维为人类思维发展提供了生物学的准备。

2. 人类心理的进化过程

（1）人类的进化：人类是由动物进化而来的。人类的动物祖先是高度发展而现已灭绝的猿类。它们和现代人猿相似，有高度灵活的运动能力，高度发展的定向探索反射和初级思维。在远古的时候，由于地球表面的变化，森林减少，人类的动物祖先被迫由树上生活改变为地面生活。生活条件和生活方式的改变导致人类的动物祖先的活动进一步发展。促进人类动物祖先演变到人类有三个前提条件：一是直立行走、手的发展；二是使用工具和制造工具；三是交往需要产生语言。这些条件与人脑发展、与经验传递、与劳动生产的相辅相成才使人类的动物祖先进化为原始人。动物的进化受到生物原理或生物规律的支配，而人类的发展则受社会原理或规律的支配。所谓社会，主要指人类相互交往的产物，是各种社会关系的总和。也就是说，社会无疑是由一群人组成的，人类群体生活是建立在物质资料生产基础上，并产生共同的习惯、心理、情操、民俗。随着社会的发展，才由原始人发展为远古时代的人、古代社会的人、中世纪的人、近代社会的人，直到现代社会的人。

（2）人类心理的特点：人类心理有一个发展的过程，原始人的思维和现代人的思维就有区别，法国社会学家列维—布留尔（Lucien Levy-Bruhl，1857—1939）早在1910年所著的《原始思维》一书中就做了详细的论述。我们不拟深入讨论这种差异，而探讨人类心理的共同特性，并把这种共性归纳为如下三个特点：

①意识的心理特性。人类心理是有意识的。所谓**意识**（consciousness）是指能清醒觉察、明了思考、具备自觉行为等特征的心理状态，它包括意识客体和意识自我两种类型。具体地说，是能够清醒觉察周围的事物的本质特点和内在联系；明确思考过程和方向，使认识活动具有目的性、组织性、计划性和预见性；以及调节自身的行为，具备主观见之于客观的自觉能动性。当然，意识是人心理的高级的主要的形式，但不是唯一的形式，因为人的心理存在着意识和无意识交互作用两种形式。

②社会的心理特性。人类心理受社会历史的制约，不同的社会、不同的时代、不同的民族有其不同的心理特点。**民族心理学**（folk psychology）就是研究原始人和现代人心理差异的一门科学。社会心理学家研究社会及文化背景下的人类心理和行为表现。例如，研究社会境遇如何影响社会知觉，社会因素如何作用于人类态度和信仰等。因此离开了人类社会和人类实践，就谈不上人类的心理。

③语言的心理特性。语言有两个主要的功能：概括作用和调节作用。人类借助于语言，认识了周围事物的内容，使感知、概念、记忆概括化、理性化，使情感、意志更具有调节功能。人类借助于语言，将积累在世世代代的社会实践中所形成的知识，一代一代地传递下去，促进社会的文明和发展。人的有意识的心理，正是以语言为基础的个体经验和社会经验的总和。

（二）个体心理发展

1. 个人心理的发展过程 一个人出生的时候是否有心理？他的心理是怎样

产生的？在人发展的各个年龄阶段（儿童、少年、青年、中年、老年），心理又是怎样发展变化的？它是按照什么原理或规律发展变化的？这些发展变化在人的生活、教育和工作上具有怎样的意义？这些都是研究个体心理的发展过程必须阐明的问题。

个体发育始于妊娠期，也就是说，个体的产生虽然复杂，但也是从单细胞开始的，不过这个单细胞有两个来源：一个是父源，一个是母源。这与动物中的两性生殖是完全一样的。人体细胞都是由一个受精卵（合子）细胞开始，经过一次又一次的分裂而来的。生命正是从这里开始，其过程极为迅速。

“十月怀胎（实际上妊娠期从末次月经起算约280天），一朝分娩。”新生儿出生后仍保持迅速发展的趋势。虽然新生儿大脑皮质还未充分发挥功能，但出生时大脑低级中枢提供了一整套行为反射，并逐步出现各种感觉。

个体生理的发展，主要显现在出生后的12～13年间，这一阶段各种器官会发生重大的结构性变化；尤其进入**青春期**（puberty）（10、11～17、18岁）（见第七章第一节），身体外形变化巨大，内脏机能趋于健全，而且性的成熟，标志着人体全部器官接近成熟。随着生理的发育，在这生后的18年，心理也逐渐地发展变化。心理发展可分成两个部分：一是认知在发展，思维趋向初步成熟；二是人格在发展，趋向个性化。18岁进入**成人期**（或**成年期**）（adulthood），经过相当长的成人早期、成人中期（中年期）和成人晚期（老年期）的变化，身心也会持续地变化。这种生命全程或毕生发展的身心变化，构成了发展心理学各类研究的课题。发展心理学主要是研究个体一生心理发展的趋势。

个体心理发展的过程，也是一个**社会化**（socialization）的过程。社会化是个体掌握和积极再现社会经验、社会联系和社会关系的过程。通过社会化，个体获得在社会中进行正常活动所必需的品质、价值、信念以及社会所赞许的行为方式。**社会化过程**（socialization process），正是在一定社会环境中，个体通过在生理和心理两方面的发展而形成适应社会的人格并掌握社会认可的行为方式的过程。社会化过程包括学习、适应、交流，人类个体借以发展自己的社会属性，参与社会生活的一切过程。人类在社会化过程中，学会基本生活技能，掌握社会规范、生活目标，形成社会职能，培养社会角色。其中有些过程在青少年阶段可完成，即儿童青少年的社会化；有些过程则贯穿于个体的一生，即成年人的继续社会化和再社会化。社会化过程是人类学会共同生活和彼此有效互动的过程，也是个体与社会环境互动的过程。

2. 个体心理发展与种系发展的关系 关于个体心理发展与种系发展关系的理论，最具代表性的首推20世纪初霍尔（Granville Stanley Hall，1844—1924）的**复演论**（recapitulation theory）。19世纪末20世纪初，生物进化论的影响很广，当时生物学家已经发现人类的胚胎发展史是动物进化过程的复演。霍尔接受了这种进化论和复演说的思想，并将其运用到个体心理发展的学说上。他提出了应该把个体心理发展看作一系列或多或少复演种系进化历史的理论。

霍尔具体地分析了儿童与青少年复演种系发展的过程。其中，胎儿在母体中的发展复演了动物进化的过程（如胎儿在一个阶段是有鳃裂的，这是重复鱼类的阶段）。儿童期是重演了人类原始的远古时代。人类远古祖先的时代是一个非常长久的、非常迟滞的阶段。此阶段儿童知觉力敏锐，对危险及诱惑的感受极少，道德心、宗教心、同情、爱情及美的享受等理性的特质又十分幼稚，这正是表现出了远古时代人类的特征。

在少年期，儿童感觉敏锐而活泼，对刺激的反应强烈而敏捷；记忆迅速而持久，同时易于接受各种训练和观念。霍尔认为此时期是学习的黄金时期，强调这个时期学习的积极性在于激发自然兴趣。因此，这个时期的教育，主要是练习、叮嘱和组织，其方法应该是机械的、反复的、权威的和独断的。所有这些，都可以从中世纪甚至古代的教育中获得启示，所以少年期是中世纪的复演。

青年期是新生活的开始，因为从这时候起，有更高级、更完全的人性产生出来，这个时期所有开始表现的身心的特质是新颖的，其发展趋势是急剧的和突飞猛进的。这都说明了人类祖先在某个进化阶段有一个风云变幻的时代，因此，青年期是比较新近的祖先特征的反映。

霍尔主张对儿童青少年的教育，应考虑到个体心理发展复演种系进化的特点。例如，对于他们多少带有一些野蛮性的本能，应该在一定范围内让其自由表现。原来这种原始的经验与行动是人类祖先迫于“生存的”需要所习得的，所以对儿童青少年对于野蛮性行为的热望，不要轻易地放过，而要采用有效的方法进行教育。这些方法包括阅读各种文学作品、参加各种体育活动等等。上述观点，正是霍尔的教育思想的体现，其进步意义是非常明显的。

霍尔的复演论的提出，引起了心理学界很大的争议，有人加以批评，有人加以称赞。我们认为，复演论的主要错误在于把个体发展史和种系发展史完全等同起来，从而引向**决定论**（或**预成论**）（determinism）。但是，我们也不能因此就从根本上否认个体心理发展史在一定程度上重复着动物和人类心理发展史，因为个体发展史和种系发展史的确存在着一定的关系。

三、发展心理学的研究内容

如前所述，发展心理学研究个体一生的心理发展。在这个生命全程的心理发展研究中，主要涉及两个问题：一是心理发展原理或规律的理论问题，一是个体发展各年龄阶段的心理特征问题。

（一）心理发展的基本原理

在人类心理发展的基本原理或规律问题上，各种心理学派别之间的争论可以归纳为五点：第一，人类心理和行为是先天的还是后天的；第二，人类对待环境的关系是主动的还是被动的；第三，人类心理发展是分阶段的还是连续的，是量变还是量变和质变的统一；第四，人类心理发展是普遍的还是特殊的，是多样的还是固定的；第五，发展的终点是开放的（发展变化能持续下去）还是有最终目标的。正因为有这些争议，发展心理学的理论研究就涉及如下三个问题：

1. 遗传和环境在心理发展中的作用问题　先天遗传给心理发展提供了可能性，后天的环境（包含教育）将这种可能性变为现实性。两者相辅相成，缺一不可。因此，发展心理学要研究人类心理的先天因素，要研究自然环境、社会环境等文化背景与人类心理发展的交互作用。

2. 心理发展的外因与内因问题　在人类心理发展过程中，既要重视外因，又要重视内因。人类身心发展是主动的，所以，外因要通过内因才起作用。我们既要讲发展，又要强调内外因之间的关系和作用。

3. 心理不断发展和发展阶段的关系问题 人类的心理，一方面是不断发展的，另一方面是阶段性的。应该将心理发展的连续性和发展的阶段性统一起来，将相对主义的开放和理想化的终点统一起来。这样既能科学地解释生命全程的心理持续发展趋势，又能探讨不同年龄阶段的心理发展特征。

有关人类心理发展的理论，涉及前文提到的发展心理学研究的两个主要部分和四个有关方面的问题。也就是说，往往运用心理发展的理论去探讨人格方面的发展，去探讨智力方面的发展，等等。例如对于人类的动机形成和人格发展，**精神分析学派**（psychoanalytic school）和**社会学习理论**（social learning theory）提出了两种截然不同的研究途径。精神分析学派假定有个理想的成年人格，并强调发展变化的内部过程。社会学习理论则采取一个较为相对主义的开放观点来解释成熟及个体差异等概念，并重视行为的外在原因。**皮亚杰学派**（Piagetian school）又称**日内瓦学派**（Geneva school），它和中国的朱智贤团队都强调发展与内外因的统一，智力发展要趋向一个理想化的终点。本书第二章，我们将详细讨论国内外名家的心理发展的理论，故这里不赘述。

（二）生命全程心理发展的年龄特征

发展心理学不仅要研究心理发展的一般原理，而且要研究在人生不同发展阶段上的特殊原理。这些原理体现在生命全程各个年龄阶段的心理特征，即各个阶段所表现出来的质的特征上面。因此，接下来将叙述各个年龄阶段的划分标准及年龄特征的研究：

1. 年龄的划分标准 迄今为止，如何正确而科学地划分心理发展的年龄阶段，还是一个远远没有得到适当解决的问题。然而，它却是发展心理学研究的一个重要内容。古代教育家和哲学家曾提出这个问题，现代发展心理学家正在深入研究。目前可见到的划分人生阶段依据的典型资料，可归为如下几类：

（1）以生理发展作为划分标准：例如柏曼（Berman，1911）以内分泌腺作为分期标准，如胸腺时期（幼年时期）、松果体时期（童年时期）、性腺时期（青年时期）、内分泌的全盛期（成年时期）和内分泌缺乏时期（老年期）。

（2）以智力发展作为划分标准：例如皮亚杰（Jean Paul Piaget，1896—1980）以思维发展为基础，他把出生到成熟的心理发展分为：感知运动阶段

（或感觉动作期）（0～2岁）；前运算思维阶段（或前运思期）（2～7岁）；具体运算思维阶段（或具体运思期）（7～12岁）；形式运算思维阶段（或形式运思期）（12～15岁）（详见第二章第四节）。

（3）以个性发展特征作为划分标准：例如埃里克森（Erikson，1963）以人格发展为基础，将人的心理发展分为：信任对不信任（0～1岁）；自主行动对羞怯怀疑（1～3岁）；自动自发对退缩愧疚（3～6岁）；勤奋进取对自贬自卑（6～12岁）；自我混合对角色混乱（12～18岁）；友爱亲密对孤僻疏离（18～25岁）；精力充沛对颓废迟滞（25～50岁）；完美无缺对悲观沮丧（老年期）（详见第二章第一节）。

（4）以活动特点作为划分标准：例如艾里康宁（Dannil Vorisovich Eliconing，1904—1985）和达维多夫（Vasilee Vasilievich Davidoff，1930—1998）将初步成熟前的心理发展分为：直接的情绪性交往活动（0～1岁）；操弄实物活动（1～3岁）；游戏活动（3～7岁）；基本的学习活动（7～11岁）；社会有益活动（11～15岁）；专业的学习活动（15～18岁）。

（5）以生活事件作为划分标准：一般将成人期（18岁以后）以生活事例分为：成人初期（18～35岁），选择职业、建立家庭；成人中期（35～55或60岁），成就事业、养育子女；成人晚期（55或60岁以后），子女长大成人并离开家庭，本人退休等。在上述三个阶段的基础上，又划分为下列亚阶段，如成人早期转折（脱离家庭，17～22岁）；进入成人世界（22～28岁）；经历30岁的转折（28～33岁）；安顿下来（33～40岁）；中年危机（40～45岁）；走出危机（45～50岁）；经历中年期转折（50～55岁）；中年期高峰（55～60岁）；成人晚期转折（60～65岁）；成人晚期（65岁以后）。

我们主张在划分人类心理发展年龄阶段时，应根据身心发展趋势，综合地进行阶段的划分，既要看到重点，即心理发展质的特征，又要顾及全面。

第一，人类在生理、智力、个性、教育、生活诸方面的发展各有其特点，我们要以身心发展的各种指标，综合地来划分各自的年龄阶段，但同时又要看到其内在的一致性。为什么在上述各家的分期中有那么多分期的年龄趋于一致？例如，0～2、3岁；2、3～7岁；7～12岁；12～15岁；15～18岁；18～25岁；25～35岁；35～55或60岁；60岁以上。这不是一种巧合，而是说明身心发展确实有一些一致性的年龄阶段。

第二，心理发展的年龄特征既然是各个阶段所表现出来的质的特征，那么这个质的特征，涉及上述两个主要部分和四个有关方面。也就是说，它表现在主导的生活事件和主导活动形式；表现在智力发展水平和人格发展特点；表现在生理发育水平和语言发展水平；等等。本书对心理发展的年龄阶段的划分，正是从这个基本观点出发的。

2. 年龄特征的研究 发展心理学的实验研究，主要是围绕着心理发展的年龄特征展开。所谓心理发展的年龄特征，是指心理发展的各个阶段所表现出来的质的特征。具体来说，表现在如下几个方面：

（1）个体心理的年龄特征是在心理发展各个阶段中所形成的一般特征（带有普遍性）、典型特征（具有代表性）或本质特征（表示有一定的性质）。它是和年龄有关联的，因为年龄是时间的标志，代表一定的时期和阶段。一切发展都是和时间相关联的，当然，它又不完全由时间决定。发展心理学要通过实验研究，从大量的个别的心理特征中概括出某一年龄阶段心理发展的一般趋势、典型趋势或本质趋势，尽管这个趋势不能揭示这一年龄阶段的所有人的个别特点，可是它却代表同年龄阶段心理发展的整体特征。

（2）在一定条件下，心理发展的年龄特征既是相对稳定的，同时又可以随着社会生活和教育条件等文化背景的改变而有一定程度的改变。这是因为，年龄特征是受许多比较稳定的因素支配的。例如，人类脑的结构和功能的发育是有一定过程的；语言的发展和知识的深浅也是有一定顺序的；接受教育、求职、成就等生活事件和活动形式的变化也有一定的时间性。这就决定了人类心理发展较稳定的顺序、限度和阶段。但是另一方面，个体的文化背景有差异，生理、语言发展也有差异，主体活动及其人格也有差异，这就造成了年龄特征的可变性，造成了因文化背景而引起的群体差异，因主客观因素的区别而引起的个性差异。发展心理学要通过实验研究，从大量的个别的心理特征中概括出心理发展的主客观条件，揭示这些条件就能为人类心理健康发展提供科学的依据。

（3）心理现象是复杂的，所以心理发展既指心理整体的综合发展，又指各种特殊心理现象的发展。尽管生理、语言、活动、认知和人格的发展有着内在一致性，但也存在着各自发展的不平衡性。这是因为，一方面所有心理现象都要在某个个体身上体现出来，而且具有内在的联系；另一方面，各种心理现象又有一定质的区别。发展心理学要通过实验研究，从大量的个别的心理特征中，概括出某种心理现象的发展趋势或某种心理现象发展的年龄特征，又要找出各种心理现象的整体特点，分析其整体心理的发展趋势或生命全程某一阶段的心理特征。所以，发展心理学一般是对以横向联系为主的发展线索加以研究，研究每一个年龄阶段心理发展的特征，但又允许以某一心理现象的发展为线索进行纵向研究，例如研究认知、人格的发展等，甚至于更细地将认知分为感觉、记忆、思维做发展的研究等，从纵向角度探索某种心理现象在生命全程中的发展趋向。

第二节 | 发展心理学的发展

发展心理学的研究有一个发展的过程。如前所述，发展心理学研究个体心理发展，而在个体心理发展的研究中，儿童期（包括青少年）又是被研究得较多的部分，这个部分构成了儿童心理学的主要内容。生命全程心理发展的研究则提出较晚。从20世纪70年代开始，在西方，特别是美国，关于个体从出生到衰老整个发展时期的心理发展的研究报告和著作越来越多，使研究生命全程的发展心理学发展得十分迅速。

一、科学儿童心理学的诞生与演变

在西方，儿童心理学研究可以追溯到文艺复兴以后的一些人本主义教育家，如夸美纽斯（Johann Amos Comenius，1592—1670）、卢梭（Jean-Jacques Rousseall，1712—1778）、裴斯塔洛齐（Johann Heinrich Pestalozzi，1746—1827）、福禄贝尔（Friedrich Wilhelm August Fröebel，1782—1852）等人的工作。他们提出尊重儿童，了解儿童的教育思想，并为儿童心理学的诞生奠定了思想基础。而达尔文的进化论思想则是直接催化了儿童发展的研究。达尔文根据长期观察自己孩子心理发展的记录，写成《一个婴儿的传略》（Darwin，1876）一书，这是儿童心理学早期专题研究成果之一，它对促进儿童发展的传记法（或日记法）的研究有着重要的影响。

（一）科学儿童心理学的诞生

科学儿童心理学（scientific child psychology）诞生于19世纪后半期。德国生理学家和实验心理学家普莱尔（William Thierry Preyer，1841—1897）是儿童心理学真正的创始人。

1. 《儿童心理》出版 普莱尔对自己的孩子从出生到3岁每天都进行系统观察，有时也进行一些实验性的观察，最后把这些观察记录整理成一部有名的著作《儿童心理》（1882），这被公认为是第一部科学的、系统的儿童心理学著作。《儿童心理》是一部完整的儿童心理学，它包括三部分：儿童的感知发展，儿童的意志（或动作）发展，儿童的理智（或语言）发展。在《儿童心理》一书中，普莱尔肯定了儿童心理研究的可能性，并系统地研究了儿童心理发展；他比较正确地阐述了遗传、环境与教育在儿童心理发展上的作用，并旗帜鲜明地反对当时盛行的**白板说**（theory of tabula rase）（指人类出生时其心理像白板，一无所有）；他运用系统观察和儿童传记的方法，开展了比较研究，对比了儿童与动物的异同点，对比了儿童智力与成人，特别是有缺陷的成人智力的异同点，为比较心理学乃至发展心理学做出了不可磨灭的贡献。

2. 称普莱尔为科学儿童心理学奠基人的理由 为什么说普莱尔是科学儿童心理学的奠基人呢？这是由他的《儿童心理》问世的时间、目的和内容、研究方法及影响这四个方面共同决定的。这四个方面，缺一不可。

（1）时间：从时间上看，《儿童心理》一书于1882年出第一版，1884年出第二版，是儿童心理研究一类著作中较早出版的一本。

（2）目的和内容：从写作的目的和内容上看，普莱尔之前的学者不完全是以儿童心理发展作为科学研究的课题，即使像达尔文那样的科学家，其研究的目的，也主要是为进化论提供依据；其内容，主要也是从进化论角度来加以论述的。而普莱尔则不同，他写书的目的是为了研究儿童心理的特点，即将儿童的体质发育和心理发展分别加以专门的研究，他也正是从这一角度来展开他的研究内容。因此，从一开始他的《儿童心理》就是作为一个组成儿童心理学的完整体系出现的。

（3）研究方法：从研究的方法和手段上看，普莱尔对其孩子从出生起直到3岁不仅每天做了系统的观察，还进行了心理实验。这些方法中有霍尔强调的使用反应时间、心理程序和证明感知觉之间关系的**内省法**（introspection），即科学心理学的实验研究。普莱尔把他所研究的观察、实验记录整理出来，撰写了专著，这主要是属于儿童发展心理学的工作。

（4）影响：从影响上看，《儿童心理》一问世，就受到国际心理学界的重视，被各国心理学家视为儿童心理学最早的经典著作，并先后被译成十几种文字出版，于是儿童心理学研究也随之蓬勃地开展起来，因此，其意义是非凡的，其影响是深远的。

3. 普莱尔工作的意义 普莱尔的研究工作，对于当前国际心理学界所开展的儿童早期心理的研究，仍然产生重大影响。普莱尔的研究对象主要是3岁前的儿童，在他之后发展起来的儿童心理学，研究对象范围逐渐扩大，主要关注的是幼儿或小学儿童，甚至也有年龄稍长者。近百年来，在儿童心理发展各个阶段的研究文献中，由于婴儿期（0～3岁）儿童的语言能力还较弱，加上研究方法和技术问题，所以这方面的研究材料，无论从数量或质量上说，都相当贫乏。但是近年来，由于早期智力、早期经验和早期教育问题的提出，心理或意识起源的研究兴起，再加上研究技术的进步，对婴儿或早期研究进展较快，特别是对婴儿认知能力问题（如注视时间、动作表现、物体辨认、心率及其他生理变化等）的研究的进展更为迅速。因此从研究内容观之，又与普莱尔当年所观察的课题极为吻合。由此可见，普莱尔的《儿童心理》一问世，就给科学儿童心理学奠定了基石。

（二）儿童心理学的演变

西方儿童心理学的产生、形成、演变和发展，大致可分为四个阶段：

1. 1882年以前的工作 在19世纪后期之前为准备时期，在近代社会发展、近代自然科学发展、近代教育发展的推动下，经过许多科学家对儿童研究的促进，终于在19世纪后期诞生了科学儿童心理学。

2. 从1882年至第一次世界大战的研究 这段时期是西方儿童心理学的形成时期，即在欧洲和美国出现一批心理学家，他们开始用观察和实验方法来研究儿童心理发展。普莱尔是最杰出的奠基人，此外，继普莱尔之后也有一些先驱和开创者，如美国的霍尔、鲍德温（James Mark Baldwin，1861—1934）、杜威（John Dewey，1859—1952）、卡特尔（James McKeen Cattail，1860—1944），法国的比奈（Alfred Binet，1857—1911），德国的施太伦（Louis William Stern，1871—1938，又译斯腾或斯特恩）等，都以他们的各种杰出的成就为这门科学的建立和发展做出了各自的贡献。

3. 两次世界大战之间的研究 这段时期是西方儿童心理学的分化和发展时期。由于整个心理学的发展，儿童心理学研究工作和著作，不论在数量或质量上，都有了飞速发展。特别是受各种心理学流派，如**精神分析**（psychoanalysis）、**行为主义**（behaviorism）、**格式塔心理学**（或**完形心理学**）（Gestalt psychology）等的影响，不同观点与风格的儿童心理学著作大量出版，专门的儿童心理学刊物大量发行，大学里儿童心理学专门课题相继开设，各种儿童心理学研究组织相继建立，各种儿童心理学家的纷纷亮相，如瑞士的皮亚杰、美国的格塞尔（Arnold Gesell，1880—1961）、奥地利的彪勒夫妇（Karl Bühler，1879—1963，& Charlotte Bühler，1893—1974）和法国的瓦龙（Henri Wallon，1879—1962）等，说明儿童心理学已到达比较成熟的阶段。

4. 第二次世界大战后的发展 第二次世界大战以后，是西方儿童心理学的演变与增新时期，主要表现在两个方面。一是理论观点的演变。原先的学派，有的影响逐渐减小了，如霍尔的复演论、施太伦的人格主义学派以及格式塔学派等；有的虽然还有影响，但已不是旧时的内容，而是以新的姿态出现，如测验研究，尽管争议也很多，但在今天的西方仍然非常流行，量表越来越多，涉及内容范围也越来越广，智力与遗传因素的探讨越来越深入，使测验研究更为完善；有的流派则打着革新的旗号，直到现在还有很大的势力，这主要是指新精神分析学派和新行为主义学派。二是在具体研究工作上的演变，特别是从70年代前后到最近一个时期，许多儿童心理学的课题有所进展，有所创新，不仅深入开展早期儿童心理发展的研究，而且广泛地探讨个体一生全程的发展。

二、从儿童发展到生命全程发展的研究

从**儿童心理学**（child psychology）到一生发展的发展心理学有一个演变过程。

（一）霍尔将儿童心理学研究的年龄范围扩大到青春期

霍尔出版了《青春期：青春期心理学以及青春期与生理学、人类学、社会学、性、犯罪、宗教和教育的关系》（又简称为《青少年心理学》）（Hall，1904），从这开始，确定了儿童心理学研究的年龄范围，即儿童心理学研究儿

童从出生到成熟（青少年期到青春期）各个阶段心理发展的特征。尽管普莱尔是儿童心理学的奠基人，但是他的《儿童心理》主要研究的是学龄前儿童，特别是婴儿期的儿童心理特点。对较大年龄儿童或青少年的研究几乎是空白。可是霍尔就不同。霍尔先是研究儿童，后来又发展到研究青少年，他的《青少年心理学》的问世，确定了现代儿童心理学研究的年龄范围。

当然，霍尔也是最早正式研究老年心理的心理学家，他于1929年出版了《衰老：人的后半生》一书，但霍尔没有明确提出心理学要研究个体一生全程的发展。

（二）精神分析学派最先研究生命全程的发展

在西方，精神分析学派对个体一生全程的发展率先做了研究。精神分析学派心理学家荣格（Carl Gustav Jung，1875—1961）是最早对成人期的心理进行发展理论研究的心理学家。荣格认为，人的发展主要是心灵的发展，观念变化的呆滞意味着人生之惶惑或死亡，重视潜意识，发展心灵的平衡力量，重视精神整体，是追求人生未来、幸福的金钥匙。荣格对个体全程的发展，特别是对成人期心理发展的研究开始于20世纪20年代，形成一定理论是在30年代。他的发展观主要涉及三个方面：①提出前半生与后半生分期的观点。他认为生命周期的前半生和后半生期间，人格沿着不同的路线发展，25岁到40岁是个分界的年限，前半生比后半生的人格要显得更向外展开，致力于外部世界。②重视“中年危机”。大约40岁，精神开展较多，个人曾经感到永远不变的目标和雄心壮志已经失去其意义。于是，开始感到压抑、呆滞，产生紧迫感。中年生命，以精神转变为标志，开始由掌握外部世界转入关注自己的内心。内心促使人们去听从意识，去学习还没有认识的潜力。③论述老年心理，特别是阐述了临终前的心理。老年人企图理解面临死亡时生命的性质，认为死后的生命，应该是自己生命的继续。

前文提到的埃里克森，正是在荣格研究的基础上，才将精神分析创始人弗洛伊德（Sigmund Freud，1856—1939）的年龄阶段划分到青春期，扩充到老年期。我们将在下一章来讨论这些理论问题。

（三）生命全程发展心理学的问世

在上述研究基础上，生命全程发展心理学随之诞生，并逐渐发展壮大。

1. 最早的两部毕生发展心理学著作 美国心理学家何林渥斯（Harry Levi Hollingworth，1880—1956）最先提出要追求人的心理发展全貌。因不满足于孤立地研究儿童心理，他出版了《发展心理学概论》（1930）一书，这是世界上第一部毕生发展心理学著作。

与此同时，另一位美国心理学者古迪纳夫（Florence Laura Good-enough，1886—1959）也提出了同样的观点，写出了在科学性与系统性方面超过何林渥斯著作的《发展心理学》，并于1935年出版，1945年再版，此书曾经畅销欧美。

古迪纳夫认为，要了解人的心理，必须全面研究影响产生心理的各种条件和因素，要把心理看作持续不断地发展变化的过程。不仅研究表露于外的行为，还要研究内在的心理状态；不仅研究儿童、青少年，也要研究成人和老年；不仅研究正常人的心理发展，还要研究罪犯和智力低下人士的心理发展。所以，古迪纳夫主张对人的心理研究，要注意人的整个一生，甚至还要考虑到下一代。

2. 系统开展对成人期的研究 从1957年起，美国《心理学年鉴》就开始以“发展心理学”为章名，代替了惯用的“儿童心理学”。此后数十年来，发展心理学得到了较深入的研究，特别是在成人心理发展方面开创了有创新意义的研究，表现在以下几方面：

（1）对成人记忆的研究：对记忆终生发展的研究，特别是中年记忆的研究，是发展心理学研究中最为活跃的一个课题，但是，研究者对此的分歧却相当大。近几十年来，研究者从生命全程发展观出发，对老年记忆变化也展开了全面的研究，研究的内容和范围正在逐步扩展。

（2）对成人思维发展的研究：这方面的研究也很多，代表人物之一是里格（Riegel，1973）。他提出了用**辩证运算**（dialectical operation）来扩展皮亚杰的认知发展阶段，并强调了矛盾的作用。这个理论影响很大，许多成人心理学家对**后形式运算**（post-formal operation）的研究都受到这种观点的影响。

（3）对成人智力发展趋势的研究：对个体毕生智力发展趋势的研究也是成人心理研究的一个重点。沙依等人（Schaie & Hertzog，1983）做的西雅图追踪研究提出一个关于成人智力发展阶段的模式，很有代表性。

（4）对成人道德发展的研究：埃若蒙（Armon，1984）在柯尔伯格（Lawrence Kohlberg，1927—1987）的理论基础上，研究了5～72岁被试道德认知，提出三种水平七个阶段：

前习俗水平（preconventional level）：指面对道德两难情境进行道德推理判断时，带有自我中心倾向，不能兼顾行为后果是否符合社会习俗。

阶段1　激进的自我主义（radical egoism）：在这一阶段，个体对善的理解围绕着个人愿望的满足与幻想的实现展开，善就是能为个体提供现实的身体体验。“为善”与“产生好的体验”之间没有什么区别。

阶段2　工具性自我主义（instrumental egoism）：在这一阶段，个体理解的善服务于自身的利益，包括情绪、身体、愿望等方面。与阶段1的区别是个体受到现实结果的诱惑，个体有强烈的受人赞扬、被人喜欢以及得到物质满足的愿望。

习俗水平（conventional level）：指面对道德两难情境时，一般都是遵从社会习俗，进行价值判断。

阶段3　情感的相互关系（affective mutuality）：善就是由积极的人际关系导致的愉快的情感体验，善的一个重要功能就是帮助个体在自己与他人之间建立起良好的情感联系，个体根据自己的感觉来判断“好”与“坏”。

阶段4　个体性（individuality）：善是自我——选择的利益与价值的表现，关系善的中心主题是“意义”的问题，即个体所做的事必须考虑到它对个人的价值与意义。这一阶段尽管强调个体性，但必须与道德或社会规范相一致。

后习俗水平（post-conventional level）：指面对道德两难情境时，可本着自己良心及个人价值观进行价值判断，而未必受社会习俗的限制。

阶段4/5　过渡阶段：主观主义—相对论（subjective-relativism）：个体对善的理解不同于道德或社会规范，善是一个主观—相对的概念，它取决于个体对特定活动、事件、个人等的心理感受。在权利与公正的前提下，善就是个体“感觉到的善”或其“信念中的善”。

阶段5　自律（autonomy）：在这一阶段，个体视自身为一个自主体。善表现在创造性的、有意义的活动中，这些活动不仅依赖于个体较高的能力水平，还与个体的一般处世哲学一致。善是通过“对自己负责”与“对社会或人类负责”之间的平衡来实现的。

阶段6　普遍神圣论（universal holism）：为自己服务的善与为社会或人类服务的善在一个更大的概念下得以整合，即“人类”或“自然”。个体把为自己服务的善理解为就是为社会服务的善，因为社会是由许许多多个相似的自己所组成。在这一阶段，善与权利的冲突也得到解决，因为善必须遵从于普遍的道德原则及对人的尊重。

（5）对成人期自我概念发展的研究：以卢文格（Loevinger，1978）的研究最具代表性。她提出了自我概念发展的六个水平（行动水平、自我保护水平、遵奉者水平、公正水平或良心水平、自主水平以及整合水平），在发展心理学界影响较大。

3. 当代有代表性的毕生发展心理学的研究　有了上述研究的基础，西方国家出版了大量的毕生发展心理学著作。美国弗吉尼亚大学曾在1968年至1972年间举办过三次毕生发展心理学学术会议，会后出版了贝尔特斯（P. B. Baltes）主编的三部论文集：《毕生发展心理学：理论与研究》（1970）、《毕生发展心理学：方法学问题》（1973）和《毕生发展心理学：人格与社会化》（1973）。接着，贝尔特斯于1978年在其所编的《毕生发展与行为》一书中，提出了一生全程研究及理论发展的三个原因，一是第二次世界大战前开始的一些追踪研究的被试已进入成人期，二是对老年心理的研究推动了成人期心理的研究，三是许多大学开设了毕生发展心理学的课程，于是推动了毕生发展心理学的研究。紧接着他于2010年主编了《毕生发展与脑》，2016年又主编了《毕生发展心理学：研究方法》等。

自20世纪80年代以来毕生发展心理学著作有三种命名方式：一种叫作**生命全程发展心理学**（或**毕生发展心理学**）（life-span developmental psychology）；另一种叫作**人类发展**（human development）；再有一种叫作**人类毕生发展**（或**个体生命全程发展**）（life-span human development）。我们大致可将毕生发展心理学著作归为13类：①发展心理学或毕生发展心理学的概论；②发展心理学的历史和理论研究；③发展心理学方法论的研究；④认知毕生发展的心理学研究；⑤人格、道德或社会性毕生发展的心理学研究；⑥关于干预（interventions）问题的毕生发展心理学；⑦关于心理咨询与治疗问题的毕生发展心理学；⑧关于毕生发展的病理学探讨；⑨人类发展与文化（或社会）；⑩人类发展与终身教育；⑪非常规环境的毕生发展心理学；⑫代与代之间关系的毕生发展心理学；⑬人生各阶段如成人早期、成人中期等的发展心理学专著。近几十年来，发展心理学的蓬勃发展，由此可见。

三、发展心理学研究的中国化

中国的心理学、发展心理学是由西方传入的，但在西方心理学传入中国之前，我国早就有了心理学、发展心理学的思想。

我国关于先天与后天在心理发展上的作用，有孟子（约公元前372—公元前289）的“性善论”；有荀子（约公元前313—公元前238）的“性恶论”；有韩愈（768—824）的“性与情的‘三品说’”；有王廷相（1474—1544）在孔子（551—479）的“性相近也，习相远也”学说的基础上，提出的“天性之知”“凡人之性成于习”的观点。

关于毕生发展的年龄特征也有不少，最有名的还是孔子的思想“吾十有五而志于学，三十而立，四十而不惑，五十而知天命，六十而耳顺，七十而从心所欲，不逾矩”（《论语·为政》）。这是孔子的生命全程的发展观，初步阐述了人的心理发展的趋势。这些划分虽然比较简单，但体现了人类心理发展的一般原理，并一直影响着我国2500多年来对人生发展阶段划分的认识。

我国古代的发展心理学思想是丰富的。这些思想虽然是朴素的，有些甚至带有猜测性，但直到现在仍然闪耀着人类智慧的光辉。1879年，科学心理学诞生，很快地被引进到中国，逐步发展到今天而成为现代的心理学，现代的发展心理学。

现代心理学、发展心理学在中国诞生和发展已有近百年的历史，但中国心理学、发展心理学的现状大都停留在学习与模仿的阶段。我们不妨先做个对比：当我们翻开西方的发展心理学著作，几乎全部是他们自己的实验材料；当我们打开苏联的年龄心理学（即发展心理学）著作，几乎每本书里都洋溢着一种强烈的俄罗斯民族自豪感。然而，当我们看一下我国自己的发展心理学著作，有点使人惭愧：时而“西方热”，时而“苏联热”，许多研究报告从设计到结果，基本上都是模仿外国的。这说明我国的研究大都还停留在学习阶段，对外国心理学过分地依赖，缺乏创新超越的精神。这引起了我国相当多的心理学家的担忧。如此下去，哪一天才能建立起我们自己的心理学、发展心理学。于是从1978年以来，朱智贤教授与我一直提倡：我们既不能全盘西化，又不能照抄苏联，正确途径应该做到摄取、选择、中国化。

（一）发展心理学中国化的四个阶段

心理学中国化及其阶段，是海峡两岸心理学家共同关心的问题。

1. 海峡两岸心理学家对心理学中国化分阶段的看法 我国台湾大学杨国枢教授从四个层次讨论了心理学研究中国化的方向与尝试：①重新验证国外的研究发现；②研究国人重要与特有的现象；③修改或创立概念与理论；④改变旧方法与设计新方法。他指出：

> 科学的心理学在中国已有半个多世纪的历史，但中国心理学者大都停留在学习与模仿的阶段，而未能在上述四个层次上有所突破。凡我国同仁应当深自觉醒，及早在研究工作上努力中国化，以缔造更有价值的研究成果。（杨国枢，1983）

这段话包含许多意义，使我在感情上有很大的共鸣。严格地说，中国的心理学工作者，在心理学中国化上，尽管都做出了很大努力，但停留在向西方学习模仿阶段的有之；缺乏“中国化”的反省与自觉的有之；创新超越与行动不足者亦有之。然而，对心理学的中国化工作，我们毕竟下了一些功夫，经历了酝酿、孕育、整合和创新四个阶段。目前，这方面的工作正在进一步深化。特别是从1983年至1988年，朱智贤教授主持了国家重点科研项目“中国儿童心理发展特点与教育”课题组，组织心理学界百多位专家学者，有计划地开展了这项研究，经过七八年的艰苦努力，在理论探索和实验研究方面取得了可喜的成果。它包括：中国儿童青少年感知觉的发展与教育、注意发展与教育、记忆发展与教育、语言发展与教育、思维发展与教育、数学能力发展与教育、情绪情感发展与教育、意志发展与教育、气质发展与教育、性格发展与教育、个性倾向性发展与教育、自我意识发展与教育、道德认知发展与教育、品德发展与教育、初中生心理发展与教育、各民族儿童青少年心理发展与教育、家庭教育与儿童青少年心理发展等。这些成果，汇成了近百万字的《中国儿童青少年心理发展与教育》，在海峡两岸分别用简体字和繁体字出版，我们在下面各章中将引用有关的具体资料。在一定意义上说，我们课题组的工作就是心理学研究中国化的有效尝试。

2. 对发展心理学中国化的四个阶段的工作 我们对发展心理学研究中国化的阶段，做了如下的概括。

第一阶段 酝酿期：在这个阶段，中国心理学家所做的工作，主要是重新验证国外的研究发现，对比国内外人类心理发展的异同点，揭示中国人心理发展的特点。以中国人作为研究对象，重新验证外国心理学的研究结果，是发展心理学研究中国化的第一步，也是最起码的工作。这一步工作是不可缺少的。研究中当然可以发现共同性，但对于中国人而言，外国的研究结果未必具有有效的可概括性。这种特殊性的表现，正是我们必须深入探索的中国人心理发展的一个重要特点。通过这个酝酿阶段，心理学研究的中国化就奠定了基础。

第二阶段 孕育期：在这个阶段，中国心理学家所做的工作，主要是研究中国人心理发展的特有和重要的现象，也就是揭示在中国文化、经济和政治背景下心理发展的特点。考察中华民族文化圈背景下中国人心理发展的特点，是发展心理学研究中国化中的一个重要方面，也是心理学研究中国化的生长点和立足点。

第三阶段 整合期：在这个阶段，中国心理学家所做的工作，主要是修改心理学的旧概念与旧理论，创立心理学的新概念与新理论，以适用于中国人心理发展的特点。上面提到发展心理学界诸如先天与后天、主动与被动、不断发展与阶段性、开放与终点等争论的理论问题，中国心理学界都是很关心的。如何将争议的观点整合起来，如何将宏观研究与微观研究统一起来，并通过大量实验研究，对各种问题提出新见解，这是很重要的。

第四阶段　创新期：在这个阶段，中国心理学家所做的工作，主要是在研究方法上进行改进和创新，积极寻找适合于我国国情的研究方法。尽管我们的方法没有超出观察、实验、谈话、问卷等一般国外心理学研究方法的范围，但不管在内容上还是在形式上，都要做出改进和创新。大力改进和设计发展心理学的研究方法，使之适合于对中国人的研究是完全必要的。当然，中国心理学家所设计的新方法，其适用范围未必只限于中国人，将来也有可能被外国的心理学家所采用。因此，心理学研究中国化的最终表现，应观其创新的水平，因为此举决定心理学研究中国化的成败。

（二）发展心理学中国化的基本途径

发展心理学，乃至整个心理学中国化的途径是什么？我想用七个字来概括，这就是：摄取、选择、中国化。

1. 摄取　对待外国的发展心理学资料，必须重视，应当摄取其中的营养，用以发展自身。我们要承认，我国发展心理学的研究与外国发展心理学是存在差距的。主要表现在研究课题、研究方法学、具体研究方法和研究手段、工具四个方面。有差距就得学习，就得引进，就得摄取其中的营养。但是，任何一个国家的心理学都带有一种地区性的文化特色，都是含有它的特殊因素的。因此，外国的发展心理学资料，绝非都是我们摄取的对象。

2. 选择　在摄取外国的要素时，绝对不能全盘照搬，而要适当加以选择。所谓选择，意指批评地吸收。我们在摄取外国发展心理学的要素时也应该持这种分析、批评和选择的态度。中国人与外国人既有共同的心理特点，即存在着普遍性；又具有不同的特点，即有特殊性。如果照搬外国儿童和青少年心理发展的年龄特征，势必会失去客观性、真实性，也会影响到我们发展心理学的科学性。

3. 中国化　中国发展心理学，既然有着本民族的特点，这就导致外国发展心理学资料被摄取之后，要经过一个中国化的过程，与中国的特殊性相融合。不管我们学习美国还是学习苏联，最终目的还是要投入中国化的心理学研究。这就要求我们做到扬长避短，也就是说，我们首先应当从方法论角度来分析它们各自的特点，以便在学习和研究时能取其所长，去其所短。在这个基础上，我们在研究中国发展心理学的时候，应加入中国式的想法和看法，把中国的国情，不知不觉地融入自己的研究中，并且在理论和实践上能推陈出新、有所突破。这样，便是发展心理学研究的中国化。

但是，发展心理学研究中国化的目的并非要建立“中国发展心理学”。即使我们有时也提出要建设中国特色的发展心理学，但也绝非是要开创一种“本土发展心理学”。

心理学或发展心理学是一门科学，科学是没有国界的。中国心理学家所做的一切努力，也是为世界心理科学做出贡献。这个观点和发展心理学中国化的设想并不矛盾。因为心理学研究的本土化，主要是各国的心理学者在研究工作中更能做到从研究者本位出发，准确地发现中国人心理活动的特点及规律。只有这样，才能彻底地揭示不同文化背景下人类心理的相同点和相异点，为世界心理学的发展做出贡献。今天，心理学或发展心理学研究的中国化不是太多了，而是太少了。因此我们大力提倡中国化。中国心理学家应该对世界心理学做出创新和贡献。

第三节 发展心理学的研究方法

发展心理学的研究，主要有四个功能：

1. 描述 描述研究对象的特点和状况，这是研究最基本的目的。在进行深入研究之前，正确地描述研究对象的状况是必要的。例如，描述被试的思维水平、在团体中的社交地位及其性格特征等。

2. 解释 解释研究对象的活动过程与特点的形成原因、发展变化以及相互关系等。如果说描述是解决“是什么”问题的话，那么解释就是说明“为什么”。例如，为什么随着年龄的增长，学习外语越来越感到困难？智力发展包括哪几个阶段？各阶段的关系及影响因素怎样？等等。

3. 预测 预测是根据研究建立的某一科学理论，通过一系列的逻辑推理，对研究对象以后的发展变化和在特定情景中的反应做出推断的过程。例如，预测儿童某个行为受到奖励后的重复性。

4. 控制 控制是发展心理学的最高目标，它是根据科学理论操纵研究对象某一变量的决定条件或创设一定的情境，使研究对象产生理论预期的改变或发展。例如，欲促进中小学被试智力发展，可以通过教师在语文、数学教学中加强思维品质的培养，达到智力的敏捷性、概括性、灵活性、创造性等变化和发展。

上述四个功能是层次递进的关系，前一项是后一项的基础。即正确的描述是合理地解释变量关系的基础，只有合理的解释才能产生正确的预测，根据正确的解释和预测才能进行有效而合乎预测目的的控制。实施心理发展的研究，必须根据实际情况选择合理可行的研究目的。发展心理学研究的四项功能，要从研究的特点、原则、设计以及具体的基本方法等方面表现出来。

一、发展心理学研究的特点

发展心理学研究的特点集中表现在它专门研究个体心理如何随着年龄阶段递增而发展变化。也就是说，个体心理与行为的发展是随着年龄变化而变化的各种因素的函数。

（一）年龄是一个特殊的自变量

如前所述，生命全程的心理与行为的变化，同年龄有密切的联系，并表现出心理与行为的连续性与阶段性，形成年龄特征；发展心理学研究的是各种心理与行为的年龄特征。因此，在发展心理学研究中，年龄通常被视为一个特殊的**自变量**（或**自变项**、**独立变量**）（independent variable）。

这里所谓的“特殊”是指这种自变量有别于一般的自变量。因为年龄是一个不可以进行人为操纵或环境改变的变量，因而只有通过相关方法加以改变、操纵。正由于此，心理发展研究在得出结论时，是不能将**因变量**（或**依变项**）（dependent variable）即反应变量的变化完全归于年龄的。而其他有关伴随年龄变化而变化的各种心理活动的整体是导致因变量变化的直接原因。例如，**社会性发展**（social development），研究发现，不能简单得出年龄引起了儿童态度变化的结论。研究结果表明，随着儿童年龄的增长，其形成对他人的观点与看法的能力迅速提高，这种理解他人感受能力的变化则更可能是其态度变化的直接原因。因为它是与年龄变量混淆在一起的，所以在研究中应从一组变量或不同测验的实验数据中，找出在其中潜藏着起决定作用的包括年龄因素在内的共同基本因素。

即使对年龄变量本身，也要做全面分析。因为发展心理学研究的年龄变量有历法年龄、生理年龄、心理年龄和被试自己或他人知觉的年龄等多种变量。**历法年龄**（law age）又称为**实际年龄**（actual age），它是指出生后以实际生活的年数和月数计算的年龄，在发展心理学研究中，一般有三种表达法：①原原本本地表示出年数和月数，如5岁6个月；②**实足年龄**（chronological age，简称CA），如5周岁，指满5足岁生日到6岁生日；③从上1.5岁到这个1.5岁，如5

岁，指4岁6个月到5岁6个月。**生理年龄**（physiological age）是以人体的组织、器官、结构系统和生理机能的生长和成熟程度为指标的年龄。在发展心理学研究某种生理发育现象，例如，青春发育成熟年龄，不同被试的生理年龄是不同的。**心理年龄**（mental age）用某年龄大部分被试能完成的心理作业（如智力作业）题来表示。例如，一道智力作业题，大部分6岁儿童都能完成，5岁儿童只有少数人能完成，那么这道作业题就代表6岁儿童的智力。据此，比奈（Binet，1905）选了30个测验题，按年龄分组，组合成一份智力测验，作为儿童智力发展水平的量表。儿童在这一量表上的得分是以年龄为单位，叫作**智力年龄**（intelligence age，简称IA）。与生理年龄一样，不同被试的心理年龄也是不同的。至于被自己或他人知觉的年龄，完全是一种主观判断，例如有的被试50岁，可能被人知觉为40岁，也有的被试50岁，但被人知觉超过50岁。因此在发展心理学研究中，重要的是全面地把握各种“年龄”的变量，并做出合理的安排。

（二）研究对象的范围跨度大

从新生儿期到老年期，甚至从受精卵开始直到死亡，发展心理学研究范围的跨度是很大的。由于年龄的差距，所以在研究方法学上和具体研究方法的选择上，应该注意两点：一是考虑到年龄特征是指某阶段的特征，不应该去分析生命全程中每一年的变化特征，心理发展也不可能是一岁一个样。二是考虑到研究对象的年龄跨度，所以在方法选择上有很大的差别。不妨举例来说明。

对于年幼儿童被试，研究工作将遇到一些特殊困难，如他们不能理解研究指导语，不能用言语来报告他们的反应和内心感受，他们觉醒状态短，易变，并易受环境影响，心理状态稳定性差，因而常常无法保证实验操作的连续性。难怪连以内省法为主的科学心理学创始人冯特，对年幼儿童发展的研究也是持反对态度和反对观点。因而需要借助一些特殊的仪器、技术和方法来实现。

对于青少年被试，由于其自我意识、独立性的发展和心理的敏感性、闭锁性，要让他们在研究中真实作答、密切配合难度是相当大的，所以也需要采取一些特殊的方法，以便获得客观而可靠的研究结果。

对于中老年被试，由于其心理已经成熟，一般测验在“发展”研究中不可能获得突出的成果，所以即使像皮亚杰这样的发展心理学家，也不曾对中老年思维、智力进行深入的研究。然而，中老年毕竟在儿童、少年、青年的心理基础上产生发展和变化，因此，在对中老年被试研究时，对研究方法，甚至于研究者本身（如研究者的年龄）提出许多新的要求。

总之，由于研究对象差异很大，就要求研究方法复杂多样，必须要适合不同年龄被试的不同特点。

二、发展心理学研究的原则

心理发展研究的基本原则，是心理发展研究工作的指针和研究者所持的态度。以下将依序讨论客观性、矛盾性、层次性、教育性、生态化五项原则。

（一）客观性原则

任何科学研究只有符合客观事物的真实面貌，才能达到真理性的认识。因此，坚持客观的标准是一切科学研究的根本原则，违背了这个原则，就会误入歧途，甚至导致反科学的结论。

既然发展心理学研究的目的在于真实地揭示心理发展的规律，坚持客观研究心理发展时就应注意如下的问题：

①科学研究绝非去论证或说明某一个决策，去附和预先的“结论”，而是为决策提供科学的依据，起先行作用。

②科学研究不允许从“期待”出发，而要从实际出发。那种符合自己“期待”的研究结果则采用，不符合自己“期待”的结果则舍去的做法，是和科学职业道德不相符合的。

③科学研究的评论要客观，对自己和别人的研究，应持同样的评价原则。

总之，坚持客观性原则来研究心理的发生和发展的规律，应从科学家的良心及客观实际出发。

此外，确定客观指标是贯彻客观性原则的重要表现，在确立客观指标方面有以下三个特点：

①客观指标包括常模、研究范围、课题性质、试题测定的根据、记分或评

定成绩的依据及其注意事项等。

②客观指标显示为心理的各种外部表现，如行为、活动、语言、作品等，它能够被研究者测定（包括用仪器测定）和分析。

③客观指标以发展参数为依据。通过这种指标所获得的成绩、数据、等级、水平来表现心理发展的时间、速度、阶段性和稳定性等发展参数。

这些特点，是所有确定心理发展研究的课题指标时应该考虑的。

（二）矛盾性原则

从《矛盾论》（毛泽东，1937）中可知，矛盾应是普遍性与特殊性的统一，共性与个性的统一。而发展心理学主要研究人的心理发展的规律和各年龄阶段的心理特征，心理发展年龄特征的稳定性和可变性都是相对的，而不是绝对的。随着各种条件的不同，年龄特征在一定范围或程度内，可以发生某些变化，但是这些变化又是有限的，而不是无限的。我们可用图 1-1 来表示这两者的关系。如图所示，人的心理发展的年龄特征的稳定性和可变性的关系，是共性和个性的关系，它反映了年龄特征与个别差异的具体年龄关系。可见，在人的心理发展过程中，既有一般性和普遍性，又有特殊性和个别性，并统一成整体，互相依赖、互相制约，这就是人的心理发展规律的突出表现。因此，在心理发展的研究中，必须坚持一般与个别性结合的法则。

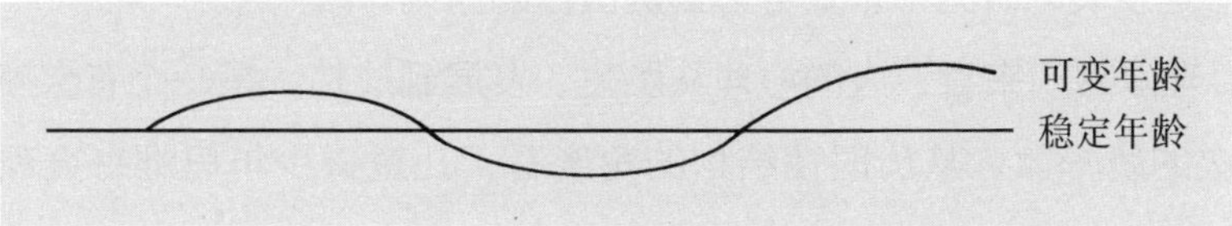

图 1-1　心理发展年龄特征的稳定性与可变性

《矛盾论》又指出“*差异就是矛盾*”（毛泽东，1937），意指事物发展存在着不平衡。所以，我们在研究心理发展时，应考虑心理发展的不平衡性，即做到具体问题具体分析。以思维发展为例，这种不平衡性，表现在不同的问题上有不同的思维能力，不同的活动上有不同的最佳思维水平。这种思维发展的不平衡性产生的原因有三：一是来自问题的情境不同，问题情境不同时，问题的性质、数量、种类和难度就不一样，于是解决问题的水平也出现不平衡性；二是来自思维的主体，个体特点的差异，就会给问题情境及其解决水平带来不平衡性；三是来自活动的差异，这也是造成问题情境及其解决水平不平衡性的重要因素。

问题情境的不平衡性使得主体有选择地考虑问题，他们的思维表现出一种倾向性。对于自己活动比较频繁的领域中遇到的问题，对于自己感兴趣的问题，对于环境和教育中提出的必须解决且无法回避的问题，他们思考就多些；而对于另一些问题则可能考虑得少些，甚至不考虑。思维发展的不平衡性就成为人的思维和能力发展的重要特征之一。因此，在思维和智力发展研究中，从设计到具体方案的实施，都要考虑到这种不平衡性。同样地，任何心理现象发展的研究，都要根据心理发展的不平衡原则，只有这样才能使我们的心理发展的研究设计更为完善、更为合理，才能使我们获得的结果更可靠，更富有时代性。

（三）层次性原则

心理发展是分层次的。智力发展也是分层次的，智力的低常、正常和超常，分别表现为从低到高的趋势，属于两极端者人数较少，属中间者人数较多，形成“常态分布”的曲线。品德发展也是分层次的，它比智力更复杂，呈现出不同特点、水平和等级，不同人的品德存在着很大的差异性或区别性，因此，在心理发展的研究中，要考虑到层次性的原则。

从心理发展观来看，人的心理从发生、发展到成熟，是一个有次序的、具有多层次的统一体。从历时性结构的角度看，儿童青少年思维有直观行动思维、具体形象思维、抽象逻辑思维等阶段；儿童青少年品德有适应性、两义性、情境性、协调性、动荡性、成熟性等阶段。不同阶段的思维形态或品德形态具有本质的差别，表现出不同的功能。人的心理就是按诸如此类的顺序由低层次向高层次发展。但是我们必须看到，这种发展绝不是以高一级层次逐步取代低层次，低层次的心理形态从此就销声匿迹的方式进行的，而是以低层次心理形态作为高层次心理形态发展的基础，高层次心理形态的出现和发展，又反过来带动、促进低层次心理形态不断由低水平向高水平的方向发展。由此可见，每一层次的心理形态都有其发生、发展的过程，它们之间是互相影响、互相促进、互相制约、互相依存的。

从心理发展的层次性原则来看，人的心理应有深层与表层结构之分。所以我们既要研究人在思维过程中所遵循的思维法则（深层），又要研究运用这些法则解决各种实际问题的各种表现形式（表层）；我们既要研究人的道德动机（深层），还要研究道德行为方式（表层）。

（四）教育性原则

发展心理学，特别是儿童心理学的研究任务，首先是要以它自己的原理来为教育服务。

一切发展心理学的研究，必须符合教育的要求。不允许进行损害被试，尤其是损害青少年被试身心健康的研究，不允许向被试呈现与教育目的相违背的任务和信息。

发展心理学史上曾有损害儿童青少年被试身心健康的例子。典型的是行为主义儿童心理学所进行的关于儿童惧怕的研究。

被试是医院抚养的阿尔伯特，年龄为从 7 个月到 11 个月。在第一次试验中，主试突然给被试一只白鼠，他没有显示出惧怕反应，他开始伸出左手去摸白鼠。正当他的手触及这只小动物时，一根钢棒尖锐的敲击声音使他吓了一跳，他很快将脸躲在被子里面。当白鼠第二次出现，被试再一次去触及它的时候，钢棒再一次敲响，使他又被吓一跳，并开始哭泣。为了不过分地伤害孩子的健康，实验停止一周。一周后，这只白鼠在没有钢棒响声的条件下出现，虽然被试盯着白鼠，但他没有去接近它的倾向；当白鼠被放在他的旁边时，他却缩回了自己的手。明显地看出白鼠和棒响之间已建立了联系。接着又做了几次这样的白鼠和棒响的联合刺激。在第五次呈现联合刺激后，单独呈现白鼠，被试一看到它就啼哭起来，并急忙从那里爬开。之后，进行了一次检查，即使呈现以前没有引起惧怕的兔子和白面具，被试此时也反应强烈。

这个研究，显然是不利于被试身心健康发展的。因此，我们认为，发展心理学的任何研究方法，都要经过筛选，要考虑到其是否有利于被试身心健康，有利于被试的心理发展，有利于教育，甚至研究方法本身就是教育的手段。

（五）生态化原则

理论联系实际已成为国际心理学研究发展的一个新趋势。20世纪80年代后在西方心理学界，出现了一种**生态学运动**（ecological movement）。所谓心理学的生态学运动，就是指发展心理学研究领域中，出现的一种强调在自然与社会的生态环境中重视研究被试心理特点的普遍倾向。

人类是在实际自然与社会生态环境中成长起来的，人类的心理发展不可避免地受到社会环境中各种因素的影响，而这些因素之间又是相互作用、相互影响的，是一个完整的系统。人类心理发展水平、特色和变化，都是该系统中各种因素相互作用的综合效应。因此，在心理发展研究中，应该将被试放到现实的社会环境中加以考察，只有从他们和社会的相互作用中，从社会环境各因素的相互作用中考察，才能揭示他们心理变化的规律。对此，西方心理学界的研究者们已予以高度重视。他们普遍认为，只有走出实验室，到现实生活中去，在真实的社会环境、学校环境和家庭环境中研究真实被试心理发展与变化，才能保证发展心理学的研究结果有较高的价值。例如，在西方，近年来关于动机的研究，有许多是在实际的教育情境中进行的。这实际上是提倡加强自然实验。

强调生态化原则，丝毫不反对实验室的实验。同时，坚持生态化原则，坚持在实验生活中研究被试的心理发展时，不仅要和实验室实验相配合，而且应该提倡自然实验研究的科学性，并考虑以下几个问题：第一，强调两种效度，即**外部效度**（external validity）和**内部效度**（internal validity）；第二，注意准实验设计；第三，改进观察的手段；第四，重视因素分析。

三、发展心理学研究的设计

发展心理学研究设计的内容涉及的方面很广，广义地说，研究者需要根据研究目的，选择研究对象，经过周密的思考而制订出包括最后如何分析搜集到的数据在内的整个研究工作的具体计划和安排。诸如选择研究方法与设计方式，确定研究量与观测指标，选择研究工具与材料，制定研究程序，选择研究环境，考虑数据整理与统计分析的方法等。其重点是如何实施研究，并对其做出比较详细的规划，这与心理学各分支的研究有相似之处。但发展心理学研究设计的特殊处，主要表现在横断研究、纵向研究和系列交叉研究的三种设计上。因为心理发展既是共时性的，又是历时性的，所以，从研究时间的延续性来看，发展心理学可以区分为横断研究和纵向研究。此外，近十几年来兴起的还有微观发生研究的设计、行为遗传学和基因研究的设计。

（一）横断研究的设计

横断研究（cross-sectional research）就是在同一时间对某一年龄或几个年龄被试的心理发展水平进行测查并加以比较。例如，我们主持的23个省份在校青少年思维发展的研究，就属于横断研究。在同一时间对23个省份不同类型的学校（包括省级重点学校、城市一般学校、农村中学）初一、初二和高三学生共17000多名被试进行形式推理、形式逻辑法则和辩证逻辑思维的发展水平的测查并加以比较研究。

目前，大多数发展心理学的研究都是采用横断研究方法。这种方法的优点是能够在较短的时间内发现同一年龄或不同年龄心理发展的不同水平或特点，并从中分析出发展规律。它的缺点是时间上无系统，比较粗糙，因而不能全面反映问题，难以得出个体心理的连续变化过程和事件间的因果关系，因此，它不能获得全面、本质的结论。

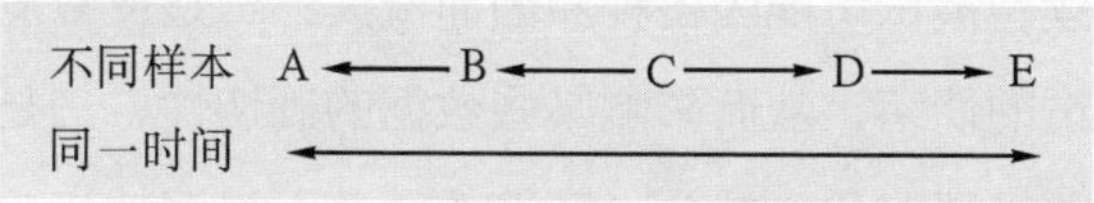

图1-2　横断研究设计的图式
（引自王重鸣，1990）

（二）纵向研究的设计

纵向研究（或**纵贯研究**）（longitudinal research）就是在比较长的时间内，对人的心理发展进行系统的定期研究，故也叫作**追踪研究**（tracking research）。发展心理学运用纵向研究，即追踪，这是发展心理学在研究方法上的一个特色。科学儿童心理学的奠基人普莱尔是最早运用系统追踪观察法纵向研究儿童心理的一位心理学家。在其关于他儿子三年心理发展的报告里，记录了深入细致的观察材料，这就是所谓的“儿童传记”。他一天三次地长期全面观察，观察里面有实验研究。普莱尔运用纵向研究的系统观察法，完成了儿童心理学的研究工作，并编成《儿童心理》（Preyer，1882）一书。该书成为世界上第一部儿童心理学的经典著作。

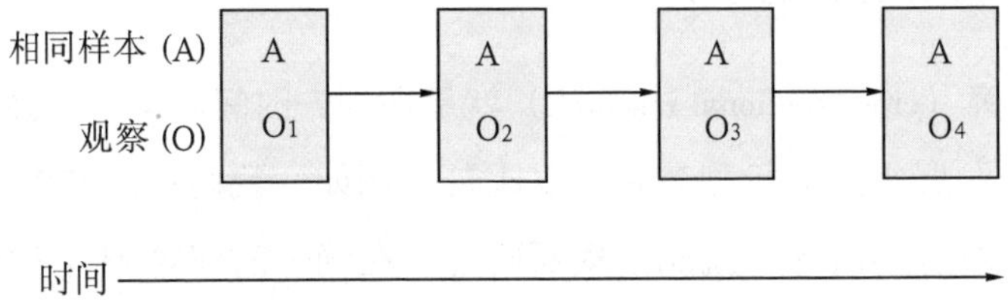

图 1-3　纵向研究设计的图式

（引自王重鸣，1990）

纵向研究要求在所研究的发展时间内反复观测和测量同一组的个体，它可以得到关于同一组个体的前后一贯的材料，了解其心理在时间上的实际变化。因此，它的优点是能系统地、详细地了解心理发展的连续过程和量变质变过程的规律。

但是，过去纵向研究用得不多，其原因大致有三点：一是样本的减少，随着研究时间的延续，被试可能因各种原因而流失；二是反复测查可能影响被试的发展，影响被试的情绪，从而影响某些数据的确切性；三是时间限制的普遍性，即长期追踪要经历时代、社会、环境的动荡而普遍地造成变量的增多。近年来，纵向研究却受到空前的重视，并成为发展心理学研究方法演变的一个重要方面，其主要原因是随着心理发展研究的深入，人们日益重视心理发展的连续性、系统性的研究；重视心理发展过程中因果关系的揭示（如先前经验、经历、环境、水平等对以后发展的影响）；重视对心理发展机制的探讨。这些都是用横断研究所不能探讨的。与此同时，现代统计方法的进展和计算机的应用，使得研究者对纵向研究结果的分析更加科学，可以揭示出更多的信息，克服纵向研究中的一些不足，这是纵向研究得以广泛运用的另一个原因。

（三）系列交叉研究的设计

横断研究与纵向研究各有其优缺点，我们要灵活运用横断研究和纵向研究，使其互相配合，取长补短，并考虑多种变量，特别是教育因素的影响，这就是我们提出的“动态”研究方法，这种方法又叫**系列交叉研究**（serial-cross-sectional research）。我们对小学儿童数概念与运算能力发展的研究（1984），对少年儿童语文能力发展的研究（1987），都是采用这种“动态”研究方法。

在对小学儿童数概念与运算能力发展的研究中，先采用横断研究方法，分别在低、中、高三个教学班进行一段时间的初步调查了解、预试的基础上设计出研究指标、材料和措施。然后采用纵向方法，对一至三年级450名被试进行观察和实施问卷测量，并以课堂测验或数学竞赛的方式出现，由数学教师为主试，使用同一指导语，追踪三年，进行多次测定。还可以进行培养实验，训练其思维品质。但这三年的纵向研究，追踪的是三个年级的被试。这样，利用三年时间研究完一至五年级全部追踪任务，这就是系列交叉研究的设计，以获得小学儿童数概念与运算能力发展的比较详细的结果。

下面是我们提出的对6～15岁儿童少年开展语文能力研究的系列交叉设计（参见图1-4）。

第一年	第二年	第三年
……→ 6～7岁组…………→	7～8岁组 …………→	8～9岁组…→
……→ 8～9岁组…………→	9～10岁组…………→	10～11岁组…→
……→ 10～11岁组…………→	11～12岁组…………→	12～13岁组…→
……→ 12～13岁组…………→	13～14岁组…………→	14～15岁组…→
————————→	————————→	————→ 时间

图1-4 系列交叉设计的图式

在这个6～15岁被试语文能力发展的研究中，我们通过对四个组三年的追踪的纵向研究，企图探索个体九年心理发展过程及年龄特征。

我们认为，这种研究有四个好处：

①克服横断研究与纵向研究各自的不足之处，吸取它们各自的长处。这种方法发扬纵向研究的系统、详尽的特点，克服横断研究粗糙的不足，使我们能

掌握心理发展的连续过程及其特点；发扬横断研究较大面积测定的优点，加强统计处理，克服了纵向研究样本少、时间限制等问题。

②将心理发展既作为特殊的运动形式，又看到其共同之处，从而横向延伸到各个年龄阶段，通过追踪的方法研究，以获得心理结构、属性、规律发展的较全面的资料。

③将共时性和历时性统一起来，采用静态和动态相结合的原则缩短了长期追踪的研究时间。

④充分了解教育与心理发展的关系，通过将有一定实验措施的被试的追踪研究结果与横断研究结果相比较，以其差异性来说明教育在心理发展的年龄特征上的作用。

由于心理发展是一个复杂的过程，如果只靠静止的、一两次或几次的横断测查的心理发展研究，在科学上会存在一定的问题，因此，必须把横断研究和纵向研究结合起来，采取系列交叉的设计方法，让整个研究处于“动态”之中，既使两种方法取长补短，又考虑到教育与发展的关系。这样一方面可以分析某心理现象发展的一般趋势，另一方面又能挖掘心理发展的潜力和可能性，以提高研究的科学性，并为教育工作提供可靠的依据。

（四）微观发生设计

微观发生法（microgenetic method）是一种对认知变化进行精细研究的方法，在较短的时间内让被试接受重复的实验，研究者根据反复观察测量，推断产生量变和质变的过程（Siegler & Crowley，1991；辛自强 & 林崇德，2002）。与年龄跨度较大的纵向研究和横断研究相比，微观发生研究能够更精确地考察短暂的认知阶段转换。

在20世纪中期，心理学家维尔纳（Heinz Werner，1890—1964）最早提出微观发生这一概念。他给被试重复呈现高度相似的音调，发现这可以提高被试的声位差异知觉能力。著名发展心理学家维果茨基（Lev Vygotsky，1896—1934）也赞成采用微观测量来考察发展变化。从20世纪末开始，微观发生研究的数量迅速增长。目前，研究者采用微观发生法考察了心理发展的多个方面，涉及数学、推理、注意策略、记忆、心理理论、抑制控制等。例如，杭州师范大学的研究者连续10天考察了幼儿园儿童欺骗能力的发展变化（Ding, Heyman, Fu, Zhu, & Lee, 2017）。再例如，我们采用40局扑克牌游戏考察了大学生问题解决的惯例表现及其从无到有的过程（张梅，辛自强，& 林崇德，2013）。

作为推广微观发生法的代表人物之一，西格勒（Robert Siegler, 1949—）提出了微观发生法的三个基本原则和五个维度。三个基本原则包括：第一，观察必须跨越从变化开始到相对稳定的整个阶段。第二，观察的密度必须与变化率高度一致。第三，为了解发展变化过程，必须对所有观察的行为进行精细的反复试验分析。五个维度包括变化的路径、速率、宽度、差异和来源。但是，微观发生法的缺点在于，反复测量费时费力，需要对大量口头报告进行编码，而且统计方法较为复杂。

（五）行为遗传学和基因研究设计

传统的**行为遗传学**（behavioral genetics）采用双生子研究、收养研究、家系研究等方法，考察先天遗传与后天环境对心理发展的影响。在双生子研究中，研究者假设同卵双生子具有几乎相同的基因，而异卵双生子具有一半相似的基因，通过实际测查同卵双生子与异卵双生子在心理特质上的差异，以结构方程模型考察遗传和环境对该心理特质的影响。著名行为遗传学家普洛闵（Robert Plomin, 1948—）采用双生子研究方法，考察了多种心理特质的遗传力及其随年龄增长的变化。目前，国际上有多个大型的双生子登记中心（van Dongen, Slagboom, Draisma, Martin, & Boomsma, 2012）。我国中科院心理研究所创建的双生子库是国内最早的行为遗传学样本库。

随着近年来**基因分型**（genotyping）技术的快速发展，研究者采用**全基因关联分析**（genome-wide association study）方法，从个体差异角度考察携带不同基因型个体心理特质的差异。在全基因关联研究设计中，研究者通常采集被试的血样或唾液，在提取DNA后，采用基因芯片，考察个体基因组中上百万个单核苷酸多态性的分子遗传标记，在全基因组水平上进行基因型与心理行为的关联。

基因与行为关联研究设计对样本量和可重复性有较高要求。例如，研究者采用三个探索样本和三个重复样本，考察了总共约18000名6～18岁儿童智力与全基因组的关联，发现儿童智力水平由多个基因决定，并且FNBP1L基因与儿童智力有关联（Benyamin et a1.，2014）。近年来，研究者趋向整合已有的多个全基因关联研究的大样本结果进行再次统计，即全基因组关联研究的**元分析**（meta-analysis）。而且，研究者开始关注**表观遗传学**（epigenetics），考察环境如何影响基因和基因的表达，进而影响人类的心理行为特质。

四、发展心理学研究的基本方法

发展心理学的研究方法很多，主要有观察法、谈话法、临床法、问卷法、心理测验和实验（实验室实验和自然实验），以下分别论述之：

（一）观察法

观察是指有目的、有意识且长时期的一种知觉活动。在科学研究中，运用观察可以获得要认识事物的事实材料。因此，观察成为科学研究的一种方法。**观察法**（observational method）是指有目的、有计划地对某一事物进行全面、深入、细致的观察，从而揭示这种事物本质和规律的一种方法。

由于观察的目的不同，可以分为各种不同的观察法。

从观察的时间上可以分为长期观察和定期观察。**长期观察**（long observation）是在比较长的时期（一般可以长到几个星期、几个月或若干年）内连续进行的系统的观察。很多心理学家对儿童心理发展所写的日记或所做传记的记录和分析，就属于这种观察法。前面提到达尔文的《一个婴儿的传略》、普莱尔的《儿童心理》和我国陈鹤琴的《一个儿童发展的程序》等都属于这类观察研究的结果。**定期观察**（regular observation）是按一定时期进行的观察。例如，为了研究学前儿童游戏活动的心理特点，可以每周观察一两个小时，如此观察若干次，到一定时期，把记录的资料加以整理分析。至于如何“定期”，那要看具体的课题而做具体的安排。

从观察的内容上可以分为全面观察和重点观察。**全面观察**（overall observation）是观察被试在一定时期内全面的心理表现。全面观察由于涉及的项目比较多，因而观察的时间常常是比较长的。例如，幼儿园内学校教师为了给儿童做出正确的人格鉴定而进行全面的观察，就属于这一类。**重点观察**（key observation）是有重点地观察被试在一定时期内某一活动（游戏、学习、劳动等）或某一活动过程中的某一环节（或几个环节）的心理表现。例如，观察不同年龄儿童青少年上课时的特点或在集体活动中的心理特点。

作为发展心理学的研究方法，观察是以获得经验事实为目标，它具有如下的主要特点：

①科学观察是一种有目的性的感知活动。

②任何观察过程都包括观察者和被观察者两种角色。

③观察离不开语言的作用。

④在观察过程中须利用观察仪器。

在承认观察法重要作用的同时，还必须指出观察法有一定的局限性。从观察者方面来看，不仅有前文提到过的生理局限（感官功能的局限）和知识、经验或理论方面的局限，而且也有来自观察仪器认识功能的局限，因为心理发展的大部分特点无法在观测仪器上显示出来。从被观察者方面来看，由于被观察者是人，人的主观能动性必然会使外在的言行和内部心理活动存在着差距。而观察所获取的经验事实，往往是被观察者外在言行的材料，这势必使观察者无法兼顾内部心理活动的探察。

观察法是一门专门技术。一个完善的观察要求研究者必须注意到：明确目的，了解意义；情境自然，客观进行；翔实记录，便于整理；正确理解，由表及里的分析。

（二）谈话法

谈话法（或**访谈法**）（interview method）是通过谈话来了解被试心理发展的一种方法，因为言语是人的心理活动及其发展的重要的外部表现之一。谈话法在发展心理学中运用得比较普遍，皮亚杰的临床法，实际上也属于谈话法的范畴，是一种特殊的谈话法，即谈话加实验法。

谈话法的核心问题是根据主试与被试的交谈，进而从中收集资料、分析结果、做出结论。于是，这种方法必然涉及下面几个方面的问题：①被试的选择应根据研究的问题来进行。②谈话法是否成功，其关键是把握谈话的方向，使谈话自始至终都围绕调查的目的进行。③谈话法讲究谈话的艺术。因为谈话应当根据研究的目的来谈，谈话的内容必须是被试能够回答和乐于回答的问题，并能从中分析其心理活动，谈话者在谈话中还要机智，能随时提出发现被试心理特点的问题；谈话结果也需要谈话者及时地记录和整理。④谈话法的直接器材是录音机或录像机，现代化的语言实验室，是通过对话来进行的，这能对个别进行的“谈话法”加以扩充。

（三）临床法

皮亚杰的**临床法**（或**诊断法**）（clinical method），其实质是谈话法，采用的是自然主义的观察、测验和精神病学的临床法的合并运用。不过，皮亚杰对临床法也不断进行改进。最初只是单纯的口头交谈；随后是以口头交谈为主，辅以摆弄或操作实物；最后修订了的临床法是以操弄实物为主，辅以口头问题，把操弄实物、谈话和直接观察结合起来。

临床法主要研究思维发展的课题，其特点是：

1. 生动有趣的实验 所谓操弄实物的物理小实验，实际上是一整套由浅入深、从易到难的具有实验设备的实验研究。例如数目对应、液体守恒、面积守恒、容积守恒、三座山测验、看不见的磁力、辨别液体、颜色的组合和投影实验等（见第四章）。

2. 合理灵活的谈话 在皮亚杰的临床法中，谈话占相当显著的地位。谈话中所获材料的丰富性和客观性，在很大程度上依赖研究者的机智和谈话的技巧。皮亚杰在临床法中，运用了合理、灵活和恰当的谈话，被试也愿意积极配合。因此，这种临床法也是一种艺术，是一种提问的艺术。

3. 自然性质的观察 皮亚杰认为，要了解儿童的智力或思维机制，必须从结构整体的理论出发，从整体去研究儿童，像病理心理学研究精神病人一样，因此他特别强调实验的自然性质。他的临床法在一定意义上说，是一种自然主义的观察。

4. 新颖严密的分析工具 皮亚杰把数理逻辑引进到心理学的研究工作中来，把数理逻辑作为分析儿童思维或智力水平的工具。所谓数理逻辑，就是研究推理过程的形式结构和典范规律的学科。因为数理逻辑大量地借用了近代数学中的方法，并且也是受数学基础问题的研究影响而发展起来，因此应将它看成是数学与逻辑学之际的边缘科学（朱智贤 & 林崇德，1986）。皮亚杰认为，数理逻辑的语言是一种形式的语言，在智力心理学的研究中，可以作为普通语言的补充，在分析思维或智力发展的不同阶段所发现的思维结构上，具有规范化，故对理论和实际都具有价值（Piaget，1950）。这是皮亚杰研究方法的一个独特之处。

（四）问卷法

问卷法在心理学研究中是一种相当古老的研究方法。所谓**问卷法**（questionnaire method），就是把所要研究的主题分为详细的纲目，拟成简明易答的问题，印刷成册，分寄给各地有关人员请求其尽力据实答复，或与学校的考试、测验、竞赛结合起来，让学生尽力完成，然后根据收回的答案，经过统计处理或文字总结，以解决问题的一种方法。

问卷形式的分类较复杂，一般来说可以分为两类，一是按问题分类，二是按问卷对象分类。

问题形式分为开放式和封闭式两种。每一种又都有许多种具体的表现形式。开放式包括自由回答式和言语联想式。封闭式则包括正误式、多种选择法、排列顺序法和评分法。

根据问卷对象分类，问卷可以分为个别问卷、团体问卷和邮寄问卷。

在发展心理学的研究中，问卷法占有一定的比重。但在研究中，采用问卷法必须谨慎，并应该注意下述的几个方法：①心理发展的问卷试题，其量不宜过少，但必须紧紧围绕所研究的主题。②问卷的试题，内容要生动活泼，有情有趣，使被试既愿意积极配合，认真回答，又不明白研究者的意图，无法猜测敷衍。③大规模的问卷，必须先进行预试的工作。④问卷的内容形式，应以封闭式为主，开放式为辅。

（五）心理测验

心理测验（psychological test）是对心理现象进行“量”和“度”的重要工

具。它孕育于英国，起始于法国，兴盛于美国，扩展于全世界。

1. 心理测验的性质 心理测验是测量人的智力、能力倾向或人格特征与个别差异的工具。它由能够引起并测量典型性行为的一些题目构成，这些测验题目是用以测量的准尺，叫作**量表**（scale）。即心理测验只是一个行为样组，要依据这个行为样组来推论个别差异。它和一般的考试不同，它的每一道试题都要符合标准化的要求，具有一定的信度和效度。因此，它是比较客观的。

2. 心理测验的种类 心理测验是多种多样的，可以按不同的标准加以分类，以下是常见的分类方法：

按测验的功能分类，有能力测验、学业成就测验、个性（人格）测验。

按测验的方式分类，有个别测验和团体测验。

按测验的材料分类，有文字测验、非文字测验。

按测验的目的分类，有描述性测验、诊断性测验、预示性测验。

按测验的要求分类，有最高行为测验、典型行为测验。

按测验的应用分类，有教育测验、职业测验、临床测验。

按被试的年龄特征分类，有婴幼儿测验、成人测验和老年人测验。

3. 心理测验和应用的发展 心理测验理论的发展大致可以分为两个阶段：第一阶段是**经典测验理论**（或**古典测验理论**）（classical test theory，简称CTT）阶段（从19世纪末到20世纪50年代）；第二阶段为多种理论并存阶段（从20世纪50年代至今），在这一阶段，除经典测验理论外，还有**项目反应理论**（item response theory，简称IRT）、**潜在等级分析理论**（latent class analysis theory）、**概化理论**（或**推论力理论**）（generalization theory）等。在应用方面的进展，心理测验在心理学理论研究方面的应用包括认知相关、认知成分和认知训练。在教学应用方面的进展包括对操作水平进行诊断、专门技能及其发展过程的测定和理解以及改进学生的学习能力。在董奇教授和我（2011）所主持的科技部“中国儿童青少年心理发育”课题的研究中，认知能力测验包括注意能力测验、记忆能力测验、视知觉—空间能力测验与推理能力测验；学业成就测验包括语文成就测验和数学成就测验。且既有团体施测，又有个体施测。

（六）实验室实验

所谓**实验室实验**（laboratory experiment），是指在特别创设的条件下进行的实验，有时要利用专门的仪器和设备。在过去和现在，研究感觉、知觉、记忆和思维等心理过程发展特点所采用的方法常是实验室实验。而且，在社会化发展的研究中，实验方法也越来越受到研究者欢迎。受欢迎的原因与其特点有关。

1. 实验室实验的主要特点 研究者采用实验室实验方法研究各种心理过程发展的特点及各种心理现象，其主要原因就在于实验室实验能够精密地控制实验条件，使研究者获得所需要的解决问题的答案。这是实验室实验的最大优点，也是它受到研究者青睐的原因。这个研究方法具体有以下特点：随机取样和随机安排被试，对实验情境和实验条件能进行严密控制；实验结果的可量化，记录非常客观、准确；使用大量的实验仪器。

2. 发展心理学实验仪器 实验仪器的使用对发展心理学的研究有极大的帮助。随着发展心理学研究的深入，研究者越来越多地借助现代化的实验仪器和技术装备，如录音、录像、电子计算机、现代化儿童青少年观察室、实验室等，特别是最近几十年来，随着认知神经科学与发展心理学的结合，电生理测量方法（脑电图、脑磁图及生理多导仪等）、脑功能成像方法（磁共振成像、近红外光学成像fNIRS）、经颅磁刺激和生化指标测量技术进入了发展心理学实验室，这对于深入研究人的心理发展是有帮助的。所有这些都使得研究方法处于越来越重要的地位。计算机系统在心理实验中，一是用于操作实验，控制刺激，记录反应；二是用于建立数据系统，存储数据；三是用于对实验结果的数据进行分析、检索和统计处理，这就有力地促进了发展心理学研究的自动化过程。录影系统主要用于对儿童与青少年活动、行为的观察、记录，以及事后进行深入细致的分析。这些分析工作主要是靠电子计算机对图像进行分析和处理，以提取研究者所需要的资料。心理生理方法对心理发展及其脑机制的发育变化进行了深入探讨。这些仪器的采用，使得实验研究现代化，大大提高了发展心理学实验研究的水平。但是，并不是只要采用现代化实验仪器就能有助于实验研究，这要视所进行研究的实际情况而定。例如，研究思维类仪器包括天平、概率研究仪和投影仪，研究记忆类仪器包括速示仪，研究情绪类仪器有视崖，等等。这些虽是常规的研究器材，但这些器材在实验研究中也是相当重要的。

（七）自然实验

所谓**自然实验**（natural experiment）是指在被试日常生活活动（游戏、学习、劳动）的自然情况下，引起或改变影响他的某些条件来研究其心理特征的变化。许多研究，比如社会化发展的许多研究都只能在自然的情境中进行，而不是在特别创设的实验室中进行，否则就会使研究的问题失真。

自然实验一经在发展心理学研究中使用，便受到了研究者的欢迎。特别是近些年来，心理学研究兴起的“生态学运动”的趋势，更使自然实验受到研究者的重视。发展心理学研究中越来越多地采用自然实验方法。之所以如此，自然与此种方法自身的优点有密切的关系。

1. 自然实验的主要特点 自然实验兼备观察和实验室实验的优点。它把实验研究和日常活动密切结合起来，能反映个体心理行为发展、变化的真实情况，能够从种类不同的被试样本中获得资料，从而获得更为广泛、可靠的结论。被试的选择、分配并非随机进行，往往以现成的班级、小组、群体或个体为研究对象；涉及的变量（包括自变量和因变量）较实验室为多。

2. 自然实验的种类 一般来讲，自然实验可以分为两种：一为自然实验，二为教育实验。

（1）一般来说，自然实验从它的基本设计形式来看，可分为三种：即单组实验设计、等组实验设计和轮组实验设计。所谓**单组实验设计**（single-group design），是指研究者只选择一组被试并让他们只接受一种实验条件（X），然后进行后期测量或进行观察并得到某一分数或结果（Y），最后答出Y是X造成的结论。所谓**等组实验设计**（equivalent-group design），是选择实验的几种条件分别对各个等组（每个组的被试变量对实验影响的效果相等）进行实验的程序设计。等组实验设计较多，常见的是研究者把被试随机分配到实验组（A）与控制组（B），然后对实验组给予实验条件（X），而对控制组不给予实验条件，所谓控制组即控制该组不使用实验条件，最后对两个组进行同样的测量并对比A与B两组测定的结果（Y），从而分析实验的效果（即A组与B组的差异）Y与X的关系。为了更好地分析实验条件与实验结果之间的关系，让A组与B组轮流当实验组与控制组，这就是**轮组实验设计**（alternating-group design）。对A组先给予实验条件（X），对B组不给予实验条件，对比两组的结果，然后对B组给予实验条件（X），对A组则不给予实验条件，再对比两组的结果，最后分析实验条件（X）能否造成实验效果（Y）的事实。自然实验的这三种实验设计，各有其优点和缺点，实际使用时可根据实验的不同要求进行选择。

（2）**教育实验**（educational experiment）是自然实验的一种特殊的形式。所谓的教育实验就是把被试心理的研究与一定的教育和教学过程结合起来，从而研究被试在一定教育和教学过程的影响下，某些心理过程或个性品质形成和发展的规律。教育实验所采用的形式一般就是自然实验所采用的形式。教育实验已成为国际发展心理学研究的一个新趋势。教育实验越来越受到人们的重视和欢迎。究其原因，主要是教育实验把发展心理研究和教育实践紧密地结合起来，使其研究结果可以直接为教育实践服务。

第四节 发展心理学的进展与展望

回顾发展心理学的发展历程，我们可以发现，从1882年普莱尔出版《儿童心理》算起，在100多年的历程中，发展心理学有了长足的进步，特别在近几十年来，发展心理学的进展更为迅速，其特色就是从传统对儿童、青少年的研究，扩展到对个体生命全程中心理发展规律的探索，可以说，发展心理学是当今心理学领域中最具活力的研究领域之一。对此，我们可以从以下几方面进行一个简单的梳理。

一、发展心理学研究体制的进展

考察一门学科的发展变化，必须从其总体结构或研究体制着眼，方可辩证地把握学科发展的全局（林崇德，2005）。在考察发展心理学研究体制的进展时，我们可以从横向和纵向两个角度加以分析。

（一）研究体制的横向整体化变化

所谓发展心理学研究体制的横向整体化，主要涉及发展心理研究的广度与范围问题。分析近几十年来发展心理学研究体制的横向整体化变化，主要表现出两个特点：其一，发展心理学领域中不断产生新的交叉学科；其二，发展心理学的研究越来越向个体生命的两极延伸。

1. 新的交叉学科不断出现 近年来，在发展心理学研究领域中有许多新的交叉学科纷纷出现，这种现象的产生既有其深刻的历史原因，也有其特定的现实背景。从历史原因上说，人类对世界的把握存在两种形态，一种是整体化的综合性把握，一种是个别化的分析性把握，这两种形态是相互依赖、辩证统一的。作为人类对世界认识的结晶，当今的科学发展表现出在高度分化、高度专门化基础上的高度整体化的特征，新兴的边缘科学或交叉学科的出现便是这种特征的具体体现。从这个意义上说，发展心理学领域中交叉学科的出现，正是由科学发展的大趋势所决定的，是发展心理学研究深化的必然结果。从现实背景来看，实践是推动学科发展、促进学科进步、产生新的学科的内在源泉和根本动力。随着社会经济的发展、人类文明的进步，“认识你自己”逐步成为人类共同的梦想，保持良好的心态、精神愉悦的生活成为现代人共同的需求，这也是发展心理学研究的范围不断扩展，新兴的交叉学科不断出现的外在原因。

发展心理语言学（developmental psycholinguistics）就是近年来在发展心理学领域中出现的一个新的交叉学科。发展心理语言学这个概念由美国心理学家麦克内尔（McNeill，1966）首次使用并做了理论阐述。从那时起，经过数十年的发展，这一学科已经逐渐成熟，成为一门基本独立于心理语言学的学科，为个体心理发展研究开辟了一条新的研究思路。这个学科的产生，源于乔姆斯基（Avram Noam Chomsky，1928—）的**心理语言学**（psycholinguistics），在20世纪60～70年代，部分发展心理学家有感于乔姆斯基理论的局限，对乔氏理论在两个方面进行了重大的修改：①把以句法为核心转变为以语意为核心，认为语意是儿童语言的中心成分；②改语言的先天获得性为社会制约性，认为儿童的语言发展是受社会背景制约的。由此，发展心理语言学逐渐独立于心理语言学而成为独立的分支学科。也正因如此，发展心理语言学主要研究两方面的问题：其一，儿童早期言语的内容及其背景；其二，个体早期言语的社会化问题，并形成了一些颇富新意的理论。

发展心理生物学（developmental psychobiology）是发展心理学与心理生物学的结合，它正式形成的标志是1968年美国一批心理学家创办了《发展心理生物学》杂志。从那时起至今，发展心理生物学已由萌芽状态逐渐发展成形，成为发展心理学领域中一个独具特色的专门学科。它围绕个体生命全过程中的行为、心理形成的基础而展开研究，其研究内容主要包括四个方面：第一，幼儿的能力；第二，智力的遗传性问题；第三，气质的生物学基础；第四，非人类种系的智力水平问题。这类研究有四个主要的特点：①与进化论和遗传学密切相关，这个学科的研究者基本上接受达尔文的进化论思想，有的人还接受了胚胎学家的复演说观点；②深受现代心理生物学对亲子关系研究的影响，这种研究为发展心理生物学带来了独特的观念和方法；③神经科学的一些研究方法促进了发展心理生物学的发展，如对大脑神经系统的理化分析、对未成熟动物的药物学和神经系统发育的解剖学研究等方面的技术，都已运用到发展心理生物学之中；④重视对早期经验的研究，这一学科的研究者普遍承认早期经验在个体发展过程中的重要作用，力图探寻早期经验与个体发展之间的因果作用模型。

除了上面提到的发展心理语言学和发展心理生物学之外，近几十年来，发展心理学领域还出现了其他一些交叉学科，如发展心理学与心理病理学相结合而产生的发展心理病理学、与社会心理学相结合而出现的发展心理社会学等，这些新的交叉学科的出现，使发展心理学的研究呈现出非常繁荣的景象。

2. 发展心理学的研究范围向人生的两极延伸 如前所述，在20世纪六七十年代之前，人们更习惯地称发展心理学为儿童心理学，那时发展心理学的研究重点在儿童、青少年期。然而，近几十年来，发展心理学家已经以个体生命的全过程为其研究对象，对个体从胎儿期直到衰老、死亡的发展历程进行了深入的研究。而且在研究的重点上，突出地强调研究个体早期和中老年期的心理特点。

研究者首先重视研究个体早期的心理发展规律。近年来，许多发展心理学家将研究的重点转向个体的早期阶段，他们采用精心设计的现代化方法，致力于研究婴幼儿认知能力的表现与发展，社会性的表现与发展，环境与早期智力发展、与早期情绪社会性发展的关系、早期心理发展的关键期等问题，使得这方面的研究日益繁荣。

对个体中老年期研究的重视，直接来源于发展心理学中**生命全程观**（life-span perspective）的影响。“生命全程观”作为一个术语，尽管出现较早，但直到近些年，它才逐步发展并被确立为一种关于人类心理发展的观点和理论，成为发展心理学的“主流趋势”。之所以如此，原因有三：①社会发展的需求，随着社会的进步，人类的生活质量不断提高，老年人的数量剧增，老龄问题成为全人类面临的一个重大问题，这要求心理学家对此做出自己的贡献；②学科发展的要求，随着发展心理学的发展，其研究范围不断扩展，对中老年的研究就成为必然；③邻近学科，如老年学、社会学、人类学等的发展，对此有很大的促动作用。正因如此，发展心理学家们就中老年期的各个方面的问题进行了深入的探讨，并形成了许多极具特色的研究和理论。

其实，我们看到，无论是对个体早期的研究，还是对中老年期的研究，从最根本（或哲学）上说，都是人类认识自己、洞察自己的必然结果，是人类存在的必然要求。

（二）研究体制的纵向整体化变化

所谓发展心理学研究体制的纵向整体化变化，是指发展心理学研究重点的变化，近年来这种变化直接指向人类的具体实践领域，人们逐渐把着眼点转向发展心理学的应用方面，尽力解决实践的问题，并取得了一定成绩。这其中尤以下列方面为代表：①对胎儿发育和优生问题的研究；②早期智力、早期经验及早期教育的研究；③儿童社会性发展的研究；④青少年生理变化的心理适应问题的研究；⑤中老年智力特征的研究；⑥中老年心理疾病的预防与治疗的研究；⑦个体性别化的实现问题的研究；⑧媒体与个体发展的研究；⑨计算机辅助教学对儿童发展影响的研究。当然，上述九方面只是我们的看法，这其中的大部分我们会在以后的章节中论及，在此，我们仅介绍最后两个方面。

1. 关于媒体与儿童发展关系的研究 自20世纪50年代电视进入人们的日常生活以来，它对儿童的认知、学习行为及社会性发展产生了深远的影响。早期有关的研究（Corteen & Williams，1986；Bandura，1963；Winn，1977）偏重于调查电视对儿童社会行为及学业成就的影响，这些研究表明，电视对儿童的学习和社会性行为的影响有好有坏，不能一概而论，考虑到电视对儿童发展的潜在影响而精心制作的电视节目，对儿童的社会性行为和学习有积极的促进作用。近年来，这方面的研究趋于揭示儿童收看电视的认知机制及其发展特点（Lorch et al.，1979；Anderson et al.，1976，1981；Wright et al.，1984；Collins et al.，1982），其中，儿童对电视信息的注意和理解已成为研究的中心内容。对于儿童注意和理解电视信息的心理机制，研究者提出了两种理论假设，即**被动反应理论**（passive reaction theory）和**主动加工理论**（active process theory）（Anderson & Lorch，1983）。持被动反应理论的研究者（Singer，1980）认为，儿童对电视的注意主要受电视呈现的知觉特征的影响，儿童对电视的注意实际上是一种习惯化的反应，他们只能产生低水平的被动加工，而不能产生真正意义上的理解。而持主动加工理论的研究者（Lorch，1979；Smith et al.，1987）则认为，儿童能对节目中可理解的信息进行积极而主动的加工和理解，儿童在电视面前并不是一个被动的接受者，决定儿童对电视信息加工的因素是儿童的认知能力、兴趣以及电视信息的可理解性，儿童能够运用他们的知识和经验对电视信息进行主动加工，并产生儿童化的理解。近几十年来，研究者对这两种理论进行了整合，并区分了电视节目中存在的两种信息，一种是显性信息，即电视节目直接呈现给人们的感觉信息；另一种是隐性信息，即在电视节目背后需要经过思维加工的信息。人们对前一种信息的获得是通过被动反应理论加以解释的，而对后一种信息的获得则可用主动加工理论来解释。据此，结论是儿童对电视信息的加工既可以是被动的，也可以是主动的，这主要依赖于儿童接受的节目的特点。近年来，随着网络媒体的迅速发展，网络媒体对于儿童青少年的心理学发展起到越来越重要的作用，出现了青少年网络成瘾、网络欺凌等现象（马晓辉 & 雷雳，2010）。

2. 计算机辅助教学对个体发展的影响 以计算机为基础的信息技术引进教育，被认为是教育手段现代化的主要趋势，也是进入信息社会必不可少的条件。20多年来，教育研究人员、计算机教育专家对于计算机用于教育教学工作，特别是**计算机辅助教学**（或**电脑辅助教学**）（computer-assisted instruction，简称CAI）对学生学习过程的影响进行了大量的研究。20世纪80年代初，许多研究者乐观地预计，由于计算机技术的飞速发展，计算机进入学校，现有的教育体制将发生革命性的改变。然而，时至今日，这种变革却仍未见端倪。客观地说，和传统教学手段相比，计算机辅助教学在信息的呈现、个别化教学、即时反馈、人机对话及学生参与教学等方面具有一些潜在的优越性，但是，这种优越性的发挥还有赖于其他条件的完备，技术的发展仅为教学改革和学生认知技能的训练提供了较为优越的物质手段。克拉克（Clark，1994）指出，媒体只是一种传递教学工具，它本身并不影响学生的成绩，真正影响成绩的是工具所传递的内容。库立克（Kulik，1986，1987）曾经对有关计算机辅助教学效果的研究进行元分析（或后设分析），他得出结论说，计算机辅助教学的不同效果取决于学生的年级水平、能力水平和呈现的教学类型。现在总的来看，计算机辅助教学与传统教学相比好坏参半，这主要受学生的特点、学习内容的性质与难度、软件的特点、软件类型以及教师使用计算机辅助教学的方法等因素的影响。因此，设计出符合学生学习规律、便于教师使用的计算机辅助教学系统，将是计算机辅助教学进一步发展的关键所在。

二、发展心理学研究方法的进展

近年来，随着发展心理学研究的不断深入，随着现代科学技术和社会的迅速发展，发展心理学的研究方法也有了较大的进步，这些研究方法上的进展又促进了发展心理学研究的不断深入。我们可以从以下方面来说明这些研究方法的进展。

（一）系统科学原理成为发展心理学研究的方法论基础

所谓系统科学原理是指**系统论**（system theory）、**控制论**（control theory）、**信息论**（information theory）、**协同论**（synergetics theory）、**突变论**（mutation theory）和**耗散结构理论**（dissipative-structure theory）的基本思想和方法。尽管这些理论产生的时间和所关注的问题不同，但它们的许多基本概念、思想和方法却是相通的，其实质是各有侧重地探讨系统的结构、功能及其变化发展趋势。具体地说，系统科学方法是指按事物本身的系统性，把研究对象作为一个具有一定组成、结构和功能的整体来加以考察的方法，即从整体与环境、整体与部分、部分与部分之间的相互联系、相互制约、相互作用的关系中综合地研究特定对象及其发展的方法。这样，由系统科学原理而发展起来的系统科学方法就具有了普遍的方法论意义，成为其他学科研究的方法学的基础，发展心理学也不例外。

一言以蔽之，我们（朱智贤，林崇德等，1991）认为，系统科学方法对发展心理学的指导作用至少包括三个方面：首先，系统科学原理有助于建立科学的个体心理发展观。系统的方法要求将个体的心理看作一个有机的系统，这个系统一方面是一个更大系统的子系统；另一方面，它本身就包含着许多子系统，以及不同层次、不同水平、不同序列的亚系统。高层的系统整合着子系统，但不是子系统特点的机械相加。作为一个开放系统，个体的心理通过信息的组织、转换和自我调节，不断地从无序到有序，再到无序，又从无序经过涨落到更高的有序状态而向前发展着。这样就使得个体的心理发展表现出整体性、结构性、层次性和动态性的特点。其次，系统科学原理有助于我们确立科学的研究思路。从系统科学的角度来看，任何事物都不是孤立存在的，而是在与其他事物的相互作用中存在并确立自己的位置的。在心理学的传统研究中，人们崇尚精确的实验设计、严格控制的实验方法，但这种研究倾向对于作为复杂系统的人类心理结构而言，其弊端是显而易见的。正因如此，近年来，在心理学，特别是发展心理学领域内，强调在个体心理发展的真实情境中研究个体心理发展的规律，这可以说是系统科学原理在发展心理研究中的突出体现。最后，系统科学原理对发展心理学研究的方式和方法有重大的影响。从研究方式上说，考虑到个体心理系统的从属与包含关系，对发展心理学的研究仅仅靠心理学的研究方法是远远不够的，必须借用其他学科的研究方法，与其他学科联合，共同探讨个体心理发展的规律；从研究方法上说，单变量的设计、某一方法的运用，显然不足以探讨个体心理发展的规律，采用多变量综合设计、多方法综合运用成为发展心理学研究的共同趋向。

（二）发展心理学研究思路的生态化取向

如前所述，强调研究的生态化是20世纪80年代末以来西方发展心理学与教育心理学领域出现的一个新趋势。它要求在现实生活中、自然条件下研究个体的心理与行为，研究个体与自然、社会环境中各种因素的相互作用，从而揭示其心理发展与变化的规律。从生态学的观点来看，个体是在真实的自然和社会环境中成长起来的。其心理发展要受到多种因素的影响，而这些因素之间又是相互作用、相互影响的，是一个完整的系统。个体心理发展的水平、特点和变化，都是该系统中各因素相互作用的综合结果。实验室实验由于情境系人为创设，且变量控制严格，孤立考察某个或某些因素对个体心理发展的影响，因而难以揭示自然条件下个体的真实心理和行为。为此，就要求对个体心理发展的研究离开实验室，走向现实环境，把实验室研究固有的严格性移植到现实环境中去，在其中揭示变量之间、现象之间的因果关系，正是在生态化趋势的影响下，发展心理学家一方面十分重视上一节曾提到的纵向研究与系列交叉研究的设计，另一方面又创造了许多先进的研究设计方式和研究方法，这其中最典型的当属准实验设计方法。

准实验设计方法主要是由库克和坎贝尔（Cook & Cambell，1968）发展起来的。所谓**准实验设计**（quasi-experiment design），是指在现场情境中不能用真实验设计来选择样本、控制实验情境或处理有关变量，但可以用真实验设计的某些方法来计划收集资料。准实验设计在某种程度上满足了对个体发展研究的生态化要求，其适用范围更广，更能反映个体心理发展的实际情况，因而，这种设计思想一经出现，就为广大研究者所重视，并应用于各种研究中。目前，准实验设计已经发展出多种类型，如**非等组比较组设计**（non-equal compare-group design）、**间隔时间序列设计**（interrupted time-series design）、**轮组设计**（rotation design）等，而且还在不断发展和完善中。当然，这并不是说这种设计方式已经尽善尽美，这种设计方式本身也存在着一些问题，有待人们进一步去加强。

（三）研究方式的跨学科与跨文化特点

发展心理学的研究对象是个体的心理发展，后者所涉及的个体是纷繁复杂的，因此，对个体发展问题的研究常常不是发展心理学一门学科所能承担和解决的。从多学科的角度研究个体心理发展的规律，探讨发展中的各种现象，解决发展中的各种问题，就成为近年来发展心理学研究的一个新特点。分析起来，这种跨学科的方法有两种不同的水平：其一，发展心理学研究与心理科学领域内的其他有关分支学科的协作，这种心理学多分支协同的研究方式，使心理学各分支之间形成相互联系、补充和促进的动态过程，大大促进了发展心理学的发展。其二，发展心理学研究与心理学领域之外的有关学科的合作。发展心理学研究所涉及的许多课题，除需要与心理学内部各分支学科加强合作之外，通常还需要与心理学领域之外的相关学科加强合作研究。例如，近年来对心理发展的内在机制的研究十分重视，结合**发展神经科学**（developmental neuroscience），探索大脑两半球功能、大脑发育、脑的**边缘系统**（limbic system），包括边缘叶与附近皮层，以及皮下结构等构成和心理发展的关系。又如，对老年期智力特征的研究，这是一个涉及心理学、哲学、老年学、思维科学、病理学、神经解剖学、生理学等诸多学科的综合性课题，仅靠发展心理学一门学科是很难完成的。

随着发展心理学研究的深入和发展，研究者们越来越重视不同文化背景对个体心理发展的影响，从而寻求不同社会文化背景中不同年龄个体行为表现和心理发展的类似性和特殊性，即探讨哪些心理发展规律在特定文化背景中存在，哪些心理发展规律在各文化背景下均普遍地存在。作为研究方式的一种新趋势，跨文化研究涉及如何根据不同文化类型进行实验设计、被试取样、研究和统计方法的选择以及研究结果的推论等一系列特殊的问题，因而对这些问题的研究已经成为发展心理学研究方法的重要内容。有关人类个体发展的跨文化研究，极大地丰富了发展心理学研究的成果，对于解释人类心理、行为的起源及其发展过程，弄清影响个体心理发展的各种因素及其需要程度，探讨个体心理发展的规律及其适用范围，建立发展心理学理论等都有重要意义。对于发展心理学研究者来说，跨文化研究也促进了发展心理学家的交流与合作，这对发展心理学的发展也是大有裨益的。

（四）研究方法的综合化与研究手段的现代化

个体心理发展的复杂性决定了其研究方法的复杂性，近年来，发展心理学研究在方法上出现了综合化的特征，具体表现在以下方面：①强调采用多种方法去研究、探讨特定的心理发展规律。在发展心理学中，可采用的研究方法很多，每种方法都有其优缺点。过去，人们在研究具体问题时，常采用并满足于单一方法，这样就难以做出全面、准确的结论，弄清心理发展的真实规律。近年来，研究者逐渐将多种方法综合使用，以提高研究结果的可靠性。②强调和大量使用**多变量设计**（或**多变项分析设计**）（multivariate analysis design）。传统的发展心理学研究多采用**单变量设计**（或**单变项分析设计**）（univariate analysis design），其弊端是显而易见的，近年来，随着统计方法和手段的进步，越来越多的研究注意采用多变量设计，以揭示个体心理发展各个方面的相互联系、影响个体心理发展的各种因素及其相互作用的机制。③强调采用综合设计方式。在个体发展研究中，纵向设计和横向设计是两种最基本、最常用的设计类型，近年来，研究者探索将这两种设计形式结合起来，构成所谓聚合式交叉设计，这种设计既可以在较短时间内了解各年龄阶段个体心理特点的总体状况，又可以从纵向发展的角度认识个体心理特征随年龄增长而出现的变化和发展，可以探讨社会历史因素对个体心理发展的影响。④注重将**定量分析**（quantitative analysis）和**定性分析**（qualitative analysis）结合起来。近年来，研究者在重视定量分析的同时，也开始注意定性分析的作用。他们首先对个体心理发展的事实、不同年龄个体心理活动的状况进行充分的观察和了解，由此对其性质和意义做出定性分析，然后对定性分析的结果按一定维度进行编码，做出定量化的研究。这样，就加深了对个体心理发展的过程、特点和性质的认识，获得较为全面的数据资料，挖掘出这些数据资料背后的深层含义。

随着科学和技术的迅速发展，发展心理学的研究手段和技术也日益现代化。在目前相关的发展研究中，录音、录像、摄像设备以及各种专门化的研究工具和手段（如视崖装置、眼动仪、多脑仪、脑功能成像等）得到了大量的运用，计算机的广泛使用更为发展心理的研究提供了更多途径。研究手段和研究工具的现代化，大大地提高了发展心理学研究的精度与科学性水平。以计算机为例，它在发展心理学中的应用是极为广泛的，我们可以把计算机在发展心理学中的应用功能概括为四个方面：①控制研究过程，如用来呈现刺激、控制其他仪器、对被试反应进行自动记录等。②处理、分析研究数据，这是最普遍的用法。它一般体现为两个方面，一是运用数据库管理系统对研究数据进行管理，如用FoxBASE＋数据库等；一是采用统计分析软件对数据进行统计分析，常见的统计分析软件有**社会科学统计套装程式**（statistical package of social science，简称SPSS）、**统计分析系统**（statistical analysis system，简称SAS）等。③模拟心理过程，在发展心理学中，研究中运用计算机技术和信息加工理论，对被试的特定心理过程进行模拟，试图对难以进行直接观察的心理活动进行分析，在实际中应用较多的是功能模拟和思维模拟。④作为训练工具，这方面最有代表性的当属**计算机辅助教学和计算机辅助学习**（或**电脑辅助学习**）（computer-assistance learning，简称CAL）。除了这四个方面的作用之外，在发展心理学研究的其他方面，计算机也发挥着越来越重要的作用，心理测验的计算机化便是一个例证。在心理测验领域，计算机化测验已成为心理测验发展的新趋势。国内外已编制了许多心理测验的计算机软件，使测验的实施过程在计算机上自动实现，然后由计算机程序进行计分和分析。

（五）研究结果的数量化特征

自科学心理学诞生以来，数量化一直是心理学家孜孜以求的梦想，但在过去，由于受各种条件的限制，心理学研究的数量化特征并不明显。随着科学技术，特别是应用数学的发展，20世纪70年代以来，发展心理研究的数量化程度越来越高，成为发展心理学研究的一大特点。我们曾将这种数量化特征归纳为四个方面：①在发展心理学研究中大量采用多元统计分析。这是由个体心理结构的复杂性、影响因素的多样性等所决定的，是生态化趋势的要求和反映。从另一方面说，计算机的出现对于发展心理研究中的多变量设计和多元统计分析技术的采用，起了关键性的作用，没有计算机，靠人工是很难完成多元统计分析任务的。②建立模型成为许多发展心理学家的“点金术”。近年来，验证型多元统计技术的出现，为人们提供了一种检验理论模型真实性的手段。在发展心理的研究中，建立模型并检验其合理性，成为一些研究者惯常的研究方式，翻阅发展心理学的权威杂志，采用**路径分析**（path analysis）或**线性结构模式**（linear structural model）技术验证模型的文章数量越来越多。③数学领域的一些先进的方法或思想日益得到广泛的使用，如**模糊数学**（fuzzy mathematics）数学方法和**拓扑原理**（topological principle）在发展心理学中的使用。④用数量化的方法改进定性分析，使定性分析更严谨、更具有可比性，这其中典型的例证就是元分析技术的出现与运用。

由此可见，数量化已经成为发展心理学研究的一个重要特征，它对发展心理学的研究水平的提高，对发展心理学的深入确实起了重要的推动作用。当然，我们也应注意到，心理规律的复杂性决定了完全数量化的不可能性，某些过分追求统计复杂化的倾向是应当引起人们重视的问题。

三、发展心理学研究理论的进展

从国内外研究情况来看，理论方面的进展表现得相当显著，西方的发展心理学更是如此。这里，我们仅做一个鸟瞰。

（一）发展心理学更多地强调发展科学

1. 发展科学的导向

《儿童心理与发展科学手册》（2015年版）第七版，代表发展心理学的新进展。

从20世纪30年代起，美国每隔9～16年就修订一次《儿童心理学手册》。该手册的第四版出版于1983年，第五版出版于1998年，第六版出版于2006年。第七版出版于2015年，共四卷。第一卷为“理论和方法”；第二卷为“认知加工”；第三卷为“社会情绪人格发展”；第四卷为“生态环境”。

2. 发展科学的特点

（1）当前发展科学最大的特点是，强调该学科与心理学的其他分支学科以及其他学科的联系。涵盖神经心理学、社会心理学、教育心理学、健康心理学、临床心理学、生物学、儿科学、社会学、人类学以及其他的学科，既推动了发展心理学的发展，又给发展心理学提供了重要思路。

（2）了解生物个体与周围环境的互动及其发展。

（3）强调跨越生命全程的动态发展。

（4）传统的二分范式被取代，新的范式是相关的发展系统范式。例如，以往的先天与后天变量是二分对立的，但是目前的发展心理学更强调二者复杂相互作用对人的影响。

3. 发展科学变革与影响

（1）先天与后天之争。基因与环境之间并非简单关系，表观遗传学和基因组研究将帮助我们探索从基因型到行为表型的复杂通路。

（2）认知发展。除了人类大脑对心理加工的控制之外，人类利用外部科技（例如人工智能）也可以进行认知加工。

（3）进化与个体发育。个体发生发展与进化不是脱离的，个体发生发展是进化的一部分。

（4）社会文化发展。个体发展与文化不是孤立的，二者存在互动。

（二）认知发展的新理论

认知发展的新理论注意到个体的正常和异常发展，包括多方面：

（1）感知、运动、注意、符号表征、概念、语言、早期读写、非言语交流、执行功能、推理、记忆、数学推理、空间认知。

（2）游戏、时间认知、科学思维、视觉与音乐艺术。

（3）媒体影响、社会理解、社会性与信念、性别角色、文化环境与认知发展。

（三）社会情绪人格方面的发展

社会情绪人格发展的新理论，主要表现在以下二十个方面：

（1）测查社会情绪行为和发展。

（2）出生前环境及其对发展的影响。

（3）压力的精神神经内分泌学。

（4）气质与人格。

（5）关系、调节、早期发展。

（6）逆境面前的心理弹性。

（7）疾病与障碍对社会情绪的影响。

（8）种族、阶层、民族的影响。

（9）家庭环境变化与社会情感发展。

（10）儿童与法律。

（11）儿童受虐待。

（12）心理理论的个体差异。

（13）亲社会发展。

（14）成就动机的发展。

（15）道德：来源和发展。

（16）自我。

（17）攻击性和暴力。

（18）性别与性行为。

（19）同伴、亲密关系。

（20）儿童青少年信仰的发展。

（四）儿童心理发展与生态环境和过程的新理论

儿童心理及其发展的生态环境和过程的新理论，主要表现在以下十个方面：

（1）生物生态化背景下儿童的发展。

（2）儿童与父母、家庭、同伴、邻里。

（3）儿童的早期教育、儿童的学校、儿童有组织的活动。

（4）儿童的劳动。

（5）儿童与电子传媒。

（6）儿童与社会经济地位。

（7）儿童的医疗环境。

（8）儿童与法律。

（9）儿童与政府。

（10）遭受战争和灾难中的儿童。

四、对发展心理学未来的展望

我们从研究体制、研究方法和研究理论三个方面对发展心理学的近况做了总结后，发展心理学的未来发展方向问题便自然而然地摆在我们面前，对此，我们将从两个方面来回答。

（一）对发展心理学前途的看法

要回答这一问题，我们首先要清楚发展心理学乃至心理学的现状及其存在的价值。从心理学的现状来看，有一部分人认为心理学已经发展到成熟阶段，可以像物理学那样进行严格的实证研究了（Simon，1986）；有一部分人则认为心理学是一门危机学科（Leahey，1980），研究者各自为政，互不沟通，缺乏统一的思想和衡量标准。为此，他们认为，心理学应当着手理论的整合

（Gilgen，1980）或重回到哲学心理学中去（Misiak，1973）。我们认为，心理学的现状既不那么悲观，也并不如有些人所说的那么乐观，以客观的态度来看，经过一百多年的发展，心理学确实有了很大的发展，但现在还不能说心理学已经发展到完全成熟阶段，还有待心理学家们的共同努力。那么，这种努力的必要性有多大呢？这就要求我们了解心理学存在的价值。我们认为，发展心理学存在的价值至少表现在三个方面：首先，从人类存在的角度说，“认识自己”是其永恒的追求。早在古希腊时代，苏格拉底在其墓碑上就刻有“认识你自己”这句话，从哲学的角度来说，认识世界、认识自己是人类存在的根本目的之一。其次，从人类本能的角度说，“发展自己”是其根本需求。使自己能更好地发展，与社会协调相处，这可能是人类共同的需要。如何更好地实现这一需要，是发展心理学家的工作重点。最后，大量的现实问题需要发展心理学家去解决。社会的发展一方面提高了人们的物质文明程度，另一方面使个体与环境之间的冲突加剧，心理上的不适应感越来越多，如何进行心理调适，这是社会对发展心理学家的要求。由此，我们可以得出结论，发展心理学的前途是光明的。

当然，虽然发展心理学的前景是令人乐观的，但我们还必须重视几个不稳定因素：①过分追求数量化和抽象化的倾向，这种倾向的极端化就是所谓数字游戏，本身很简单的东西结果被装扮得很神秘；②仅凭研究者的个人兴趣，研究的内容过分琐碎；③缺乏理论的整合，只有零散的材料。这些问题如不认真注意，就有可能对发展心理学的发展产生不良的后果。

（二）发展心理学的未来走向

这是一个非常富有挑战性的问题，就此，我们根据自己长期的理论和实证研究，从以下四个方面阐述我们的看法：

1. 发展心理学研究中思维方式的变革 如前所述，近年来发展心理学出现了迅猛的发展，这一点突出地表现在研究体制和研究方法的进步上，这种进步必然带来发展心理学家思维方式上的变革，那些适应于静态封闭体制的思维方式必然朝向反映整体化趋势的新思维方式发展，研究者的思维方式将由原来的以还原论和决定论为代表的牛顿—笛卡尔范式向系统论、相对论和辩证法的方向过渡。这种思维方式的变化必将引起发展心理学研究体制和研究思路的更大范围的发展。因为思维方式的变革历来与科学的体制的突破相呼应，新范式和新理论的出现将给科学带来革命性的发展。

那么，发展心理学研究的思维方式将向何方变化呢？我们认为至少包括以下几方面：

（1）从以实体为中心的研究思路过渡到以系统为中心的研究思路。发展心理学以往的研究都是把个体的心理看成是一个一成不变的实体或元素，而忽略了其系统性、层次性和动态性，这样的结果是把复杂的问题简单化，把变化的问题静止化，把立体的问题平面化，甚至线性化，这可能是过去发展心理学发展缓慢的根本原因。随着科学技术的发展所带来的发展心理学研究体制的变化，系统思想必然成为研究者的主要思维方式。采用系统论的思维方式，研究者们就可以对个体的心理实质有更深入、科学的认识，用系统论的原理指导发展心理学的研究将会得出更为合理的结论。可以预见，系统论原理将成为发展心理学研究者的指导思想。

（2）从对心理现象的唯一性确证过渡到对多样性和不确定性的接受与容忍。当把心理当作一个实体来看待时，那么它的值就是单一的，即在某种特定的背景下，某心理现象具有唯一性，不存在“既A又B”的状况，其典型的表现就是行为主义的心理观。根据这种观点，当我们了解了一个行为的状况，就等于探测到这个行为所代表的心理本质。但这种唯一性并不是人类心理现象存在的真实状况，个体的心理更多地表现为多样性和不确定性，当把系统论原理引入发展心理学的研究之后，研究者们逐渐接受了心理现象的系统性、层次性、动态性和不确定性的特征，开始把发展心理的研究放在一个更广阔的背景中，认真地考虑不同因素、不同结构之间的交互作用，考虑个体心理的变化与发展的过程。

（3）在考察心理现象的因果关系时，由直接的**单一线性联系**（linear relation）过渡到**多维线性联系**（multi-linear relation），甚至**非线性联系**（nonlinear relation）。因果关系是整个自然科学赖以存在的基石，自然科学研究的根本目的之一便是探讨事物之间的因果关系。传统的发展心理学研究所探讨的因果关系是直接的单一线性关系，最典型的是行为主义心理学的刺激—反应公式。随着发展心理学研究的进展，特别是系统论原理引入发展心理学研究之后，人们普遍认识到，心理现象间不存在单一的线性因果关系，任何心理现象都是系统活动的产物，它们之间的因果关系是非线性的，或至少是多元线性的。现在在发展心理学研究中流行的多元统计分析就是以多元线性模型为基本假设的，相信在不久的将来，在发展心理学的研究中，还会出现非线性的分析方法。

2. 发展心理学研究方法的趋势 我们曾在发展心理学研究方法的发展中总结了五方面的进展，这五方面将在未来得到进一步发展。其中，我们要特别强调四个方面，即现场研究的大量采用，纵向研究与系列交叉研究会越来越多，研究方法的综合程度进一步提高，研究方法更加现代化。这里，我们仅对现场研究做一点简单的说明：随着生态化运动的兴起，在发展心理学的研究中，现场研究又重新受到重视，可以预计，现场研究（包括自然观察和现场实验）将会得到进一步的发展。在自然观察方面，由于观察手段的不断更新，研究者可以越来越精确地记录观察对象的行为资料，加上观察理论的日益成形，观察设计的日益精确，使得自然观察在未来发展心理学研究中，仍是主要的研究方法之一；现场实验部分地吸收了观察法和实验室实验法的优点，克服了两者的不足，因此，在未来会被广泛地使用，当然，现场研究本身并不是完美无缺的，在未来仍需进一步发展。现代化的实验仪器和技术的引入，更能准确揭示心理的实质，心理发展的脑神经机制的深入研究以及对行为遗传和基因的积极研究，使发展心理学走上发展科学的新路径。

3. 发展心理学研究内容的趋势 关于未来发展心理学的研究内容，我们可以用一句话来概括，即研究选题的应用性倾向越来越明显，发展心理学家越来越多地参与到社会生活中去。我曾多次倡导，中国心理学想要做到世界一流，当前应该研究服务于国家需求且有行业重大影响的应用课题。对照国际上应用研究的新进展，我们应在具体的问题上做好相应研究。如在早期研究中，胎儿发育与优生问题的研究继续得到加强，重视早期智力开发；在对学龄儿童的研究中，对儿童社会关系的研究、儿童问题行为的预防与矫正的研究、计算机辅助教学对儿童发展的影响的研究等将是发展心理学家需要着力研究的课题；在对青少年期的研究中，影响青少年道德形成的因素及其道德教育的研究、青少年生理变化的心理反应的研究等将成为研究的重点内容；对成人期的研究将着重探讨社会生活事件对个体心理发展的作用、成年人心理健康的状况与特点、成年人对紧张事件的应对机制等问题；在对成人晚期，即老年期的研究中，发展心理学家将着重研究老年人的生理老化及其对心理发展的影响、影响老年人心理衰退的各种因素、老年人的孤独问题、老年人的心理保健问题等。

4. 发展心理学研究中更大范围的整体化趋势 有人预言，21世纪将是心理学起主导作用的世纪。这对于心理学家来说确实是极富吸引力的。我们有必要认真地思考一下，心理学要成为21世纪的带头学科之一，需要具备什么条件呢？我们认为，心理学要成为未来的带头学科之一，就必须在更大范围内实现整体化。我们首先来看这种变化的必要性，从社会发展和人类文明进步的角度说，当物质文明发展到一定水平后，必然要求精神文明的同步发展，人类发展至今天，物质文明已经达到了很高的水平，但精神生活却远远滞后，如何更好地调节个体的心理健康水平，成为全人类共同面临的重大课题。这个课题应由心理学家来承担，因此，21世纪是心理学的世纪，这句话是有其合理性的。然而，我们承担得起这个艰巨的任务吗？就现有的心理学研究水平而言，它和社会对心理学的期望还有很大一段距离。要承担起这个任务，心理学必须进行自我改革，加速发展，实现心理学更大范围的整体化。从可能性上看，实现更大范围的整体化是有可能的，首先，经过一百多年的发展，心理学的各个研究领域都积累了相当丰富的资料，为更大范围的整合提供了基础；其次，科学技术的发展为心理学的整合提供了方法论上的借鉴和启发、技术手段上的充实；最后，近年来，心理学，特别是发展心理学领域内已经出现了整体化的趋势，这为心理学在更大范围内实现整体化提供了有益的预演。因此，发展心理学在更大范围内的整体化发展是有其必然性的。

本章摘要

1. **发展心理学**是心理学的一个分支。它有广义和狭义之分，广义的发展心理学是研究种系和个体心理发生与发展的科学；狭义的发展心理学，就是**个体发展心理学**。

2. 发展心理学研究个体从受精卵开始到出生、成熟，直到衰老的**生命全程**中其心理发生、发展的特点和规律。简言之，即研究毕生心理发展特点和规律。

3. 动物心理发展经过四个阶段：**刺激感应性阶段**、**感觉阶段**、**知觉阶段**、**思维萌芽阶段**。

4. 人类心理不同于动物心理是因为人类心理具有意识性、社会性和语言功能性的特点。

5. 霍尔提出了心理发展的**复演论**，阐述了个体心理发展与种系心理发展的关系。

6. 发展心理学研究的基本原理：是先天的还是后天的因素在心理发展上起作用；人类对待环境的关系是主动的还是被动的；人类心理发展是连续的还是分阶段的；发展的终点是开放的还是有最终目标的。

7. 个体心理发展中会表现出一定的**年龄特征**。在划分年龄特征上应该要考虑个体主导活动形式和主导生活事件、智力发展水平和人格特征、生理发育水平和语言发展水平，综合地划分阶段。

8. 人一生心理发展的阶段：胎儿期、新生儿期、婴儿期、幼儿期、童年期、少年期、青年期、中年期和老年期。

9. 发展心理学的研究有一个发展的过程：先研究儿童心理学，后研究生命全程过程。

10. 1882年普莱尔的《儿童心理》一书出版，标志着**科学儿童心理学**的诞生。

11. 霍尔第一个把儿童心理学研究的年龄范围扩大到青春期。

12. 精神分析学派的荣格最先开展了对个体一生发展的研究。

13. 何林渥斯于1930年出版了第一部毕生发展心理学专著《发展心理学概论》。

14. 美国《心理学年鉴》于1957年用“发展心理学”代替“儿童心理学”作章名。接着，在记忆、思维、智力、自我概念、道德领域开展了一系列关于个体一生全程发展的研究。

15. 发展心理学研究必须要中国化，发展心理学中国化的研究过程分四个层次，经历摄取、选择、中国化三个步骤。

16. 发展心理学中国化的目的是为了准确地发现中国人心理活动的特点和规律，并为世界心理学发展做出自己的贡献。

17. 发展心理学的研究有四个功能，即描述、解释、预测和控制。

18. 发展心理学研究的特点是集中于个体心理与行为如何随着年龄的变化而变化的各种因素的函数。

19. 发展心理学研究要坚持五个基本原则，即**客观性原则**、**矛盾性原则**、**层次性原则**、**教育性原则**、**生态化原则**。

20. 发展心理学的研究设计主要有**横断研究设计**、**纵向研究设计**、**系列交叉研究设计**、**微观发生设计**、**行为遗传学**、**基因研究设计**。

21. 发展心理学研究的基本方法有**观察法**、**谈话法**、**临床法**、**问卷法**、**心理测验**、**实验室实验**、**自然实验**。

22. 发展心理学研究体制的变化主要表现在横向整体化变化和纵向整体化变化两个方面。

23. 发展心理学的研究方法论以系统科学原理为基础，目前在研究思路、研究方式和研究方法上具有新的特点。

24. 发展心理学理论上的最大进展是从发展心理学趋向发展科学，此外，在认知发展、社会性和情绪发展、生态化发展上，也产生了相关的新理论。

25. 发展心理学的发展前景是令人乐观的，并将在研究的思维方式、研究内容和研究范围等方面有不断变革之态势。

参考资料

1. 朱智贤.（1962，1979，1993，2003，2009，2018）. 儿童心理学. 北京：人民教育出版社.

2. 朱智贤，林崇德，董奇，申继亮.（1991）. 发展心理学研究方法. 北京：北京师范大学出版社.

3. 张春兴.（1994）. 现代心理学. 上海：上海人民出版社.

4. Damon，W.，& Lerner，R. M.（2009）. 儿童心理学手册（第六版）（林崇德，李其维，董奇译）. 上海：华东师范大学出版社.

5. Lerner, R. M.（Ed.）.（2015）. *Handbook of child psychology and developmental science*（7th ed.）. New Jersey: John Wiley & Sons.

6. Baltes, P. B.（Ed.）（1978，1987，2010）. *Life-span development and behavior.* New York:Academic Press.

7. Gormly, A. V., & Brodzinsky, D. M.（1993）. *Life-span human development*（5th ed.）. New York: Harcourt Brace Jovanovich.

8. Hall, E., Lamb, M., & Perlmutter, M.（1986）. *Child psychology today*（2nd ed.）. New York: Random House.

9. 董奇，林崇德.（2011）. 当代中国儿童青少年心理发育特征. 北京：科学出版社.

第二章　发展心理学理论

（本章内容细目）

在发展心理学的研究中，人们首先必须回答许多基本的理论问题，例如个体心理发展过程中先天与后天的关系问题，教育对一个人的发展有什么作用，个体心理发展如何划分，心理发展的内部机制是什么，等等。对此，不同的心理学家、不同的心理学流派各有其不同的看法，形成了不同的个体心理发展的理论，像我们很熟悉的关于心理发展的精神分析理论、行为主义理论、发展认识论等，这些就构成了发展心理学的丰富内容，它们是发展心理学发展历程中的历史遗产的总汇。在发展心理学史上，任何一位发展心理学家和对心理发展研究做出贡献的科学家，都具有各自的学术风格和科学特色。他们各有自己的哲学观点，不管他们是否意识到或承认这一点。在发展心理学的研究中，他们或者在理论研究上提出自己独特的见解，或者在某一具体研究领域中做出自己突破性的贡献，或者在实践领域中提出新的课题和建议，或者在研究方法上具有自己新的特色。所有这些，都在发展心理学史上留下了他们的足迹或印记，值得我们认真学习和研究。总之，继往才能开来，我们学习与研究发展心理学，就必须重视学习和研究发展心理学的各派观点和各家理论，借鉴前人的成果，形成自己的看法。

在本章中，我们着重介绍几种有代表性的发展心理学理论，以期读者对发展心理学的理论演变有一个概要的了解。阅读完本章之后，希望读者能了解以下问题：

1. 弗洛伊德对儿童心理发展理论有何贡献与不足？
2. 埃里克森是如何继承和发展精神分析的儿童心理学理论？
3. 华生的行为主义儿童心理学理论产生的背景及其主要内容。
4. 斯金纳和班杜拉各自是如何发展行为主义的儿童心理学理论？
5. 维果茨基的儿童心理学思想的内容是什么？
6. 皮亚杰的儿童心理学理论及其后续如何发展？
7. 朱智贤对儿童心理发展理论有何贡献？

第一节　精神分析的心理发展观

精神分析（psychoanalysis）是西方现代心理学的主要流派之一，其词含义是指以心因性为机制的一种治疗精神病的方法及其理论和潜意识心理学的理论体系，因为创始人是弗洛伊德，所以精神分析理论又叫作**弗洛伊德主义**（Freudianism）。它包括**古典弗洛伊德主义**（或**弗洛伊德学说**）（classical Freudianism）和**新弗洛伊德主义**（neo-Freudianism）。在发展心理学方面的代表性观点是弗洛伊德的理论和埃里克森的理论。

一、弗洛伊德的发展心理学理论

弗洛伊德是奥地利的精神病学医生和心理学家，他根据其对病态人格进行的研究提出了人格及其发展理论。这种理论的核心思想是，存在于潜意识中的性本能是人的心理的基本动力，是决定个人和社会发展的永恒力量。在这个理论中，弗洛伊德所注意的固然是精神病的分析和治疗，但它也涉及了许多心理发展的理论。因此，弗洛伊德不仅是一位杰出的精神病医生、医学心理学家，而且他对发展心理学的建设也做出了贡献。

（一）弗洛伊德的人格发展理论

在弗洛伊德的早期著作中，他认为人的心理活动或精神活动主要包含意识和**潜意识**（或**无意识**）（unconsciousness）两个部分。意识与感知相联系；而无意识则主要包括个体的原始冲动、各种本能和欲望（尤以性欲为主）。这种冲动、本能和欲望与社会道德、风俗习惯、法律规定等是不相容的，因而被排挤到意识阈之下。由于潜意识中的成分在不自觉地积极活动，追求满足，从而构成了人类行为背后的内驱力。

弗洛伊德后来修订了意识与潜意识的“二分法”，而引进了本我、自我和超我的心理结构或人格结构。

为了更明确地分析人格结构中的三个“我”，我们还须从弗洛伊德的快乐原则和现实原则说起。弗洛伊德认为他的心理分析体系的动机是**欲力**（或**力比多**）（libido）；欲力是一种身心概念，表示性本能的身、心两个方面。欲力的分量不一，但总要得到发泄，总会有一个又一个的冲动。而这一切的冲动，其实现都要受到两大原则的制约，即快乐原则和现实原则。人类一切生活都要以这两个原则为依据。所谓的**快乐原则**（或**唯乐原则**）（pleasure principle）是人类的原始冲动，是以情感、欲望（特别是性欲）为其主要冲动，这种冲动永远是为了寻找各种快乐。所谓**现实原则**（reality principle）是人类考虑到现实的作用，其作用是使个体能适应实际的需要。快乐原则和现实原则是相互联系又相互对立的。快乐原则是个体的原始本能的原则，但由于伦理、宗教等的社会影响，使它必须有某些改变以与现实相适应。尽管如此，现实世界却没有任何文化的力量能消除快乐原则及其动力；因它的活动，常常不是直接出现（特别是在潜意识之中或是间接地在意识中用化装的形式出现），也就是说，快乐原则不是与现实原则合作，就是与现实原则对立。弗洛伊德的人格结构及其发展，与这两个原则密切地联系着。

本我（或**伊底**）（id），类似于弗洛伊德早期理论中的“潜意识”的概念。本我是原始的、本能的且在人格中最难接近的部分，同时它又是强有力的部分。它包括人类本能的性的内驱力和被压抑的习惯倾向。弗洛伊德把本我比拟为充满剧烈激情的陷阱。在动机术语中，本我是由快乐原则支配的，目的在于争取最大的快乐和最小的痛苦。弗洛伊德认为欲力被围困在本我中，并且是通过减少紧张的意向表现出来的。欲力能量的增加导致了紧张梯度的增加，而快乐原则则使个体减少紧张到尚能忍受的程度。诸如性欲的满足、干渴和饥饿的解除等，都能使紧张状态消除而使个体产生快乐。在弗洛伊德看来，一个个体是要和现实世界发生交互作用的。即使是攻击、侵略，也是和本我的减少紧张状态的基本原则相联系的。

在心理发展中，年龄越小，本我的作用越是重要。婴儿几乎全部处于本我状态，由于他们可担忧的事情不多，所以除了身体的舒适以外，可以尽量解除一切紧张的状态。但是，由于生活的需要，可能产生饥饿、干渴，于是就产生了紧张，他们等待吃奶、喝水，此时，本我可能会产生幻觉，出现关于目标的想象而且在幻想之中获得满足；本我也可能闯入梦境，儿童在梦中吸吮着乳头或拿起了水杯。这被弗洛伊德称为**初级过程思维**（或**原始历程思维**）（primary process thinking）。儿童随着年龄的递增，不断地扩大和外界的交往，以满足自身增加的需要和欲望，并且维持一种令其舒适的紧张水平。在本我需要和现实世界之间不断接通有效而适当的联络时，自我就从儿童的本我中逐渐地发展出来。

自我（ego）是意识结构部分。弗洛伊德认为，作为潜意识的结构部分的本我，不能直接地接触现实世界。为了促进个体和现实世界的交互作用，必须通过自我。儿童随着年龄的增加，逐步学会了不能凭冲动随心所欲。他们逐步考虑后果，考虑现实的作用，这就是自我。自我是遵循现实原则的，因此它既是从本我中发展出来，又是本我和外部世界之间的中介。如果个人在人格结构中能自我支配行动，思考过去的经验，计划未来的行动，这种合理的思维方式，弗洛伊德称为**二级过程思维**（或**次级历程思维**）（secondary process thinking），即我们一般知觉和认知的思维。例如，一个儿童学习走路，他在抑制随便行走的冲动，考虑什么地方他可以避免碰撞，这是他在练习自我的控制。

弗洛伊德在《自我与本我》一书中把自我和本我的关系比作骑士和马的关系。马提供能量，骑士则指导马的能量朝着他想去游历的路途前进。这就是说，自我不能脱离本我而独立存在；然而由于自我能联系现实，知觉和操作现实，于是能参考现实来调节本我。这样，自我按照现实原则进行操作，而现实地解除个体的紧张状态以满足其需要。因此，自我并不妨碍本我，而是帮助本我最终获得快乐的满足。

超我（superego），包括两个部分，一个是**良心**（conscience），一个是**自我理想**（ego-ideal）。前者是超我的惩罚性、消极性和批判性的部分，它告诉个体不能违背良心。例如，它指导人们该怎样活动，当其做了违背良心的事，就会产生犯罪感。后者是由积极的雄心、理想所构成，是抽象的东西，它希望个体为之奋斗。例如，一个儿童希望将来成为一个什么样的人，就是由超我中的自我理想部分所引起的。

弗洛伊德指出，超我代表着道德标准和人类生活的高级方向。超我和自我都是人格的控制系统。但自我控制的是本我的盲目的激情，以保护机体免受损害；而超我则有是非标准，它不仅力图使本我延迟得到满足，而且也会使本我完全不能获得满足。超我在人身上发展着，逐步地按照文化教育、宗教要求和道德标准而采取行动。因此，弗洛伊德的超我与本我是有其对立的一面的。

按照弗洛伊德的看法，本我、自我和超我是意识的三级水平，他的示意图如图2-1。从此图我们不仅可以看出弗洛伊德的人格结构中三个“我”的意识水平，而且也可以看出它们三者的关系。这里要指出的是，图中的超我尽管居于自我之上，但它仍受潜意识的影响。难怪弗洛伊德不重视超我的作用。在他的人格理论中，即使到后期，也仅强调本我和自我的重要作用。这一点正是他的理论受到批评之处。

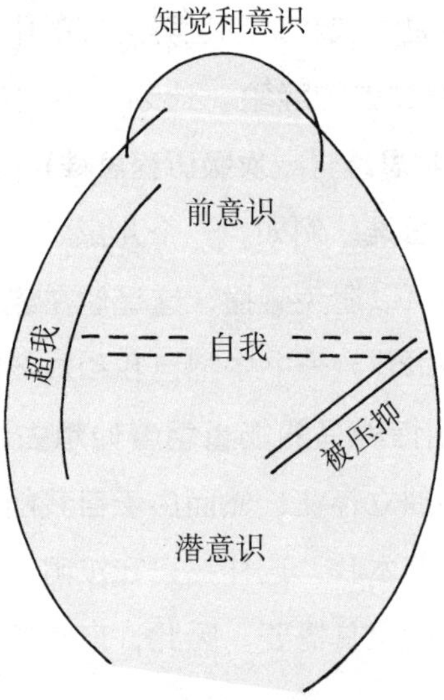

图2-1　弗洛伊德人格结构示意图
（引自Freud，1923）

（二）弗洛伊德的心理发展阶段说

心理性欲发展阶段的理论是弗洛伊德关于心理发展的主要理论。弗洛伊德既提出了划分心理发展阶段的标准，又具体规定了心理发展阶段的分期。这个理论，也是20世纪最能引起争论而同时又富有影响的学说。

1. 心理发展年龄阶段的划分标准 划分心理发展年龄阶段的问题，是心理学界长期以来没有得到适当解决的问题；用什么来作为划分的标准，众说纷纭。

弗洛伊德以欲力的发展作为划分的标准。心理发展的各个阶段之所以有区别，是由其性生活的发展所造成的，因此心理学要研究性生活的发展。

当然，弗洛伊德这里说的性生活的内容，不仅包括两性关系，而且也包括使身体产生舒适、快乐的情感。在弗洛伊德看来，对儿童来说，快感是非常普遍和弥漫的，在实际生活中的吮吸、手淫、排泄的快乐等等都能包括在内。也就是说，儿童不仅在生殖器上求快感，而且也能用其身上许多部位来产生类似的快感。弗洛伊德认为，身体上的绝大多数部位都能成为快感带，但在儿童时期，主要的快感带是口腔、肛门和生殖器，这三个区域以特有的阶段次序成为儿童的兴奋中心，于是产生相应的心理发展阶段。

2. 心理发展各年龄阶段的特征 弗洛伊德把欲力的发展分为五个阶段：口唇期（0～1岁）；肛门期（1～3岁）；前生殖器期（3～6岁）；潜伏期（6～11岁）；青春期（11或13岁开始）。

（1）**口唇期**（或**口腔期**）（oral stage）：弗洛伊德认为欲力的发展是从嘴开始的。吮吸本身也能产生快感。婴儿不饿时也有吮吸的现象，如吮吸指头就是例子，弗洛伊德将这种吮吸快乐叫作**自发性欲**（antoerotic）。弗洛伊德指出，在古埃及人的画中，儿童将手指放在嘴里，连鹰头神的神圣画中也是如此，可见古人对人的性的理解是很深的。这也说明原始的口唇的快感在后来的性生活中依旧留存。

弗洛伊德又将口唇期分为两个时期：

第一个时期是从出生到6个月，儿童的世界是“无对象的”，他们还没有现实存在的人和物的概念，仅仅是渴望得到快乐、舒服的感觉，而没有认识到其他人对他是分离而存在的。

第二个时期是从6～12个月，儿童开始发展关于他人的概念，特别是母亲作为一个分离而又必需的人，当母亲离开他的时候，他就会产生焦虑和不安。

弗洛伊德认为每个人都经历口唇期的阶段，流露出较早阶段的快感和偏见。甚至到成人期，人们有时还感到吮吸或咬东西（如咬铅笔）的愉快，或抽烟和饮酒等的快乐，这些都是口唇快感的延续。

（2）**肛门期**（anal stage）：1～3岁儿童的性兴趣集中到肛门区域。例如，大便产生肛门区域黏液膜上的愉快感觉，或以排泄为快乐，以摸粪或玩弄粪便而感到满足。

弗洛伊德认为，这个时期可称为**前生殖的阶段**（或**性征前时期**）（pre-genital），此时占优势的不是生殖器部分的本能，而是肛门的和虐待狂的本能。占重要地位的不是雄性和雌性的区别，而是主动和被动的区别。这个时期的儿童大都有被动的冲动，这与肛门的性觉有关，而生殖器在这个时期仅仅具有排尿的功能。这个时期的家长往往对儿童不清洁不卫生行为不理解，因而提出强迫性的、有秩序而干净的要求，这却反而使儿童以凌乱、肮脏来反抗。

（3）**前生殖器期**（或**性器期**）（phallic stage）：约在3～8岁，儿童进入前生殖器期。这个阶段的特点是什么？弗洛伊德认为儿童由3岁起，其性生活即类同于成人的性生活。所不同的是：①因生殖器未成熟，以致没有稳固的组织性；②倒错现象的存在；③整个冲动较为薄弱。这里，弗洛伊德所说的3岁后的所谓"性生活"主要是表现为男孩的恋母情结，女孩的恋父情结。也就是说，到了这个阶段，儿童变得依恋于父母中异性的一方。这一早期的亲子依恋，被弗洛伊德描述为**恋母情结**（或**俄狄浦斯情结**）（Oedipus complex）。因此，前生殖器期又叫恋母情结的阶段。

性器期或恋母情结阶段的特征，弗洛伊德做了如下的描述：

> 男孩要独占其母，而深恨其父：见父母拥抱则不安，见其父离开其母则满心愉快。他常坦直地表示其情感，而望能娶其母为妻，……当儿童公然对于其母做性的窥探，或想在晚上和母亲同睡，或坚持想在室内看母亲更衣，或竟表示出一种诱奸的行动，这是为人母所常见而引为笑谈的，其对于母亲性爱的意味盖不复可疑了。
>
> 女孩常恋其父，要推翻其母，取而代之，有时还仿效成年时的撒娇模样，……更加使人心烦意乱，女孩发现她确实没有像男孩那样的阴茎，成为她责备母亲的理由，是谁把她送到世界上来，装备如此残

缺不全。

> 儿童之所以能最终克服恋母情结，是由于越来越惧怕他或她的“情敌”，即同性的父或母的报复。（Freud，1910）

就恋母情结而言，弗洛伊德解释这个时期儿童的动机特征：男孩怕被阉割；女孩不怕阉割，因为她没有阴茎。

（4）**潜伏期**（latent stage）：发生在7岁至青春期，随着较强的抵御恋母情结情感的建立，儿童进入潜伏期。弗洛伊德认为，儿童进入潜伏期，其性的发展便呈现出一种停滞或退化的现象；可能完全缺乏，也可能不完全缺乏。这个时期，口唇期、肛门期的感觉，性器期的恋母情结的各种记忆都逐渐被遗忘；被压抑的性感差不多一扫而光，因此，潜伏期是一个相当平静的时期。

由于危险的冲动和幻想被隐埋了，儿童不再为这些经受过多的烦恼，于是这个时期的儿童可以有意地把其精力放在社会可接受的追求中，如学习、游戏和运动等。于是这个时期儿童的动机产生了新的特点，即他们专注于社会情感的发展。

（5）**青春期**（或**性征期**、**两性期**）（genital stage）：经过暂时的潜伏期，青春期的风暴就来到了。从年龄上讲，女孩约从11岁、男孩约从13岁开始进入青春期。

青春期有什么特点呢？弗洛伊德曾做过论述，其女儿安娜·弗洛伊德（Anna Freud，1895—1982）则在其父亲论述的基础上，发表了许多论文，进一步开展对青春期精神分析的研究。按照弗洛伊德及其女儿的观点，可以看到他们对青春期特点的看法。

首先，青春期的发展，个体最重要的任务是自己要从父母那里摆脱。对男孩来说，这意味着放开对母亲的束缚，并去寻找自己的女友。男、女青年共同的一点，是要和父母逐渐疏离，并尝试去建立自己的生活方式。这个独立性倾向是青春期的特点。但独立也不是轻易的事情。从与父母的从属关系中分离出来，在情感上又是痛苦的。

同时，到了青春期，容易产生性的冲动，也容易产生类似成人的抵触情绪和冲动。防御的办法有两个：一是采取禁欲的策略，例如，拒绝自己喜欢且有吸引力的舞蹈、音乐以及轻薄事情，并通过艰苦的途径参加体育运动来锻炼身体，以种种方法来挡开所有肉体的快感与诱惑。二是采取**理智化**（或**理性作用**）（intellectualization）的方法，例如青少年试图把性的问题转移到一种抽象的、智力的高度，这样，他们就能把恋母情结隐蔽地尽力提高到纯洁又理智的高度。

二、埃里克森的心理社会发展论

埃里克森（Eric Homburger Erikson，1902—1994）是美国的精神分析医生，也是美国现代最有名望的精神分析理论家之一。埃里克森祖籍丹麦，他生于法国，师承于弗洛伊德的女儿安娜·弗洛伊德，1933年起定居美国。

与弗洛伊德不同，埃里克森的人格发展学说既考虑到生物学的影响，又考虑到文化和社会的因素。他认为在人格发展中，逐渐形成的自我过程，在个人及其周围环境的交互作用中起着主导和整合作用。每个人在生长的过程中，都普遍体验着生物的、生理的、社会的、事件的发展顺序，按一定的成熟程度分阶段地向前发展。埃里克森在他的《儿童期与社会》（Erikson，1963）这本书里曾经提出了“人的八个阶段”以及每个阶段的发展任务，建立了自己的**心理社会发展论**（psychosocial developmental theory），简称**心理社会论**（psychosocial theory）。

埃里克森认为，人的一生可以分为既是连续的又是不同的八个阶段。每一阶段都有其特定的发展任务。发展任务完成得成功或不成功，就是两个极端，靠近成功的一端，就形成积极的品质，靠近不成功的一端，就形成消极的品质。每一个人的人格品质都处于两极之间的某一点上。教育的作用就在于发展积极的品质，避免消极的品质。如果不能形成积极的品质，就会出现发展的“危机”。这八个阶段对立的品质如表2-1。

1. 信任对不信任（trust vs. mistrust） 第一阶段为婴儿期，是从出生到一周岁。婴儿在本阶段的主要任务是满足生理上的需要，发展信任感，克服不信任感，体验着希望的实现。婴儿从生理需要的满足中，体验到身体的康宁，感到了安全，于是会对周围环境产生一个基本信任感；反之，婴儿便会对周围环

表 2-1　八个阶段的对立品质

阶段	年龄	对立品质
一	0～1 岁	信任对不信任
二	1～3 岁	自主行动对羞怯怀疑
三	3～6 岁	自动自发对退缩愧疚
四	6～12 岁	勤奋进取对自贬自卑
五	12～18 岁	自我统合对角色混乱
六	18～25 岁	友爱亲密对孤僻疏离
七	25～50 岁	精力充沛对颓废迟滞
八	老年期	完美无缺对悲观沮丧

（引自 Erikson，1963）

境产生不信任感，即怀疑感。

这一阶段相当于弗洛伊德的口唇期，但又不同于弗洛伊德的口唇期，在具体的解释上有了很大的扩展。埃里克森强调，不只是口唇区是重要的，更重要的是与世界交互作用着的口唇方式——一种被动的然而却是急切的接受方式。婴幼儿之所以喜欢把东西放进口中，是因为他想把周围的东西与自己合并，使之成为自己的一部分，埃里克森把这种方式称为**口腔合并**（oral incorporation）。具体地说，埃里克森认为这种阶段的信任感发展的实质核心是**相依性**（mutuality），这种相依性不是停留在口唇的周围，而是体现在婴儿受母亲照料时，把母亲的爱和她的品质加以内化，同时把自己的感情投射给母亲，这是一种从一开始就带有互相调节的社会性的情绪和态度。如果个人在人生最初阶段建立了信任感，将来在社会上他会成为易于信赖和满足的人，反之，他将成为不信任别人和贪得无厌的人。

2. 自主行动对羞怯怀疑（autonomy vs. shame and doubt）　第二阶段为儿童早期，约从 1 岁到 3 岁。这个阶段儿童主要是获得自主感而克服羞怯和疑虑，体验着意志的实现。埃里克森认为，这时幼儿除了养成适宜的大小便习惯外，他已不满足于停留在狭窄的空间之内，而渴望着探索新的世界。

这一阶段相当于弗洛伊德的肛门期，但从内容上同样有很大的发展。埃里克森在这一阶段对儿童的描述借用了弗洛伊德肛门区位的方式（例如肛门括约肌的收缩和扩展导致大便的保留和排放），巧妙地从弗洛伊德所指出的肛门部位超脱出来，把肛门活动的特点——保持和排放引申到本阶段的儿童身上加以发挥，指出这种方式不仅限于肛门部分，也在其他各种活动中。本阶段的儿童表现出一种类似肛门活动的特点，例如儿童抓住物体又抛开，不时缠着成人，不时又离开……都有着保持与排除、坚持和放弃的特点。儿童一方面在信任感和初步的成熟（独立行走和自己进食）的基础上产生自信，认识到自己的意志，产生了一种自主感；另一方面又本能地觉得依赖过多而感到疑虑。这时成人与儿童之间的相互调节关系受到严峻的考验。明智的父母对儿童的态度要注意掌握分寸，一方面要利用儿童对于自己的信任在某些方面给予有节度的控制，同时也要在某些方面给予适度的自由。这样才可以形成儿童的宽容和自尊的性格，否则会造成儿童对行为的困惑，引起本阶段的心理社会危险。

这一阶段发展任务的解决，对于个人今后对社会组织和社会理想的态度将产生重要的影响，使其对未来的秩序和法制生活做准备。

3. 自动自发对退缩愧疚（initiative vs. guilt） 第三阶段为学前期或游戏期，从3岁到6岁左右。本阶段，儿童的主要发展任务是获得主动感和克服内疚感，体验目的的实现。

这一阶段相当于弗洛伊德的性器期。埃里克森依然是从阴茎的活动方式中巧妙地引申出本阶段的活动特点，并称之为“侵入”。这一词不仅包括了弗洛伊德所强调的性器期以生殖器区的活动为优势活动的看法，而且扩大了这种“侵入”活动的含义。指出这种活动并不局限在生殖区，还包括利用身体的攻击侵犯别人的身体；使用侵犯性的语言侵入别人的耳朵和心灵；用坚决的位置移动侵入别人的空间；用无限的好奇心侵入未知事物。他认为和侵入一样，主动性也意味着向前的运动。本阶段儿童已有了更多的自由，能从言语和行动上来探索和扩充他的环境。这时社会也向他提出挑战，要求他的行动发挥主动性并且具有目的性。在这个情况下，他感到向外扩展并不难于达到目的，但又感到在闯入别人范围的同时，要与别人特别是自己以前信赖的人的自主性发生冲突，于是产生一种内疚感。这种主动感和内疚感的冲突构成了本阶段的心理社会危机。

弗洛伊德认为这个阶段是产生恋母情结的时期。此时，埃里克森的看法也不同于弗洛伊德。他认为，男女儿童虽对自己的异性父母产生了罗曼蒂克的爱慕之情，但却能从现实关系中逐渐认识到这种情绪的不现实性，遂产生对同性的自居作用，逐渐从异性同伴中找到了代替自己异性父母的对象，使恋母情结在发展中获得最终的解决。

如上所述，本阶段也称为**游戏期**（或**游戏年龄**）(play age)，游戏执行着自我的功能，在解决各种矛盾中体现出自我治疗和自我教育的作用。埃里克森认为，个人未来在社会中所能取得的工作上、经济上的成就，都与儿童在本阶段主动性发展的程度有关。

4. 勤奋进取对自贬自卑（industry vs. inferoirity） 第四阶段为学龄期，从6岁到青春期。本阶段的发展任务是获得勤奋感而克服自卑感，体验着能力的实现。

这一阶段相当于弗洛伊德的潜伏期。弗洛伊德认为恋母情结的解决，使早年产生危机的性驱力和进攻性驱力暂时蛰伏下来。因此，在这一阶段没有欲力（性）的区位。埃里克森则认为，本阶段是儿童继续投入精力和欲力，尽自己最大努力来改造自我的过程。并且本阶段也是有关自我生长的决定性阶段。这时儿童已开始意识到进入了社会。他在众多的同伴之中，必须占有一席之地，否则就会落后于别人。他一方面在积蓄精力，勤奋学习，以求学业上成功，同时在追求成功的努力中又掺有害怕失败的情绪。因此，勤奋感和自卑感构成了本阶段的主要危机。其中自卑感的产生可以有各种不同的根源，其中之一就是前一阶段任务没有很好完成。

随着学龄期儿童的社会活动范围扩大，儿童的依赖重心由家庭转移到学校、教室、少年组织等社会机构方面。埃里克森认为，许多人将来对学习和工作的态度和习惯都可溯源于本阶段的勤奋感。

5. 自我统合对角色混乱（identity vs. role confusion） 第五阶段为青年期，约12岁到18岁。这一阶段的发展任务是建立同一感和防止混乱感，体验着忠诚的实现。

这一阶段相当于弗洛伊德的青春期。弗洛伊德认为青春期是一个骚动的时期。蛰伏的生殖变化突然迸发，似乎要摧毁自我及其防御了。埃里克森承认青年期驱力的增加是破坏性的，但他只把这种破坏性视为问题的一部分。他认为新的社会的冲突和要求也促使青年变得困扰和混乱。因此建立自我统合和防止统合危机，是这一阶段的任务。其中**自我统合**（self-identity）是指个人的内部和外部的整合和适应之感；**统合危机**（identity crisis）则是指内部和外部之间的不平衡和不稳定之感。埃里克森认为自我统合必须在七个方面取得整合，才能使人格得到健全的发展。这七个方面是：①时间前景对时间混乱；②自我肯定对冷漠无情；③角色试验对消极认同；④成就预期对工作瘫痪；⑤性别认同对性别混乱；⑥领导的极化对权威混乱；⑦思想的极化对观念混乱。

这一阶段埃里克森提出了**延缓期**（delayed period）的概念，他认为这时的青年承续儿童期，自觉没有能力持久地承担义务，感到要做出的决断未免太多太快。因此，在做出最后决断以前要进入一种“暂停”的时期，用以千方百计地延缓承担的义务，以避免认同提前完结的内心需要。虽然对同一性寻求的拖延可能是痛苦的，但它最后是能导致个人整合的一种更高级形式和真正的社会创新。

如果说以上五个时间是针对弗洛伊德的五个阶段提出的，那么以下的三个阶段就是埃里克森的独创。由于这三个阶段，他的发展理论更加完善。

6. 友爱亲密对孤僻疏离（intimacy vs. isolation）　第六阶段是成人早期，从18岁到25岁，发展任务是获得亲密感以避免孤独感，体验着爱情的实现。埃里克森认为这时青年男女已具备能力并自愿准备着去分担相互信任、工作调节、生儿育女和文化娱乐等生活，以期充分而满意地进入社会。这时，人们需要在自我认同的基础上获得共享的认同，这才能导致美满的婚姻而得到亲密感。但由于寻找配偶包含着偶然因素，所以也孕育着担心独身生活的孤独之感。埃里克森认为，发展亲密感对是否能满意地进入社会有重要的作用。

7. 精力充沛对颓废迟滞（generative vs. stagnation）　第七阶段是成年（中）期，约至50岁，主要为获得繁殖感而避免停滞感，体验着关怀的实现。这时男女建立家庭，他们的兴趣扩展到下一代。这里的繁殖不仅指个人的生殖力，主要是指关切建立和指导下一代成长的需要，因此，有人即使没有自己的孩子，也能达到一种繁殖感。缺乏这种体验的人会倒退到一种假亲密的需要，沉浸于自己的天地之中，只一心专注自己而产生停滞之感。

8. 完美无缺对悲观沮丧（integrity vs. despair） 第八阶段为老年期（成年后期），直至死亡，主要为获得完善感、避免失望和厌恶感，体验着智慧的实现。这时人生进入了最后阶段，如果对自己的一生周期获得了最充分的前景，则产生一种完善感，这种完善感包括一种长期锻炼出来的智慧感和人生哲学，延伸到自己的生命周期以外，则产生与新一代的生命周期融合而为一体的感觉。一个人达不到这一感觉，就不免恐惧死亡，觉得人生短促，对人生感到厌倦和失望。

埃里克森的发展渐成说有着自己的特色而不同于别人，他的发展过程不是一维性的纵向发展观——一个阶段不发展，另一个阶段就不能到来；而是二维性的，每一个阶段实际上都不存在发展不发展的问题，而是发展的方向问题。即发展方向有好有坏，这种发展的好坏是在横向维度上的两极之间进行。

通过对埃里克森人格发展渐成理论的大致介绍，我们看到了新弗洛伊德主义与古典弗洛伊德主义的明显差异以及两者之间的共同之处。作为一种理论，埃里克森的思想和弗洛伊德的思想同样丰富而深邃，不论是为了对人的本质的个人理解，还是为了科学的进步，都值得努力去掌握。

第二节 | 行为主义的心理发展观

行为主义（behaviorism）是由美国心理学家华生（John Broadus Watson，1878—1958）创造的，它的一个突出特点是强调现实或客观研究。

华生所受的思想影响较多，其中有俄国的巴甫洛夫。华生的研究方法是巴甫洛夫创造的条件反射法，即巴甫洛夫的**条件反射学说**促进了行为主义的发展。尽管华生对心理学的贡献很大，但他主要的心理学生涯，只持续了17年。**新行为主义**（neo-behaviorism）忠于华生的思想，最有影响的人物是斯金纳（Burrhus Frederic Skinner，1904—1990），他企图通过行为研究来预测和控制人类的社会行为。班杜拉（Albert Bandura，1925—）的**社会学习理论**（social learning theory）基本上也是行为主义，他虽然也重视认知因素，但主要偏重于人的行为的研究，在行为研究中没有给认知因素应有的地位。

一、巴甫洛夫的条件反射学说及其对行为主义的影响

巴甫洛夫是著名的生理学家、心理学家，西方心理学称他为现代学习理论之父。

（一）巴甫洛夫的条件反射学说

巴甫洛夫学说的核心思想是条件反射学说。他把意识和行为看作**反射**（reflex），即机体作用于感受器的外界刺激通过中枢神经系统所发生的规律性反应。在他看来，反射分为无条件反射和条件反射两种。

1. 无条件反射与条件反射 巴甫洛夫用狗做实验。当狗吃食物时，会引起唾液分泌，这是无条件反射。**无条件反射**（或**非制约反射**）（unconditioned reflex）是动物生来就有、在种系发育过程中所形成而遗传下来的，其神经联

系是固定的。如果给狗以铃声，则不会引起狗的唾液分泌。但是，如果给狗以铃声时即喂以食物，这样的结合进行多次以后，每当铃声一响，虽然食物并未出现，狗也会分泌唾液。这时，原来与唾液分泌无关的刺激物——铃声，变成了引起唾液分泌这种无条件反射的无条件刺激物——食物的信号，转化为信号刺激物，而引起唾液分泌。这种由信号刺激物所引起的反射称为**条件反射**（或**制约反射**）（conditioned reflex）。条件反射是动物个体生活过程中适应环境变化，在无条件反射的基础上逐渐形成的，其神经联系是暂时的。巴甫洛夫及其学派所研究的这种条件反射，被国际心理学界称为**经典性条件作用**（或**古典制约作用**）（classical conditioning）。

2. 两种信号系统　由于信号刺激物引起的是条件反射，因此，信号刺激物也被称为条件刺激物，条件反射实际上是一种信号系统。信号活动是大脑两半球的最根本的活动。外部现实的信号是多得不可计数的，根据它们的不同本质，又可分为两类：第一类是外界现实中具体的刺激物，如形状、颜色、气味、声音等，这是直接的、具体的信号；第二类是人类的词、语言的信号，这是一种抽象的信号。第一类叫作**第一信号系统**（first information system），这是动物和人类都有的；第二类叫作**第二信号系统**（second information system），这是皮层进化到人类阶段所特有的产物，是人类大脑才能接受的条件反射。两种信号系统是密切联系的，第一信号系统是第二信号系统的基础，第二信号系统是第一信号系统的抽象化和概念化，它是通过第一信号系统获得意义并起作用的。第二信号系统又是社会的产物，社会生活对人的影响，主要通过词、语言，也就是通过第二信号系统起作用。因此第二信号系统不仅是信号的信号，而且还代表着社会的要求，调节着第一信号系统的活动，调节着人的行为，使人在反映客观事物时具有目的方向性和自觉能动性。在这两种信号系统协同活动的过程中，第二信号系统起着主导作用，并且是人类行为的最高调节者。这两种信号系统的协同活动，是组织人类心理活动特有的生理机制。

由此可见，巴甫洛夫的思想，不仅涉及发展心理学之比较心理学的研究，而且也阐述了人类种系心理发展的机制。

（二）巴甫洛夫学说与行为主义

巴甫洛夫的条件反射学说，对行为主义是有影响的。然而，这两种学说又是有区别的。

1. 影响 华生曾用巴甫洛夫这种条件反射法排斥主观内省法而推崇客观观察法的实验技术，后来又把条件反射法作为形成一切习得性行为甚至人格（或个性）的一把钥匙。斯金纳在巴甫洛夫经典性的条件反射基础上发明了斯金纳箱，提出了操作性条件反射原理。因此，不少心理学史家把巴甫洛夫与行为主义看成是一体的。

2. 区别 其实巴甫洛夫学说与行为主义心理学是有区别的。行为主义与巴甫洛夫的分歧主要有两点：一是行为主义不同意巴甫洛夫提出的人与动物的高级神经活动虽有联系，但彼此之间有本质的差异；二是行为主义反对心理学研究意识，而巴甫洛夫却不否定意识。然而巴甫洛夫与行为主义都属于环境决定论，在先天与后天的关系上，都过分地强调后天环境的作用。

二、华生的发展心理学理论

华生认为心理本质是行为。心理、意识被归结为行为。虽然各种心理现象也只是行为的组成因素或方面，而且可以用客观的刺激(S)—反应(R)术语来论证，其中包括作为高级心理活动的思维。

华生的发展心理学理论主要表现在机械主义的发展观和对儿童情绪发展的研究两个方面。

（一）机械主义的发展观

华生在心理发展问题上突出的观点是**环境决定论**（environmental determinism）。这种环境决定论主要体现在：

1. 否认遗传的作用 否认行为的遗传是华生的环境决定论的基本要点之一。华生明确地指出：“在心理学中再不需要本能的概念了。”（Watson，1925）华生否认行为的遗传作用，其理由有三个方面：首先，行为发生的公式是刺激一反应。从刺激可预测反应，从反应可预测刺激。行为的反应是由刺激所引起的，刺激来自客观而不是决定于遗传，因此行为不可能取决于遗传。其次，生理构造上的遗传作用并不能导致机能上的遗传作用。华生承认机体在构造上的差异来自遗传，但他认为构造上的遗传并不能证明机能上也遗传。由遗传而来的构造，其未来的形式如何，要决定于所处的环境。最后，华生的心理学以控制行为作为研究的目的，而遗传是不能控制的，所以遗传的作用越小，控制行为的可能性则越大。因此，华生否认了行为的遗传作用。

当然，华生并不是一开始就反对行为的遗传作用。起先，他并不反对本能，也不反对遗传。他在尝试建立行为主义心理学的两个出发点的声明中，还提到遗传与习惯有同等重要的作用。后来，他才逐渐否认本能的遗传，只承认一些简单的反射是来自遗传。但到了1925年撰写《行为主义》一书时，他将人类行为中所有近于本能的行为，都看成是实际上在社会中形成的条件反射。为了避免提到本能的概念和遗传的作用，他干脆将这些动作或反射叫作“非学习反应(动作)”。在行为的因素中，如智力、才能、气质、人格特征等方面，他拒绝承认有任何种类的遗传作用。在他看来，这些东西都是由学习而获得的，大致是在摇篮时代学得的。

2. 片面夸大环境和教育的作用 华生从刺激—反应的公式出发，认为环境和教育是行为发展的唯一条件。

第一，华生提出了一个重要的论断，即构造上的差异和幼年时期训练上的差异就足以说明后来行为上的差异。也就是说，儿童一出生，在构造上是有所不同的，但它们仅仅是一些最简单的反应而已；而较复杂行为的形成，完全来自环境，尤其是早期训练的不同使人们行为更加不同。虽然华生否认遗传对心理发展的作用是错误的，但是他提出的早期训练还是很有价值的。直到今天人们越来越体会到儿童早期教育的重要性，这与华生理论的影响，不是没有关系的。

第二，华生提出了教育万能论。华生从行为主义控制行为的目的出发，提出了他闻名于世的一个论断：

请给我十几个强健而没有缺陷的婴儿，让我放在我自己的特殊世

> 界中教养，那么，我可以担保，在这十几个婴儿中，我随便拿出一个来，都可以训练其成为任何专家——无论他的能力、嗜好、趋向、才能、职业及种族是怎样，我都能够任意训练他成为一个医生，或一个律师，或一个艺术家，或一个商界首领，或可以训练他成为一个乞丐或窃贼。（Watson，1925）

这是典型的教育万能论观点。他过分地强调心理发展是由环境和教育机械决定的，夸大了环境与教育在心理发展上的作用。这样，一方面否定了人的主动性、能动性和创造性，另一方面夸大了教育的作用，使人被动地接受教育的目的，忽视了他们心理发展的内部机制。

当然，华生的教育万能论在当时也有其积极的作用，即在某种意义上批驳了种族歧视和种族优越感。他曾经说，黄皮肤的中国儿童，白皮肤的高加索种儿童，还有黑皮肤的儿童，其皮肤的差异，人种的不同，对以后的行为恐怕不会得出什么结果，而谁能优异发展，就在于他们后来的环境和接受的教育。这种分析是有其进步意义的。

第三，华生的学习理论。按照他的观点，本能或遗传的作用不存在，人的行为发展完全在于环境和教育。因此，学习在行为主义中占着主要地位。

华生学习理论观点的基础是条件反射。他认为条件反射是整个习惯所形成的单位。学习的决定条件是外部刺激，外部刺激是可以控制的，所以不管多么复杂的行为，都可以通过控制外部刺激而形成。这种学习规律完全适合于行为主义预测和控制行为的目的，所以华生十分重视学习。华生的学习理论为教育万能论提供了论证。

（二）对儿童情绪发展的研究

华生对心理发展的研究，其主要的兴趣是在情绪发展的课题上。情绪发展的课题又分两种：重点是研究儿童在三种非习得性，即非学习性的情绪反应基础上形成的条件反射；同时，他也重视对儿童嫉妒和羞耻的情绪行为的研究。

1. 关于儿童的怕、怒、爱的研究 华生声称：初生婴儿只有三种非习得情绪反应——怕、怒、爱。后来由于环境的作用，经过条件反射，促使怕、怒、爱的情绪不断发展。这里主要的条件是环境，特别是家庭环境。他指出，儿童的情绪，为家庭环境所形成，父母将是这种情绪的种植者、培养者。当儿童到了3岁时，他全部的情绪生活和倾向，便已打好了基础。这时父母们已经决定了这些儿童将来是变成一个快活健康而品质优良的人；或是一个怨天尤人的精神病患者；或是一个睚眦必报、作威作福的桀骜者；或是一个畏首畏尾的懦夫。

华生强调情绪是一种“模式反应”。他通过实验研究，分析了怕、怒、爱三种情绪的基本模式。这三种基本情绪模式主要是由条件反射和习惯所形成的。在华生看来，环境的条件，不但影响非习得性反应并诱发这些反应产生多种反应；而且由于对明显的情绪的部分制约，又引起新的内外的反应。

2. 关于儿童的嫉妒和羞耻的研究 华生曾经指出，除了上述的三种情绪之外，还有两种情绪行为是行为主义者最乐于研究的。那就是嫉妒和羞耻。他坚信这两种情绪行为都是学习而成的，而不是非习得的。

华生通过自然实验，多次研究嫉妒情绪的产生。他认为，嫉妒的产生既不存在弗洛伊德所说的恋母情结，也不是独子（女）对小弟（妹）出生的仇恨。嫉妒是一种行为，引起这种行为的刺激是“爱的刺激受到限制”，从而引起了反应。这种反应属于愤怒的反应，它除了包括原始性内脏的反应之外，还包括身体习惯的模式，如争斗、拳击、发泄不满的词语等。

华生对羞耻也有过论述。他认为羞耻与手淫有关。手淫后血压增高，皮肤上的毛细血管膨胀，出现面红耳赤的状态。而这种手淫行为，从幼儿时起父母便加以制止，否则就会受到惩罚。因此，以后无论遇到什么情绪（不论是语言的，还是动作的），只要是与生殖器有关，就会引起儿童的面红耳赤的状态，并产生羞耻情绪。

此外，其他情绪行为，如平常称为苦恼、悲伤、怨恨、尊敬、敬畏、公正、慈悲等等，在华生看来，都不是很简单的情绪行为，所以他不做必要的讨论。

华生有关儿童情绪的观点，特别是对儿童的怕、怒、爱的分析，主要是来自他对情绪发展所进行的一系列的实验研究。这些实验研究，被誉为心理学史上“经典实验”之一。这也是华生在发展心理学建设上的一个开创性的贡献。

三、斯金纳的发展心理学理论

在斯金纳的理论体系中，与华生的刺激—反应心理学的不同点在于他区分出了反应性和操作性行为。华生的刺激—反应心理学认为，发生反应而在指不出其刺激时也假定有刺激物的存在，只要实验者想出办法就能找出这些刺激。斯金纳把这种行为反应称为**反应性行为**（respondent behavior），而在发生时看不到刺激的行为反应称为**操作性行为**（operant behavior）。在反应性的条件反射中，刺激先于反应并自动地诱发行为，而在操作性条件反射中，开始的刺激总是不清楚的，有机体由紧跟着的强化刺激所控制径自地做出反应。

（一）儿童行为的强化控制原理

作为环境决定论者，斯金纳虽承认有机体带着先天的机能进入世界，但他最关心的是环境在儿童行为发生和发展中所起的作用。为此，他提出了一系列关于儿童行为的强化控制原理：

1. 关于强化作用 斯金纳曾经精心设计了一个**斯金纳箱**（Skinner's box），这是研究生命体和环境作用的典型实验装置。这个装置的设计十分简单，箱子的侧壁上有一个杠杆，按压时，便有食物出现。实验动物是一只白鼠，它可以在里边自由走动。但它看不见杠杆，只是在偶尔碰到杠杆时，便有食物滚出，给予强化。对白鼠来说，起初的强化是相对无效的，但经过几次强化后，其反应的速率加快，目的性增加。这是一种最简单的操作性行为模式。斯金纳把这种研究方法应用于对儿童的研究，来分析儿童操作性行为的产生与强化。

2. 条件反射的原则 斯金纳试着把操作性条件反射的原理应用于儿童身上，并强调塑造、强化与消退、及时强化等对儿童发展的作用。

首先，在斯金纳看来，强化作用是塑造儿童行为的基础。他认为，只要了解强化效应，操纵好强化技术，就能控制行为反应，并随意塑造出一种教育者所期望的儿童的行为。儿童偶尔做出某种动作而得到教育者的强化，这个动作后来出现的概率就会大于其他动作，强化的次数加多，概率亦随之加大，这便导致了儿童操作性行为的建立。

其次，强化在儿童行为发展过程中，起着重要作用。行为不强化就会消退，即得不到强化的行为是易于消退的。依照斯金纳的看法，儿童之所以要做某事，就是想得到成人的注意。要使儿童的不良行为（如长时间的啼哭、发脾气等）消退，可在这些行为发生时不予理睬，排除对他的注意，结果孩子就不哭不闹了。一哭一闹的做法反而强化了哭闹行为。有机体在操作了一个适当行为后方可得到外部的强化刺激。在儿童的眼中，是否多次得到外部刺激的强化，是他衡量自己的行为是否妥当的唯一标准。练习的次数多少本身不会影响到行为反应的速率。练习在儿童行为形成中之所以重要，是因为它为重复强化的出现提供了机会。只练习不强化便不会巩固和发展起一种行为。

再次，斯金纳还强调**及时强化**（或**立即强化**）（immediate reinforcement），他认为若不进行及时强化是不利于人的行为发展的。教育者要及时强化希望在儿童身上看到的行为。比如，父亲在他的儿子给他拿来拖鞋后，立即表示高兴，这个孩子大约第二天晚上会重复这一行为。可是，如果父亲正埋头想别的事，强化延迟了时间，那么这个孩子的这一行为将得不到巩固。如果在他堆积木时，父亲才表示对儿子取拖鞋的高兴，那么得到强化的不是取来拖鞋，反而是堆积木。采用及时强化，有利于强化反应和强化刺激的联系，并有利于辨认和统一复杂行为环境中的强化刺激作用。斯金纳等人的研究表明：如果我们想开始教授一种合意的行为姿态，一开始就采用继续强化通常是最好的，这是巩固初始行为的最有效办法，如果我们也想使这一行为持久，转换采用**间歇强化**（或**部分强化**）（partial reinforcement）即可。

3. 积极强化作用与消极强化作用 强化作用，依照斯金纳的观点，可分积极强化作用和消极强化作用两类。尽管分类不同，但其作用的效果都是增进反应的概率。所谓**积极强化作用**（或**正强化作用**）（positive reinforcement），是由于刺激的加入增进了一个操作反应发生概率的作用，这种作用是经常的。所谓**消极强化作用**（或**负强化作用**）（negative reinforcement），是由于刺激的排除而加强了某一操作反应发生概率。斯金纳建议以**消退**（或**削弱**）（extinction）取代惩罚的方法，提倡强化的积极作用。

4. 儿童行为的变化 **强化作用**（reinforcement）影响并控制着操作性行为的反应强度，它对操作力量的作用是在动态变化中完成的。那么，强化作用的效果如何？它是怎样影响和控制行为的？如何根据它们之间的规律关系预测行为？

早在1933年，斯金纳就有这方面研究的论文，如《自发活动的测量》等。他强调**动态的特性**（dynamic properties），主张把对行为静的特征描述和对行为动的规律的测量结合起来，把握操作性行为所特有的动态规律，控制和预测儿童行为的发展；主张测量要充分显示行为的发射力量、方向、时间性特点等方面的变化而为操纵强化技术提供可靠的依据，为研究强化技术开辟新道路。操作性行为既然不是由已知的刺激引起的，其反射强度（力量）就不能按照反射的一般规律作为刺激的函数来加以计量。替代的方法是用反应率来计算它的强度。观察（可以是自动的，也可以是人工的）反应频率就可以确定变动的方向是助长还是抑制性的。为了控制儿童行为的发展，在研究工作中要具体地考虑四种情况（条件）的变化：

①第一基线：即儿童在实验操作以前的状态，例如小学一年级新生上课时的不安定、离开位子等表现。

②第一实验期间：即给予一定刺激，如指示儿童坐好并加以强化，观察儿童行为的变化，如与安静坐好行为的关系。

③第二基线：即取消第一实验期间所给的刺激，以检查第一实验条件的作用，如不加强化以观察其与儿童安静坐好行为的关系。

④第二实验期间：即把第一实验期间给予的刺激再度给予儿童，从而确定第一实验期间所给予的刺激作用。

根据以上的实验处理可以画出儿童行为变化的曲线，找出行为变化的规律。斯金纳就用这种方法来研究儿童心理各个方面如感知、运动、语言、学习等的发展。

当然，在心理发展中，强化是必要的，也是重要的。在我们日常教育儿童过程中，表扬、惩罚都是一种强化。但强化必须和儿童心理发展的内部机制统一起来，这一点，正是斯金纳所忽视的。由此可见，斯金纳的研究对象是彻底的“黑箱有机体”，他只专注刺激与反应的形式，而不在意一个人行为产生的内在过程。因此，斯金纳只是强调操作性条件反射和强化原则，而反对任何对意识、情感和动机假设的论断，这与华生的思想是无多大区别的。

（二）儿童行为的实验控制

斯金纳重视将其理论应用于实际。在发展儿童的心理和提高儿童教育的质量方面，他做了以下的贡献：

1. 育婴箱的作用 斯金纳从白鼠的按压杠杆到儿童的抚养，做了不少工作。例如，当他的第一个孩子出生时，他决定做一个新的并经过改进的摇篮，这就是斯金纳的“育婴箱”。在他实验箱里“长大”的女儿过得非常快活，很快就成为一名颇有名气的画家。于是，斯金纳把它详细介绍给了美国《妇女家庭》杂志，这是他的研究工作第一次普遍受到大众的注意和赞扬。在题为《育婴箱》（1945）的论文中，他描述道：

> 光线可直接透过宽大的玻璃窗照射到箱内，箱内干燥，自动调温，无菌无毒隔音；里面活动范围大，除尿布外无多余的衣布，幼儿可以在里面睡觉、游戏；箱壁安全，挂有玩具等刺激物。不必担心着凉和湿疹一类的疾病。（Skinner，1945）

这种照料婴儿的机械装置，是斯金纳研究操作性条件反射作用的又一杰作。这种设计的思想是要尽可能避免一切外界不良刺激，创造适宜儿童发展的行为环境，养育身心健康的儿童。后来，斯金纳发展了这些思想，写成小说《沃尔登第二》（或译《桃园二村》），由一个儿童成长的行为环境扩大到几千人组成的理想国。在这里，行为分析家将操作条件作用的原理应用于儿童的培养与教育并塑造他们，使他们对于行将养成的人生价值具有正确的看法。美好生活所必需的物质利益、艺术和科学将得到繁荣发展，而没有猖獗的利己主义和现代技术所附带的一切弊端。心理学家等组成的指导委员会将决定哪些行为受强化。侵犯行为、过分的实利主义和贪婪的生活方式，将由《沃尔登第二》中描绘的有禁欲色彩，但在生物学和心理学上却是健康的行为所取代。

2. 行为矫正 随着斯金纳操作性行为思想体系影响的增强，大量研究工作均已在**行为矫正**（behavior modification）的领域中发展起来。这种矫正工作并不复杂，例如，消退原理在儿童攻击性和自伤性行为矫正和控制中的应用。孩子做某件事是想引起同伴或成人的注意。教师对儿童的挑衅、争吵，不管何时发生，都装作不知道。成人对儿童的自伤行为不予理睬，直到他感到疼痛却得不到任何报酬。不论何时以何种方式，成人都应谨慎，不去强化儿童的不良行为。

3. 教学机器和程序教学 **行为塑造**（shaping）是根据操作性条件反射理论以**连续渐进法**（successive approximation method）建立个体新行为的历程，也是儿童教育的重要途径，但使用起来却常常使教育者失去耐心，尤其是纠正不良行为和学习这类复杂的行为塑造；在一个班级里教育者很难照顾到每一个儿童；在实际教育中，师资水平较差的事实也普遍存在。这些问题促使斯金纳深思，在长期的研究中，斯金纳形成了学习和机器相联系的思想。于是，电脑辅助教学诞生了，它弥补了教育中的一些不足。实际上，机器本身远不如机器中所包含的程序材料重要。**程序教学**（或**编序教学**）（programmed instruction，简称PI）有其一系列的原则，例如，小步阶呈现信息，及时知道结果，学生主动参加学习等，这些教学进程中所需的耐心、促进主动学习的热情和及时反馈的速度，几乎是一般教师所不及的。尽管教学机器和程序教学对教师的主导作用的发挥有妨碍，对学生的学习动机考虑较少，但是斯金纳的工作还是对美国教育产生了深刻的影响。

斯金纳在心理发展的实际控制上，做了不少有价值的工作；以后兴起的认知心理学、环境心理学、日益流行的教学辅助机以及临床收效较大的新行为疗法等，都受到了他的强化控制理论和实践的影响。

四、班杜拉的发展心理学理论

由班杜拉的代表作《社会学习理论》（Bandura，1977），我们可以全面概括出其发展心理学的观点。这里着重介绍两个方面。

（一）观察学习及其过程

观察学习是班杜拉社会学习理论的一个基本概念。

1. 观察学习的实质 所谓**观察学习**（observational learning），实际上就是通过观察他人（榜样）所表现的行为及其结果而进行的学习。它不同于刺激反应学习，刺激反应学习是学习者通过自己的实际行动，同时直接接受反馈（强化），即通过学习者的直接反应给予直接强化而完成的学习。而观察学习的学习者则可以不直接地做出反应，也不需亲自体验强化，而只要通过观察他人在一定环境中的行为，并观察他人接受一定的强化就能完成学习。所以，在刺激反应学习中，学习者输入的信息仅仅是刺激，刺激与反应的结合，是以学习者自身为媒介而完成的；而在观察学习中，学习者输入的信息是刺激和与其相对应的榜样反应，刺激与反应的结合是以**榜样**（或**楷模**）（model）为媒介并作为信息为学习者所接受。实际上这种学习是在替代基础上所发生的学习。用班杜拉的话说，就是所谓**无尝试学习**（no trial learning），亦称**一试学习**（one-trial learning）。

班杜拉虽然也承认各种学习方式的存在，其中包括根据示范的学习、根据反应结果的学习、根据言语教导的学习，但他却更重视观察学习这种学习方式，更重视观察学习的作用。在他看来，从动作的模拟到语言的掌握，从态度的习得到人格的形成，都可以通过观察学习来加以完成。也就是说，凡依据直接经验的所有学习现象，都可以通过对他人的行为及其结果的观察而代理地成立，通过观察学习不仅可以使习得过程缩短而迅速地掌握大量的整合的行为模式，而且可以避免由于直接尝试导致的错误和失败而可能带来的不良后果。

2. 观察学习的过程 观察学习表现为一定的过程，班杜拉认为这个过程包括**注意过程**（或**注意阶段**）（attentional phase）、**保持过程**（或**保持阶段**）（retention phase）、**复现过程**（或**再生阶段**）（reproduction phase）和**动机过程**（或**动机阶段**）（motivational phase）四个组成部分。

班杜拉认为，强化可以是及时强化（或立即强化），即通过外界因素对学习者的行为直接进行干预。例如，某男孩听到他邻居使用一些污秽的语言后，因而学得一些新词，如果这个男孩由于说污秽的话而受到鼓励，他就会去学习他的邻居；如果他因说咒骂人的话而受到惩罚，那么，他在模仿时就会犹豫不决。班杜拉认为“外在结果虽然每每给予行为以影响，但是，它不是决定人的行为的唯一结果。人是在观察的结果和自己形成的结果的支配下，引导自己的行为”（Bandura，1977）。强化也可以是**替代强化**（vicarious reinforcement），即学习者如果看到他人成功或赞扬的行为，就会增强产生同样行为的倾向；如果看到失败或受罚的行为，就会削弱或抑制发生这种行为的倾向。例如，如果这个男孩看到邻居因咒骂而受鼓励，这个男孩就会去模仿他；如果他看到邻居受惩罚，他必定少去或不去学他。强化还可以**自我强化**（self-reinforcement），即行为“达到自己设定的标准时，以自己能支配的报酬来增强、维持自己的行为的过程”（Bandura，1977）。自我强化依存于**自我评价**（self-evaluation）的个人标准。这个自我评价的个人标准是儿童学会依自己的行为是否比得上他人设定的标准，用自我肯定和自我批判的方法对自己的行为做出反应而确立的。在这个过程中，成人对儿童达到或超过为其提供的标准的行为表示喜悦，而对未达到标准的行为则表示失望。这样，儿童就逐渐形成了自我评价的标准，获得了自我评价的能力，从而对榜样示范行为发挥自我调整的作用。儿童就是在这种自我调整的作用下，形成观念、能力和人格，改变自己行为。

（二）社会学习在社会化过程中的作用

班杜拉特别重视社会学习在社会化过程中的作用——社会引导成员用社会认可的方法去活动。为此，他专门研究了攻击性、性别角色的获得、自我强化和亲社会行为等几方面的所谓社会化的“目标”。

1. 攻击性 班杜拉认为，攻击性的社会化，也是一种操作条件作用。如当儿童用合乎社会的方法表现**攻击性**（aggression）时（如球赛或打猎），父母和其他成人就奖励儿童；当他们用社会不容许的方法表现攻击性时（如打幼小儿童），就惩罚他们。所以儿童在观察攻击的模式时，就会注意什么时候的攻击被强化，而对于被强化的模式便照样模仿。

班杜拉曾让4岁儿童个别地观看一部男性成人（榜样）坐在吹气膨胀玩偶身上并拳击这个玩偶的电影，每个儿童被指定观看同一攻击电影中三种不同对待结果中的一种：第一种为攻击—奖励，即榜样受表扬并在电影以后给予款待，称赞他为“勇敢的优胜者”，并给他巧克力、汽水等；第二种为攻击—惩罚，即榜样被视为“大暴徒”，打他并在电影的末尾强迫他畏缩地逃走；第三种为无结果，榜样既未得到奖赏，也未受到惩罚。当看完电影后，每个儿童即被安置在有吹气膨胀玩偶和其他玩具的房间里，以观察其如何模仿攻击榜样。

结果表明，看见榜样被惩罚的组，相比其他两组几乎没有什么模仿；而看见奖赏和无结果的两组之间没有差别，都进行了模仿。之后，主试回到房间告诉儿童，凡能再度模仿榜样的反应者，可得到果汁和一张美丽的图片贴纸，于是，包括看到榜样被惩罚的儿童在内的所有儿童，都模仿他看到的榜样行为到同样的程度。由此可见，替代惩罚仅仅阻碍新反应的操作，而没有阻碍他们对这一行为的习得。

2. 性别角色的获得 班杜拉认为，男女儿童各自性别品质发展较多的也是通过社会化过程的学习，特别是通过模仿而获得的学习。

班杜拉认为，儿童常常通过观察学习两性的行为，只是因为在社会强化的情况下，他们通常所从事的仅仅是适合他们自己性别的行为。有时这种社会强化还会影响观察过程本身，也就是说，儿童甚至会停止对异性榜样细致的观察。

3. 自我强化 班杜拉认为，自我强化也是社会学习榜样影响的结果。他曾用实验证明了这一点：让7至9岁的儿童观看滚木球比赛的榜样，这榜样只要当他得到高分数时，就用糖果来奖励自己，否则，榜样就将做自我批评。以后，让看过和未看过榜样进行滚木球比赛的儿童分别独自玩滚木球比赛游戏，结果看过榜样比赛的儿童，采用的是**自我报酬**（或**自我奖励**）（self-reward），而未看过榜样比赛的儿童对待报酬的方法，则不管什么时候，只要自己愿意和感到喜欢就行。可见，在儿童自我评价的行为上，即自我强化的社会化方面，榜样表现出了明显的效果。

4. 亲社会行为 班杜拉认为，**亲社会行为**（prosocial behavior）（如分享、帮助、合作和利他主义等）可以通过呈现适当的榜样而加以影响。例如，让7～11岁的儿童观看成人榜样玩耍滚木球游戏，并将所得部分奖品捐赠给“贫苦儿童基金会”，然后立即让这些儿童单独玩这种游戏。结果他们远比没有观看过成人榜样玩耍滚木球游戏的儿童所做的捐献多得多。班杜拉认为，亲社会行为靠训练是没有什么效果的，有时强制的命令可能会一时奏效，但会有反复，只有榜样的影响才更有用，而且持续时间更长。

班杜拉的社会学习理论从人的社会性角度研究学习问题，并强调观察学习。他认为人的行为的变化，既不是由个人的内在因素，也不是由外在的环境因素所单独决定的，而是由两者相互作用的结果所决定。他认为人通过其行为创造环境条件并产生经验（个人的内在因素），被创造的环境条件和作为个人内在因素的经验又反过来影响以后的行为等。无疑这种看法在相当程度上反映了人类学习的特点，揭示了人类学习的过程，是有一定的理论和实际价值的。但班杜拉的社会学习理论基本上是行为主义的，他虽然也重视认知因素，但并没有对认知因素做充分的探讨；他偏重的是对人的行为的研究，在行为研究中还没有给认知因素以应有的地位，而只是一般化地对认知机理做些简单的论述，因而他的社会学习理论具有不足之处。

第三节 维果茨基的心理发展观

在发展心理学史上，维果茨基的思想是独树一帜的；不仅在苏联受到重视，而且也被西方心理学界所推崇。在1992年11月，莫斯科曾特别为纪念他而召开了维果茨基心理学思想的国际讨论会。

一、维果茨基与文化历史发展学派

维果茨基主要研究儿童心理和教育心理，着重探讨思维与言语、教学与发展的关系问题。

针对行为主义刺激—反应公式的问题，维果茨基对人的高级心理机能进行了研究，并且在1925年发表了论文《意识是行为心理学的问题》，以反对排除对人的意识的研究。1926年，他又撰写了《心理学危机的含义》一文，分析并批评了传统心理学对待人的高级心理机能的错误观点。1930年至1931年，维果茨基撰写了他的重要代表著作《高级心理机能的发展》一书。在这部著作中，他分析了人类心理在本质上不同于动物的那些高级的心理机能（思维、注意、逻辑记忆等），并提出了“两种工具”观点。他认为，“物质生产的工具”使人脱离了动物世界；“精神生产的工具”，也就是人类所特有的语言和符号，使人的心理机能发生了质的变化，上升到高级的阶段。个体心理是在掌握了全人类的经验的影响下而形成的各种高级心理机能。

维果茨基的观点，获得了一批年轻的心理学家的拥护，亚历山大·鲁利亚（Alexander Romanovich Luria，1902—1977）和列昂节夫（Alekxei Nikolaevich Leontiev，1903—1979）在20年代就追随维果茨基，并和维果茨基一道研究人的高级心理机能的社会历史发生问题。后来得到了心理发展的社会文化—历史理论的名称，形成了**文化—历史学派**（Culture-History School），又称维列鲁学派。维果茨基是这个学派的创始人。这个维果茨基、列昂节夫和鲁利亚为首所形成的心理学派，是苏联最大的一个心理学派别。后来有许多著名心理学家，都成了这个学派的重要成员。在美国、西欧和日本也有着广泛的影响。

由维果茨基创立的观点体系，尽管后来引起了很大的争议，但还是得到了广泛的研究。1930年12月9日，斯大林以苏联共产党的名义做出的决定，在批判唯心主义思想意识的同时，也批判了反射学、反应学和社会文化—历史理论。然而，维果茨基的两名学生列昂节夫和鲁利亚为发展这一学派仍继续坚持进行大量的科学研究，尤其对维果茨基的高级心理机能的发生、发展理论所缺乏研究的两个问题——活动和物质本体方面进行深入的探讨，进一步完善了维果茨基的理论，把它提升到新的高度，使社会文化—历史学派获得发展和壮大。1960年，列昂节夫在波恩召开的第十六届国际心理学会会议上宣读了自己的论文《人类心理发展研究中的历史观》，公开承认自己是“维果茨基”路线的继承者和发展者；鲁利亚也总结了自己的研究，建立了新的神经心理学，从此维列鲁学派就在苏联和国际上得到承认，成为当代的一个有影响的心理学派。60年代以来，维果茨基的著作又得以重新出版。1982年出版的维果茨基的心理学全集（共六册），使该学派的影响不断扩大。

二、维果茨基的发展心理学理论

维果茨基在心理的种系发展和个体发展上都做了研究，特别是他关于人类心理的社会起源的学说，关于儿童心理发展对教育、教学的依赖关系的学说，引起了人们广泛的注意。

（一）创立文化—历史理论

维果茨基创立了如前所说的**文化—历史理论**（culture-history theory），用以解释人类心理本质上与动物不同的那些高级的心理机能。维果茨基根据恩格斯关于劳动在人类适应自然和在生产过程中借助于工具改造自然的作用的思想，详细地讨论了他对高级心理机能的社会起源、中介结构的理论观点以及他对高级心理机能进行研究的基本原则和途径。

1. 两种工具观 维果茨基认为，工具的使用，引起人新的适应方式，即物质生产的间接的方式，而不再像动物一样是以身体的直接方式来适应自然。在人的工具生产中凝结着人类的间接经验，即社会文化知识经验，这就使人类的心理发展规律不再受生物进化规律制约，而受社会历史发展的规律制约。

当然，工具本身并不属于心理的领域，也不涉及心理的结构，只是这种间接的**物质生产的工具**（tool for material production），就导致在人类的心理上出现了**精神生产的工具**（tool for mental production），即人类社会所特有的语言和符号。生产工具和语言符号的类似性就在于它们使间接的心理活动得以产生和发展。所不同的是，生产工具指向于外部，它引起客体的变化，而语言符号指向于内部，它不引起客体的变化，而是影响人的行为。控制自然和控制行为是相互联系的，因为人在改造自然时也改变着人自身的性质。

2. 两种心理机能 维果茨基指出，必须区分两种心理机能：一种是靠生物进化结果的低级的心理机能；另一种是由历史发展结果，即以精神生产工具为中介的高级心理机能。然而在个体心理发展中，这两种心理机能是融合在一起的。

3. 两种心理机能与儿童心理发展 维果茨基正是用这两种心理机能的理论来创建他的儿童发展心理学。他指出，关于高级的和低级的心理机能的不正确看法，反映在儿童心理学中特别有害。因为如此，研究者势必不去研究高级的心理机能的发生和发展，而往往去分析现成的、已发展的行为形式；不研究发展本身的过程及其从一个阶段向另一个阶段的过渡，而是去说明它们在发展不同阶段上的单个行为形式。维果茨基进一步指出：各个高级的心理过程的产生，常常只是纯外部地被规定在某一年龄时期，而并没有说明为什么它恰恰在这一年龄才是可能的，某种过程是怎样产生和进一步发展的。维果茨基分析批评了上述各种观点，用历史主义的原则，从两种心理机能的实质去解释、阐述儿童心理发展及其年龄特点，这就构成了维果茨基的儿童心理学的基本观点和其全部理论的核心。

（二）探讨发展的实质

维果茨基探讨了“发展”的实质，提出其文化—历史的发展观。他认为就心理学家看来，发展是指心理的发展。所谓**心理的发展**（mental development）就是指：一个人的心理（从出生到成年），是在环境与教育的影响下，在低级的心理机能的基础上，逐渐向高级的心理机能转化的过程。

心理机能由低级向高级发展的标志是什么？维果茨基归纳为四个方面的表现：

1. 心理活动的随意机能 所谓**随意机能**（voluntary function），就是指心理活动是主动的、随意的（有意的），是由主体按照预定的目的而自觉产生的。心理活动的随意性有多种表现形式，它既表现在心理过程上，如在无意注意的基础上产生有意注意，在冲动性行为的基础上产生预见性的意志等；它又表现在个性特点上，如自我意识能力的发展，根据社会的要求自觉地调节和控制自己的行为等。一个人心理活动的随意性越强，其心理水平就越高。

2. 心理活动的抽象—概括机能 所谓**抽象—概括机能**（abstract generalization function）也就是说各种机能由于思维（主要是指抽象逻辑思维）的参与而高级化。随着词、语言的发展，及知识经验的增长，心理活动的概括性、间接性得到发展，最后形成最高级的意识系统。例如，在具体形象思维的基础上产生了概念思维，在再现形象的基础上产生了创造性想象，在低级情感的基础上产生了理智感、道德感等。

3. 形成以符号或词为中介的心理结构 例如，3岁前儿童的意识系统以知觉、直观思维为中心；学龄前期儿童意识形成了一种新的系统，记忆处于这个系统的中心；学龄期各个心理机能重新组合，发展为以逻辑记忆和抽象思维为中心的新质的意识系统。一个人的心理结构越复杂、越间接、越简缩，其心理的水平则越高。

4. 心理活动的个性化 人的意识的发展不仅是个别机能由某一年龄向另一年龄过渡时的增长和发展，而主要是其个性的增长和发展，整个意识的增长与发展。个性（人格）的形成是高级的心理机能发展的重要标志，个性特点对个别机能发展具有重大的意义。

心理机能由低级向高级发展的原因是什么？维果茨基强调了三点：一是起源于社会文化—历史的发展，是受社会规律的制约。二是从个体发展来看，儿童在与成人交往过程中通过掌握高级的心理机能的工具——语言、符号这一中介环节，使其在低级的心理机能的基础上形成了各种新质的心理机能。三是高级的心理机能是不断内化的结果。

由此可见，维果茨基的心理发展观，是与他的文化—历史发展观密切联系在一起的。他强调，心理发展的高级机能是人类物质产生过程中发生的人与人之间的关系和社会文化—历史发展的产物；他强调，心理发展过程是一个质变的过程，并为这个变化过程确定了一系列的指标。

（三）指出教学与发展的关系

维果茨基指出了教学与发展的关系，特别是教学与智力发展的关系。维果茨基的教学概念有广义和狭义之分。广义的教学，是指人通过活动和交往掌握精神生产的手段，它带有自发的性质；狭义的教学则是有目的、有计划地进行的最系统的实际形式，它“创造着”学生的发展。

1. 教学类型 他把**教学**（teaching）按不同发展阶段分为三种类型：3岁前儿童的教学为**自发型教学**（spontaneous teaching），即儿童是按自身的大纲来学习的；学龄前期儿童的教学称为**自发反应型教学**（spontaneous - reactive teaching），教学对儿童来说开始变为可能，但其要求必须属于儿童自己的需要才可以被接受；学龄期学生的教学则为**反应型教学**（reactive teaching），是一种按照社会的要求来进行的教学，以向教师学习为主要形式。

2. 文化—历史理论的教学观 维果茨基分析批评了关于心理发展与教学关系问题的几种理论。例如，皮亚杰的“儿童的发展过程不依赖于教学过程”理论；詹姆斯的“教学即发展”理论；考夫卡的二元论的发展观。他认为这些观点都没有正确估计教学在心理发展，特别是智力发展中的作用。他指出，由于人的心理是通过间接掌握社会文化经验而产生和发展起来的，因而在心理发展上，作为传递社会文化经验的教学就起着主导的作用。这就是说，人类心理的发展不能在社会环境以外进行，同样，心理发展离开了教学也就无法实现。在社会与教学的制约下，人类的心理活动，是属于外部的、人与人之间的活动，并随着外部和内部活动相互关系的发展，逐步形成人所有的高级心理机能。

3. 教学与发展的关系 在教学与发展的关系上，维果茨基提出了三个重要的问题：一个是“最近发展区”思想；一个是教学应当走在发展的前面；一个是关于学习的最佳时期问题。

（1）最近发展区：维果茨基认为，至少要确定两种发展的水平。第一种是**现有发展水平**（existed developmental level），这是指由一定的已经完成的发展系统的结果而形成的心理机能的发展水平。第二种是在有指导的情况下靠别人的帮助所达到的**解决问题的水平**（level of problem-solving），也就是通过教学所获得的潜力。这样，在智力活动中，所要解决的问题和原有独立活动之间可能有所差异，由于教学，即在别人的帮助下消除这种差异，这就是**最近发展区**（或**可能发展区**）（zone of proximal development）。教学创造着最近发展区，第一个发展水平与第二个发展水平之间的动力状态是由教学决定的。

（2）教学应当走在发展的前面：根据上述思想，维果茨基提出“教学应当走在发展的前面”。这是他关于教学与发展关系问题的最主要的理论。也就是说，教学“可以定义为人为的发展”，教学决定着智力的发展，这种决定作用既表现在智力发展的内容、水平和智力活动的特点上，也表现在智力发展的速度上。

（3）关于学习的最佳时期：怎样发挥教学的最大作用，维果茨基强调了学习的**最佳时期**（learning optimal period）。如果脱离了学习某一技能的最佳年龄，从发展的观点来看是不利的，它会成为儿童智力发展的障碍。因此要开始某一种教学，必须以成熟和发育为前提，更重要的是教学必须首先建立在正在开始但尚未形成的心理机能的基础上，走在心理机能形成的前面。

（四）提出内化学说

维果茨基分析智力形成的过程，提出了**内化**（internalization）学说。在儿童思维发生学的研究中，国际不少心理学家提出了外部动作“内化”为智力活动的理论。维果茨基是内化学说的最早提出人之一。他指出，教学的最重要的特征便是教学创造着最近发展区这一事实，也就是教学激起与推动学生一系列内部的发展过程。从而使学生通过教学而掌握的全人类的经验内化为儿童自身的内部财富。维果茨基的内化学说的基础是他的**工具理论**（theory of tool）。他认为人类的精神生产工具或心理工具，如上所述，就是各种符号。运用符号就使心理活动得到根本改造，这种改造转化不仅在人类发展中进行，而且也在个体的发展中进行。学生早年还不能使用语言这个工具来组织自己的心理活动，心理活动是直接的和不随意的、低级的、自然的。只有掌握语言这个工具，才能将其转化为间接的和随意的、高级的、社会历史的心理技能。新的高级的社会历史的心理活动形式，首先是作为外部形式的活动而形成的，以后才“内化”，转化为内部活动，才能默默地在头脑中进行。

第四节 | 皮亚杰的心理发展观

当代发展心理学最有影响的理论是皮亚杰的心理发展观，因此今天围绕着皮亚杰理论而展开的大量新的研究，便构成了**新皮亚杰学派**（neo-Piagetian school）。

一、皮亚杰的发展心理学理论

皮亚杰心理学的理论核心是**发生认识论**（genetic epistemology）。主要是研究人类的认识（认知、智力、思维、心理）的发展和结构。他认为，人类的认识不管多么高深、复杂，都可以追溯到人的童年时期，甚至可以追溯到胚胎时期。儿童出生以后，认识是怎样形成的，智力、思维是怎样发生和发展的，它是受哪些因素所制约的，它的内在结构是什么，各种不同水平的智力、思维结构是如何先后出现的等，所有这些，就是皮亚杰心理研究试图探索和解答的问题。

皮亚杰解答这些问题的主要科学依据是生物学、逻辑学和心理学。他认为生物学可以解释儿童智力的起源和发展，而逻辑学则可以解释思维的起源和发展。生物学、逻辑学和心理学都是皮亚杰发生认识论和智力（思维）心理学的理论基础。

（一）发展的实质和原因

皮亚杰关于智力发展的理论，在他的《智力心理学》（Piaget，1950）一书中有详细的论述。以后针对各种不同问题，他又从不同角度进行了不同的分析，但基本观点是一致的。

1. 皮亚杰的发展观 在心理学，特别是发展心理学上，由于有各种不同的观点，故而有各种不同的发展理论，皮亚杰在他的《智力心理学》一书中对此做了详细的论述。他列举了五种重要的发展理论：①只讲外因不讲发展的，如英国罗素（Bertrand Russell，1872—1970）的早期观点；②只讲内因不讲发展的，如彪勒（Karl Bühler，1879—1963）的早期观点；③讲内因和外因相互作用而不讲发展的，如格式塔学派（或完形心理学派）；④既讲外因又讲发展的，如联想心理学派；⑤既讲内因又讲发展的，如桑代克的尝试错误学说。而皮亚杰则认为他的理论和这五种发展理论不同，他自己是属于内因和外因相互作用的发展观，即他既强调内因、外因的相互作用，又强调在这种相互作用中心理不断产生量的和质的变化。

2. 心理发展的本质和原因 皮亚杰认为，心理（智力、思维）既不是起源于先天的成熟，也不是起源于后天的经验，而是起源于主体的动作。这种动作的本质是主体对客体的**适应**（adaptation）。主体通过动作对客体的适应，乃是心理发展的真正原因。

皮亚杰从生物学的观点出发，对适应做了具体的分析。他认为，个体的每一个心理的反应，不管是指向于外部的动作，还是内化了的思维动作，都是一种适应。适应本质在于取得机体与环境的**平衡**（equilibration）。

根据生物学的观点，皮亚杰认为适应是通过两种形式实现的：一个是**同化**（assimilation），即把环境因素纳入机体已有的图式或结构之中，以加强和丰富主体的动作。皮亚杰反对联想主义和行为主义心理学把刺激与反应之间的关系看作简单的单向的关系，即刺激—反应（S—R）的公式。他提出S—R双向关系的公式。并用同化的观点展开了这个公式：

$$T+I\longrightarrow AT+E$$

T：代表结构

I：代表刺激（环境因素）

AT：代表I同化于T的结果，对刺激的反应

E：代表刺激中被排除于结构之外的东西

因此，S⟸R变成了S→AT→R，这就是说，刺激加之于同化的结构而引起反应。另一个是**顺应**（或**调适**）（accommodation），即改变主体动作以适应客观变化，如从吃奶改为吃饭，这就需要改变原来的机体动作，采取新的动作，以

适应环境。这样，个体就通过同化和顺应这两种形式来达到机体与环境的平衡。如果机体和环境失去平衡，就需要改变行为以重建平衡。这种不断的平衡、不平衡、平衡……的过程，就是适应的过程，也就是心理发展的本质和原因。

（二）发展的因素和发展的结构

1. 儿童心理发展的因素 在皮亚杰的著作［如《儿童逻辑的早期形成》（1958法文版，1964英文版）、《儿童心理学》（1964法文版，1969英文版）等］中，对于制约发展的各种因素进行了分析，他认为支配心理发展的因素有四个：

（1）成熟：主要是指神经系统的成熟。儿童某些行为模式的出现有赖于一定的躯体结构或神经通路发生的机能。皮亚杰认为：成熟在整个心理成长过程中起着一定的作用。它是心理发展的必要条件，但不是充分条件（即决定条件）。因为单靠神经系统的成熟，并不能说明计算2＋2＝4的能力或演绎推理能力是如何形成的。必须通过机能的练习和习得的经验，才能增强成熟的作用。所以，“成熟仅仅是所有因素之一，当儿童年龄渐长，自然及社会环境影响的重要性将随之增加”。

（2）物理环境：亦即个体对物体做出动作中的练习和习得的经验。它包括物体经验（来自外物）和数理逻辑经验（来自动作）。前者是指个体作用于物体，抽象出物体的特性，如大小、重量、形状等。后者则是指个体作用于物体，从而理解动作间的协调结果。在数理逻辑的经验中，知识来源于动作（动作产生组织和协调作用），而非来源于物体。这种情况下的经验仅指日后将发展成为“运算”推理，实际上带有动作性质的方面，它的意义不同于由外界环境引起的动作所获得的经验，相反，它是主体作用于外界物体而产生的构造性动作。皮亚杰指出，物理因素是重要的，它是一个主要的必要的因素，但不是儿童心理发展的决定因素。

（3）社会环境：包括社会生活、文化教育、语言等，这种因素指的是社会上的相互作用和社会传递。皮亚杰指出，社会化就是一个结构化的过程，个体对社会所做出的贡献与他从社会化中所得到的一样多，从那里便产生了**运算**

（或**操作**）（operation）和**协同运动**（**或合作**）（cooperation）的相互依赖和同型性。皮亚杰认为，社会经验同样是心理发展的一些必要条件，但不是充分条件。不管儿童生活在什么样的社会环境中，甚至是没有语言的聋哑儿童，到7岁就会出现具体运算的逻辑思维。因此，环境、教育对心理发展水平并不起决定作用，它只能促进或延缓心理发展。

（4）平衡：皮亚杰认为平衡或自我调节是心理发展中最重要的因素，即决定的因素。为什么？他指出，平衡就是不断成熟的内部组织和外部组织的相互作用。平衡可以调和成熟、个体对物体产生的经验以及社会经验三方面的作用。由于平衡作用，感知—运动结构从最初的节奏开始逐渐进展成调节作用，再从调节作用逐渐进展成可逆性的开端。调节作用直接依赖于平衡因素，而所有日后的发展（无论是思维的发展、道德观念的发展，或是协同运算的发展）便是从调节作用引向可逆性和扩展可逆性的一个连续过程。可逆性是一个完善的，也就是说达到完全平衡的补偿系统，其中每一变换通过逆向或互反两种可能性达到了平衡，因此，平衡不是静态的力的平衡，也不是热力学上的熵的增加，而是动态的平衡，具有自我调节的作用。通过这种动态的平衡，实现心理结构的不断变化和发展。

2. 儿童心理发展的结构　皮亚杰是一个结构主义的心理学家，他提出心理发展的结构问题。

（1）最初的结构观：他先认为心理结构的发展涉及图式、同化、顺应和平衡。在四个概念中，皮亚杰把图式作为一个核心的概念提出来。如他为马森（Mussen，1970）主编的《儿童心理学手册》所写的《关于认知发展理论》部分的《皮亚杰学说》一文中把图式这一概念作为最基本的概念。什么是图式？皮亚杰认为，**图式**（或**基模**）（schema）就是动作的结构或组织，这些动作在相同或类似环境中由于不断重复而得到迁移或概括。主体为什么会对环境因素的刺激做出不同的反应？这是因为每个主体的图式不同，以不同的内在因素去同化这种刺激，做出不同的反应。图式最初来自先天遗传，以后在适应环境的过程中，图式不断地得到改变，不断地丰富起来，也就是说，低级的动作图式，经过同化、顺应、平衡而逐步形成新的图式。同化与顺应是适应的两种形式。而同化和顺应既是相互对立的，又是彼此联系的。皮亚杰认为，同化只是量上的变化，因为它只不过是以原有的图式为基础，去吸收新经验的历程（张春兴，1989），不能引起图式的改变或创新；而顺应则是质上的变化，因为它在原有图式不能直接适用条件下，个体为着环境需要，主动地修改图式，进而达到目的的心理历程（张春兴，1994），所以其促进创立新图式或调整原有图式。平衡，既是发展中的因素，又是心理结构。平衡是指同化作用和顺应作用两种机能的平衡。新的暂时的平衡，并不是绝对静止或终结，而是某一水平的平衡成为另一较高水平的平衡运动的开始。不断发展着的平衡状态，就是整个心理的发展过程。

（2）后期的结构观：后来皮亚杰在《结构主义》（Piaget，1968）一书中曾指出，思维结构有整体性、转换性和自调性三要素。结构的**整体性**（wholeness）是说结构具有内部的融贯性，各成分在结构中的安排是有机的联系，而不是独立成分的混合，整体与其成分都由一个内在规律所决定。结构的**转换性**（transformation）是指结构并不是静止的，而是有一些内在的规律控制着结构的运动的发展。结构的**自调性**（self-regulation）是说平衡在结构中对图式的调节作用，也就是说，结构根据其本身的规律而自行调节，并不借助于外在的因素，所以结构是自调的、封闭的。

（3）把结构主义与建构主义紧密结合起来：对于建构的概念，皮亚杰并没有给出一个确切的定义，但却体现了他的一种思想，即关于心理结构的一种特殊的见解。所谓**建构主义**（constructivism），皮亚杰（Piaget，1968，1970）则强调三点：其一，任何心理结构，都是主体与客体相互作用的结果，建构主义正是重视这个主客体相互作用的过程。其二，建构与结构的共同点，是都强调系统内在结构和关系；建构与结构的不同点，表现在建构不仅重视**“共时性”**（synchronic），而且也重视**“历时性”**（diachronic），即着重研究心理的发生与发展。其三，活动范畴是皮亚杰理论的逻辑起点与中心范畴，即把“活动”作为考察认识发生和发展的起点与动力。

（三）发展的阶段

皮亚杰的发展观，突出地表现在他的阶段理论的要点上，其理论要点，可列举如下六项：

1. 心理发展过程是连续的 心理发展过程是一个内在结构连续的组织和再组织的过程，过程的进行是连续的；但是由于各种发展因素的相互作用，儿童心理发展具有阶段性。

2. 每个阶段有其独特结构 各个阶段都有它独特的结构，标志着一定阶段的年龄特征，由于各种因素，如环境、教育、文化以及主体的动机等的差异，阶段可以提前或推迟，但阶段的先后次序不变。

3. 各阶段出现有一定次序 每一阶段从低到高是有一定次序的，不能逾越，也不能互换。

4. 前阶段是后阶段的结构基础 每一个阶段都是形成下一个阶段的必要条件，前一阶段的结构是构成后一阶段结构的基础，但前后两个阶段相比，有着质的差异。

5. 两个阶段间非截然划分 在心理发展中，两个阶段之间不是明显可分的，而是有一定的交集的。

6. 新水平的构成 心理发展的一个新水平是许多因素的新融合、新结构，是各种发展因素由没有系统的联系逐步组成的整体。

这种整体结构又是从哪儿来的呢？皮亚杰认为，在环境教育的影响下，人的动作图式经过不断的同化、顺应、平衡的过程，就形成了本质不同的心理结构，这也就形成了心理发展的不同阶段。

皮亚杰把儿童心理或思维发展分成若干阶段。虽然他在不同的著作里出现过大同小异的分类情况，但基本上以四个阶段为主：

1. 感知运动阶段 **感知运动阶段**（或**感觉动作期**）（sensorimotor stage），见于0～2岁的儿童，这一阶段主要指语言以前的时期，儿童主要是通过感觉动作图式来和外界取得平衡，处理主、客体的关系。儿童思维萌芽于斯，乃皮亚杰根据对自己孩子的追踪观察研究，对儿童两岁以前（即语言以前）智力发生发展的过程，做了详细的描述。他把这一阶段划分为六个小阶段。这六个小阶段的主要发展特性是：①反射练习时期（0～1个月）；②动作习惯和知觉的形成时期（1～4.5个月）；③有目的的动作的形成时期（4.5～9个月）；④范型之间的协调，手段和目的之间的协调时期（9～11、12个月）；⑤感知运动智力时期（11、12～18个月）；⑥智力的综合时期（18个月～2岁）。

2. 前运算思维阶段　前运算思维阶段（或**前运思期**）（preoperational stage），见于2～7岁的儿童，表象或形象思维萌芽于此阶段，在前一阶段发展基础上，各种感知运动图式开始内化为表象或形象图式；特别是由于语言的出现和发展，促使儿童日益频繁地用表象符号来代替外界事物，重现外部活动，这就是表象思维。表象或形象性思维的特点有三：一是**具体形象性**（concrete imagery），指儿童是凭借表象来进行思维；二是**不可逆性**（irreversibility），这时儿童还没有概念的**守恒性**和**可逆性**；三是**知觉集中倾向**（perceptual centration），当注意集中在问题的某一方面时，儿童就不能同时把注意力转移到另一方面。

3. 具体运算思维阶段　具体运算思维阶段（或**具体运思期**）（concrete operational stage），见于7～12岁的儿童即相当于小学阶段，具有初步的逻辑思维。皮亚杰认为具体运思是在前一阶段很多表象图式融合、协调的基础上形成的。这一阶段的主要特点是出现了**具体运算**（concrete operation）图式，其主要特点有二：①守恒性，即运算的基本特点是守恒性。所谓守恒性（conservation），就是内化的、可逆的动作。用通俗的话说，就是只有能在头脑中从一个概念的各种具体变化中抓住实质的或是本质的东西，才算达到了守恒。守恒是通过两种可逆性实现的，所谓**可逆性**（reversibility），指思维问题时可以从正面去想，也可以从反面去想；可以从原因看结果，也可以从结果去分析原因。守恒通过的两种可逆性：一个是**逆反性**（inversion），即否定性。例如＋A是－A的逆向或否定；另一个是**相互性**（或**互反性**）（reciprocity），例如A＞B，则B＜A是它的互反。②**群集运算**（groupment operation），例如A＋A′＝B（鸟＋兽＝动物），在具体运算思维阶段的儿童，由于出现了守恒和可逆性，因而可以进行群集运算；能对这些运算结构进行分析综合，从而能正确地掌握逻辑概念的内涵和外延；等等。

这个阶段之所以叫具体运算思维阶段，有两个原因，一是这种运算思维一般还离不开具体事物的支持，儿童离开具体事物而进行纯粹形式逻辑推理会感到困难；二是这些运算仍是零散的，还不能组成一个结构的整体，一个完整的系统。

4. 形式运算思维阶段　形式运算思维阶段（或**形式运思期**）（formal

operational stage）发生于12～15岁儿童，具抽象逻辑思维，即具体运算思维，经过不断同化、顺应、平衡，就在旧的具体运算结构的基础上逐步出现新的运算结构，这就是和成人思维接近的、达到成熟的**形式运算**（formal operation）思维，亦即**命题运算思维**（propositional operational thinking）。所谓形式运算或命题运算，就是可以在头脑中将形式和内容分开，可以离开具体事物，根据假设来进行的逻辑推演的思维。

二、新皮亚杰主义简述

皮亚杰的理论产生于20世纪20年代，到50年代已经完全成熟，并风行于全世界。很多儿童心理学工作者对皮亚杰理论进行了研究，并对他的实验进行了重复性的检验。据估计，仅仅关于“守恒”一项内容的重复，验证实验就达3000项以上。这种情况就使得皮亚杰理论有了新的进展。

促使皮亚杰理论获得新的进展的主要原因及其表现有三个，这三个均可称为**新皮亚杰主义**（neo-Piagetism）。

（一）修订皮亚杰的研究方法和结果

目前，西方儿童认知发展理论的一个新趋势，就是对皮亚杰儿童发展阶段理论的两种质疑。

1. 修订皮亚杰的年龄阶段论 近年来，在西方认知发展心理学的研究中，越来越多的人提出，儿童认知能力的发展并不是以皮亚杰的年龄阶段论所描述的那种“全或无”的形式进行的。他们通过实验发现，许多重要的认知能力将随着个体知识和经验的增长，一直发展到成年期。心理学家们提出这种批评是以下面观点为依据的：①认为皮亚杰发展阶段论的事实依据不足。传统的皮亚杰理论认为，幼儿缺乏某种认知能力，这种结论是依据非常有限的实验结果而推导出来的。但现已有科学研究表明，在比较复杂的课题任务中，各种认知结构的相互作用和动力变化常使某些重要的认知能力时而表现时而隐蔽。因此，仅通过少量的实验，就来概括儿童的认知能力，根据不够充分。②认为皮亚杰的实验过于困难，不适合年幼儿童去做，因而不能发掘表现出幼儿的应有能力。最近的研究结果已表明，如果研究者能设计出难度适当的课题任务，或者事先引入训练程序，再做皮亚杰的实验时，年幼儿童就能表现出原来被认为缺乏的认知能力。

2. 提出成人思维的发展模式 佩里等人（Perry et al.，1968）对皮亚杰的15岁为思维成熟期的理论质疑。他们认为15岁不一定是思维发展的成熟年龄，形式运思期也不是思维发展的最后阶段。佩里等人把大学生的思维概括为如下四种水平：①**二元论水平**（dualism level），此时期大学生总是以对和错来看待一件事；②**多重性水平**（multiplicity level），世界是复杂的，事物是多样化的，看待一件事或解答一个问题应有多种方法；③**相对论水平**（relativism level），“一切要看情况而定”，此时大学生接受这样的事实：在逻辑判断中需要感知、分析和评价；④**约定性水平**（commitment level），这一阶段大学生已经认识到，世上没有绝对的事情。他们认识到建立正确逻辑的必要性，而且可以对具体场合如何行动做出选择。第一章提到的里格，他明确地提出辩证运算是思维发展的第五个阶段，此阶段正是成人思维发展的特征。

上述两种观点的提出者都表示自己是新皮亚杰主义者，但是他们在思维发展的模式上却和皮亚杰的学说有着不同的看法。

（二）信息加工论与皮亚杰理论结合

信息加工论（或**信息处理理论**）（information processing theory）者对皮亚杰的理论，大体上有两种态度：一种是“非发展理论”，即认为儿童的认知能力的发展之所以与成人不同，只是由于知识和经验的贮存不够，如果够了，就与成人的认知能力没有本质的区别。另一种则是“发展论”，这种理论认为应当把皮亚杰理论与信息加工论结合起来，以研究儿童智力的发展。因为儿童心理与成人心理有本质的不同：①儿童是不成熟的，例如儿童的脑结构（神经细胞体积、突触联系、髓鞘化等）尚未发育完整；②儿童没有足够的信息贮存；③儿童的决策能力差，因为决策过程需要复杂的信息分析、综合的能力。鉴于儿童这几方面的特点，如果能用信息加工论来建立一个不同年龄阶段儿童智力发展的程序模式，就可以为儿童的智力发展设计出比皮亚杰的抽象描述更为确切、更为科学的具体模式。虽然这方面的工作还不成熟，但这却是一个良好的开端。持这种主张的人，常常将自己命名为新皮亚杰学派，以示对皮亚杰主义的修正和发展。

近年来，皮亚杰理论不仅在理论方面有了新的发展，而且在实践领域，特别在教育实践领域也获得了日益广泛的应用。在日本和西方的许多国家，根据皮亚杰理论框架和最近的有关研究成果，心理学工作者与教育工作者一起，设计出了一些教育程序，将此应用于婴儿、学前和中小学教育中。在婴儿教育方面，他们根据皮亚杰的感知运动智力理论，采用各种方法，指导婴儿摆弄物体，操作智力玩具等，帮助孩子形成对物体的特性（如色、形状、体积、质地等）的认知；在幼儿教育方面，设计了各种智力玩具和教具（如图片、积木等），为儿童能提早形成数的概念、空间概念及时间概念打下基础；也有人研究如何根据皮亚杰理论，培养小学儿童的思维能力；甚至有人研究青年期形式运算思维形式的一些具体过程，并将此与教育工作联系起来。

（三）日内瓦新皮亚杰学派的产生

在瑞士日内瓦大学，即皮亚杰长期工作过的地方，在皮亚杰晚年和他去世以后，他的同事和学生们在研究工作中，对皮亚杰的理论也有了新的变革性发展。这种发展在保持皮亚杰理论的基础框架或模式的前提下，调整了研究的方向，扩大了研究的范围和课题。其补充和修正皮亚杰的某些观点，从广度和深度上充实并提高了皮亚杰的理论，为皮亚杰理论加进某些新的成分。他们也打出“新皮亚杰学派”的旗号，但与信息加工论的“新皮亚杰学派”完全不一样。

日内瓦新皮亚杰学派的产生，是以20世纪60年代日内瓦大学建立心理与教育科学学院为契机的。蒙纳德（Moundoud，1976）发表的《儿童心理学的变革》一文，标志着其走向新皮亚杰学派的第一步。1985年，这个学派出版了第一本文集《皮亚杰理论的发展：新皮亚杰学派》，比较系统地阐明了他们的观点和主要研究成果。

日内瓦新皮亚杰学派的主要特点，可以概括为如下几点：

1. 重视教育研究的传统　日内瓦新皮亚杰学派和原来的皮亚杰学派的重大差别之一，是日内瓦新皮亚杰学派恢复了日内瓦大学重视教育研究的传统。他们认为教育不仅是社会发展的需要，而且也是个体人格完满发展的需要。因此，在他们的研究中，特别强调社会关系、人际交往、社会文化、社会性发展。他们在关于“智力的社会性发展”研究中，虽然使用了皮亚杰的概念，但他们更多的是从社会认知或发生社会心理学的观点来加以阐释的，即同化、顺应、平衡等过程发展的线索是由社会环境（包括教育）来提供的。皮亚杰虽然也承认交互作用，但并没有把它作为一个单独变量来进行研究。日内瓦新皮亚杰学派在他们关于守恒等实验研究中，发现儿童的社会交往是一个重要的协调机制，并把这些实验的结果应用于教育。

2. 重视心理学应用的研究 和上述一点相联系的是，日内瓦新皮亚杰学派不仅仅追求心理学理论研究的科学价值，更重要的是重视应用的研究。在这一点上，日内瓦新皮亚杰学派与皮亚杰后期纯理论的研究方向是相对立的。他们不赞成在心理学中只是抽象地研究心和物、心和身、感觉和思维这些对立命题的关系，而是主张综合地、全面地研究这些对立命题之间在实际上密不可分的联系。

3. 扩大儿童心理学的研究领域 日内瓦新皮亚杰学派与原来的皮亚杰学派的另一个不同之点，是他们不赞成只研究认知的发展，而是要求把儿童心理发展当作一个整体来研究。除了认知之外，还有情绪、自我意识、人格发展等。

4. 研究方法的突破 在研究方法技术上，新皮亚杰学派也有他们自己的特点。原来的皮亚杰理论的实验中，大多只有一个变量，并且强调主试的作用；而日内瓦新皮亚杰学派则试图创设几个变量相互作用的情境，提供儿童分析、抽取、鉴别客体属性的机会，从而强调被试在实验过程中的作用。此外，日内瓦新皮亚杰学派还注意采用现代技术（电子计算机、微电脑等）来对皮亚杰研究中未包括的方向进行新的探索。例如，他们关于婴儿视觉系统的感觉运动的本质的研究，大大扩展和丰富了皮亚杰的研究。

当然，日内瓦新皮亚杰学派还在形成之中，还没有一个明确的体系。正如他们自己所言，“要回答日内瓦新皮亚杰学派提出的种种问题，是不容易的，也不是立刻可以办到的。这是一个广阔的且需要雄心壮志的长期研究计划”（Moundoud，1976）。

第五节 朱智贤的心理发展观

中国儿童心理学的研究发端于陈鹤琴（1892—1982）在1902年左右对其子的追踪研究。从那时至今，许多心理学家对中国儿童心理学的发展做出了自己的贡献，其中较为著名的有黄翼（1903—1944）、孙国华（1902—1958）、艾伟（1890—1955）、陆志伟（1894—1970）、朱智贤（1908—1992）等。在这些著名的儿童心理学家中，已故北京师范大学教授朱智贤，根据自己长期的研究，建立和发展了自己独特而完整的儿童心理学体系，对中国儿童心理学的研究产生了广泛而深远的影响，引起国际心理学界的注目。

一、从陈鹤琴到朱智贤

1923年，陈鹤琴根据教学和研究中所积累的材料，并参考西方儿童心理学著作，写出《儿童心理之研究》（上、下册），由商务印书馆出版。他的贡献可概括为如下三个方面：

首先，他的《儿童心理之研究》在中国儿童心理学史上是一部开拓性著作。在书的自序中陈鹤琴写道：

> 民国八年（1919）由美国回国，掌教南高（即南京高师），担任“儿童心理”一课，从事研究，及浏览Preyer、Baldwin、Shinn、Moore、Dearborn、Storer诸氏所著之书，益觉研究儿童心理之有味；次年幸举一子，就实地考察，实地实验，而更觉小孩子之可爱。（陈鹤琴，1923）

此书内容多半取材于这个个别研究的结果，亦有相当部分系借重欧美心理学家所编之儿童心理著作。

正因为陈鹤琴的《儿童心理之研究》是总结自己的科学研究成果而写成的，所以，至今他的书中的某些理论和材料仍然具有一定的生命力。

其次，自从达尔文、普莱尔对自己的孩子做了追踪研究以后，很多儿童心理学家也做过同样的研究工作。陈鹤琴关于对自己的孩子的追踪研究则有其独具的特点，所以，在中国儿童心理学史上，他们的研究可以说是一个具有开创性和典范性的研究。

再次，陈鹤琴不是孤立地研究儿童心理，而是时时注意联系实际，特别是教育实际，使儿童心理研究为社会实践服务，这种坚持把儿童心理研究和儿童教育实际紧密结合的精神是非常可贵的。

陈鹤琴为了开展儿童心理研究以及把这种研究广泛应用于教育实际上，做了大量的工作。他在1923年创办了鼓楼幼儿园，作为他的儿童研究基地。1927年，他在东南大学任教期间，在南京建立教育实验区，进行和推广小学儿童教育的试验。当陶行知在南京创办晓庄乡村师范时，陈鹤琴担任该校第二院院长。第二院的任务主要是创办乡村幼儿园，并为推广乡村幼儿园做典型试验。陈鹤琴除了创办各种儿童教育机构外，还做了许多有关儿童教育的具体工作。例如，他曾创办儿童玩具厂、教具厂，根据儿童心理的发展程序，制造了多种多样的玩具和教具。他还主编过多种儿童教育刊物，如《儿童教育》《幼稚教育》《小学教师》《话教育》《新儿童教育》等，在这些刊物里，他紧紧结合儿童教育来宣传儿童心理学的知识。此外，他还创办和领导了有关儿童教育的学术团体，如“中国幼稚教育社”“中华儿童教育社”等。

总之，陈鹤琴的一生是开展儿童心理研究、创办和领导各种儿童教育事业，为我国儿童一代谋福利的一生。他是我国儿童心理学的开拓者，一位平凡而伟大的儿童心理学家和儿童教育家。

朱智贤于1930—1934年在南京中央大学学习时，陈鹤琴是他的一位有影响的老师。朱智贤的一生主要从事儿童青少年心理学的研究。尽管从陈鹤琴到朱智贤之间还有不少有影响的儿童心理学家，但系统、全面研究心理发展，且形成自己理论体系的并不多。朱智贤不仅有其心理发展的理论，而且他是主张发展心理学研究中国化的典范。1990年，上百万言的《中国儿童青少年心理发展与教育》一书的出版，正是他主持儿童发展心理学研究中国化的体现。

二、朱智贤的发展心理学理论

朱智贤的发展心理学理论主要表现在以下四个方面：

（一）探讨儿童心理发展的理论问题

朱智贤从唯物辩证法出发，提出了儿童心理发展的四个基本理论观点，又叫作四条基本规律。

1. 先天与后天的关系 人的心理发展是由先天遗传决定的，还是由后天环境、教育决定的？这在心理学界争论已久，在教育界及人们心目中也有不同的看法。20世纪20年代，这个问题引起国际心理学界展开一场激烈的争论。由于这场论战在不分胜负的情况下不了了之，于是此后大部分心理学家就按遗传和环境“二因素”作用观点来解剖心理发展的问题，这个平静状态大约保持了25年。然而新的争论又由詹森（Jensen，1969）发表关于种族的智力差异观察，强调遗传决定而重新挑起，使已经保持了四分之一世纪休战状态的遗传—环境的争论，再一次成为发展心理学家考虑的主要课题。朱智贤从50年代末开始，一直坚持先天来自后天，后天决定先天的观点。首先，他承认先天因素在心理发展中的作用，不论是遗传素质还是生理成熟，它们都是儿童与青少年心理发展的生物前提，提供了这种发展的可能性；而环境和教育则将这种可能性变成现实性，决定着儿童心理发展的方向和内容。朱智贤不仅仅提出这个论点，而且还坚持开展这方面的实验研究。我对双生子的智力、性格的心理学研究，正是朱智贤指导的结果，我的研究材料，完全证实了朱智贤的理论观点（林崇德，1981，1982）。

2. 内因与外因的关系 环境和教育的关系并不是像行为主义所说的那样机械地决定心理的发展，而是通过心理发展的内部矛盾而起作用的。朱智贤认为，在儿童主体和客体相互作用的过程中，社会和教育向儿童提出的要求，所引起的新的需要和其已有的心理水平之间的矛盾，是儿童心理发展的内部矛盾或内因，也是其心理发展的动力。对此，可以从以下几个方面理解：①活动是心理发展内部矛盾产生的基础；②需要在儿童心理内部矛盾中代表着新的一面，它是心理发展的动机系统；③已有心理水平，即原有的完整的心理结构代表着稳定的一面；④新的需要和已有的心理水平的对立统一，构成儿童心理发展的内部矛盾，形成心理发展的动力；⑤在活动中产生的新需要与已有的心理水平的矛盾是儿童心理发展的主要矛盾。有关内部矛盾的具体提法，国内外心理学界众说纷纭，国内就有十几种之多，但目前国内大多数心理学家都同意朱智贤的提法。如前所述，在发展理论研究方面，皮亚杰曾列举了心理学史上的各种代表性观点，我们认为他既讲内因、外因作用又讲发展，无疑是一大进步。在这个问题上，朱智贤不仅持内外因交互作用的发展观，而且提出了心理发展中内因与外因的具体内容，就此层次而言，朱智贤的观点可说是兼具进步性和开拓性。

3. 教育与发展的关系 心理发展如何，向哪儿发展？朱智贤认为，并不是由外因机械决定的，也不是由内因孤立决定的，而是由适合于内因的一定的外因决定的，也就是说，心理发展主要是由适合于其心理内因的那些教育条件来决定的。从学习到心理发展，人类心理要经过一系列的量变到质变的过程。他还与我提出了一个表达方式（朱智贤，林崇德，1986）：

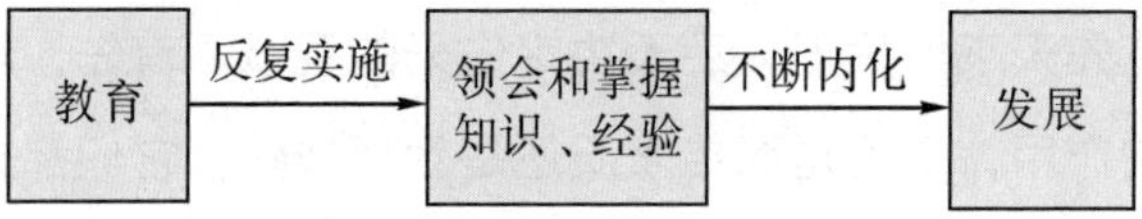

图 2-2 教育与发展的关系

在教育与发展的关系中，如何发挥教育的主导作用？这涉及教育要求的标准问题。朱智贤提出，只有那种高于主体原有水平，经过他们主体努力后又能达到的要求，才是最适合的要求。如果说以维果茨基为首的文化—历史发展学派提出的“最近发展区”是阐述心理发展的潜力的话，那么朱智贤的观点则指明了发掘这种潜力的途径。

4. 年龄特征与个别特征的关系 朱智贤还指出，儿童与青少年心理发展的质的变化，就表现出年龄特征来。按照这个年龄特征，朱智贤将儿童（含青少年）心理发展分为六个阶段，即乳儿期或婴儿前期（0～1岁）、婴儿期（1～3

岁）、幼儿期或学龄前期（3～6岁）、童年期或学龄初期（6～12岁）、少年期或学龄中期（12～15岁）、青年初期或学龄晚期（15～18岁）。而心理发展的年龄特征，不仅有稳定性，而且也有可变性。在同一年龄阶段中，既有本质的、一般的、典型的特征，又有人与人之间的差异性，即个别特点。朱智贤对每个发展阶段的论述，为中国儿童青少年心理学奠定了理论和实践的基础，今天中国发展心理学对儿童青少年各阶段心理特征的阐述，基本上是朱智贤的框架体系。

当然，在中外发展心理学史上有过不少对上述四个问题的分析和阐述，但像上述那样统一的、系统的、辩证的提法，还是第一次。因此，正如《中国现代教育家传》（1986）中所说，"它为建立中国科学的儿童心理学奠定了基础"。

（二）强调用系统的观点研究心理学

朱智贤经常说，认知心理学强调儿童认知发展的研究，精神分析学派强调儿童情绪发展的研究，行为主义强调儿童行为发展的研究，我们则要强调儿童心理整体发展的研究。

早在20世纪60年代初，在他发表《有关儿童心理年龄特征的几个问题》一文中，首次提出系统地、整体地、全面地研究儿童心理的发展。他反对柏曼单纯地以生理作为年龄特征的划分标准，反对施太伦以种系演化作为年龄特征的划分标准，反对皮亚杰以智力或思维发展作为年龄特征的划分标准，提出在划分儿童心理阶段时，主要应考虑两个方面：一是内部矛盾或特殊矛盾；二是既要看到全面（整体），又要看到重点。这个全面或整体的范围是什么？他认为应包括两个主要部分——认识过程（智力活动）和人格品质；以及四个有关方面——心理发展的社会条件和教育条件、生理的发展、动作和活动的发展、语言的发展。朱智贤的观点在当时为我国心理学广泛引用，不少心理学家在此基础上写了论文，加以发挥和阐述。

20世纪70年代后期，朱智贤主张心理学家学好哲学的"普遍联系"和"不断发展"的观点及系统科学理论（也包括所谓的"三论"——系统论、控制论、信息论和"新三论"——耗散结构论、协同论、突变理论）。在论文《心理学的方法论问题》中，反复阐明整体研究的重要性。其主要观点有：

1. 将心理视为一个开放的组织系统进行研究 他指出，人以及人的心理都是一个开放的系统，是在主体和客体相互作用下的自动控制系统。为此，在心理学，特别是研究心理发展时，要研究心理与环境（自然的、社会的，特别是后者）的关系；要研究心理内在的结构，即各子系统的特点；要研究心理与行为的关系；要研究心理活动的组织形式。

2. 系统地分析各种心理发展的研究类型 在对儿童与青少年心理进行具体研究之前，常常由于研究的时间、被试、研究人员以及研究装备等条件的不同，而有不同的研究类型。因此，在研究中应该系统地分析纵向研究与横断研究，个案研究与成组研究，常规研究与现代科学技术相结合的现代化研究，等等。

3. 系统处理结果 心理既有质的规定性，又有量的规定性。心理的质与量是统一的。因此，对心理发展的研究结果，既要进行定性分析，又要进行定量分析，把二者有机结合起来。

朱智贤主要是研究思维发展的，但他十分重视非智力因素在思维发展中的地位和作用。在他的指导下，他的不少研究生选择了这个课题进行研究，将智力和非智力因素做系统的处理。朱智贤所主持的国家级重点科研项目“中国儿童心理发展特点与教育”就是一项综合性儿童心理发展的系统工程，系统而全面地研究了中国儿童与青少年心理发展的正常值。

（三）教育实践与中国化的发展心理学

朱智贤曾多次提出发展心理学研究的中国化问题。早在1978年他就指出，中国的儿童与青少年及其在教育中的种种心理现象有自己的特点，这些特点，表现在教育实践中，需要我们深入研究。

他还指出，坚持在实践中，特别是在教育实践中研究发展心理学，这是我国心理学前进道路上的主要方向。他反对脱离实际、为研究而研究的学术风气，主张研究中国人从出生到成熟心理发展的特点及其规律。他说中国儿童和青少年，与外国的儿童和青少年有共同的心理特点，即存在着普遍性；但又具有其不同的特点，即有其特殊性，这是更重要的。只有我们拿出中国儿童与青少年心理发展的特点来，才能在国际心理学界有发言权。因此，他致力于领导

“中国儿童心理发展特点与教育”的课题，克服了许多障碍，填补了多项空白。他主张将心理学的基础理论与应用结合起来研究，也就是说，他不仅提倡在教育实践中研究发展心理学，而且主张在教育实践中培养儿童与青少年的智力和人格。他积极建议从事实验教育与教学。我在他的支持下，自1978年开始，开展了“中、小学生能力发展与培养”的研究，从一个实验班开始，最后发展到全国26个省份3000多个实验点，并列为教育部三次重点科研项目。受益中小学教师有一万多位，受益中小学生达30万人。这样就使心理学的基础理论的研究和应用研究在教育实践中获得了统一。今天在中国心理学界出现“教育与发展观”，正是缘起于朱智贤的理念。

（四）心理学的科际整合取向

朱智贤赞赏皮亚杰的“国际发生认识论研究中心”，认为皮亚杰的杰出贡献给予人们一个启示：在当今科学技术突飞猛进的时代，如果要使发展心理学有所突破，有所前进，光靠心理学家本身工作是不够的，应该组织交叉学科的人才来共同研究心理学。但他指出，在目前的条件下，集合各类专家来研究心理学是有一定困难的，可是有两个方面可以做到：

第一，组织与心理学有关的多学科专家来研究，例如组织与儿童心理学有关的专家，共同探讨儿童身心发展的问题。在他担任中国儿童发展中心的专家委员时，他积极主张儿童心理学家和其他专家共同探索儿童身心健康监测等课题。

第二，心理学专业招收研究生时，应适当招收学习其他学科（如数学、医学、语言、生物、电子计算机和教育等）对心理学感兴趣的本科生。他指出心理学的研究队伍应该是一个相当复杂的科学家组织，应该是具备文理的知识、既懂理论又会动手的研究集体，把心理学作为一门边缘科学来研究，这是实现中国心理学现代化的一项重要的措施。

另外，朱智贤认为，融合多学科交叉研究心理学，并不排斥一个单位或一个学派有一个统一的学术思想，否则，便很难开展步调一致的研究，更不能形成独立的心理学派。

本章摘要

1. 在发展心理学中，有着各式各样的学术观点与科学理论，各自对发展心理学的建设做出了贡献，组成了发展心理学的丰富内容。它们是发展心理学过程中的历史遗产的汇总。

2. 精神分析理论的核心思想：存在于潜意识的性本能是人的心理的基本动力。

3. 弗洛伊德从意识与无意识的理论出发，将人格行为分为**本我**（**伊底**）、**自我**和**超我**；他将心理动力欲力定为划分阶段的依据，把成熟前的心理发展分为**口唇期**、**肛门期**、**前生殖器期**、**潜伏期**、**青春期**。

4. 埃里克森认为人的一生可以分为既是连续的又是不同的八个阶段：**信任对不信任**、**自主行动对羞怯怀疑**、**自动自发对退缩愧疚**、**勤奋进取对自贬自卑**、**自我统合对角色混乱**、**友爱亲密对孤僻疏离**、**精力充沛对颓废迟滞**、**完美无缺对悲观沮丧**。

5. 行为主义主张心理学是研究动物和人类行为的自然科学，是以**刺激—反应**（S—R）公式作为行为的解释原则。

6. 巴甫洛夫的**条件反射**的研究，为行为主义研究行为提供了一条新途径，也提供了企图控制行为和改变行为的一种手段。

7. 华生以**环境决定论**的机械心理发展观著称，他对儿童情绪发展的研究影响很大。

8. 斯金纳的**操作性条件反射**，强调**塑造**、**强化**与**消退**、**及时强化**等原则，并运用于儿童身上，构建他的儿童行为的强化控制理论。

9. 班杜拉提出的儿童心理发展的**社会学习理论**认为，儿童心理发展要依赖于儿童的内部条件，更同强化、**榜样**在学习过程中所引起的作用有关。

10. 维果茨基开创的**文化—历史学派**，强调心理受到社会历史的制约性；强调教育与发展的关系；强调“物质”和“心理”两种工具。并用由低到高心理机能的转化来解释人类心理的发展。

11. 维果茨基以心理活动的**随意机能**、**抽象—概括机能**、结构变化、个性化作为心理机能发展的指标。

12. 皮亚杰是当代最著名的发展心理学家或发生认识论专家。**日内瓦学派**研究工作，从实验到理论，都有自己的特色，在当代世界产生广泛而深刻的影响。

13. 皮亚杰既强调发展，又强调内外因的作用，是一种辩证发展观。

14. 皮亚杰把成熟前的心理思维发展阶段确定为**感知运动阶段**、**前运算思维阶段**、**具体运算思维阶段**和**形式运算思维阶段**。

15. **新皮亚杰主义**主要从分期、方法、信息加工论、教育的作用等方面来修正皮亚杰理论。

16. 陈鹤琴是中国儿童心理学的开拓者，他于1923年出版的《儿童心理之研究》是我国儿童心理学的一本开拓性和奠基性的著作。

17. 朱智贤在心理发展中关于先天与后天、内因与外因、教育与发展、年龄特征与个别特征的关系等方面提出了独特而重大的理论。

参考资料

1. 朱智贤，林崇德.（1989，2002）. 儿童心理学史. 北京：北京师范大学出版社.

2. 波林.（1980）. 实验心理学史（高觉敷译）. 北京：商务印书馆.

3. 高觉敷.（1982）. 西方近代心理学史. 北京：人民教育出版社.

4. 燕国材.（1998）. 中国心理学史. 杭州：浙江教育出版社.

5. McCluskey, K. A.（Ed.）（1984）. *Life-span developmental psychology: Historical and generational effects.* Orlando: Academic Press.

6. Mussen, P. H.（Ed.）（1980）. *Handbook of child psychology*（4th ed.）. New York: John Wiley & Sons.

7. Sugarman, L.（1986）. *Life-span development: Concepts, theories, and interventions.* London: Methuen.

8. Thompson, D., Hogan, J. D., & Philip, M.（2012）. *Developmental Psychology in historical perspective*. New York: Wiley-Blackwell.

第三章　胎儿期与新生儿期的发展

（本章内容细目）

个体的生命一般以受精卵产生开始算起。**生命**（life）是一个很难下定义的现象。目前学术界有五种理解形式：①生理学定义：例如，把生命定义为具有进食、代谢、排泄、呼吸、运动、生长、生殖和反应性等功能的系统。②新陈代谢定义：生命系统具有界面，与外界经常交换物质但不能改变其自身性质。③生物化学定义：生命系统包含储藏遗传信息的核酸和调节代谢的酶蛋白。④遗传学定义：通过基因复制、突变和自然选择而进行的系统。⑤热力学定义：生命是个开放系统，它通过能量流动和物质循环而不断增加内部秩序。

心理现象当然是生命发展的产物。心理从何时发生，这在心理学界争议也很大。这主要取决于所采用的指标。有人以感觉的出现作为心理发生的指标，认为新生儿一出生就具备了感受各种内外刺激并做出适当反应的能力。近几十年来不少学者提出胎儿是否有感觉或心理的问题。也有人提出新生儿最初条件反射的建立标志着心理的发生。条件反射产生的时间，大都认为在出生后两周左右。

从**受精卵**（或**合子**）（zygote）的开始到出生约280天（以28天为一孕月，共10个孕月）为**胎儿期**（fetus period）；胎儿的发展主要受遗传及生物学因素的控制，但胎内外的环境及母亲自身的状况也会对胎儿的发展产生影响。这些影响不仅仅是生理方面的，也是心理方面的。对心理方面的影响，是由于生理方面的变化造成的，这反映在出生以后的各发展阶段。出生后28天为**新生儿期**（neonatal period）。新生儿期是个体心理的真正发生期，是个体心理发展历史的第一页。探索个体在出生前后的发展特点，对于我们认识心理萌芽、发生是有价值的。

本章所要讨论的，是胎儿和新生儿的特点。而在内容上则主要讨论以下问题：

1. 胎儿在子宫内是如何发展的？为什么会产生畸胎？
2. 影响胎儿正常发展的因素是什么？
3. 新生儿的特点及其完成从寄居生活到“独立生活”的过程。

第一节 胎儿期的发展

胎儿期，指从受孕到出生这段时间。胎儿期是个体发生的时期，为儿童心理的发生准备了自然的物质前提。**胎内发展**（prenatal development），即个体出生前身体结构和机能在母体子宫内的生长是重要的，它的影响也是长期的，出生前的发展甚至对于整个一生有着重要的意义。

一、胎儿发展

受精卵要经过约280天才能发育为成熟的胎儿，要保护下一代正常地成长应从受精卵开始，并了解胎儿发育的情况。

（一）胎儿在子宫内生长发育阶段

胎儿在子宫内生长发育，经历着一系列的变更阶段。

1. 胚种期 卵子受精后0～14天为**胚种期**（germinal period）。一旦一个精子和一个卵子成功地结合，受精卵将开始分裂。头4天是在输卵管内进行细胞分裂，第一次分裂在受精卵形成后36小时之内开始；到60小时的时候，大约有12～16个细胞；到72小时的时候，大约有60个细胞。受精卵一边不断地分裂，一边沿输卵管向下移动。第4～5天进入子宫腔，然后变成一个充满液体的圆球，称为**胚泡**（blastocyst）。到第7天，这个细胞团组成的小圆球会缓慢地由输卵管移入子宫，一边移动，一边分裂。整个移植过程大约需要2周时间，即在合子形成之后13天左右，移植过程全部结束。

这时，胚泡边缘的一些细胞聚集在一边，形成**胚盘**（blastodisc）。胚泡的细胞群逐渐分为不同的层次：①外胚层（后来发展为表皮、指甲、牙齿、头发、感官和神经系统）；②中胚层（后来发展为肌肉、血液和循环系统）；③内胚层（后来发展为消化系统、肝、腺体和呼吸系统）。胚泡的其余部分将发育成为滋养和保护胎儿在子宫内生长的器官：胎盘、脐带和羊膜囊。此时受精卵只是内部结构发生巨大变化，细胞进行着分层次的分化，它的体积并不增大。

2. 胚胎期 受精后的两星期至八星期为**胚胎期**（embryo period）。第二周末，增殖的细胞群发生分化，形成上面所述的外、中、内三层细胞，形成**胚胎**（embryo）。

胚胎期，受精卵黏合在母体上，从母体摄取营养逐渐生长发育。胚胎期是胎儿发育的关键阶段。在此期间，心脏、眼睛、耳朵将会形成，手和脚也会变成其最终的形式。到了第8周末，胚胎已初具人形，心脏已可跳动。这时如果有害物质进入胚胎，会产生永久性的、不可逆转的损伤。

胚胎期的发育展示了一个从内向外、从头到脚的发展模式。这样，头、血管和心脏等的发育早于胳膊、腿、手和脚的发育。在胚胎期，胚胎内已有了一个小的消化系统和神经系统，已显示出反应能力的开端。

3. 胎儿期 **胎儿期**（fetus period）有广义与狭义之分。广义的胎儿期泛指新生儿出生前在母体内度过的一段时期，即上述的从受精卵形成到胎儿出生，大约40周左右。狭义的胎儿期是指分娩前32周，它是广义胎儿期的第三阶段。此处的“胎儿期”指的是狭义的胎儿期，而不是广义的胎儿期。

胎儿期始于第8周或第9周初，终于出生时。在胎儿期，所有的器官和机能变得更像人，所有的系统开始具有整体功能。

（1）9～12周的发育：胎儿的眼睑形成，眼皮可闭合；嘴的上颚开始形成；胎儿的肌肉系统和神经系统之间形成联系，因此能够踢腿，张开脚趾，还能把小拳头握住，能够转头、翻滚等。如果胎儿是男性，其阴茎在此时成形。也从这个时候起，每一个胎儿的动作开始出现个体差异。

（2）13～16周的发育：一些无条件反射开始出现，如果刺激其手掌，会出现抓握反射；刺激其脚掌，会出现巴宾斯基反射（或巴氏反射）。但胎儿只有整体的反射活动，很少有局部的独立活动。随胎儿结构的进一步发展，躯体比例逐渐发生变化，机能不断增长。如果胎儿是女性，她的输卵管、子宫和阴道开始形成。

（3）17～20周的发育：眼眉和眼睫毛出现，头皮上开始出现软发；汗腺开始形成；生活开始分为睡眠和清醒两部分；开始了细胞的新陈代谢，把失去活性的细胞丢到羊水中。

（4）21～24周的发育：胎儿的皮肤仍然是皱巴巴的，盖满油脂；他们的眼睛开始睁开，还能够上、下、左、右地转；呼吸开始变得有规律。假设这时把胎儿取出，放在保育箱中，加上医护人员的精心照料，胎儿还是有存活希望的，尽管这种存活的机会很小。

（5）25～28周的发育：胎儿的脑在形态上已开始具有沟回和皮质的六层结构，于是皮层区域有了特殊的功能，大脑开始指挥视、嗅、发音等器官的活动，大脑、脊髓中的各路神经联系已相当复杂。女性胎儿的卵子开始出现它们的最初形式，男性胎儿的睾丸进入到阴囊中。如果胎儿在这时早产，其存活率为50％。

（6）29～32周的发育：胎儿的皮下开始长脂肪，他们的皮肤不再是皱巴巴的，脂肪的生长也有助于调节出生后的体温变化；胎儿开始对外界声音敏感，外界的音乐声、泼水声等能引起他们在胎内的活动，母亲的心跳声以及走路的节奏律动能使他们变安静。假如此时早产，存活的可能为85％。

（7）33周至出生前的发育：胎儿继续从母体血液中接受抗体，这些抗体将保护他们免于多种疾病。此时消化系统和呼吸系统不断完善，为出生后“独立”生存奠定良好的基础。

（二）胎儿发育的直观示意

如果要显示胎儿期的主要变化，必须将有些研究材料以图表的形式直观地呈现。

1. 胎儿发育的趋势（见表3-1、表3-2）

表 3-1　胎儿发育的趋势（一）

年龄（天数）	长度（毫米）	阶段	总体外观	中枢神经系统	眼睛	耳朵	四肢
4			胎囊 				
8	1	胚种期					
12	2						
18	1		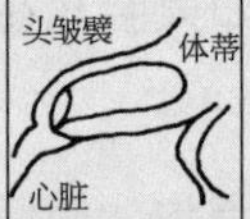	前部神经板扩展			
22	2			神经皱襞局部黏合 	视囊 	耳板 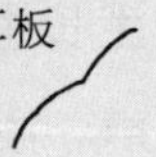	
26	4			神经管关闭 胚菱脑 中脑	眼杯（视神经乳头凹陷） 	耳套叠 	臂芽 
32	7	胚胎期		小脑板 头部　中脑弯	晶状体套叠 	耳胞 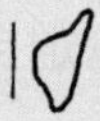	腿芽 
38	11			背侧脑桥弯 基底层 大脑囊 神经垂体	晶状体脱落 视网膜色素层（外层） 	内淋巴囊 外耳道 耳咽管及鼓室隐窝 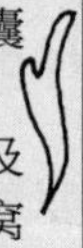	手板间叶出现神经分布 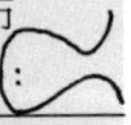
43	17		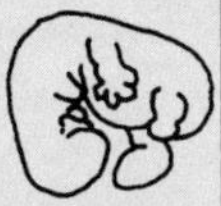	嗅囊 大脑半球	晶状体纤维 视网膜细胞游移 透明脉管 		手指萌出时 
47	23			视神经与脑接通	角膜体 中胚叶 视胞蒂中无腔		手指张开 中央性软骨 
51	28				眼睑	螺旋性蜗管耳球	硬壳管状骨 

（引自Koch，1983）

表3-2　胎儿发育的趋势（二）

年龄（周）	长度（厘米）		体重（克）	总体外观	中枢神经系统	耳、眼	泌尿生殖系统
	C—R	Tot					
7	2.8			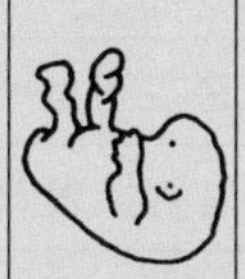	大脑半球  漏斗　氏憩室	晶体接近最终形态	肾胞 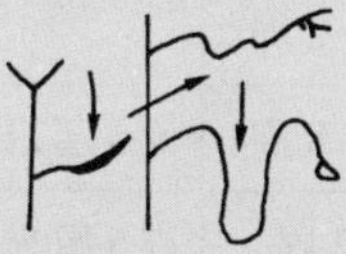
8	3.7				原始大脑皮质 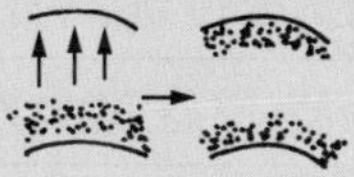 嗅觉，硬膜，软膜	眼睑 耳管	缪勒氏导管融合  卵巢可辨
10	6.0				脊髓组织  小脑	虹膜 睫状体 眼睑融合 泪汗腺分开	肾的排泄功能 膀胱囊，鞘膜囊 缪勒氏管人尿生殖窦 前列腺
12	8.8				 头，腰部脊髓扩展马尾形成	视网膜分层 眼轴出现 鼓阶	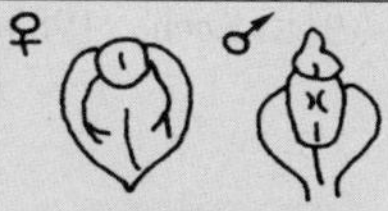 精囊，生殖管
16	14				四叠体 小脑隆凸 髓鞘化开始	 耳蜗管	肾定型 中肾退化 子宫，阴道
20						内耳管化	
24		32	800		脑皮质典型分层 马尾在骶骨第一级		
28		38.5	1100		脑沟，脑回	眼睑重张开 视网膜完成分层 看见光线	
32		43.5	1600	脂肪堆积		耳郭软体	
36		47.5	2600				尿溶质度持续降低
38		50	3200		脑部髓鞘化 马尾在第三腰椎	泪管畅通	

注："长度"栏中"C—R"是指顶臂长度，"Tot"是指身体总长度。
（引自Koch，1983）

2. 从受孕到出生的主要变化（见表3-3）

表3-3　胎儿生长发育的主要变化

年龄（周）	身高（结束时）	体重（结束时）	主要发展变化
0～2周			细胞分化；胚种附着在子宫壁上
2～8周	2.5厘米	14克	结构分化；内部器官开始发育；胎盘和脐带形成
12周	7.5厘米	28克	头及脸部特征发展，头动
21周	30厘米	450克	反射变得频繁；身体的较低部位发展；母亲感觉胎动
26周	36厘米	900克	眼睛、嘴唇形成；发展出抓握反射及不规则呼吸
30周	40厘米	1400克	反射模式已发展完善；在子宫外能够存活
30～37周	50厘米	3200克	迅速获得体重；皮下脂肪继续增多；心率增加，器官系统工作更为有效
37～38周	52厘米	3500克	向着独立的生命发展变化

（引自Koch，1983）

二、影响胎儿正常发展的因素

探讨影响胎儿正常发展因素的学说应首推**胎教**（prenatal training）思想。目前对胎教与智力发展的关系的研究已引起国内外极大兴趣。

胎教之说始于中国，据汉代文献记载，西汉贾谊著《新书・胎教》，其中记载周文王的母亲行胎教的事例。我国古代胎教理论主要遵循“外象内感说”，即外界事物（外象）作用于孕妇，引起孕妇的主体感受和体验（内感），并以此影响胎儿的发育。我国古代医学则强调孕妇在怀孕期间应“调情志，忌房事，节饮食，适劳逸，慎寒温，戒生冷”，以创造使胎儿发育良好的条件。这类胎教实为母教，探讨母亲与胎儿正常发展的关系。教育者所倡导的主要是怀孕的母亲应有何种环境，受何种教育，保持何种情绪，吸收何种营养等因素，来间接地影响胎儿的正常发展。

现代医学、胚胎学、儿科学、儿童少年卫生学、儿童心理学等学科的发展，证实了胎儿不仅可通过母亲间接地接受外界的刺激和影响，而且可以直接接受外界的刺激和影响。比如，胚胎生理学的研究认为，妊娠中期的胎儿中耳在母腹中已能听到外界的声音，并能对声音刺激做出反应。胎儿对母亲的心跳声、血流声尤为敏感。另外，胎儿对外界的动觉刺激（如轻轻拍打母腹）或光刺激（如母亲由弱光区进入强光区）等也能发生反应。这类研究成果表明有可能对胎儿实行直接的胎教。美国已经开始研究并设计胎儿教育和训练课程。中国学者已研制出版了胎教音乐磁带，以对胎儿进行直接的音乐教育。

如何进行有效的胎教呢？这就要分析影响胎儿正常发展的因素。

（一）母亲的自身条件对胎儿的影响

母亲的自身条件，例如年龄、体重、身高、孕史等，对胎儿发育都是有较大影响的。

1. 年龄 一般妇女从18岁开始，持续30年的时间，是生殖功能及内分泌功能的旺盛时期。这个时期是妇女的生育期，或称性成熟期。在这个时期之内的不同年龄生孩子是不是都同样好呢？不是的。就医学角度而言，并结合我国情况考虑，23～29岁生孩子最好。因为，这个时期各年龄组妇女的体格及生殖器官都已发育成熟，正值生殖旺盛时期，而且夫妻双方的观念比较成熟，学习与工作已取得相当的成就，各方面都具备了做父母的条件，当然对孩子的抚养教育条件也较理想。

如果超龄，通常指超过35岁，将会增加一些危险性。主要表现在两个方面：①发生**唐氏综合征**（或**道氏症候群**）（Down's syndrome）的机会增多。活产新生儿的发病率一般为五百分之一到六百分之一。35岁以下孕妇的发生率小于八百分之一，35～39岁为二百五十分之一，40～44岁为百分之一，45岁以上为五十分之一。②35岁以后生第一胎，会使分娩时间过长，难产机会增加，死胎增多。当然，关键问题还在母亲的身体是否健康。

如果年龄太小，例如18岁以下，特别是15岁以下，这些尚未完成自身发育的人当母亲，她们生产低体重儿、出现死胎或分娩困难等情况均高于正常年龄的孕妇。

孕妇的年龄往往可以帮助预测胎儿是否能生存，如图3-1所示。

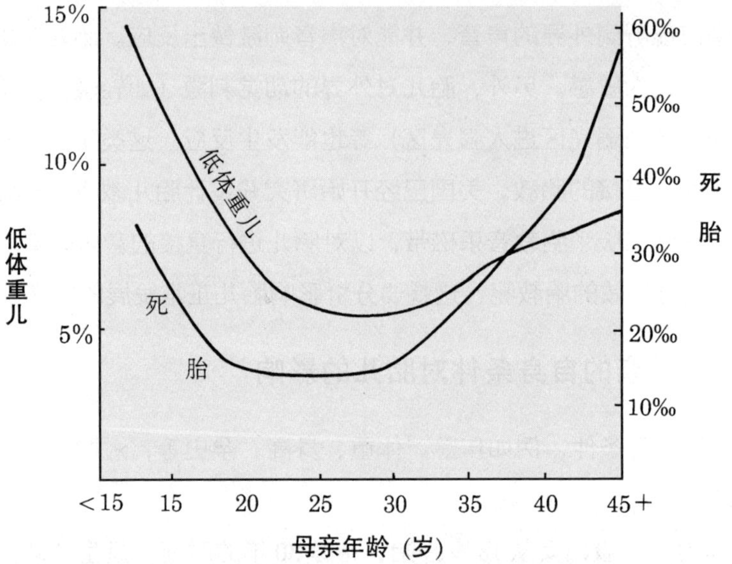

图 3-1　母亲年龄与低体重儿及死胎发生率之间的关系

（引自 Bee，1985，2012）

从图 3-1 可见，母亲生育子女年龄过高或过低，都会导致低体重儿和死胎的比率明显增加。约 23～29 岁是女性生育的较好时间。

2. 体重　母亲的体重会影响胎儿。如果体重超过正常体重的 25％，肥胖的母亲患高血压的比例要比一般体重者大得多，而且她们的血压随着怀孕的月份递增而逐渐升高，最终导致母亲无法再承受胎儿，胎儿不得不被提前取出。如果体重低于标准体重的 25％，过瘦的母亲往往因本身缺乏营养，也没有补充足够的营养物质，她们在怀孕后很容易出现贫血、肌痉挛和甲状腺肿三种疾病，这样会影响胎儿的体格与智力的发育。

3. 身高　母亲的身高过矮，即 140 厘米左右的身材，会影响胎儿的发育。一般而言，过矮的母亲是由于骨骼发育不完全，而这种骨骼发育的不完全是全方位的，也就是说，过矮的母亲同时骨架也会过小，自然骨盆也会过小，过小的骨盆会使子宫发育受到限制，从而限制了胎儿的发育。过矮及骨架过小的母亲还会面临生产困难。

4. 孕史　一般认为，如果一个妇女有过四次以上孕史，她再怀孕时会有一定的危险性，她的孩子更容易是低体重儿，甚至是死胎。研究表明，非头胎儿，特别是在其之前，母亲有过相当密集的孕史，在其出生时，血液中**荷尔蒙**（或**激素**）（hormone）的水平比较低。头胎生的男孩，他的血液中雄性荷尔蒙的水平比非头胎生的男孩高得多。

5. 凝血素 人类体内存在两种凝血（Rh）因子：Rh阳性（Rh＋）和Rh阴性（Rh—）。一个人的红细胞能和Rh抗体凝集成块的称为Rh阳性，不能凝集成块的称为Rh阴性。

患有溶血症胎儿的母亲通常是Rh阴性，而孩子的父亲和孩子自己是Rh阳性。孩子的Rh阳性细胞，少量地从胎儿的循环中逸出，进入母体，刺激母亲产生抗体。这些抗体达到一定浓度时，就会进入胎儿体中，使胎儿的红细胞凝集或破坏，造成胎儿各种严重的异常或死亡。

Rh阴性妇女所生的第一胎通常是正常的，因为第一次怀孕很少发生**致敏作用**（或**敏感化**）（sensitization）。新生儿溶血症往往在第二胎以后的Rh阳性胎儿中产生，患上新生儿溶血症儿童，一般会在出生后不久死亡或终生耳聋和大脑麻痹等。

（二）孕妇的营养对胎儿的影响

母亲的营养与胎儿的发育，有着极为密切的关系。孕妇的营养需要，不管对孕妇本身还是对胎儿的生长发育，都起着十分重要的作用。整个妊娠期孕妇的体重增加10～12千克，这是人类一生中体重增加最快的阶段，如果营养供应不足，不但孕妇容易得病，而且所生的婴儿也常常比较瘦小，容易感染疾病，造成先天不足。何况，产后母亲还要以营养丰富的乳汁哺育婴儿。所以，母亲的营养，还关系到婴儿的后天发育。

动物实验表明，母体在怀孕期间营养不良，会伤害母婴双方，造成未来的小动物生理发育的缺陷。对于人类，无法直接做实验去证实母亲营养缺乏对胎儿有怎样的影响，但可以通过调查的事实加以说明。

1. 时代的例证 有人调查过在两次世界大战的战区出生的婴儿，他们比正常婴儿小，同时有许多死胎，这些孩子的家庭一般都经历了战争中的严重饥荒及其他压力。这些孕妇在战争环境中不但食物营养得不到保证，而且她们的情绪也极不稳定。

2. 个体的例证 上述情境中的过瘦母亲更易经历出生并发症，在她们的孩子中早产儿和低体重儿偏多。

3. 死婴的例证 对死于子宫内和出生后很快死亡的婴儿所做的研究显示（Bee，1985，2012），他们缺乏正常数量的脂肪组织。正常数量脂肪组织的获得和母亲的营养状况直接相关。图3-2所示者是母亲的营养状况和婴儿死亡人数的关系：

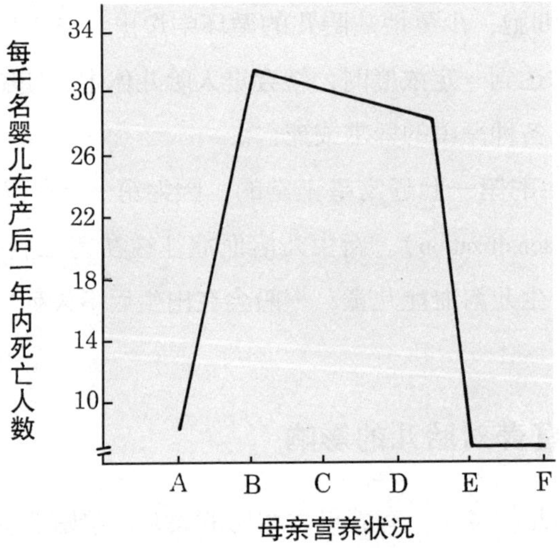

注：A：饥荒之前怀孕并出生；B：怀孕最后3个月发生饥荒；C：怀孕最后6个月发生饥荒；D：怀孕前3个月发生饥荒；E：怀孕前6个月发生饥荒；F：饥荒之后怀孕和出生。

图3-2 母亲营养与婴儿死亡率

（引自Bee，1985，2012）

以上情况是指母亲的严重营养不良，一般的营养缺乏不会造成太严重的后果。

4. 低体重儿的例证 母亲严重营养不良会影响胎儿出生时的体重，造成低体重儿。低体重儿和新生儿死亡有较高的相关（Koch，1983）。如表3-4所示，低体重儿的死亡率明显高于正常体重儿。

5. 智力测验的例证 针对3个月至3岁婴儿进行的智力测验显示，在怀孕期间，若母亲严重营养不良，其婴儿的智商将明显低于其他儿童（Shaffer，

表3-4　新生儿死亡率与低体重儿的关系

	出生体重（克）	死亡人数的%
低体重儿	1000或以下	92
	1000～1500	55
	1501～2000	21
	2001～2500	6
正常体重儿	2501～3000	2
	3001～4500	1

（引自Koch，1983）

1985，2012），如图3-3所示。

由图3-3中胎儿出生后两种智力测验上的智商可见，孕妇缺乏足够的营养对胎儿乃至出生后儿童智力的影响是比较严重的。同时从图中亦可发现，胎儿期营养不良但出生后入托（进入托儿所）的儿童，其智商随入托月龄的增加而

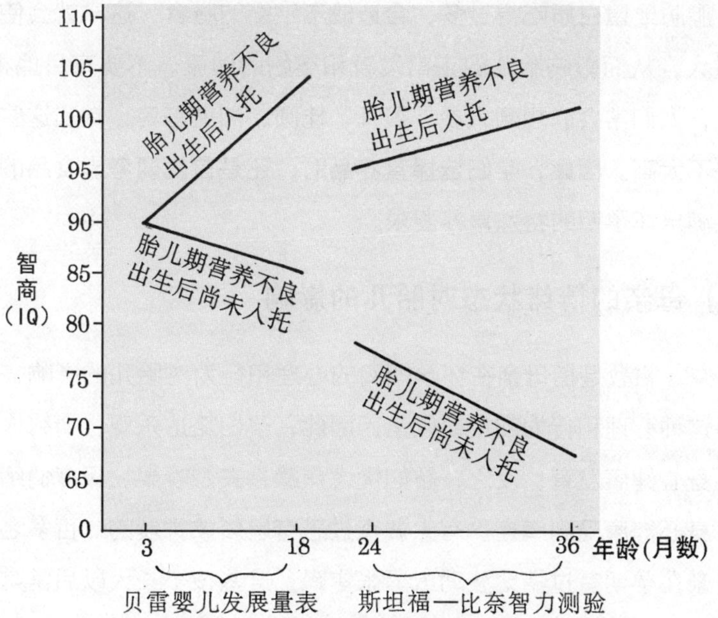

图3-3　胎儿出生后两种智力测验的智商

（引自Bee，1985，2012）

逐渐增长，而未入托儿童的智商则呈持续下降趋势。这说明胎儿期营养不良儿童，在出生后如能得到及时合理的早期教育对于其智力的增长具有很大的作用。

讲究孕妇营养，主要是补充足够的蛋白质、维生素和矿物质。蛋白质是制造和修补身体组织的主要原料，胎儿发育的过程则是脑细胞形成的关键时刻，如果缺乏蛋白质就会影响脑的发育，日后难以弥补，将形成永久性的伤害。所以蛋白质不但要求数量充足，质量也要好。为了增加怀孕期的营养，孕妇应选择哪些食物呢？为补充蛋白质，应挑选含量高、容易被吸收的蛋白质类食物，如牛奶、鸡蛋、豆制品、豆浆、鱼、鸡及牛羊肉。猪肉中蛋白质含量较低，而脂肪含量较高。脂肪类食物在饮食中应占15％～20％，太多的脂肪会影响其他营养物质的代谢，对孕妇及胎儿都不利。碳水化合物的主要来源为谷类食物，如米、面，在食物中可占55％～65％。为了胎儿的正常发育，还要摄入充足的矿物质，如钙、铁、锌、碘等，这些矿物质在动物的骨骼、内脏、海产品及绿色蔬菜中含量较高。维生素类营养素，主要存在于新鲜蔬菜及水果中。营养要平衡、全面，摄取食物应是多种多样的，千万不要偏食、挑食或忌口。如果孕妇对糖、脂肪或蛋白质吃得过多，会造成不平衡的膳食，这样就会使孕妇发胖或胎儿过大，从而影响胎儿的正常发育和孕妇的健康。不要盲目地相信补品。提起补品，人们常会联想到人参、银耳、桂圆、湘莲等等，其实这些补品的营养价值并不太高。因此，孕妇选择营养品时，还是首先要考虑食品的实际营养成分，以满足怀孕期的特殊营养要求。

（三）母亲的情绪状态对胎儿的影响

如果说，胎教是指母亲在怀孕期间的心理和行为对胎儿的影响，那么，情绪状态是这种心理和行为的主要因素。因此，孕妇豁达乐观，情绪愉快，将有助于胎儿身心健康发育；反之，孕妇忧虑焦躁，夫妇吵架、极度情绪变化，则会使胎儿身心健康受到牵连。有人调查过患有唇裂或腭裂的二百多名儿童中有68％的母亲在孕期有过情绪波动或紧张焦躁。这些孩子长大以后常常表现得神经过敏、孤独感强，难以与人和睦相处。此外，有时产生自卑、多疑，甚至发展为偏执性格。孕妇受到意外的恐吓等情况下，情绪状态起着急剧的变化，此时，孕妇会产生一种叫**儿茶酚胺**（catecholamine）的激素，这种激素会穿过胎盘，侵入胎儿，使胎儿也产生恐惧。儿茶酚胺存在于受到惊吓的动物和人的血液中，能刺激**自主神经**（或**植物神经**）（autonomic nerve）的传导。可见怀孕情感情绪状态使得她们体内不断地产生大量的儿茶酚安，因此胎儿也就长期受这种激素的作用而导致精神症状。

不好的情绪状态对胎儿不但有上述直接的影响，也有间接的影响。例如在怀孕期间过度担心和焦虑的妇女常常发生高血压。高血压会使肾功能受阻碍，从而造成孕妇手、脚、关节肿胀。一般来说，这时胎儿并不危险，但如果情况严重会使孕妇处于危险之中，胎儿也不得不提前取出，形成早产儿。

母亲与胎儿各自有着自己的大脑及神经系统结构，各自有着自己的血液循环系统。那么，母亲的情绪状态如何影响胎儿身心发育呢？主要是通过两种途径：

1. 代谢作用的影响 孕妇的情绪和精神生活影响着母体代谢作用，而母体的代谢作用又可以影响胎儿的发展。因为胚胎寄生在母体的子宫内并凭借母亲的循环作用吸取其营养所需的物质，胎儿的循环系统及神经系统也必然与母体之循环系统及神经系统发生联络。母亲如保持一种健全、正常的心理状态，则在物质生活方面亦必能保持正常而健全的状态，这样，母亲的代谢作用畅行无阻，可以促进胎儿之正常发展。反之，若母亲情绪状态失常，则往往导致其物质生活的失常，这样直接影响胎儿的营养，间接影响胎儿的正常发展，一个身体孱弱或有缺陷的胎儿，当然会影响其心理发展。

2. 通过血液中的化学物质沟通 孕妇在受到突然的恐吓或精神的极度刺激时，这些刺激会首先作用于大脑皮质，同时立刻传递到与大脑皮质直接相连的**下丘脑**（或**下视丘**）（hypothalamus），在下丘脑内转化为情绪，同时下丘脑立刻把这种信号传达给内分泌系统和自主神经系统，使孕妇脉搏加快、瞳孔扩大、手心出汗、血压升高等；也使得神经激素的分泌加剧。释放出的神经激素会首先进入母亲血液，它是一种化学物质。这时不仅母亲血液中神经激素的量骤然升高，胎儿血液中神经激素的量也骤然升高。这种化学物质，不仅使母体内发生化学变化，也使胎儿体内发生化学变化。这些变化刺激又作用于胎儿的下丘脑，下丘脑再发出指令，指令传到胎儿自主神经系统和内分泌系统，使胎儿产生与母亲类似的情绪反应。

由此我们不难看出母亲和胎儿一脉相承的事实。胎动是母亲对胎儿情绪影响的一种指标。胎动是指胎儿在母体内的活动，胎动的多少，可显示胎儿正常还是异常。据观察，当母亲情绪激动时，胎动增加，若激动时间延长，胎动也相应增加，有时可达正常胎动的十倍，这时，应被认为是胎儿的窘迫不安状况的表现。此外，胎儿在子宫内也有一定的呼吸运动，这种运动有时甚至可被母亲的叹息所中断（Koch，1983），这又是母亲对胎儿情绪影响的一个现象。

（四）环境对胎儿的影响

从上面问题论述中，我们可以看出，胎儿是一个有情绪感受的小生命，他是个小“窃听者”，还会“分担”母亲的忧虑，尽管这种“孝心”是多余而有害的。但是，我们不难看出，父母应该懂得从怀胎开始，就要为自己的孩子创造一个良好的环境，要创造胎儿的良好环境，孕妇必须要有一种声音美好和谐、情绪欢快喜悦、安适且能防止严重污染的生活环境，这对胎儿的生长发育肯定是有益的。

李虹（1994）曾做了胎教音乐对胎儿影响的实验研究。获得两个主要的结论：

1. 胎教音乐可使胎动时间延长（见表3-5） 因为“胎动”是胎儿“动作”的一项指标，所以，胎动时间延长，可以看出胎教音乐对胎儿的影响。

表3-5 实验组和对照组被试日均胎动持续时间（分）差异统计（N＝60）

孕周	实验组	对照组	t检验
28	9.14	4.21	1.80
29	13.00	6.90	2.18*
30	15.24	6.62	3.10**
31	15.63	7.18	3.58**
32	14.76	5.81	5.97***
33	11.46	7.01	2.45*
34	10.41	5.85	3.62***

续表

孕周	实验组	对照组	t 检验
35	8.91	6.58	1.29
36	10.42	7.24	1.88
37	10.59	7.24	2.77**
38	10.95	5.57	2.86**
39	11.70	7.31	1.68

注：*表示 $p<0.05$；**表示 $p<0.01$；***表示 $p<0.005$。
（引自李虹，1994）

2. 胎儿出生后能够再认胎教音乐（见表3-6） 从表3-6中可看出，实验组（接受音乐胎教的新生儿）在出生后被观察到的六个项目上做出反应的人数，尤其在转头、四肢活动这两个项目上反应的人数，明显高于对照组，即接受音乐胎教的新生儿再认胎教音乐的能力显著地高于未接受过音乐胎教的新生儿。从这个意义上来说胎儿后期已存在一定的“听觉记忆”，否则，实验组在出生后再认胎教音乐的能力不会高于对照组。

表3-6 实验组和对照组胎儿出生五分钟后对音乐反应的差异统计

反应项目 \ 反应人数 \ 组别与差异	实验组（N＝31）	对照组（N＝29）	x^2 检验
转头	11	1	9.84***
眨眼	11	5	3.18
四肢活动	12	1	10.94***
吸吮	8	4	3.21
伸舌头	3	0	3.43
哭	8	13	0.60

注：$df=1$；$\chi^2_{0.05}=3.84$*；$\chi^2_{0.01}=6.63$**；$\chi^2_{0.005}=7.88$***。*表示 $p<0.05$；**表示 $p<0.01$；***表示 $p<0.005$。
（引自李虹，1994）

孕妇离不开环境。但环境因素有良好的，也有不良好的。外界不良的环境因素对胎儿的影响，取决于以下几个条件：

1. 环境中不良因素的种类 不同种类的因素其作用也不相同。不良因素主要有：

（1）生物因素：例如，病毒、细菌等。孕妇血液的病毒通过胎盘血管的破坏而进入胎儿体内，风疹、巨细胞或单纯疱疹、水痘、腮腺炎等病毒会伤害胎儿，严重的急性感染可杀伤胚胎或胎儿而造成流产、早产。

（2）物理因素：例如，X射线、放射线、镭等电离辐射，可导致胎儿小头畸形、智能低下、骨骼和脊柱裂等畸形。

（3）化学因素：例如，对苯、甲苯、铅、汞等接触过多者，可造成胎儿流产、早产，胎儿畸形和低体重儿。

（4）毒素毒物：例如，化肥和杀虫的农药，接触多了会使孕妇血液里含一定浓度的毒物，不利于胎儿发育，甚至产生畸形儿。

（5）饮食问题：容易中毒食品，包括未洗净的蔬菜或未削皮的水果，可能有农药污染，以及腐败有菌物品等等，这些食品既不利母亲的身体健康，也有碍胎儿的发育。

（6）药物因素：有些药物对胎儿有明显的损害，例如，抗癌药可引起胚胎死亡；四环素可使小儿牙齿变黄；磺胺引起黄疸；激素类会诱发畸形等。这些药物均属孕妇禁用之列。

（7）机械因素：例如，过量的劳动、外伤和跌撞等，有时会影响胎儿的发育，有时会引起流产和早产。

2. 不良环境因素的量 例如，物理因素的噪声、光、温度等，其强度越大，影响越明显。

3. 接受不良刺激的胚胎发育时期 在受精后1至2周不良刺激可造成胚胎死亡而流产；在受精后3至8周的器官形成期，大部分致畸因素都有高度的致畸力。

4. 接受不良刺激的机体状态 当孕妇抵抗力较差时，就会造成病原体侵入而发病，从而影响胎儿，所以，在同一环境中，对不同的人，环境因素所产生影响的结果也是不尽相同。

我们应该全方位地来理解母亲本身、营养、情绪、环境诸因素之间的关系。各种因素往往并非单独起作用，尽管有不少因素被列入生物学范畴，事实上许多问题是由与之有关的心理因素和社会因素引起的。例如，高龄母亲可能先前有过几次孕史，或经受某些压力，或有高龄生育恐惧感；过于年轻的妇女怀孕，常常缺乏丈夫的情感和精神上的支持，尤对未婚先孕者为然。许多妇女尽管有相当的危险因素，若能妥善对待，最终也不会发生问题。所以，这些因素仅意味着出问题的机会高于正常孕妇，并不意味着会出问题。

此外，胎儿从一开始，就具备一定的差异。麦克法内尼（Macfarlane，1987）研究胎儿对噪音的反应，第一种是高反应型，一听到噪音，胎儿心率马上加快，同时伴有踢腿、伸胳膊等激烈反应；第二种是中反应型，一听噪音以后胎儿心率逐渐加快，同时伴有不如前一种胎儿那样剧烈的蠕动；第三种是低反应型，这类胎儿任凭外面天翻地覆，也没有任何动静，心率变化也不明显。十几年后作追踪测定，结果发现：第一种被试仍保持“高反应”的特点，他们对事物的变化极为敏感，精力旺盛，具有具体丰富的想象力和创造力；第三种被试仍保留当年的“低反应”特点，他们对事物反应迟钝，缺乏想象力和创造力；第二种被试则居中。李虹（1994）研究指出，女孩在各项反应中的百分比均高于男孩（见表3-7）、高反应型的胎儿出生后对音乐的反应高于低反应型的胎儿（见表3-8），可见性别和神经活动类型是影响胎儿对音乐反应的重要因素（参见表3-7及表3-8）。

表3-7　实验组胎儿出生后对音乐的性别差异（人数%）

性别	转头	眨眼	四肢活动	吸吮	伸舌头	哭
男	36	45	45	36	0	27
女	88	75	88	50	38	38

（引自李虹，1994）

表3-8　高反应型和低反应型胎儿出生后对音乐的反应比较（人数%）

反应型	转头	眨眼	四肢活动	吸吮	伸舌头	哭
高反应型	88	100	100	63	36	63
低反应型	36	27	36	27	80	36

（引自李虹，1994）

三、畸胎的形成

畸胎（monster），是指明显畸形的胚胎或新生儿。畸胎形成的原因尽管复杂，但可以归为两类：一类是身体有缺陷或不健全，例如，唇裂、无肛、肠道狭窄、心房室间隔缺损、动脉导管未闭、愚鲁、无脑儿等；另一类是身体一部分或全部的过度生长或生长重复，例如多指（趾）、并指（趾）、脑积水、连体双胎等。

研究动、植物中先天性畸形的原因、发育、描述、分类的科学叫作**畸形学**（teratology）。导致畸胎的根源，可能为遗传性的，也可能是妊娠早期环境。

（一）遗传性疾病导致胎儿畸形

遗传（heredity）是导致亲子间性状相似的种种生物过程的总称，换句话说，由于遗传物质从上代传给后代，所以产生了亲代的性状在下代表现出来的现象。

从受精卵细胞开始，人体细胞要经过一次又一次的分裂，每次分裂出的细胞的核里，都出现了专一的、特异的，具有一定数目、形态、结构的**染色体**（chromosome）。染色体是生物遗传的物质基础。它的主要成分是**脱氧核糖核酸**（deoxyribonucleic acid，简称DNA），即每个染色体带有许多组的DNA分子。这些DNA分子组称为**基因**（或**遗传单位**）（gene），即世代相传的遗传信息的载体。而基因带有遗传信息的密码，即**遗传密码**（genetic code）。基因并非一直留在自己的染色体里，它有一种交错（基因交换）现象。

这种交错现象如何实现呢？一方面，在受精卵中无论染色体以哪一种结合而告终，总归是由双亲所提供的。它既然是以自己的密码的排列顺序为模板，就保证了它多次细胞分裂的复制成双，这在本质上就决定了遗传的保守性。在这个意义上，一个家族里所能产生的个别差异有一定限制。因为这个理由，有亲族关系的个体间必定比没有亲族关系的个体间要相像得多。另一方面，在复制中偶有偏差和错误，就造成遗传学上的所谓**变异**（variation），即亲子间性状相异现象。现在或过去，在无数计量的人类中，绝对不会有两个人在遗传结构上完全一样。变异意味着个别差异。遗传与变异是**遗传学**（genetics）研究的中心课题。

现在已知导致畸形的遗传病发病率很高。由遗传性疾病而造成的胎儿畸形和生命缺陷是相当惊人的。遗传病有三千余种，都是常见的，它不仅威胁着数以千万计人口的健康，也将贻害子孙后代。据调查，很多流产和死胎便是遗传缺陷所致；几乎人体各个器官系统和组织都可能发生遗传性疾病和畸形。仅眼睛就有近3200种遗传病和遗传缺陷，6岁以内的失明儿童中，有40％为遗传病所致；精神分裂病、哮喘有80％归于遗传问题；先天性心脏病有35％是由于遗传所致；全世界主要因遗传所致的先天性愚型患儿在数百万以上。严重的遗传病给家庭和社会造成十分棘手的问题。一个先天性呆痴的孩子，双亲痛苦，家庭牵连，也给社会增加负担。所以预防和及早发现先天性胎儿异常，防止遗传病的延续，正是做父母者的希望。

预防和阻断遗传病或畸形的主要办法是产前检查。特别是对有下列情况之一者，更应该进行系统的产前检查：

①夫妇有近亲血缘关系。

②有遗传病家族史。

③夫妇中有先天性缺陷。

④孕妇为不正常染色体携带者。

⑤以前生过畸形的孩子：如果第一胎是畸形儿，可能是有**常染色体**（autosome）遗传病或X连锁遗传病，或多基因遗传病。因此在第二次怀孕前应做必要的检查。

⑥有习惯性流产、早产史。

⑦以往生过无脑儿、脊椎裂或其他先天性畸形儿。

通过产前诊断，如发现有遗传病或胎儿畸形，则应施行选择性流产，或寻求医学技术的补救之道。

（二）不良环境因素对胎儿的影响

导致畸形的另一个因素是胎儿环境。遗传基因所决定的只是个体对于特定环境的发育反应模式。一方面，基因与**性状**（properties）并非一一对应，一个基因可能影响几个性状，也可能一个性状由不同基因负责，即受多基因控制；另一方面，很多环境因素，也对性状发生着重大影响作用。因此胎儿的每个性状可以说都含有遗传和环境的两个成分。

1. 容易致畸的环境因素 如前所述，胎儿由环境因素所导致的畸形既取决于环境中不良因素的种类和量的大小，又取决于胚胎发育的时间和孕妇机体的状态和情绪。除了上述的分析之外，我们还要特别强调几个容易接触的致畸因素：①烟毒对胎儿的危害；②酒精对胎儿的危害；③服用药物对胎儿的危害；④环境污染对胎儿的危害。

2. 导致畸形因素的敏感期 不良环境所导致的畸形，在胎儿的不同时期其作用是有区别的。怀孕后的头3个月，特别是受孕后的15～60天，胚胎发育过程是各器官对导致畸形因素的敏感期，在头2周致畸因素可能使胚胎致死而流产；如果损害不甚严重，也可能经过补救挽回生命，但极可能造成染色体变异。怀孕第3～8周，胚胎对导致畸形因素很敏感，故此时期是防止畸形的重要时期。至胎儿后期敏感性下降，但是胎儿的脑和部分泌尿生殖器仍在发育，因此还有可能出现畸形。

为了防止胎儿畸形，在怀孕前就要避免接触有害物质，以防止影响精子或卵子的品质，怀孕后头3个月内更要避免接触不良的环境。遗传因素给健康胎儿或产生畸胎形成物提供了一定的可能性，但不能完全地决定人体的特征。人体绝大多数的正常的和异常的性状，都是遗传和环境相互作用的结果。因此，我们从胎内环境开始就要重视，利用良好的环境因素补救遗传缺陷，并防止胎内不良环境因素造成胎儿的先天缺陷。

第二节 新生儿

个体从出生后结扎脐带开始到出生后28天称为新生儿期，这个时期内的儿童称为**新生儿**（neonate）。本节将从新生儿的一般特征、学习能力以及社会性表现三方面，分别讨论新生儿的心理发展。

一、新生儿的一般特征

从20世纪60年代以来，对新生儿的研究逐步深入，探讨新生儿的心理活动，了解个体心理发展的最初水平与状况已逐渐成为可能。因此，一方面，由于研究的理论和实际的巨大价值，新生儿本身所独有的特点越来越吸引心理学家的兴趣；另一方面，经过科学家们多年来的不懈努力，新生儿许多心理特点已逐步为人所了解和认识。

（一）由寄居生活过渡至独立生活

新生儿期是实现从生理上的**寄居生活**（parasitic life）到**独立生活**（independent life）的转变的过渡时期。

1. 开始成为独立的个体 如前面所述，胎儿生活完全是寄居性的，胎儿必须通过脐带与母亲相联系，实现其营养、呼吸、排泄等新陈代谢机能。在出生后，新生儿就成为一个完全独立的个体，且面临着一个新的完全不同于胎内环境的生活环境。因此，新生儿必须尽快使自己的各种生理器官（如呼吸系统、消化系统等）适应新的环境，迅速发展各种适应环境的基本生存能力。

2. 过渡至独立生活的原因 虽然从胎儿期开始，胎儿的神经系统就已经在不断发展，到出生后，其大脑结构已初具人脑的规模，但脑的重量、体积，特别是脑的机能发展水平还远远不够。例如，新生儿的大脑皮质上的主要沟回已经形成，但还不够深，神经细胞的体积还小，神经纤维还很短很少，而且大部分没有髓鞘化，因此就不容易在大脑皮质上形成比较稳定的优势兴奋中心，新生儿的大脑皮质也就难以适应外界刺激的强度。这样，新生儿对外界的各种“超强刺激”就采取了保护性抑制，并表现为睡眠时间较多。新生儿一天的睡眠时间约为16～18小时，其中大部分时间是处于没有规律的睡眠状态之中，醒着的时间仅为6～8小时。实际上，新生儿重长时睡眠正是一种自我保护的行动，与其神经系统的发育紧密相关。随着大脑皮质和神经系统的不断成熟，个体的这种“保护性”睡眠时间就会明显减少。与此同时，新生儿的各种心理活动则不断增加和日益复杂化。

3. 新生儿的特殊性 新生儿期是一个特殊的过渡时期，既不同于完全依赖母体的胎儿期，又不同于已具有一定独立能力的其他发展时期。

（二）个体心理开始发生的时期

新生儿期是个体发展的起点，也是个体心理开始发生的时期。与其他发展时期相比，新生儿是个体经验最少的时期，也是接受环境刺激最少的时期。在其独立生存、适应新环境的同时，新生儿不仅被动地接受外界刺激，而且积极地对外在环境做出反应。在此过程中，新生儿的各种感官都在一定程度上开始积极地活动起来。当然，新生儿的注意范围是有限的，其反应技能和行为变化也是有限的，但在被动和主动地接受刺激的适应过程中，新生儿的认知心理机能开始初步发展起来，主要表现为**感觉**（sensation）能力的迅速发展和**知觉**（preception）能力的初步发展。与此同时，新生儿的社会性也开始发展起来，表现为在新生儿末期开始出现的社会性微笑和对社会性刺激的偏爱。新生儿期的发展为其各种心理活动的进一步发展打下了基础。

由于新生儿期是个体的心理现象开始发生的时期，是个体心理发展史的第一页，因此，研究新生儿的心理特点，不仅可以了解人类个体发展的基础，了解人类心理和意识的起源，也可以了解环境对人类心理发展的影响。

（三）具有巨大的发展潜能

尽管新生儿必须依赖他人的精心照料才能生存下去，但他实际上具有巨大的学习和发展的潜能。

与其他高等动物的幼仔相比，人类的新生儿显得非常孱弱。尽管新生儿已是一个独立的个体，但一旦失去他人的照料就无法生存下去，其适应环境的能力还很低。然而，人类新生儿与动物幼崽的本质不同就在其具有巨大的**发展潜能**（development latent competence），他们已具备了探寻各种刺激的感官条件。在接受刺激和主动反应的过程中，新生儿的各种心理能力也以惊人的速度发展着，而且人类新生儿一开始就生活在人类生活环境之中，在向着人类社会成员方向发展的过程中，其社会能力也迅速发展起来。这种早期的心理能力的发展既是新生儿适应环境的条件，又是个体心理进一步成熟的基础。因此，研究新生儿的学习和心理能力，对于早期智力开发的研究具有重要的现实意义。

总之，新生儿期是儿童发展的起点，也是儿童心理发展的一个独特时期。对新生儿心理特点进行探讨和研究，既具有重要的理论意义，也具有巨大的实际应用的意义。

二、新生儿的学习能力

尽管新生儿还是一个孱弱的生命，但其大脑结构和生理器官的发展，使他们已开始具备一定的适应生活环境的能力。当然，新生儿的适应能力的水平还是很有限的。

（一）无条件反射行为

新生儿主要是依靠皮下中枢来实现无条件反射（或非制约反射），以保证其内部器官和外界条件最初的适应。

新生儿有许多与生俱来的、对特殊刺激的反射行为，有些是适应性的，具有生物学意义，如在光线强烈时闭上眼睛，扭动身体以避开痛苦等；有些反射则是遗传留下的过去生活的痕迹，如拥抱反射等；还有一些反射则是神经回路现象，以后成为随意命令下的表现或更有用的行为模式，如行走反射等。这些无条件反射很多在出生后数周或数月内消失，这可能是因为神经系统的发展，特别是脑结构的发展，使儿童逐渐学会了控制自己的行为反应。因此，尽管有些反射并不具有生物意义，但却常用来作为新生儿发育的一种指标。如果没有这类反射或在一定时期内这种反射还未消失，就可能表明婴儿的神经发展不正常。因此，许多无条件反射常用来作为新生儿神经发育检查的指标。

新生儿的无条件反射有70多种，下面是一些常见的反射：

1. 食物反射（food reflex） 当食物或其他物品进入口中就会有唾液分泌。这是适应环境，维持机体生命的基本反射之一，出生后半小时，从醒着的新生儿身上就能观察到这种反射。

2. 巴宾斯基反射（Babinski reflex） 用火柴棍或大头针等物的钝端，由脚跟向前轻划新生儿足底外侧缘时，他的拇趾会缓缓地上翘，其余各趾呈扇形张开。这种反射约在4～6个月的胎儿身上看到，出生后6～18个月逐渐消失。

3. 摩罗反射（Moro reflex） 指当新生儿遇到突然刺激时引起的全身性动作。当新生儿忽然失去支持或是受到高声、疼痛等刺激时，表现出头朝后扬，背稍微有些弓形，经常伴有身体的扭动和双臂立即向两边伸展，然后慢慢向胸前合拢，像拥抱姿势，同时发出哭声。此类反射在出生后4个月左右消失。

4. 瞳孔反射（pupillary reflex） 瞳孔对光的刺激会做出扩大或缩小的反应。当入眼光线增强时，瞳孔立即缩小，光线减弱时或在暗处时，瞳孔相应扩大。此外，刺激颈部皮肤，剧烈疼痛或忽然的巨响，均可引起瞳孔扩大。瞳孔反射异常或消失，表明视神经或视觉中枢的功能发生障碍。

5. 躯体侧弯反射（incurvation reflex） 用手托住新生儿胸腹部，轻轻上举，然后在背部沿脊柱向下轻划，或用手掐腰部一侧的皮肤，可引起躯体向刺激侧弯曲，同侧的膝关节会伸直，如3个月后仍未消失，则可能患脊髓弥漫性脑损害。

6. 游泳反射（swimming reflex） 把新生儿俯卧在水里，他就会用四肢做出协调得很好的类似游泳的动作。6个月后，此反射逐渐消失。

7. 强直性颈部反射（tonic neck reflex） 新生儿仰躺着时，使他的头转向一侧，就会看到该侧的手臂和腿伸直，另一边的手臂和腿屈曲起来，呈现出类似击剑者的姿势，这种不对称的强直性颈部反射，出生后3个月左右消失。对称的强直性颈部反射表现为将低着的婴儿的头伸直抬起时，可见到手臂伸直，双腿屈曲的现象，而使其低头屈颈时，动作则相反。一般婴儿到练习爬行时，此反射即消失。

8. 吸吮反射（sucking reflex） 用乳头或手指碰新生儿的口唇时，会相应出现口唇及舌的吸吮蠕动。出生后3～4个月自行消失，逐渐被主动的进食动作所代替。

9. 行走反射（walking reflex） 正常新生儿处于清醒状态时，若用两手托住其腋下使之直立并使其上半身稍微前倾，脚触及床面，他就会交替地伸腿，做出似乎要向前走的动作，看上去很像动作协调的行走。此反射在新生儿出生后不久即出现，6～10周消失。

10. 交叉伸展反射（cross extention reflex） 握住新生儿一条腿的膝部使腿伸直，当敲打或按压这条腿的脚底时，另一条腿会立即弯曲，然后又很快伸直，出生后4～5周即消失。

11. 抓握反射（grasping reflex） 当物体触及新生儿手掌时，立即被紧紧地抓住不放，如果让新生儿两只小手握紧一根棍棒，他甚至可以使整个身体悬挂片刻。在出生后第5周达到最强的程度，3～4个月时消失。

12. 觅食反射（rooting reflex） 当新生儿面颊触到母亲乳房或其他部位时，即可出现寻觅乳头的动作。用手指抚弄新生儿面颊时，他的头也会转向刺激方向。该反射约在出生后3～4个月时逐渐消失。

13. 手掌传导反射（palmar conductance reflex） 当按压新生儿一只或两只手掌时，他会出现转头张口的动作，手掌上的压力放松，可能会打哈欠。在3岁以后逐渐消失。

虽然新生儿一出生就具有多种**本能的反射**（instinctive reflex），为他们的生存提供了前提条件，但这种生而具有的无条件反射往往是不精确的，还常常容易发生泛化。如不仅刺激新生儿的嘴唇会引起吸吮反射，刺激其脸颊也常常会引起同样的反射。刺痛新生儿的右脚，不仅左脚会避开，右脚或手也都张开。出生后20天左右，新生儿的各种反射行为才趋于精确化。

（二）新生儿的感觉能力

对客观世界的**感知能力**（capacity of sensory and perception）是各种**心理能力**（mental capacity），如**学习**（learning）、**思考**（thinking）及**社会化**（socialization）

等发展的基础。在胎儿期，胎儿对母体的情绪和活动等都有所反应，对外界刺激也会有所反应，但直到出生后，新生儿才直接面对世界，直接感受到声、光、触摸等各种刺激并予以反应。

从发展的角度来看，感觉能力是发展最早且最早趋于完善的一种基本心理能力。大量研究表明，新生儿的各种感觉器官从一开始就处于积极活动状态之中，因此，新生儿已具有了一定的感觉能力。

1. 视觉 **视觉**（vision）是人类一种重要的感觉，人可以获得的外界信息中，大约有80％是通过视觉获得的。新生儿一出生就已具有眨眼反射和瞳孔反射，这表明他们已能进行某些视觉活动。有人曾对202名出生后8小时到13天的新生儿的视觉区辨能力进行实验研究，结果发现，新生儿已具有对两个图形的视觉区辨能力，并表现出对规则图形的偏爱（冯晓梅，1988）。

新生儿的视觉系统还未达到成熟，其视觉能力还是有限的。一方面，新生儿的视觉调节能力具有一定的局限性，他们的眼睛像是定好焦距的照相机一样，只有在一定距离的物体才能清晰地落在视网膜上。因此，只有大约相距8英寸（1英寸约合2.54厘米）的物体才会被看得最清楚。新生儿的视敏度也较差，不能觉察细小的物体和结构。庞丽娟、李辉（1999）的研究发现，新生儿的视敏度为5％到10％之间。与成人相比，新生儿的边缘视觉也很有限，成人的视觉范围为180°，而新生儿只有60°。

另一方面，新生儿的视觉运动还是不协调的，在出生后的两三周内，如果在9英寸远处有两个物体，则新生儿右眼看右边的物体，左眼看左边的物体。有时他们的双眼还会像“斗鸡眼”一样对合在一起。直到新生儿期结束，这种双眼不协调运动才会逐渐消失。

到15天左右，新生儿就开始能较长时间地注视活动的玩具，甚至有的研究者发现，出生数小时的新生儿的眼球便能跟着慢慢移动的物体活动。但一般来说，新生儿的这种追视能力还是很差的。新生儿对在视野内出现的移动物体，会朝着不同方向移动视线。但是根据测查发现，他们的视线移动并不是平滑的，而是表现为眼球的“飞跃运动”。

海斯（Haith，1980）曾经对出生24和96小时的新生儿进行了一系列的视觉研究，认为新生儿的视觉活动是根据几个规则所形成的系统来进行的。有规则①：如果清醒，警觉，光线不太强时，会睁开眼睛；规则②：在昏暗情况下，会保持一种有控制的、仔细的搜索；规则③：如果所视对象没有形状，则寻找边缘、拐角等以区分图形与背景；规则④：如果发现一条边，停止搜寻，视线停留在边的附近，在线条上下移动。可见，新生儿已能较系统地寻求观察事物，但仍有较大的偶然性和无组织性。还有人发现，新生儿能够分辨人脸，就像他们偏好母亲的气味和声音一样，他们会很快地学会喜欢母亲的脸胜于不熟悉女性的脸，虽然他们只是对面部的大致轮廓敏感，而不是面部的细小特点（Bartrip，Morton，& de Schonen，2001）。

2. 听觉　研究和经验表明，所有正常的新生儿都有**听觉**（audition）。许多新生儿在听到摇铃声时，能将头转向铃响的方向。但这个动作不是立即完成的，需要大约2.5秒的**反应时间**（reaction time，简称RT）（Muir & Field，1979）。廖德爱（1982）对出生后24小时的新生儿对声音刺激的反应的研究发现，正常新生儿一出生就能通过空气传导途径产生听觉反应。实验中，通过一次刺激就能发生听觉反应的新生儿达45.24%，通过二次刺激发生反应者为38.10%，两者共达83.34%，通过三次或三次以上发生反应的占16.66%，反应较慢，但仍很明显。

新生儿在出生后6天就能听到30分贝的低音。让新生儿听100分贝的高强度声音和85、70、55分贝的低强度声音，研究结果发现，声音强度越大，婴儿的心率就越快，表明新生儿已能分辨不同分贝的声音，并对此做出生理反应（Wittrock，1980）。

出生才3天的新生儿就能区分不同的声音并表现出对母亲声音的偏爱（DeCasper & Fifer，1980）。研究者认为，这是由于其在胎内生活时已熟悉了母亲的声音。在另一项研究中，要求孕妇在孕期的最后几周内每天两次朗读一篇故事，结果发现出生后，新生儿更喜欢听这个故事（DeCasper & Spence，1986）。

此外，新生儿已能分辨出不同的语音，他们在生理上已准备好去“发现”任何人类语言的声音。新生儿能对很多语音做出细致的区分——“ba”和“ga”，“ma”和“na”，以及短元音“a”和“i”。例如，让新生儿含一个奶嘴，并播放“ba”的声音，他们会有力地吮吸起来，并持续一段时间，然后，随着新鲜感的降低，吮吸的速度会逐渐慢下来。这时，将声音变成“ga”，吮吸的速度又会加快。这表明，新生儿“发现”了这一微小的语音差异。与成人相比，新生儿分辨本族语言中没有的语音的能力更为精确（Atoliridge，Stillman，& Bower，2001）。

3. 味觉 刚出生的新生儿就已具有发达的**味觉**（taste sensation），这对婴儿具有重要的保护意义。研究者们往往把一些不同的味道，如甜、酸、苦、咸等各种溶液滴到新生儿嘴里，观察其反应。结果发现，在尝到特别甜的溶液时，新生儿出现微笑、舔嘴唇和吸吮的反应；而当盐溶液滴到新生儿的嘴里时，许多新生儿都有噘嘴、皱鼻、眨眼的反应；而在尝到苦液时，则有伸出舌头、吐唾沫，甚至试图呕吐的表现；如果把蒸馏水滴到舌头上，新生儿吸吮时毫无表情。在进一步的研究中，他们还发现，随着味道浓度增加，反应强度也在增大，新生儿已能区分“甜”与“很甜”和“苦”与“很苦”的不同了（Steiner，1983）。

4. 嗅觉 出生不到12小时的新生儿即表现出一定的**嗅觉**（olfactory sensation），对各种气味就会有明显的反应。在闻到强烈的臭味时，新生儿就会紧闭眼皮，扭歪脸面，身体骚动不安；而对黄油、香蕉、巧克力、蜂蜜等香味，新生儿就会出现愉快满足的表情。

研究发现，在2～3天内，新生儿就能认识他们所闻到过的强烈气味。如在第一次闻到茴香油的气味时，新生儿的活动增加，心率和呼吸都会发生变化，如果继续闻到这种气味，新生儿就逐渐停止反应。这时如果忽然闻到一种新的气味，如苯基酸的气味，新生儿就又开始增加活动，心率和呼吸也发生变化（Macfarlane，1977；Varendi & Poriter，2001）。有关实验还显示，新生儿已具有明显的嗅觉偏好。

5. 动觉 **动觉**（kinesthesia）刺激对于新生儿的发展是必要的。摇动，举高或四处走动都给新生儿提供了基本的动觉刺激，这是和运动、认知、社会性发展相联系的。动觉刺激的作用在于使婴儿保持安静与警觉状态，可以唤醒婴儿或平息其过度的兴奋。在一项研究中（Thomas et al.，1977），只要新生儿处于清醒状态，就将其抱起并与之谈话，3天之后，与那些只躺在床上谈话的新生儿相比较，接受额外动觉刺激的新生儿对人类声音就会有更多的反应。

（三）新生儿的学习

1. 条件反射的建立 条件反射（或制约反射）的建立是一种最基本的学习方法。新生儿所建立的条件反射都是与无条件反射相联系而建立的。对新生儿的学习来说，一个首要条件就是及时强化，即在某种习得反应出现时立即给予强化。有关实验（Barrera & Maurer，1981）研究发现，对新生儿的强化奖励不能延迟。如果在一秒钟内没有给予强化如甜水、微笑、声音、触摸等，新生儿就难以进行学习。另一个条件就是刺激物的重复出现。刺激反复多次地出现，能使新生儿对刺激物有一个粗略的记忆。

针对新生儿条件反射开展的研究主要有**经典性条件反射**（或**古典制约反射**）（classical conditioning reflex）和**操作性条件反射**（或**操作制约反射**）（operant conditioning reflex）两种学派。20世纪60年代，在利普西特等人（Lipsitt et al.，1963）的实验中，把一根细管插入新生儿口中作为条件刺激，滴入葡萄糖溶液5秒钟作为无条件刺激。控制组也接受同样数量的两种刺激，但这种刺激的出现是随机的，而不是配对的。结果发现，把管子插入口中，实验组被试立即加快吸吮频率，而控制组则无此表现。如果给实验组被试插入管子却没有糖液强化，实验组被试的吸吮频率就下降到和控制组相同。如果再次建立条件反射，实验组被试又一次增加吸吮频率。这表明新生儿已建立起条件反射。

新生儿学习操作性条件反射比学习经典性条件反射要快得多。德斯珀等人（Desperet et al.，1980）的实验证明，3天的新生儿就能建立操作性条件反射。研究者首先测试被试自发吸吮的平均间隔，然后将新生儿分成两组。第一组在吸吮间隔大于平均数时就能听到母亲的声音作为奖励；第二组被试在吸吮间隔小于平均数时也能听到母亲的声音，否则这两组被试者听到的就不是自己母亲的声音。结果发现，大部分新生儿改变了自己的吸吮间隔，以便能更经常地听到母亲的声音。

新生儿条件反射的建立具有几个特点：首先是形成的速度很慢，往往要求条件刺激和无条件刺激的多次结合；其次是新生儿形成条件反射以后，稳定性较差，如不继续学习，很容易消失；最后是新生儿的条件反射不易分化，对一些近似的刺激都会产生条件反射。

在新生儿期就开始表现出学习的差异。例如，吸吮研究中，那些有医疗并发症的高危险婴儿对方格图案的反应少于许多早产婴儿。而高体重的早产儿则有较多的反应。调查者（Kelvin，Seifert，& Robert，1987）还发现在相同年龄，有的新生儿能够学习较困难的任务，而有的新生儿则不能。对同一个新生儿来说，由于研究方法的不同或由于学习任务的难易程度不同，新生儿所表现出的学习能力也是不同的。

2. 新生儿的记忆 **记忆**（memory）是儿童心理发展过程中最重要的心理活动之一，也是儿童积累经验和心理发展的重要前提。记忆与儿童的其他心理活动有着密不可分的关系，记忆是在知觉基础上发展起来的，记忆发展的水平又直接影响着知觉能力的发展。同时，记忆还直接影响着儿童的想象、思维、语言和情绪情感等方面的发展。

对新生儿记忆的研究常采用**习惯化法**（method of habituation），即对重复刺激的反应逐渐消退。弗里德曼（Friedman，1975，1997）对一个出生4天的新生儿进行了研究。他让新生儿反复观看一个简单的图形，每次呈现60秒，直到新生儿注视该图形的时间连续两次都比最初少了8秒时止，表明新生儿对这个图形有所记忆。这时研究者变化另一个图形，则新生儿的注视时间有显著增加，表明新生儿了解新的刺激不同于记忆中的刺激。结果还发现，新生儿看新刺激时间的长短依赖于新旧刺激差异的程度。

习惯化的研究表明，新生儿对声音也有所记忆。3天的新生儿反复听一个词直到习惯化，不再有转头倾听的反应；之后再呈现新的词，新生儿就会再次把头转向声源。54小时的新生儿能记忆他们听到的声音达6～10小时（DeCasper & Spence，1986），而2～4周的新生儿每天听60次的语音达13天，则在2天后仍能记住这些语音（Ungerer et al.，1978）。

三、新生儿的社会性表现

长期以来，人们一直忽略新生儿的**社会性潜能**（social latent competence）。由于新生儿缺乏言语技能，不能理解也不懂得与他人进行交流，因此，许多人把新生儿视为社会联系中的孤独者。然而，从20世纪60年代开始，研究者们开始注意到新生儿一开始就具有一种指向人类社会的自然倾向，这种自然倾向首先表现为新生儿对于社会性刺激能够做出积极的反应，如微笑、哭泣以及身体动作，以保证自己得到照顾和爱护。新生儿的这种交流“信号”是一种最原始的、最基本的信号，表现出他在社会关系中的积极参与。显而易见，新生儿与社会外界的这种相互作用是双向的，不只是社会对新生儿产生影响，新生儿的社会行为同样会影响他人。

1. 新生儿的模仿 重复并模仿他人的表情称为**模仿表情**（echomimia）。近些年来，有研究者认为新生儿已具有模仿母亲面部表情的复杂反应。出生6天的新生儿就能模仿母亲伸出舌头、张嘴或舔嘴唇等面部动作，以及其他姿势如张开手和握紧手（Meltzoff & Moore，1983；Field et al.，1982）。

对新生儿的这种令人惊奇的**模仿行为**（imitative behavior），许多研究者认为这是一种反射，即是一种非常简单的、神经联系的行为，不需要思考和理解（Wyrwicka，1988）。和其他无条件反射一样，新生儿的这种模仿行为在6周以后就很少见到了（Abravanel & Sigafoos，1984），而在数月后，又将重新显现出来。

2. 新生儿的情绪 早在20世纪30年代，布里奇（Bridge，1933）就提出了有名的**情绪的分化**（differentiation of emotion），认为情绪发展是一个从单一的一种情绪或唤醒状态分化而成各种情绪的过程，成人所经历的所有情绪都是在新生儿期所表现出的未分化的兴奋反应的分化结果。布里奇认为，儿童在出生时只表现出未分化的兴奋，但很快分化出未分化的愉快反应和未分化的不愉快反应，这种未分化的不愉快反应以后进一步分化为狂怒、挫折、恐惧等。但一些心理学家认为，儿童的情绪表现比布里奇所认为的更早。我国心理学家林传鼎曾对出生1～10天的新生儿进行了观察，认为新生儿已具有两种可以分清的情绪反应，即愉快的情绪反应（生理需要获得满足）和不愉快的情绪反应（生理需要尚未满足，如饥饿、疼痛、身体活动受束缚等）。

有的研究者采用布雷泽尔顿新生儿行为评定发现，新生儿一开始就具有七种基本的、普遍性的面部表情：愉快、悲哀、惊奇、好奇、厌恶、愤怒、恐惧（Osterand & Ekman，1978）。例如，在新生儿的头边摇动一个拨浪鼓时，新生儿会出现好奇的表情；在吸到有肥皂味的东西时，会出现厌恶的表情；而在进行不舒适的反射测验时，会出现愤怒的表情。

虽然新生儿的情绪表现尚不清晰，但从孩子的突然发出的哭声可以知道他们表达了某种情绪。在新生儿期，新生儿的情绪具有很大的生物学意义，他们的反应主要表现其生理需要是否得到满足。

3. 新生儿最初的社会性行为 通过一些现代化的研究技术和手段，人们对新生儿的行为进行了卓有成效的研究，发现了许多以前忽略的新生儿行为中的社会性表现。

科恩等人（Cohen et al.，1977）用电影和录像记录几小时内的新生儿的行为，结果发现，新生儿的一些细微的身体运动，如扭动臂部、抬起手指、皱眉头等，与正常言语的声音节奏有一定的联系。有些新生儿对长达125个单词的连续语词保持了同步反应，但对无意义的言语和杂乱的噪声都没有这种特定的反应。这虽不是说新生儿能理解言语，但至少表明他们确实能对人类的语言做出积极的反应。他们只对有意义的言语模式做出特定的反应，能以自己的方式区分有规律的社会信号和散漫的声音，在生命的一开始就能简单地参与一种基本的社会交互作用。

研究者通过对新生儿的视觉行为、面部表情、身体姿势的观察发现，新生儿与母亲的接触也有特殊的行为表现，具有平稳和有节奏的特征。母子之间视线联系的维持和中断是有规律的，新生儿对母亲的注意的发生和减退也是逐渐且缓慢的，新生儿已能以声音和身体姿势转向母亲。

研究证明（Brazelton，1976），新生儿一开始就表现出一些具有社会意义的行为：①对人类语音较其他声音更敏感和偏爱；②对母亲的声音更为注意；③喜欢注视真正的“人面”；④喜欢奶味胜过糖水气味，且喜欢母乳胜过牛奶。这表明儿童在其生命的开始就具有社会性交往的倾向。

尽管由上述可见，新生儿确实从一出生就已经是人类社会群体中的一分子，具有成为人类社会成员的一种自然倾向和巨大的社会性发展的潜能，但新生儿的社会能力极其有限；尽管他们能够有选择性地在适当的时间对社会性相互作用做出反应，促使成人来照顾和关心他们，引发他人的社会性反应，但新生儿的这种社会行为具有很大的不随意性，更多的是本能的行为表现。事实上，新生儿与成人的相互交往中双方的行为、作用是不对等的，成人往往通过明确的调节行为来影响新生儿的活动。

本章摘要

1. 个体的**生命**一般以受精卵产生开始算起，生命有生理学定义、新陈代谢定义、生物化学定义、遗传学定义和热力学定义等。心理现象是生命发展的产物。

2. 从**受精卵**开始到出生约280天为胎儿。胎儿在子宫内生长发育要经历**胚种期**（0～2周）、**胚胎期**（2～8周）和**胎儿期**（8周至出生），其中胎儿期的发育又分为七个小阶段。

3. 探讨影响胎儿正常发展因素的学说当首推**胎教**思想。目前对胎教与智力发展关系的研究已引起国内外极大兴趣。

4. 母亲的诸如年龄、体重、身高、孕史等自身条件，对胎儿发育都是有极大影响的。

5. 孕妇的营养与胎儿的发育，有着极为密切的关系。孕妇缺乏足够的营养物质，对胎儿乃至出生后的智力影响是比较严重的。讲究孕妇营养，主要是补充足够的蛋白质、维生素和矿物质。

6. 如果说胎教是指母亲在怀孕时的心理和行为会影响胎儿的话，那么，情绪状态是这种心理和行为的重要因素，因此，孕妇豁达乐观、情绪愉快将有助于胎儿身心健康发育。

7. 要创造胎儿的良好环境，孕妇必须要有一种声音美好和谐、情绪欢快喜悦、安适且能防止严重污染的生活环境。

8. 外界不良的环境因素对胎儿的影响，取决于环境中不良因素的种类，不良环境因素的量，接受不良刺激的胚胎发育时期和接受不良刺激的机体状态。

9. 导致**畸胎**的根源，可能是遗传性的，也可能是妊娠早期环境。

10. 新生儿有三大特点：实现从生理上的寄居生活到独立生活的转变；个体发展的起点，个体的心理开始发生；必须依赖他人的精心照料，但具有巨大的学习和发展的潜能。

11. 新生儿一出生就具有了多种本能的反射，为其生存提供了前提条件。但这种反射往往是不精确的，直至出生后的10天左右，新生儿的各种反射行为才趋于精确化。

12. 新生儿具有一定的感觉能力：**视觉**、**听觉**、**味觉**、**嗅觉**和**动觉**；在**无条件反射**的基础上建立了**条件反射**，有了最粗略的**记忆**，这为其进行最初的学习奠定了基础。

13. 新生儿一开始就具有一种指向人类社会的自然倾向，首先表现为微笑、哭泣以及身体动作等信号，对于社会性刺激能够做出积极的反应。例如，模仿成人面部表情、对人类语言的反应等。

参考资料

1. 皮亚杰.（1990）. 儿童早期智力的起源（高如峰等译）. 北京：教育科学出版社.

2. 朱智贤.（1962，1979，1993，2003，2009，2018）. 儿童心理学. 北京：人民教育出版社.

3. 庞丽娟，李辉.（1993）. 婴儿心理学. 杭州：浙江教育出版社.

4. 劳拉・E. 贝克.（2008）. 婴儿、儿童和青少年（第5版）（桑标等译）. 上海：上海人民出版社.

5. Bee, H.（1985, 2012）. *The developing child*（13th ed.）. New York: Harper & Row.

6. Puckitt, M., Black, J., Wittmer, D., & Petersen, S.（2009）. *The young child: Development from prebirth through age eight*（5th ed.）. New York: Macmillan.

7. Horowitz, F.D., & Coloombo, J.（Eds.）.（1990）. *Infancy research: A summative evaluation and a look to the future.* Detroit: Wayne State University Press.

8. Koch, C. S.（1983）. *Children development through adolescent.* New York: Murray.

9. Damon, W., & Lerner, R. M.（2009）. 儿童心理学手册（第六版）（林崇德，李其维，董奇译）. 上海：华东师范大学出版社.

10. 徐晨.（2009，2015）. 组织学与胚胎学. 北京：高等教育出版社.

第四章　婴儿期的心理发展

（本章内容细目）

0～3岁，一般称为**婴儿期**（infancy）。对于婴儿到底是指哪个年龄范围的儿童，各国学者的意见不一。在我国不同的学科对婴儿或婴儿期的界定是不同的，即使同在心理学界，国外、国内不同学者对其看法也不相同。总的来说，可以概括为三种观点：0～1岁说、0～2岁说和0～3岁说。20世纪80年代以来，0～2岁说和0～3岁说在发展心理学界均有相当大的影响。这两种观点的分歧在于各自采用不同的年龄阶段划分标准。认为0～2岁为婴儿期的学者以**婴儿**（infant）一词的拉丁词源infans的意义“不会说话”为主要标准，结合动作发展的特点，提出**学会行走**（walking）和**说出单词**（talking）为婴儿期结束的标志（Seifert & Hoff-nung，1991；Hoffman，Paris，& Hall，1993；Kaluger & Kaluger，1986）。但是，当我们注意到个体心理发展的整体性和连续性的原则时，就有必要从语言、动作、认知和社会性等各个发展领域出发，全面地考虑个体发展的年龄阶段划分问题。基于全面系统的研究原则，许多发展心理学家倾向于把婴儿期界定为0～3岁。这种认识突出地反映在奥索夫斯基（Osofsky，1987）主编的《婴儿发展手册》、斯腾伯格和贝欧斯基（Sternberg & Bel-sky，1991）所著的《婴儿期·儿童期·青少年期》及马森和凯根等（Mussen & Kagan et al.，1990）编著的《儿童发展和个性》等著作中。朱智贤教授主编的《心理学大词典》（1989）也提出这种观点，不过将0～1岁称作**乳儿期**（或**婴儿前期**）（young infancy），将1～3岁称作**婴儿期**。

本章内容所讨论的是人类心理发展，特别是智慧和社会性发展的第一个阶段——婴儿期的特点。在讨论中，希望能回答以下问题：

1. 婴儿神经系统的发展有什么特点？

2. 婴儿的动作发展遵循哪些基本原则？婴儿的行走和手的动作是如何发展的？对其心理发展有何影响？

3. 婴儿的语言，特别是口头语言是怎样发展的？对其心理发展有何意义？

4. 婴儿的认知发展的特点是什么？

5. 婴儿的情绪、社会性发展有何表现？道德萌芽的标志是什么？个体差异的最初表现主要是什么？

第一节 婴儿神经系统的发展

大脑、神经系统或感官的活动是心理活动的物质基础，0～3岁儿童神经系统的发展，直接影响并制约其心理发生发展的进程。

一、婴儿大脑形态的特点

婴儿大脑形态的发育是脑的机能发展的前提，婴儿大脑形态的发育，主要表现在以下三个方面。

（一）脑的重量增加

如前所述，新生儿脑重量平均为390克，约为成人脑重的28%，而这时体重约为成人的5%。出生后短短的一年内，脑重增加最快，从平均390克增加到660克，约为成人脑重的47%，而2.5～3岁的时候，则增加到900～1011克，相当于成人脑重的三分之二。3岁儿童的脑重，若跟成人的脑重比起来，不过相差400克左右。

0～3岁儿童脑重的发展变化在一定程度上反映了其大脑内部结构发育的情况，并且与大脑皮质面积的发展密切相关。研究表明，0～3岁女孩脑的发展要比男孩快，而3岁后男孩的发展则明显加快（孙晔等，1982）。

（二）头围的变化

头围是指齐眉绕头一周的长度，它是大脑生长和颅骨大小的主要测量指标，也可以用来鉴别婴儿的某些脑部疾病。

新生儿头围约为成人头围的60%，男婴约为34.3厘米，女婴则约为33.7厘米。第一年，婴儿头围已达46～47厘米；第二年末达到48～49厘米；此后增长速度放慢，第三、第四年共增加1.5厘米；以后增长更慢，10岁时才达52厘米。如果婴儿头围小于正常值且属于头围过小范围，则其智力的发育就很容易出现障碍。进一步的研究认为，头围过小常常是婴儿智力发育低下的先兆，而头围大小则是预示婴儿在**韦氏儿童智力量表**（Wechsler Intelligence Scale for Children，简称WISC）中得分高低较好的身体指标。

（三）大脑皮质的特点

如前所述，婴儿大脑在胎儿早期就已开始发展。新生儿出生时，脑细胞已分化，细胞构筑区和层次分化已基本上完成，脑细胞的数量已接近成人；大多数的**沟回**（或**脑沟**）（sulcus）都已出现。这些三级沟回主要在出生后两年内表现出来，有的可能需要更长的时间。婴儿的皮质细胞迅速发展，层次扩展，**神经元**（neuron）密度下降，各类神经元相互分化，**树突**（dendrite）与**轴突**（或**轴体突触**）（axonic synapse）逐渐生长繁殖，突触装置也渐趋复杂化。2岁时，

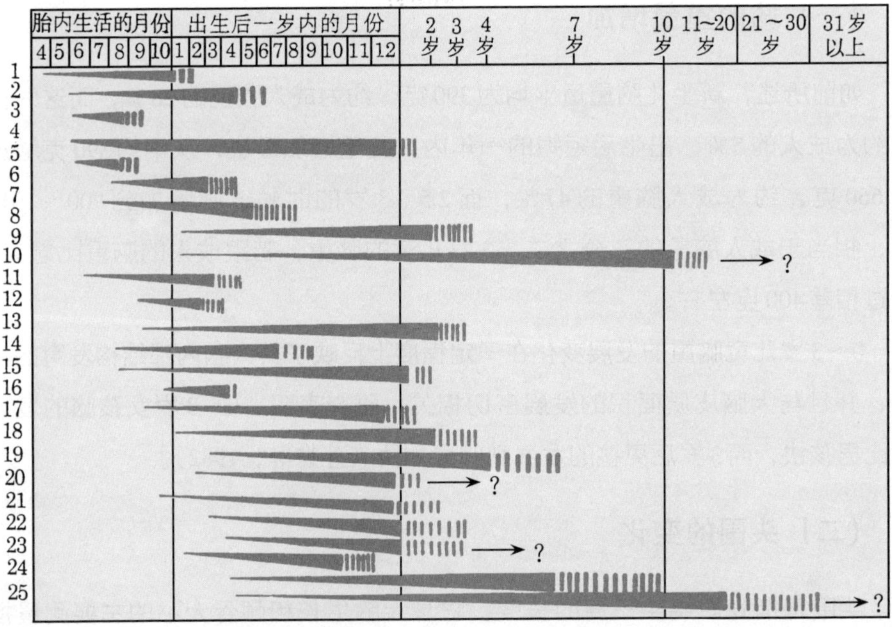

注：（1）图中纵坐标上所标示数字分别代表大脑的不同区域；
（2）图中黑体部分反映了该区域髓鞘化程度的增长情况。

图4-1 婴儿大脑髓鞘化的过程

（引自孙晔，1982）

脑及其各部分的相对大小和比例已基本上类似成人的脑。**白质**（white matter）已基本**髓鞘化**（myelinization），与**灰质**（gray matter）明显分开。关于婴儿髓鞘化的进程，可以参看图4-1。由图可知，到3岁末，大脑多数区域的髓鞘化基本上已完成。

二、婴儿大脑机能的发展

人脑的结构和机能是统一的，结构决定机能，机能也影响着结构。近年来，科学家对婴儿大脑机能的发展进行了大量的研究，在脑电图分析、网状结构、中枢系统和大脑单侧化进程等方面取得了一系列突破性进展，对婴儿大脑的功能有了一些新的认识。

（一）脑电图

脑电图（或**脑波图**）（electroencephalogram，简称EEG）是仪器记录脑电活动的图形。当电极贴在人的头皮上的不同点，将大脑皮质的某些神经细胞群体，自发的或接受刺激时所诱发的微小的电位变化引出，通过放大器在示波器上显示或用由输出电位控制的墨水笔，记录在连续移动的纸上，形成各种节律性的波形。频率（用周/秒表示）是脑发育过程的最重要的参数，也是研究儿童脑发育历程的一项最主要的指标。脑电图的波形很不规则，按频率快慢分为α波、β波、θ波和δ波。前两种为快波，后两种为慢波。皮质上α波（8～13周/秒）越多，神经元之间的信息传递也就越多，相互影响就越大。同步节律波是较大儿童和成人的主要脑电图活动形式。

有关研究表明，在觉醒状态下新生儿缺少这种同步节律波。在向睡眠过渡时表现出频率为6周/秒的节律波群，睡眠时皮质枕叶部位中6周/秒的节律波群占优势，这种波被认为是α波的原型。

出生后5个月，是婴儿脑电活动发展的重要阶段，脑电逐渐皮质化，伴随产生皮质下的抑制。在安静状态下，在婴儿皮质枕叶区可以看到频率为5周/秒的节律性持续的电活动，其构成已类似于成人的α节律。

出生后5～12个月，外部刺激可引起诱发电位发生变化。视觉诱发电位构形变得复杂化，潜伏期缩短。这与传导通路的急剧髓鞘化、大脑半球皮质形态机能进一步发育的趋势是一致的。

在1～3岁期间，婴儿大脑两半球皮质持续发展，主要表现为安静觉醒状态下脑电图上主要节律的频率有较大的提高，达到7～8周/秒；脑电图的性质也复杂化，前中央部位出现高振幅缓慢波，β波明显增加，觉醒状态下脑电图个体变异开始增大，这在婴儿早期是不大的。

（二）网状结构

网状结构（reticular formation）是在中枢神经系统中，从脊髓到丘脑底部都有神经细胞和神经纤维交织成网状的结构。脑干网状结构有上行和下行投射系统。上行投射系统接受各种特异传入冲动以及躯体和内脏来的各种传入冲动，最后，经由丘脑的非特异投射系统到达大脑皮质；下行投射系统到达脊髓对其运动性活动产生易化和抑制两种作用。如果没有网状结构，个体就成了一个无能为力的、无感觉的、瘫痪的原生物。

新生儿脑皮质尚未发挥作用时，网状激活系统也能使他在一天中仍然有短时的觉醒。婴儿期，网状激活系统除了保持婴儿的清醒状态之外，还参与调节婴儿身体的全部运动活动。它有产生肌肉收缩的特殊运动中枢，能变更（加强或抑制）随意型（脑控制的）和反射型（脊髓控制的）肌肉运动。也就是说，网状激活系统像一个交通控制中心，能促进和抑制神经系统信号流，指挥神经系统中的交通。

（三）皮质中枢

大脑皮质是大脑半球表层的灰质，它由神经元的细胞体、**神经纤维**（nerve fiber）及**神经胶质**（neuroglia）构成，乃是高级神经活动的物质基础。大脑皮质中控制头部及躯干运动的那些部分先行发展，而后与肢体控制有关的皮质部分才开始发展。

婴儿期大脑皮质中枢发育有两个特点，一是皮质中枢发展按上述顺序，于是其动作发展总是先移动头部，能够抬头，然后才能坐起、爬行，最后才能直立行走。到了3岁婴儿皮质才完全与小脑相连，才能实现对精细动作的控制。

二是兴奋过程比抑制过程占优势。比起出生第一年，1～3岁婴儿的抑制过程在发展着，兴奋与抑制越来越趋向平衡。这就逐渐变成皮质与皮下的关系，加强了皮质对皮下的控制调节作用，而且也由于抑制过程的发展，神经过程日趋集中，有利于儿童的各种心理过程的发展。当然，就整个婴儿期而言，个体的抑制过程还是很差的，兴奋和抑制还是不平衡的。所以婴儿常常容易激动，容易疲倦，容易受外界刺激的影响。因而注意力不集中且有情绪不稳定等现象。

（四）大脑单侧化

婴儿大脑两半球不仅在解剖上，而且在功能上也存在着差异。近些年脑科学研究结果表明，左右两半球在功能上的高度专门化，主要表现在：左半球是处理言语，进行抽象逻辑思维的中枢；右半球是处理表象，进行形象思维的中枢。

婴儿大脑的**单侧化**（或**边利**）（lateralization）实际上是在其大脑的一个半球建立一定功能的过程。如对于多数右利手的婴儿来说，其言语能力逐渐定位于左半球的过程就是一种单侧化的进程。婴儿刚出生时，大脑两半球同时对语言进行处理，以后右半球对说话声的控制逐渐减弱，左半球则逐渐显示其语言化的**优势**（dominance）。到5岁时才稳固地建立这种单侧化。更多的研究表明，在新生儿阶段就能观察到某种大脑单侧化的倾向。这种倾向表明，两半球在功能上最初可能存在着量的差异，而并非质的区别。以后随着婴儿大脑的逐渐发育成熟，这种单侧化倾向逐渐发展，并最终导致两半球在功能上出现质的更大的差异。

婴儿优势手的形成及其原因也是脑发展研究中的一个重要课题。据统计显示，人类中有90％以上的人是右利手，其余是左利手。右利手可能是受基因对子中存在的单个同位基因的影响而造成的，但左利手却缺乏相应的同位基因。在婴儿初期就出现了脑发展的性别差异。一般都是女婴先会说话、走路。男婴的发展慢于女婴。这意味着男婴要花更多时间来完成大脑结构的分化和构造，而这又导致男婴大脑单侧化的高度发展与成熟。

以上是婴儿脑和神经系统发展的特点，要指出的是，婴儿脑的生长绝不是一个恒定的过程，当其生长达到某一特定水平后还会有变化。这是因为后天环境影响着1～3岁婴儿脑的发育，使他们的大脑具有巨大的**可塑性**（plasticity）和良好的**修复性**（repairability）（Greenough，1987；Johnson，1998）。因此，婴儿期应尽量加强营养，实施早期教育，刺激他们脑的发育，使其终身受益。

第二节 蹒跚学步与动作发展

婴儿动作的发展，主要可分为两大部分，一是行走跑跳等全身动作的发展，又称为**大运动的发展**（或**大肌肉发展**）（gross motor development）；二是手的动作的发展，又称为**精细动作—适应性的发展**（fine motor-adaptation development）。

各国儿童心理学家都重视儿童动作的研究，尤其重视婴儿动作发展的研究。美国格塞尔在这个领域有很大的贡献。他根据数十年在耶鲁大学儿童发展门诊的研究经验，于20世纪初发表了《人生的头五年》一书，详细描述了儿童从出生到5岁的发育规律；1940年正式公布了格塞尔发展量表，将动作发展作为重要指标之一。在这同时或前后，又有许多研究者做出了婴幼儿智力发展量表。例如，奥地利彪勒的**维也纳测验**（Vienna Test），美国贝雷（Bayley，1969）的加州1岁儿童智力量表，即**贝雷婴儿发展量表**（Bayley Scales of Infant Development），以及弗兰肯布格等人（Frankenburg et al.，1967—1968）所制定的**丹佛发展筛选测验**（Denver Developmental Screening Test，简称DDST），等等，都注重测定各种动作的发展趋势。苏联心理学家柳布林斯卡娅（Lublingska，1959）和艾里康宁（Eleckoning，1960）等人的著作中，也涉及儿童动作发展的研究。

在我国，最早研究儿童动作发展的心理学家是陈鹤琴教授。1925年出版的《儿童心理之研究》，详细地介绍了他对他的孩子长期观察研究所获得的儿童动作发展顺序和阶段。此后，也有不少心理学家做过片断的研究。而系统研究我国婴儿动作发展，则是很多年后的事。在1978年前后，天津儿童保健工作者与心理学工作者相结合，对983名3岁前儿童的动作发展做了系统的调查，从而揭开了我国学术界系统地研究儿童动作发展新的一页。从1979年3月开始，中国科学院心理研究所的心理学工作者对1000名左右的0～6岁儿童智力的四个行为发展领域进行了系统的研究，其中两个行为发展领域涉及动作的发展。一项是全身动作，即大运动的发展；另一项是手的动作，即精细动作—适应性的发展。通过研究，制定了0～6岁儿童动作发展的常模。这成了我国经典性的科学研究。

动作发展的研究，一般不需要精细制作的设备，比较容易实行，容易解释。测查的项目主要是两大项：①全身动作，一般分30～40项；②手的动作，一般分20～30项。在保健门诊所、医院、托儿所、幼儿园及家长等配合下进行。做测查前，先与婴儿建立良好的关系，以消除陌生感，并在婴儿不累、不饿的状态下测查婴儿对某个项目通过或不通过两个方面，再统计出某个年龄组婴儿通过某项目的百分数。如果条件允许，测查时可以配以录像，以便核对记录和结果。

在本节中，将从婴儿发育与动作发展的基本原则、婴儿动作发展的意义与进程两方面进行讨论。

一、婴儿发育与动作发展的基本原则

动作（act）是**行为**（**或行动**）（behavior）的基础。动作的发展和儿童身体的发育、骨骼、肌肉的生长有密切的关系。

1. 身体发育和动作发展方向的三大原则 一是**头尾原则**（cephalocaudal direction），即指生命发育和动作发展都是从头到脚，由上至下的。从新生儿的身体状况来看，新生儿的头部比例是较大的，随着年龄的增长，婴儿的身体比例也发生着变化。另外，从大小肌肉的发展和协调性来看，身体上部的肌肉，包括颈部、肩部、上肢等的发育先于身体下部肌肉的发育。二是所谓**近远原则**（proximodistal direction），是指婴儿的身体和动作的发展是从中部开始，由近及远，由中央到外周，依次进行，即是说，头和躯干的发展先于臂和腿，臂和腿的发展又先于手指和脚趾。三是**大小原则**（mass-specific direction），则是指婴儿身体的大肌肉的发展先于小肌肉的发展，因此，婴儿的动作是从大肌肉的、大幅度的粗动作的发展开始，逐步发展小肌肉的精细动作。

2. 所有婴儿的动作发展都具有相似的模式 从发展的角度来看，一个阶段的发展奠定了下一个阶段的发展基础。例如，在动作发展中，婴儿在独立行走之前，必须经过一系列的发展，他们总是先能够抬头和转头，然后才能够翻身；先能够挪动胳膊和腿以后，才能抓握物体；先学会爬行，然后才能够学会站立。总之，婴儿动作发展是按照一定方向，有系统、有秩序地进行的。

3. 由普遍到特殊，从弥散性到精确化，从无意到有意 儿童最初的动作是普遍性地、无方向地移动，摇动胳膊、踢腿，随后能伸手取物或爬向目标；在抓物体时，他们先是用整个手掌抓握物体，进而学会用拇指与食指拈起东西。

4. 生长发育的速率有个体差异 虽然婴儿的生长发育和发展的模式与过程是相同的，但每个婴儿的发展速率却有所不同。例如有的婴儿可在9个月开始独立行走，而有的婴儿则要到15个月才能独立行走。而同一个婴儿在不同方面的发展速率也有所不同，如有的婴儿的语言发展可能较好，而动作协调性可能不如同龄的其他婴儿。一般而言，女孩相比男孩较早达到成熟。

5. 受成熟、学习和环境的影响 **成熟的模式**（pattern of maturation）是先天决定的，学习是经验的结果，环境可以使其发展阶段提前或推后。身体发育和动作发展的速率主要是遗传的结果，但探寻世界的机会可以提供具有丰富的刺激和变化的环境，能加强婴儿的动作技能和认知发展。相反，不良的环境也会限制婴儿的发展，如缺乏爬行的锻炼、环境刺激较为局限，就会使爬行动作的发展受阻。应该指出，国外儿童心理学家（Campos，1982，1992）非常重视婴儿爬行动作的发展，认为其不仅有利于儿童行为水平的提高，而且对于空间搜寻操作具有功能性的影响。

二、婴儿动作发展的意义与进程

在上述基本原则的指导下，婴儿的动作逐步发展起来，在不同年龄时期具有不同的表现特点。半个多世纪以来，国内外心理学家们对婴儿动作发展的一般进程进行了大量的、多层次的、多角度的研究，并取得了丰富的资料。大量研究表明婴儿动作的发展不仅与其生长发育有关，而且与其心理发展有一定的相互作用。许多研究者从不同角度探索了动作对于婴儿心理发展所具有的重要作用。如在感知领域里，婴儿自发的动作活动，才使得其精确的大小、形状、深度、方位等空间知觉成为可能，动作的发展对其空间知觉的发展具有明显的促进作用。在认知领域里，皮亚杰认为（Piaget，1960），儿童的心理起源于主体对于客体的动作。在情感方面，精神分析学家（Mahler et al.，1975）认为动作渠道在婴儿情感发展中起着关键作用，如能使婴儿对自我功效产生新的认识，能促进家庭内情感动态系统的不断建构和重组。而在神经心理方面，研究者（Bernstein，1967；Edelman，1987）认为，婴儿早期动作活动的结果必然导致大脑感知运动控制系统的重组，这样能使感知系统和运动系统共同作用以产生范畴化、记忆和总体适应功能。

婴儿的动作发展主要表现在两个方面，即行走动作的发展和以手运用物体技能的发展。

在本节开篇所提到关于我国婴儿动作发展的两项研究（即1978年天津调查和1979年中国科学院心理研究所的系统研究）都以70％的小儿通过某项目的年龄作为达到该项目动作的标准年龄，且测查的内容也有一致性。因此，我们将这两项研究的主要数据摘引如下（见表4-1、表4-2、表4-3、表4-4和图4-2），并借以分析行走动作和手的动作，即全身动作（大运动）和精细动作—适应性的变化，以及对儿童思维的发展（萌芽）和形成的作用。

（一）婴儿行走动作发展的意义与进程

在人类发展史上，直立行走是从猿到人转变过程中的重要契机；在个体的发展中，行走动作的出现有一个过程，但是它是全身动作大运动的发展的标志，对人的发展具有重要的意义。

1. 行走动作发展的意义　在个体的发展过程中，直立行走对个体心理发展带来深刻的影响。

首先，直立行走，不仅使婴儿能主动去接触事物，而且有利于各种感觉器官的发展，大大地扩展了婴儿的认知范围，拓宽了他们的视野。

其次，通过行走，发展了婴儿的空间知觉，婴儿从二维形体向三维形体的知觉发展，于是进一步认识了事物的多方面的关系和联系。

再次，行走动作的发展，能使动作有更精细的分工，协调一致、敏捷、灵活。于是能在直觉中分析综合并思考眼前的行动问题，即发展直觉行动思维，并孕育着具体形象思维。

最后，独立行走为婴儿有目的的活动——游戏、早期学习和劳动准备条件，并发展了独立性。这一切对婴儿智力品质的发展，都是十分重要的。

2. 行走动作的发展进程 直立行走在人类种族进化史上是经历了数万年的渐近积累才得以达成的重大飞跃。对人类的新生个体而言，仍需20～30个月的准备和练习才能熟练掌握行走动作。

李惠桐、李世棣（1978）组织天津儿童保健工作者与心理学工作者对婴儿动作的发展情况进行了调查。他们通过坐标法，求出70％的婴儿达到某一动作指标标准的年龄，然后将这些年龄按序排列。有关全身动作发展顺序的调查结果见表4-1。

中国科学院心理研究所范存仁、周志芳等从1979年开始对0～6岁儿童的动作发展进行系统研究。他们采用心理测验法，计算有25％、50％、70％、90％的儿童通过某项目的年龄，并选用70％儿童通过该项目的年龄为**常模**（norm）年龄。有关婴儿大运动动作的发展顺序及常模见表4-2及图4-2。

范存仁、周志芳将前述材料制成图4-2，以便概观地表示全身动作（大运动）的发展趋势。

（二）婴儿手的动作的发展意义与进程

人类发展的一个重大标志是因为有了手，去使用与制作工具；在个体发展中，手的动作发展有一个过程，但这种发展应看作个体智慧发展的一个重要组成部分。

1. 手的动作的发展意义 婴儿手的动作的发展，在心理发展中，同样具有重大的、积极的作用。

首先，手运用物体能力的发展，使婴儿逐步掌握成人使用工具的方法和经验。当拇指和四指对立的抓握动作出现时，也就是人类操作物体的典型方式的开始。随着这种操作方式的发展，手才有可能从自然的工具（跟动物的肢端一样，五指不分）逐步变成使用或制造工具的工具。这是促使人的认知发展的重要基础。

其次，随着手的动作的发展，婴儿开始把手作为认识的器官来感觉外界事

表4-1　3岁前儿童全身动作发展顺序

顺序	动作项目	年龄（月）	顺序	动作项目	年龄（月）
1	稍微抬头	2.1	25	蹲坐自如	16.5
2	头转动自如	2.6	26	行走自如	16.9
3	抬头及肩	3.7	27	扶物过障碍棒	19.4
4	翻身一半	4.3	28	能跑但不稳	20.5
5	扶坐竖直	4.7	29	双手扶栏杆上楼	23.0
6	手肘支床胸离床面	4.8	30	双手扶栏杆下楼	23.2
7	仰卧翻身	5.5	31	扶双手双脚稍微跳起	23.7
8	独坐前倾	5.8	32	扶一手双脚稍微跳起	24.2
9	扶腋下站	6.1	33	独自双脚稍微跳起	25.4
10	独坐片刻	6.6	34	能跑	25.7
11	蠕动打转	7.2	35	扶双手举足站不稳	25.8
12	扶双手站	7.2	36	一手扶栏杆下楼	25.8
13	俯卧翻身	7.3	37	独自过障碍棒	26.0
14	独坐自如	7.3	38	一手扶栏杆上楼	26.2
15	给助力能爬	8.1	39	扶双手双脚跳起	26.7
16	从卧位坐起	9.3	40	扶一手单足站不稳	26.9
17	独自能爬	9.4	41	扶一手双脚跳起	29.2
18	扶一手站	10.0	42	扶双手单足站好	29.3
19	扶两手走	10.1	43	独自双脚跳起	30.5
20	扶物能蹲	11.2	44	扶双手单脚跳稍微跳起	30.6
21	扶一手走	11.3	45	手臂举起有抛掷姿势的抛掷	30.9
22	独站片刻	12.4	46	扶一手单足站好	32.3
23	独站自如	15.4	47	独自单足站不稳	34.1
24	独走几步	15.6	48	扶一手单脚稍微跳起	34.3

（引自李惠桐 & 李世棣，1978）

表 4-2　儿童大运动动作发展顺序

顺序	动作项目	年龄(月)	顺序	动作项目	年龄(月)
1	俯卧举头	1.5	16	弯腰再站起来	12.0
2	俯卧,抬头45度	2.1	17	走得好	13.7
3	坐,头稳定	2.8	18	走,能向后退	15.7
4	俯卧,抬头90度	2.9	19	会上台阶	17.5
5	俯卧抬胸手臂能支持	2.9	20	举手过肩扔球	18.2
6	拉坐,头不向后	3.6	21	踢球	18.6
7	腿能支持一点重量	3.7	22	双足并跳	23.9
8	翻身	4.5	23	独脚站1秒钟	28.0
9	不支持的坐	6.4	24	跳远	29.8
10	扶东西站	7.0	25	独脚站5秒钟	33.3
11	拉物站起	8.6	26	独脚站10秒钟	38.1
12	能自己坐下	8.7	27	独脚跳	40.2
13	扶家具可走	9.4	28	抓住蹦跳的球	46.3
14	能站瞬息	9.9	29	脚跟对脚尖向前走	47.0
15	独站	11.5	30	脚跟对脚尖退着走	51.9

（引自范存仁 & 周志芳，1983）

物的某些属性。手的自由使用，使婴儿动作的随意性不断发展。随着动作的随意性的增长，婴儿活动的目的性也日益增长，并与语言发展相协调，从而为人类智力发展提供良好的条件。

最后，手的动作的发展，进而导致手与眼，即动觉和视觉联合的协调运动，这就发展了婴儿对隐藏在物体当中的复杂属性和关系进行分析综合的能力。于是就产生了直觉（视觉为主）行动（动觉）思维，即婴儿对眼前直觉的物体、运动着的物体的思考。这是人类思维的发生或第一步。随着手的动作的发展，特别是双手合作的动作发展，婴儿就进一步认识了事物的各种关系和联系，因而他们知觉的概括性也随之提高，这为发展表象即具体形象思维及概念的产生准备了条件。

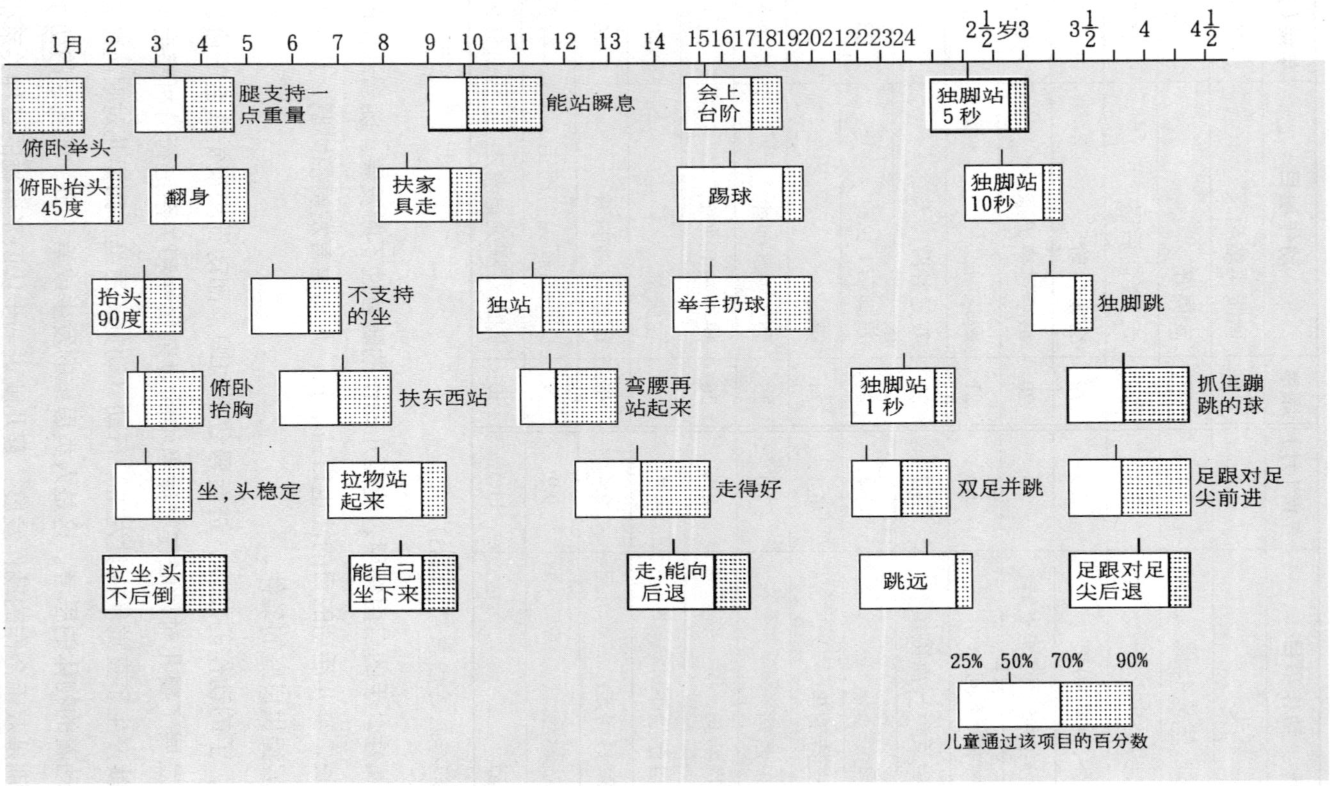

图 4-2　儿童大运动各项目在占总体 25%、50%、70%、90%时通过人数的百分比

（引自范存仁 & 周志芳，1983）

2. 婴儿手的动作的发展 李惠桐、李世棣（1978）天津调查的结果见表4-3；范存仁、周志芳（1983）系统研究的结果见表4-4。

由表4-3和表4-4可以看出婴儿手的动作的发展有一定顺序和规律，但在发展过程中并不是等速前进的，而是有明显的阶段性。儿童在出生第一年和第三年，手的动作发展比较快，而第二年却比较慢。第二年的“慢”不是消极的，它巩固了前一年拇指和食指的联合动作，而为第三年的发展穿脱鞋袜、穿脱衣

表4-3　3岁前儿童手的动作发展顺序

顺序	动作项目	年龄(月)	顺序	动作项目	年龄(月)
1	抓着不放	4.7	11	堆积木6～10块	23
2	能抓住面前的玩具	6.1	12	用匙稍外溢	24.1
3	能用拇指、食指拿	6.4	13	脱鞋袜	26.2
4	能松手	7.5	14	穿球鞋	27.8
5	传递(倒手)	7.6	15	折纸长方形近似	29.2
6	能拿起面前的玩具	7.9	16	独自用匙自如	29.3
7	从瓶中倒出小球	10.1	17	画横线近似	29.5
8	堆积木2～5块	15.4	18	一手端碗	30.1
9	用匙外溢	18.6	19	折纸正方形近似	31.5
10	用双手端碗	21.6	20	画圆形近似	32.1

（引自李惠桐 & 李世棣，1978）

表4-4　儿童精细动作—适应性的发展

顺序	动作项目	年龄(月)	顺序	动作项目	年龄(月)
1	眼至中线	1.0	6	注意葡萄干	3.8
2	眼过中线	1.5	7	伸手够东西	5.6
3	眼180度	2.2	8	将积木在手中传递	5.6
4	抓住拨浪鼓	2.7	9	坐着拿两块积木	5.8
5	两手握在一起	3.2	10	摆弄小丸	6.3

续表

顺序	动作项目	年龄(月)	顺序	动作项目	年龄(月)
11	坐着找绒球	6.4	21	模仿画直线	26.9
12	拇指—其余四指抓握	7.9	22	模仿搭桥	28.9
13	将手中拿的方积木对敲	8.6	23	会挑出较长的线段	33.9
14	拇指—食指抓握	10.5	24	模仿画“○”形	35.4
15	从瓶中倒出小丸(按示范)	13.7	25	模仿画“+”形	38.7
16	搭两层塔	13.9	26	画人画了三处	46.2
17	自发地乱画	14.6	27	模仿画“□”形	46.4
18	从瓶中倒出小丸(自发地)	17.7	28	照样画“□”形	49.7
19	搭四层塔	17.8	29	画人画了六处	50.4
20	搭八层塔	23.5			

(引自范存仁 & 周志芳，1983)

服、堆积木、折纸、手画、串珠等动作做好了准备。

范存仁、周志芳将前述材料制成图4-3，以便概观地表示精细动作—适应性的发展趋势。

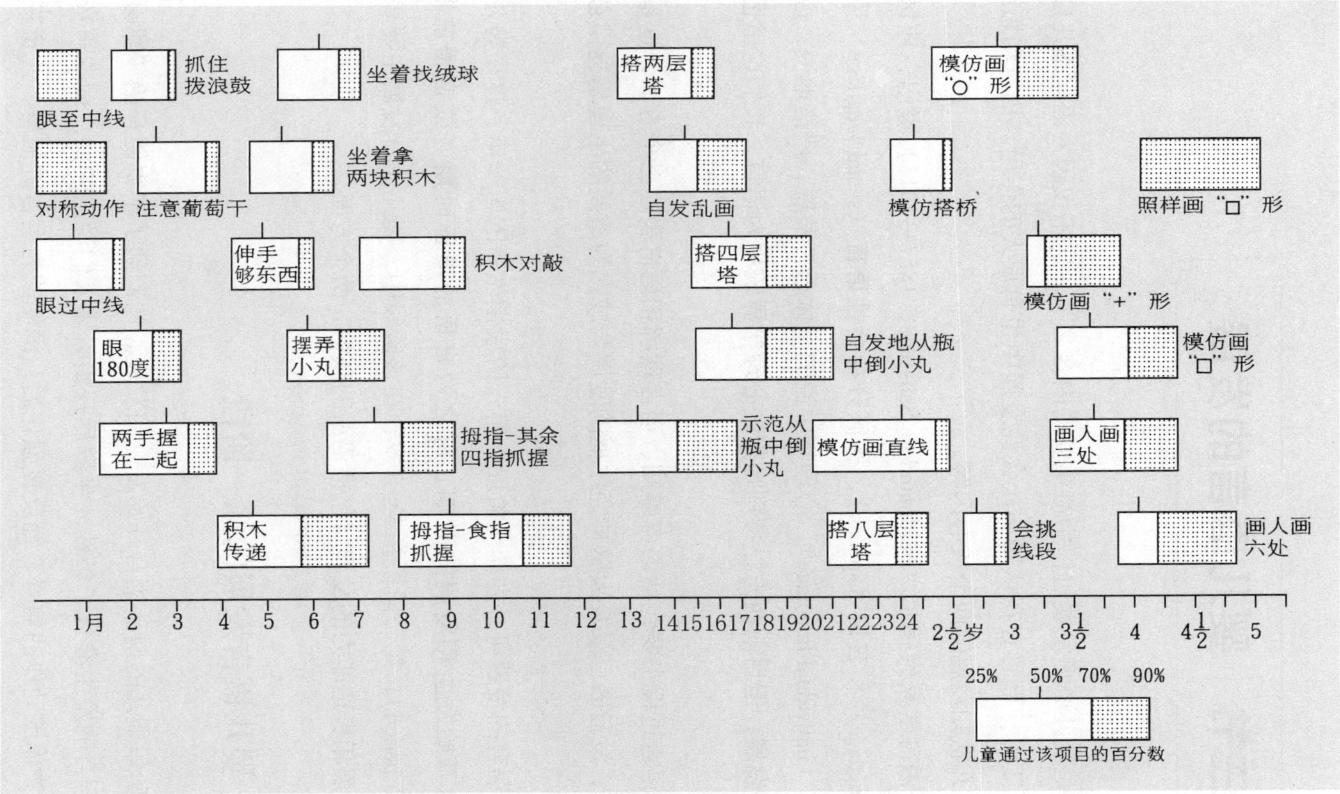

图4-3　儿童精细动作—适应性发展各项目在占总体25%、50%、70%、90%时通过人数的年龄

（引自范存仁 & 周志芳，1983）

第三节 婴儿语言的发展

语言是婴儿心理发展过程中最重要的内容之一。这不仅因为语言是儿童重要的交际工具，而且它在认知与社会性发展中也有很大的作用。语言和思维，并列为婴儿认知发展的两个核心内容。

瑞士语言学家索绪尔（Ferdinand de Saussure，1857—1913）提出，应区分**语言**（language）和**言语**（speech），即区分**社会性语言**（social language）和**个别性语言**（individual language）。心理学中说的个体语言发展，严格地说，应该是说言语发展，但目前西方，特别是美国心理学界统称为语言。我们这里也就袭用了。

个体语言过程主要包括语言感知、语言理解和语言表达三个方面，这是以听觉系统、发音器官以及大脑神经中枢的发展与成熟为重要的生理基础和必备的前提。

婴儿语言的发展可分为两个阶段，第一阶段指生命的第一年，这是婴儿的口头语言开始发生和发展的时期，称之为**言语的准备时期**（或**言语前期**）（prespeech period）；第二阶段指1～3岁，在该阶段中，婴儿语言发展主要表现在词汇发展和表达能力的发展（包括语法的获得）两个方面。

一、婴儿语言发展的第一阶段

这一阶段婴儿的口头语言开始发生和发展。他们到了半岁便开始“咿呀学语”，为语言的发生准备了条件。半岁后开始听懂人们说出的词。词的声音已开始成为物体或动作的信号。经反复强化后，词便成为语言的信号。儿童开始利用语言进行交际活动。

（一）掌握语音

语音（speech sound）指语言的声音，是语言的一种物质外壳，也是语言的基本物质单位。掌握语音是学会说话的先决条件。

1. 语音反射的形成与发展 语音反射包括一般发音反射和**语音定向反射**（phonetic orienting reflex）。

（1）一般发音反射的形成与发展：婴儿一出生就开始大声啼哭，这是婴儿开始独立呼吸的标志，也是婴儿的口头言语因素的萌芽。婴儿的哭叫无意地练习了正在生长的语音器官。

我国学者朱曼殊、张仁俊对中国儿童掌握汉语过程中的语音发展情况的研究（1987）发现，根据周岁儿的发音特点，可把语音发展分为三个阶段：

阶段Ⅰ 出生至4个月：头2个月发的都是单音节，而且都是元音，如［ɑː］、［ɒ］、［ʌ］和复合元音［əʊ］、［aʊ］。到第3、4个月，除元音外，还发出辅音，且能将辅音和元音结合在一起发出，如［hɑ］、［kou］。此外，还出现了少量双音节。

阶段Ⅱ 第4～10个月：这个阶段新增加了［u］、［i］等单元音和［uei］、［əei］等复合元音，而元音和辅音结合在一起的量也增加了，还单独出现了［v］［m］等辅音以及多音节的音，如［ɑ］—［pu］，［ɑ］—［tia］等。在这时期，婴儿开始出现了交往的愿望，并能发出大量多音节的音，其中有些类似于成人语言中的音乐，也开始出现模仿。

阶段Ⅲ 第12～13个月：婴儿能正确模仿成人的发音，如［mie］—［mie］（"妹妹"——地方音），还能保持好模仿的结果，并用来称呼周围的人或物，表明这时的语音已经和意义结合在一起了。

（2）语音定向反射的出现：婴儿对语音刺激的定向，是一个从复合刺激物中分化的过程，是一个积极交往的过程，是一个从音调的感知逐步到词义感知的过程。

研究表明（朱曼殊等，1990），语音定向反射的出现和形成要经过三个阶段：一是对包括语音在内的某种活跃、生动的情景发生定向活动；二是对亲切之情的积极定向反应；三是对单独的语音刺激做出积极定向。于是到了10～11

个月，婴儿开始“懂得”词义，这是与成人交际的开始，但此时词的水平仍是很低的，第一，词是有限的；第二，语音与词义还未达到有机的统一，音调往往还处于优势。

2. 语音模仿 模仿成人的语音是一种比较复杂的过程，婴儿通过视觉及语言听觉和语言动觉的协同活动来进行。

在6～12个月期间，一方面婴儿通过模仿发出越来越多的声音，即随着生长，语音在扩充；另一方面，在出生的第一年，婴儿的语音包含丰富的本族的与非本族的语音，由于生长与模仿，大约从9个月起，就逐渐放弃了外域音，把声音集中到最初即将出现的词的音节上。

（二）丰富词汇

吾人皆知，词汇是语言的建筑材料。因此，词汇的掌握遂为婴儿言语发生和发展的标志之一。

婴儿言语的发生表现在两个方面，先是理解词，后是说出词，前者是言语理解的开始，后者是符号交际的开始。

1. 言语理解的开始 在7、8个月左右，婴儿开始能听懂成人的一些话，并做出相应的动作反应。如对婴儿说“再见”，他就会摇摆小手。这种用动作表示回答的反应最初并不是对词本身的反应，而是对包含词的整个情景的反应。以后通过积极定向，词才逐渐从复合情景中分化出来。一般到10个月以后，词才能作为信号，引起婴儿的相应反应。到12个月左右时，婴儿对词语的理解和表达能力开始相互联系起来，并促进了言语的发生。

2. 符号交际的发生 只有在把词的发音与其所代表对象联系起来时，才表明“说出词”进行符号交际的开始。实际上真正的符号交际要到1岁左右才能出现。在出生后的第一年里，婴儿的符号交际，即说话的积极性是不高的，词汇量仅在20个左右，词的概括功能和调节功能也只是刚刚开始。即便如此，也说明婴儿的言语已经产生了，他们逐步地将词与物体联系起来，这为其直观行动思维提供了工具和手段。

二、婴儿语言发展的第二阶段

在该阶段中（1～3岁），婴儿的语言迅速发展起来，主要成就表现在下列几个方面：

（一）词汇的发展

词汇的主要功能在于其概括性与调节性，因而成为概念的基础。词汇的发展不仅是儿童语言发展的重要内容，而且也是其思维发展的指标之一。

1. 词汇量的增加 关于1～3岁婴儿的词汇量是如何增加的这个问题，国内外材料并不统一。国际上关于婴儿语言发展中各年龄词汇量并不完全一致。其原因除了研究方法之外，在很大程度上直接取决于婴儿的生活条件与教育条件。一般来说，婴儿最早可以在9个月时说出第一批有特定意义的词语，最晚则可能到第16个月才能说出。第一批词已具备了交流的意义，它们具有明显的表达性和祈使性的功能。在婴儿能说出的第一批词中，有一些已具备了初步的概括性意义。1～3岁婴儿的词就在第一批词的基础上，经过2年的发展逐步增多。

有没有一个发展趋势呢？从我国的研究结果看，一般认为，1岁左右出现20个左右的词；2岁末出现300～500个词；3岁末接近1000个词（我国另有研究指出，2.5～3岁的词汇为800～1065个）（吴天敏 & 许政援，1980）。每年的发展与增长速度并不相同。

2. 词类范围的扩大 根据近几年来我国心理学工作者对3岁前儿童掌握各种词类比例的研究，可以看出词类范围的扩大情况。

丁碧英、毛仙珠采用横断研究设计，获得了表4-5的数据。吴天敏、许政援用纵向研究设计，获得了表4-6的数据。

上述两个研究的统计数字尽管存在着一定的差异，但可看出一个共同的趋势，即自1.5岁后，婴儿在口语中，除了名词、动词之外，其他各类词，如形容词、副词、代词、连词等，是随着年龄增长而提高其百分比的。这一点，纵向追踪研究比横断调查要显得明显。但对于各种关系词，如副词和连词等的内

表 4-5　词性统计表

年龄 / 词数 / 词类	2 岁		2.5 岁		3 岁	
	词数	百分比	词数	百分比	词数	百分比
动词	35	26.7	52	29.4	44	30.3
名词	68	51.9	78	44.1	73	50.3
副词	5	3.8	12	6.8	7	4.8
代词	8	6.1	14	7.9	5	3.5
形容词	4	3.1	9	5.1	6	4.1
助词	2	1.5	4	2.3	4	2.8
介词	2	1.5	1	0.5	2	1.4
连词	0	0	1	0.5	0	0
数量词	3	2.3	3	1.7	3	2.1
叹词	4	3.1	3	1.7	1	0.7
总计	**131**	**100**	**177**	**100**	**145**	**100**

（引自丁碧英 & 毛仙珠，1979）

表 4-6　1.5～3 岁各种词类比例变化表

年龄 / 词数 / 词类	1.5～2 岁		2～2.5 岁		2.5～3 岁	
	词数	百分比	词数	百分比	词数	百分比
名词	366	38.5	287	26.9	208	24.2
动词	299	31.5	354	33.2	237	27.6
形容词	62	6.5	55	5.2	62	7.2
副词	88	9.3	102	9.6	96	11.1
代词	41	4.3	145	13.7	151	17.6
连词	6	0.6	7	0.6	12	1.4
数词	11	1.2	14	1.3	5	0.6
象声词	9	1.0	4	0.4	4	0.5
语词	6	0.6	27	2.5	33	3.8
尾词	62	6.5	70	6.6	52	6
总计	**950**	**100**	**1065**	**100**	**860**	**100**

（引自吴天敏 & 许政援，1980）

容却还是非常贫乏、初级的。

3. 词语（概念）的获得与运用 到15个月时，婴儿一般能说出20个以上的词语。婴儿的词语的获得过程有以下三个方面的内容：①在第一批词的基础上，继续掌握在某些场合限定性很强的词；②已掌握的词语开始摆脱场合限制性，获得了初步概括的意义；③开始直接掌握一些具有概括性和指代性功能的名词和非名词性词语。这三种现象交织在一起，构成了婴儿掌握词语和概念过程的独特画面。接着，是婴儿对确立的范围进行分析，找出并确定其基本特征的过程。此后，对那些包含这些基本特征中的一条或多条内容的事物，婴儿都会用该词语来称呼。

（二）语言表达能力的发展

0～3岁婴儿语言表达能力的发展，大致经过两个阶段：一是理解语言阶段（1～1.5岁）；二是掌握合乎语法规则的语句，开始积极语言活动阶段（1.5～3岁）。

1. 理解语言阶段 这个阶段可以说是正式学语的阶段。这一阶段婴儿对成人所说的语言的理解在不断发展，但是婴儿本身积极的语言交际能力却还发展得较慢。这个阶段开始时主要还是一些无意义的连续音节和少数模仿发音，后来开始能说出一定意义的词。能说出词是婴儿语言发展中的一个重要质变，也就是这个阶段的一个主要特点。到1.5岁时，语言发展较早的孩子能说出少量的简单句子。这一阶段的主要发展情况是：连续音节增多，近似词的音节也增多；随着近似词的音节的增多或说出一些单词，无意义的连续音节就逐渐减少。

出现了“以词代句”的现象。这个阶段记录到的词除了爸爸、妈妈、爷爷等经常接近的人的称呼外，还有弟弟、妹妹、叔叔、阿姨、牛奶、蛋蛋、袜子、笔、鼓、鸭、鸡、羊、背背、再见等。主要是生活中常常接触的人与事物的名称，还有少数的动作名称。这时一个词，如“妈妈”，常代表各种含义。有时指要妈妈抱，有时要妈妈帮他捡一个东西，有时叫妈妈给他一点吃的。所以一个词代表了一个句子意思，这就是“以词代句”。由于说出词以及词代表句子是这个阶段语言发展的特点，因此我们称这个阶段为单词句阶段或“以词代句”阶段。但到近1.5岁时，语言发展较快的孩子能说出些简单的短句了，如“妈妈再见”“妈妈走了”“爸爸好”“姐姐乖”“哥哥排排”（“哥哥坐”的意思）等。

在这个阶段，婴儿对成人语言的“理解”发展较快，理解“词”比说出“词”发展要早。问话点头或摇头，就是生动的例子。“要吃奶吗？”点点头。“和爸爸睡好吗？”摇摇头。懂得成人的某些话，成人的言语这时也开始能支配他们的某些行为了。

我们要利用这个阶段的特点，提高婴儿理解语言的能力。但不是非得让婴儿早回答问题或早对话不可。如果教育得法，近1.5岁的婴儿已经能看图画或听成人讲简单的故事了。如“狼与小羊”的故事，可使婴儿很感兴趣，能对图画上的狼伸手去打，对羊用嘴去亲。同时这也说明，只要教育措施跟上去，成人对事物的评价和道德观念也能开始对婴儿产生影响，并能从婴儿的情感态度中反映出来。

2. 积极语言活动阶段 此阶段是婴儿开始积极的语言活动发展，是婴儿语言发展上一个飞跃的阶段。在这个阶段内，随着婴儿理解语言能力的发展，婴儿的积极语言表达能力也很快发展起来，语言结构更加复杂化。这就为婴儿心理的发展，特别是思维的发展，提供了重要的条件。

从下述这些数据（见表4-7、表4-8、表4-9）中，我们可以看到1.5～3岁婴儿语言发展的情况。

（1）出现了多词句：1.5岁前的婴儿多是“以词代句”，即单（独）词句。1.5岁以后，由于婴儿掌握的词的数量增加，逐渐地开始出现多词句。

（2）能够使用各种基本类型的句子，有各种简单句，也出现复合句：到2～3岁，婴儿的语言活动如说、听等有高度的积极性，喜欢交际（说话），喜欢听童话、故事、诗歌，并记住这些内容，成人有可能利用语言作为向婴儿传授知识经验的工具。

另外，2～3岁婴儿使用句子的字数也在增加，下述两表（表4-10及表4-11）虽有差异，但可以看出，在这个阶段不仅句子在发展，而且句子的字数也在随着婴儿年龄增长而增加。

句子字数的增加，反映着语言表达内容的发展。2岁前婴儿的语言内容只

表4-7　1.5～3岁婴儿各类句比例表

句类 \ 年龄 / 句数		1.5～2岁		2～2.5岁		2.5～3岁	
		句数	百分比	句数	百分比	句数	百分比
单词(句)		129	37.7	17	8.1	6	4.9
简单句	主谓句	52	15.2	40	19.1	12	9.8
	宾谓句	56	16.4	15	7.1	4	3.2
	主宾谓句	68	19.9	53	25.2	29	23.6
	复杂谓语句	12	3.5	21	10	20	16.2
	合计	188	55	129	61.4	65	52.8
复合句		25	7.3	64	30.5	52	42.3
总计		**342**	**100**	**210**	**100**	**123**	**100**

（引自吴天敏 & 许政援，1980）

表4-8　2～3岁婴儿各类句子发展比较表

句类 \ 年龄 / 句数			2岁组		2.5岁组		3岁组	
			句数 $\bar{X}$	百分比	句数 $\bar{X}$	百分比	句数 $\bar{X}$	百分比
单句	不完全句	独词句	45.989	70.165	23.500	29.012	19.429	17.966
		无主句	0.222	0.339	0.875	1.080	1.429	1.321
		省略句	14.444	22.037	32.625	40.278	45.571	42.140
		小计	60.655	92.541	57.000	70.370	66.429	61.427
	主谓句		4.889	7.459	24.000	29.630	41.714	38.573
	复谓句		0	0	0	0	0	0
	合计		65.544	100	81.000	100	108.143	100
复句	联合句		0		0	0	0	0
	主从句		0		0	0	0	0
	合计		0		0	0	0	0
总计			**65.544**	**100**	**81.000**	**100**	**108.143**	**100**

（引自吴鸿业 & 朱霁青，1979）

表4-9　句子结构分析表

年龄 / 句数 / 句子结构	2岁组		2.5岁组		3岁组	
	句数 $\overline{X}$	百分比	句数 $\overline{X}$	百分比	句数 $\overline{X}$	百分比
陈述句（简单句）	170	97.7	131	89.12	138	97.2
复合句			5	3.4		
错句	2	1.15	10	6.80	4	2.8
疑问句	2	1.15				
否定句			1	0.68		
总计	**174**	**100**	**147**	**100**	**142**	**100**

（引自丁碧英 & 毛仙珠，1979）

表4-10　1.5～3岁婴儿不同字数句子比较表

年龄 / 句数 / 句子结构	1.5～2岁组		2～2.5岁组		2.5～3岁组	
	句数 $\overline{X}$	百分比	句数 $\overline{X}$	百分比	句数 $\overline{X}$	百分比
5字以下	290	84.8	78	37.2	27	21.9
6～10字	48	14	112	53.3	59	48
11～15字	4	1.2	16	7.6	29	23.6
16字以上			4	1.9	8	6.5
总计	**342**	**100**	**210**	**100**	**123**	**100**

（引自丁碧英 & 毛仙珠，1979）

表4-11　2～3岁婴儿句子长度发展比较表

年龄 / 句数 / 句子长度	2岁组		2.5岁组		3岁组	
	句数 $\overline{X}$	百分比	句数 $\overline{X}$	百分比	句数 $\overline{X}$	百分比
1字	45.889	70.119	30.750	37.963	22.427	20.738
2字	13.333	20.373	13.125	16.204	19.000	17.569
3字	5.444	8.319	17.500	21.605	23.286	21.533
4字	0.444	0.679	10.750	13.272	16.715	15.457

续表

句子长度 \ 句数 \ 年龄	2岁组		2.5岁组		3岁组	
	句数 $\bar{X}$	百分比	句数 $\bar{X}$	百分比	句数 $\bar{X}$	百分比
5字	0.223	0.340	6.000	7.407	7.143	6.605
6～10字	0.111	0.170	2.875	3.549	19.571	18.098
11～15字	0	0	0	0	0	0
合计	**65.444**	**100**	**81.00**	**100**	**108.142**	**100**

（引自吴鸿业 & 朱霁青，1979）

涉及当前存在的事物或当前的需要，2岁之后的婴儿在语言中开始能表达当前不存在的或过去的一些事情；2岁前婴儿反映人与物相互关系较困难，2岁后婴儿则可以表达一些人与物的相互关系。例如，一个2岁的婴儿，听到她的表姐误叫她爸爸为“爸爸”，她马上纠正：“我的爸爸，你不可以叫爸爸。”2岁前婴儿表达不了时间观念，2岁之后的婴儿开始表达一些时间观念，如“今天”“明天”，甚至“昨天”“后天”。

在语言的功能作用的发展方面，1.5岁之后，婴儿语言的概括作用和行动的调节作用都明显地发展起来（词和语言本身有概括与调节作用）。从这个阶段起，婴儿开始有可能在只有成人词的刺激而没有直接刺激物的情况下，就能按照成人词的指示来调节自己的行动。例如成人使用“好”“对”“可以”做肯定（阳性）的强化，用“不好”“不对”“不可以”做否定（阴性）的强化。从这个阶段起，婴儿不但可由成人所说的词来调节自己的行为，而且也可能有由婴儿自己大声说出的词来调节自己的行为这种情况发生，如“宝宝（自己的名字）要”或“我自己来”等。这是人有目的、有意识活动的最初表现，也是人各种有意识的或随意的心理过程的最初根据，人类的思维正是从这个时期起，在语言的概括作用和调节作用的条件下发生和发展的，直观行动思维向具体形象思维的转化，也就是从这个阶段开始。由于语言与思维的发展，婴儿产生独立行动的倾向。

这里需要指出的是，婴儿语言表达能力的发展顺序与阶段性虽然是一样的，但有着明显的个体差异。这种差异的存在，主要来自教养，因此要重视这个阶段婴儿的语言表达能力的培养。我们要多给这个时期的婴儿以语言交际的机会；要在已有词汇与经验的基础上，不断扩大与丰富儿童的语言；要利用语言交际，不断丰富婴儿的知识；对婴儿语言中的缺点与错误，要正确地示范，不要讪笑以致造成“负强化”；要多多鼓励婴儿说话，积极而机智地回答婴儿的发问。

就语法的获得方面，国外一般把语法分为词法和句法两类。**词法**（morphology）是关于词语使用和转换规则的规定性内容，包括词的时态、人称和单复数变化，词的生成、联结和转化等各方面内容。**句法**（syntax）则是关于句子的内在结构，简单句、复杂句间生成与转换，以及句子使用规则等方面的规定性内容。研究表明，20～30个月是婴儿基本掌握词法和句法的关键期。3岁末，儿童已基本上掌握了母语的语法规则关系，成为一个颇具表达能力的“谈话者”（Brown，1973；庞丽娟，1993）。

第四节 | 感知运动的智慧

3岁前是思维、认知、智力萌芽、产生的阶段。皮亚杰将思维、认知和**智力**（或**智慧**）（intelligence）看作是同义语。3岁前儿童主要的智慧特点是它的**感知运动**（sensorimotor）协调性。也就是说，3岁前，儿童依靠感知到的信息对外在世界做出反应，协调感知和动作来“解决问题”，在动作的进行中思考，这时，婴儿只能考虑自己动作所接触的事物，只能在动作中思考，而不能在动作之外进行思考，更不能考虑自己的动作、计划自己的动作以及预计动作的后果。

一、皮亚杰的感知运动阶段理论

皮亚杰在《儿童智慧的起源》（1936，1953）、《儿童心理学》（1969）等著作中，都详细地介绍了有关感知运动阶段（或感觉动作期）的观察研究，并将这一阶段分成六个时期。

1. 原始感觉动作图式的练习（0～1个月） 像吸吮、定向注意等动作，都是遗传的反射练习过程。皮亚杰认为，从严格意义上讲，不能把吸吮的这些变化过程称为**习得行为**（learned behavior），因为同化的练习还没有超出固有的遗传装置的范围。但是，同化在发展这种动作中却完成了一种基本的作用。同时，环境因素也在其中起一定的作用，按一定方式去协调它们。因此，不能把反射视为纯粹的自动化作用，而且这也可用以说明往后反射图式的扩展（即解释为感知—运动的同化作用的扩展，以及最初习惯的形成。也就是说，这种反射仅应看作是一种习得行为。这种习得行为并非偶然的事，它是引进到早已形成的一个反射图式之中，并通过原先与这图式（或基模）无关的感知运动因素的整合作用来扩展这个图式，使智慧进入第二个时期。

2. 初级循环反应（1～4.5个月） **初级循环反应**（primary circular reaction）时期形成了最初的习得性适应。如吸吮指头，视线随运动物体移动，寻找声音来源等。行为的模式表明，这个时期是从机体到智慧之间的过渡。皮亚杰采用**“习惯”**（habit）这个名词（他认为尚无较好的名词），来指明习得行为的形成以及这种习得行为形成后变为自动化的动作。但是习惯仍然与智慧不同，一个基本的“习惯”是以一般的感知运动图式为基础的，而且从儿童主体方面来看，在这个图式中，方法和目的之间还没有分化（区别）。这种目的的达到仅是引向目的的一系列动作的必要连续。因此，人们无从区别在动作开始时所追求的目的以及从各种可能的图式中所选择的方法。而智慧活动则不然，从动作开始时就已确定了目的，并寻找适当方法以达到此目的。这些方法是由儿童已知的图式（或者“习惯”的图式）所提供的，但是这些方法也可用以达到另一个目的，而这个目的却来源于其他不同图式。当然，动作习惯又不是纯机体的，因为主体的经验已经对简单的反射加上了同化和顺应的因素。例如，吃奶包括听到声音、抱的姿势、看到妈妈等。正是同化作用和顺应作用使各个图式之间能协调地起作用。

3. 第二级循环反应（4.5～9个月） 在**第二级循环反应**（secondary circular reaction）时期，儿童能重复他刚才偶然做出的动作。例如，用腿偶然碰到挂在摇篮上的玩具的拉线，使玩具发出声响，引起了儿童重复地用腿碰拉线的动作。这具有比前一期进一步的性质。即在主体活动和客观事物之间有一定的目的联系。皮亚杰认为，这就是鲍德温所谓的**循环反应**（circular reaction）或称为初生状态的新习惯，这里所得到的结果还没有和所用的方法发生分化。往后，你只需在摇篮上挂一个新玩具，引起儿童寻找发出响声的拉线的兴趣，这就使目的和方法二者之间开始分化。最后，你从离摇篮约2米远的一根竹竿上摇动一个物体，并在幕后做出意外的机械声，当这些情景和声音消失后，儿童又将寻找并拉动原先那根魔术似的线。基于后面的情况，这个时期的儿童在并无任何物质联系的因果关系上，他们的动作虽然似乎反映出一种幻术性的想法，但是，当儿童采用同样的方法试图达到不同效果时，这可表明儿童已处在智慧的萌芽状态。但此时期仍是过渡时期，因为儿童的“发现”是偶然的，是偶然的发现（玩具会响）引起了需要（兴趣），而不是需要引起新的发现。而且，这里所谓的需要也只是单纯的重复动作的需要。在这个时期，手段和目的之间还没有完全分化。皮亚杰认为直到这一时期为止，儿童还没有获得**客体图式的永久性**（或**物体恒存性**）（object permanence）。

4. 第二级图式的协调（9～11、12个月） **第二级图式协调**（coordination of secondary schema）时期可以看到儿童有比较完备的实际智慧动作。此时儿童开始不依赖原有的方法而能达到一定的效果。例如，取得伸手拿不到的物体，或是取得被一块布或一个坐垫遮盖了的物体。工具性的动作虽然出现稍晚，但是这种动作从刚开始就可明显地看出它是作为方法之用的。例如，婴儿抓住成人的手，向不能取得的物体方向拉动；或是要成人的手揭开被遮盖的物体。在这个时期的进程中，目的和方法之间的协调是新生的，而且在无法预见的情况下每次的创造性都是有所不同的，但所用的方法只是从已知的同化图式中产生。因此，这一时期儿童能应用已知的方法于新的情景。行动首次合乎智慧的要求，意即"对新的环境适应"。为了达到这一目的，要求手段和目的之间的协调。

皮亚杰的研究指出，婴儿在这一阶段才真正开始发展客体永久性图式。皮亚杰在对他的三个孩子做实验时，发现他们都是在快满1周岁的时候，或者说在这一阶段，才会寻找被藏起来的东西。在9～10个月的时候，如果他们看到有人把一样东西藏起来，婴儿就会到屏幕后面找这个东西，但如果当着婴儿的面把东西从一个藏的地方放到另一个地方，他们仍会好奇地到第一个藏的地方去寻找。直到下一个阶段，婴儿才懂得物体是独立存在的，与自己的活动或感觉无关。如果东西消失了，他们就要寻找，而且要到他们最后看到这一东西的地方去找。

5. 第三级循环反应（11、12～18个月） 到了**第三级循环反应**（tertiary circular reaction）时期，一个新成分渗入前述行为中：由于分化作用，从已知的图式中寻找新的方法。这是使用工具行为模式的动作，也是感性智慧的顶点。这种事例即所谓"支持物的行为模式"。皮亚杰举了一个观察例子：枕头上放一只手表，孩子想直接取表，但够不到。可是在抓取的过程中，他抓动了枕头，同时，也带动了表，并把表抓住了。为了实验目的，把第一个枕头斜放在第二个枕头下，手表放在第二个枕头上。孩子先拖第一个枕头，看见表不动，再看一下，就把第二个枕头拖过来，把表拿到了。

6. 通过心理组合发明新的手段（18个月～2岁） 在这一时期中，儿童能够寻找新方法，不仅用外部的或身体的摸索，而且也用内部的联合，达到突然的理解或顿悟。例如，儿童面对一个稍微开口的火柴盒，内有一只顶针，他首先使用身体摸索，试图打开这个火柴盒（这是第五时期的动作），但是终于失败了。继之以一个完全新的反应：他停止动作，细心地观察情况（在这个过程中，他把自己的小嘴巴缓慢地一张一合了几次，或是如另一个儿童所做的，他的手好像在模仿要得到的结果，即把火柴盒的口张大），然后他突然地把手指插进盒口，成功地打开了火柴盒，拿到了顶针。这个时期标志着感知运动时期的终结和向下一阶段的过渡。

以上六个时期贯穿着行为图式的变化，最初是遗传性的反射图式，以后在环境的影响下，图式逐步发展分化而成为多图式的协同活动。每个图式在发展过程中受到同化作用和调节作用而发生变化。

皮亚杰认为，感知运动图式以三种显著而连续的形式表现出来（后继的形式不出现，先行的形式就不消失）。最初的形式是**节奏—结构**（rhythm-structure）。例如，在婴儿自发的和整体的运动中，其反射无疑就是此类运动逐步分化。因此，个别反射的本身仍然依赖于一种节奏性的结构，这不仅存在于它们的复杂的运动（如吸吮、转动）中，而且也存在于这些反射所包含的重复性的运动中。其次出现各种**调节**（regulation），这是按照各种图式使最初的节奏开始分化。这些调节的共同形式，便是探索和控制最初的习惯的形成以及探索和控制最初的智慧动作。这些调节含有回路系统，或称为**反馈**（feedback），通过逐渐纠正的逆向效果，使达到半可逆性或近似可逆性。最后，开始出现可逆性，它就是日后的运算的起源。但是，早在感知运动阶段这种实际位移群形成时，可逆性就已发生作用了。可逆性结构的最初成果，便是守恒或**不变群**（invariant group）概念的形成。在感知运动水平时，位移的可逆性会产生一种类似的不变性，即以客体永久性的形式出现。但是很显然在感知运动水平时，无论是动作的可逆性或是这种守恒都是不完整的，因为它们还缺乏内部的心理表征。在这里，应当着重指出：

第一，皮亚杰把客体永久性和**表象**（image）完全割裂开来，认为在1岁前后产生的客体永久性还不是表象，而表象是一种内化的信号性或象征性功能，儿童只有到2、3岁以后才有。我们认为这是不确切的。事实上，客体永久性是儿童头脑中已形成反映痕迹的恢复，这已经是表象。不过，这种表象是初级的表象、个别表象。只有到儿童2、3岁时，随着语言的发展，才出现具有信号性或象征性功能的表象，即高级的概括性表象。无论是个别表象或概括性表象，都是表象，不能将它们割裂开来。而皮亚杰自己也说过在婴儿出生第二年的过程中（从婴儿第六个阶段开始），出现某些行为模式，这些行为模式包含着引起当时不存在的某个事物的表象。

第二，皮亚杰强调，动作活动是儿童思维形成的根据，是运算思维的起源，而贬低感知觉在思维形成中的作用。思维过程中的分析、综合、抽象、概括是与动作相互联系的，而作为思维内容的感知觉、表象，则是思维借以进行的直接基础。没有感知觉、表象这个感性的来源，就不可能有抽象的概括思维产生。这样就把思维过程和内容割裂开来了。

当然，皮亚杰的“感知运动阶段”的思想，有创见地提出了0～2岁儿童思维萌芽或产生的过程，不仅为思维发展心理学提供了科学资料，而且为思维发展心理学的研究提出了一系列值得探索的问题。皮亚杰对感知运动思维（萌芽）的分析，是以他的图式、同化、顺应和平衡等智力结构作为理论基础的，尽管许多问题还有待深化，但对心理科学、**发生认识论**（或**发生知识论**）（genetic epistemology）无疑都是有贡献的，是值得我们借鉴的。

二、婴儿感知与记忆及思维的发展

感知运动的智慧，首先表现在感觉、知觉的发展，同时也表现在记忆发展上，并出现思维的萌芽，即**感知运动思维**（sensorimotor thinking）。

（一）婴儿感知觉的发展

感觉是指个体对事物个别特性的直接反映；知觉则是个体对事物整体的直接反映。但是，对人来说，感觉与知觉往往是在一起发生，故称作感知觉或感知。感知觉的发展对婴儿心理发展具有重大意义，婴儿必须借助于感知能力来认识客观世界，并认识自我。良好的感知觉可使婴儿在与周围环境的相互作用过程中，详细地观察周围事物，积累丰富的感性经验，在此基础上形成概念，进行思考，深入理解观察世界。另一方面来说，感知觉不断提供信息，使个体能和环境维持平衡，在变化的环境中，个体可借助感知觉提供的信息正确定向，调节行为。因此，感知觉的发展为婴儿心理的发展完善和个性形成提供了基础。

感知觉是发展最早的一种心理能力，在生命的头三年里，以很快的速度不断发展着。

1. 感觉能力进一步成熟和完善 如前所述，新生儿的感觉能力就已有了很大的发展，在此后的几个月里，婴儿的感觉能力进一步成熟，辨别能力更加精细。如从视觉的发展来看，到6个月左右，儿童的视敏度即和成人相似。从追视能力来看，2个月的婴儿能明显地追视水平方向运动的物体，3个月的婴儿能追视做圆周运动的物体。在4.5个月时，婴儿的追视准确度已达75％。

婴儿的视觉能力进一步发展的一个重要方面即颜色视觉的发展。加拿大的心理学家莫瑞德等人（Maurerdt et al.，1988）采用习惯化技术研究婴儿的色视觉，结果发现，新生儿已能区分黄色、橙色、红色、绿色、青绿色与灰色的不同，但不能区分蓝色、紫色或黄绿色。婴儿的色视觉的改善很快，1个月时就能区分蓝色、紫色、黄绿色与灰色的不同，2个月时能区分黄色与红色，3～4个月的婴儿的色觉已和成人相似。

婴儿不仅能看到颜色，而且能和成人一样区分它们，如红色、蓝色、黄色或绿色的浓淡，但他们不喜欢中间色。和成人相似，4个月的婴儿喜欢清晰、鲜明的基本色，尤其是红色与蓝色（Teller & Bornstein，1987）。

2. 视知觉 近年来的研究表明，新生儿期知觉就已经出现，如有人证明出生10天的新生儿就已具有三度空间知觉，假如把东西移向新生儿的脸，他会做出非常确切的、协调的防御动作。知觉的进一步发展使婴儿对周围现实的认识更为完整。

出生不久的婴儿，对事物的外形差异已能有所知觉和反应。从婴儿的注视方式可以看出，他们对复杂图形的注视多于对简单图形，他们特别表现出对人面图形有显著的兴趣。2～3周的婴儿已能够认识人脸的基本形状，甚至一个非常粗略的图形，他们偏爱与人脸相似的图形（Dannemiller & Stephens，1988）。

由于婴儿的视调节功能较差，脑机能发展还不够，因而直到大约4个月时，婴儿才能出现双眼视觉（Aslin & Smith，1988）。双眼视觉出现，控制手的动作的能力便增强，使4个月大的婴儿能较准确地抓住挂在上方的玩具，并通过这种行动觉察玩具的距离。在一个实验（Granroud et al.，1984）中，让5个月的婴儿抓两个物体：一个色彩鲜艳的物体放在其伸手可及的距离，另一个相似的但较大的物体则在较远的距离，大小和距离的安排使两个物体在婴儿的视网膜上的成像是完全一样的，如果婴儿总是抓较近的物体，则表明他们已能区分物体的距离。一些婴儿被蒙住一只眼，结果发现，用单眼观看的婴儿伸手拿较近物的趋势很弱，但89％的双眼观看的婴儿都伸手拿近物，这表明5个月大的婴儿已能用双眼视觉来区分距离了。

在婴儿感知觉的发展中，空间知觉的发生和发展是其中一项重要指标。所谓**空间知觉**（space perception）主要指个体对物体空间特性的反应，包括大小、形态、距离、立体、方位的知觉。空间知觉主要是凭借视觉、听觉、动觉、平衡觉等的协同活动，并辅以习得的经验而形成的，视觉在空间知觉中占着主导地位。测量婴儿距离（深度）知觉最常用的工具是吉布森和沃克（Gibson & Wolk，1960）首创的**视觉悬崖**（visual cliff，简称**视崖**）（见图4-4）。该实验装置的中央有一个能容纳会爬儿童的平台，平台两边覆盖着厚玻璃。平台与两边厚玻璃上铺着黑白相间的格子布料，一边布料与玻璃紧贴，形成“浅滩”，而另一边的布料与玻璃相隔数尺距离，造成深度，形成“悬崖”。实验时让婴儿的母亲先后站在“深”“浅”两侧招呼孩子，诱导其爬向母亲身边。吉布森和沃克（Gibson & Wolk，1961）对36名6.5～14个月会爬的婴儿进行了视崖测试，结果表明：有足够大的视崖深度（大约90厘米或更多）时，只有不到10％（3名）的婴儿会越过悬崖爬向母亲，而有27名婴儿从中间爬向浅滩。当深侧的方格图案距离玻璃板越来越近时，就有越来越多的婴儿爬过深滩；当视崖深度是26厘米时，有38％的婴儿爬过深滩；而视崖深度是1米时，则爬过深滩的婴儿只有8％（主要是年龄较大的婴儿）。沃克（Wolk，1979）研究发现，当视崖深度为26厘米时，68％的7～9个月的婴儿爬过深滩而10～

13个月的婴儿则只有23%。其结论如下：①婴儿很早就有了深度知觉；②婴儿深度知觉的能力随着年龄递增在不断发展；③9个月以前婴儿的深度知觉阈限为26厘米。对婴儿视崖研究还发现，婴儿存在着深度恐惧。

沃克等人（Wolk et al.，1966）认为，对深度的恐惧来自婴儿早期的跌落经验。这种特殊的经历的后天积累（学习）导致了对深度的恐惧。但是弗里德曼等人（Freedman et al.，1974）认为，对深度的恐惧是一种生物适应的结果，是一个"先天预设的结构"。

凯波斯（Campos，1983，1992）则提出自己的新见解：对深度的恐惧主要来自早期运动的经验，它既不是先天预设的本能，也不是后天特殊经验（跌落）的积累，而是早期运动经验（爬行）使婴儿产生了深度知觉。由此可见，婴儿的空间知觉的发展是与其经验的获得直接联系。结果发现，孩子愿意爬过"浅滩"去母亲那里，但通常拒绝爬过"悬崖"边，有些孩子坐下哭泣，或爬向相反的方向。一些研究者认为，害怕高度的婴儿一定有深度知觉，但有深度知觉的婴儿并不一定会害怕，因为婴儿在学会爬行以前已有了深度知觉，但通常在他们开始爬以后才开始对深度感到害怕（Kermoian & Campos，1988，1992）。

图4-4　视觉悬崖图

（按实验情境绘制）

对婴儿的**知觉常性**（或**知觉恒常性**）（perceptual constancy）的一些研究发现，婴儿已表现出较好的知觉常性，如2个月大的婴儿已能对不同距离的相同长度的刺激物做出适当的反应；同样，他们也能对不同距离的相同形状的刺激物做出反应，这表明2个月大的婴儿已具有一定的大小常性和形状常性。婴儿在2个月后开始注意到图形元素之间的简单关系，进而能注意整个形状，开始有能力组织一个视觉完形，进一步改善整体性知觉。在7个月时，婴儿就能够在只呈现图形的轮廓时知觉整个图形。

3. 婴儿感知觉发展的一般顺序 我国研究者考察我国婴幼儿的智能发展时探索了感知能力的发生发展，或者制定某些感知觉项目的常模年龄。

李惠桐（1984）对899名婴儿的研究中，包括有视觉、听觉、味觉、触摸觉、空间知觉、颜色感知等各发展项目，详见表4-12。

茅于燕（1986）对29名婴儿从出生到36个月的追踪研究，有关感知觉发展的项目及其常模年龄如表4-13所示。

表4-12 感知觉发展的常模年龄以及成熟早期、中期、晚期年龄

项目	常模年龄（70%达到年龄）（月）	成熟早期（10%达到年龄）（月）	成熟中期（50%达到年龄）（月）	成熟晚期（90%达到年龄）（月）
能辨别味道	1.0	—	—	1.0
随物视线转90度	1.6	—	—	2.5
随物视线转180度	3.2	1.3	2.6	3.8
听见声音找声源	3.2	1.0	2.4	4.2
手中玩具掉了，两眼跟着找	4.9	3.6	4.6	6.0
手眼动作协调	9.3	6.3	8.1	10.5
比多少	28.7	22.1	26.8	30.8
比大小	31.0	23.6	27.7	34.6
知道“上”	25.5	21.2	23.3	32.0
知道“下”	28.8	21.2	26.2	31.3

（引自李惠桐，1984）

表4-13　婴儿感知觉发展的常模年龄

项目	常模年龄(月)(85%通过)
眼睛跟踪物体180度	2.6
立刻注意到玩具	3.2
找声源	5.7
近处玩具可以取到	5.7
注意看大朵花	5.9
玩具失落会用眼睛找	6.7
有意听人讲故事,但并不懂内容	18.6
认识图形大小	24.4
除红色外认识1～2色	30.3
知道长短、前后	33.7
认识圆、方、三角形	34.4

（引自茅于燕，1986）

由表4-12和表4-13可以看出，在婴儿的认知能力中，感知觉是最先发展且发展速度最快的一个领域，并在婴儿认知活动中一直占主导地位，它集中体现了婴儿期感觉运动的智慧特征。

（二）婴儿记忆的发展

人类个体记忆的发展是与其内在编码系统的发展紧密联系的。从言语前期（0～1岁）进入言语发展期（1～3岁）（有关内容参见本章第三节），婴儿的记忆发生着巨大的变化。

1. 0～1岁婴儿的记忆发展特点　研究表明，1岁以内的婴儿已有**短时记忆**（或**短期记忆**）（short-term memory），即信息一次呈现后，保持在一分钟以内的记忆，甚至也有了**长时记忆**（或**长期记忆**）（long-term memory），即信息经多次重复后长久保持在头脑中的记忆。如前所述，新生儿也能记住所呈现的事物。1～2个月的婴儿经过反复训练，可以因积累而形成长时记忆（Weizman，

Cohen et al.，1971）。3个月的婴儿能记住一个玩具汽车达一周的时间。每当玩具汽车挨近他的腿时，他就会踢它（Collier et al.，1980）。在5个月时，婴儿能记住抽象的模式和相片达14天（Fagan，1971，1973）。有关研究还发现，视觉再认记忆与以后的认知机能有关。头几个月进行的视觉再认记忆测验的分数与4～7岁时进行的语言测验分数有显著的相关（Fagan & Morath，1981，1982）。

甚至还有研究表明，1岁以内婴儿的记忆可以持续两年（Myers et al.，1987）。在1～10个月期间，婴儿曾数次参加听知觉的研究，两年后重返实验室，行为测试表明2岁的儿童已记住曾听过的声音及曾看过和摸过的物体。研究者认为，实验环境和过程的独特性使婴儿产生了较长时间的记忆。

2. 1～3岁婴儿的记忆发展特点 婴儿语言的发展给1～3岁儿童的认知带来许多重要的变化。如**符号表征**（symbolic representation）能力的产生，**再现**（reproduction）和**模仿**（imitation）能力的迅速发展，**延缓模仿**（delay imitation）能力的产生，等等。**符号表象**（symbolic image）的出现使婴儿语词逻辑记忆能力的产生得以可能，而延缓模仿的产生则标志着婴儿**表象记忆**（image memory）及再现能力的初步成熟。

表象（image）和**表征**（representation）两者是有区别的。表象是指人的心理活动过程中产生的各种形象，包括**记忆表象**（或**记忆意象**）（memory image）和**想象表象**（imaginative image）。也可以划分为**形象表象**（iconic image）与**符号表象**（symbolic image）两种，前者以形象为基础，后者以语言或其他符号为基础。而表征则是指这种形象形成的过程。

1岁以后，由于语言的获得，婴儿得以用符号进行表征，从而产生了符号表象和**回忆**（recall）。皮亚杰常用的表征，其实是符号表征。他认为这种能力发生在1岁末至2岁之间，而曼德勒（Mandler，1983）认为可能发生在12个月左右。庞丽娟（1993）认为1岁以后已有可能产生最早的符号表征能力，其主要标志就是婴儿用信号物对事物进行表征。从此，婴儿的记忆表象中增添了符号表象的内容，并能和**具象表象**（concrete figure image）进行互相转换和激活，如“苹果”一词的符号表象或一个黄色的象征苹果的圆圈在大脑中即可激活关于苹果的具象表象，反之亦然。

1～3岁儿童记忆的再现或回忆能力有很大的发展。婴儿开始用行动表现出初步的回忆能力，并喜欢做藏东西的游戏，也常常能帮助成人找到东西。阿希德曼和帕尔马特（Ashmend & Parlmutter，1980）通过大量研究发现，1岁以前的婴儿已有了初步回忆能力。许多家长报告，他们的孩子已能寻找藏在已知地点的物体，其中有的地点他们仅仅看见过一次（庞丽娟，1993）。

1～3岁出现的延缓模仿是婴儿回忆能力逐步走向成熟的表现。皮亚杰认为这一能力出现在16～24个月。在此以前的婴儿只能根据直接出现在面前的原型（例如母亲对着婴儿吐舌）做出某种模仿姿势或动作。从16个月开始，当婴儿在原型已消失之后，还能继续模仿。这种模仿叫作延缓模仿（或延迟模仿）。这种模仿能力表明婴儿头脑中开始形成最初表象。他们心理发展由感知运动阶段开始向前运算阶段过渡。麦考尔等人（McCall et al，1977）对12～36个月婴儿进行的模仿能力发展研究证实，24个月婴儿已获得了稳定的延缓模仿能力，而12个月的婴儿尚不具备这种能力。

总之，1～3岁的儿童是记忆发展的第一个高峰时期。他们的机械记忆能力比较发达且具有相当大的潜能；他们的再认能力发展较早，再现能力也有很大发展；他们具象表征能力出现较早，并在语言产生之后获得了符号表征能力。延缓模仿能力的出现是1～3岁儿童记忆能力逐渐走向成熟的一个标志。

（三）婴儿思维的发展

我们将3岁前看作儿童思维的发生或萌芽的阶段。一般来说，1岁前的婴儿，只有对事物的感知，基本上还没有思维；儿童的思维是从1岁后开始产生的。在婴儿的活动过程中，在婴儿的表象和言语发展的基础上，由于经验的不断积累，婴儿开始出现了一定的概括性的思维活动。这是人的思维的初级形式。婴儿思维的产生和初步发展是直接与婴儿以表象为基础和以词为中介的概括能力的形成相联系的。

在婴儿认知能力的研究领域中，皮亚杰关于儿童早期的思维萌芽和发展的研究对婴儿思维的探索一直产生着很大的影响，但近些年来，许多研究者采用现代化的技术手段，通过研究提出了一些新的观点。如关于客体永久性（或客体永恒性）的问题，皮亚杰认为，婴儿不再寻找隐藏起来的物体是因为他们认为物体不存在了；而鲍尔（Bower，1966）则认为这是由于婴儿缺乏成熟的空间知觉。鲍尔提出，如果婴儿认为客体不在眼前就不存在，那么他们对遮掩物移去后客体不再出现就不会感到惊奇；反之，如果婴儿出现了惊奇的表现，则表明他们已保留了客体的心理表象。鲍尔发现，5个月的婴儿就会有这种反应。贝拉根（Baillargeon，1987）通过实验进一步指出，4个月的婴儿在客体短暂消失时能期望着客体的继续存在。对婴儿早期的认知能力的许多研究表明，在第一年里，婴儿逐渐能够同时保持行动、客体或观念的联系，并且以越来越复杂的方式将它们联结在一起。婴儿最初只能注意一件事情，进而能注意到两件事情之间的联系，进一步则能比较或联系二者的关系并能进行分类（Mandler，1998）。

柯蒂（curti）的婴儿概括能力发展的四阶段理论在婴儿思维发展研究领域中，亦有一定影响。美国心理学家柯蒂（Curti，1954）通过观察指出3岁前儿童概括发展分为四个阶段：

1. 前符号阶段（pre-symbol stage） 1岁前儿童以独特的方式对待特殊对象或做出反应，如咕咕叫、笑，甚至叫出“名称”，但只限于那个对象在他眼前。

2. 前言语符号行为阶段（pre-linguistic behavior stage） 此阶段的婴儿有了一种观念，但不是一种概念。他可以直接将他的行为指向一个抽象的对象，如对已经在门口出现的母亲喊出“妈妈”，但不能概括。

3. 内隐概括观念阶段（implicit generalization stage） 此阶段抽象思维开始出现，但概括不明显，没有逻辑组织；儿童可以对相同等级的成分起个名字，但这名字可能是错误的；这等级观念是**内隐的**（implicit）。婴儿此时尚不能理解诸如反应或思考的项目，在回答问题上他可能是无意识的。

4. 明显概括阶段 到了**明显概括阶段**（或**外显类化阶段**）（explicit generalization stage）婴儿就有了用词阐述意思的能力，但最初的概括是不具体的、不完整的，或多或少是自我中心的。3岁前的概括决不能形成“完整的概念”，仍然是“不完全的组合”。

近些年来，我们自己在儿童形成数概括特点的研究中看到，从出生到3岁儿童数概括能力可以分为三级水平：

1. 直观一行动概括（intuitive-behavioral generalization） 婴儿看到物

品，能有分辨大小和多少的反应，例如，婴儿要数量多的糖块，要大的苹果，给了他就高兴，不给他就哭闹。

2. 直观—表象笼统概括（intuitive-imaginery generalization） 在研究中，我们摆好不同数量的实物堆，询问是多还是少，婴儿可以用手指、点头或回答。这一级水平的婴儿产生了数概念的萌芽，但它是跟具体事物分不开的。他们开始懂得“一个苹果”“两块糖”，也能说出“好多糖”这类词，但这些词所代表的内容很笼统，即对物体数量的计数还未从物体集合的感知中分化出来。

3. 直观—言语概括（intuitive-linguistic generalization） 属于这一级水平的婴儿，如结果分析中看到的，他们的计数能力迅速发展起来。这一级水平的婴儿对数的概念有四个显著的特点：①必须以直观的物体为支柱，在运算中离开直观支柱往往中断；②数词后面往往带量词；③数字语言所代表的实际意义往往不能超过儿童眼前的生活，否则，往往是无意义的声音或是顺口溜的次序；④不能产生最简单数群（分解组合）的表象。

我们将研究中的被试达到的各级水平的百分比分布列于表4-14，以示3岁前儿童思维活动产生的过程。

从表4-14可以看出：①儿童思维的萌芽、产生是存在着显著的年龄特征的；②婴儿处于形成和发展数概括能力的过程中，8个月～1岁、2～3岁（特别是2.5～3岁）是这个年龄阶段儿童思维活动水平发展的两个转折时期；③在数概括发展中表现出来的思维活动水平存在着个体差异，即个体之间的思维差

表4-14　3岁前儿童达到各级数概括水平的百分数的分配

年龄	第Ⅰ级水平	第Ⅱ级水平	第Ⅲ级水平	年龄组之间差异的检验
56天～0.5岁				
0.5～1岁	52.3%	0	0	
1～1.5岁	91.8%	8.2%	0	
1.5～2岁	54.2%	39.0%	6.8%	
2～2.5岁	0	74.0%	26.0%	$p > 0.1$
2.5～3岁	0	50.0%	50.0%	$p < 0.05$

（引自林崇德，1980）

异，在3岁前儿童身上就获得体现。

基于上述研究材料的分析及对国内心理学工作者的研究成果的总汇，我们认为：首先，3岁前儿童的思维基本上属于直观行动思维的范畴。整个3岁前的思维特点，主要是直观行动性。也就是皮亚杰强调的“感知”与“动作”协调性。其次，3岁前儿童思维发展到底可以分为几个时期？皮亚杰说2岁前可以分为6个。我们通过研究，认为从总体来说，3岁前儿童思维可以分为四个时期。

1. 条件反射建立时期（condition reflex setting period） 在出生后的第1个月，这是新生儿期。

2. 知觉常性产生时期（emergence of perceptual constancy period） 从1～5、6个月是婴儿感觉迅速发展的时期。皮肤觉、嗅觉和味觉、视觉、听觉相继地发展起来，从5、6～8、9个月，是知觉和知觉常性发展的阶段。约从8、9个月至1岁，开始认识客体的永久性，从此，知觉常性和客观永久性迅速发展起来。

3. 直观行动性思维时期（intuitive action thinking period） 1～2岁，是婴儿动作和语言开始迅速发展的阶段。如前所述，在动作发展的过程中，由于语言功能的出现，此时儿童的直观行动概括能力逐步发展起来，这是人的思维的初级形式。无怪乎国内外心理学家编制的智能测验量表对3岁前测查的主要内容是动作（包括手的动作和全身大运动）发展、语言发展和概括能力发展（诸如分类、模仿等）几个项目。当然，2岁前后儿童的概括一般只限于事物的外表属性，而不是本质属性。

4. 词语调节型直观行动性思维时期（word regulation of intuitive action thinking period） 约从2～3岁，这是词的概括、概念，亦即语言思维产生的阶段。但这个阶段仍然带有极大的情境性和直观行动性。一般来说，2～2.5岁和2.5～3岁的儿童思维水平是有区别的，前者更依赖于直观和动作，后者却有较明显的词的调节。

对2.5～3岁的儿童思维的研究材料表明：2.5岁以后的儿童在完成任务时，有三个层次不同的、由低级到高级的水平：①不知有错误，不会改正错误；②在直观对比后，发现有错误（感知水平），能加以改正；③在头脑里进行思维，不待直观对比就能调整自己的思维活动。可见，在2.5岁以后，儿童就已有思维运算的萌芽（茅于燕，1984）。

这个研究表明2～3岁儿童的思维，主要是直观行动思维。虽然2.5～3岁儿童思维变化有三个不同的层次，“在头脑里进行思维运算”，是这三个层次中最高的水平，但这也仅仅是这三个层次中的一个等级，并非所有的2.5～3岁的儿童都达到这个等级。因此，我们可以得出这样的结论：2.5～3岁，是儿童从直观行动思维向具体形象思维转化的关键年龄。

3岁前儿童思维的产生和发展的意义是巨大的，它不仅仅意味着智慧活动，即智力的真正开始，心理的**随意性**（或**自主性**）（voluntary），如有意记忆、有意注意、观察、理解、推理、想象等都由此开始，而且也意味着人的意识的萌芽。直观行动思维虽然仍是感知和外部行动占优势，但这已是人类以词为中介进行思维的开端。人的意识跟人的语言是分不开的。由于儿童初步掌握了词的思维，因此也就有可能初步地意识到外部事物的存在和自己本身的存在，从而开始出现了最初的意识和自我意识，也就是产生了人类（个体）的意识。

第五节　婴儿情绪与社会发展

婴儿的**情绪**（emotion）和**社会性**（sociality）的发展也很迅速，为其适应社会环境、成为社会成员打下了良好的基础。在与照顾者的相互交往过程中，婴儿不但表现出自己的情绪作为基本的交往信号，而且学会辨别他人的情绪和表情。与此同时，婴儿开始建立与亲密照顾者之间爱的联系，即形成了依恋。婴儿开始区分不同的人，并做出不同的反应，在探索环境、认识他人的过程中，婴儿也逐渐开始了解自我，其社会性行为亦开始发展，道德行为与观念萌芽。另外，值得注意的是，从婴儿期开始，个体间的差异已经展现出来。

一、婴儿的情绪发展

婴儿的情绪发展表现在，从主要决定于生理需要满足情况和身体健康的情况，发展到开始有了较复杂的一些**情绪体验**（emotional experience），即在情绪的基础上产生的对人、对物的关系的体验。

（一）情绪发展的特点

第1～3个月，婴儿开始注意外部世界，开始对他人的情绪非常敏感，并做出一定的反应。用以表达其积极情感的**社会性微笑**（social smiling），在这个时期已开始出现，这促进了婴儿的**社会性交往**（social interaction）。从出生后第5周开始，人的声音和人脸特别容易引起婴儿的微笑，但这时婴儿还不会区分哪些是对他有特殊意义的个体，其表现为无选择的微笑；到第8周时婴儿就会对一张不移动的脸发出较持久的微笑，当成人面孔趋近，他们会主动报以兴奋的微笑和全身活跃的反应，这就是有选择的社会性微笑的开始。这时婴儿对熟人、陌生人以及假面具都会发出微笑，只是对熟人的微笑更多一些。

第3～6个月，婴儿情绪的发展主要是以积极情绪体验为主要特征。通过与母亲和其他成人的进一步交往和接触，4个月的婴儿即逐渐能区分不同的个体，对不同的人开始报以不同的微笑，他们对主要抚养者（通常是母亲）笑得最多、最频繁，其次是对其他家庭成员和熟人，对陌生人笑得最少。积极的情绪交往加强了父母与婴儿之间的情感联系。

第7～9个月，是社会性继续表现的时期，婴儿开始参与**社会性游戏**（social play），主动进行与他人之间的交流。在面临新异刺激时会出现犹豫的神色，在面对陌生人时也会表现出**恐惧**（fear）和**焦虑**（anxiety），这是**陌生人焦虑**（stranger anxiety）的开始。这时婴儿在不熟悉的环境中可能会感到不安。在这个时期开始产生**分离焦虑**（dissociation anxiety），即害怕与父母或其他照顾者分离。

第9～12个月，是**依恋**（或**依附**）（attachment）阶段。婴儿在这个时期，仍然表现出高度积极的情绪，但对主要照顾者表现出强烈的感情，而对陌生人则更加警惧。

（二）面部表情及其识别

在社会性交往中，**面部表情**（facial expression）起着重要的交流作用，理解他人面部表情中的情绪意义是社会能力发展的一个重要因素。

儿童出生后不久就有了愉快、惊奇、厌恶、悲哀等情绪表现，在新生儿期，新生儿即已开始表现出不同的情绪表情，在2～4个月时，这种表情就更显而易见了。研究发现，母亲已能很容易地区分婴儿在不同情景（如与母亲玩耍、陌生人接近等）下的各种面部表情（Izard et al.，1980；Ellsworth，Muir，& Hains，1993）。

对他人的表情和情绪状态的识别是婴儿与他人进行主动交往的一个重要条件。周岁儿很早就能区别不同的情绪。研究者曾用幻灯片研究了婴儿对面部表情的识别。向4～6个月的婴儿呈现一个成人在高兴、发怒或自然状态下的面部表情，结果发现，他们注意高兴表情比注意愤怒和中性表情的时间要长，这表明婴儿识别高兴表情的能力早于识别愤怒表情的能力，直到6个月，婴儿还不能对发怒表情做出相应的恐惧反应，这与儿童自身的情绪发展，即积极情绪的发展先于消极情绪的发展，是相一致的。

婴儿很早就能对照顾者的不同情绪做出不同的反应。在一项研究中，让2.5个月的婴儿母亲表现三种不同的情绪：愉快、悲伤、愤怒；伴随以不同的声音，如用愉快的声调说“你真让我高兴”，或以悲伤或愤怒的声调说“你真让我生气”。婴儿的反应表现出他们已能区分这些情绪：对母亲的愉快情绪报之以快乐的表情；母亲出现悲伤表情时，婴儿则停止微笑，转过视线，咬嘴唇或舌头以自慰；当母亲愤怒时，婴儿把头转向一边并停止动作，有些开始哭泣。这个年龄的婴儿尚不能单独依靠视觉来分辨情绪，然而到6个月时，仅仅根据母亲的面部表情就能识别情绪了（Haviland & Lelwica，1987）。

克林勒特等人（Klinnert et al.，1983）指出儿童运用面部表情和分辨他人的情绪表情的能力是逐步递进发展的，并区分出四个发展水平：

1. 无面部知觉（0～2个月） 由于新生儿对面孔各部分位置及面孔轮廓的整合能力还未形成，他们的自发表情和成人对他们发出的表情之间还没有什么联系。

2. 不具备情绪理解的面部知觉（2～5个月） 2个月的婴儿已能知觉到成人的面部表情，并能对成人的面部表情报以一定的情绪反应。但他们还不能理解成人面部表情的意义，对其情绪反应不具有意义的相应性。3～4个月的婴儿对成人的忧愁或微笑一律报以欢快反应。

3. 对表情意义的情绪反应（5～7个月） 0.5岁左右的婴儿对成人不同的面部表情可做出不同的反应，他们更精细地知觉和注意面容的细节变化，对面部表情的认知更精确，并具有一致性的理解和情绪反应。

4. 在因果关系参照中运用表情信号（7、8～10个月） 此时婴儿不仅能分辨他人的情绪表情，而且已能善于运用这些情绪表情作为自己行动的参照，来调节、指导自己的行为反应。

对情绪的识别提高了婴儿在社会生活环境中的适应性，如对高兴表情的识别，可以为婴儿提供奖励和自我肯定的经验，加强母婴联系，促进双方的相互交流。同时，对情绪的识别使儿童的行为有了参照物，每当儿童遇到不能确定的情境时，他们需要从母亲面孔上寻找信息，以理解、评价情境，并确定自己的反应。如研究证明，母亲对陌生人的情绪态度影响婴儿对陌生人产生焦虑的强度（Campos et al.，1983，1992，2000）：当母亲表现出积极、友好的情绪态度时，婴儿很少表现出对陌生人的焦虑，惧怕、哭泣反应很弱；而当母亲表现出消极、害怕的情绪反应时，婴儿对陌生人常产生焦虑、哭泣、恐惧等强烈反应。

情绪发展的另一个技能是对于面部和声音联系的识别，面部图形与声音相结合比单独出现面部图形或声音刺激更能吸引婴儿的注意，新生儿追视一个谈话者的面部形象强于追视单一的面部图形或声音的刺激。当母亲的声音与其面部形象不一致时，新生儿就会出现困惑的反应（Aronson & Rosenbloom，1971）。

二、依恋

在第一年里，社会性和情绪发展的一个重要事件就是婴儿与其最亲密的联系人之间的情感发展。在人类与动物中，依恋（或依附）都是社会性发展的最初表现。近几十年，心理学家们对依恋发展课题（如随时间的变化性，与父母交往的类型，及其对认知、情绪、人格发展的重要性，等等）的研究兴趣不断增加。

研究者们发现，许多动物的幼仔一出生就与母亲的形象形成了密切的情绪联系。如刚出壳的小鸡总是跟随一切可以移动的物体，把它们作为母亲的形象。与动物幼仔相比，人类婴儿与照顾者之间建立亲密的关系要缓慢得多，到6、7个月时，婴儿对母亲或照顾者的离去感到不安而产生悲伤，对陌生人的出现也会感到紧张和焦虑。这就表明婴儿与某一特定对象（母亲或其他照顾者）之间建立了亲密的情绪联系，也就是依恋的关系。

发展心理学家认为，依恋是一种积极的、充满热情的相互关系，儿童与照顾者之间的相互作用不断强化这种情感上的联结。母亲对孩子的一般态度与自己的生活经历、目前的境遇以及自己的个性都会影响其母爱的产生；而儿童最初的行为也在母爱形式中起着重要作用。如当母亲抱起婴儿时，婴儿就停止啼哭，并对母亲发出更多的微笑，对母亲咿咿呀呀等，这都会强化母亲对婴儿的情感。

在母亲或照顾者满足儿童的生理需要和社会性交往的过程中，儿童对照顾者产生了强烈的依恋，表现为儿童寻求并企图保持与照顾者亲密的联系的倾向。儿童的依恋行为主要是寻求身体接触，视觉跟踪，接近成人，追随、叫喊、啼哭等。

依恋是成人与儿童之间特殊的亲密关系，亦是儿童早期情绪发展和社会性发展的重要内容，可以建立正常的依恋关系对于儿童的发展有着极其重要的意义。

（一）依恋的发展

依恋关系是儿童出生后逐渐发展起来的。谢弗和埃莫森（Schaffer & Emerson，1964）曾对60名英国婴儿进行追踪研究，在一系列与父母分离的情境中测试儿童的依恋。结果认为，依恋发展有三个阶段：第一阶段是非社会阶段，表现于6周以前，婴儿从所有环境部分寻求兴奋；第二阶段是亲社会阶段，约在6～7个月时，婴儿能区分出特殊的个体；第三阶段为社会性阶段，从8个月开始，婴儿对特殊的个体形成依恋。

鲍尔贝（Bowlby，1969）进一步把婴儿依恋发展分为四个阶段，并详细地描述了婴儿依恋的发展过程。

1. 无差别的社会反应时期（indiscriminate responsiveness to humans） 出生到3个月。这一阶段以婴儿所发出的各种信号的发展为标志。婴儿从出生起开始使用哭泣这种有效的信号来发动与他人的联系，从第2个月开始，他们又用微笑来进行这种联系。由于这个时候的婴儿还缺乏辨别不同个体的能力，还没有表现出对任何人的偏爱，而只是在物体和人中表现得更喜欢人，并表现出特有的兴奋。

2. 选择性的社会反应时期（focusing on familiar people） 3～6个月。婴儿形成分辨与他们接触的成人的能力。他们更频繁地对熟悉的面孔微笑、发声，而对陌生人的微笑则相对减少，甚至消失。

婴儿开始能辨认并偏爱所熟悉的人，他们喜欢与熟悉的人进行接触。婴儿所熟悉的人也往往更容易安慰孩子，能更迅速、更广泛、更频繁地引出婴儿的微笑和发声。这个时期的婴儿并不拒绝熟悉的人离开。

3. 特定依恋期（active proximity seeking） 6个月～2、3岁。由于婴儿开

始获得新的运动技能，他们开始到处爬动。这使他们有了更强的探索外部环境的能力，并开始主动地接触父母，表现出有意识的社会行为。

婴儿对不同对象的反应出现巨大的差别，对依恋对象的存在极为注意。当婴儿所依恋的对象离去时，开始通过哭泣表示抗议。这时，依恋对象成为婴儿探索的安全基地。他们对陌生人表现出更为明显的警惕、戒备和退缩。这个时期的婴儿开始出现陌生人焦虑和分离焦虑。

4. 目标调整的参与期（partnership behavior） 2、3岁以后。婴儿的有目的的行动、语言的交往和进行适宜反应等能力越来越成熟。随着婴儿年龄的增长和社交能力的不断提高，他们越来越主动地进行各种接触，开始理解依恋对象的目的、情感和特点，并据以调整自己的行为，表现出较多的灵活性。他们也能容忍与依恋对象之间的距离逐渐加大，并且逐渐善于与同伴和不熟悉的人进行交往。

（二）依恋的类型

艾恩斯沃斯等人（Ainsworth et al.，1978）采用**陌生人情境程序**（stranger situation procedure）的技术调查婴儿的依恋。陌生人情境程序是将婴儿与其母和一陌生人安置在实验室里，通过母亲离去、返回及陌生人出现等一系列特定程序，考察婴儿分别与母亲在一起、与陌生人在一起、与母亲和陌生人在一起、独自一人、母亲离开和回来时及陌生人出现和离开时的情绪和行为。

1. 类型 根据研究结果，艾恩斯沃斯认为，受父母行为的影响，婴儿可能形成三种形式的依恋：安全依恋、矛盾依恋和躲避依恋。

（1）安全依恋（securely attached）：大约70%的婴儿属于这一类，在与母亲独自相处时，他们积极地探索环境，而在与母亲分离之后，明显地产生不安。当母亲返回时，就立马寻找母亲，很快地与其接触，以结束这种分离的忧伤。

（2）矛盾依恋（resistant attached）：大约10%的婴儿属于这一类。即使当母亲在场，他们也非常焦虑，不愿意进行探索活动；当与母亲分离时，则表现非常忧伤；母亲返回时，他们表现出矛盾心理，对母亲曾经离开感到非常不满，试图留在母亲身边，但对母亲的接触又表示抵抗。

（3）躲避依恋（avoidant attached）：大约20％的婴儿属于这一类。他们与母亲在一起时似乎对探索不感兴趣，与母亲分离后也没有太多忧伤，母亲重新返回时，常常避免与母亲接触。他们对陌生人没有特别的警惕，但常常采用回避和忽视的态度。

2. 原因 艾恩斯沃斯提出，婴儿的依恋性质在很大程度上取决于父母与婴儿的交往方式。例如，安全依恋儿的母亲对孩子的信号、情绪的表达非常敏感，鼓励他们进行探索，而且她们喜欢与孩子有紧密的接触。艾恩斯沃斯认为，婴儿从与主要照顾者交往的早期经验中学到从其他人那里能期望什么。当照顾者对婴儿的需要是敏感的，而且容易受影响，婴儿就将从与他们的交往中得到安慰和快乐，从而建立安全的依恋。

矛盾依恋儿的母亲也对孩子很感兴趣，并愿意进行亲密的身体接触。然而，她们常常误解孩子的信号，在与孩子重逢后也常常不能建立相配合的同步关系。当然，有时候这要归结于儿童的“困难”气质。然而许多有困难气质的乳儿也与其照顾者建立了安全的依恋。艾恩斯沃斯（Ainsworth，1979）发现，矛盾依恋儿的母亲的照顾行为是不一致的——有时对孩子过于热情，对他们的反应更多地依赖于自己当时的心境，而不是孩子的行为，因此，当婴儿了解到不能完全依靠母亲来得到情感上的支持与安慰时，就会变得焦虑而心存不满。

躲避依恋儿的母亲对孩子非常缺乏耐心，当孩子打乱其计划和活动时，常常表示愤怒和不满，对孩子的信号也非常不负责任，常常表示消极情绪。在对孩子积极反应时，也倾向于克制自己的感情表达。艾恩斯沃斯认为，这类母亲是严厉的、自我中心的，常常对孩子采取拒绝的态度。

贝欧斯基等人（Belsky et al.，1984）也对美国中产阶级的婴儿进行了研究，发现母亲提供的刺激量对于确定依恋的类型可能具有重要的意义。在研究中，形成躲避依恋的婴儿与母亲相互作用的水平最高，而形成矛盾依恋的婴儿与母亲相互作用的水平最低。因此，贝欧斯基等人推测，过度的刺激会导致躲避依恋，刺激过少则会导致矛盾依恋，而最适宜的刺激量才会产生安全依恋。

3. 依恋的性质是可以变化的 儿童依恋的性质并非是一成不变的。在12个月时，是躲避依恋或是矛盾依恋的婴儿，到18个月时，有可能建立安全依恋，反之亦然。在研究中发现，多数婴儿都改变了其最初依恋关系的性质。如汤普森等人（Thompson et al.，1982）的研究发现，在一中产阶级团体中，47%的儿童在7个月期间都出现了依恋性质的变化。伊基兰德和法勃（Egeland & Farber，1984）对家庭贫苦的儿童进行了研究，发现在6个月中，40%的儿童改变了依恋的性质，从非安全依恋向安全依恋变化较多。

从上面两个研究亦可认识到家庭环境影响着儿童的依恋性质，当母亲面临着生活的重压，诸如健康和婚姻的问题、经济困难等问题时，常常忽略对儿童的照顾。而当生活压力有所减轻时，儿童就会从非安全依恋转变成安全依恋。然而，如果照顾者的生活发生了变化，使他们对儿童减少了责任心，也有可能使儿童从安全依恋转变成非安全依恋。父母的关系也会影响儿童的依恋。在一项研究中发现，安全依恋的儿童，其父母都非常满足于自己的婚姻；反之，非安全依恋的儿童，其父母往往对自己的婚姻表现出极为不满的态度。

（三）依恋对儿童发展的影响

依恋对儿童的发展，存在着较长时间的影响。缺乏正常的依恋关系会影响儿童健康的发展，只有正常的依恋关系，才能促进儿童良好的发展。

1. 缺乏正常依恋关系的后果 鲍尔贝（Bowlby，1951）早就提出抚养者与儿童正常依恋关系的缺乏可能会导致儿童严重的心理障碍。如果儿童早期缺乏社会性刺激，缺乏关心、爱抚，儿童就难以建立对任何人的依恋，这种早期情绪生活的缺乏将对儿童今后的生活带来重要的影响。在这方面，研究者们进行了大量的动物社会性剥夺研究，取得了非常一致的结果：在头3个月里或更长时间隔离喂养的猴子表现出极其异常的行为模式，如它们往往表现出不安的情绪状态，躲避其他猴子，并表现出一系列的异常行为，如抓咬自己，不停地摇摆，不停地撕扯自己的毛发，或蜷缩成一团，或用胳膊遮住自己的头。

对人类进行研究是比较困难的。然而，研究者们发现孤儿院、育婴堂里儿童的生活环境近似于受到社会剥夺。这些儿童除了在洗澡、换尿布或喂奶时，与照顾者有短暂的接触之外，几乎很少受到社会或感觉刺激。他们表现出明显的发展迟钝，很少哭和发声，身体姿势僵硬，语言发展明显缓慢，表现出孤独，对照顾者没有兴趣，或因情感不能得到满足而表现出情感饥渴。

戈德法布（Goldfarb，1943，1947）比较了两组儿童的发展情况，一组儿童在第一年里从孤儿院里被收养（收养儿童），第二组是在孤儿院里待了三年的儿童（设施儿童）。这两组儿童在年龄、性别以及其生身父母的社会背景等方面的情况都相似。根据调查和观察，并给予一系列测验来了解儿童的情况，在3.5岁、6.5岁、8.5岁和12岁四个年龄时期分别进行调查，结果发现，设施儿童几乎在所有测试中都不如收养儿童。设施儿童在所有智力测验上的得分都较低，尤其是在强调概念、技能和抽象推理测验上。与收养儿童相比，设施儿童的社会性不够成熟，过分依赖成人，语言和言语问题也较多，他们比收养儿童更多地发脾气，活动过度，攻击性强，有欺骗及破坏行为。研究者报告显示这些设施儿童似乎都不能形成亲密的人际依恋。

当然，儿童早期所受到的情绪创伤在今后也是可以修复的。如关于设施儿童和收养儿童的对比研究发现，那些很早被收养，生活在完整家庭中的儿童，重新得到母爱和关心，因而其情绪、社会性和认知能力都能得到正常的发展。

2. 依恋性质对儿童心理发展的影响 这种影响是多方面的，下面介绍一些研究结果。

（1）影响认知与社会性的发展：儿童早期对父母所形成的依恋性质对儿童以后的认知发展和社会适应有一定的影响。马塔斯等人（Matas et al.，1978）提出了证据证实，在12或18个月是安全依恋的儿童，到2岁时比那些当时是非安全依恋的儿童能以更高的热情和更大的兴趣解决提供给他们的问题。当儿童遇到不能解决的问题时，安全依恋的儿童很少发脾气，更多地接受母亲的帮助。当2岁的儿童面临困难问题时，母亲的态度和行为差异也是显著的。在这种情况下，安全依恋儿的母亲一般只提供一定的暗示，让儿童感到是自己解决了问题。与此相反，非安全依恋儿的母亲则多数在提供帮助前，让儿童遭受挫折，然后自己解决问题。

（2）影响同伴关系的发展：早期依恋的性质对儿童的同伴关系也具有重要意义。斯鲁夫（Sroufe，1983）对40名12个月～5岁半的儿童进行了追踪研究。发现在12个月时被评定为安全依恋和非安全依恋的儿童，会形成截然不同的社会和情绪模式。安全依恋的儿童比较自重，热情高，积极性情感较多，而消极性情感较少，他们较少发牢骚，攻击性也较弱。教师们认为安全依恋儿童的社会能力较强。此外，安全依恋的儿童比非安全依恋的儿童更受欢迎。许多的研究还发现，早期的依恋能预测在稳定环境中儿童以后的行为问题。如对男孩来说，1岁的非安全依恋与6岁的行为问题或适应不良有关。但对女孩来说，依恋的类型却并不能预测其以后的行为。

三、婴儿的社会交往发展

作为人类社会中的一个独立个体，儿童一开始就生存在复杂的社会环境中，并积极地进行着各种**社会交往活动**（social interaction activity）。正是在社会交往中，儿童的各种社会交往的信号和技能开始形成并发展起来。

（一）1岁以内的社会交往

社会交往的基本信号是注视和交谈。然而，对婴儿而言，尤其是1岁以内的婴儿，他们的言语技能相对缺乏，因此他们主要是借助于非言语信号来交往。这种非言语交往信号主要是视觉行为、面部表情和身体姿势。在出生后头几个月里，视觉行为——注视、转移视线、闭眼、转头等——是其主要的交往信号。

1. 出生后几周的交往方式　在出生后头几周，婴儿的交往模式主要是与基本的生存需要有关，他们通过哭泣、踢打、烦躁不安等来向父母或照顾者传达自己的需要。随后，婴儿便学会区别母亲、父亲和其他人，学会识别他人的面部表情和情绪状态，其反应性也迅速增加。

2. 1岁以内社会交往方式的变化　1岁以内婴儿的交往信号主要是注视，伸手够物，模仿面部表情，视觉和动觉追踪成人；同时，婴儿的社会性反应、微笑、发声等进一步增加，促使他人注意他们，与之游戏和娱乐。在大约5个月时，婴儿对其他儿童的兴趣增加。大约6～8个月时，婴儿喜欢玩躲猫猫游戏。

3. 对不同交往对象的相应行为　婴儿能识别不同的交往对象并采取相对应的行为。在一项实验中比较了婴儿与母亲、父亲、同胞及同龄伙伴的交往情况，发现不仅每一个交往对象各有其不同的行为表现，婴儿面对不同的交往对象时也表现出明显不同的交往行为（Field，1981）。在与不同的人处于面对面的情景时，4周大的婴儿已能表现出不同的行为（Fogel，1980）。当同伴出现时，婴儿会产生凝视、急速转头等行为，在与母亲相对时，则出现较多的眉毛和身体的动作。4个月的婴儿已能区分自己和他人的反应，他们较多地注视自己的镜像，但是对他人（包括同卵双生子同胞）有较多的微笑、发声和伸手的动作。他们会较多地注视与其大小相似、能发声、会点头的洋娃娃，对母亲则有较多的社会性行为。婴儿还能清楚地区分父母的面孔和声音，他们对父亲笑得较多，对母亲注视的时间较长。不同人的面孔和声音在很多方面是不相同的，婴儿的反应表明他们已能区分非常复杂的刺激，甚至能够区分同一个人面孔和声音上的细微差别，当母亲在自发的交往中表现出不同的表情（如沉默、冷淡、愉快或悲哀），或当母亲一直注视婴儿但是声音变换，结果发现，婴儿的行为也随之发生变化（Ellsworth et al.，1993）。

4. 影响1岁以内婴儿交往的因素 影响交往的因素是多方面的。研究发现，儿童的年龄、性别、出生次序或状态（正常或异常）以及交往对象的年龄、收入或文化团体等因素都会影响儿童交往行为的类型和数量。跨文化的比较研究也发现，许多交往行为是具有普遍性的，如面部表情、母婴游戏、咿呀发声等，而有些交往行为（如面对面交谈，视线接触等）则可能是某些文化团体所特有的。

（二）0～3岁儿童与父母交往的特点

对于0～3岁儿童来说，最经常、最主要的接触者仍是父母。因此，他们与父母的交往的功能、价值和特点是值得注意的。下面我们分别探讨婴儿与母亲、父亲的交往特点。

1. 与母亲的交往 如前所述，母亲是婴儿的主要抚养者。因此她是婴儿生存、发展的第一重要人物。母亲也是婴儿社会性行为和社会性发展的重要基础。在母亲的要求、指导下，婴儿学会了参与、进入交往，主动发起、邀请交往，以及如何维持交往、解决交往中的矛盾和冲突，使交往顺利进行，习得了最初的社交技能，积累了初步的交往经验（Power & Chapieski，1986；Maccoby，1982；庞丽娟，1987）。许多研究表明，婴儿与母亲的关系是以后诸多社会关系形成的基础，母婴关系在很大程度上影响了婴儿以后整个人际关系的形成

（Main & Weston，1981；Parke & Tinsley，1987）。如前文所述，依恋发展可以分为四个阶段：①无差别的社会反应阶段（0～3个月）；②有差别的社会反应阶段（3～6个月）；③特殊的情感联结阶段（6个月～2岁多）；④目标调整的伙伴关系阶段（2岁以后）。从6～7个月起，婴儿进一步对母亲的存在特别关切，特别愿意与母亲在一起。他们的情绪因是否与母亲在一起而变化，也就是说，婴儿出现了明显的依恋，形成了专门对母亲的情感联结。同时，婴儿表现出对陌生人怯生的情绪，这是特殊的情感联结阶段，所以叫作**指定依恋期**（prescriptive attachment period）。2岁以后，婴儿能认识并理解母亲的情感，知道交往时应考虑母亲的需要和兴趣，并据此调整自己的情绪和行为反应。这时婴儿把母亲作为一个交往的伙伴，能认识到她有自己的需要，交往时双方都应考虑对方的需要，并适当调整自己的目标。例如，当母亲忙于别的事情，需要离开自己一段时间时，婴儿会表现出理解，因为他相信母亲肯定会回来的。

2. 与父亲的交往　父婴交往对婴儿心理发展具有母婴交往不可替代的特殊作用。父亲是婴儿重要的游戏伙伴，是婴儿积极情感满足、社会性发展、人格发展和性别角色正常发展以及社交技能提高的重要源泉。

当然，父婴交往也有其特点，一般来说，父亲与婴儿的接触、交往时间上要明显地少于母亲，即父亲在直接照料、接触孩子上花的时间比母亲少。尽管如此，但父亲与母亲一样敏感、关心和有责任心，有能力及有效地承担婴儿的日常照料和进行有效的相互作用，并表现出如下特点：

（1）在交往内容上：父亲比起母亲更多地与婴儿游戏，根据研究，父亲有37.5％的时间会陪婴儿游戏，母亲与婴儿游戏的时间少于父亲，只占25.8％，更多地是照顾婴儿（Kotelchuch et al.，1976）。

（2）在交往方式上：母亲更多地通过语言交流和身体接触，而父亲则更多的通过身体运动的方式（Greenbaum & Landau，1982）。

（3）在游戏性质上：兰姆等人（Lamb et al.，1977）曾分别在婴儿7～8、12～13、15、18、21和24个月时，对父亲、母亲与婴儿的交往进行了长期观察，结果发现：父亲比母亲进行更多大动作、激烈的、刺激的身体游戏和新异、不寻常的游戏活动。克拉克—斯特瓦特（Clarke-Stewart，1980，1981）对15～30个月的婴儿和其父母交往的进一步研究也发现，父亲与婴儿的游戏更多的是身体性的游戏，带有刺激性，而不像母亲的游戏更多的是语言、教育性的或带有玩具的游戏。

四、婴儿社会行为的表现

国外关于儿童早期社会性发展的研究涉及的方面是很广的，包括了**亲社会行为**（或**利社会行为**）（prosocial behavior）和**反社会行为**（antisocial behavior）（特别是侵略性和攻击性行为两大方面）。先期的研究工作多侧重于婴儿的攻击性行为和侵略性行为，而近年的研究，正如格鲁赛克和阿纳森（Grusec & Arnason，1978）所指出的，侧重于亲社会行为。因为这更有利于促进婴儿亲社会行为的发展，从而培养婴儿积极、良好的道德品质。

（一）亲社会行为

亲社会行为，指对他人、对社会有利的社会性行为，通常也叫积极性的社会行为或**利他主义行为**（altruism behavior）。它包括帮助、安慰、援助、分享、支持、合作和谦让等等。

1. 亲社会行为的表现 施太伦（Stern，1924）在对幼小儿童观察的基础上指出：即使是2岁婴儿也已经有了感受他人悲伤的能力，他不仅为他人的情绪影响而伤心、焦虑，由他人眼泪引起哭泣，而且在更高级的意义上能置身于他人情境，接受他人的悲伤、痛苦和恐惧，并力图安慰和帮助他人，甚至为他去报复。皮亚杰（Piaget，1932）指出，1岁末的婴儿已经出现了利他倾向和分享的反应，一个12个月的孩子会把他的玩具递给另一个孩子。沙利文（Sallivan，1940）也认为，早期儿童对他人的需要表现出很大的敏感性和同情心。一个2岁的婴儿若看见同伴在哭，他会说“他哭了，他想要糖”，并摆手叫他不要哭。

莱因戈德（Rhecngold，1976）与其合作者将实验室布置成家庭的式样，然后请15～18个月的婴儿和父母在其中活动以研究婴儿的分享行为。结果发现几乎所有的婴儿都表现出了一次或多次的分享，他们不仅能把自己的玩具拿给别人看，或者是拿出玩具参加到他人的活动中，而且能够将自己的玩具送给别人，让别人玩，并且不管是对自己的父母还是对不太熟悉的人，都表现出这些分享行为。1979年莱因戈德采用同样的方法进一步研究儿童的援助行为，在家庭中留有一些未完成的任务，且让成人不要请儿童帮助。在25分钟的短短时间里，参与实验的20个儿童中就有18人帮助了他们的母亲，同时还帮助了他们不熟悉的成年妇女。

2. 亲社会行为的发展　韦克勒和耶罗（Waxier & Yarrow，1982）就婴儿对处于困境的他人的反应进行了9个月的追踪研究。观察对象为10、15、20个月的三个年龄组的婴儿。他们训练母亲们详细观察记录婴儿平常的行为，并模拟设置一些情绪困境看婴儿的反应。结果表明，10～12个月的婴儿，对他人的困境还不能引起明显的情绪和动作反应，只有三分之一的情况引起他们简单的注意，或伤心、哭泣，或用眼睛搜寻看护人等。15、16个月的婴儿对处于困难境地的他人开始有积极的反应，即能主动地接触和轻拍、抚慰他人。18～24个月的婴儿，这类反应越来越明显、频繁和多样化。2岁婴儿能够主动帮助陷入困境的人，拿出自己的物品给对方，并提出应该怎么办的建议，用语言和行动对其处境表示同情，力图引起处于困境者的情绪变化，有时还请别人帮助他，或者用替代性活动来转移、安慰处于困境者等。但是，幼小儿童并不总是对他人痛苦的表情线索做出积极反应。这些线索有时引起躲开、回避或攻击，但是与积极性反应相比，这类反应发生的频率很低。邓恩等人（Dunn et al.，1979）研究发现，14个月的婴儿就能对他的兄姐表示关心，并知道如何使他们高兴，使他们喜欢自己并以自己特有的方式向他们提供注意、同情、关心、分享和帮助。

（二）移情行为

在众多的关于儿童早期的亲社会行为的研究中，霍夫曼（Hoffman，1976，1984）关于儿童**同情心**（sympathy）或**移情**（transference）和利他主义行为的研究占有重要地位。霍夫曼认为，移情是一种无意识的、有时是十分强烈的对别人的情绪状态的体验。它是推动人去做出有利于他人利益的行为，甚至不惜牺牲自己利益的动力。

1. 移情行为的发展　幼小儿童就有移情作用的表现，他们能够感受到别人正在感受的东西。一个18个月大的儿童，当他看到另一个儿童跌倒了、哭了，他也会跟着哭起来，或者吸吮自己的手指，看上去好像焦虑不安，非常痛苦、难过的样子，这是最初的移情反应的表现。它发生于婴儿出生后的1～2年，这时的反应还不能说明儿童真正理解别人的情绪状态。这种反应产生的原因一般用经典的条件反射的理论给予解释，就像儿童条件性害怕的习得一样。一个周岁的儿童，起码已在各种场合哭了上百次，这种哭声已经反复地跟儿童自己的苦恼或痛苦连接在一起。这样，通过这种简单的结合，别的孩子的哭声就可能唤起他的痛苦的体验，或对先前痛苦的回忆，因此他甚至会流眼泪。如果年幼儿童能想象出一个办法使另一个儿童停止哭泣，他自己或许也会感觉好一点。

2. 婴儿移情行为的特点 艾伦弗里德（Aronfreed，1970）在霍夫曼研究的基础上研究了儿童做出一些牺牲而减轻别人痛苦的条件。他发现：①儿童需要有多次与父母或他人同时产生共同的痛苦之类的体验的经验；②儿童同伴的痛苦要有明显的外部表现，比如痛苦的哭声。但是，单单知道同伴有痛苦是不够的，艾伦弗里德还发现，共同的愉快感受和展现愉快的情绪表现也能刺激儿童做出一些牺牲，以给同伴带来更大的快乐。艾伦弗里德的研究工作强调了亲眼看见他人痛苦以及把自己的感情和别人的感情联结起来。这就是利他主义行为产生的基础。

（三）社会行为的产生与发展原因

海等人（Hay et al.，1979）探讨了早期社会行为，特别是亲社会行为产生、发展的内部过程及其原因。他们认为婴儿与成人的交往、成人给婴儿行为提供的榜样和强化是非常重要的。在日常生活中，婴儿随时看到和亲身经历成人是如何满足他的需要，给他以安慰、援助等。这个过程中包含了大量的学习亲社会行为的机会。以后，当婴儿碰到类似的情景时，一旦表现出类似的亲社会行为，成人便鼓励他以强化，所以，婴儿的良好社会行为逐渐得以巩固，养成习惯。

五、婴儿道德发展的特点

林崇德（1989，2015）在研究中发现，3岁前是儿童道德萌芽的时期，是以“好”（或“乖”“对”“好人”）与“坏”（或“不好”“不乖”“坏人”）两义性为标准的道德动机，并依此引出合乎“好”与“坏”的道德需求的行动来。此时，儿童不可能掌握抽象的道德原则，其道德行为是很不稳定的。这个阶段的主要任务是理解“好”“坏”两类简单的规范，并做出一些合乎成人要求的道德行为。

（一）婴儿的道德观念与道德判断及其行为表现

婴儿的道德观念、道德行为是在成人的强化和要求下逐渐形成的。当婴儿在日常生活中做出良好的行为时，成人就显出愉快的表情，并且用“好”“乖”等词给以阳性强化（或正强化）；当婴儿做出不良的行为时，成人就显出不愉快的表情，并且用“不好”“不乖”等词给以阴性强化（或负强化）。在这样的过程中，婴儿就能不断地做出合乎道德要求的行为，并形成各种道德习惯。以后再遇到相似场合，婴儿就毫不迟疑地做出合乎道德要求的行为来，而对于不合乎道德规范的行为，则采用否定的态度或加以克制。例如，当2～3岁婴儿看到别的儿童手里有新奇、好玩的玩具时，就想拿过来玩，但是另一方面又觉得抢别人的东西是不对的，因而努力克制自己的愿望而不去抢玩具。

婴儿的道德判断也是在与成人的积极交往中逐渐学会的，先学会评价他人的行为，进而学会评价自己的行为。在评价自己的行为时，先是模仿成人对自己行为的评价，例如成人说“好”“乖”，婴儿也认为是“好”“乖”，成人认为“不好”“不乖”，婴儿也认为“不好”“不乖”。以后婴儿将逐渐学会自己评价自己的行为。

但是，幼小儿童由于生活范围狭窄，生活经验缺乏，同时也由于认识或意识水平的限制，他们的道德行为都只有一些萌芽表现。比如，婴儿在一起玩时，知道应该互相友好，“大家一起好好地玩”，但是常常推人或抢别人的玩具，如果别的儿童也推他一下，或者说“不给”，他还会动手打人，甚至去告诉老师“他不给我”。而且，婴儿的行为是极其不稳定的，常常容易受到情绪和周围环境的影响，并不总是服从于一定的道德标准。例如，同是一个婴儿，刚刚帮另一个孩子捡起球得到了老师的表扬，但是过一会儿他又会把这个孩子的球打掉，两人吵起来了；刚刚看到另一个孩子在摘花，一本正经地告诉他“好孩子不能摘花”，可是过一会儿，他自己忍不住去摘花了。反过来也是一样，一个婴儿刚刚把另一个儿童搭建的“汽车”推倒，并把那个搭“汽车”的儿童给弄哭了，但不消几分钟，两人又和好了，不仅把玩具给对方玩，还和那个儿童一起搭建“房子”。因此，2～3岁婴儿的道德观念、道德行为还只有一些最初步的表现，我们不可做过高的估计，也不能提出过高的要求。对婴儿的行为、品质不可轻下论断，要经常地给以提醒、鼓励和要求。

（二）婴儿的道德感及其行为表现

正如前面所述，幼小儿童在掌握道德观念的基础上，已经产生了初步的道德感，比如同情心、责任感、互助感等。1.5～2岁的婴儿，已能关心别人的情绪，关心他人的处境，因他人高兴而高兴，因他人难受而难受，并且力图安慰、帮助别人。之后随着自我意识的进一步发展以及成人的不断教育，婴儿对自己和他人的行为是否符合社会道德准则产生了最初的体验。当自己或别人的言行符合他所掌握的社会准则因而受到表扬时，婴儿便产生高兴、满足、自豪的情感体验；当自己或别人的言行不符合他所掌握的社会规范因而受到批评或斥责时，他便会产生羞怯、难受、内疚和气愤等情感体验。例如，当看到别的儿童手里有巧克力，想夺过来吃时，成人生气地制止这一行动，并告诉他“好孩子不抢别人的东西吃”，这时婴儿会有羞愧的体验；当把自己喜欢吃的雪糕分给别的小朋友吃，妈妈笑眯眯地称赞“真乖，真是好孩子”时，婴儿会产生高兴、兴奋的情绪体验。

在成人的教育下，2～3岁的婴儿也表现出了最初的爱和憎。当看到故事书上的大灰狼、大狐狸时，会用拳头去打，用手指去戳，而当看到小兔子战胜了大灰狼，小鸭子把大狐狸拖下水时，便高兴得拍手大叫。

当然，这时婴儿产生的道德情绪体验，还是非常肤浅的。因为他们的这些行为或是出于成人的要求、评价和强化，或是出于完全的模仿；而且，他们之所以产生这样的情感体验，也是因为受成人相应的评价和情绪表现的影响。进一步看，这种情绪体验在婴儿那里是十分短暂的，有时也不明显。只有当婴儿对自己的行为意义有了一定的理解或养成了一定的习惯后，他们才会有自觉的、主动的情感体验。因此，婴儿的道德感只能说是在开始萌芽，各种道德行为也只是刚刚产生，并且逐渐出现最初的一些道德习惯。

六、个体差异的最初表现

我们在前面集中探讨了婴儿情绪、社会性与道德发展的基本规律和总体特点。事实上，就每一个社会个体而言，由于其知识经验、认知能力、个性特征以及文化背景等方面的不同，其情绪、社会性与品德等心理特征也表现出千姿百态的特点，在心理发展的开始时期就已经表现出明显的个体差异。目前，个体差异的研究正受到发展心理学家的普遍重视。

（一）早期的气质表现

刚出生的新生儿已表现出明显的差异，在啼哭、安静、动作等各个方面都表现出自己的独特特点，这就是**气质**（temperament），即个体对环境的一种行动方式，是儿童人格发展的基础。

研究者们认为儿童早期的气质主要表现在三个方面。第一，**活动性**（activity）：有些婴儿活动性较强，他们频繁地挥动胳膊和腿，对敲打、摇动玩具表现出极大的兴趣，而有些婴儿则较为安静，活动较少，动作也较缓慢。这种早期的活动性水平会进一步影响婴儿伸手、张嘴、取物、爬行、站立等活动的强度和频率。有人认为新生儿的高活动水平与诸如勇敢、竞争性、自作主张、大方、不遵守命令等人格特征有一定的联系（Buss & Block，1980）。第二，**激动性**（irritability）：高度激动的婴儿经常处于烦躁状态，常常哭叫，情绪不稳定，不易平静，这种婴儿往往容易与母亲产生冲突（Lee & Bates，1985）。第三，**反应性**（reactivity）：有些婴儿对细微的刺激都会产生反应，喜欢得到拥抱和亲吻，而有的婴儿只对一定强度的刺激产生反应。

（二）早期的个体差异

美国心理学家托马斯等人（Thomas et al.，1977）进行了长期的追踪研究，认为儿童早期确实存在着相对较为稳定的个体差异，表现在以下九个方面：①活动性；②生理机能（饥饿、睡眠、排泄等）的规律性；③对新环境或人的接受的准备性；④适应变化的能力；⑤对声、光及其他感觉刺激的敏感性；⑥心境；⑦反应强度；⑧注意力的分散；⑨注意的广度和持久性。根据儿童的这九种特征的表现，托马斯等人将婴儿的气质划分为四种类型：①“容易”儿童，他们往往是安静的，生理机能具有一定的规律性，对所有人都很友好；②“困难”儿童，其生活缺乏规律性，睡眠和进食都较少，常大声地哭或笑，会突然发脾气，细微的环境变化也能引起较强的反应，在接触陌生人或面临新事物时常表现出退缩；③“逐渐热情”儿童，他们的反应是温和的，既有积极的也有消极的，他们不很喜欢新的情境，但能以自己的速度产生兴趣并进入新的情境，面对新事物时，也有退缩行为，但其退缩反应并不强烈；④还有一部分儿童可归为“平均”类型，他们的各项反应都属于中等水平。

气质特征不仅是儿童早期个体差异的主要表现形式，而且是影响个体发展的一项重要因素。许多研究都发现，儿童早期的气质倾向对今后的发展产生了影响。

本章摘要

1. 目前，发展心理学界对婴儿期的划分有0～1岁、0～2岁和0～3岁三种。根据已有的研究，我们在本书中采用第三种提法，即将0～3岁的儿童称为婴儿。

2. 婴儿大脑形态的发育，主要表现在**脑的重量增加**、**头围的变化**和**大脑皮质的特点**三个方面。

3. 婴儿大脑机能的发展，主要表现在**脑电图**、**网状结构**、**皮质中枢**和**大脑单侧化**四个方面。

4. 3岁前儿童**全身动作变化**有一定的发展进程。全身动作的发展，特别是学会独立行走，对于儿童认识范围的扩大、空间知觉的发展、游戏的开展以及思维的萌芽，都是十分重要的。

5. 3岁前儿童手的动作也有一定的发展进程。手的动作发展过程，也是**精细动作—适应性**发展的过程，这对于儿童学会掌握工具、协调感知和动作的关系以及发展语言和思维，具有重大的意义。

6. 生命的头三年是儿童口头语言开始发生和发展的时期。在婴儿期，儿童从完全不能说话到能够掌握一些简单的词，开始理解成人言语，跟成人进行最初步的言语交际。

7. 从出生到1岁是**言语的准备时期**。从1～3岁，婴儿的语言能力迅速地发展起来，先后经历理解语言阶段（1～1.5岁）；掌握合乎语法规则的语句，开始积极语言活动阶段（1.5～3岁）。1岁末儿童出现20个左右的词，2岁末出现300～500个词，3岁末接近1000个词。自1.5岁后，儿童在口语中，除了名词、动词之外，其他各类词，如形容词、副词、代词、连词等是随着年龄增长而提高其百分比的。

8. 皮亚杰的**感知运动阶段**分为六个时期：**原始感觉动作图式的练习**；**初级循环反应**；**第二级循环反应**；**第二级图式的协调**；**第三级循环反应**；**通过心理组合发明新的手段**。

9. 不少研究者考察我国婴幼儿的感知发展，制定了有关感知觉发展常模。

10. 近年来，婴儿深度知觉研究很热门，测量婴儿深度知觉的工具是**视崖**。研究表明，0～3岁儿童的空间知觉，尤其是深度知觉发展是与其经验的获得直接联系着的。

11. 从出生到1岁，婴儿的记忆初步发展；1～3岁是记忆发展的第一个高峰时期。他们机械记忆能力比较发达，且具有相当大的潜能；他们**具象表征能力**出现较早，并在语言产生之后获得了**符号表征能力**。**延缓模仿能力**的出现是1～3岁儿童记忆能力逐渐走向成熟的一个标志。

12. 3岁前是思维发展的萌芽期，主要表现出的是**直观**（感知）、**行动**（动作）和**思维**。3岁前儿童思维可以分为四个阶段：**条件反射建立时期；知觉常性产生时期；直观行动性思维时期；词语调节型直观行动性思维时期**。

13. 婴儿在与照顾者的相互交往过程中，不仅表现出自己的情绪作为基本的交往信号，而且学会辨别他人的情绪和面部表情。

14. 婴儿期开始形成、建立较为稳定的依恋关系，婴儿依恋发展经过四个时期：**无差别的社会反应时期**（0～3个月）；**选择性的社会反应时期**（3～6个月）；**特定依恋期**（6个月以后，直到2～3岁）；**目标调整的参与期**（2～3岁以后）。

15. 母亲是婴儿的主要抚养者，因此她是婴儿生存、发展的第一重要人物。婴儿对母亲依恋的发展分为四个阶段：**无差别的社会反应阶段**、**有差别的社会反应阶段**、**特殊的情感联结阶段**、**目标调整的伙伴关系阶段**。

16. 父婴交往对儿童心理发展具有母婴交往不可替代的特殊作用。父婴交往的内容，更多地运用游戏；交往的形式，更多地借由身体运动的方式。

17. 1～3岁是儿童亲社会和攻击性行为开始产生的阶段，同情心、移情、焦虑、苦恼和利他主义行为均从这个阶段开始。

18. 3岁前是儿童道德萌芽的时期，是以“好”（或“乖”“对”“好人”）与“坏”（或“不好”“不乖”“坏人”）两义性为标准的道德动机，并依次引出合乎“好”与“坏”道德需求的行动来。

19. 心理发展的个体差异，在婴儿期有着最初的表现，是以气质为主要表现形式的。

参考资料

1. 朱智贤.（1962，1979，1993，2003，2009，2018）. 儿童心理学. 北京：人民教育出版社.

2. 朱智贤，林崇德.（1986）. 思维发展心理学. 北京：北京师范大学出版社.

3. 林崇德.（1989）. 品德发展心理学. 上海：上海教育出版社.

4. 林崇德.（2014）. 品德发展心理学. 西安：陕西师范大学出版社.

5. 庞丽娟，李辉.（1993）. 婴儿心理学. 杭州：浙江教育出版社.

6. 劳拉 · E. 贝克.（2008）. 婴儿、儿童和青少年（第5版）（桑标等译）. 上海：上海人民出版社.

7. Campos, J. J., et al.（1982, 1992, 2000）. *Development in infancy*. New York: Random House.

8. Lamb, M, Hall, E., & Perlmutter, E.（1997）. *Child psychology today*（3rd ed.）. New York: Random House.

9. Hoffman, L., Paris, S., & Hall, E.（1994, 1999）. *Developmental psychology today*. New York: McGraw-Hill.

10. Osofsky, J. D.（1987）. *Handbook of infant development*. New York: John Wiley & Sons.

第五章　学龄前儿童的心理发展

（本章内容细目）

学龄前期（或**学前期**）（preschool period）是指儿童从3～6、7岁这一阶段，这是儿童正式进入学校以前的一个时期。因为这是儿童进入幼儿园（或幼稚园）的时期，所以又称为**幼儿**（或**学前儿童**）（preschool children）时期。

幼儿在环境和教育的影响下，在以游戏为主的各种活动中，其身心各方面都有很大的发展，与婴儿期相比产生了许多质的飞跃。幼儿生理机能的不断发展，身体各部分的比例逐渐接近成人，以及神经系统，尤其是大脑皮质的结构和机能的不断成熟和完善，都为幼儿的心理发展提供了物质基础。

幼儿的心理发展过渡到新的、更高的发展阶段的过程，主要是在活动中完成的。幼儿期的**主导活动**（dominant activity）是**游戏**（play）。游戏不但是幼儿认识世界的手杖、观察生活的窗口、积累知识和经验的源泉，而且也是通过实际活动，积极探索周围世界的重要方式。同时，由于游戏更多表现为一种交互作用，因而其社会性在游戏中也得到了最充分的体现和发展。

同婴儿期比较而言，儿童的语言发展到幼儿期也是个质的飞跃。他们在掌握正确的语音、丰富的词汇和复杂的语法结构等基础上，言语表达能力迅速发展起来。

正是随着幼儿活动范围的扩大、幼儿感性经验的增加以及语言的丰富，幼儿的认知和社会性也不断地由低级向高级发展，并出现了许多新的特点。从毕生发展心理学的观点来考察，越来越多的研究者开始意识到幼儿期是儿童心理发展的关键期，他们的感觉、知觉、记忆、思维、语言、动作以及人格发展在这一阶段都出现了质的飞跃。因而，早期教育和早期智力开发已成为摆在研究者面前的现实课题。

本章准备围绕学龄前期儿童的心理发展，着重探讨以下问题：

1. 学龄前期儿童身心发展的一般特点有哪些？

2. 为什么说游戏是幼儿的主导活动？游戏有哪些种类？幼儿的游戏又是怎样发展的？

3. 学前儿童的语言有哪些表现？其词汇和言语表达能力是如何发展的？

4. 幼儿的认知发展有哪些特点？有哪些方面的表现？

5. 学龄前期儿童的社会性发展有哪些表现？具体特点是什么？

第一节 幼儿园的小天使

幼儿园（或**幼稚园**）（kindergarten）是教养幼儿的机构。在欧洲，首先出现了这种集体的学前儿童的教养机构。最早创办学前儿童教养机构的是法国教师奥贝尔林，他于1767年在其教区建立了一所**托儿所**（原名salle daside，字义为hall of refuge，即稚童所，后亦称infant school），聘请青年妇女照顾父母在田间劳动的小孩，教小孩游戏、收集植物标本等。后来，英国的欧文于1816年在纽兰纳克创办了**幼儿学校**（preschool），主要招收2～5岁的儿童。1837年福禄贝尔始创幼儿园，这一名称在国际上一直沿用至今。19世纪后半期，欧美国家相继设立幼儿园，出现了像蒙台梭利（Maria Montessori，1870—1952）这样著名的幼儿教育家。

在中国，1903年《奏定学堂章程》规定设立蒙养院，收3～7岁幼儿，最先设立的有武昌模范堂的蒙养院和京师第一蒙养院。1912年改为蒙养园，1922年定名为幼稚园。

在幼儿园里，儿童天真无邪的面容、稚趣活泼的举止，就像小天使一样可爱。在他们的生活和活动中，小天使处处表现出自己独有的特点。

一、渴望社会生活

儿童出生以后，在一定的社会生活和教育条件下，经过三年的时间，已逐渐发展到能够独立行走，广泛操纵物体，进行初步的语言交际，具有直观行动思维，并且能从事一些最初步的游戏活动的儿童。就在这些发展的基础上，儿童进入了学前时期，或幼儿阶段。

在幼儿阶段，儿童表现最明显的特征是渴望参与社会生活。幼儿自身的发展促使他们需要参与社会生活，并且成为一名积极的实践者。由于游戏活动是幼儿期的主导活动，因此游戏也是幼儿参与社会活动的主要形式。

（一）幼儿需参与社会生活

任何人在任何时候都生活在特定的社会关系之中，也许幼儿阶段的社会关系相对来说不太复杂，但是他所接触的环境无处不带有社会文化色彩。社会因素通过直接与儿童接触的抚养者、居住环境、玩具用品，特别是幼儿园的教养内容与形式，以一种强烈而深刻渗透的方式影响着儿童身体、智能和社会性的发展。

考虑到幼儿独立生活能力的增长，成人对他们提出了比以前更高的要求，开始要求儿童独立地承担某些简单的职责，如自己穿衣、吃饭、收拾玩具等。特别是儿童进入幼儿园，幼儿园虽然以游戏为主要活动，但开始逐步进行有组织的作业，如道德、语言、认识环境、图画、手工、音乐、户外活动等教学，并且开始注重养成儿童良好的生活习惯，使他们的身心在入小学前就获得健全的发展。所有这一切，需要幼儿从事一些力所能及的社会生活活动，于是促进了幼儿初步地产生参加社会生活的愿望。这个过程是实现社会化的过程。

（二）游戏是幼儿参与社会生活的主要活动形式

在学前阶段，一方面，在和成人的交往中，幼儿渴望参加社会生活，向往着成人的学习和工作等种种社会活动；另一方面，幼儿的能力还是非常有限的，他们还不能很好地掌握自己的行动，他们的知识经验还非常缺乏，且不能很好地控制自己，使自己的行为服从于比较远大的目的，这就产生了渴望成人的社会活动与其身心发展的局限性的矛盾。游戏活动就是解决这一矛盾的主要活动形式。这是因为儿童在游戏中反映了周围的现实生活和社会关系，通过游戏，他们能体验成人的社会活动、社会生活和道德面貌，领会人们之间的相互关系，促进了自我形象的建立。可见游戏是幼儿认识世界和促进社会知识发展的一种途径。与此同时，游戏也是促使幼儿身心迅速发展的最好活动形式。在正确组织的阶段活动中，幼儿的认知、情感、意志、人格、道德等能获得较快的发展，而且，由于儿童担任游戏中的某些角色任务，必须努力去完成，他们的动作就更富有目的性和积极性，从而有效地促进其身体运动器官的发育。

（三）幼儿是社会生活的积极参与者

要想参加社会生活，幼儿就必须接受某些行为标准，即使在游戏中，也要遵循游戏的规则。成人往往必须花费相当多的时间和精力向儿童传递这些标准，并且感到自己对儿童理解和适应标准的水平负有直接的责任。

成人为实施其社会化影响，可以使用各种手段，他们对儿童讲解行为规范、设置奖励和惩罚，还可以限制儿童生活的环境，以身作则地树立榜样。最重要的是，尽管如此，幼儿并非总是按照成人的愿望来参加社会生活和游戏。对于成人的指导，他们有时不能理解，有时加以反对，甚至对已经接受的游戏规则也不能执行。由此可见，幼儿渴望参加社会生活，也要遵循社会规则去行动，但幼儿绝不是社会灌输的被动接受者，相反地，从向往社会生活到游戏及开始参与生活，儿童自己是一种主动积极的动因，他们能激发和创造一些影响自身发展的社会性经验，如完成创造性游戏或其他游戏中的创造性行动。他们不仅参与决定自己的社会关系的性质，而且对来自成人的社会影响会再用自己的方式加工，从而积极参与社会生活。

二、神经系统的发展

随着年龄的增长，生活条件和教育条件的不断变化，3岁以后，儿童的神经系统进一步发展，突出表现在大脑结构的不断完善和机能的进一步成熟等方面。幼儿大脑的进一步发展为幼儿的心理发展提供了直接的生理基础。

（一）大脑结构的发展

3～6、7岁幼儿脑结构的发展主要表现在：

1. 脑重的增加　新生儿的脑重约390克，占成人脑重的25％左右。在此以后，脑重量随着年龄而不断增长，到3岁时达到900克至1011克，相当于成人脑重的三分之二。到了6、7岁时脑重约为1280克，基本接近成人水平。以后脑重增长相当缓慢，到13岁时达到成人脑重的平均数（1400克），到20岁左右停止增长。由此可见，个体脑重量的增长到幼儿期基本完成。值得指出的是，这一结果并非由神经细胞大量增殖所致，而主要是由神经细胞结构的复杂化和神经纤维的不断增长造成的。

2. 神经纤维的增长及其髓鞘化的基本完成 儿童2岁以后，脑神经纤维继续增长，并在以前多呈水平方向的基础上出现了向竖直或斜线方向延伸的分支。此后，神经纤维分支进一步增多、加长，开始形成更为复杂的神经联系。与此同时，幼儿神经纤维的髓鞘化也逐渐完成，使得神经兴奋沿着一定道路迅速传导，并且更加精确。在新生儿期，脑的低级部位（如脊髓、脑干）已经开始髓鞘化，此后是与感觉运动有关及与运动系统有关的部位，最后直至与智力活动相关的额叶、顶叶区都开始相继髓鞘化。到6岁末几乎所有的皮层传导道路都已髓鞘化。神经纤维的增长及其髓鞘化的基本完成，使脑皮质结构日益复杂化。

3. 整个大脑皮质达到相当成熟的程度 大脑皮质的成熟具有一定的程序性。我国心理学工作者关于儿童脑发展的年龄特征的研究（刘世熠，1962，1964；姚磊等，1993）表明：

（1）通过脑电频率（见图5-1）考察脑的发展得知，4～20岁个体脑电发展的总趋势是α波的频率逐渐增加，其间有两个α波显著加速的“飞跃”期，其中5～6岁即幼儿末期是第一个显著加速期，此时α波和θ波对抗最为激烈，对抗的结果是α波开始明显超过θ波。而我们知道α波是人脑活动的最基本节律，频率为8～13次/秒，它在成人期呈现相当稳定的状态。一般认为10±0.5次/秒的α波节律是人脑与外界保持最佳平衡的节律，而θ波的频率多为4～7次/秒，不利于儿童与外界保持最佳平衡。因此，幼儿末期脑电波中α波增多而θ波明显减少表明脑结构趋向成熟。

（2）关于儿童大脑皮质区成熟度的研究表明，个体大脑各区成熟的路线为“O—T—P—F”，即**枕叶**（occipital lobe）—**颞叶**（temporal lobe）—**顶叶**（parietal lobe）—**额叶**（forntal lobe）。到幼儿末期，大脑皮质各区都接近成人的水平，7岁时连发育最晚的额叶也基本成熟。这就为幼儿智力活动的迅速发展和接受教育提供了可能。

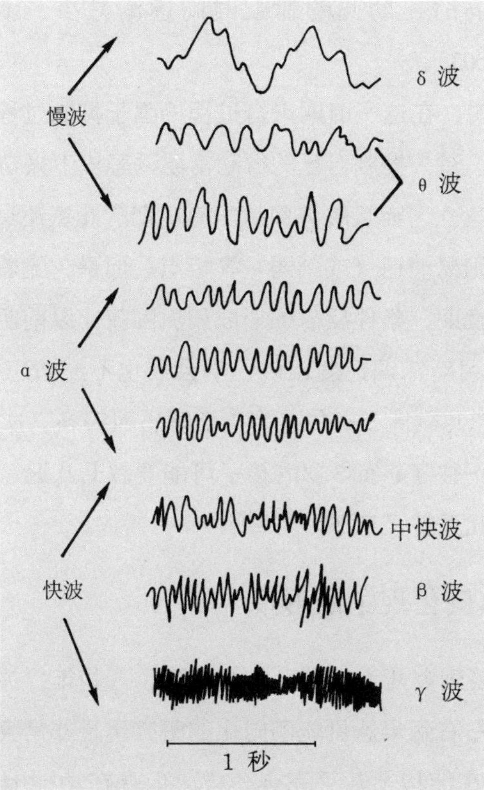

图 5-1　脑电图的各种波形
（引自姚磊等，1993）

（二）大脑机能的成熟

随着幼儿大脑结构的发展，脑的机能也发展起来。

1. 兴奋和抑制的神经过程不断增强，且二者日趋平衡　兴奋过程（excitatory process）的加强明显表现在幼儿每日的睡眠时间相对减少，由新生儿时的每日平均22小时睡眠到3岁时平均14小时左右，而7岁时则只需要11小时左右就够了。

抑制过程（inhibitory process）在乳儿期就开始发展，但是，一般在3岁以前儿童的**内抑制**（internal inhibition）发展很慢，大约从4岁起，由于**神经系统**（nervous system）结构的完善、言语的掌握和周围环境的作用，儿童的内抑制有了较快的发展。突出表现在幼儿可以逐渐学会控制、调节自己的行为，而减少冲动性；与此同时，幼儿的睡眠时间逐渐减少，清醒时间相对延长（Iglowstein et al.，2003）。

但是，总的来说，在这一时期兴奋过程仍强于抑制过程，兴奋过程和抑制过程还是不太平衡。过久控制自己的行动常易诱导皮下兴奋。

2. 条件反射易建立，而且较巩固 学前初期的儿童还具有婴儿期条件反射形成慢、缺乏强化则易消退（或削弱）等特点。但是，随着幼儿期神经系统结构的发展，到学前晚期，条件反射的形成和巩固就比以前明显加快。这非常明显地体现在儿童学习新知识速度较快、学会后也不易遗忘等现象中，比如5、6岁的孩子学一首新儿歌比3岁左右的孩子既省时得多，次数也少得多，他们往往学几遍就可能记住了；而3岁的孩子可能要教七八遍，甚至十几遍，而且如不及时复习，过几天就又忘了。

（三）大脑单侧化现象的形成

上一章我们曾谈到婴儿大脑单侧化的问题。近些年，关于幼儿大脑发展的研究中，对于大脑左右两半球机能侧向化的研究也是非常突出的一个方面。虽然大脑左右两半球在结构上几乎完全一样，但是在功能上却有不同。一般来说，左半球是处理言语、进行抽象逻辑思维的中枢；右半球是处理表象、进行形象思维的中枢，形成两半球在功能上的高度专门化或左右脑半球优势（即指人体上相对称之器官中较占优势者）。诸多角度的研究共同表明，儿童左右脑功能明显侧向化是在幼儿期。

1. 左右脑半球优势的形成 现代生理学的研究表明，**大脑单侧化现象**（brain lateralization）自婴儿期开始显现，而在幼儿期明显形成。我国郭可教（1980）通过对一个右脑半球严重病变、损及颞叶后部的5岁幼儿的研究，发现其具有明显的左侧空间不识症，如在视野测定中，左侧视野不能见物。一个突出的表现是在医院的花圃里，当其姑姑在其近处左侧视野里，他竟看不见，大声呼喊“姑姑”，“姑姑”，并向前走。但是，该幼儿的言语能力完全正常，日常会话和对答都没有任何问题。这一事实表明，儿童在5岁时大脑两半球机能已经单侧化，左右脑半球优势已经明显形成。

2. 优势手的形成 **优势手**（dominant hand）就是使用较多的手，这种现象的出现，是个体大脑优势半球的外部标志之一。我国关于优势手的研究取得了基本相同的结果。李鸣果等人（1991）曾用幼儿抓物的方式研究不同年龄儿童优势手的形成，结果表明1岁的儿童使用左右手的次数接近1∶1，随着年龄增长，儿童使用右手的次数逐渐增多，至5岁以后基本趋于固定值。具体结果见表5-1。

表5-1 儿童优势手形成过程

优势手 \ 人数 \ 年龄	1岁	2岁	3岁	4岁	5岁	6岁	7岁
右手	670	942	1103	1129	1165	1153	1192
左手	592	316	267	270	233	247	208
双手	138	142	30	1	2	0	0

（引自李鸣果等，1991）

钟其翔（1988）对广西幼儿园儿童的调查指出，小班幼儿左利手占27%～30%，中班幼儿就只占约9%，而大班幼儿中只占4%～9%。

从上述研究材料可见，幼儿优势脑半球在5岁左右已经形成，左右脑已有明确的功能分工。

三、具体形象性占优势

幼儿的各种心理过程带有明显的具体形象性和不随意性，抽象概括性和随意性只是刚刚开始发展。这里我们先对此做一个总体的描述，在第四节再做详细讨论。

（一）皮亚杰的前运算思维阶段

前运算思维阶段（或前运思期）是皮亚杰认知发展阶段论中儿童认知发展的第二个阶段（2～7岁）。在此一阶段，儿童的各种感觉运动图式开始内化为表象或形象图式，特别是由于语言的出现和发展，促使儿童日益频繁地用表象符号来代替外界事物，重现外部活动，这主要是**表象性思维**（representative thinking），又称**具体思维**（concrete thinking），即个体利用头脑中的具体形象来解决问题的思维。

这一阶段儿童认知的特点，可以归结为四个方面：

1. 相对具体性（relative concrete） 儿童发展运用符号的能力，开始依赖表象进行认知，是一种表象性认知，但还不能进行运算认知。

2. 不可逆性 如果你问一个3岁的女孩："你有姐妹吗？"她说："有。""她叫什么名字？"她说："琪恩。""琪恩有姐妹吗？"她答："没有。"这时，幼儿对关系的认识是单向的、不可逆的，不能进行可逆运算。这一阶段的儿童还没有守恒结构。例如，给儿童看两个同样大小的用泥捏成的圆球，她说两个一样大，所用的泥一样多；但是在继续看着的情况下，如果把一个泥球拉长成为香肠的形状，再问她，她会说现在的这个比另一个用泥多了。

3. 自我中心性（egocentricity） 儿童站在他的经验中心，只有参照他自己才能理解他人，他认识不到他人的认知过程，缺乏一般性，并认为他所知道的东西别人也会知道，他的谈话多半以自我为中心。

4. 刻板性（stereotype） 当注意集中在问题的某一方面时。就不能同时把注意力转移到另一方面，像液体守恒中，儿童只能注意到杯子的高度，或者注意到杯子的宽度。

由这四方面的特征可知，这个阶段的儿童没有逻辑概念（只能有日常概念或名称概念）。

（二）具体形象性与不随意性的表现

幼儿由于知识经验的贫乏及语言系统发展还不够成熟，因而主要是以具体形象的形式来认识外观事物，这就是具体形象性。幼儿所进行的是初步逻辑思维。他们一般不能给事物下抽象的定义，而只能下功能性的定义，例如，花是好看的、果实是好吃的、椅子是可以坐的东西等等。幼儿也能掌握数的概念和进行计算，但是同样需要直观形象的不断支持和强化，否则就会有很大的困难（朱智贤，1979）。

当然，幼儿也在不断形成一般表象和初级概念，他们已能对各种信息进行加工，从而进行初步的逻辑思维。后者成为我们在第二章中所阐述的国际心理学界对皮亚杰阶段理论质疑的焦点之一。但同时也应该看到皮亚杰的前运算观点是非常有道理的。

此外，也正由于幼儿知识经验的贫乏和语言系统的发展不够成熟，儿童还不能经常有意地控制和调节自己的行动，一般心理过程还带有很大的**不随意性**（involuntary），即心理过程往往是不能意识到的，不由自主的。于是幼儿的心理活动也带有很大的不稳定性。因此，在很大程度上，幼儿还是受外界印象的调节支配的，他们很容易受外界新颖事物的吸引而改变自己的心理活动，其有目的、有系统的独立思考能力是很差的。当然，在整个学前期内，在教育影响下，这种特点正在逐渐发生改变。一般来说，5岁以后，儿童的各种心理过程的**稳定性**（stability）和随意性都在不断增长。学前儿童心理过程的随意性和稳定性的不断增长，就为儿童进入学校学习准备了重要条件。

四、情境性与模仿性

幼儿社会性和道德的发展，其突出的一点是**情境性**（situationality），即他们在社会性的过程中，大多活动往往受**情境**（situation）或**情景**（sentiment and scene）的左右。于是**模仿性**（imitationality）——由仿效别人的言行举止而引起的与之相类似的行为活动——必然成为幼儿阶段的一种明显的特点。这里我们先对此进行概述，在第五节再进行详尽的探讨。

（一）幼儿的情境性

3～6、7岁主要是情境性的社会性和道德发展时期。这时社会性和道德行为的动机往往受当前刺激（即情境）的制约，特定的情境产生与此相对应的社会行为。同时，幼儿的社会性认知和道德认识带有很大的具体性、情境性和受情境的暗示性。这个阶段社会性发展的主要任务是开始接受系统而具体的社会性教育和道德品质教育。

（二）幼儿的模仿性

模仿性是幼儿的显著特点之一。幼儿经常学父母、老师或同伴的样子，说和别人相似的话，或者再现别人做过的行为、动作。一个3岁的小孩在看电视时总爱一拍腿，说："太棒了！"其神态、语言和动作与其父母的如出一辙。我们时常可以听到有人这样说："这孩子的行为与幼儿园老师的极其相像。"除了模仿身边熟悉的人之外，幼儿还经常仿效电影或电视中的角色，几个小朋友凑在一起常能重演影视中的一些画面。

1. 模仿是获得新行为的有效途径 模仿是对他人所显示的行为及其特点进行有选择的重复（再现），它是人类和动物学习新行为的有效方式。模仿是一种普遍的成熟现象，是人类内在的一种能力。事实上，幼儿的模仿就像鱼会游、鸟会飞一样，代表了在发展早期所出现的一种基本能力。因此，所有儿童几乎都会模仿，而且是在出生后七八个月时就已经发生，并在以后几年中变得更经常和更为复杂。但是，虽然模仿带有一种本能的特征，它并不是指向儿童所接触的所有对象。幼儿的模仿是有选择的。他们对某些人的模仿多于对另一些人的模仿；对某些行为的模仿多于对另一些行为的模仿；他们常在观察了大量的行为后重现其中部分的行为和细节。

2. 影响幼儿模仿的因素 影响幼儿模仿谁、模仿什么的因素是多方面的，主要有：

（1）被模仿者所具有的特点：有较高的社会地位、社会影响力，或有能力唤起儿童的某种强烈的情绪体验，如高兴、愉悦等。由于他们会给幼儿留下突出的情绪和感知印象，因而经常被模仿。如幼儿园里的老师，特别是玩法多样、关怀小朋友、受小朋友喜欢的老师，经常受到老师关注的同伴，以及父母等常成为幼儿模仿的对象。

（2）模仿行为的后果：模仿行为的后果可能是奖励、惩罚，或达到一定的目标。当儿童感觉到模仿是一种获得愉快、力量、表扬或其他目标的途径时，他们就会积极地去模仿有关的行为。比如，当一个3岁幼儿看到另一个小朋友用"武力"成功地从别的小朋友手中抢走了自己想要的玩具，他也模仿这种欺侮人的行为，抢走了另一名儿童的玩具。同样，幼儿也可能因为班上一个女孩子因经常帮人收玩具而受奖励，而去模仿她的行为。

（3）不确定性的影响：儿童最经常模仿的是自己正在学习掌握之中的行为，而最少可能去模仿的是那些已完全掌握或非常复杂以至于难以尝试的行为。

3. 幼儿模仿的形式 幼儿模仿主要有两种形式：

（1）即时模仿（immediate imitation）：在观察到被模仿者的某种行为之后立即模仿。例如一个男孩在看到另一个男孩拖着一块大长方形空心积木当马骑满屋跑后，他也立即拉过一块大积木满屋跑；若看见一个小朋友在盥洗室拿抹布团当成手榴弹扔着玩，另几个小朋友也马上加入其中。

（2）延缓模仿（或延迟模仿）：在观察到被模仿者的某种行为之后经过一段时间的间隔才重复出现该行为。比如下面一位妈妈的报告：2周前她打扫房间时曾趴在地上（地面上铺了层报纸）打扫床底下的灰尘，2周后当她女儿的球滚进床底下时，她女儿也拿来张报纸铺在地上，然后迅速地钻进床底下。在日常生活中常可听到幼儿说出或做出父母一段时间前说过的话语或做过的行为。研究表明，延缓模仿虽然在婴儿期已经出现，但却在幼儿期才获得进一步的发展。延缓模仿是一种“智力的”模仿，比即时模仿要求更高的心理智力的参与，亦较之困难和复杂得多，是一种较高级的模仿。幼儿期认知能力尤其是心理表征能力的发展，使延缓模仿的大量运用和发展成为可能。

4. 模仿与认知的关系 幼儿的模仿性非常突出，既与幼儿心理和行为的认知发展水平有关，也与幼儿心理和行为的有意性水平有关。幼儿心理和行为具有很大的不随意性与情绪性，有意识地调节和控制自己心理活动与行为的能力较差，他们很容易受外界其他人或事物的影响，经常由于外界其他人的言语、行为而改变自己的言语或正在进行的活动。比如3、4岁的儿童，经常看见别人做什么他也要做什么；听说别人要玩什么他也要玩什么。在小班给幼儿的玩具种类不必很多，但同一种玩具必须具有一定的量（常用的玩具如布娃娃、汽车等，最好至少有5个以上），原因就在于此。

幼儿的模仿性与思维发展的局限性和是非判断能力较差也密切相关。幼儿思维的最突出特点是具体形象性，思维受直接感知的影响极大，这使幼儿的行为在很大程度上容易受到直接感知到的周围人行为的影响。幼儿判断是非能力较差，常常不分是非，只图当时的好玩、热闹而跟从、模仿。例如听到一个小朋友喊“稀巴烂，炒鸡蛋”，觉得很好玩，班上许多小朋友都跟着喊“稀巴烂，炒鸡蛋”；若看到一个小朋友骑在另一个小朋友身上，压得他喊“饶命”觉得挺好玩的，他也凑趣往上压，另一个看见了再凑趣往上堆，而不管是非、对错，是否应该去做。幼儿在许多场合的模仿，尤其是对一些消极的、不恰当的行为的模仿，与其是非判断能力较差、是非观念的不明确有直接的关系。

5. 模仿对幼儿发展的作用 幼儿模仿性对幼儿心理与行为发展，特别是社会化的过程影响极大。诸多研究共同表明，模仿是幼儿**习得行为**（learned behavior）、**社交技能**（social skill）、**活动方式**（activity style）和**操作经验**（operation experience）等的重要学习途径。有关幼儿亲社会性和攻击性的实验研究指出，模仿既可以提高亲社会性行为的发生频率，也可以增加幼儿攻击性行为的发生可能性；而且这种影响对儿童社会性行为的发展，具有较长期的效应。**孤独儿童**（lonely child）的**干预研究**（intervention research）指出，让比较孤独的幼儿观看成组幼儿一起友好交往的录像片（或录影带），可使他们模仿片中儿童的社交行为，并逐渐增加其实际生活中的社交技能与社交主动性，进而改变其原来的孤立状况。有关幼儿亲子交往和同伴交往的研究表明，模仿还是幼儿获得大量生活经验、认知操作经验和解决问题能力的重要途径。幼儿通常是在和父母与同伴的交往中，通过观察，模仿他们的行为和操作，而逐渐掌握许多生活技能、操作技能和解决问题的方式。因此，模仿对幼儿的心理与行为发展具有很大的意义。同时，它既具有积极、有利的一面，也具有消极、不良的一面。

第二节 在游戏的王国里

诚如前述，幼儿喜欢游戏，游戏是幼儿的主要活动形式；幼儿的心理在游戏的王国中获得发展，游戏是幼儿身心发展的源泉。因此，有效地组织幼儿的游戏活动成为学前教育的主要方式和手段。

一、游戏的理论

在儿童游戏实质的研究中，不同学派持不同的学术观点和解释方式，从而形成和发展了不同的游戏理论。

（一）经典的游戏理论

从19世纪下半叶直到20世纪30年代，是儿童游戏研究的初始阶段。在这一阶段中，研究者从各自的哲学观点和理论思维出发，提出了最早的一系列游戏理论，即经典游戏理论。下面择其要者简述之。

英国心理学家斯宾塞（Herbert Spencer，1820—1903）提出了**精力过剩论**（energy theory），他认为游戏是由于机体内剩余的精力需要发泄而产生的。过剩精力必须寻找方法去消耗它，游戏是一种消耗精力的最好形式。剩余精力越多，游戏就越多。

美国心理学家霍尔的复演论认为，游戏是远古时代人类祖先生活的特征在儿童身上重演。不同年龄的儿童以不同的形式重演祖先的本能活动。例如女孩在玩洋娃娃是重演母性的本能时期；男孩在6～9岁时是狩猎本能的复演期。

此外，德国的拉扎鲁斯（Moritz Lazarus，1824—1903）提出了**娱乐论**（或**松弛论**）（recreation and relaxation theory）；彪勒提出**机能快乐论**（functional pleasure theory）。他们都认为游戏是与工作、劳动相对的，游戏是来自有机体

放松的需要或是快乐的满足，游戏更多的并非是精力过剩而是精力不足造成的，游戏更像是种积极方式的休息和恢复。

（二）精神分析学派的游戏理论

弗洛伊德从精神分析理论的观点，提出了游戏的**补偿说**（compensation theory），又译**发泄论**（catharsis theory）。他认为儿童有许多冲动和愿望，在现实中得不到实现就通过游戏加以补偿。儿童在游戏中受**快乐原则**（或**唯乐原则**）（pleasure principle）的自动调节，快乐原则体现在儿童游戏中，表现为游戏能满足儿童的愿望，使其逃避现实的强制和约束，并为发泄受压抑的、不能为社会所允许和接受的冲动提供了一个安全的场所。

埃里克森则在弗洛伊德学说的基础上，提出了**掌握论**（theory of mastery）。他认为游戏可以帮助自我对生物因素和社会因素进行协调和**整合**（integration）。因为游戏创造了一种典型的情境，在游戏中过去可复活，现在可表征与更新，未来可预期，所以，游戏是自我的一种机能，它能使身体发育和社会性发展两种过程同步进行。游戏的形式往往随年龄的增长和人格的发展而变化。游戏产生在婴儿期，而在幼儿期则起着重要的作用，它帮助幼儿在一定范围内定向、辨认想象与现实之间的最初界限，辨认在文化环境中什么是有意义的、什么是被允许的。在学前期，儿童通过在游戏中扮演角色来表现内心冲突和焦虑，并解决问题。

（三）皮亚杰的游戏理论

皮亚杰从智力或认知结构出发，他认为游戏是智力或认知活动的一个方面，游戏也是同化超过顺应的表现。因为同化与顺应之间的平衡是认知或适应活动的特征，如果顺应大于同化，主体则往往出现重复的动作，如模仿动作；如果同化大于顺应，主体则完全不考虑现实的客观特征，而只是为了实现某种愿望去活动，去改变现实，这就是游戏。游戏的发展水平与儿童认知发展的水平相适应，在认知发展的不同阶段，游戏的类型也不一样。在感知活动阶段，出现了最初形式的游戏，它是为了取得**机能性快乐**（或**功能性乐趣**）（functional pleasure）而重复所习得的活动。到了前运算阶段，**象征性游戏**（symbolic play）成为幼儿的典型游戏。这时，游戏超出了当前的范围，而扩展到时空适应的领域，即它唤起了直接知觉与动作场之外的东西。象征性游戏的发展又分为两个阶段：2～4岁是前概念思维的游戏；4～7岁是直观思维的游戏。皮亚杰认为儿童需要游戏，尤其是象征性游戏，这是因为儿童难以适应周围的现实世界，他不得不经常使自己适应于一个不断地从外部影响他的、由年长者的兴趣和习惯组成的世界，同时又不得不经常使自己适应于一个对他来说理解得很肤浅的物质世界。所以，游戏是认知兴趣和情感兴趣之间的一个缓冲地区，其主要功能就是通过同化作用来改变现实，以满足自我在情感方面的需要。

（四）游戏的觉醒—寻求理论

游戏的**觉醒—寻求理论**（arousal-seeking theory）出现于20世纪60～70年代，它以探讨游戏发生的生理机制与环境的影响为特色，伯莱恩（Daniel E. Berlyne，1924—1976）、哈特（Corinne Hutt）与埃利斯（Albert Ellis，1913—2007）是主要代表人物。这一理论是以人类有社会性内驱力，需要不断参与信息加工活动为前提，并认为个体的中枢神经系统总是通过控制环境刺激的输入量来维持和追求最佳觉醒水平的。此外，缺乏刺激导致的不适，使机体从内外两方面寻求刺激；刺激过剩使机体以减少注意来拒斥一些刺激。游戏正是儿童用以调节环境刺激量以达成最佳觉醒状态的工具。在觉醒水平与游戏的关系上，伯莱恩和哈特有不同的意见。伯莱恩等人认为游戏是缺乏刺激时所产生的多样性探究，所谓探究，就是了解“这是什么”的意思。目的在于寻求刺激，因而与由新异性刺激引发的“特殊性探究”不同。而哈特认为中等水平的刺激才会引起游戏，游戏包括认知性行为与嬉戏性行为，探究从属于游戏。不过总的来看，该理论对儿童通过游戏调整刺激输入和激活环境的机制做出了解释，提示人们注意在人与环境的交互作用中存在环境刺激适宜性问题。教育者在布置教育环境、安排教育内容及投入活动材料时均需注意这些问题，因为过多、过少的环境刺激均不利于儿童的游戏行为与心理发展。

（五）元交际的游戏理论

贝特森（Batson，1952）曾经提出游戏的**元交际理论**（或**后设交际理论**）

（meta-communication theory），他认为游戏是一种元交际过程，在人类文化演进与个体社会化中有重要意义。**元交际**（或**后设交际**）（meta-communication）指交际活动中交际的双方识别、理解对方交际表现中的隐含意义的活动。人类社会是一个表征世界，人类的交际活动也带有丰富的深层含义，交际双方只有理解了交际活动背后的深层含义才能达到真正的沟通，所以，元交际在人类交往中相当重要。游戏正是一种元交际的机会。游戏是以“玩”“假装”为背景来表现种种现实生活中的行为，只有理解了这些行为背后的含义，参与者才能真正进入游戏情景。游戏实际上是将人类的表层活动与活动的深层含义联系起来，也体现了活动及其含义之间的差异与统一性，能引导游戏者在联系中增进认识。无疑地，包含元交际活动在内的游戏，对于儿童理解和建构表征世界具有先导作用。儿童游戏的价值不在于教会儿童某种认知技能或承担某种角色，而在于向儿童传递特定文化下的行为框架，并教儿童如何联系所处的情景来看待行为，以及如何在联系中评价事物。该理论从人类活动的元交际特性出发，指出了游戏本身的价值，为重新认识儿童游戏的地位提供了新思路。

从上述的介绍可见，游戏理论不仅很丰富，而且分析的角度也极不一致。尽管如此，毕竟是有其共同点的。根据上面对游戏理论的探讨，结合各派的游戏学说，可以获得如下三点的认识：

第一，游戏是儿童在社会生活中，满足自身身心发展需要而反映现实生活的活动，它是儿童的生物性与社会性发展的统一。

第二，游戏是一种具有多种心理成分的综合性活动，具有虚构性、兴趣性、愉悦性和具体性。

第三，游戏是幼儿的主要活动形式，它的功能是促进幼儿认知、情感、行为和人格的积极发展，使主体较好地适应现实、有目的地认识世界、能创造性地反映生活。

二、游戏的种类

游戏的种类（或**游戏类型**）（types of play）很多，究竟如何分类，在学前心理学界和学前教育界也不统一，不同国家的分类也不相同。这里，我们将儿童的各种游戏活动从不同角度和发展方面分成许多类型。

（一）依儿童行为表现分类

从儿童行为表现上分类，游戏分为语言游戏、运动游戏、想象游戏和交往游戏。表演游戏则可以看作是以上这些游戏的综合形式。

1. 语言游戏（language play） 是指以语音、语词、字形、词义、语调、语法等语言要素为内容和目的的游戏。语言游戏不像其他游戏只是以语言为交流信息的中介，而是探索、操纵语言符号本身，并使游戏者从中获得娱乐。因此，语言游戏能帮助儿童掌握语言，提高儿童学习语言的兴趣，并能促进儿童**元语言意识**（或**后设语言意识**）（meta-linguistic awareness）的发展。语言游戏的分类有多种，可按目的性分为自发和人为两种，也可以分为纯语言游戏和伴随直观材料的游戏；还可以按内容分为语言游戏、语调游戏等。语言游戏的发展存在着内容不断加深拓广的趋势：1岁前语言游戏以成人和婴儿间的语音游戏为主要形式；5岁时已扩展到语音、语调、词语、字形等数种形式；5岁以后，随着对语言规则、意义的理解加深，儿童开始有意运用多义、谐音等技巧娱乐；10岁左右，元语言意识出现，可以有意制造双关、悖论等现象从中取乐。年龄小的儿童喜欢以语音、节奏的变化和组合为主的语言游戏，如绕口令、接龙、拍手歌谣等；而儿童中期至青年期主要的语言游戏是运用多义、同音、双关和悖论等手法进行的**语词游戏**（speech play），这是以一定水平的语言元认知为前提的，既是娱乐的游戏，也是元语言活动。

2. 运动游戏（motor play） 通过手脚和身体其他部位的运动而获得快乐的游戏活动。这类游戏在婴儿期就开始出现，幼儿期继续发展。随着年龄的增长，运动游戏的内容日益复杂，婴儿主要是踢腿、爬行、迈步。到幼儿期以后，则有荡秋千、滑滑梯、骑三轮车及相互追逐等。在运动游戏中，儿童的运动技能得到充分的发展。

3. 想象游戏（imaginative play） 儿童在假想的情境里按照自己的意愿扮演各种角色，体验各种角色的思想情感的游戏活动。想象游戏在1.5岁左右出现，通常有单独的想象游戏，如给布娃娃喂饭、穿衣；3岁时开始出现合作的想象游戏，它常常以怪诞、夸张的形式出现。想象游戏的高峰期大约在6岁，此时儿童的想象力很丰富，能协调、迅速地从一种角色转换到另一种角色，从一种情境转移到另一种情境。儿童入学后，这类游戏逐渐减少。想象游戏在儿童社会能力的发展中起着重要作用。

4. 交往游戏（intercourse play） 指两个以上的儿童以遵循某些共同规则为前提而开展的社会性游戏。该类游戏的特点是参与者互相呼应，而在使用游戏材料方面则采用协商分配或轮换的形式。交往游戏按交往的性质可分为合作游戏和竞争游戏；按交往对象则可分为与成人的交往游戏和与同伴的交往游戏。6个月的婴儿即可参与到经常性的表情、声音的对答式交往游戏中；8个月后，客体（如玩具）介入交往游戏；21个月后，游戏的象征性成分增加；3岁后，游戏中轮换等规则建立起来；5、6岁后，交往游戏逐步成熟，儿童明确了特定交往游戏的规则、要求及自己应有的行为。交往游戏对儿童学会如何与他人相处有很大价值。在游戏中儿童遇到大量自己与他人的需要或情感冲突的局面，因而可以发展其观点采择能力，学到处理人际关系的言语及非言语技能，还可培养负责、耐心、愿意分享、合作等品质。

5. 表演游戏（dramatic play） 以故事或童话情节为表演内容的一种游戏形式。在表演游戏中，儿童扮演故事或童话中的各种人物，并以故事中人物的语言、动作和表情进行活动。这类游戏是以儿童语言、动作和情感发展为基础的。一般认为，幼儿中期的儿童才能较好地从事这类游戏。随着幼儿语言、动作和情感的不断发展，表演游戏的水平也不断提高。儿童通过这类游戏，不仅可以增长知识，而且可以提高表演才能和语言表达能力。

（二）依儿童认知特点分类

以上面提到的皮亚杰的认知发展游戏理论为根据，可以将游戏分为练习性游戏、象征性游戏、结构游戏和规则游戏。在一定程度上，这种分类方法，主要是以一定的游戏理论假设为前提，属于理论假设为指导的分类。

1. 练习性游戏（practice play） 练习性游戏，又称**机械性游戏**（mechanical play），或**感知运动游戏**（sensorimotor play），是儿童发展中最早出现的一种游戏形式，其动因来自感官所获得的快感，由简单的重复运动所组成。它包括徒手游戏、操作物体的游戏，如摇晃哗啷棒。研究表明，这种游戏随儿童年龄的增长逐渐减少，这类游戏往往以独自游戏或平行游戏的形式发生。

2. 象征性游戏（symbolic play） 这是皮亚杰提出的一种游戏形式，处于前运算阶段的儿童（2～7岁）常进行这类游戏。这是把知觉到的事物用它的替代物来象征的一种游戏形式。当婴儿开始把环境与自身区别开来，就具有了进行象征性游戏的可能性。随着儿童象征功能的出现，儿童将一物体作为一种信号物来代替现实的客体，这就是象征性游戏的开始。随着儿童年龄的增长和知识经验的不断丰富，儿童的象征功能也在不断发展，他们能在自己的世界中再现并反映种种社会事件、地点、人物，使象征性游戏的内容和形式越来越丰富。象征性游戏反映了儿童**符号机能**（symbolic function）的出现和发展，以及对环境的同化倾向性，它是一种适应现实、按照自己的愿望和需要来塑造现实的游戏形式。这里所谓符号机能，是根据皮亚杰（Piaget，1936）的研究，指婴儿在感知运动阶段终末时期出现的种种心理功能。即婴儿开始具有应用已被分化了的，并能在其头脑中引起相应的表象，作为符号代替事物的能力。同时，象征性游戏发挥着必要的感情外泄的作用，对儿童的情绪稳定也是必不可少的。

3. 结构游戏（constructive play） 结构游戏亦称**造型游戏**（moldmaking play）或**工作性游戏**（working play）。它指儿童运用积木、积塑、金属材料、泥、沙、雪等各种材料进行建筑或构造（如用积木搭高楼），从而创造性地反映现实生活的游戏。该类游戏要求儿童手脑并用，不断调控注意力和动作，并且积极回忆、重组、加工头脑中已有的表象，因此可以促进儿童手部动作和对物体数、形、空间特征的精细观察与理解，以及想象力和创造力等方面的发展。这类游戏有三个基本特点：①以造型（搭、拼、捏等）为基本活动；②活动成果是具体造型物（“高楼”等）；③与角色游戏存在着相互转化的密切关系。一般认为结构游戏的发展呈如下顺序：1.5岁左右，儿童开始简单堆叠物体；2～3岁时，儿童活动具有先动手后思考，主题不明，成果简单、粗略、轮廓化的特点；3～4岁儿童逐渐能预设主题，成果的结构相对复杂，细节相对精细；5岁以后儿童游戏中的计划性增强，并可以多人合作建造大型物体。在5～8岁，结构游戏约占儿童全部活动的51%以上。

4. 规则游戏（game-with-rules） 儿童按一定的规则从事的游戏。规则一般是由成人事先制定的，也可以是故事情节要求的，还可以是儿童按他们假设的情节自己规定的。规则有具体的和概括的。从内容上分，规则可以包括儿童日常生活中的规范、成人从事社会活动的准则以及科学规律。这类游戏可以发展儿童的逻辑思维能力，培养儿童遵守集体和社会道德规范的良好习惯。研究表明，幼儿中期儿童能按一定规则进行游戏，但是他们常常出现因外部刺激或自己的兴趣而忘记以至破坏规则的现象；幼儿晚期的儿童，不仅能较好地从事这类游戏，还能较好理解并坚持游戏的规则，同时还能运用规则约束参加游戏的所有成员。

（三）依儿童社会性特点分类

游戏按社会性特点分类的依据是参与游戏的儿童之间的相互关系，这种分类包括独自游戏、平行游戏、联合游戏、合作游戏和旁观游戏。

1. 独自游戏（solitary play）　主要指儿童个人玩耍。独自游戏往往与客体游戏联系在一起。所谓**客体游戏**（object play）就是在出生后头两年内儿童运用物体进行的游戏。在客体游戏中，儿童的行为可能反映客体的功能及社会用途，也可能使客体的外形、位置及其性质等发生变化。儿童在最初的客体游戏中，主要是满足于玩弄客体的动作本身，很少关心客体本身的特征。客体游戏反映儿童的认知发展，随儿童的年龄增长，客体游戏的内容和形式越来越复杂，儿童不仅关心引起客体变化的行为，而且对客体本身也发生兴趣。儿童在客体游戏活动中，既发展了动作的灵巧性与精确性，也逐步区分客体与自我，意识到自身的力量，产生好奇心和探究行为。

2. 平行游戏（或并行游戏）（parallel play）　指儿童独自进行相似的游戏，而不和其他儿童一起游戏。在平行游戏中，儿童玩的玩具与周围儿童的玩具相仿，但无意影响或改变其他儿童的活动，各按各的方式玩，既没有合作的行为，也没有共同的目的。随着儿童年龄的增长，平行游戏越来越少，但在特定情景下的较大幼儿中，也可以观察到平行游戏的现象。

3. 联合游戏（或分享游戏）（associative play）　多个儿童一起进行同样的或类似的游戏，没有分工，也没有按照任何具体目标或结果的组织活动。儿童并不去使自己个人的兴趣服从小组的兴趣，而是根据自己的愿望进行游戏。在这类游戏中，儿童相互作用，但他们的兴趣在于合作的行为，而不在游戏的内容。

4. 合作游戏（cooperative play） 幼儿晚期开始出现的较高级的游戏形式，其特征是有明确的规则，参加者都是有一定的任务并且往往带有竞争性。根据游戏的组织程度，可分为高级、初级两种。初级合作游戏多为戏剧性游戏或团体对抗游戏，如跳绳、玩球等，成员不一定固定，也不一定有首领。高级合作游戏一般到中学时才出现，具有较高的组织性。合作游戏是儿童社会化的手段之一，儿童在游戏中，常模仿成人社会中的关系。

5. 旁观游戏（onlooker play） 指以旁观者的态度，只看别人游戏，但不参与活动（张春兴，1992）。

（四）依儿童创造性特点分类

创造性游戏（creative play）是儿童游戏中高级的表现形式，有明显的主题、目的、角色分配，有游戏规则，内容丰富、情节曲折多样。在游戏中儿童相互了解对方的游戏构思，并将各人的构思吸收到游戏内容中去。每次游戏时变换方式，增加情节。儿童在游戏中需要处理好相互之间的关系。这种游戏反映了儿童的实际生活，也较充分地表现儿童的情感、愿望和知识水平，体现了儿童思维和创造想象发展的新水平，是教育性较强的游戏形式。

当然，任何一种游戏都有一定程度的创造性。由上述我们规定的创造性游戏的特定含义可以看出，各类游戏有着不同程度的创造性。与创造性有关的游戏有累积型游戏、幻想游戏或虚构游戏和假定游戏等。

1. 累积型游戏（accumulative play） 它是一种把不同内容的片断性游戏活动连接起来的游戏类型。如把看画册、随意画线、要点心吃、看电视等活动连接起来，每种活动都能持续10分钟左右，但上一个动作与下一个动作并没有必然联系。在一小时内，大约能表现出四至九种活动。这种类型的游戏一般在2～3岁时比较多见，在6岁儿童中为数也不少。

2. 幻想游戏（fantastic play） 又叫**虚构游戏**（fictive play）。在幻想游戏中，儿童给行动赋予某种意义，即代表某些东西。儿童在这类游戏中独立进行探索，以想象反映社会生活，解决各种实际生活中无法解决的问题。儿童在游戏中表现出渴望交际的心情，假装成人并模仿他们的举止行为。为满足社会行为的需要，幻想游戏使儿童有可能在想象中虚构同伴。3～4岁时幻想游戏占优势。早期的幻想游戏中，主要是简单的模仿性幻想，随着经验的增加和想象力的发展，儿童幻想游戏的内容日趋复杂，并具有一定的创造性。据研究，儿童的幻想游戏存在着性别差异。男孩的幻想游戏主要反映各类活动及攻击行为，多与客体相联系；女孩的幻想游戏更为细致和被动，多与人际关系相联系。在幼儿晚期，这种性别差异明显地表现出来。

3. 假定游戏（make-believe play） 表现出既与现实相似而又夸张的游戏活动。这种活动从婴儿期就已开始，在整个学龄前期继续发展，从简单到复杂，从自我中心到社会化，直到小学初期才逐渐消失。假定游戏随儿童认知的发展而发展。据研究，大约12或13个月的婴儿就开始出现了简单的假定游戏形式，以玩具代替现实物体，即采用替代物。这种早期的假定游戏来自直接情景的触发，并依赖于客观实体。在儿童生活的头两年中，游戏的性质发生了巨大的变化，从动作性游戏转向了表现现实生活的模仿性游戏。到3～4岁，儿童可以将活动作为转换时间和空间的工具，可以不再依赖于实体。随着年龄的增长，儿童游戏中的替代物越来越简单。假定游戏是儿童游戏中的一个重要内容，可以促进儿童的自信和自控，保持适宜的兴奋水平，帮助儿童获得控制环境的感觉，并帮助儿童正确区分幻想和现实。这种游戏活动对于儿童的思维创造性和流畅性的发展起着重要作用。假定游戏的发展也体现了儿童社会性的发展，游戏的内容从关心自我到关心玩偶，最后到关心他人；游戏的形式从独自游戏到平行游戏，最后到联合游戏、合作游戏。

（五）依幼儿教育方面分类

根据幼儿教育，特别是幼儿园的特点，可以分为幼儿的自发游戏和教学游戏。

1. 自发游戏（spontaneous play） 这类游戏是儿童自己想出来的，能充分发挥他们自主性的游戏。具体种类可采用上述的认知特点和社会性特点来划分。它们反映儿童的发展水平和兴趣爱好。

2. 教学游戏（teaching play） 这是通过有计划地对儿童进行教育，从而达到丰富知识、发展智力目的的一种游戏。在教学游戏中，不但能够有计划地增长儿童的知识，而且还能发展他们的言语表达能力，提高他们的观察、记忆、注意和独立思考能力，从而更好地发展儿童的学习潜力。如让儿童用众多的三角形硬纸板拼出方形、大三角形，拼出较为复杂的几何图形以至要求他们拼出独特的图案。通过这些由简单到复杂的教学游戏，儿童就在游戏中接受了图形的概念，并通过思考和比较，初步懂得了一些几何图形间的关系，并对想象和创造发生兴趣。又如幼儿自己当学生，让比他大的小同伴当老师，小同伴就模仿老师上课的情境教自己识字、数数。这样，在游戏过程中，幼儿为了完成“老师”提出的要求，就需要有意注意、有意记忆，需要进行独立思考，从而使他们的心理活动处于积极活动状态，既学到了知识，又发展了智力。

这类教学游戏又可以区分为**智力游戏**（intelligence play）、**体育游戏**（sport play）、**音乐游戏**（musical play）和**竞争游戏**（competition play）。前三种游戏的含义从字面上即可理解。而竞争游戏，目前在幼儿园里也较普遍。所谓竞争游戏，就是儿童自发的或由教师组织的有竞赛规则、指标及时间限制的游戏形式，既有智力性的，也有体育性的。

教学游戏一般包括四部分，即游戏的目的、玩法、规则和结果。游戏的目的是完成某教学任务或发展儿童某方面的能力。游戏的玩法是指在游戏中对儿童动作的要求。玩法要紧密围绕和服从游戏的目的，同时要有趣味性且能够吸引儿童。游戏的规则是关于动作的顺序，以及在游戏中关于被允许和被禁止的动作的规定。游戏的结果是儿童在游戏中努力达到的目标，也是教学任务完成情况的检查。

幼儿正是在上述的形形色色的游戏中获得身心的发展。各类游戏在幼儿的身体发育、认知、情感和社会性发展中，均起着各种各样相同或不同的作用，并发挥着各自的价值。

三、游戏的发展

国内关于游戏的各种特点，诸如游戏的内容、形式、创造成分、时间和参加的成员等，都是随着儿童年龄递增而发生变化。

国外也有类似的结论，并指出游戏的发展反映了幼儿认知发展趋势的连续性与阶段性，以及量变与质变的统一（Casby，2003）。

1. 从游戏的内容看 婴儿末期、幼儿初期的儿童往往从动作开始，但已不满足于单纯动作的重复，而是力图赋予这些动作以一定的意义，如他们不但用汤匙喂布娃娃，而且还做出妈妈的样子，力图反映母子的关系；幼儿中期的儿童，游戏的情节就显得较为丰富，经常反映着成人的生产劳动、社会工作等活动和人们之间的一般的社会关系，如这时的喂布娃娃动作已发展成诸如买菜、烧煮、吃饭、洗碗、睡觉等一整套反映父母的劳动和家庭生活的“办家家”游戏；幼儿晚期，游戏的内容就更为丰富，更为复杂，他们总是力求反映和揭示成人活动的社会意义，同样的“办家家”游戏，已出现正面人物与反面人物，以及人际关系的关怀、爱护、帮助等特点。

2. 从游戏的形式看 婴儿末期、幼儿初期的儿童虽然还受物体或玩具的支配，并处于对成人生活活动过程的无系统的模仿阶段，但已经有了明显的主题和角色，比如用汤匙喂布娃娃吃饭，并装着妈妈的样子疼爱布娃娃就说明了这个问题。幼儿中期的儿童在游戏中已有了初步的计划性，而且力图进一步理解和表现自己扮演的角色的意义和任务，如上述“办家家”游戏，买菜、烧煮、吃饭、洗碗、睡觉等能较好地按一定的次序进行，有一定的计划性，在游戏中自己扮演什么角色，就能自觉地去完成相应的任务。幼儿晚期的儿童，不但能事先计划游戏的步骤，商量分配游戏的角色，而且能更好地理解和坚持游戏的规则。在游戏中如果发生了争执，大年龄幼儿则能用游戏规则来解决问题。

3. 从游戏的创造性看 最初幼儿的游戏几乎完全是模仿或再现成人的动作。他们的独立性很差，往往要求助于成人，所以很愿意与父母、教师一起玩。在幼儿中期，幼儿逐渐能够重新组织或改造以往的经验，创造性地开展游戏。他们已能构思、组织游戏，但有了纠纷还要依靠成人来处理。在幼儿晚期的结构游戏、角色游戏和表演游戏这样的创造性游戏中，幼儿更乐意与同龄伙伴一起玩，出现了问题能自己商量着解决，只有在万不得已时，才让成人来决断。至此，我们可以发现儿童的创造力在不断地发展。

4. 从游戏的种类看 随着年龄的递增，种类越来越齐全。当然，不同游戏有不同发展阶段。但有两点是共同的：第一，儿童游戏的发展是一个经历不同阶段的过程，游戏从一个阶段向另一个阶段演化时，先前的游戏形式不是被抛弃了而是被包括了，即前一阶段孕育、准备了后一阶段，而后一阶段中又有前一阶段的成分。第二，儿童游戏的发展与儿童生理、心理的发展是同步的，两者相辅相成、互相促进，即幼儿心理从不成熟到逐渐成熟、从具体到抽象、从无意到有意的发展趋势，促进了幼儿游戏的发展；反过来，儿童游戏水平的不断提高，也就促进了幼儿心理水平不断由初级水平向高级水平发展。

5. 从游戏的时间看 婴儿末期、幼儿初期的儿童由于受外界影响，兴趣很不稳定，因而对同一游戏，往往只能坚持较短的时间；幼儿中期的儿童则坚持的时间较长，往往能坚持1小时或更长的时间；幼儿晚期的儿童坚持的时间就更长，往往该吃饭了还不停止游戏。

6. 从参加游戏的成员看 婴儿末期、幼儿初期的儿童往往喜欢个人游戏，如独自摆弄某一物体，即使与别的儿童一起玩时人数也不多，一般只有二三人；幼儿中期的儿童，已经比较喜欢与别的儿童在一起游戏；幼儿晚期的儿童，游戏时参加的人数就更多了，而且往往是群体性的游戏。

第三节　学龄前儿童言语的发展

幼儿在实践活动（游戏、学习、自我劳动）进一步复杂化的基础上，在跟成人交际的范围日益扩大的情况下，言语能力也随着进一步发展起来。

幼儿言语的发展，主要表现在：

①在语音方面，声母、韵母的发音随着年龄的增长逐步提高。幼儿期是儿童学习语音的最佳时期。

②词汇的数量不断增加；词汇的内容不断丰富；词类范围不断扩大；积极词汇（主动词汇）不断增加。

③从语言实践中逐步掌握语法结构；语言表达能力有进一步发展。

④从外部语言（有声语言）逐步向内部语言（无声语言）过渡，并有可能初步掌握书面语言。

幼儿言语的迅速发展为这个阶段的思维发展提供了基本前提，促进幼儿的思维不断地发展。幼儿期的言语发展主要还是口头言语或外部言语占显著的地位，这正是决定这个时期思维的具体形象性特点的因素之一。因此，在了解幼儿思维、认知的发展特点之前，有必要先对幼儿语言发展的状况进行分析，本节将集中在幼儿词汇的发展和言语表达能力的发展这两部分。

一、词汇的发展

幼儿词汇的发展可以从词量、词类和词义三个方面的变化来分析，其中对前两者可以做深入的定量分析研究。

湖南师范大学彭祖智等人（1984）采用三年（六个学期）纵向追踪的研究方法，获得表5-2的结果。其中显示，在3～6岁幼儿的词汇发展中，各词性的词汇数量，在词汇总量中所占的比例表现出不同的发展趋势。总的来说，随年龄的增加，名词在词汇总量中所占的比例呈现出上升趋势，而其余各词性在词汇总量中所占比例均表现出总体上的下降趋势。

表5-2　3.5～6岁儿童各种词类发展变化的比例

词类 \ 年龄 / 词数	3.5岁		4岁		4.5岁		5岁		5.5岁		6岁	
	词数	百分比	词数	百分比	词数	百分比	词数	百分比	词数	百分比	词数	百分比
名词	830	36.6	805	51.4	765	54.3	879	61.2	596	58.2	781	62.3
动词	641	28.3	419	26.7	361	25.6	287	20.0	275	26.9	293	23.4
形容词	162	7.1	126	8.0	78	5.6	93	6.5	52	5.0	85	6.8
代词	188	8.3	28	1.8	20	1.4	5	0.3	9	0.9	1	0.1
数量词	110	4.9	63	4.0	80	5.7	78	5.4	44	4.3	37	3.0
副词	142	6.3	57	3.6	46	3.3	41	2.8	31	3.0	31	2.5
介词	50	2.2	20	1.3	13	0.9	10	0.7	6	0.6	10	0.8
连词	21	0.9	7	0.5	11	0.8	6	0.4	4	0.4	5	0.4
助词	82	3.6	18	1.2	10	0.7	8	0.6	2	0.2	4	0.3
象声词	40	1.8	24	1.5	24	1.7	30	2.1	5	0.5	5	0.4
总计	**2266**	**100**	**1567**	**100**	**1408**	**100**	**1437**	**100**	**1024**	**100**	**1252**	**100**

注：各年龄阶段词数总计不计算重复次数。

（引自彭祖智等，1984）

华东师范大学朱曼殊等采用了横断法，研究幼儿词汇的发展，结果如表5-3。由表5-3可以看出，从总体上看，随着年龄的增加，名词、动词、语气词、象声词和叹词在总词汇中占的比例越来越小，而形容词、副词、代词和其他虚词在总词汇中所占的比例却有增加。图5-2是名词和动词在总词汇中的比例，其中曲线的走势也正表明了这一点。

尽管上述两个研究的数据资料所显示的结果并不完全一致。但仔细分析后仍可以获得一些共同的结论：

1. 词汇数量的增加　从彭祖智等人（1984）（参见表5-4）的研究数据来

表5-3　2～6岁儿童各种词类比例变化表

词类＼年龄	2岁	2.5岁	3岁	3.5岁	4岁	5岁	6岁
名词	32.81	29.56	26.00	22.38	22.90	22.49	22.32
动词	29.84	27.27	29.46	27.35	26.17	25.17	24.36
语气词	12.78	9.26	8.55	7.90	7.66	7.16	6.57
副词	6.43	6.97	7.05	8.50	8.30	9.65	11.03
代词	5.69	13.63	13.68	14.77	15.55	14.10	12.84
形容词	4.29	5.09	4.22	5.55	5.82	4.82	3.68
象声词	2.64	0.25	0.38	0.15	0.15	0.10	0.10
助词	2.22	2.57	3.20	2.97	2.56	3.10	3.50
助动词	0.99	1.69	2.26	2.27	2.35	2.20	1.02
叹词	0.82	0.25	0.72	0	0.28	0.03	0.69
量词	0.66	1.24	1.88	3.90	3.33	4.90	5.92
数词	0.58	1.03	1.29	2.07	2.69	4.09	4.56
介词	0.25	1.19	1.12	2.02	2.09	1.86	2.76
连词	0	0	0.19	0.17	0.15	0.33	0.65
总计	**100**	**100**	**100**	**100**	**100**	**100**	**100**

（引自朱曼殊等，1986）

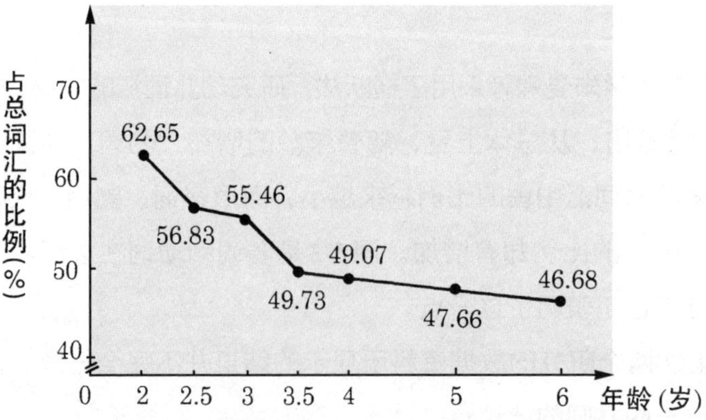

图5-2　名词和动词在儿童总词汇发展中的比例

（引自朱曼殊等，1986）

看，词类的总计（各年龄阶段词数总计概不计算重复次数）方面，3～6岁儿童在3岁前词汇发展的基础上，是词数继续增加较快的一个时期。6岁较3岁时增加了三四倍之多。

表5-4　3～6岁儿童句子含字量比例

年龄 / 句数 / 词数	3岁		4岁		4.5岁		5岁		5.5岁		6岁	
	句数	百分比	句数	百分比	句数	百分比	句数	百分比	句数	百分比	句数	百分比
5字以下	298	24.4	256	15.4	444	21.0	365	18.7	273	13.8	265	11.4
6～10字	670	54.9	973	58.5	1154	54.5	1117	57.3	1110	56.1	1177	50.7
11～15字	205	16.8	344	20.7	420	19.8	382	19.7	440	22.2	655	28.3
16～20字	30	2.5	57	3.4	65	3.1	63	3.2	93	4.7	158	6.8
21字以上	17	1.4	33	2.0	36	1.6	22	1.1	64	3.2	66	2.9
总计	**1220**	**100**	**1663**	**100**	**2119**	**100**	**1949**	**100**	**1980**	**100**	**2321**	**100**

（引自彭祖智等，1984）

2. 词类范围的扩大　幼儿所掌握的词类范围不断地扩大。词分实词、虚词。实词包括名词、动词、形容词、代词和数量词等。虚词包括副词、介词、连词、助词和象声词等。如前所述，这些词早在3岁前，即已先后开始初步掌握。按上述两个研究数据（见表5-3、表5-4）来看，3～6岁时，这些词在进一步扩大并仍以名词和动词占最多数，但名词和动词在各类总词汇中所占的比例，随着年龄增长而递减。这说明其他种类词的比例在日渐增加。当然，从总体上看，数量词仍在实词中掌握得比较晚，虚词在3～6岁儿童的词类中所占的比例，和3岁以前一样，仍不很大。

3. 积极词汇的增长　在儿童语言发展的过程中，有很多积极词汇（或称主动词汇），即既能理解又能使用的词；也有一些消极词汇（或称被动词汇），即或者对词义不十分理解，或者虽然有些理解但不能正确使用的词。

华东师范大学研究（朱曼殊等，1986）中提到，能积极应用的时间词汇和该年龄阶段时间词汇的总和之百分比是：2岁占0.33％，2.5岁占5.94％，3岁占9.9％，3.5岁占10.56％，4岁占16.17％，5岁占19.14％，6岁占37.95％。可见，幼儿的积极词汇随年龄的增加而不断增加，并使消极词汇不断转化为积极词汇。

积极词汇的掌握，有赖于两个条件：第一，对词义能正确理解。而这又跟儿童是否具有关于词的直接或间接经验有关。如果这是一个很抽象的词，跟儿童经验没有任何关系，那么，纵然儿童也能“鹦鹉学舌”地说出来，它仍是一个消极的词。第二，在不同的场合，正确地使用该词。有许多词儿童能听懂，但不会使用，或者不能正确地使用，那么，这仍然只能作为消极的词汇。为了把消极词汇变成积极词汇，需要创造条件使儿童能在不同的场合来使用。从中我们能够看出，作为思维细胞——概念的物质外壳的词的理解和应用，本身体现了思维发生和发展的水平。因此，发展幼儿的积极词汇成为加速他们思维发展的一个重大措施。

二、言语表达能力的发展

在幼儿掌握比较丰富词汇和基本语法结构的同时，他们的言语表达能力也就很快地发展起来。研究者一般可以透过考察幼儿言语发展中句型的变化以及句子长短的改变等，来了解幼儿对语法掌握的水平和言语表达能力的发展。

1. 各类句子的变化 这主要表现在简单句和复杂句两者之间比例的变化上。

华东师范大学的研究（朱曼殊等，1979）表明，幼儿掌握复合句在总句数中的百分比分别是：2岁组为3.54％，2.5岁组为10％，3岁组为17.34％，3.5岁组为21.55％，4岁组为23.4％，5岁组为40.05％，6岁组为37.13％，其中5岁组略高于6岁组，经卡方检验，证实这两个样组来自同一区域，即两组的差别无显著意义，即幼儿掌握复合句的比例随年龄增加表现出明显的增长趋势。

另外，中国科学院心理研究所范存仁、王宪钿等人的研究（1963）也得出相似的结果，即幼儿的复合句在总句数中所占的百分比是4岁组为29％，5岁组为34％，6岁组为51％，7岁组为50％。

湖南师范大学彭祖智等人的追踪研究结果如表5-5所示，随着年龄的增

表5-5　3～6岁儿童简单句和复合句的发展比例

句型＼年龄/句数	3.5岁		4岁		4.5岁		5岁		5.5岁		6岁	
	句数	百分比	句数	百分比	句数	百分比	句数	百分比	句数	百分比	句数	百分比
简单句	886	76	1251	73	1580	74	1407	71	1359	64.6	1563	63.7
复合句	280	24	465	27	548	26	563	29	746	35.4	891	36.3
总计	**1166**	**100**	**1716**	**100**	**2128**	**100**	**1970**	**100**	**2105**	**100**	**2454**	**100**

（引自彭祖智等，1984）

加，简单句和复合句的比例由3岁时简单句是复合句的三倍（即75％：25％）下降到了6岁时简单句已不足复合句的两倍（即63.7％：36.3％）。这显然是一个较大的进步。

以上几个数据之间虽然有一些细微的出入，但都说明，不管是简单句或复合句，在幼儿期均在增加。其中，简单句所占的比例随着年龄增加而逐渐下降，而复合句所占的比例随着年龄增加而逐渐上升。当然，从总体上考察，整个幼儿期，简单句所占的比例还是比复合句要高。

2. 句子的字数进一步增加　史慧中等人（1990）采用看图讲述和观察后讲述两种手段，对我国10省市3～6岁幼儿的句子含词量进行调查，发现3～4岁以含4～6个词的句子为多数；4～5岁以含7～10个词的句子为多数；5～6岁时多数句子含有7～10个词，同时也出现了不少于11～16个词的句子。整个幼儿期，在有明确目的的讲述中，含有3个词以下和16个词以上的句子，均很少出现。可见，幼儿句子的含词量是以与年龄成正相关的趋势发展着的，各年龄间的差异是显著的。

湖南师范大学的研究者（彭祖智等，1984）从句子的含字量来研究句子的

表5-6　2～6岁儿童的句子变化表

年龄	2岁	2.5岁	3岁	3.5岁	4岁	5岁	6岁
句子长度（均数）	2.905字	3.756字	4.613字	5.219字	5.768字	7.868字	8.386字

（引自朱曼殊等，1979）

字数，亦得出类似的结果，即幼儿句子的含字量呈逐年递增的趋势。

华东师范大学的研究者（朱曼殊等，1979）从句子的平均长度来研究句子的字数，结果见表5-6。由此可见，随着年龄的增加，幼儿句子的平均长度从平均每句2.905个字增加到平均每句8.386个字，同样表现出显著的增长趋势。

以上的材料，不仅说明幼儿期句子的长度随着年龄的增加而递增，而且与3岁前比较，起了很大的变化。这些材料虽然是从不同的角度进行统计的，但都反映出5岁前后是儿童句子长度（字数）变化显著的时期。

3. 口头表达能力的顺序性、完整性和逻辑性的发展 西南大学的心理学工作者（陈志君等，1978）利用“看图说话”“复述故事”来研究儿童口头表达的顺序性、完整性和逻辑性，结果见表5-7。

由表5-7可知，从总的发展趋势看，3～6岁幼儿口语表达能力，不管是顺序性[①]、完整性[②]和逻辑性[③]的发展都是随年龄的增长而越趋完善。但口语表达能力的三个特点的发展是有差距的，顺序性发展最好，逻辑性较差，这显然与其抽象逻辑思维能力的发展状况密切相关。

表5-7 3～6岁幼儿口语表达能力发展的情况

年龄 / 口语表达能力	3岁	4岁	5岁	6岁
顺序性	1.1	2.03	2.76	2.43
完整性	0.14	0.83	1.56	1.8
逻辑性	0.13	0.5	0.8	1.33

注：以上数字是各年龄组儿童得分的平均数，最高分数均为3。
（引自陈志君等，1978）

4. 连贯性的表达能力的发展 婴儿期言语表达能力的主要特点是它的情境性，这种特点是由儿童的言语交际水平决定的。这时儿童跟成人之间的言语交际，还只限于向成人提出问题或要求，或者对成人所提问题的简单回答，总

① 顺序性（sequence）是指幼儿按事件发生的顺序来描述。
② 完整性（completeness）是指幼儿描述事件发生的整个过程。
③ 逻辑性（logicality）是指幼儿描述时的结构、层次清晰细密，有条理，有中心。

之，这个时期主要属于对话言语，还很少有表达式的独白言语。

幼儿阶段，随着实际活动的发展，以及集体生活的展开，儿童的独立性大大增强起来。这就要求儿童能把自己看过的、听过的事情，把自己的体验和意图，连贯地告诉别人，从而促使儿童的连贯性言语逐渐发展起来。

但是，从整体来看，幼儿言语表达能力带有很大的情境性，并不理想；从发展来看，幼儿是处于从情境性言语到连贯性言语的过渡之中。这个过渡并不是立刻地、全面地实现的，要视具体的情况而定：①如果儿童所叙述的材料使儿童感到激动，而且又未事先加以考虑，这时言语的情境性的成分就多一些。②如果儿童复述的是一个比较熟悉的事件或故事，或事先由成人加以组织（如事先看图片或提出问题），这时，言语的连贯性的成分就多一些。

儿童言语连贯性的发展是其言语能力和逻辑思维能力发展的重要环节。随着幼儿言语的发展，连贯性叙述，即为听者设想的有头有尾的叙述就逐渐代替了情境性的叙述。一般来说，到了幼儿晚期，在正确教育条件下，连贯性言语才逐渐取得支配地位。

第四节 前运算期幼儿的认知发展

幼儿的认知属于“前运算”阶段。关于皮亚杰的前运算阶段的含义，我们在第一节已经做过解释，这里不再赘述。下面我们对此时期幼儿的认知发展将展开进一步的讨论与说明：

我们认为，“前运算”的幼儿认知主要表现在幼儿思维的基本特点上。因此，本节的内容主要阐述前运算期幼儿思维发展的基本特点，同时也将简单介绍一下幼儿认知的其他方面的特征。

幼儿的思维是在婴儿期思维水平的基础上，在新的生活条件的影响中，在其自身言语发展的前提下逐渐发展起来的。幼儿思维的主要特点或基本特点，是它的具体形象性以及进行初步抽象概括的可能性。所谓具体形象性的思维，就是指儿童的思维主要是凭借事物的具体形象或表象，即凭借具体形象的联想来进行的，而主要不是凭借对事物的内在本质和关系的理解，也就是凭借概念、判断、推理来进行的。

一、具体形象性的思维

幼儿期认知的材料，主要是具体形象或表象，而不是依靠理性的概念材料来进行的。

我们（1980，2012）曾对学龄前儿童数概括能力和运算能力的发展做了系统的研究。在研究中发现，幼儿在形成数概念和发展运算能力中，所表现出的认知活动水平可以分为四个等级：

Ⅰ级水平，直观——行动感知概括。即儿童看到物品能有分辨大小和多少的能力，知道“大的”和“多的”。

Ⅱ级水平，直观——表象笼统概括。即儿童产生了数概念的萌芽，但必须跟具体实物联系在一起，知道“一个”“两个”。

Ⅲ级水平，直观——言语数概括。即儿童的计数能力得到了迅速的发展，形成了初步的数概念，但对数的实际意义的理解有很大的局限性，不能进行数的分解和组合。

Ⅳ级水平，表象——言语数概括。从Ⅳ级水平起，儿童开始逐步理解数的实际意义、数的顺序和大小、数的分解和组成。但这一级水平的儿童在运算中仍离不开具体形象及生活经验。

表5-8　幼儿年龄与四级认知活动水平的关系

认知活动水平＼年龄	3～4岁	4～5岁	5～6岁	6～7岁
Ⅰ级水平	0	0	0	0
Ⅱ级水平	34.6 %	0	0	0
Ⅲ级水平	66.0 %	89.0 %	40.0 %	16.4 %
Ⅳ级水平	0	11.0 %	60.0 %	88.6 %

（引自林崇德，1980，2012）

由表5-8可见，幼儿的认知发展有一个过程，在幼儿阶段，认知从直观行动向具体形象再向抽象逻辑发展。幼儿期直观行动思维还占有一定地位，但幼儿的直观行动性与3岁以前儿童的特点比较，发生了质的变化。其突出的特点是概括性的提高，直观—言语性的概括，正在替代直观—动作性和直观—表象性的概括。这样，使幼儿解决直观问题的复杂性和自觉性比婴儿期高得多，产生这个质的变化的原因是言语对直观行动思维的作用逐渐增加，即随着幼儿言语的发展，对思维的调节作用不断增强。因此，幼儿继续发展的直观行动思维不同于3岁前的思维，这个阶段新发展起来的直观行动思维，向“操作”性思维或实践性思维靠近了一步。与此同时，幼儿期也有了抽象逻辑思维，但仅仅是个开始，还有待于发展。

二、思维的抽象逻辑性开始萌芽

幼儿在知识经验所及的范围内，已能够开始最初步的**抽象逻辑思维**（abstract-logical thinking）。我们从幼儿语言发展的过程、掌握复杂句子关系的趋势，也可看出幼儿思维正把握着事物本质属性和规律性的联系，这反映出他们进行初步抽象概括和逻辑思维的可能性。

（一）关于幼儿有无逻辑思维的争议

欧美的心理学家和教育学家，如莫伊曼（Meumann，1914），就对此持反对的观点，他认为真正的逻辑思维要到12～14岁时才能做到。皮亚杰也认为儿童7岁以前的思维是自我中心思维，而不是社会化的思维，思维中的各种观念常常是互不联系、前后矛盾的；只有到7岁以后，儿童才开始有社会化的思维，即具有真正逻辑性的因果思维或反省思维。他们这种把具体形象思维和抽象逻辑思维绝对对立起来，认为幼儿属于所谓“前逻辑思维”或“无逻辑思维”时期的论断，是不符合客观实际的。

目前美国新皮亚杰学派对皮亚杰的这种观点，做出了有力的抨击。例如，韦尔达尔和伯勃卡（Wheldall & Poborca，1979）曾设计非语言性的有关液体守恒测验来证明幼儿已经具备了抽象逻辑思维的基础，可以进行比较简单的推理活动，在实验中，主试训练儿童按某一个按钮，则两个瓶子的水面上升的高度一样，当按另一个按钮时，两个瓶中的水量就不一样了。儿童一旦能辨别这两种不同情况后，询问儿童将已知的两瓶等量水中的一瓶注入另一个不同形状的瓶中时，水量是否相等。结果发现，儿童在此实验中反应的正确率，高于传统的皮亚杰实验中反应的正确率。可见，皮亚杰以前的结论显然是受到了语言对于实验结果的影响。幼儿由于不能很好地理解实验的语言，从而影响了其推理能力的表现。国内外的研究表明，用减少语言提问的方式进行测试，学前儿童就能理解一些比较复杂的推理问题，从而脱离事物具体形象的影响进行最简单的逻辑思维。

（二）我国学者对幼儿逻辑思维萌芽的实验

我国学者对幼儿开始萌芽抽象逻辑思维的事实做过不少研究（朱智贤 & 林崇德，1986），其中杨玉英的研究极具价值。

1. 关于幼儿的推理过程 杨玉英（1983）采用玩具得奖游戏的方法，通过被试具体操作，要求被试完成以下四步实验：Ⅰ.归纳游戏的规则；Ⅱ.分析形成规则的原因；Ⅲ.运用规则认识具体的事物和现象；Ⅳ.运用规则解决实际问题。实验的结果表明：虽然在上述四步实验中儿童进行着不同内容和形式的推理活动，却表现出如图5-3中的一些共同趋势。

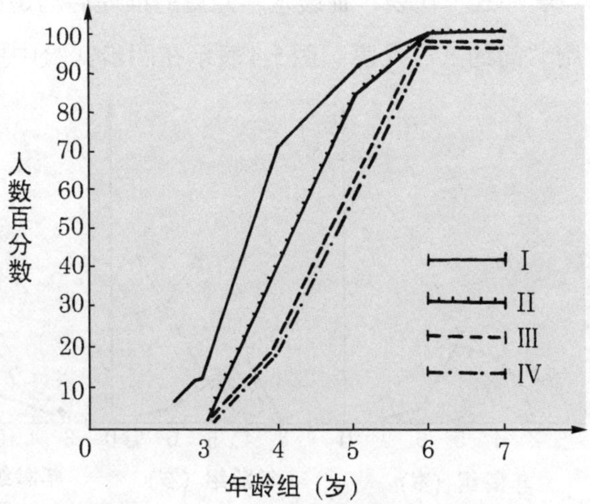

图5-3 幼儿年龄与推理能力的比较

（引自杨玉英，1983）

从图5-3中可以看出，3～7岁儿童在四步实验中所表现出来的推理过程的发展趋势基本上是一致的。随着年龄的增长，能进行推理活动的儿童的百分比也有规律地增加。3岁组基本上不能进行推理活动；4岁组儿童的推理能力开始发生，除实验Ⅰ外，其他三步实验的百分比均在50％以下（在25％～40％之间）；5岁组儿童中大部分可以进行推理活动（百分率平均为75％）；6、7岁组儿童全部可以进行推理活动。

2. 关于幼儿的推理方式 在那些能进行推理活动的儿童中，表现出由低到高的三种水平：Ⅰ级水平的儿童只能根据较熟悉的非本质特征进行简单的推理活动；Ⅱ级水平的儿童可以在有提示的条件下，运用展开的方式逐步发现事物间的本质联系，最后做出正确的结论；Ⅲ级水平的儿童可以独立而迅速地运用简约的方式进行正确的推理活动。图5-4是对能进行推理儿童在各步实验中推理水平的比较。

这四幅图表现出儿童推理过程发展的趋势：推理内容的正确性、推理的独立性、推理过程的概括性及期待方式的简约性几个方面在逐步提高。

在四步实验中，儿童推理过程的方式也在发展，并表现出一定的发展趋势。每步实验中的第Ⅰ、Ⅱ级水平儿童的推理活动主要在有提示的条件下以展开的方式进行，他们的推理是一步步进行的，而且可以通过外部的言语和动作表现出来，这用“展开式”代表；Ⅲ级水平儿童的推理活动是独立而迅速地在头脑中进行，这用“简约式”代表。图5-4表示在四步实验中推理过程的两种

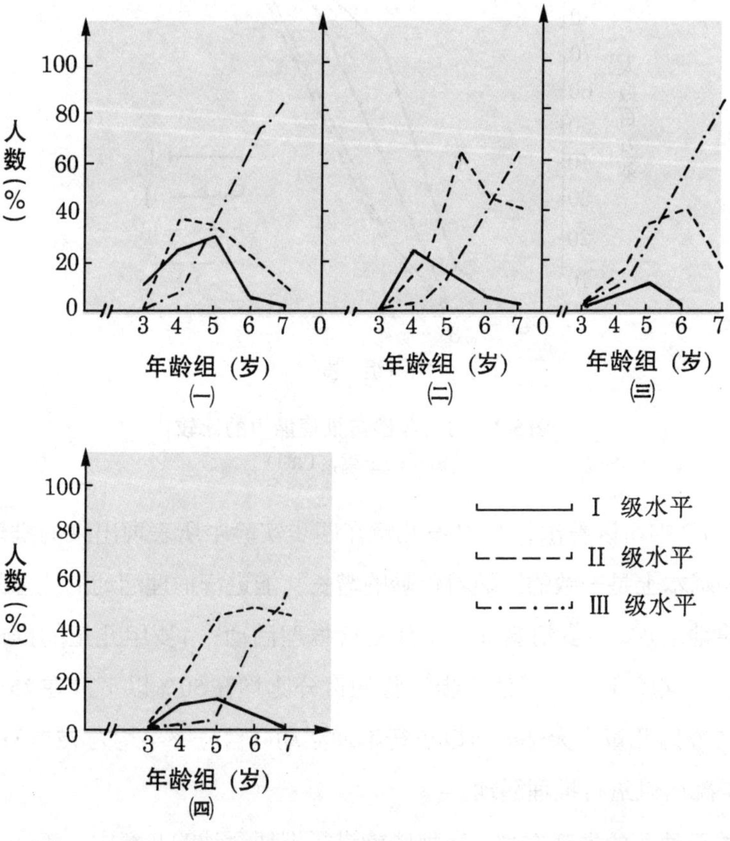

图5-4　四步实验中能推理的儿童其推理水平之比较

（引自杨玉英，1983）

方式的发展趋势。

由图5-4可见，幼儿推理过程的方式也随着年龄的增长而发展，5岁以前主要运用展开式，5岁以后简约式开始占优势，5～6岁是两种方式迅速转化的时期。这说明幼儿的推理能力随着年龄递增逐渐提高，而推理作为抽象逻辑思维的一个方面，反映了幼儿思维的抽象逻辑开始萌芽，为其进一步的发展奠定了基础。

三、言语在幼儿思维发展中的作用

朱曼殊等人（1979）研究了幼儿简单陈述句句法结构的发展，从中揭示了言语在幼儿思维发展中的作用的变化。研究者从70名被试的自发言语中共得简单陈述句3458句。陈述句的结构成分代号是：主语（S），谓语（P），动词（V），宾语（O），补语（C），修饰语（M）。结构类型共分九种：①不完整句；②无M的简单句；③有简单M的句子；④有复杂M的句子；⑤有联动结构的句子；⑥有传递结构的句子；⑦句子中的S或O内又包含了S—P的结构；⑧联合结构的句子；⑨复杂结构的句子。结果如表5-9所示。

由此可见，幼儿句法结构发展的总趋势是：从混沌一体到逐步分化，句子结构从松散到逐步严谨，句子结构由压缩、呆板到逐步扩展、灵活。句法结构的这些变化，促使幼儿的思维概括性、逻辑性和完整性不断增强。例如研究材料所示，幼儿的复合句类型中联合复合句占大部分，复杂结构句仅刚刚开始，这正反映了儿童对现实的理解能力，以及揭示事物间关系的思维能力水平不高的事实；幼儿复合句中因果联结词少或使用不当，这正说明了他们揭示事物因果性联系的思维能力不强的事实。所以，幼儿思维概括能力的水平与他们言语发展水平是分不开的。幼儿概括能力的发展，正说明言语发展及其对思维发展的作用。幼儿思维的发展，也改变思维中言语跟行动的关系。实验证明，小班儿童动作主要是受视觉映象或表象调节的，言语还起不了很大的作用，只是在他做完了这个动作以后，他才能在言语中把它反映出来。中班儿童往往一边动作，一边言语，言语的计划作用还很差。大班儿童就不同了，他能在行动以前就用言语表达他要做什么，如何做，等等。这样，儿童的行动就带上了明显的

表 5-9　简单陈述句结构类型在各年龄组的分配

结构类型 ＼ 年龄 / 句数		2岁		2.5岁		3岁		3.5岁		4岁		5岁		6岁	
		句数	百分比	句数	百分比	句数	百分比	句数	百分比	句数	百分比	句数	百分比	句数	百分比
1		138	36.22	214	35.08	28	7.04	29	5.73	35	6.76	23	5.28	10	1.64
2		174	45.67	198	32.46	159	39.95	176	34.78	110	21.24	42	9.63	43	7.06
3		42	11.02	116	19.02	104	26.13	138	27.27	185	35.71	164	37.61	208	34.16
4		1	0.26	27	4.43	31	7.79	71	14.03	80	15.44	76	17.43	105	17.24
5*	（1）	22	5.78	31	5.08	35	8.79	42	8.30	34	6.56	19	4.36	33	5.42
	（2）	4	1.05	11	1.80	30	7.54	18	3.56	33	6.37	36	8.25	57	9.36
6				10	1.64	9	2.26	17	3.36	23	4.44	30	6.88	25	4.11
7**	（1）											2	0.46	1	0.16
	（2）（a）			1	0.16	1	0.25	6	1.19	9	1.74	23	5.28	36	5.91
	（2）（b）							2	0.40			2	0.46	16	2.63
8				2	0.33	1	0.25	7	1.38	9	1.74	19	4.36	74	12.15
9														1	0.16
总计		**381**	**100**	**610**	**100**	**398**	**100**	**506**	**100**	**518**	**100**	**436**	**100**	**609**	**100**

注：*（1）指简单联动结构的句子；（2）指复杂联动结构的句子。

**（1）指S中有S—P结构；（2）指O中有S—P结构；（a）简单的；（b）复杂的。

（引自朱曼殊等，1979）

目的性和计划性。

思维的抽象概括性和对行动的自觉调节作用，是人的意识的两个基本特点。从幼儿的言语发展特点便得以观之。

四、幼儿的感知与记忆的特点

随着幼儿思维的发展，他们的感知与记忆也表现出新的特点，即体现出“前运算”认知的特点。

（一）幼儿感觉的发展

幼儿通过游戏、学习、劳动、与成人积极交往，各种感觉会更加完善起来，其中，视觉和听觉在各种感觉的发展中愈来愈占有主导地位。首先，幼儿已具有精确辨别细微物体或远距离物体的能力。例如幼儿不仅仅能辨别红、橙、黄、绿、青、蓝、紫七种颜色，而且还有按颜色名称来选择颜色的能力。幼儿末期的感觉能力比初期提高一倍。其次，幼儿视觉的随意性也随着年龄的增长而发展。3岁儿童在观看图形时，眼动轨迹是杂乱的，眼球追踪整个图形运动的次数较少，观察图形的错误率约为50%。4、5岁的儿童在观看图形时，眼球积极运动的次数增加，眼动轨迹几乎完全符合图形的轮廓。4岁儿童的错误率降低到33%，5岁儿童已能正确认识图形。6岁儿童眼动轨迹几乎完全符合图形的轮廓。另外，幼儿听觉感受性在音乐、语言作业和游戏活动中也进一步发展起来；幼儿运动觉的细致性和准确性也有所增强；触摸觉和视觉的联系也开始不断加强，起初它与视觉一起进行，到后来就为视觉所控制，最后具有了从属的性质。

（二）幼儿知觉的发展

幼儿期知觉的发展主要表现在空间知觉、**时间知觉**（time perception）及**观察力**（observational ability）的发展上。幼儿空间知觉的发展表现在对物体的空间特性能进一步感知。辨别形状的能力逐年发展，但对形状的细微差别还不善于区别，如不能区分直角三角形和等腰三角形等。幼儿逐渐能区分方位，能分清熟悉的物体或场所的相对远近，但对较远的空间距离尚不能正确认识。幼儿已具有初步的时间观念，但常常需要和具体的生活活动相联系。国内外有关的实验证明，此时时间知觉的发展水平是较低的，既不准确，也不稳定。幼儿期观察力的发展与感觉器官动作的变化有关。这时观察力的发展表现在观察有意性日益增强，观察时间逐渐持久，观察的系统性、逻辑性及概括性也在增强。

（三）幼儿记忆的发展

由于言语的发展和神经系统的逐渐成熟，幼儿的记忆容量在增加，记忆能力也开始全面发展。黄硕（2011）对3～6岁幼儿记忆容量研究发现，幼儿短时记忆的容量为3±2。而幼儿的记忆能力的特点是：①以不随意的**形象记忆**（imaginal memory）为主，有意识记忆初步发展。幼儿的记忆还很难服从于有目的的活动，记忆内容和效果极大程度上依赖于对象的外部特点和他们的兴趣。凡是直观的、形象的、具体的、鲜明的事物，容易引起幼儿的无意记忆，而抽象的、词的材料较难被幼儿记住；凡是为幼儿所熟悉的、理解的、有兴趣的、能激起强烈情绪体验的事物，易被幼儿记住，并能长时保持。约在6～7岁时，幼儿有意识记忆的能力得到初步发展。②以**机械性记忆**（mechanical memory）为主，意义记忆逐步发展。幼儿习惯于采用简单重复的机械记忆方法，记忆事物的表面特征的外部联系。记忆理解材料时，机械记忆的成分减少，意义记忆成分增加。意义记忆的效果总是优于机械记忆的效果。③易记易忘。由于幼儿的神经系统易于兴奋，形成的神经联系极不稳定，儿童能很快记住新材料，尤其是他们所喜欢的有强烈情绪色彩的东西，但记得快也忘得快，有时甚至在材料不熟悉的情况下会把主要的东西遗忘。④记忆不精确。幼儿记忆的完整性很差，经常出现脱节、漏洞和颠倒顺序的现象。记忆和再现的内容往往是偶然感兴趣的个别对象或个别情节，而不顾本质的东西。幼儿易歪曲事实和易受暗示。

上述幼儿的感知与记忆特点，正体现了“前运算”的幼儿认知的特点，也就是说幼儿感知与记忆不仅为幼儿的思维奠定了基础，而且也渗透着幼儿思维的特点，这样幼儿的感知、记忆和思维发展过程就构成幼儿认知发展的一致趋势。

第五节 学龄前儿童的社会性发展

在婴儿期社会化过程的基础上，幼儿开始掌握被社会认可的一些行为方式。3～6、7岁的儿童，初步学习基本的生活技能，掌握最初级的社会规范，认同一定的社会角色，产生情境性的道德品质。于是，在他们的自我意识、道德、性别认同和社会交往的发展中都体现出明显的年龄特征。

一、自我意识的发展

3～6岁幼儿的自我意识，是从对自我尊重的意识开始的，即欲摆脱成人的保护，寻求独立做一些事情而产生自尊和自爱。幼儿在这个阶段逐步知道了“我的”这个词的意义，不仅认识到自己的身体是属于自己的，而且还知道“我的爸爸妈妈”“我的玩具”“我的小动物”“我的……”，于是自我意识扩展了，形成自我意象，就是形成“良心”或超我，也就是产生了“好的我”和“坏的我”的参照系。这正是霍妮（Karen Horney，1885—1952）所说的，儿童这时具有一个**真实自我**（real self）和**理想自我**（ideal self）。儿童从这个阶段开始对未来有所打算，确立自己未来的目标。

我国心理学家韩进之等人（1990）从自我评价、自我体验和自我控制三个方面对幼儿的自我意识的发展进行研究，结果表明幼儿自我意识的发展是具有规律的。

（一）幼儿自我意识的发展趋势

幼儿自我意识的发展趋势可以表现在表5-10以及图5-5中。

表 5-10　幼儿自我意识发展的趋势（总平均数）

年龄组(岁)	3～3.5	4～4.5	5～5.5	6～6.5	F
人数	190	190	190	190	395.17**
平均数	1.44	1.74	2.26	2.45	
标准差	0.30	0.37	0.29	0.32	

注：**表示 $p<0.01$。

（引自韩进之等，1990）

由表 5-10 可知，随着幼儿年龄的递增，其自我意识的发展水平逐步提高，且在 $p<0.01$ 水平上存在着显著差异。

由图 5-5 可见，幼儿自我意识的发展几乎是呈直线上升，其中 4～5 岁发展的速度最快。

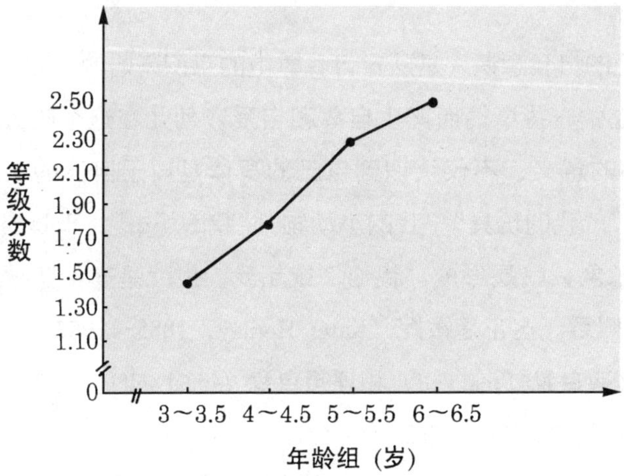

图 5-5　幼儿自我意识发展趋势图

（引自韩进之等，1990）

（二）幼儿自我意识各因素发生时间

幼儿的自我意识主要包括自我评价、自我体验和自我控制三个因素。三个因素的发生时间直接影响着幼儿自我意识的发生时间。

研究表明幼儿自我意识各因素的发生时间比较接近，但基本上是不同步的（参见表 5-11、表 5-12 和表 5-13）。

表 5-11　幼儿有无自我评价的百分数

年龄组（岁）	3～3.5	4～4.5	5～5.5	6～6.5	χ^2
人数	120	120	120	120	
有自我评价（%）	22.50	70.00	90.00	95.83	188.40**
无自我评价（%）	77.50	30.00	10.00	4.17	

注：**表示 $p<0.01$。
（引自韩进之等，1990）

表 5-12　幼儿有无自我体验的百分数

年龄组（岁）	3～3.5	4～4.5	5～5.5	6～6.5	χ^2
人数	120	120	120	120	
有自我体验（%）	23.33	48.33	75.00	83.33	109.25**
无自我体验（%）	76.67	51.67	25.00	16.67	

注：**表示 $p<0.01$。
（引自韩进之等，1990）

表 5-13　幼儿有无自我控制的百分数

年龄组（岁）	3～3.5	4～4.5	5～5.5	6～6.5	χ^2
人数	120	120	120	120	
有自我控制（%）	16.67	33.33	83.33	90.33	184.54**
无自我控制（%）	83.33	66.67	16.67	9.67	

注：**表示 $p<0.01$。
（引自韩进之等，1990）

表5-11、表5-12、表5-13说明，幼儿的自我评价、自我体验和自我控制发展水平，随着年龄递增（从3～6.5岁）而提高；而无自我评价、自我体验和自我控制的状况，则随年龄递增而减少，各年龄组在有无自我评价、自我体验和自我控制方面，存在着显著差异（$p<0.01$）。

从统计学意义上看，如果以第三个四分点（75%左右）为自我意识发生的标志，那么自我评价开始发生的年龄转变期为3.5～4岁，自我体验开始发生的年龄转变期为4周岁左右，自我控制开始发生的年龄转变期为4～5岁。

上述研究数据表明：幼儿自我意识各因素也是随着年龄的增长而发展，各个因素的发生时间比较接近，但基本上是不同步的。

（三）幼儿自我意识诸因素的发展

幼儿自我意识的三因素互相促进、互相制约，它们的发展即构成了幼儿自我意识的整体水平上的发展。在不同年龄组，我们可以看到幼儿自我意识诸因素的发展趋势（见表5-14和图5-6）。

从表5-14可以发现，幼儿自我意识各因素的发展水平，随着年龄递增（从3～6.5岁）表现出明显的上升趋势，且均在p＜0.01水平上差异显著。

表5-14　幼儿自我意识各因素的发展趋势（均数）

年龄组(岁)			3～3.5	4～4.5	5～5.5	6～6.5	F
人数			190	190	190	190	
自我意识各因素	自我评价	$\bar{X}$	1.67	2.09	2.42	2.58	235.82**
		S	0.41	0.39	0.32	0.31	
	自我体验	$\bar{X}$	1.44	1.72	2.01	2.28	99.76**
		S	0.43	0.55	0.51	0.50	
	自我控制	$\bar{X}$	1.19	1.52	2.38	2.57	303.04**
		S	0.37	0.65	0.56	0.48	

注：**表示p＜0.01。

（引自韩进之等，1990）

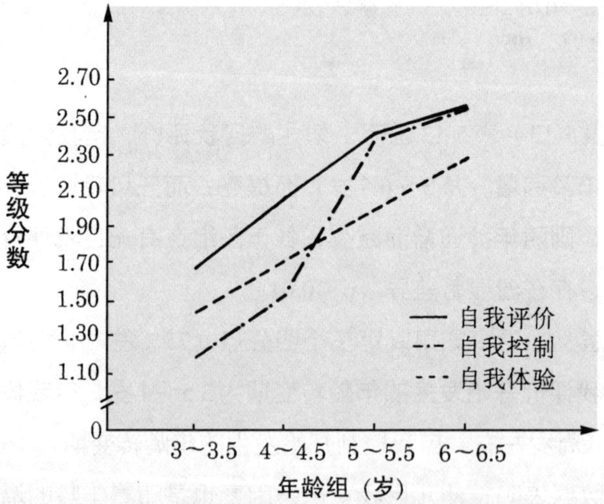

图5-6　幼儿自我意识各因素的发展趋势图

（引自韩进之等，1990）

由图5-6可知，从总体上考察，幼儿自我意识各因素的发展水平，随年龄递增而提高，其中自我评价发展水平从3岁到5岁上升幅度较大，自我体验发展水平始终呈上升趋势，但无明显的质变时期，自我控制发展水平在4～5岁年龄段内提高幅度较大。上述发展趋势，基本反映了幼儿自我意识及发展水平的年龄特点。

仔细分析，我们可以具体地归纳出幼儿自我意识诸因素发展的具体特点如下：

1. 自我评价的发展特点

（1）幼儿**自我评价**（self-evaluation）的发展特点：幼儿的自我评价首先是依从性的评价，然后发展到对自己的个别方面进行评价，进而发展到对多方面进行评价；幼儿自我评价的发展，明显地停留在对别人或对自己外部行为的评价上，但也同时表现出他们的自我评价有从外部行为向内心品质转化的倾向。如表5-15所示：

表5-15　幼儿自我评价发展的依从性、个别性及多面性（百分数）

自我评价的发展 / 年龄(岁)	依从性	个别性	多面性
3～3.5	40.00	10.00	0
4～4.5	36.67	63.33	0
5～5.5	3.33	80.00	16.67
6～6.5	0	43.33	56.67

（引自韩进之等，1990）

由表5-15可以看出，3岁组有一半的幼儿不能自我评价，即使能自我评价，但有40％的幼儿还是处在依从性的评价阶段；在4岁组，已有63.33％的幼儿可以进行个别性的自我评价；直到幼儿晚期开始出现多面的独立性评价，并特别表现在成人的评价与幼儿自我评价不一致时，幼儿会提出申辩，表示反感和不信任。

（2）幼儿已具备一定的道德性评价能力：4岁组儿童能够初步运用一定的道德行为准则来评价别人和自己行为的好坏，同时也发展出尊敬长者的行为，但其评价带有一定的情绪性。只有到5～6岁，儿童才能自觉模仿成人而从社会意义上来评价道德行为的好坏，但对某些道德概念的理解能力是很肤浅的，没有分化，比较笼统，幼儿还不能很好地理解道德概念的内涵。

（3）从对自己外部行为的评价，逐步出现对内心品质的评价，但整个幼儿期间，基本上是对自己的外部行为进行自我评价；从主观情绪性评价逐步过渡到客观的评价，但在一般情况下，幼儿总是倾向于过高评价自己。

（4）幼儿自我评价发展水平无性别上的差异。

2. 自我体验的发展特点 幼儿的**自我体验**（self-experience）从初级向高级发展，从生理性体验向社会性体验发展（高月梅等，1993）。幼儿的愉快和愤怒往往是生理需要的表现，而委屈、自尊和羞怯则反映了他们的社会性体验。幼儿自我体验中各个因素的发生和发展不是同步的，愉快和愤怒体验发展较早，而委屈、自尊和羞怯感则发生较晚。5～6岁的幼儿能对自己的错误行为感到羞愧。韩进之等人（1990）的研究还表明，在幼儿阶段，各年龄组由愉快到羞愧的百分数呈现一种递减的趋势，参见表5-16。这就反映出幼儿自我体验由初级向高级发展的趋势。此外，幼儿自我体验还表现出易变性、受暗示性。

表5-16 幼儿各种情绪自我体验

年龄（岁） 情绪	3～3.5	4～4.5	5～5.5	6～6.5	χ^2
愉快	23.33	56.67	100	96.67	55.76**
愤怒	20.00	66.67	100	100	63.51**
委屈	10.00	60.00	86.67	93.33	52.33**
自尊	10.00	63.33	83.33	93.33	57.98**
羞怯感	3.33	43.33	90.00	96.67	70.64**

注：**表示$p<0.001$。

（引自韩进之等，1990）

3. 自我控制能力的发展特点 幼儿有一定的**自我控制**（self-control）能力，但3～4岁儿童的坚持性、自制力很差，只有到了5～6岁才有一定的独立性、坚持性和自制力。在自我控制发展的水平方面，也有性别上的差别，5岁组和6岁组的女孩发展水平高，即这两个年龄组的女孩自我控制力较强。总的来说，幼儿的自我控制能力还是较弱的。

在培养幼儿的自我意识的过程中，成人对幼儿的评价在幼儿自我意识的发展中起着重大的作用。因此，我们必须善于对儿童做适当的评价，对儿童行为做过高或过低的评价都是对儿童有害的。同时，要善于引导儿童初步地评价他人或自己的内心品质，评价他人或自己的道德行为，这对提高幼儿的自我意识水平和道德评价能力是有帮助的。但引导时必须注意形象性、情绪性和可接受性，注意为儿童的自我评价、自我体验、自我控制的形成和发展创设良好的情境，避免空洞的说教。

二、道德的发展

一般而言，幼儿道德发展具有两个特点：

1. 从他性 **从他性**（或**利他性**）（altruistic）道德占主导地位，儿童认为道德原则与道德规范是绝对的，来自外在的权威，不能不服从；判断是非的标准也来自成人。同时只注意行为的外部结果，而不考虑行为的内在动机。幼儿晚期的道德开始向自律性转化，一些自律道德开始萌芽，即主要是按外在行为的原则和要求来调节自己的行为，内在自觉的调节还刚刚开始。

2. 情境性 幼儿道德发展的基本特点是**情境性**（situationality），3～6、7岁是情境性道德发展的主要时期。幼儿的道德认识、道德情感还带有很大的具体性、表面性，并易受情境暗示，它总是和一定的、直接的道德经验、情境及成人的评价相联系。幼儿的道德动机非常具体、直接、外在，往往受当前具体刺激（即情境）的制约，道德行为缺乏独立性和自觉性，因而也缺乏稳定性。

下面我们将从幼儿道德认识、道德情感和道德行为发展的特点来进一步分析幼儿道德的特点。

（一）幼儿道德认识的特点

幼儿**道德认识**（moral cognition）主要是指幼儿对社会道德规范、行为准则、是非观念的认识，包括幼儿对道德观念的掌握和幼儿道德判断能力的发展。

前面我们已介绍了婴儿已能初步理解什么是“好”、什么是“坏”，并能做出一些合乎成人要求的道德判断。进入幼儿期后，儿童对道德概念的理解和他们的道德判断能力有了进一步的发展。

但是，由于幼儿心理发展一般水平的限制和生活经验的局限，他们对道德概念的掌握和他们的道德判断，还带有明显的具体形象性和随之而来的其他局限性。

1. 幼儿对道德概念的掌握 对于幼儿道德概念的发展，国内许多学者进行了研究。陈帼眉（1979）研究了幼儿期儿童对“好孩子”的理解，发现幼儿初期对“好孩子”的认识是非常笼统、表面化的，只会简单地说出个别的具体现象；以后，幼儿对“好孩子”的认识逐渐分化和完整，能从多方面及一些比较抽象的品质来考虑，较大的幼儿对“好孩子”的理解还有一定的概括性。

庞丽娟（1991）研究了幼儿期儿童对诚实、有礼貌、友好、谦让、助人为乐、遵守纪律、勇敢等道德概念的理解，发现幼儿对道德概念的掌握，多从感性的道德经验开始，与具体、直接的自身道德经验密切联系着；同时，从小班到大班，在正确教育的影响下，随着儿童道德经验的丰富和思维发展水平的提高，幼儿掌握道德概念的内容逐渐从比较贫乏、片面、单调，到比较全面、广泛、丰富，从只涉及自己身边的、直接的事，到更广范围的、稍为间接的事，从非常具体、表面到比较概括，带有一定的抽象性。

由此可见，从总体上来看，幼儿掌握道德概念具有三个特点：

（1）具体形象性：总是和具体的事物或行为、情境联系在一起，并依据这些具体直接的事物理解与掌握概念。如“好孩子”就是“不打人”。

（2）表面性：对道德概念的理解局限于表面水平，而缺乏概括性和深刻性。如“好孩子”就是“听话”。

（3）片面性、笼统化和简单化：往往只涉及个别的具体行为或方面，而不能从多方面细致、全面地理解道德概念，缺乏分化性、复杂性和全面性。如“助人为乐”就是“帮妈妈洗小手帕”。

幼儿掌握道德概念的这些特点和幼儿思维的具体形象性、生活经验的局限性是密切相关的。

2. 幼儿的道德判断 吴筱珍（1988）在关于幼儿中的独生子女和非独生子

女各40人对于分辨是非善恶、哪一种行为较不好的**道德判断**（moral judgement）的比较研究中，用六对对偶故事测试被试。六对对偶故事中将财物损坏形式（公物和私物）和行为的意向性（有意或无意）组配成三种不同的结构：①意向性不变，财物损坏形式改变；②财物损坏形式不变，意向性改变；③意向性和财物损坏形式同时改变。实验结果表明：①幼儿前期的独生子女和非独生子女的公有观正在形成。但这种公有观很不成熟，表现出极明显的形象性、表面性和片面性。②幼儿中的独生子女与非独生子女已出现根据行为意向性做出判断的能力。两类幼儿都能在财物损坏形式不变的情况下根据行为意向性做出判断，他们都认为有意财物损坏比无意财物损坏更坏。这一研究结果与美国查恩德勒、格特金等人（Chandler，Gutkin et al.，1984）的研究结论可相互印证：当财物损坏的程度保持不变时，即使年幼儿童（5～6岁）也能根据行为意向性做出判断。③两类幼儿在道德判断中充当故事中被损坏个人财物的角色时，出现了逆转现象。换句话说，在不充当角色时，认为损坏公物比损坏私物的行为更不好；在充当角色时，就转而认为损坏私物的行为更坏。

3. 幼儿的道德评价 周群芳（1988）曾对4～6岁幼儿的**道德评价**（moral evaluation）能力及特点进行了研究，认为幼儿对他人行为的评价有这样一个过程：从以成人意志转移的、对事物只能进行简单的判断，到开始能够依据一定的准则来进行独立的、比较深刻的评价。具体来说，幼儿对“在公交车上为妈妈抢座位对不对”这个问题，4～6岁幼儿有76.7%能独立、正确地做出评价。

如上“自我意识的发展”一节所述，在整个幼儿期，儿童对自我的评价能力还很差，成人对他们的态度和评价将对他们的自我评价，以至整个人格发展都产生重大的影响。因此成人对幼儿的评价必须适当，过高的评价使幼儿看不到自己的缺点，不能正确地认识自己及行为，甚至不能形成正确的道德观念和是非观念；反之，过低的评价，则会使幼儿认为自己是毫无希望的，因而失去获得肯定性、积极性评价的信心。

（二）幼儿道德情感的特点

1. 幼儿道德情感的形成 婴儿期已具有**道德感**（moral feeling）的萌芽，如同情心、责任性和羞耻感等。幼儿在幼儿园的集体生活中，随着对各种行为规则的掌握，他们的道德感进一步发展起来。起先，这种道德感主要指向个别行为，而且往往直接由成人的评价而产生。到了中班，由于比较明显地掌握了一些概括化的道德标准，幼儿的道德感便开始与这些道德准则、认识相联系。中班幼儿不仅关心自己的行为是否符合道德标准，而且很关心别人的行为是否符合道德规范，并产生相应的情感。这一点可从幼儿的告状行为中充分体现出来。大班幼儿的道德感进一步丰富、分化和复杂化，同时带有一定的深刻性和稳定性。研究表明，幼儿晚期已具有比较明显的和强烈的爱国主义情感、群体情感、义务感、责任感、互助感和对别的儿童、父母、老师的爱以及自尊感和荣誉感等。

2. 幼儿阶段是爱国主义情感的萌芽期　庞丽娟等人（1989）对幼儿**爱国主义情感**（patriotic feeling）的发展特点进行研究，认为幼儿的爱国主义情感是从日常生活中及幼儿所见所闻中萌芽的。幼儿一开始是爱自己的父母、爱自己的兄弟姐妹、爱自己家乡的一草一木等；之后在此基础上，逐渐将这些情感同热爱祖国联系起来，萌发出最初的爱国之情。同时，随着幼儿爱父母、爱家庭、爱老师、爱同伴、爱家乡、爱人民的情感体验日益明显、丰富和加深，幼儿爱祖国的情感也日益深刻。

3. 幼儿义务感的产生　由幼儿**义务感**（sense of obligation）的研究表明（陈帼眉等，1979），3岁幼儿在完成成人所指定的任务时，常常出现愉快或满意的情感，但这不是由幼儿意识到自己的义务和完成了这一义务而产生的义务感，而往往是由幼儿的某种直接需要、愿望得到了满足而引起的。因此，这种情感还不能说是义务感。4岁左右，在成人的教育下，幼儿开始由是否完成某个义务而体验到愉快、满意或不安、不高兴的情感，开始出现和形成义务感。而且，这种情感不仅可以由成人对幼儿道德行为的评价所引起，也可以由幼儿自己对自己行为的意识所引起，但这种义务感的范围还是比较狭小的，主要涉及经常同自己接触的人。5～6岁幼儿能进一步理解自己的义务和履行义务的意义和必要性，并对自己是否完成义务和完成的情况如何有进一步的体验。体验的种类也不断分化，不仅有愉快、满意或不安等，还产生了自豪、尊重或害羞、惭愧等情感。义务感的范围也不断扩大，不仅对于个别自己亲近的人，而且扩展到自己的班集体、幼儿园等。

4. 幼儿道德情感的特点 幼儿**道德情感**（sense of morality）的形成与发展具有如下特点和趋势：

（1）幼儿在正确的教育影响下，尤其在集体生活中，在与成人、同伴交往的不断增加和对社会道德行为准则的不断掌握的情况下，道德感进一步发展起来，一些新的道德感如爱国主义情感、义务感、集体感等都在幼儿初期萌芽，并在幼儿期逐步形成和发展。

（2）幼儿道德感指向的事物或对象不断增多，范围不断扩大，这就使幼儿的道德感不断丰富。

（3）幼儿道德感指向的事物或对象，由近及远，由较直接到较间接，由具体、个别的行为或需要的满足到一些比较概括、比较抽象的行为规则和道德准则。

（4）由于幼儿道德感指向的事物的变化，特别是事物性质的变化，幼儿道德感逐渐由比较肤浅、表面、不稳定，发展到比较深刻、持久和稳定。

（5）幼儿道德感是与道德需要紧密联系着的，并且逐渐形成为一种内在品质，能够出现于行动之前，成为从事或克制某种行为的动机。

（三）幼儿道德行为的特点

姜宗坤、强平等人（1984）对幼儿期儿童**道德行为**（moral behavior）情况进行了调查，内容包括团结友爱、帮助同伴、遵守集体规则、礼貌、诚实、爱护公物、勇敢、分辨是非、为集体服务等。采用方法是跟踪观察幼儿的实际行为表现，如访问、征求老师的意见、请教师评定幼儿的行为。结果发现：在良好的教育影响下，在与同伴、老师的交往中，幼儿期儿童大多数表现出多种广泛的良好品德行为，如同伴有困难能主动给予帮助，为班集体做好事等。

邵渭溟、郭英（1984）关于幼儿期儿童文明礼貌行为的调查和上海闸北区（今静安区）幼教科研小组（1984）关于幼儿在幼儿园遵守集体规则的调查，都反映出同样的结果。这说明我国幼儿期儿童初步养成了文明礼貌行为，因此能较好地遵守各项集体规章制度。

但是，我们也不能过高估计幼儿道德行为的发展。第一，幼儿道德行为的动机具体、直接且外在，具有明显的情境性。第二，幼儿道德行为的自制力和坚持性还比较差。因此幼儿期儿童的道德意志还是比较薄弱的，特别是幼儿初期的儿童，对自己行为的调节力和控制力更差，他们的行为主要受周围情境的影响，常需要成人的监督、调节和强化。第三，由于上述道德行为动机和道德意志的特点，幼儿期儿童还未形成稳固的道德行为习惯。因此我们不能满足于幼儿良好行为出现一次、两次，而应着眼于使之经常化和稳定化，成为稳定、自觉的行为习惯。否则，培养幼儿的良好道德品质将成为一句空话。

三、幼儿的性别认同

男女**性别差异**（sex difference）是社会中普遍存在的一种现象，特定社会总是对不同性别的人有不同的限制和要求。**性别角色**（sex role）就是社会规定的经常与某一性别相对应的一系列态度和行为方式。儿童学习有关性别角色的规定，掌握相应的性别角色行为，是其**社会化**（socialization）的重要内容之一，对其现在乃至成年以后的行为方式、兴趣爱好、性格特征和职业偏向等均有十分重要的影响（王耘等，1992；Mussen et al.，1990）。

（一）性别认同的发展

幼儿的性别认同有一个发展过程，且表现出一些特点。

1. 性别认同发展的过程 儿童的性别化行为早在2岁时就有表现（王耘，1992；周宗奎，1992），他们在活动或游戏中表现出一定的性别差异，如男孩喜欢玩柔软的玩具和木偶（Zegler & Stevenson，1987）。3岁以后，幼儿的性别差异更为明显和稳固，有时甚至表现出对性别角色规定的过分遵从。幼儿行为的性别差异主要表现在两个方面：其一是给孩子取名、对玩具和游戏等活动方式的选择和偏好；其二是对同伴的选择及与之交往的特点（King，2012；Mattin，2012）。3～6、7岁的男孩不仅在游戏和自由活动中经常选择**男性化**（masculinization）的玩具，如飞机、坦克、刀枪、棍棒等，而且常常玩摔跤、打仗、球赛等活动比较剧烈的游戏；而女孩则往往偏好洋娃娃、小锅、小勺、卡片等比较安静的游戏。在选择玩伴的时候，无论男孩还是女孩，都倾向于跟与自己性别相同的小朋友一起游戏、玩耍。因此在幼儿园里常分化出不同性别的游戏群体。而且，幼儿在与同性别玩伴一起游戏时，比与异性玩伴一起时有更多的社会性游戏，男孩与男孩之间、女孩与女孩之间往往产生更多的社会性交往反应（Jacklin & Maccoby，1980）。

2. 幼儿性别化的特点 幼儿性别化发展的一个突出特点是其**性别角色刻板化**（或**性角色刻板印象**）（stereotype of sex role）（Mussen et al.，1990）。特别是5岁左右的幼儿，除了自己严格按照某一性别角色规定去行动，还常以性别角色标准为依据去评价和要求同伴的行为。他们对于同伴或他人不符合性别化规定的行为常常表现出拒绝和轻视的态度（Damon，1977，1983；Mussen et al.，1990）。在幼儿园中，玩"男子气"玩具的男孩和举止**女性化**（feminization）的女孩，都比较容易找到玩伴，也较容易从同伴那里得到肯定的反应；而从事玩娃娃家游戏或举止服饰女性化的男孩，则可能遭到同伴的取笑，或者是受到忽视。

幼儿过分刻板的性别化行为，与其对性别差异的认知和理解水平有着密切的关系（Kohlberg，1966；Conner & Sewrbin，1977）。尽管儿童从2.5岁左右就开始能准确地说出自己是男孩或是女孩（Lam & Leman，2003；Ruble et al.，2007），但是他们对于性别的完整理解却要到学龄早期才能完成（Damon，1977，1985；周宗奎，1992）。

3. 性别恒常性及其后果 按照柯尔伯格的发展阶段，依序为：①**性别同一性**（或**性别认定**）（gender identity），即了解自己是男孩或女孩；②**性别稳定性**（或**性别固定**）（gender stability），即懂得男人总是男人，女孩不可能成长为父亲；③**性别恒常性**（或**性别恒定性**）（gender constancy），即知道发型、服饰、活动表现等表面变化不能改变人的性别。幼儿期是在理解性别同一性的基础上，逐渐获得对性别稳定性和恒常性理解的时期。周宗奎（1992）研究表明，儿童要到5岁左右才开始初步懂得性别稳定性和性别恒常性，这时他们已知道某些兴趣、态度、行为方式只与某一性别相对应，他们将这种对应的联系视为不可更改的、必须要做到的。因此，幼儿对于性别多依赖于人物的服饰和活动特点来判断。他们常认为，如果一个男孩穿上裙子、戴上项链或玩娃娃家游戏，他就不再是一个男孩而成为一个女孩子；而如果一个女孩剪去长发，去玩大炮、坦克，则她也可能成为一个男孩子了。

对性别稳定性和恒常性的理解水平不仅限制幼儿性别化行为的灵活性，而且在一定程度上决定着他们对同伴的选择。斯密特纳等人（Smetana et al.，1984）研究表明，已经获得性别稳定性的女孩比只懂得性别同一性的女孩更多选择女孩为游戏伙伴，但是当性别恒常性理解完成后，女孩选择玩伴的性别差异则不那么严格了。也正是由于理解了性别差异不跟随表面特征的改变而消失，儿童才可能摆脱性别差异的严格界限，提高行为选择的灵活性，从而增加社会性选择的自由。还有研究表明，对性别稳定性的理解水平与男孩对其他男性的模仿行为有一定的相关性，理解水平越高，模仿男性榜样的行为越多（Slaby & Frey，1975）。对女孩的研究也取得了类似的结果，因此证明对性别稳定性的理解程度会影响幼儿对同性榜样的模仿（Rubble，Balaban，& Cooper，1979）。

（二）性别认同的影响因素

儿童的性别化发展受多种因素的影响。生物因素、认知因素和社会性因素几个方面互相作用，共同制约着幼儿性别角色的获取和性别差异的形成。

1. 生物因素 生物因素对性别差异的作用表现在两方面：一是**激素**（hormone），尤其是雄性激素的作用；二是大脑两侧功能分化的水平差异。

2. 认知因素 认知因素的作用除了前述性别理解的影响外，信息加工观点还指出，儿童对性别角色的看法与其正在形成的自我概念有关，影响着他们看待事物的方式（周宗奎，1992）。5、6岁儿童在回忆一周前看过的图片时，常倾向于改变原图中从事不符合性别要求活动的孩子的性别，他们更容易记住“玩女孩玩具”的女孩和“做男孩游戏”的男孩；女孩更容易记住女性化的玩具和物品，对男性化的玩具和物品则记忆得较差，而男孩正好与此相反。儿童对性别的理解还受其认知能力水平的制约，并以后者的发展为基础，如性别恒常性理解就是在儿童物体守恒基础上逐步形成，并随后者的发展而逐渐稳定（王耘等，1992；周宗奎，1992）。

3. 社会性因素 性别角色获取是社会性发展的重要内容，它是在儿童与他人的社会性交往中逐渐形成并巩固的。父母、家庭、同伴、教师、大众传播媒体等社会因素，从儿童一出生后便对其由生物因素引起的性别差异发生着重要影响。父母往往为儿子或女儿选择不同的生活用品与玩具，并对不同性别的孩子抱有不同的期望，在日常生活中对儿童同样的行为也会因其主体的性别差异而采取不同的反应方式。此外，父母之间的性别差异为儿童模仿、观察同性别角色的行为提供了最为直接的范型（Zegler & Stevenson，1987）。家庭的影响加上幼儿园里教师、同伴的强化，使幼儿的性别化行为得以巩固。大众传播媒介，如电视、电影、图书等，往往按照一定的社会对性别角色的规定，来呈现人们的生活和行为，这就为幼儿学习掌握性别角色的有关规则提供了更为丰富的观察材料，对其性别化行为的习得和性别理解的发展起着推动、促进的作用（Ratz et al.，2011）。

四、社会性交往的发展

幼儿期随着儿童活动能力和认知、语言能力的进一步发展，幼儿生活范围不断扩展，交往范围日益扩大，他们越来越多地与父母及家庭以外的社会环境因素发生相互作用。在整个幼儿期，父母仍然是儿童主要的交往对象，也是幼儿心理发展的最主要的“重要他人”，但同时，生活范围的扩大也使同伴、教师逐渐成为幼儿生活中的重要交往对象。

（一）与父母的交往

父母是子女最早的交往者，尽管不同家庭父母有着各自的养育方式，但他们与子女交往的意义都是重要的。

1. 父母与子女交往的意义 父母是影响儿童社会化的核心因素，父母通过他们的教育期望，代表一定的社会阶层和观念文化，在与子女交往中传递着有关的社会性知识，影响儿童的信仰、价值观和行为准则。在幼儿期，儿童与父母的交往内容和方式对其情绪、态度、行为，乃至成年以后的兴趣、信仰、行为方式、自我概念等均有较大的影响。如果缺乏与父母的直接交往，儿童的心理发展将会出现一些不利的结果。

父母对幼儿行为、态度的影响主要通过二者之间的人际交往而实现。在交往过程中，父母一方面以其自身行为、言语、态度等的特征，为幼儿提供观察和模仿的范型；另一方面还通过对儿童行为的不同反应方式对儿童行为做出积极的或者消极的强化，以此改变或巩固儿童的某些具体行为。此外，父母还常根据一定的社会准则、规范向幼儿直接传授有关的知识和技能，以促进其认知和社会性的发展（Edward & James，1986；周宗奎，1992）。

2. 不同养育方式产生子女不同的交往特点 父母通过上述多种方式和途径影响着儿童的社会化，并且这些方式和途径又因父母自身特点及各个家庭的不同背景而存在许多差异，即教养方式千差万别（俞国良，1994）。鲍姆琳德（Baumrind，1967，1973，1977）经过一系列研究指出，父母教养方式与儿童心理发展具有密切相关，父母教养方式的差异使儿童心理发展产生直接不同的结果。麦考比等人（Maccoby & Martin，1983）在鲍姆琳德等人研究结果的基础上，进一步提出了父母养育方式存在着四种主要类型，并对每种方式的具体特点及其相应的儿童特征做了比较详细的描述。这四种养育方式是：

（1）权威型（authoritative）：父母对幼儿的态度是积极肯定和接纳的，同时向幼儿提出明确的要求，并经常与孩子讨论、解释有关行为规则的含义和意义。这种养育方式下成长的儿童多数有较强的独立性且对人友好，善于与人交往，有较强的自尊和自信。

（2）专断型（authoritarian）：父母对幼儿常常采取拒绝的态度和训斥、惩罚等消极反应，他们要求幼儿无条件地严格遵守有关规则，很少听取孩子的意见和要求。这种教养方式下的幼儿往往缺乏主动性和积极性，不善于交际，容易抑郁、胆怯和自卑。

（3）放纵型（permissive）：父母非常疼爱自己的孩子，表现出过分的接纳和肯定，但缺乏控制，因而这种教养方式下的儿童往往比较容易冲动、缺乏责任心、专横，攻击性较强。

（4）忽视型（indifferently uninvolved）：父母对孩子关注较少，对其行为缺乏要求和控制。父母与孩子间的交流很少，因而使孩子往往具有较强的攻击性和冲动性，不顺从、易发怒，而且自尊心水平较低，很少为他人考虑（Edward & James，1986；俞国良，1994）。

3. 儿童自身特点对亲子交往关系的作用 当然，父母并不是影响儿童社会性发展的唯一因素，他们也受到来自儿童一方的诸多因素影响，儿童的年龄、性别、气质特征及行为方式等都会在不同程度上影响父母对待儿童的态度和行为，并进一步影响儿童的心理发展（Simpson & Stevenson-Hinde，1985；Edward & James，1986；王耘等，1992）。

（二）与同伴交往

儿童之间的交往，是促进儿童社会性交往发展的有利因素。而入园进班，是儿童同伴关系及其交往的开始。

1. 幼儿同伴交往的特点 除了父母与幼儿的交往外，在幼儿期，随着儿童入园进班，儿童与儿童之间的同伴交往也日益增多，同伴间的社会性联系日渐成为幼儿社会生活的重要内容。幼儿在与同伴的交往活动中，练习着有关社交技能，逐渐学会与他人以平等的方式合作、协商；同伴对幼儿行为的不同反应，对幼儿的社会行为也产生了积极的或消极的强化，使其亲社会行为得以增多，**侵犯性行为**（aggressive behavior）得以控制、减少；此外同伴对幼儿的各种评价也为幼儿提供了社会性比较和其形成自我意识的依据。在整个幼儿期，同伴间相互作用的数量日益增多。在交往中，幼儿积极主动地选择自己的玩伴，他们倾向与和自己年龄相仿、能力相近的同伴一起游戏。

2. 游戏对幼儿交往的意义 游戏是幼儿期与同伴交往的最主要方式。游戏在幼儿期获得了进一步发展，社会性水平也不断提高。这明显体现在幼儿于游戏活动中越来越多地与其他幼儿进行着实际的交往，交往的目的也从获取玩具、物品转向更多的是为了引起他人的注意、合作和交流行为（王争艳，王京生，& 陈会昌，2002）。

3. 幼儿同伴交往的类型 在同伴交往中，各个幼儿的行为方式是各不相同的，同伴对其反应也各不相同，或欢迎或拒绝或忽视，因而形成不同的**同伴交往**（peer communication）类型，即不同的同伴社交地位。庞丽娟（1991）运用现场同伴提名法，研究结果指出幼儿同伴交往存在四种主要类型：①受欢迎型：这类幼儿喜欢与同伴交往，在交往中行为积极友好，因而普遍受到同伴喜爱、接纳，在同伴中地位、影响较高；②被拒绝型：这类幼儿同受欢迎型一样也喜欢交往，但交往中行为不友好，而多消极、攻击性行为，因而为多数幼儿所排斥、拒绝；③被忽视型：这类幼儿不同于上述两类儿童，他们不喜欢交往，在交往中畏缩、退缩而不积极、主动，他们既少积极友好行为，也少消极、不友好行为，因而在同伴心目中没有地位，易被大多数同伴所忽视与冷落；④一般型：这些幼儿在交往中行为表现一般，既非特别友好，也非特别不友好，因而既有同伴喜欢他们，也有同伴不喜欢他们，因此，他们在同伴中的地位一般。

（三）与教师交往

入园以后，幼儿园教师逐渐成为幼儿交往的重要对象。

1. 与教师交往的意义　随着儿童入园进班，幼儿与教师的接触日益增多，与教师的交往成为幼儿社会生活的另一重要内容。教师通过直接教导、言行榜样等与幼儿的互动方式，使幼儿学习一定的社会道德规范、行为规范、集体生活要求、文化知识以及与他人交往的基本准则、规范等等；同时，在与教师的交往中，幼儿演练着多种社会行为与社会技能，并依据教师的不同奖惩、强化而调整着自己的行为。幼儿的整体心理水平较低，易受暗示、引导，加上教师在幼儿心目中的“权威”地位，使得教师对幼儿的发展起着极为重要的作用。

2. 教师早期影响的重要性　庞丽娟（1992）的研究表明，教师期望对儿童心理发展有直接、深远的影响，尤其在儿童发展早期，年龄越小的孩子，教师期望的影响越大，即教师期望对幼儿发展的直接的、定向的作用最为显著。教师对幼儿期望不同，会直接造成不同的幼儿发展，并出现明显差异，幼儿很容易成为教师期望的那一类孩子。幼儿还很容易受教师情绪状态的影响，他们不仅会因教师高兴而高兴，因教师烦恼而惊恐，因教师不悦而老实，而且还会因教师的热情或冷漠的不同态度而取得截然不同的学习效果（Mussen et al., 1990）。同时，教师对幼儿的评价、奖励与批评、表扬与惩罚，对幼儿也有着至关重要的影响，直接对幼儿的社会行为和学习、发展产生促进或调整、改变的作用。相较于家长，幼儿似乎更重视教师的评价。在许多场合下，教师的评价或表扬、批评更能发挥改变幼儿行为的作用。

本章摘要

1. **幼儿园**是幼儿教养的机构，19世纪创办在法国，随后欧美国家相继设立幼儿园，中国的幼儿园始办于1903年。幼儿是幼儿园的小天使。

2. 社会因素向幼儿提出参与社会的要求，使幼儿渴望社会生活，但又限于幼儿的能力水平，所以，游戏是实现他们参与社会生活愿望的主要活动形式。

3. 3～6、7岁，儿童的神经系统进一步发展，突出表现在大脑结构的完善和机能的进一步成熟上。

4. 幼儿的各种心理过程带有明显的具体形象性和不随意性，抽象概括性和随意性只是刚刚开始发展。

5. 幼儿社会性和道德的发展，其突出的一点是**情境性**，于是，**模仿**必然成为幼儿阶段的一种明显的特点。

6. 对于儿童游戏的研究中，因不同学派持不同的学术观点和解释方式，所以必然产生不同的游戏理论，例如经典的游戏理论，精神分析学派的游戏理论**补偿说**，皮亚杰的游戏理论，游戏的**觉醒—寻求理论**，**元交际理论**等。

7. 从儿童行为表现分类，可分为**语言游戏**、**运动游戏**、**想象游戏**和**交往游戏**，而**表演游戏**则可以看作是以上这些游戏的综合形式。

8. 从儿童认知特点分类，可分为**练习性游戏**、**象征性游戏**、**结构性游戏**和**规则游戏**。

9. 从儿童社会性特点分类，可分为**独自游戏**、**平行游戏**、**联合游戏**、**合作游戏**和**旁观游戏**。

10. 从儿童创造性特点分类，有**累积型游戏**、**幻想游戏**、**假定游戏**等。

11. 从幼儿教育方面分类，有**自发游戏**和**教学游戏**等。

12. 游戏的各种特点，诸如游戏的内容、形式、创造成分、种类、时间和参加的成员等，都是随着幼儿年龄递增而发展变化的。

13. 幼儿语言的发展，主要表现在语音、词汇、语法结构、表达能力等方面以及外部、内部和书面三种言语的形式上。

14. 幼儿的词汇发展，包括词量、词类和词义三个方面的变化。

15. 幼儿言语表达能力的发展表现在各类句子的变化，句子的词数进一步增加，口头表达的顺序性、完整性和逻辑性的发展，连贯性的表达能力的发展等诸方面。

16. 幼儿的认知属于前运算阶段，具有**相对具体性**、**不可逆性**、**自我中心性**和**刻板性**。

17. 思维的具体形象性是幼儿思维的主要特点。所谓**具体形象性的思维**，就是指儿童的思维主要是凭借事物的具体形象或表象，而不是凭借概念、判断、推理来进行。

18. 幼儿视觉、听觉在各种**感觉**的发展中愈来愈占有主要地位；幼儿期**知觉**的发展主要表现在**空间知觉**、**时间知觉**及**观察力**的发展上。

19. 幼儿的**记忆**，以不随意的**形象记忆**与**机械记忆**为主，不但易记易忘，而且记忆不精确。

20. 幼儿的**自我意识**几乎是直线上升，其中4、5岁发展的速度最快，自我意识各因素的发生时间比较接近，但基本上是不同步的。

21. 幼儿的品德发展以**从他性**和**情境性**为主要特点。

22. 3岁以后，幼儿的**性别差异**更为明显和稳固，有时甚至表现出对**性别角色**规定的过分遵从。幼儿行为的性别差主要表现在：①对玩具、活动方式的选择和偏好；②对同伴的选择及与之交往的特点。

23. 在整个幼儿期，父母仍然是儿童主要的交往对象，也是幼儿心理发展的最主要的重要他人。同时，生活范围扩大也使同伴、教师逐渐成为幼儿生活中的重要交往对象。

参考资料

1. 皮亚杰.（1980）. 儿童心理学（吴福元译）. 北京：商务印书馆.

2. 朱智贤.（1962，1979，1993，2003，2009，2018）. 儿童心理学. 北京：人民教育出版社.

3. 朱智贤，林崇德.（1986）. 思维发展心理学. 北京：北京师范大学出版社.

4. 刘焱.（1988）. 儿童游戏的当代理论与研究. 成都：四川教育出版社.

5. 劳拉·E. 贝克.（2008）. 婴儿、儿童和青少年（第5版）（桑标等译）. 上海：上海人民出版社.

6. Shaffer，D. R.，& Kipp，K.（2009，2016）. 发展心理学：儿童与青少年（邹泓等译）. 北京：中国轻工业出版社.

7. 林崇德.（2009）. 发展心理学. 北京：人民教育出版社.

8. 黛安娜·帕帕拉，萨莉·奥尔兹，露丝·费尔德曼.（2013）. 发展心理学（李西营等译）. 北京：人民邮电出版社.

9. Hall, E., Lamb, M., & Perlmutter, M.（1986）. *Child psychology today*（2nd ed.）. New York: Random House.

10. Hauert, C. A.（1990）. *Developmental-motor and neuropsychological perspectives.* New York: Elsevier Science.

第六章　小学儿童的心理发展

（本章内容细目）

小学儿童一般为6、7～10、11岁，这个时期是上小学的阶段，这个阶段又称为**学龄儿童期**（或**儿童期**）(school childhood)。小学儿童心理的发展，顾名思义，主要是指小学生心理活动规律和特点。

小学生进入学校后，学习便成为他的**主导活动**（dominant activity)，促进了他们的心理过程和社会的全面发展，并呈现四个特点：①小学生心理发展是迅速的，尤其是智力和思维能力；②小学生心理发展是协调的，特别是在道德方面，这是人一生中道德品质发展最为协调的阶段；③小学生心理发展是开放的，他们经历有限，内心世界不太复杂，所以显得纯真、直率，能将内心活动表露出来；④小学生心理发展是可塑的，其发展变化具有较大的可塑性。

从幼儿到小学生，儿童的角色发生了巨大的改变，要适应这个新的角色他们必须在生理上、心理上做好入学的准备，生理上的准备主要是由他们自然的生理发展所提供；而心理上的准备，则包括学习态度、学习习惯、学习方法、学习能力、社会性能力等方面的准备。小学生的学习与幼儿的学习有着本质的区别。有的儿童因发育迟滞、习惯不良等原因而不能顺利地完成学习活动，成为有学习障碍的儿童。小学阶段的认知，一般属于皮亚杰的具体运算阶段。儿童的思维已具备可逆性，并逐步过渡到以抽象逻辑思维为主，但思维仍带有很大的具体性。此外，小学儿童的感知觉、观察力、记忆也都有相应的发展。在小学阶段，儿童的道德从习俗水平向原则水平过渡，从依附性向自觉性过渡，逐步形成自觉运用道德规则的能力。这个时期道德发展比较平衡，显示出以协调性为主的基本特点。儿童进入学校学习以后，他们的社会交往更为广泛。同伴关系、师生关系、亲子关系构成了小学生社会关系的主要内容。

本章讨论小学儿童心理发展的趋势，重点讨论以下几个问题：

1. 小学生入学前应有哪些准备，特别是心理上需要做些什么准备？
2. 小学生的学习有哪些特点？如何克服他们的学习障碍？
3. 小学阶段儿童的认知是怎样发展的？有什么样的特点？
4. 小学阶段儿童的道德是怎样发展的？又有什么样的特点？
5. 小学生的社会关系有哪些表现？他们的社会交往特点是什么？

第一节 背起书包上学去

儿童到了6、7岁，心理的发展已经具备了上学的条件，加上环境、家庭等影响，他们开始羡慕小学生的生活，羡慕新书本、新书包、新文具。简言之，此时儿童主观上具备了入学的需要和愿望。

一、入学前的准备

儿童入学前的准备，包括生理与心理两个方面。充分的入学准备，为儿童入学后的发展，能提供良好的起点；入学准备不足，可能给儿童带来一定的学习障碍。

（一）从幼儿到小学儿童

小学时期是儿童心理发展的重要时期，小学生的学习活动，与幼儿学习有着本质上的区别，因此从幼儿到小学生，在心理发展上也进入了一个崭新的阶段。

1. 狭义的学习与广义的学习 广义的**学习**（learning），是指经验的获得及行为变化的过程。人自从降生以后不久，就能建立条件反射，改变个别行为。在人一生的整个生活过程和实践过程中，也不断地积累知识经验，这种获得、积累经验的过程就是广义的学习。

学生在学校里进行的学习主要是指狭义的**学习**（study），它是学生在教育环境中掌握系统科学文化知识和社会经验的活动，也是一种有目的、有计划、有系统的掌握知识技能和行为规范的活动，更是一种社会的义务。这种狭义的学习具有其本身的特点，学生学习的内容主要是以语言、文字或其他形式构成的间接经验，学习过程是直接而简短的。学生学习是在教师的指导下，按一定的教材有计划、有目的地进行。在学习活动中，要求学生积极、主动地掌握和应用一定的**学习策略**（learning strategies）。

总之，广义的学习从儿童出生开始并持续一生，而狭义的学习则是学龄儿童特有的学习形式。

2. 幼儿的学习与小学生的学习 幼儿的学习主要属于广义的学习，他们的主要学习活动方式是游戏。因此，幼儿学习主要是在游戏中进行的，他们通过游戏来模仿成人的活动，接受人类社会已有的知识经验。学前阶段的后期（4～6岁），在幼儿园的儿童开始学习上课，老师开始讲一些最简单的算术、自然方面的知识，教儿童识字等。这种学习与小学生的学习相接近，但幼儿的这种学习往往是在游戏的形式中进行的，老师对他们的这种学习没有严格要求，也没有当作一种社会义务。

进入学校以后，学习活动立刻就成为小学生的主导活动。所谓**主导活动**（dominant activity），主要是指在人类各个发展阶段中，影响和支配其他活动并决定其心理发展的活动。不同发展阶段的主导活动虽有一定的连续性，但相互间有着质的区别。虽然低年级学生的学习过程中还包含有游戏的成分，但这主要是为了学习，而且随着年级的增高，这种游戏成分也逐渐减少。就小学生而言，学习已经成为他们必须完成的一种社会义务，他们必须遵守课堂纪律，认真听讲，完成作业，复习功课，并参加考试以获得对其学习成绩的评价。他们不仅要学习自己感兴趣的内容，也必须学习自己不太感兴趣的内容，这种学习带有一定的强迫性。

（二）入学的生理准备

学前期的生长发育为儿童进入学校做好了生理的准备；入学后，儿童的生理发展仍在平稳而持续地进行，尤其是以大脑为核心的神经系统的发展为其顺利地完成在各个年级的学习、生活奠定了生理的基础。

身高和体重是衡量儿童生理发展状况的重要指标，标志着内部器官和相应系统，如呼吸、运动系统的发育，从出生到成熟，身高与体重的增长会出现两次高峰期，一次在出生后的第一、二年，另一次为青春期。小学阶段正好在这两个高峰期间，儿童身高年增长4～5厘米，体重年增加1.5～2.5千克，是相对平稳的过渡期（李丹，1987）。

在生理发展中，神经系统的发展与心理的发展有着最为密切的联系。小学儿童大脑的发展状况，是这一阶段神经系统发展的集中体现。下面分别说明大脑结构和大脑机能的发展。

1. 大脑结构的发展 刚出生的新生儿，大脑皮质表面较平滑，沟回表浅、稀疏，构造简单，重量仅有390克，约为成人脑重的28%。以后，大脑神经细胞的胞体膨大，神经细胞的突触数量和长度增加，神经纤维深入到皮层各层，将各层紧密地联系起来。随着神经细胞结构的复杂化和神经纤维的伸长，儿童的脑重逐渐增加，到6、7岁时达到1280克，约为成人脑重的90%；9岁时约为1350克；13岁时约为1400克，达到了成人的平均脑重量。

小学阶段，儿童大脑的大部分都在不断地增大，其中体积增大最为明显的皮层部位是**额叶**（frontal lobe）。现代生理心理学的大量研究表明，额叶与人类的记忆、抑制、思维等高级心理过程有着密切的联系。从人类的种系发展过程看来，额叶增大是现代人类和作为人类祖先的类人猿在脑解剖结构上的重大区别之一。我国心理学工作者对儿童脑发展的研究（刘世熠，1962）也表明：额叶是脑皮层中最晚成熟的部位。因此，在小学阶段，儿童额叶的显著增大，在其高级神经活动上，有重大的意义。

2. 大脑机能的发展 小学儿童所有皮层传导通路的神经纤维，在6岁末时几乎都已髓鞘化。这时的神经纤维具有良好的“绝缘性”，可以按一定的道路迅速传导神经兴奋，极大地提高了神经传导的准确性。在小学阶段，神经纤维还从不同方向越来越多地深入到皮层各层，在长度上也有较大的增长。除了神经纤维的发展，小学儿童脑皮层神经细胞的体积也在增大，突触的数量日益增多，它们的发展共同决定了小学儿童大脑机能的逐步完善。

（1）兴奋和抑制机能的发展：兴奋过程和抑制过程是高级神经活动的基本机能，小学儿童的这两种机能都有进一步增强。大脑兴奋机能的增强，可以从儿童醒着的时间较多这一事实看出来。新生儿每日需要的睡眠时间平均为22小时，3岁儿童每日平均为14小时，7岁儿童降为每日平均11小时，到12岁时，每日只需9～10小时就足够了。在皮层抑制方面，儿童约从4岁开始，内抑制就蓬勃发展起来。儿童在其生活条件的要求下，特别是言语的不断发展，促进了内抑制机能的进一步发展，从而能更细致地分析综合外界事物，并且更善于调节控制自己的行为（焦小燕，盖笑松，& 郭璇，2017）。

当然，与青少年或成人相比，小学儿童大脑兴奋与抑制的平衡性较差，兴奋强于抑制，要求儿童过分的兴奋或抑制都会产生不良后果。过分的兴奋容易诱发疲劳，例如学习负担过重，作业量太大，儿童连续长时间地用脑，致使大脑超负荷地兴奋，长此以往，会使兴奋与抑制过程、第一与第二信号系统间的正常关系遭到破坏（波加琴科，1956）。同样地，过分的抑制会引发不必要的兴奋，也让儿童难以忍受。例如，要求小学低年级儿童学习他们既不能理解又毫无兴趣的内容，坚持不了多久，儿童必然会变得烦躁不安，乱动起来。

（2）条件反射的发展：皮层抑制机能是大脑机能发展的重要标志之一，**抑制性条件反射**（或**抑制性制约反射**）（inhibitory conditional reflect）系因条件刺激的出现而致使个体反应减弱的现象，对儿童来说有很大意义。抑制性条件反射加强了儿童心理的稳定性，提高了儿童对外界环境的适应能力。小学儿童由于神经系统结构的发展，以及第二信号系统的发展，特别是由于学校生活有要求（要求儿童上课坐好、安静听讲，守纪律、不乱动等），所以更快地形成各种抑制性的条件反射，而且一旦形成，就很稳定，从而使儿童能够更好地对刺激物（如学习内容）加以精确地分析，并能更好地支配自己的行为。

（三）入学的心理准备

儿童入学前学习的准备，除了物质准备（如准备学习用具、学习空间等）、生理准备（如行走动作、手的动作能力等）外，还有心理上的准备，主要包括以下几个方面：

1. 学习态度的准备 一般来说，成为小学生，坐在教室里学习、背着书包上学，是令儿童感到兴奋、自豪和向往的。因此开学的时候，他们早早地起来，背上书包，来到学校，在课堂上认真听讲，力求更好地完成教师的要求，但这并不表明儿童已形成对待学习的正确态度。

事实上，初入学儿童对学习的态度是各种各样的，易受学校外表形象的吸引，如学校的校舍、桌椅、很多同学在一起等；有的儿童还把学习与游戏混为一谈，认为想学习就学习，不喜欢就不学习等。

为了使儿童入学后，能热爱学习，对学习有严肃认真的负责态度，在入学前就要培养儿童热爱学校生活，尊敬老师的态度，端正儿童的学习动机，培养学习兴趣。在入学时要尽可能让儿童了解和熟悉学校生活，帮助、指导他们处理和解决各种可能出现的问题和困难，尽量减少儿童进入新环境时产生的心理紧张。入学后，教师应采取积极的办法有系统地进行教育工作，用生动的事例鼓励儿童学习，启发他们的学习兴趣，引导儿童参加班集体的生活，帮助他们将学习和游戏区分开来，认真对待学习，形成对待学习负责的态度。

当然，正确的学习态度的形成是整个学龄期的任务，需要儿童在长期的学习实践中逐渐提高和发展。

2. 学习习惯的准备 培养儿童良好的学习习惯，可以使儿童很快很好地适应学校生活。入学前，首先要帮助儿童养成有规律的生活习惯，以使儿童能在入学后较快地适应学校的作息制度。学校生活与幼儿园生活不同，学校的上下课时间要求严格，不能随便迟到或早退，当天作业必须当天完成。因此，儿童必须培养良好的生活习惯，按时起床，按时上学，按时完成作业，这样就不会使儿童对学校生活感到为难。其次，必须培养儿童爱护物品，做事有条有理的习惯，让儿童学会自己收拾整理用具。再次，要培养儿童守纪律、爱整洁的习惯。

从进入学校的第一天起，教师就要着手培养儿童形成良好的学习习惯。因为儿童刚进入新环境，对教师充满着信任和尊敬，愿意按老师的指示去行动，同时儿童往往还没建立学习的雏形，所以小学低年级是培养儿童学习习惯的重要时期。第一，要教会儿童如何听课，上课时怎样使用眼、耳、口、手等器官；第二，要求儿童遵守学校中的学习规则和组织纪律，如听到铃声必须进教室，上课时不许随便说话、有小动作等；第三，帮助儿童形成良好的学习习惯，如严格训练儿童握笔的方式、坐的姿势、书写的笔顺等，要求儿童说话清楚、完整、有条理；第四，教会学生如何预习、复习、阅读、心算等，培养儿童认真学习，积极思考等优良的学习品质；第五，教师要耐心训练指导，对初入学儿童提出具体要求，长期坚持，逐步提高要求，使学生逐步养成良好的学习习惯。

3. 学习方法的准备 刚入学的儿童往往缺乏良好的学习方法，他们习惯于直接的记忆、背诵，理解概念非常具体，缺乏抽象概括能力。例如在学习计算时，习惯于手指计算、逐一计算，而不会口算或心算；学习语文时，习惯于顺序背诵，还不善于归纳复述，不善于独立思考。这主要是因为刚入学的儿童还保留着学前儿童的许多特点，因此需要教师在这方面特别加强指导。首先，引导儿童不但注意学习的结果，还要注意学习方法、学习过程是否正确；其次，教导儿童针对不同的学习活动采取相应的学习方法，如训练儿童听课、书写、做作业的技能，心算、识字、阅读和记忆的方法等；最后则是启发、鼓励儿童积极思考、克服困难。

4. 学习能力的准备 在幼儿晚期，儿童的认知能力已经得到较大的发展，积极培养和促进儿童认知能力的发展水平，是帮助儿童顺利过渡到学龄期的一个重要条件。儿童认知能力的发展应该达到在老师和家长的帮助下，能逐步完成学校的各项学习任务的水平。为此，在儿童入学前应该注意训练儿童的认知能力：①培养儿童的语言能力，训练儿童基本上掌握口头语言的交际能力，使他们的语言表达能力有较好的发展，为小学的语言学习打下良好的基础；②发展感知能力，提高观察水平，以适应学校教学的要求；③训练儿童注意、记忆的随意性和稳定性，为学校学习准备必要的条件；④充分发展儿童的具体形象思维，促进抽象逻辑思维能力的初步发展，培养儿童的想象力与创造性，为入学后各科知识的学习打下心理基础。

5. 社会性能力的准备 社会性能力的发展也是儿童顺利完成学校中的各种活动的一个基本条件。社会性能力包括了与他人、与周围环境交互作用所需要的各种心理条件（张静，田录梅，& 张文新，2012）。

儿童一出生就处在社会生活环境中，不断接受各种社会化刺激，他们的社会性能力也会逐步发展起来。

为了能较好地适应学校生活，儿童在入学时应具有一定的社会性能力：①儿童应具备一定的自主能力，包括生活上的自理能力和独立完成活动的能力。②儿童应具备一定的情绪情感表现力，帮助儿童发展情绪的控制调节能力，为儿童入学以后服从集体的需要，发展更加稳定高级的情感打下基础。③发展儿童的意志力，使儿童的各种意志品质开始形成，如自觉性、坚持性、自我控制能力等。这为儿童遵守学校的各种规则，完成学习任务、形成良好道德品质提供新的条件。④具备一定的交往能力，为儿童参加学校群体生活做好准备。

（四）初入学儿童的心理障碍

如前所述，进入学校学习是儿童生活的一个重大转折。新的环境、新的要求、新的活动都可能引起一定的紧张，出现一些心理上的问题，特别是当儿童没有做好入学的心理准备时，更可能引起他们的**焦虑**（anxiety）和不良反应。初入学儿童常见的心理问题，一般表现在对待学校的态度、学习及其与同学、老师以及家长的关系上。

1. 对学校的消极态度 大多数儿童在上学以前都会对学校生活产生向往与好奇心，但有些儿童也会很快表现出对学校的**消极态度**（negative attitude），如不愿去学校，甚至以身体不适为理由来达到逃学的目的。

造成这种消极态度的原因是多方面的。首先，可能是由于理想中的学校与现实中的学校不符所引起的。如果在入学前给儿童不实际、不客观地介绍学校生活，儿童进入学校后就会感到这种学校生活不如想象的好，从而对现实的学校产生厌烦的态度。其次，与家人的分离焦虑可能是引起儿童对学校采取消极态度的另一个原因，特别是那些在家庭中过分受宠，有强烈依赖性的儿童，或者是那些家庭不和睦的儿童，更有可能因此而害怕上学。再次，入学后不能立即适应学校生活，在学习生活中遭受挫折，体验过多失败感，这样的儿童也往往不愿意去学校。

2. 学习障碍 有相当一部分儿童在入学后表现或多或少的学习困难现象，这种学习困难可能是由于缺乏良好的学习习惯、学习方式，缺乏学习积极性；也可能是在言语、算术等方面存在学习障碍而导致的。

关于学习障碍，我们将在本节第三部分做专门论述。

3. 交往障碍 **交往障碍**（intercourse disabilities）主要指儿童在与老师、同学、家长关系上产生的问题，或者在集体中的适应不良等问题。

儿童入学后表现的交往障碍，一方面表现为儿童不善于与同学进行正常的交往；他们或者蛮横不讲道理，或者孤僻冷漠，他们在集体中往往受到同伴的拒绝或排挤。另一方面则表现为儿童不能适应集体生活，缺乏责任感，不能控制个人欲望，经常扰乱集体秩序，他们常因此受到集体舆论的谴责。

儿童产生这些不良交往的问题，主要原因在于家庭影响。俞国良（1994）研究发现家长对儿童的娇惯、庇护或粗暴、过分干涉等不良教养方式，都可能是造成儿童行为问题的主要原因。

一般来说，初入学儿童只要在成人的正确引导和帮助下，都可以迅速适应学校学习生活，上述的种种心理问题大多可以在短期内消除。

二、小学儿童的学习特点

小学生入学后，正规的学习成为他们的主要生活，这对他们心理发展产生很大的促进作用。小学生的学习是在有计划、有目的、有组织的指导下进行的，不同于幼儿随心所欲的学习而带有一定的强制性，新的学习要求促使儿童在学习动机，学习态度和学习能力上都体现出新的特色。

（一）学习是小学儿童的主导活动

从小学儿童入学开始，学习成为学生的主导活动，就像游戏是幼儿的主导活动，工作是成人的主导活动一样。

1. 学习的社会性要求 学习是一种社会活动。社会对学生的要求是通过学校的各项要求得以贯彻落实。在学习过程中，学生必须系统地掌握知识技能，养成适合社会需求的人格品质；而群体的舆论又控制、监督和调节着每一个群体成员的行为；学生不仅要学习自己感兴趣的东西，而且还要学习自己虽不感兴趣但必须学习的东西。也就是说，学习不但具有社会性、目的性和系统性，而且从某种意义上讲，还带有强制性。总之，小学生进入学校从事正规、有系统的学习，学习逐步成为他们的主导活动，从而使小学阶段成为儿童心理发展的一个重大转折时期。

2. 教学的要求 小学教学的内容主要是进行基本知识和常识教学。它的特点是引导小学生逐步掌握书面语言和由具体形象思维向抽象逻辑思维的过渡。语文和数学两科是小学教学中的最主要科目，下面以这两科为例说明小学教学的要求。

小学的语文教学，在帮助学生逐步掌握书面语言，促进他们抽象逻辑思维的发展方面产生了特别重要的作用。言语是思维的工具。从小学开始，语言，特别是书面语言成为学生学习的专门对象。小学生通过识字、阅读、作文，掌握书面语言，扩大知识范围，从而为他们进一步掌握人类知识经验开辟了广阔的道路，也为他们发展抽象逻辑思维提供了物质基础。

小学数学教学，在发展书面语言和智力中发挥了重要的作用。数学是智力尤其是思维能力的“体操”。小学生对数学的系统学习，逐步掌握运算规则，他们不但要去思考、解决各种问题，特别是应用题，而且要逐步学会如何去思考，如何发现事物的本质联系。他们不但要去记住那些公式、定理，而且还要逐步学会如何去识记和熟记，以便记得更好些。这就促使小学生在掌握数学概念与运算能力的过程中，发展各种心理过程的有意性和自觉性，如有意知觉（观察）、有意注意、有意记忆和有意想象；发展各种智慧能力，如概括能力、空间思维能力、命题（判断）能力和推理证明能力；发展各种思维品质，如敏捷性、灵活性、深刻性和独创性等。

除语文、数学两科外，自然常识、历史、地理、音乐、体育、美术、道德等学科的教学，对小学生逐步掌握书面语言和向抽象思维过渡都具有很大影响。尽管小学生逻辑思维的发展是初步的，但它为以后乃至终生掌握一定体系的科学知识奠定基础。

3. 学校群体生活的要求 小学生入学后的学习，是在学校群体生活中进行的。小学生有意识地参加群体生活，这对其人格、社会性和道德的发展有重大的作用。

人格、社会性和道德的发展往往会因群体的不同而存在着差异。这里的**群体**（或**团体**）（group）有广义和狭义之分。广义的群体，是指整个社会文化背景；而狭义的群体，主要指各种团体。

学校群体（或**学校团体**）（school group）是一种正规的团体，它与人们偶然的集合不同，具有以下几个特征：第一，有明确的共同目的以及由此而产生的共同行动。每一个集体成员都为共同的任务而行动，彼此互相关心，互相督促。第二，有统一领导。第三，有共同的纪律。每一个成员都要能使自己的意志服从于集体意志，使自己的利益服从于集体的利益。第四，有共同的舆论。

舆论是群体形成的重要标志。

小学生从入学的时候起，就要使他意识到自己和群体的关系，也要使他意识到自己的义务和权利。“小学生”的称号，意味着他们开始成为参加社会集体活动的成员。这进一步改变他们在家庭和社会的地位，改变他们和周围人们的关系。

进入学校以后，学生与其周围的人形成了新的关系，在这种新关系以及集体生活和集体意识的不断发展的基础上，形成和发展了新的人格品质，发展了意志和性格，发展了友谊和同学关系，发展了良好的道德品质。

当然，集体形成的水平取决于学校教育，也取决于教师的工作。

（二）小学儿童的学习动机

学习活动一般是由**学习动机**（learning motivation）引起的。学习动机在学习中发挥着两种功能，一是**唤醒功能**（或**激发功能**）（arousing function）；二是**指向功能**（或**方向功能**）（directing function）。使其成为激发并维持学习活动以达到学习目标的动因和力量（莫闲，2008）。其中学习兴趣是学习动机中最活跃的因素。学生的学习动机是复杂的，它是一种多层次的系统。学生的学习活动是由于这个系统内部进行着一系列的动机斗争（心理内在冲突），且其中有一种动机起主导作用而引起的。如果说学习动机控制和调节着学生的学习活动的话，那么这种主导的学习动机，往往决定或支配着一定时期学生的学习活动。

小学生的学习动机特点主要表现在主导的学习动机和学习兴趣两方面。

1. 小学儿童的主导学习动机的特点 我们（林崇德等，1983，2009）曾调查中小学生的学习动机，从主导动机上大致可以分为三种：

第一种，为得到好分数，不想落人后，或为了得到家长和教师的表扬，为了得到奖励而努力学习。这一种学习动机是直接与学习活动本身相联系的动机。

第二种，为履行学校群体交给自己的任务，或为学校群体争光而学习。

第三种，为个人前途、理想，为升学，甚至为自己的未来幸福而奋发读书。

相对于第一种主导学习动机来说，后两种主导学习动机是与社会意义相联系的，而成为远大的学习动机。这三种不同的主导学习动机，也随着不同的年龄阶段和教育的不同程度而发生变化。调查发现，整个小学阶段，主导的学习动机是第一和第二种。低年级以第一种学习动机居多。由此可见，小学生一般还不善于把学习与社会需要联系起来，也缺乏深远的学习动机，他们的学习动机往往与学习活动直接联系在一起。

2. 小学儿童学习兴趣的特点　兴趣（interest）是一种力求探究某种事物，并带有强烈情绪色彩的心理倾向。兴趣推动人们去探究新的知识，发展新的能力。学习兴趣是在学习活动中产生的，是学习动机中最现实的和最活跃的因素，它使学习活动变得积极、主动，并富有成效。

学习兴趣（learning interest）可分为直接兴趣和间接兴趣。**直接兴趣**（direct interest）是由客观事物或学习活动本身所引起，比如喜欢做算术题、喜欢写字、喜欢画画等；**间接兴趣**（indirect interest）则是对活动结果感兴趣，如父母的奖赏、老师的表扬、掌握知识、发展能力等。对小学生来说，相对强烈、对比鲜明、连续或富有新异性的刺激往往易引起他们的直接兴趣，而对活动的目的与任务或活动结果的意义与价值的理解则往往能够激发他们的间接兴趣。

激发小学生的学习兴趣是促使小学生积极地进行学习的重要手段。只有让小学生对学习活动产生浓厚的兴趣，学习才不会成为他们的沉重负担，才能使小学生能够愉快地、主动地投入到学习活动中去。

随着教师的教育影响，知识经验的不断发展，学生在学习活动的实践过程中，学习兴趣也在不断发展变化。表现出如下的基本特点：

（1）学习兴趣的深化：在整个小学时期内，最初，小学生对学习的过程和学习的外部活动更感兴趣；以后，逐渐对学习的内容或需要独立思考的学习作业更感兴趣，如背书包去上学，在课堂上一会儿念书，一会儿写字，一会儿做算术题。这时他们往往还不太会考虑为什么要学、学习的内容和结果如何，因此，教师往往可以利用低年级学生对学习形式的变化感兴趣的这一特点，巧妙地围绕教学内容变化学习过程以激发他们的学习兴趣。在正确的教育影响下，儿童逐渐掌握了一些基本学习技能，开始重视学习结果和学习内容。从三年级起，儿童开始喜欢比较新颖的、需要开始动脑筋独立思考的学习内容。因此，在这个时期，教师应特别重视向学生解释学习内容，恰如其分地评价他们的学习结果，鼓励他们在学习活动中发挥独立性和创造性。

（2）学习兴趣的分化：小学儿童的学习兴趣从不分化到逐渐对各个不同学科内容产生初步的分化性兴趣。刚入学的儿童通常还没有表现出明显的学科兴趣。调查表明，小学儿童的学科兴趣的分化时间一般从三年级开始。但是小学生的这种对学科的选择性兴趣还很不稳定，极易产生变化。引起小学生学科兴趣分化的原因是多方面的，客观原因主要是教师的教学水平，主观原因则主要是学生觉得该学科是否有用和需要动脑子。

（3）学习兴趣的抽象化：在整个小学时期内，对有关具体事实和经验较有兴趣，及有关抽象的因果关系的兴趣在初步发展着。小学生最感兴趣的是具体的事实和实际活动，例如，阅读故事、小说之类的材料，进行体育活动等。从中年级开始，儿童才逐渐对反映事物间的因果关系的较抽象的知识产生初步的兴趣。例如，简单的自然现象和社会现象的因果关系、初步的运算规律、文艺作品的意义及其中人物的内心体验等。

（4）学习兴趣的专门化：低年级儿童对通过游戏的方式进行学习的活动感兴趣；中年级以后，游戏因素在儿童兴趣上的作用逐渐降低，并开始对学习这种专门的活动感兴趣。这反映了儿童从学前期的学习向学龄期的学习转化的特点。

（5）学习兴趣的广泛化：小学生的学习兴趣日益丰富，下面以其对阅读的兴趣，在社会生活方面的兴趣为例。儿童阅读的兴趣，一般从课内阅读发展到课外阅读，从童话故事、文艺作品进而发展到科幻读物。在阅读过程中，小学生对读物中的人物有强烈的模仿倾向。

小学儿童在社会生活方面的兴趣随年龄增长而逐步扩大和加深。

（三）小学儿童的学习态度

心理学家认为，小学时期是学习态度初步形成的时期。

所谓**态度**（attitude）是指个体对某一对象所持的评价和行为倾向，是由认知、情感与意向三因素构成的比较持久稳定的个体内在结构，也是调节外部刺激与个体反应之间的中介因素。态度可以是肯定的或是否定的，积极的或消极的，正确的或错误的。一个人持什么样的**学习态度**（learning attitude）往往与其立场、需求直接相关。

在小学儿童的学习态度中，与其学习活动密切相关，且对学习效果有重要影响的态度包括以下四种：

1. 对教师的态度 低年级小学生无条件地信任和服从教师，他们对教师怀有一种特殊的尊敬和依恋之情，教师具有绝对权威。因此，在此时期，教师对待儿童的态度是影响学生学习态度的主要因素。

从中年级开始，小学生逐渐以选择、批评的态度来对待老师。只有那些思想作风好、教学水平高、对儿童耐心、公平的教师才能赢得儿童的尊敬和信任，儿童也更愿意接受这些老师的教育。

总之，教师亲切而机智的关怀，与小学生建立相互信任的良好关系，获得小学生的信任与尊敬。这对于培养小学生良好的学习态度是十分有益的。

2. 对班集体的态度 小学时期是儿童开始形成**同伴群体**（或**同侪团体**）（peer group）的时期，儿童开始产生了交往与归属的需要，因此，这是培养儿童正确的集体观念和形成良好的集体关系的重要时期。

班集体的形成是形成儿童对学习的自觉负责态度的重要条件。刚入学的儿童还没有形成真正的群体关系。这时候的班集体只是一个松散的编凑在一起的团体，儿童之间也还没有形成稳定的关系。在教学的影响和教师的组织与帮助下，小学生与同学之间建立相互关心、相互帮助的关系，在此基础上才逐渐发展成具有明确的统一目标和形成一定舆论的最初的集体。从小学中年级起，小学生初步开始了比较有组织的自觉班集体生活，初步形成集体的观念，明确意识到自己是班集体中的一员，逐步把集体的要求当作是自己的要求，把集体的荣誉当作自己的荣誉，服从集体的要求，完成集体所交给的任务。与此同时，群体舆论的影响开始发挥作用，儿童开始意识到要以优良的成绩和行为取得班集体的肯定评价。

3. 对作业的态度 小学生学习态度发展的一个重要方面就是形成对作业认真负责的态度。刚入学儿童还没有把作业看成是学习的重要组成部分，有时能按时完成作业，有时可能因贪玩而没完成作业。随着教师的教育和引导，小学生对作业的态度进一步发展起来，他们逐渐学会安排一定时间来完成作业，能够自觉停止其他活动，准备功课，同时他们开始能按一定顺序来完成作业，如先写生字，再做算术题，而不是东摸一把、西摸一下。另外，他们也逐渐学会按老师的要求集中精力细心地完成作业。

4. 对评分的态度 进入小学以后，儿童就要经常接受各种分数评定，这些评分对儿童的心理发展起着重要作用，这种作用是要通过儿童对评分的态度而产生影响的。

一般而言，评分被视为反映学生学习成绩的一个客观指标。低年级儿童已逐渐理解分数的客观意义，但是他们常把分数意义绝对化。例如，他们认为只有高分才是好学生，得到好分数就能获得教师和父母的奖励。从中年级起，儿童逐渐理解分数的客观意义，并树立对分数的正确态度，开始了解分数代表学习的结果，及完成学习任务的情况，同时把优良的分数理解为学生对本身职责具有忠诚态度，并且高质量地完成本身职责的客观表现。

学生对分数的态度，在很大程度上受父母和教师对分数态度的影响。因此，教育者首先要正确认识评分的意义，对学生获得的分数持积极的态度，切不可以挖苦、讽刺、打击等消极态度对待得低分的学生，也不应对得高分的学生给予不切实际的称赞和表扬。对待分数的不客观、不正确态度可能会影响学生的学习积极性，导致其错误学习态度的形成。

（四）小学儿童的学习能力

决定小学生在学校中成功地进行学习的因素，主要包括两方面：一个是儿童学习的积极性，包括学习动机、学习兴趣、学习态度等，另一个则是儿童学习的能力。这两个因素是相互依赖、不可分割的。

1. 学习能力来由 小学生的**学习能力**（learning ability）是在教学的影响下逐渐发展起来的。初入学的儿童一般还不善于进行真正的学习活动，他们仍然把学习与游戏或实际活动混在一起，教师必须耐心地、循序渐进地培养儿童学会把学习当作一种有目的、有系统的独立活动来对待。为此，在教学活动中必须着重发展儿童心理的有意性和自觉性，培养儿童独立思考和独立工作的能力，并帮助儿童逐步学会有关的学习方法，逐步形成有关的学习能力。

2. 小学生在学习中智力活动变化 小学生学习能力发展的关键是学会进行智力活动。研究（朱智贤，1962）指出，在教学中儿童智力活动的一般形成过程包括五个阶段：①了解当前活动的阶段，如听老师讲解或演示来获得一般表象和初步了解；②运用各种实物来完成活动的阶段，如用石头或小棍子完成计算活动；③有外部言语参加的、依靠表象来完成活动的阶段，如儿童一面说一面在脑子里进行计算（口算）；④只靠内部言语参加而在脑子里完成活动的阶段，如进行心算；⑤智力活动过程的简约化阶段。当多次进行某一智力活动之后，这一智力活动的各个阶段就逐渐简约化，省去某些阶段，以高速度进行。这样，这一智力活动的能力便初步形成了。

3. 学习落后的原因 有些小学生在学习上的落后，常是由于其在智力活动过程中，缺少某一阶段或某一阶段的活动进行得不够充分而引起的。例如，在教儿童演算时，如果从实物演算直接过渡到心算，常会使有些儿童的学习产生困难，而当实验者补充了被省略的中间阶段，即让儿童在实物演算之后，再让儿童不看实物而只凭脑子里所留下的实物表象来进行演算，同时伴随着大声言语，这些儿童学习落后的状况很快就改变了。为了顺利地进行智力活动，需要学生多方面能力如观察力、注意力、记忆力、理解力、创造力、想象力、意志力等的组合。只有努力促进上述各种能力的发展，并综合地利用它们，才能提高小学生的学习能力。

三、小学儿童的学习障碍

当儿童刚进入学校学习时，儿童本人、他的教师与家长都希望他能够顺利地适应学校生活，在学习活动中取得优良的成绩，但这美好的愿望并不是都能实现，有些儿童不能适应学校的生活，出现学习困难，这就是所谓的学习障碍儿童。那么，究竟什么是儿童学习障碍，至今尚无确切的定义。实际上，人们常常使用许多与之相混淆的术语，如学习困难、学习缺陷、学习不良等。另一方面，学习障碍所描述的大量情况也很难确切地予以定义，如活动过度、学习无能、脑功能失调、轻度脑损伤、知觉缺陷、朗读困难。

美国特殊教育专家柯克（Kirk，1963）提出了**学习障碍**（learning disabilities）

的概念，认为这是指那些能听又无显著的智力缺陷，然而，在行为与心理上表现出相当的偏差，以至于无法良好地适应家庭生活，且在学校中靠通常的教育方法未能有效学习的儿童。

美国联邦教育署全国障碍儿童专家委员会于1981年给学习障碍下的定义是：

> 儿童在理解或应用语言的基础心理过程上，表现出一种或多种的异常状态，以致在听、讲、思考、说话、阅读、书写或计算时显得能力不足，这些异常就像有知觉障碍、脑伤、大脑功能轻微失调、阅读缺陷、失语症的情况一样，但此障碍不包括因视觉、听觉或运动障碍、智力不足、情绪困扰以及由文化、经济、或教学环境不利因素所导致学习障碍的儿童在内。（Kirk et al.，1981）

这一定义虽然已被美国许多州稍加修改后接受，但并不是所有的协会都对此定义满意。美国几个关于儿童学习障碍的学会共同拟定的定义是：

> 学习障碍系指在求知、听讲、说话、阅读、写字、推理和算术能力上出现重大困难的一群不同性质学习困难者的通称，其困难一般认为是中枢神经系统的功能异常，即是由一个人的内在因素所导致。虽然某种学习缺陷也可以与其他障碍（如感官损伤、智能不足或情绪困扰）同时存在，或是由于环境（如文化差异、教育方法问题、处境不良）的影响，它却不是因此状况或影响所直接促成的。（王耘等，1993；Cortiella & Horowitz，2014）

迄今为止，关于学习障碍的定义还有许多分歧，但许多人都同意学习障碍具有四个特征：①差异性。儿童的实际行为与所期望的行为之间有显著的差异。②缺陷性。学习障碍儿童有特殊的行动障碍。③集中性。学习障碍儿童的缺陷往往集中在包括了语言或算术的基本心理过程，因此，常常在学习、思考、说话、阅读、写作、拼写或算术等方面出现障碍。④排除性。学习障碍的问题不是由听力、视力或普通的心理发育迟缓问题引起的，也不是由情绪问题或缺乏学习机会引起的。在美国，40％以上所有接受特殊教育的学生被认为有学习障碍，约占所有学校儿童总数的4％。小学二三年级为发病的高峰年龄，一般是男多于女。

从上述资料可知学习障碍在小学儿童中有较高的发生率，所以对有学习障碍的儿童即时诊断、矫治及预防都具有极大的现实意义。为此，有必要对学习障碍的症状、鉴定方法及防治措施加以了解。

（一）小学儿童学习障碍的症状

医学界把学习障碍看成是一组症状，表现出各种疾患：①**儿童多动症**（children hyperkinetic syndrome）：其特征为注意涣散难以集中，在不适当的场合过多活动，冲动任性，伴有学习困难，其智力正常或接近正常；②**特殊能力发育迟缓**（special ability developmental lag）：智力正常或接近正常，阅读能力和运算能力明显下降，凡涉及这两方面能力的学习，其成绩显著低于实际水平；③**发育迟缓**（developmental lag）：由于某种疾病引起的衰弱状态，学习易疲劳，不能专心于功课，记忆力下降，或为发育动作型，即从学龄前过渡到学龄期，比正常儿童费时要长，其活动仍以玩为主，学习易疲劳，学习成绩普遍低下，而非某一单科困难；④**品行障碍**（conduct disorder）：在家里或学校经常说谎，有偷窃行为，经常逃学，到处游逛，和父母不能建立正常的感情，有强烈的逆反心理，有明显的学习困难。

尽管学习障碍有各种各样的症状表现，但从心理学角度来说，大致表现为三个方面：

1. 感知、思维和语言　学习障碍儿童在感知、思维和语言方面存在明显的障碍，如：①视觉记忆受损。回忆形状或字词有困难（例如，这种儿童常把“41”写成“14”，把“b”写成“p”，把“天”写成“夫”），不能分清大与小、早与晚、颜色、名称等。②有空间定向障碍。这些儿童在分辨上下、左右、高低、里外、进出或分聚等方面有困难，做算术运算时有各种错误，有时能做加减运算，不能做乘除运算，能心算，不能笔算等。他们不能在某些背景上识别字或图形，也不能鉴别一个字是否反转或倒转。③听觉辨别能力很差。

如不能区别“兵”与“拼”，不能区别近似的声母或韵母，对多于5、6个词的句子不能重复。在声音的混合、声音的记忆和声音的分辨等方面有障碍。④信息加工过程有障碍。他们有时能理解所听到的事，但不能抓住对他们所讲的全部内容，不能很快进行信息加工，有时只知道局部，不了解整体。⑤缺乏应变能力。不善于迁移，不能以新的方式从事新的活动。

语言障碍（language disorder）往往是学习障碍的一个重要症状，关于学习障碍的各种定义都明确指出了这一点。对学习障碍儿童的实验和临床研究也发现，学习障碍儿童有各种语言和言语加工的障碍，如在发声和发音系统、语法或句法、词汇或语义、会话交流等方面有各种障碍。学前阶段最常见的学习特殊障碍就是语言失调。有语言障碍的儿童不会说话，或不能对口头陈述或指令做出适当的反应。学习障碍常常是学前期的语言和言语障碍的进一步延续。

思维障碍与语言障碍有密切关系，有研究发现，被安排到口头语言障碍班级的儿童尽管表达能力和运动能力均相对正常，但其听觉接受能力和语言表达能力不足，尤其是听觉联想、语法完整性和内部语言方面最为困难。

有学习障碍的儿童往往难以用语言表达思想，其社会交往能力较差，常常对人际关系产生错误的理解，对社会交往采取回避、不介入的态度。

2. 行为、情绪和社会性 行为和情绪障碍也是学习障碍儿童的主要症状。一些调查指出，有学习障碍的儿童通常有这样一些问题，如注意力缺损、活动过度、问题行为、违法犯罪、忧郁、焦虑、控制点不适应、自我概念较差、自我评价较低、受同伴的欢迎程度较低、社会技能缺损、人际关系不良等等。

有关研究（杨志伟 & 李雪荣，1991）还发现，学习障碍儿童均有一定的焦虑情绪和社会退缩等内向性行为问题。这些问题的存在将导致学习动机受损和学习情境适应不良，影响智力。

具体而言，学习障碍儿童在行为、情绪和社会性方面的症状主要表现为如下五类：

（1）注意涣散，活动过度：学习障碍儿童的一个主要特点。有的心理学家（杨志伟等，1991；Lefrancois et al.，1991）认为，正是由于使用和维护有选择的注意能力发展迟缓，儿童可能在注意方面出现障碍，不能专心致志，不能维持长时注意学习，也不能有目的地定向注意。

我国上海市精神卫生中心的忻仁娥等人的调查（1989）发现，在1576名学习困难儿童中，学习无能者（朗读、计算困难、特殊的感知障碍）为8例（0.5%），**注意缺失紊乱**（或**注意缺失**）（attention-deficit disorder，简称ADD）且**活动过度**（hyperkinesis）为83例（5.3%），低能者有101例（6.4%），有两项以上精神卫生问题者1384例（87.8%）。可见，在学习障碍儿童中，多动症或注意缺乏症是其中一个主要症状。

（2）行动不灵活：大多数有学习障碍的儿童在跑步、踢球、写字等活动方面有困难，显得手脚不灵活、行动笨拙、书写困难，表现出视觉运动性感知障碍。然而，有些学习障碍儿童的运动技能却很好。

（3）情绪不稳，具有冲动性：有学习障碍的儿童有明显的情绪问题，表现为两个相反的极端，如易冲动、好攻击、不合群、孤僻等。他们往往表现出忧郁或焦虑的情绪反应，一般认为这是儿童对失败压力的反应，此外，他们经常将成功与失败归因为外部因素而不是内部原因。

（4）自我概念较差，自我评价较低：由于学习障碍儿童在学业上屡遭失败，在人际交往中常遭受挫折，这必然影响其自我意识的发展。研究（俞国良，1994，2015）表明学习障碍儿童的自我概念发展水平均低于同龄一般儿童。

（5）人际关系较差：学习障碍儿童在社会交往和受同伴欢迎方面有显著的问题（佟月华，2004）。社会测量研究发现，同伴、教师，甚至陌生人对学习障碍儿童的社会期望都较低。他们往往不受同伴欢迎，一方面可能是因为他们缺乏社会交往技能，如不能以适当的方式倾听他人的谈话，缺乏礼貌，不善于说服他人，等等；另一方面，也可能是因为他们具有一些行为和情绪上的问题，如具有较强的攻击性和破坏性，常表现出令人不愉快的情绪等。

3. 其他问题，如发育迟缓　有些研究者曾用X光片来比较儿童的骨骼年龄，发现与同龄正常儿童相比，有学习障碍的儿童中有60%的儿童表现为骨龄较小。他们开始走路、说话的年龄也较晚，从学前期过渡到学龄期的时间较正常儿童要长。

（二）学习障碍的鉴别与评定

鉴别（discrimination）与**评定**（rating）是矫正的第一步。

学龄儿童学习障碍的发病率高达5%～15%，是儿童青少年期常见的神经发育障碍（Butterworth & Kovas，2013）。随着研究的不断深入，学习障碍的鉴别与诊断思路、模式发生了巨大变化。在过去几十年中广泛流行的“能力—成就差异模型”因缺乏效度而被摈弃。低学业成就和“干预—应答”（Response to Intervention，RTI）等新的模式得到推荐（DSM-V，2013，pp. 60-70）。其中低学业成就模式主要基于学生在标准化成就测验上的表现，低于年级平均分1个标准差即可筛选为学习障碍高风险者。RTI模式则强调进一步区分低学业成就群体，通过提供整群—小组—个别等不同层级的强化教育进一步区分不同亚组。在接受有效的干预后，当学生的学业成就回归到正常范围，则定义为“对干预有应答者”；如果学生学业成就水平仍然低下，即为“对干预无应答者”，需要给予长期、系统的特别教育训练（Fuchs，Mock，Morgan，& Young，2003；刘云英 & 陶沙，2007）。基于近20年的研究证据显示，干预—应答模式鉴别学习障碍具有良好信效度。RTI的基本框架主要包括三个阶段。首先实施基线学业成就评估；其次提供群体（整班或整个年级、学校等）、小组或一对一等不同层级的教育干预、技能训练等，并给予过程监测；再次，对学业成就再评估。回归正常成就水平的学生（对干预有应答者）不再接受更高强度的干预，持续存在低成就的学生（对干预无应答者）进入更高强度、更具针对性的干预阶段。在RTI模式中，区分对干预应答和不应答亚群体时可考虑使用多重指标测量成就水平，在标准化测试中采用一个标准差作为切分点，在非标准化测试中以参照组百分位数25%作为切分点（王翠翠，徐琴芳，& 陶沙，2016）。

具体的诊断方法或工具是多种多样的，主要有以下几种：

1. 智力测验及成绩评定 通过智力测验以判断儿童的智力水平，排除单纯智能不足所造成的学习障碍。首先，必须排除导致学习障碍的外因性感知觉或运动方面的缺陷，如瘫痪、失聪、失明等；其次，确定儿童无其他精神疾病，如儿童精神分裂症等。并将智能水平与其学业评定水平相比较，了解两者是否相差太远。此外，根据在智力测验的得分只可初步判定儿童哪些方面能力偏低，造成学习障碍。进一步则可选取专门化测验来加以评定，以确定其学习障碍的症结所在。目前，常用的工具是韦氏儿童智力量表。

2. 语言能力检查 这主要是了解儿童是否有失语及发音困难。较常使用的一些标准测验包括：**丹佛发音甄别测验**（Denver Articulation Screening Test）、**皮博迪图画词汇测验**（Peabody Picture Vocabulary Test）、**伊利诺伊心理语言能力测验**（Illinois Test of Psycholinguistic Abilities）。

3. 感知觉、运动检查 以间接方式来推测儿童大脑半球功能有无障碍，如**哈里斯大脑优势测验**（Harris Test of Cerebral Dominance）、**班达视觉动作完形测验**（Bender Visual Motor Gestalt Test）、**本顿视觉认知测验**（Benton Visual-Cognitive Test）。

4. 教育诊断 用以确定儿童的学习困难所在。在学习障碍鉴别中需要使用标准化学业成就测验筛选出低成就者。我国学者在科技部科技重点专项“中国儿童青少年心理发育特征调查”的支持下，研制了中国儿童青少年学业成就测验。该测验包括语文和数学两个系列，分别依据《全日制义务教育阶段语文课程标准》《全日制义务教育阶段数学课程标准》编制，适用于我国基础教育阶段1～9年级儿童青少年。其中，语文学业成就测验的测试内容包括语文积累和阅读两个方面；数学学业成就测验分为内容与能力两大维度，内容维度包括数与代数、空间与图形、统计与概率三个方面，能力维度包括知道事实、应用规则、数学推理、非常规问题解决四个方面。测验题目有合适的难度和区分度，信度和效度良好，并向研究者开放申请免费使用（董奇 & 林崇德，2011）。

对儿童障碍的诊断，还可使用校对测验、注意广度测验、记忆广度测验等。

（三）学习障碍的预防和矫治

为了保证儿童的正常学习和发展，必须积极预防儿童的学习障碍。在美国改变学习障碍的一种最普遍的方法便是**诊断—习得模式**（diagnostic prescriptive model）。但根据影响学习障碍的因素来看，预防措施可以从以下几个方面着手：

1. 避免可能造成损伤的因素 在胎儿期应保证母亲的营养和健康，以使儿童大脑健康发育。出生时应注意避免损伤。从婴儿期开始，应注意营养，预防疾病，防止脑部外伤。

2. 注意儿童的心理健康，培养健康人格 训练儿童的坚持意志，帮助儿童应付处理各种挫折，发展儿童的积极情绪，避免过度体验消极情绪，培养儿童的良好性格，开朗、热情，避免过度忧郁，保护儿童的自尊心与自信心。

3. 对学习困难学生的帮助 关心他们的学习，及早提供对学习困难学生的帮助，使他们能跟上班级的学习进度。

如果发现儿童已有学习障碍的症状，就应积极配合进行咨询与治疗。具体而言，可以从以下两个方面入手：

1. 提供特殊教育 对有学习障碍的儿童不要歧视，也不要失去信心。实际上，提供**特殊教育**（special education），经过矫治，不少儿童可获得改善。

2. 进行行为矫正 **行为矫正**（behavior modification）有两个途径，一是应用操作条件反射技术直接改进儿童的学习技能；二是运用操作条件反射技术改善学习障碍儿童有效学习的行为方式。其基本原理即强化，即对儿童的良好行为方式予以正强化，如表扬、鼓励、奖励。而对儿童的不良行为则予以负强化，如批评、忽视、惩罚等。通过这种强化手段，使儿童形成良好的行为习惯，改正不利于学习的坏习惯。

柯克（Kirk，1989）提出行为矫正有三种策略：（1）**任务训练**（task training），即在教学中改变学习任务的类别，把学习任务变得易懂，并把课程分解为许多较小的成分，先让儿童掌握各种基本要素，再将其综合成整个任务所要求的较复杂的水平。但这种方法对有严重的发育性学习障碍儿童可能是不适用的。（2）**能力训练**（ability training），即需要正确辨认出儿童在发育方面的特殊障碍，教学重点在于矫正那些可能阻碍儿童进步的具体障碍上，即这种训练致力于发展或改善儿童的注意、语言、辨别力、思维、记忆等方面的障碍。（3）**能力—任务训练**（ability-task training），即教儿童运用某种特殊的能力去完成期望他完成的任务，这一策略是将前两种策略融合为一。

柯克认为究竟使用何种矫正策略，应视不同情况而定。在适当的环境下使用时，每一种策略都是有用的，直接的任务训练能够满足副科学习问题和许多矫正问题的需要。能力训练策略适合于能力本身的训练，对学前儿童较为适宜，能力—任务训练则更适于那些具有特殊发育障碍和学业障碍双重问题的人。

此外应注意的是，对学习障碍本身来说是无药物可治的，但对其有关的一些疾病，则可在医生的指导下，慎用药物。

第二节 具体运算期的小学生认知

小学儿童在入学后，由于在学习上，以及在日益复杂的各种各样的实践活动中向他们提出了多种多样的新问题，构成了认知和智力活动发展的良好基础，使其认知和智力获得迅速的发展。

一般而言，小学阶段的认知属于皮亚杰的具体运算思维阶段（或具体运思期）。

一、思维的发展

对于小学生思维的发展，各国心理学家都做了大量研究，获得了丰富的成果，各自形成富有特色的理论。近几十年来，我国心理学家对小学生思维发展也做了系统的研究，其研究成果能够反映我国小学生思维发展的概况。

（一）皮亚杰的具体运算阶段思维

皮亚杰认为具体运算阶段的儿童有了思维的易变性，思维具有可逆性，能解决守恒问题及认识和采取别人的观点，初步掌握了逻辑思维，出现了对具体事物进行群集运算的能力。群集运算包括五个特点（或五个指标），根据对儿童思维运算的分析，是否具有如下的五个特点，即可决定他们的思维是否达到群集运算的水平。

1. 组合性（combination） 群中的两个运算可以组合而产生同一群的一个新运算。例如：$A+A'=B$，$B+B'=C$；男人＋女人＝人类；植物＋动物＝生物。

2. 可逆性 每一运算都有一个与它相反的运算。例如：$A+B=C$，$C-B=A$；男人＋女人＝全部人，全部人－女人＝男人。

3. 结合性（composition） 可以用不同的方法组合几个运算获得相同的结果。例如：（A＋B）＋C＝A＋（B＋C）；脊椎动物＋无脊椎动物＝人类＋人类以外的动物。

4. 同一性（identity） 任何运算都有一逆算能与之组合而产生“零运算”。例如，＋A－A＝0，人类除去了人＝没有东西；向东走十里，再沿原路向西走十里＝在原地不动。

5. 重复性（repeatation） 质的重复，性质不变。例如，A＋A＝A；人类＋人类＝人类。

具体运算阶段的儿童能对这些群集运算结构进行分析综合，从而能够正确地掌握逻辑概念的内涵和外延。所以，具体运算思维是一种逻辑思维。

这个阶段之所以叫具体运算思维阶段，是因为：

（1）这种运算思维一般均离不开具体事物的支持，若离开具体事物而进行纯粹形式逻辑推理会感到困难。有些问题在具体事物帮助下可顺利解决，但在纯粹口头叙述上，就感到困难。例如，一种传递关系问题：“A比B高，A比C矮，则谁最高？”有的小学儿童就不能顺利地思考解决。

（2）这种运算还是零散的，仍不能组成一个结构的整体，一个完整的系统。如这两种可逆性（逆反性和相互性）是互相孤立的，而不能把它们之间的复杂关系在一个系统内综合起来，这只有在形式运算或命题运算阶段才能做到。

（二）小学儿童思维发展的特点

小学儿童的思维，在学前期思维发展的基础上及新的生活条件下，开始有进一步的新发展。

早在20世纪60年代初，朱智贤在《儿童心理学》一书中就指出，小学儿童思维的基本特点是：从以具体形象性的思维为主要形式逐步过渡到以抽象逻辑思维为主要形式。但这种抽象逻辑思维在很大程度上，仍然是直接与感性经验相联系的，仍然具有很大成分的具体形象性。这个论断与皮亚杰的“具体运算”观点具有一致性。以下即分别从儿童心理学家对儿童思维的具体性、转折期与不平衡性所做的研究，来理解这个基本特点。

1. 小学儿童思维的具体性 整个小学时期内，儿童思维逐步过渡到以抽象逻辑思维为主要形式，但小学儿童的思维仍然带有很大的具体性。

我国许多有关小学儿童思维发展的实验研究证明了这个特点。以下我们仅举儿童图画认识能力发展的研究为例，来略加分析。丁祖荫（1964）应用了三张图画，一是“追逐”（猎人在雪地里追捕猎物），图画的内容远离被试（南方儿童）的生活，图中客体之间的相互关系并不十分明显。二是“拉曳”（拉桌布使洋娃娃掉下地来），图画内容接近儿童生活，容易为儿童理解，图中客体之间的相互关系比较明显。三是“看望”（隔窗相望，想呼唤做功课的小朋友去玩耍），图画内容是被试生活中十分熟悉的事情，图中客体之间的相互关系十分明确。研究的结果见表6-1。

研究者认为，儿童图画认识能力的发展可分为四个阶段：①认识“个别对象”阶段，儿童只看到图中各个对象或各个对象的片面，看不到对象之间的相

表6-1　小学各年级儿童对三图的认识能力

图别		追逐			拉曳			看望		
年级		低年级	中年级	高年级	低年级	中年级	高年级	低年级	中年级	高年级
个别对象	错误	8.3	—	—	8.3	—	—	—	—	—
	正确	16.7	8.3	16.7	16.7	16.7	16.7	—	—	—
	共计	25.0	8.3	16.7	25.0	16.7	16.7	—	—	—
空间联系	错误	8.3	—	—	16.7	—	8.3	—	—	—
	正确	25.0	25.0	—	—	25.0	16.7	25.0	8.3	8.3
	共计	33.3	25.0	—	16.7	25.0	25.0	25.0	8.3	8.3
因果联系	错误	8.3	25.0	—	—	—	—	—	—	—
	正确	16.7	25.0	25.0	58.3	33.3	—	33.3	50.0	50.0
	共计	25.0	50.0	25.0	58.3	33.3	—	33.3	50.0	50.0
对象总体	错误	—	—	—	—	—	—	—	—	—
	正确	16.7	16.7	58.3	—	25.0	58.3	41.7	41.7	41.7
	共计	16.7	16.7	58.3	—	25.0	58.3	41.7	41.7	41.7

（引自丁祖荫等，1964）

互关系。②认识“空间联系”阶段。儿童依据各个对象之间可以直接感知到的空间关系，认识图画内容。③认识“因果联系”阶段，儿童依据各个对象之间不能直接感知到的因果联系来理解图画内容。④认识“对象总体”阶段，儿童依据图画中所有事物之间的全部联系，完整地把握对象总体，理解图画主题。从表6-1中可以看出，小学低年级儿童大多是属于认识“空间联系”到“因果联系”阶段；中高年级儿童大多属于认识“因果联系”阶段。很明显地，在认识“空间联系”阶段，具体形象思维起着主要作用。而在认识“因果联系”阶段，思维的抽象概括性起着主要作用。由此可见，小学儿童的思维同时具有具体形象的成分和抽象概括成分，它们之间的相互关系随着年级升高以及不同性质的智力活动而发展变化。

如何分析这个变化过程或“过渡性思维”的实质呢？

儿童在入学以后，由于在教学上以及在各种日益复杂的新的实践活动中向他们提出了多种多样新的要求，所以促使他们逐渐地运用抽象概念进行思维，并促使他们的思维水平开始从以具体形象思维为主要形式逐步向以抽象逻辑思维为主要形式过渡。

小学儿童思维的这种过渡，是思维发展过程中的质变。它是通过新质素的逐渐积累和旧质素的逐渐“衰亡”与改造而实现的。这种显著的质变，是在思维发展的条件作用下，及内部矛盾中实现的。因此，小学儿童的思维过渡到以抽象思维为主要形式，并不意味着他们入学之后，具体形象思维立即全部“消亡”，不再发挥作用。在整个小学阶段，儿童的思维由具体形象思维向抽象逻辑思维发展要经历甚长过程。低年级儿童所掌握的概念大部分是具体的，可以直接感知的，若要求低年级儿童指出概念中最主要的本质的东西，常常是比较困难的。他们的思维活动在很大程度上还是与面前的具体事物或其生动的表象联系着。当然，我们说低年级儿童的思维具有明显的形象性，也并不等于说，他们的思维没有任何抽象性或任何抽象概括的成分，事实上，小学儿童的思维同时具有具体形象的成分和抽象概括的成分，它们的相互关系随着年级高低以及不同性质的智力活动而消长变化。正因为如此，在中高年级，儿童才逐步学会区分出概念中本质的东西和非本质的东西，主要的东西和次要的东西，学会掌握初步的科学定义和独立进行逻辑论证。同时，要达到这样的思维活动水平，也离不开直接的和感性的经验，仍然具有很大成分的具体形象性。

2. 小学儿童思维发展的转折期 小学儿童的思维由具体形象思维到抽象逻辑思维的过程，是思维发展过程中的“飞跃”，或“质变”。在这个过渡中，存在着一个转折时期。这个转折时期，就是小学儿童思维发展的**关键年龄**（critical age）。

对这个关键年龄在什么时候（哪个年级或年龄）出现的问题，我国心理学工作者做了不少的研究。一般认为，这个关键年龄在四年级（约10～11岁）；也有的认为在高年级；也有的教育性实验研究报告指出，如果有适当的教育条件，这个关键年龄可以提前到三年级。

早在20世纪60年代初，李丹等人就提出了这个问题：从理解比喻词和寓言比较所得到的材料中似乎有这样一种趋势：小学低、中、高年级的思维水平发展很快，特别是中年级与高年级相差很大，但是小学高年级与初一的距离就不太明显。初一只是在思维结果的正确性方面较强于小学高年级。这样看来，小学高年级在思维的发展上似乎是一个质变时期。

朱智贤（1963）研究了小学儿童掌握让步连接词的年龄特征，并认为让步关系是复杂化的因果关系。

各年龄理解让步关系错误的百分率是：二年级（8～9岁）为26.5％，三年级（9～10岁）为19.5％，四年级（10～11岁）为12.5％，五年级（11～12岁）下降到4.5％。可见四、五年级是小学阶段掌握复杂化因果关系的一个转折时期。

刘静和等人（1963）对有关中、小学生道德概念特点的研究说明，儿童对道德概念（只是概念）的掌握是从具体事物的描述发展到概括的解释。四年级与五年级间的差距很大，概括解释的比重由44.2％上升到82％，说明了这是一个有显著提高的阶段。

林崇德（1964）在从事小学儿童社会概念发展研究时，发现四年级（第二学期）与三年级的差异十分显著，但四年级与五六年级的差距却不大明显。当时提出，四年级（特别是四年级下学期）在掌握社会性概念上是一个转折时期或质变时期。

我们（林崇德等，1981）对小学儿童字词概念发展的研究中，发现四年级上学期是小学儿童掌握字词概念发展的一个重大转折点。从这个时期起，小学儿童能明确地认识字词概念的初步本质特征，在他们所掌握的字词概念中，从具体形象成分占优势发展转变为以逻辑抽象成分占优势。

由此可见，在小学阶段儿童思维发展中是存在着一个关键年龄的，但这个年龄在什么时期还不太统一，大致在四年级前后，确切地说，应在三年级至五年级之间。

到底如何正确地理解小学儿童思维发展的转折时期，我们通过深入小学教学第一线，运用横断法与纵向法相结合来研究小学儿童数学概括与运算能力的发展。从研究中我们发现：在一般教育条件下，四年级儿童（10～11岁）在数学概括能力发展中，有显著的变化，这是小学儿童在掌握概念中，从以具体形象概括为主要形式过渡到以抽象逻辑概括为主要形式的一个转折点。这是一个质的飞跃期。强调这个关键年龄，就要求我们适应儿童心理发展的飞跃期来进行适当的教育。这个结果和我们自己过去的研究或者国内一些小学儿童思维发展的研究结果是一致的，但如何来看待这个“关键年龄”呢？在我们的研究（林崇德，1990）中，发现这个“转折点”在何时实现的问题主要取决于教育的效果。我们的纵向研究追踪班，由于注重对思维的智力品质的训练，到了三年级下学期，在多次思维测定中，平均有86.7％的小学生已经达到小学数学运算思维的最高级水平，也就是说，这个追踪班在三年级便实现了数学概括能力的“飞跃”。然而，有一个控制班由于教学不甚得法，到了五年级才有75％的被试达到这个最高级水平，也就是说，这个对比控制班在五年级才实现数学概括能力的“飞跃”。可见，这个发展的关键年龄有一定的伸缩性，是可以变化的。只要教学得法，小学儿童思维发展的关键年龄可以提前到三年级。小学儿童思维发展中，存在着很大的潜力，假如适当地挖掘，这个潜力能变为小学儿童巨大的能力因素。

3. 小学儿童思维的不平衡性 小学儿童的思维，在从具体形象思维向逻辑思维的发展过程中，存在着不平衡性。

在整个小学时期内，儿童的抽象逻辑思维水平不断提高，儿童思维中的具体形象成分和抽象成分的关系也不断发生变化，这是它发展的一般趋势。但是具体到不同的思维对象、不同学科、不同教材的时候，这个一般的发展趋势又常常会表现出很大的不平衡性。这在小学各科教学中和儿童心理学的实验研究中都获得了证明。

在小学教学中可以看到这种不平衡性。例如，在算术教育的学习中，儿童已经达到了较高的抽象水平，可以离开具体事物进行抽象的思考，但是在历史教材的学习中，仍旧停止在比较具体的水平上，对于历史发展规律的理解还感到很大的困难。又如，儿童已经掌握整数的概念和运算的方法，而不需要具体事物的支持，可是，当他们开始学习分数概念和分数运算时，如果没有具体事物的支持，就会感到很大的困难。

在小学儿童思维的研究中，也可以看到这种不平衡性。例如，把我们自己或与我们工作有关的几个实验研究（朱智贤等，1982；林崇德，1981；李虹，1984）数据绘制成不同的发展曲线图，图中确定等级相同或相似。即等级Ⅰ级水平，不会解释或做错误的定义；Ⅱ级水平，重复概念的定义；Ⅲ级水平，功用性的定义或做具体形象的描述；Ⅳ级水平，下接近本质的定义或做具体的解释；Ⅴ级水平，下本质的定义。前三个实验的被试也相同，测定的时间也接近，而思维的发展趋势却各不一致。我们用图6-1至图6-4四幅思维发展的曲线图来加以比较说明。

从以下四幅图中可以看出，在我们各个实验中，小学儿童思维对象是不同

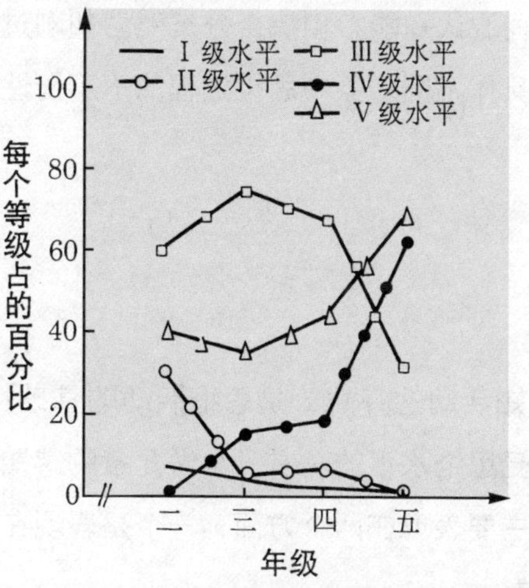

图6-1　小学儿童定义字词概念的发展曲线
（引自朱智贤等，1982）

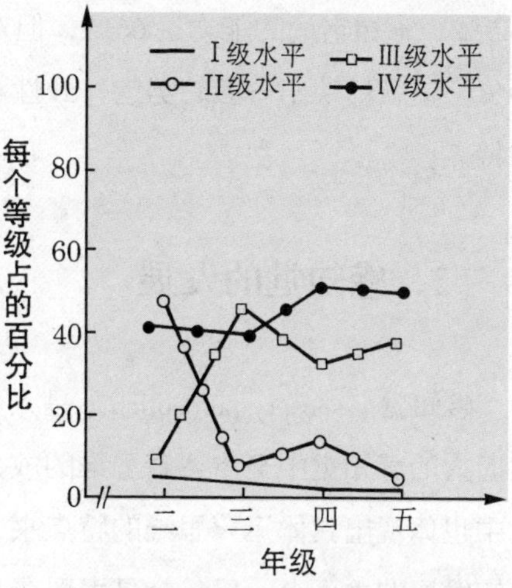

图6-2　小学儿童综合分类能力发展曲线
（引自朱智贤等，1982）

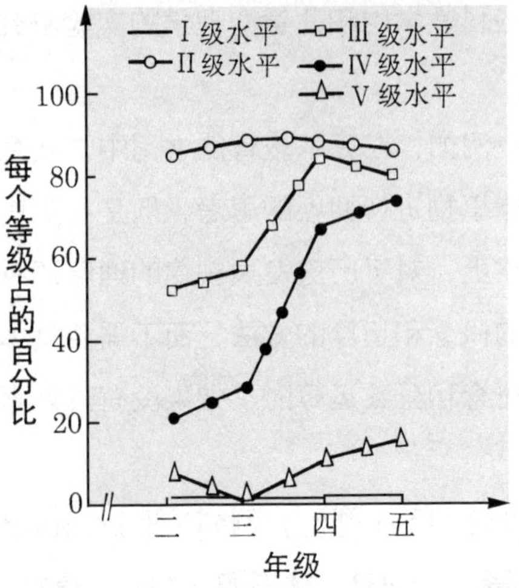

图 6-3　小学儿童数概括各级水平发展曲线
（引自林崇德，1981）

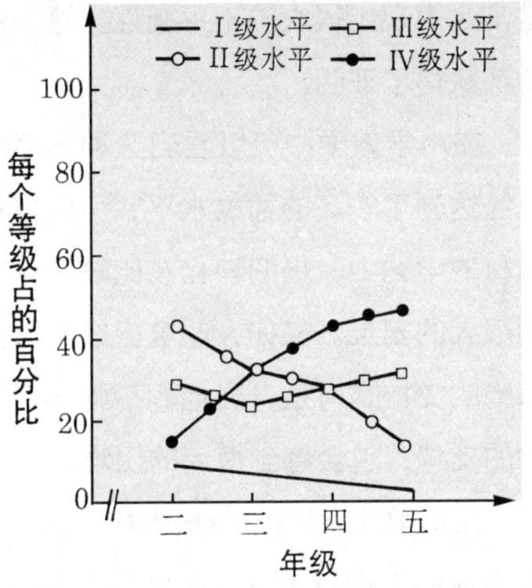

图 6-4　小学儿童对漫画认知发展曲线
（引自李虹，1984）

的，但各实验的定级标准的依据却都是直观—表象—抽象这样一个发展过程，所引四个实验的最低级（Ⅰ）和最高级（Ⅳ或Ⅴ）水平的标准是相同的。从最低级和最高级发展曲线来看，它们的趋势是一致的，最高的水平曲线都是随年级递增而增高。这说明了小学儿童的思维在从具体形象思维向抽象逻辑思维过渡，或到四年级后，他们的抽象逻辑思维逐步占有优势。然而每一级曲线发展的速度又不尽相同，特别是最高曲线，到了五年级，数学概括能力上升为86.5%，掌握字词的能力达66%，但对漫画的认知能力和综合分类能力却刚过50%。这就反映出一般趋势的一致性和在具体不同对象中思维过程的不平衡性的特点。

二、感知觉的发展

感知觉（sensory perception）是人类认知活动的开端，是思维活动的基础；然而人的感知觉中又渗透着思维的成分，受思维水平的左右，小学儿童的感知觉中也体现出具体运算思维的特点来，这主要表现在两个方面，一个是表现在感知发展的水平上，另一个是表现在观察力上。

（一）小学儿童感知觉的发展

1. 小学儿童感觉的发展　小学儿童在教学活动的影响下，感觉有了新的发展，随意性、感受性随着年龄的增长而不断发展，特别是差别感受性的增长要比绝对感受性的增长快得多。如果一年级儿童对颜色的差别感受性假定为100％，那么三年级儿童的颜色差别感受性平均提高45％，而五年级儿童则平均提高60％。一年级学生平均能辨别红色的三种色度和黄色的两种色度。小学儿童视力的调节能力增强，10岁儿童的这种能力发展得最快。小学儿童在音乐学习和训练的影响下，辨别音调的能力有显著的提高。同样，通过学习活动，小学生的言语听觉和言语运动觉发展也很快。小学儿童言语听觉敏度，如语音听觉的细微性和正确性，比幼儿要高得多，已逐步接近成年人的水平。在书写、绘画、制作等教学活动中，小学儿童手部的肌肉、关节、力量都有了显著的发展，手动作的精确性和灵活性也日益增强。

2. 小学儿童知觉的发展　儿童入学后，学习算术、地理、自然、图画等课以及参加各种课外活动，有力促进了知觉的发展。

（1）**空间知觉**的发展：①**形状知觉**（form perception）。初入学的儿童常疏忽客体“形状”的特性，而注视客观的其他特征。所以常在写字时有左右、上下颠倒的错误。以后辨别形状的正确率逐渐提高。②**方位知觉**（position perception）。据调查刚上学的儿童有30％会把左、右转弯搞混；7～9岁儿童已能初步掌握左右方位的相对性；9～11岁儿童已能在抽象概括水平上掌握左右概念的相对性。③**距离知觉**（distance perception）。小学儿童可以确定空间环境中对象间较近的距离。对较远的空间距离则往往混淆不清。

（2）**时间知觉**的发展：小学生对时间单位的理解和他们的生活经验有直接的联系。实验结果表明，小学生对时间单位理解最早与最正确的是1小时的时间长度。其次是“星期”“一天”，而后可以理解更长或短暂的时间单位。

（二）小学儿童观察力的发展

1. 小学儿童观察的特点　李文馥（1987）研究了8～13岁儿童观察的特点。实验采用皮亚杰的“三座山”模型，以器具、玩具为观察对象。要求儿童设想坐在右侧、左侧以及对面的位置上，观察这些对象所看到的形象，并在四张照片中选出表明这种形象的相应的一张，并要求说明理由。实验结果表明：

（1）儿童设想由不同位置所观察到的形象时，对熟悉的、特征鲜明的形象容易判断正确；对特征不明显、不熟悉的，判断比较困难。这表明知觉因素和生活经验在空间表象活动中的作用。

（2）儿童空间知觉能力逐年发展，各年龄组的错误率约在15％～50％之间，其中9～12岁各组的错误率为25％左右。各年龄组的错误除5％是由于其他原因外，其余都是由于受试者从自身所在方位，而不从其他方位观察，这表明儿童观察的自我中心主义倾向。

（3）8岁组儿童由于自我中心主义现象，造成的错误最多，约占40％；9～12岁组约占20％；13岁时下降到10％。这表明儿童观察中的自我中心主义倾向，随着年龄的增长而减弱，但仍是小学各年级学生观察错误的集中点。

（4）错误的原因在于儿童头脑中不善于对三维空间和二维空间关系进行转换。

2. 小学儿童观察品质的发展 王唯等人（1985）对小学一、三、五年级学生的观察品质进行实验研究，结果表明：

（1）精确性方面：一年级学生水平很低，不能全面细致地感知客体的细节，只能说出客体的个别部分或颜色等个别属性。三年级学生明显提高，五年级学生略优于三年级学生。

（2）目的性方面：一年级学生随意性较强，排除干扰能力较差；集中注意使观察服从于规定的任务要求的时间较短；观察的错误较多。三年级和五年级学生有所改善，但无显著差异。

（3）顺序性方面：低年级学生没有经过训练，观察事物零乱缺乏系统，看到哪里就是哪里；中高年级学生观察的顺序性有较大发展，一般能从头到尾边看边说，而且在观察表述前往往能先想一想再说。但从总体上看，五年级和三年级差异不显著，表明五年级学生还不能系统化地观察。

（4）判断力方面：低年级学生对所观察事物做出整体概括的能力很差，表述事物特征缺乏系统、分不清主次，往往注意于各种无意义的特征而忽略了有意义的特征；三年级学生的判断力有较大提高；五年级又有显著发展，观察的分辨力、判断力和系统化能力明显提高。

3. 小学儿童观察力的发展阶段概述 小学生观察能力的发展表现出一定的阶段性。丁祖荫（1964）的研究表明，儿童的观察能力的发展可分为下列四个阶段：

（1）认识个别对象阶段：儿童只看到各个对象，或各个对象之间的一个方面。

（2）认识空间联系阶段：儿童可以看到各个对象之间能直接感知的空间联系。

（3）认识因果联系阶段：儿童可以认识对象之间不能直接感知到的因果联系。

（4）认识对象总体阶段：儿童能从意义上完整地把握对象总体，理解图画主题。

幼儿的图画认识能力大部分属于认识个别对象及空间联系阶段；小学低年级学生大部分属于认识空间联系和因果联系阶段；中年级学生大部分属于认识因果联系阶段；高年级学生大部分属于认识对象总体阶段。

李林慧等人（2011）通过对90名4～6岁儿童自主阅读图画书后的故事复述语料进行分析，研究发现汉语学前儿童对图画故事书中图画形象、事件行动和角色状态的理解水平随年龄增长而显著提高；儿童对图画故事书的理解遵循由图画形象到事件行动再到角色状态的发展顺序。

小学生对于图画的观察发展的阶段性，很大程度上受图画内容的影响，图画内容涉及儿童生活经验，能为他们所理解的便表现出较高的观察水平。反之，儿童对于不甚熟悉的内容，只能列举或描述，而且往往出现错误答案。另外，观察的结果在一定程度上也受指导语的影响，当要求儿童说出图中“有些什么”时，观察易于偏向“列举”；要求说出“在做什么”时，观察多属“描述”及“解释”；要求说出“画的是什么事情”时，容易注意整个图画内容，属于“解释”阶段。

三、记忆的发展

记忆是认知活动的仓库，也是思维的材料，然而，记忆水平又决定于思维的特点。小学儿童的记忆中，也能体现出其具体运算思维的特点来。

（一）小学儿童的记忆特点

在学习活动的要求下，小学儿童记忆的有意性、意义性和抽象性都在不断地发展。

1. 小学儿童的有意记忆与无意记忆 小学生的**有意记忆**（intentional memory）是随着年龄的增长而不断发展的。随着学习动机的激发，学习兴趣的发展，学习目的的明确，有意记忆的主导地位则越发显著。一般情况下，这个主导地位的显著表现是从三年级开始的。北京师范大学心理系儿童心理组和天津师范大学教科所儿童心理组的协作研究（1983）表明，小学二年级**无意记忆**（unintentional memory）组正确回忆率为42.8%，有意记忆组正确回忆率为43.0%；小学四年级无意记忆组正确回忆率为43.8%，有意记忆组正确回忆率为51.5%。

由此可见，小学生的记忆，已从学龄前期的无意记忆占主导地位发展到有意记忆占主导地位，但是，小学生还大量地需要靠无意记忆来积累知识。

2. 小学儿童的机械记忆和理解记忆 从**机械记忆**（rote memory）占主导地位转向**理解记忆**（或**意义记忆**）（comprehensive memory）占主导地位的发展，是小学生记忆发展的又一个特点。由于理解意义与逻辑思维的理解能力有密切关系，因此这个主导地位转化的关键年龄，往往与理解力发展的关键年龄一致，大致在三、四年级。根据沈德立（1983，1985）、陈辉（1988）、丁祖荫（1964）等人的研究，在小学阶段，两种记忆效果都随年龄增长而提高。表6-2显示了一般小学生对无联系的单词材料和有意义联系的单词材料保持的百分数。可见，小学儿童在立时再生和各次延缓再生的条件下对两种单词材料的记忆效果都随年级增长而逐步提高。

小学低年级学生运用机械记忆的方法较多，这是因为他们心理的各个方面

表6-2 小学生对单词材料保持的百分数

学习材料 / 年级	无联系				有联系			
	立时	第一次延缓	第二次延缓	第三次延缓	立时	第一次延缓	第二次延缓	第三次延缓
一	16.25	5.00	4.50	7.00	30.75	13.00	16.50	17.75
二	27.75	5.50	5.75	9.25	69.75	49.00	51.00	53.25
三	36.25	17.25	17.25	19.75	79.75	64.50	72.00	75.50
四	50.75	19.50	23.75	27.75	82.50	65.50	72.00	76.25
五	68.75	38.00	42.25	48.25	99.00	80.50	86.50	92.25
六	60.50	21.75	28.75	36.75	96.00	81.00	83.75	90.75
平均	43.38	17.83	20.38	24.79	76.29	58.92	63.63	67.63

（引自丁祖荫等，1964）

还没有充分地发展起来，抽象逻辑思维尚未发展，知识经验比较贫乏，对于学习材料不易理解；还不善于对记忆的材料进行思维加工或逻辑加工。随着年龄的增长和年级的升高，知识经验日益丰富，言语、思维日益发展，在学习过程中逐步掌握学习方法和技巧，学生的意义理解记忆一天天增加，而机械记忆则相对减少。当然，在学习过程中，由于学习材料性质不同，学习过程的各个阶段的要求不同，既需要理解记忆，也需要机械记忆。小学生的机械记忆能力很强，需要充分地利用。

3. 小学儿童的形象记忆和抽象记忆 小学低年级学生，知识经验还不丰富，记忆和具体形象的联系容易建立，和与形象有直接联系的词（实词）的联系也较易建立；因此，低年级学生往往表现为形象记忆。比较一、三、五年级学生对具体形象、具体的语词、抽象的语词三种材料的记忆效果，结果见表6-3。显然各年龄组儿童对具体形象的记忆效果优于具体词，对具体词的记忆效果又优于抽象词。在整个小学时期，儿童明显表现出善于对具体形象地记忆。

随着教学的影响、知识的丰富和智力的发展，小学生的**抽象记忆**（abstract memory）能力得到不断发展，并逐渐占据优势。当然，具体形象记忆和词的抽象记忆是相辅相成的，在教学中，两者都具有重要的作用。

表6-3 三种不同性质材料重现的百分数

年级	即时重现			延缓重现		
	形象	具体词	抽象词	形象	具体词	抽象词
一(21人)	51.9	41.7	26.4	45.4	17.0	6.4
三(17人)	72.6	68.2	52.6	67.3	64.6	34.4
五(15人)	82.6	70.0	64.6	81.3	71.0	65.4

(引自许政援等,1984)

(二)小学儿童记忆策略的发展

能否采用最为有效的**记忆策略**(strategies of memory)往往也是个体记忆发展的一个重要标志。什么是记忆策略呢?在被试有意控制之下的,可以用来提高记忆作用的认知活动或行为活动即记忆策略。换言之,亦即提高记忆有效性的活动。美国心理学家弗拉维尔等人(Flavell et al., 1966)提出个体的记忆策略是不断发展的,可分为三个阶段:①没有策略;②不能主动应用策略,但经诱导,可以使用;③能主动而自觉地采用策略。

小学儿童的记忆水平高于学前儿童的一个原因就在于小学生更善于采用记忆策略。他们能采用哪些记忆策略呢?

1. 复述 **复述**(rehearsal)是记忆材料的一种简单而有效的方法,也是不断重复记材料直至记住的过程。

(1)儿童采用复述策略的能力是逐渐发展的,严格来讲,年幼的孩子是不会采用这种记忆策略的。直到小学,儿童才逐渐有效地采用这种方法。7岁左右是儿童由不进行复述向自发地进行复述的过渡期。在弗拉维尔等人的研究(Flavell et al., 1967)中,让5岁、7岁和10岁儿童做被试,把七张一般儿童都认识的物体图片展现在儿童面前,依次指出三张图片,并且要求儿童记住,15秒钟以后,要求儿童再依次指出这三张图片。在间隔时间中研究者把儿童所戴帽子的帽舌拉下,使儿童既看不到图片也看不到主试,并根据儿童的唇动情况来判定其是否在进行复述。结果发现,只有10%的5岁儿童显示出复述表现,而60%的7岁儿童和85%的10岁儿童都有复述表现。

（2）小学儿童进行复述的技能随着年龄增长而日趋熟练。奥恩斯坦等人（Ornstein et al.，1985）的研究发现，要求8岁儿童以复述的方式记忆一系列单词，但他们还不能很有效地使用这种方法，只能单独地重复每一个单词，如果使他们有更多的时间来记忆，并有机会查看曾经呈现过的单词，则能较好地复述，并能回忆更多的单词。因为这些儿童已经意识到复述的重要性，但还不能像较大儿童那样善于回忆一起复述的单词。到了12岁时，儿童已能追记单词并累积性地复述整个单词系列。这表明小学高年级儿童的复述技能日趋熟练。此外，有关研究还发现，小学各年龄组儿童复述的总体数量是接近的，年龄差异主要表现于复述的内容上，年幼儿童往往只重复所呈现的那个字，年长儿童则能同时复述好几个字。

（3）儿童的复述技能在一定年龄阶段是可以训练的。从记忆效果来看，能自发地进行复述的儿童，其记忆效果好于不进行复述的儿童，因此训练儿童的复述技能可以提高儿童的记忆效果。

左梦兰等人（1990）的研究也证实训练对儿童的分类复述有促进作用。他们认为，未经训练，5.5岁儿童只有2.85%能自觉分类，7.5岁和9.5岁自觉分类的儿童也不超过10%，11.5岁达到28.5%。这表明，分类复述在小学阶段出现并得到发展，但直到小学毕业仍未达到熟练水平。对不会分类的儿童进行启发性分类的训练，结果发现，5.5岁儿童训练无效；7.5岁儿童训练对同类性质的课题分类有效但不显著；9.5岁儿童的训练效果不仅表现在相同性质问题的解决，而且能迁移到抽象词汇的分类，可以认为是进入了训练的最佳时期。

（4）儿童复述的灵活性是随年龄的增长而不断发展的。在整个小学时期，这种灵活性水平还很低。在一项研究中，让被试记住20个字，并把它们回忆出来，这20个字可以归为四类，且按随机顺序呈现。记忆这类材料的有效办法是把同一类的五个字放在一起进行复述。结果发现，8岁儿童从不采用这种策略，10岁儿童也很少采用这种策略，但13岁儿童却能始终如一地使用这种策略。

2. 组织　**组织**（organization）也是一种非常重要的记忆策略，通常是指识记者找出要记忆材料所包含的项目间的意义联系，并依据这些联系进行记忆的过程。

研究（Miller，1956；杨治良，1994）表明，大部分人只能记住七个独立的信息组块，但如果将几个相关的项目组成一个信息组块，记忆的信息量就会大大增加。

学前儿童识记有意义联系的材料较强于识记无意义的材料。如记“大和高”较容易，而记“大和悲哀”则相对较差。他们能根据韵律或相似的发音来组织材料，能按照物体的功能来进行记忆。然而，小学生开始能形成信息组块来进行记忆，根据词汇的意义来加以组织，进行归类。在斯迈利和布朗（Smiley & Brown，1979）的一项研究中，要求幼儿、小学生、成人指出三张图片中哪两张是相似的，结果发现，幼儿是按功能来组合图片的（如马与马鞍，针与线），小学生和成人则是按分类来组合图片的（如马与牛，针与别针）。

采用归类的方法进行记忆可以帮助小学生记忆更多的内容，这种记忆策略需要一定的理解能力作为基础。弗拉维尔等人（Flavell et al.，1969）在研究中为被试（5～11岁）提供一组图片，图片可分为四类：动物、家具、交通工具、衣服。要求儿童学习这些图片，以便过一会能把图片的名字说给主试听，告诉儿童可进行任何有助于记忆这些图片的活动，包括移动这些图片。最后评定被试对这些图片的归类结果。评定指标是被试将同类的两个图片摆在一起的次数与不同类的两个图片挨着摆在一起的可能的次数之比，0（分）代表没有分组归类，1（分）代表完整的分组归类，结果见图6-5。

由图6-5可见，10～11岁儿童基本上是自发地应用对刺激物的归类来提高记忆效果的策略，其他年龄的儿童则不能，但经过短暂的归类训练，低年龄组儿童也可以达到这种自发水平。

另一种改善记忆的组织是形成故事线索。儿童记忆有意义的、有逻辑的和有条理的故事时，记忆效果较好。在巴斯等人（Buss et al.，1983）的研究中，二年级和六年级儿童听一条名叫阿尔伯特（Albert）的鱼的故事。部分儿童直接看这个故事，另一部分儿童则看把句子顺序打乱了的材料。后者对故事的回忆少于前者。然后训练儿童将打乱了句子次序的故事重新排列出来，并以正确的顺序回忆这个故事，儿童的回忆成绩明显提高。

儿童在提取有关信息之时，同样可采用组织归类策略。卡巴西格瓦（Kobasigawa，1974）在一项实验中，实验对象为6、8、11岁儿童，刺激物为24张图片，每3张为一类，共8类。研究者首先设计一个程序来确定儿童知道

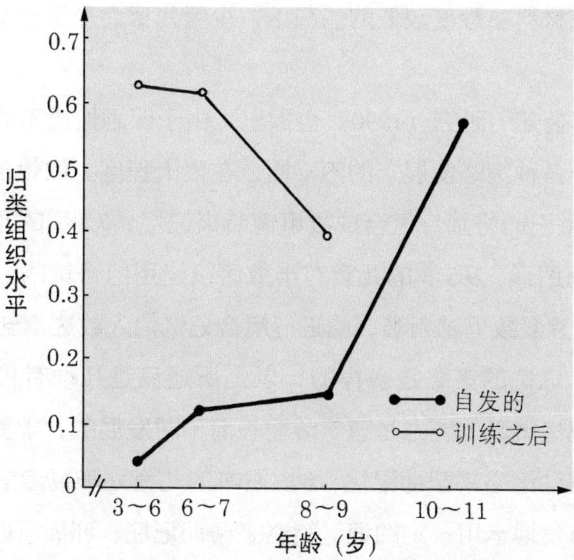

图6-5　儿童使用归类策略能力的发展

（引自Flavell et al.，1969）

每张图片属于什么类别，并使不同年龄组最初记忆贮存的信息降低到最低水平。同一类图片（如猴子、骆驼、熊）与一张大图片放在一起来呈现，这张大图片与这一类别的标志有关（如动物园中有3个空笼子）。在呈现图片过程中，主试强调小图片是“伴随”着大图片的，但被试只需记住小图片。最后给儿童呈现出一些大图片，要求他们回忆小图片，研究结果发现：①随年龄增长，自发地使用大图片进行回忆的人数逐渐增加，到8岁，儿童基本上能运用类别搜寻策略；②随年龄增长，使用策略的有效性越来越高；③这些年龄差异主要体现在6、8岁儿童运用一个线索（一张大图片）回忆一张小图片就停止了，11岁儿童则能充分利用每个线索，尽可能多地回忆有关信息，平均每类能回忆2.5个。

毕有余和张向葵（2008）采用微观发生法，以33名小学二年级学生为被试，以记忆书面语词的分类材料为任务，对儿童记忆过程中“记”“忆”策略的不同发展规律进行了5个期间的测查。结果发现，分类记忆策略的发展既有突变过程也有渐变过程：分类记策略有生成缺陷，表现为训练后的突然变化；分类忆策略则是一个可以自发形成的渐变过程，如果加以适当的训练也会发生突然的增长；在材料熟悉度较低的情况下，少量儿童会产生分类记、忆策略使用缺陷现象。

左梦兰、傅金芝的研究（1990）也指出，由于课题性质不同，儿童运用策略也会不相同，各种策略发展上的不平衡，在很大程度上依赖于儿童的知识经验。5.5 岁的儿童已能将画片组合成故事情节来记忆，7.5 岁的儿童很少能用组合策略记住几何图形，9.5 岁的儿童有半数可以运用组合策略。而对数目的组合，11.5 岁的儿童多数仍感困难，能进行组合记忆的人数达不到半数。

总而言之，记忆的策略是多样的，以上所述只是几种有代表性的记忆策略。儿童使用记忆策略的能力是随年龄增长而不断发展的，学前儿童基本上不会自发地使用某种策略来帮助记忆，8 岁左右的儿童处于过渡期，10 岁以上的儿童基本上能自发地运用一定的记忆策略来帮助记忆。训练可以有效地提高儿童运用策略的能力。儿童的各种记忆策略的发展是不平衡的，在很大程度上依赖于儿童自身的知识经验。

（三）小学儿童的元记忆

关于**元记忆**（或**后设记忆**）（metamemory）的发展是近十多年来才兴起的一个重要课题。美国心理学家弗拉维尔（Flavell，1976）认为，元记忆就是关于记忆的知识或认知活动，即人们对自己的记忆过程的理解和认识，可以进一步细分为关于记忆的元认知知识、元认知体验与记忆监控。

1. 小学儿童关于记忆的元认知知识 关于记忆的**元认知知识**（或**后设认知知识**）（knowledge of metacognition）就是有关记忆的知识，即对什么因素影响人的记忆活动的过程与结果，这些因素是如何起作用的，它们之间又是怎样相互作用的种种问题的认识。弗拉维尔认为，关于记忆的元认知知识主要包括以下三个方面的知识：

（1）有关记忆主体方面的知识：这主要是指主体对记忆的认识与了解，如记忆不同于知觉、思维，不同年龄以及同年龄的人在记忆能力方面是有差异的。弗拉维尔等人（Flavell et al.，1970，1977）用印有图画的卡片作为实验材料，各卡片上的图画数量不同。实验任务是要求被试预言能够回忆出几张图画，最后测定被试的实际瞬时记忆广度。其结果见图 6-6。

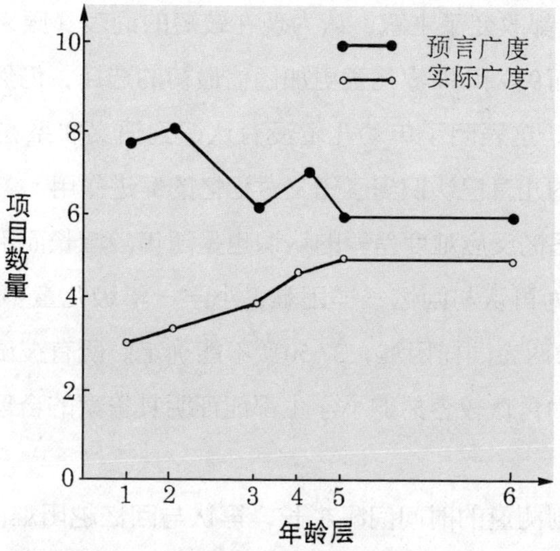

图 6-6　不同年龄被试的预言广度

（引自 Flavell et al.，1977）

注：横坐标年龄层编号代表：1. 托儿所儿童；2. 幼儿园儿童；3. 小学二年级学生；4. 小学三年级学生；5. 小学四年级学生；6. 大学生。

由此可见，学前儿童对自己的瞬时记忆广度的估计与真实情况有较大差距，而学龄儿童的估计较接近实际，四年级学生基本上达到了成人的水平。

（2）有关记忆材料与任务的知识：包括两方面的内容，一是个体对材料的性质、相互关系能影响记忆难易度的认识；二是个体对不同记忆反应（如再认、回忆）难度差异的认识。

实际上，学前儿童已认识到识记材料的熟悉性和数量都是影响记忆的重要因素，但他们的元记忆知识还是很有限的。学龄儿童进一步认识到材料之间的关系、材料与时间之间的关系也影响记忆效果。

弗拉维尔等人首先让被试学习将词表中的词两两联成对，如“小汽车—衬衫、船—苹果”等。练习之后，向被试呈现两个词表并要求他们预言哪个词表易学易记，其中一个词表的词对是名字与动作，如“玛丽—散步、安妮—坐”；另一个词表的词对是高度相关的反义词，如“哭—笑、黑—白”。结果发现，6 岁和 7 岁儿童认为两种词表在难度上没有什么差别，而 9 岁和 11 岁儿童则确信由反义词构成的词表易学易记。在被试认为易学易记的词表上再增加一些新的词对使词表加长，要求被试对自己的决定重新评价。结果发现，几乎所有6岁和7岁儿童都改变了主意，认为现在较短的词表（原来被认为较难的词表）易学易记。而9岁和11岁儿童更加确信最初的选择，仍然认为反义词构成的词表易学易记。这表明了年幼儿童没有认识到语义联系在记忆活动中的作用，而年龄较大的儿童已认识到了语义对记忆的促进作用。

儿童对不同记忆反应难度差异的认识也是随年龄增长而不断发展的。如一半以上的幼儿认为再认与回忆一样困难，小学一年级儿童中56.25％认为再认容易，6.25％认为两者同样困难，37.50％不能确定。所有被试中没有一人认为回忆更容易。认为再认较容易的小学生都能证明其答案的合理性，而幼儿中则只有一半能证明。

材料的呈现到测量的时间间隔越长，再认与回忆越困难。研究发现，8岁儿童已能认识到这一点，因此能根据预期的保持时间间距来调整看图片的时间，而4岁和6岁儿童在各种情况下均花同样的时间看图片。

（3）有关记忆策略方面的知识：这方面涉及的内容很多，如进行记忆活动有哪些策略，其优点和不足是什么，应用条件和情境如何，等等。

小学生已逐渐掌握了一些改善记忆的方法，如读笔记、听录音带、向他人请教等。克鲁泽等人（Kreutzer et al.，1975）询问儿童如何记住一个电话号码，几乎所有三、五年级的学生和40％的幼儿认为应该立即打电话，许多年龄较大的儿童和60％的幼儿认为应该把电话号码写下来并复述或用其他帮助记忆的策略。于森和利维（Yussen & Levy，1977）询问三年级和六年级儿童如何回忆遗忘的内容时，年幼儿童只能提出一两个建议，年长儿童则能提出许多可行的建议。贾斯梯斯（Justice，1985）也发现，二年级儿童已知道复述和分类是记忆的有效策略，但只有六年级儿童才知道分类策略比复述更为有效，他们更经常使用分类策略。

2. 记忆的元认知体验　元认知体验（或**后设认知体验**）（metacognitive experience）是伴随着认知活动的认知体验或情感体验，既包括知的体验，也包括不知的体验，在内容上可简单可复杂，经历的时间也可长可短，可能发生在一个认知活动的持续期间，也可能发生在一个认知活动以前或以后。这种体验通常与一个人在认知活动中所处的位置有关，与一个人正在取得或可能取得什么样的进展有关。

许多关于记忆的元认知体验是由关于记忆材料难易的判断或情感体验组成的。元认知体验与元认知知识是密切相关的，只有具备了一定的元认知知识，才可能产生有关自身、任务、目的的各种各样的元认知体验。因此，随着个体的元认知知识的逐渐形成，关于记忆的元认知体验也逐渐产生和发展起来。

3. 记忆监控 **记忆监控**（memory monitor）是元记忆的重要成分之一，是指主体在进行记忆活动的全过程中，将自己正在进行的记忆活动作为意识对象，不断地对其进行积极、自觉的**监视**（monitor）、**控制**（control）和调节。

儿童的记忆监控能力是逐渐发展的。马瑟等人（Masur et al.，1973）对小学一年级学生、三年级学生和大学生进行了一项实验。要求被试记忆一组图画，图画的数量是被试记忆广度的1.5倍，每次学习45秒，然后进行自由回忆测验，测验完毕后，请被试从刚才学习过的图画中挑选一半再学习45秒，然后再进行自由回忆测验。按此程序进行几次，结果发现，小学三年级学生和大学生在选择重新记忆的图画时，所挑选的图画多为上次自由回忆时未能回忆出来的，而小学一年级学生挑选的图画中能回忆出来的和未能回忆出来的几乎各占一半，这说明小学一年级学生还不能对自己的记忆活动进行有效的监控。姜英杰和严燕（2013）采用不同难度图对为记忆任务,考察了4～6岁儿童学习难易判断、学习判断和提取自信心判断的发展特点。结果表明：三种元记忆监测水平随年龄增长均不断提高，任务难度不同三种元记忆监测发展水平也不同，对低难度任务的元记忆监测显著好于高难度任务；三种元记忆监测在低难度任务下没有发展速度差异，高难度任务下4～5岁时回溯性监测发展较快，5～6岁前瞻性监测发展加速；有效元记忆监测存在任务难度差异和年龄差异。

由上述可见，元记忆在小学阶段的发展很快，但水平是有限的，儿童还不能普遍而灵活地对记忆本身的知识和技能加以掌握，而且取决于儿童一般知识经验的丰富程度。显然地，元记忆之所以在小学时期得到迅速发展，学校教育起着决定性作用。因此在教学活动中，有意识地培养儿童的元记忆，教授他们记忆的知识技能，启发儿童的求知欲和好奇心，进而扩大儿童的知识面，必将有效地促进儿童记忆能力的发展。

第三节 小学儿童的社会性发展

在学前期社会性发展的基础上，小学生由于入学的条件，使其社会性的发展获得了新生，并体现出协调性、开放性和可塑性的特点。以下分别从道德、自我意识、社会关系的发展来讨论之。

一、道德的发展

在西方，皮亚杰对儿童期道德观念形成和判断做出了大量的研究。皮亚杰（Piaget，1932）认为，通常7～12岁儿童的自律性道德，即服从自己的规定的道德获得了发展，并且以人与人之间关系的水平表现出来。柯尔伯格（Kohlberg，1980）研究指出，儿童从7岁起便倾向以常规道德评价道德行为，并维持习俗的秩序和符合他人的愿望。

中国的心理学界对中小学生**道德发展**（moral development）的研究中，关于小学生道德特点的研究在数量上占很大的比例。总结我国在小学生道德特点方面的研究，并且结合我们自己的研究，我们（林崇德，1989）认为，从出生到成熟的整个时期，小学生的道德发展所显示出来的基本特点就是协调性。

（一）形成自觉运用道德规范的能力

小学时期学生逐步开始形成系统的道德认识以及相应的道德行为习惯。但是，这种系统的道德认识带有很大的依附性，缺乏原则性。这里，我们举一项研究来略加分析。

李怀美（1986）从道德概念、道德评价和道德判断三方面来了解小学生**道德认识**（moral cognition）的发展水平。他们以“对他人”“对自己”和“对社会”三个侧面各四个道德概念为材料，并由此确定三级水平：一级水平是对道德概念片面或肤浅理解，停留在现象上（1×4＝4分）；二级水平是能够正确理解道德概念，但不深（3×4＝12分）；三级水平是较深刻地理解道德概念的本质（5×4＝20分）。三个年级被试的平均得分详见表6-4。

表6-4　小学儿童道德概念理解发展水平

道德认识发展水平 \ 年级	一年级	三年级	五年级
对他人	7.49	9.07	10.26
对自己	7.28	11.38	13.92
对社会	8.34	10.03	12.57
总均数	7.70	10.16	12.25

（引自李怀美，1986）

李怀美还以"义务""荣誉""良心""幸福"四个道德范畴了解学生道德评价发展的情况。他们设计了四组对偶故事，每组的结构均按照动机正确而效果不好、动机不正确而后果好这两种情况安排，让被试判断是非与好坏，并且说明理由。该研究对学生道德评价的发展分三级水平：一级水平为重效果（1分），二级水平为重动机（3分），三级水平为效果与动机相统一（5分）。研究结果见表6-5。

表6-5说明，从总体上考察小学一年级到五年级，小学生道德评价能力随

表6-5　小学道德概念评价发展水平

道德范畴 \ 年级	一年级	三年级	五年级
义务	3.10	3.97	3.94
荣誉	2.49	3.57	3.98
良心	2.96	3.74	3.94
幸福	1.95	3.13	3.15
总均数	2.63	3.61	3.75

（引自李怀美，1986）

着年龄递增而提高。一年级小学生尚未达到二级水平，而三、五年级均已超过二级水平，并开始向三级水平发展。可见，小学生的道德评价是逐步发展和提高的。

根据上述四个道德范畴，研究者还设计了**两难问题**（dilemma），以了解小学生道德判断能力的发展水平。道德判断分三级水平：一级水平是围绕个人利害得失进行道德判断（1分）；二级水平是简单地运用道德规范进行道德判断（3分）；三级水平是理解道德原则并以此进行道德判断（5分）。结果见表6-6。

表6-6　小学儿童道德判断发展水平

道德范畴＼年级	一年级	三年级	五年级
义务	2.14	2.15	2.06
荣誉	3.06	2.80	3.07
良心	2.92	3.01	2.99
幸福	2.38	2.69	2.94
总均数	2.62	2.66	2.77

（引自李怀美，1986）

表6-6指出，小学生的道德判断能力是逐步提高的，但随年龄递增而提高的幅度较小。小学生的道德判断尚未达到二级水平，即他们还不能简单地运用道德规范进行判断。

从上面三个研究，我们可以看到，小学生的道德认识表现为从具体形象性向逻辑抽象性发展的趋势：①在道德认识的理解上，小学生从比较肤浅的、表面的理解逐步过渡到比较精确的、本质的理解。但是，这种认识仍有较多具体成分，概括水平较差。②在道德品质的判断上，小学生从只注意行为的效果，开始逐步形成比较全面地考虑动机和效果的统一关系。但是，这种判断常有很大的片面性和主观性。③在道德原则的掌握上，学生道德判断从简单依附于社会的、他人的原则，逐步转为受自身道德原则的制约。但是，在很多情况下，他们在判断道德行为上，还不能以道德原则为依据，易因缺乏道德信念，常常受到外部的、具体的情境影响。④小学生已初步掌握了道德范畴，不过对不同范畴的理解有不同的水平。比较“对他人”“对自己”“对社会”三方面的道德认识，“对自己”方面的道德概念发展水平较高，“对社会”方面的道德概念的发展水平次之，最低的是“对他人”的道德概念的发展水平，显示出不平衡性。

总之，小学生的道德知识已初步系统化，初步掌握了社会范畴的内容，开始向道德原则的水平发展。

（二）从协调步向分化

在整个小学阶段，小学生在道德发展上，认识与行为、言与行基本上是协调的。年龄越小，言行越一致，随着年龄的增长，逐步出现了言行不一致的现象。

年龄较小的学生，行为比较简单且外露，道德的组成形式也比较简单。就道德定向系统而言，他们还不能意识到一定道德的作用，往往按照教师和家长的指令来定向；就道德的操作系统而言，他们缺乏道德经验和道德活动的策略，动机比较简单，不善于掩饰自己的行为；他们自我调节技能较低，较难按原则规定的行为去行动；就道德的反馈系统而言，他们的行为主要受教师和家长的“强化”，还难以进行自我反馈。因此，在小学低年级，小学生的道德认识、言行往往直接反映教师和家长的要求。因此从表面上看，他们的言行是一致的，但实际上这种一致性的水平是较低的。

小学高年级的学生的行为比较复杂。相应地，在道德定向系统中有一定的原则性，在道德操作系统中产生了一定的策略和自我设想。因此，高年级的小学生逐渐开始学会掩饰自己的行为；在道德反馈系统中出现了对他人的评价进行一定分析，他们的行为与教师和家长的指令会出现一定的差异。

当然，一般来说，小学生表现言行不一致的现象是初步的，即使是高年级的学生，还是以协调性占优势。他们道德言行不一定是来自内在的道德动机，而是受制于道德组织形式及道德结构的发展水平。正如朱智贤（1962，1979）所分析的：①模仿的倾向性：模仿是小学生的特点，当他们看到所模仿的动作很有意思，以致明知被模仿的动作是不正确的、不好的，他们仍然照样做了。②出于无意：有些小学生口头上背熟了道德原则，但行为中做出了与之相违背的事来，他们常常会为之后悔、惋惜。③小学生会在某些人面前表现出言行一致，而在另一些人面前却表现出言行不一致。造成这种情况的原因很复杂，或因教师和家长的教育不相一致，或因儿童以感情代替理智，会在较亲近的人面前显得“听话”一些。④只会说，不会做：道德行为做起来要克服困难，需要意志努力，因此小学生尽管知道道德原则，但是按照这些原则去行事就显得困难。

由上可知，小学生的道德结构尚未完善，将社会道德规范内化为定向系统需要一个过程。

（三）自觉纪律的形成

在小学生道德发展中，自觉纪律的形成和发展占有很显著的地位，它是小学生的道德知识系统化及相应的行为习惯形成的表现形式，也是小学生表现出外部和内部动机相协调的标志。

所谓**自觉纪律**（self-awareness principle），就是一种出自内心要求的纪律。它是在学生对于纪律认识和自觉要求的基础上形成起来，而不是依靠外力强制的。自觉纪律的形成是一个纪律行为从外部的教育要求转为学生内心需要的过程。这个形成过程一般要经过三个阶段：第一阶段依靠外部教育要求，依靠教师制订的具体规定和教师及时的检查；第二阶段是过渡阶段，学生还未形成自觉纪律，但已能体会到纪律要求，一般能够遵守纪律；第三阶段是把纪律原则变成自觉行动。这三个过程体现了小学生道德结构的发展：在定向系统方面正经历着一个内化和社会化的过程，他们不断掌握社会经验和道德规范，形成了与学校教育相协调的个体特征，并将自己纳入学校群体关系系统中；在操作系统方面，逐步明确纪律要求，确认遵守纪律途径，做出纪律决策，实施纪律计划；在调节反馈系统方面，及在执行纪律中对环境进行加工，产生正负反馈，从而加强和减弱行为动机，形成和发展道德结构。

我们在研究中发现，在教师的认真指导下，低年级的学生完全可以形成自觉纪律。当然，小学生违反纪律或缺乏自觉纪律的现象也是存在的。值得强调的是，必须对违反纪律的现象做心理学的分析。这既存在着年龄差异，也存在着个体差异。一般来说，年龄小的儿童出现违反纪律行为，常常是由于不理解纪律的内容要求，或由于对某一种行为的好奇心分散了注意力，或是由于疲劳而不能维持纪律。对年龄较大的小学生来说，其原因比较复杂。这表现为：①不理解或不能正确理解纪律要求，或者对纪律要求的正确理解尚未能转化为指导他们行为的自觉原则。②对个别教师持有对立情绪。我们经常看到不少小学高年级学生在遵守课堂纪律上表现为因人而异。③意志、气质上的缺陷。④没有养成纪律行为所必需的习惯。⑤特殊爱好未得到满足，或者旺盛的精力无处发泄。因此，只有全面细致地了解儿童的人格特点，加上得力的教育措施，才能促使小学生自觉纪律的形成和发展。

总之，小学生的道德是从习俗水平向原则水平过渡，从依附性向自觉性过渡。从这个意义上说，小学阶段的道德是过渡性道德，这个时期道德发展比较平衡，显示出以协调性为主的基本特点，冲突性和动荡性较少。

（四）道德发展的关键年龄

小学阶段的道德的另一特点是道德发展过程中出现“飞跃”或“质变”现象。小学阶段是儿童道德发展的**关键年龄**。这个关键年龄，具体在什么时候（哪个年级或年龄）出现，尚有待深入探讨。据我们的研究，这个关键期或转折期大致在三年级下学期前后，由于不同方式的学校教育的影响，出现的时间可能会提前或延后。

当然，我们这里所指的关键期是就小学生道德的整体发展而言的。至于就具体的道德动机和道德的心理特征来说，其发展是不平衡的。例如，小学生的道德认识的关键期与道德行为发展的关键期并不一致。

二、自我意识的发展

自我意识（self-consciousness）的发展过程是个体不断社会化的过程，也是人格形成的过程。自我意识的成熟往往标志着人格的基本形成。

（一）小学儿童自我意识发展的趋势

有的心理学家认为，儿童自我意识的发展经过三个时期：①**自我中心期**

（egocentric period）（8个月～3岁），是自我意识的最原始状态，称生理自我。②**客观化时期**（objective period）（3岁～青春期），是获得社会自我的时期，在这一阶段，个体显著地受社会文化影响，是学习角色的最重要时期。角色意识的建立，标志着社会自我观念趋于形成。③**主观自我时期**（subjective period）（青春期～成人期），自我意识趋于成熟，进入心理自我时期。

韩进之等人（1983，1985）通过问卷调查认为小学生自我意识的发展趋势是随年龄增长从低水平向高水平发展的，但发展不是直线的、均速的，而是既有上升的时期，又有平衡发展的时期。研究结果见表6-7。

表6-7　小学生自我意识发展调查结果

		一年级	二年级	三年级	四年级	五年级	六年级	F检验
城市	N	450	350	900	350	900	350	52**
	$\overline{X}$	194	222	214	221	220	225	
	S	0.46	0.49	0.42	0.35	0.30	0.35	
农村	N	450	350	900	350	900	350	65.43**
	$\overline{X}$	197	210	216	217	222	230	
	S	0.46	0.40	0.36	0.38	0.36	0.38	
男生	N	450	350	900	350	900	350	59.43**
	$\overline{X}$	195	212	212	218	218	225	
	S	0.47	0.40	0.38	0.36	0.34	0.36	
女生	N	450	350	900	350	900	350	55.78**
	$\overline{X}$	198	216	217	229	224	231	
	S	0.48	0.42	0.41	0.39	0.36	0.34	
总计	N	900	700	1800	700	1800	700	107.03**
	$\overline{X}$	196	214	219	219	221	228	
	S	0.47	0.41	0.41	0.36	0.35	0.34	

注：N表示各组被试数；$\overline{X}$表示自我意识发展水平的平均分；S表示各组标准差；**表示$p<0.01$。

（引自韩进之等，1985）

由表6-7可知：

①小学一年级到三年级处于上升时期，小学一年级到二年级的上升幅度最大，是上升期中的主要发展时期。小学二年级到三年级的差异也达到显著水平，在上升期中处次要地位。这是因为学校的学习活动进一步加强了儿童对自己的认识，如考试成绩的好坏，教师对自己的评定，同伴对自己的接纳性等等，都使儿童从不同的角度对自己有了新的认识，而学习活动对儿童的自我监督、自我调节和自我控制等能力有了更进一步的要求，从而促使儿童的自我意识有很大的发展。

②小学三年级到五年级处于平衡阶段，其年级间无显著差异。

③小学五年级到六年级又处于第二个上升期。在小学中年级，儿童的抽象逻辑思维逐渐发展起来，其辩证思维也初步发展起来，这就促使儿童的自我意识更加深刻。他们不仅摆脱对外部控制的依赖，逐渐发展了内化的行为准则来监督、调节、控制自己的行为，而且开始从对自己的表面行为的认识、评价转向对自己内部品质的更深入的评价，这就使小学生的自我意识的发展达到一个新的水平。

研究还对城乡学生、男女学生间的自我意识发展水平的得分进行差异考验，结果无显著差别。

（二）自我意识各因素的发展

自我意识包含了自我概念、自我评价与自我体验等几方面。自我体验是在前二者的基础上形成的对自我的情绪感受，所以下面就从自我概念与自我评价两方面来讨论小学儿童自我意识的发展。

1. 自我概念的发展特点　自我概念（或**自我观念**）（self-concept）是指个人心目中对自己的印象，包括对自己存在的认识，以及对个人身体能力、性格、态度、思想等方面的认识。它是由一系列态度、信念和价值标准所组成的有组织的认知结构，把一个个各种特殊习惯、能力、观念、思想和情感联结在一起，贯穿于心理和行为的一切方面。对自我概念的研究通常是借助自我描述来进行。

从小学生的**自我描述**（self-description）来看，有这样几个特点：

（1）小学生的自我描述是从比较具体的外部特征的描述向比较抽象的心理术语的描述发展。如回答“我是谁？”这样一个问题时，小学低年级学生往往提到姓名、年龄、性别、家庭住址、身体特征、活动特征等方面，而到小学高年级，儿童则开始试图根据品质、人际关系以及动机等特点来描述自己。例如，一个9岁儿童对这个问题的回答是：“我的名字是A，我有褐色的眼睛和褐色的头发，我喜爱运动，我家里有七个成员，我的视力很好，我有很多朋友，我住在……，我的一个叔叔约1.75米高，我的老师是……我喜欢学校。”而另一个12岁的女孩则说：“我的名字是B，我是一个女孩，一个诚实的人，我不漂亮，我的学习一般，但我是一个很好的大提琴手，相对于我的年龄来说，我的个头较高，我喜欢几个男孩子，我希望去帮助别人，我不知道男孩是否喜欢我。”（Montemayor & Eisen，1977）

（2）虽然小学高年级学生开始能用心理词汇来描述自己，但也是以具体形式来看待自己，把自己这些特征视为绝对的和不可变更的。例如，8～11岁的孩子说自己是善良的，是因为他们把东西分给了同伴或帮助了其他人，因此自己是“善良的”，他们还不太理解自己的人格特征在不同场合可能会有所不同。

自我概念是在经验积累的基础上发展起来的。最初它是对个人的和才能的简单抽象认识，随年龄增长而逐渐复杂化，并逐渐形成社会的自我、学术的自我、身体的自我等不同的层次。

杨国枢（1977）对小学高年级儿童的自我概念发展在量和质的两方面进行了分析。在量的方面，主要考察了自我接受度与自我谐和度的发展特点。**自我接受**（或**自我接纳**）（self-acceptance）指个人觉得自己有价值的程度或好坏的程度，这是一种主观经验或感觉，**自我谐和**（ego integrity）指真实自我与理想自我的相似程度。研究中，自我接受度有两个指标，即自我接受度（甲），这根据受试者在描述自己时从142个特征形容词中所选用的各形容词中求得；自我接受度（乙），这根据53种个人特点中受试者认为自己所“已有”与“没有”的各特点求得。其研究结果如表6-8。

由表6-8可见，小学生自我概念的发展趋势视性别而定。男生的自我接受度与自我谐和度并未表现出随年龄增加而渐增或渐减的趋势，而女生的自我接受度和自我谐和度表现为随年龄的增大而渐减，年龄愈大，自我接受度愈弱，

表6-8　小学高年级男女学生在自我概念变项上的平均数与标准差

		自我接受度(甲)		自我接受度(乙)		自我谐和度	
		$\overline{X}$	S	$\overline{X}$	S	$\overline{X}$	S
四年级	男(55)	96.93	21.78	42.49	7.00	46.31	6.22
	女(74)	99.27	15.76	48.01	5.99	45.61	5.40
五年级	男(102)	92.77	19.43	40.53	7.51	42.14	6.55
	女(73)	95.62	17.69	41.86	7.23	44.68	7.83
六年级	男(72)	83.57	20.75	43.76	5.91	45.96	6.28
	女(115)	84.94	20.53	38.81	8.27	41.37	8.27

（引自杨国枢，1977）

且真实自我符合理想自我的程度也愈小，也就是说，年龄越大，对自己的印象越差。

杨国枢认为，这种性别差异的产生主要是由于社会对男女性别有不同的评价和待遇。重男轻女是中国传统的价值观之一，对小学高年级儿童来说，社会忽略与轻视女性的情形表现得更为具体与明显，从而使小学高年级以上的女生更易感到自己是不受注意与重视的，这导致她们的自尊心与价值感的减低。对男生来说，一方面受到重视，另一方面也因受到重视而承担了较大的压力，这也会逐渐降低其自信心与价值感，两相抵消，他们的自我接受度与自我谐和度表现出随年级增高而没有显出多少变化的趋势来。

研究者还发现，自我概念内容因年级不同而有所不同。小学高年级学生选用人数较多的形容词都是一般人认为好的形容词，选用人数较少的形容词则都是一般人认为坏的形容词，这表明小学高年级学生的社会化已有了很大的发展，同时，他们的自我概念内容受社会称许性的影响。如他们自认为最常具有的10种特质是：爱国的、欢乐的、快乐的、友善的、正常的、整洁的、守法的、讲理的、孝顺的、合作的；最少具有的10种特质是：丑恶的、下流的、狠心的、笨拙的、残忍的、可恶的、呆板的、无耻的、讨厌的、可怜的。

哈特尔（Harter，1982）曾提出了一个有28个项目的自我概念量表，要求儿童在四个方面评价自己的能力：①认知能力：学习成绩好、聪明、遵守纪律、理解力强；②社会能力：有许多朋友、善于交往、同伴中的地位较高、受人欢迎；③运动能力：体育较好、常被选拔参加比赛、游戏中表现较好、喜欢参与；④普遍的自我价值：相信自己是好人、是愉快的、希望保持现状。每一个题目都要求儿童从“最像我”的两个描述中选择一个，并指出这一描述是“部分适合我”，还是“完全符合我的情况”。例如：

完全符合我	部分符合我	一些儿童经常忘记自己所学习的内容	但	一些儿童很容易记住所学习的内容	部分符合我	完全符合我
□	□				□	□

记分方式为从左至右记1～4分

哈特尔（Harter，1982）对2097名三至九年级儿童进行测试，并要求教师在相似的项目量表上对每个儿童做出评价。结果发现：第一，小学三年级儿童已能在喜欢或不喜欢项目上认识自己，例如，三到六年级儿童同伴接纳知觉的准确性越来越高（游志麒，周然，& 周宗奎，2013），这表明儿童的自我情感在小学时期已很好地建立起来了。第二，儿童对其不同领域的能力做出重要区别，因此他们的自我评价依赖于情境。例如，一个学生可能认为自己的运动能力较差，但学习能力较强。第三，儿童对自我的评价与教师评价、同伴评价一致。这表明，随年龄增长，儿童逐渐能较客观地评价自己了。

国内有研究采用哈特尔的自我概念量表（Harter，1982），对小学三、四年级儿童的社会能力（社交自我知觉）进行了为期三年的追踪研究。结果发现，整体上，儿童的社交自我知觉具有显著的增长趋势（赵冬梅 & 周宗奎，2016）。但是这种趋势存在着异质性的分组，即儿童社交自我知觉的发展变化轨迹可以分为三种类型：①高—慢增长组，是指儿童初始测量时的社交自我知觉水平较高，在三年期间，有显著的增长趋势，但增长速率较为缓慢。这种类型的儿童占绝大多数（约有88.9％）。②高—快降低组，是指儿童初始测量时具有较高的社交自我知觉水平，在三年期间，有显著的下降趋势，并且下降速率较快。这种类型的儿童占6.8％。③低—快增长组，其初始测量的社交自我知觉水平较低，在三年期间的增长速度较快。这种类型的儿童占4.3％（游志麟，2018）。这说明，随着儿童年龄的增加，他们的社会交往能力在增强，但不同的儿童之间存在着差异。

2. 自我评价　自我评价（self-evaluation）能力是自我意识发展的主要成分和主要标志。自我评价是否恰当可能激发或压抑人的积极性，如不符合的、过低的自我评价会降低人的社会要求水平，产生对自己的潜力的怀疑态度，引起严重的情感损伤和内心冲突；而过高的自我评价又必然与别人对自己的评价发生矛盾，遭到同伴的反对，引起与同伴交往的冲突，也会导致严重的情感损伤或不良行为。

研究（韩进之等，1983，1990）证明，这种自我评价能力在学前期就已经产生了。进入小学期以后，小学生能进行评价的对象、内容和范围都进一步扩大，这也使小学生的自我评价能力进一步发展起来，主要表现为：

（1）从顺从别人的评价发展到有一定独立见解的评价：韩进之等人的研究（1983，1985）中对小学生提出一些问题：你的爸爸、妈妈说的话都对吗？同学们对你的批评都对吗？你认为班主任、老师对你的看法都对吗？你常和同学争论问题吗？你做事拿不定主意吗？你对自己班级的看法跟大家一样吗？等等。小学生在这些问题上反映出的独立性水平明显随年级升高而升高，这表明小学生逐步减轻对他人评价的依赖性，独立地进行自我评价的能力在不断发展。

（2）从比较笼统的评价发展到对自己个别方面或多方面行为的优缺点进行评价，并表现出对内心品质进行评价的初步倾向：韩进之等人的研究（1983，1985）中对学生提出两个问题：你认为怎样才算是一个好学生？你认为怎样才算是一个坏学生？根据学生的回答评定其自我评价的具体性与抽象性和对外部行为与内心世界的评价，结果如表6-9。

由此可见，小学低年级儿童的自我评价还具有很大的具体性，如“我认为上课认真听讲，不讲话，对同学不骂人、不打架才能算是一个好孩子”。此外，他们更多的是针对其外显行为进行评价（如不打人、不骂人，完成作业等）。整个小学阶段处于由具体性向抽象性，由外显行为向内心世界的发展过

表6-9　小学生自我评价的特点

年级	具体	中间	抽象	外部	中间	内部
一年级（N=100）	91	8	1	97	3	0
三年级（N=100）	62	35	3	70	27	3
五年级（N=100）	30	54	16	46	39	15

（引自韩进之等，1983）

程之中，这两方面的发展进程是相似的，这表明小学生的抽象概括性评价和对内心世界的评价能力都在迅速发展。但直到小学高年级，进行抽象性评价（如我认为一个好学生应该能分清真善美与假恶丑）和内心世界的评价（表里一致、谦虚、热情、诚实等）仍然不多。

（3）自我评价的稳定性逐渐加强：让被试儿童间隔一周后对相同的五个问题做前后两次选择，并计算答案的一致性，研究结果如表6-10。

表6-10　小学儿童对同一问题的两次选择的一致性

年级	一年级	三年级	五年级
相关系数	0.37	0.51	0.61

（引自韩进之等，1983）

可见，小学低年级学生的自我评价能力水平还比较低，前后两次的评价一致性很差，到小学高年级，随着自我评价能力的逐步发展，前后两次评价的一致性逐步增高。这表明小学生的自我评价的稳定性随自我评价的能力增强而增强。

家庭教育风格（style of family education）常常会影响儿童的自我评价。如**权威型父母**（或**威信型父母**）（authoritative parents）的教育往往是民主而严格的，他们喜爱并接受儿童，对孩子的学业和行为有较高的要求。他们善于倾听并尊重儿童的意见，信任和鼓励他们，较多地采取鼓励、奖励良好行为的方式，而不是斥责、惩罚其不良行为的方式。

这种家庭的儿童往往了解父母所建立的明确而一致的行为规则，了解父母对自己的期望，因此，他们往往对自己充满自信。实际上父母的教育风格与儿童的自我评价是相互作用的，父母的积极行为使儿童感到自己是有能力的，同样，有较高自我评价的儿童也促使父母更加民主。

自我评价与儿童的交往也有相关。库珀斯密斯（Coopersmith，1987）的研究发现，高自我评价的男孩更加受人欢迎，学校成绩也较好，而低自我评价的男孩往往比较孤独，有不良行为习惯，学习成绩不好。发展良好的自我评价对儿童的发展是极其重要的，可能在其一生中都会产生重大影响。有良好形象的人往往是成功的和愉快的。如果对自己的能力很自信，对自己所做的事就会很有把握，常常对父母、教师和其他权威人士发出挑战，相信自己能独立处理问题，能以创新的方式去解决问题，相信自己能够实现预定的目标。他们不会过度怀疑自己，能尊重和热爱他人，同样的会得到他人的欣赏和喜爱。

相反地，如果一个人缺乏自信，则总是认定自己的行动要失败，不愿意付出努力，这又会导致失败。所以可以说，缺乏自信心、缺乏成功和引起退缩行为是相互循环的。由于自我怀疑，他们在交友方面也有问题，他们的意见往往不被他人重视，这种人往往成为团体中被忽略的对象。

（4）小学儿童已具有一定的道德评价能力：某一种道德现象采用好、坏、善、恶、正义、非正义等词语做出分析、判断和鉴别的过程就是道德评价过程。道德评价能力高低，往往是表示人的道德认识、道德情感发展水平的重要指标。

儿童对行为后果的道德判断是从行为的直接后果（把好事等同于直接使人满意的事）向行为的长久后果（倾向于期待以后的奖赏）过渡；从行为的个人后果（自己受到称赞的行为即是“好”的，受到惩罚的行为则是“坏”的）向行为社会后果（考虑到同伴对自己行为的评价）过渡。在一项研究（李伯黍，1979）中，研究者编制了一份道德判断测验，其中包括两个具有同样重要任务的道德行为情境。故事一里的主人公最初不愿意承担分配给他的任务，但在提供了客观条件的情况下却完成了任务；故事二里的主人公勇于承担分配给他的任务，但在客观条件限制下却未能完成任务。让儿童对两个故事里的主人公的行为做出比较判断，要求他们把自己认为正确的看法和理由写出来。研究结果表明，从小学三年级起，绝大多数学生已能根据行为原因或从行为的因果关系上做出自己的判断。已有半数以上的儿童能把行为原因和后果联系起来进行比较。

对儿童行为责任的道德判断研究指出，关于行为意向性与行为后果的道德判断，学前儿童所根据的大多是财物损坏程度的大小；小学低年级儿童对行为的意向性判断已有了明显的发展，超过了对财物损坏的判断；小学中高年级儿童的意向性判断已占显著优势。在对成人惩罚的公正性判断上，学前儿童和小学低年级儿童对成人不公正的惩罚，大部分持肯定态度，表明他们的道德判断尚不能摆脱成人惩罚的影响，只能根据成人惩罚去判断行为的是非。9岁儿童已明显地开始摆脱成人惩罚的影响，10岁儿童绝大多数已能摆脱成人惩罚的影响，表明小学中高年级儿童大部分已能对故事中成人的不公正惩罚持否定态度，把惩罚同行为的性质分离开来，根据行为本身的好坏来做分析判断。

三、社会关系的发展

儿童进入学校学习，他们的社会交往范围变得更为广阔。他们知识与经验的丰富也促进其更为有意识地与周围的人进行交往。对他们而言，与父母的交往仍然是其社会关系中的重要内容，另一方面，与同伴及教师的交往对其生活、发展也有极其重要的影响。以下分别从同伴交往、亲子关系、师生关系来讨论小学生社会关系的发展。

（一）同伴的交往

对小学儿童同伴交往的研究，主要集中于友谊和同伴群体（或同侪团体）两个研究领域。同伴群体对儿童心理发展所产生的各种影响中，为广大研究者所关注的是关于同伴接纳性的研究。

1. 小学儿童的友谊　友谊（friendship）是和亲近的同伴、同学等建立起来的特殊亲密关系，对儿童的发展有重要影响。它提供了儿童相互学习社会技能、交往、合作和自我控制，以及体验情绪和进行认识活动的机会，为以后的人际关系奠定了基础。小学生已经很重视与同伴建立友谊的关系。当朋友在场时，其学习和活动会更加快乐。

什么样的人可以成为朋友？对此问题的认识水平与儿童的社会认知水平相联系。对学前儿童来说，“住在隔壁”“和我一起玩”的人可以成为朋友，幼儿与一些外部特征（如年龄、性别、种族等）和自己相似的同伴可以建立相对短时的友谊。在此基础上，幼儿开始认识到同伴有与自己不同的动机和情感，这时他们认为朋友就是对自己好、不伤害自己的人。到8～10岁，儿童开始理解友谊是一种相互的关系，双方相互尊重友好、充满情谊。

儿童对友谊的认识是逐渐发展的。对“什么是朋友”“别人如何向你表示他是你的朋友”这样的问题，6～7岁的儿童认为朋友就是一起玩耍的伙伴；9～11岁的儿童强调相互同情和相互帮助，认为忠诚是朋友的重要特征，朋友关系应该是比较稳定的。儿童选择朋友的理由包括他们的积极人格特点（如勇敢、善良或忠诚）及志趣是否相投。儿童先认识同伴与自己的相似性，大约4岁以后的儿童都能非常准确地说出有关与同伴之间的相似性，认为朋友与自己有相异之处则要在9岁以后才能达到。

友谊的发展表现在亲密性、稳定性和选择性等方面。随着人从童年向少年、青年过渡，友谊的这些特性也都在不断发展变化之中。塞尔曼（Selman，1981）曾提出儿童友谊发展有五个阶段，详如表6-11所列。

（1）第一阶段（3～7岁），游戏同伴关系阶段：朋友只是一个玩伴，友谊就是一起玩，在这个时期，儿童还没有形成友谊的概念。儿童间的关系还不能称之为友谊，而只是短暂的游戏同伴关系。对这个阶段的儿童来说，朋友往往与实利的物质属性及其邻近性相联系。如果询问他们友谊是如何建立起来的，他们的回答通常是“一起玩”。如果要求他们描述一个朋友，他们往往描述具体活动，如“他和我一起玩”“他不打我”等。

（2）第二阶段（4～9岁），单向帮助阶段：这个时期的儿童要求朋友能够服从自己的愿望和要求。如果顺从自己就是朋友，否则就不是朋友，如“他不再是我的朋友，因为他不肯跟我走”。

（3）第三阶段（6～12岁），双向帮助阶段：互相帮助但不能共患难的合作阶段。儿童对友谊的交互性有了一定的了解，但仍具有明显的功利性特点。

表6-11　儿童友谊发展阶段

阶段	名称	时间	特征
1	游戏同伴关系阶段	3～7岁	没有形成友谊的概念。朋友往往与实利的物质属性及其邻近性相联系。友谊建立的途径通常是“一起玩”。如要求儿童描述一个朋友,往往描述具体活动:“他和我一起玩”“他不打我”等
2	单向帮助阶段	4～9岁	要求朋友能够顺从自己的愿望和要求。能顺从自己就是朋友,否则便不是。如“他不再是我的朋友,因为他不肯跟我走”
3	双向帮助阶段	6～12岁	朋友能互相帮助,但不能共患难。儿童对友谊的交互性有了一定的了解,但仍具有明显的功利性特点
4	亲密的共享阶段	9～15岁	发展了朋友的概念,认为朋友间可以相互分享,友谊是随时间推移而逐渐发展起来的,朋友之间应保持信任和忠诚,甘苦与共。开始从品质方面来描述朋友:“他理解人”、“他很忠诚”,认为共同的兴趣也是友谊的基础,儿童的友谊开始具有一定的稳定性。但此阶段的友谊具有强烈的排他性和独占性
5	稳定的友谊关系阶段	12岁开始	对朋友的选择性逐渐加强,择友更加严格,所建立的友谊关系能持续较长时间

（4）第四阶段（9～15岁），亲密的共享阶段：儿童发展了朋友的概念，认为朋友之间可以相互分享，友谊是随时间推移而逐渐形成和发展起来的，朋友相互之间保持信任和忠诚，甘苦与共。他们开始从品质方面来描述朋友，例如“他理解人，他很忠诚”，并认为自己与朋友的共同兴趣也是友谊的基础，像是“我们喜欢一些相同的东西”。儿童的友谊关系开始具有一定的稳定性。儿童出于共享双方利益而与他人建立友谊。在这种友谊关系中，朋友之间可以倾诉秘密，讨论、制定计划，互相帮助，解决问题。但此一时期的友谊有强烈的排他性和独占性。

（5）第五阶段（12岁开始），稳定的友谊关系阶段：随着年龄的增长，儿童对朋友的选择性逐渐加强，由于择友更加严格，年长儿童建立的友谊关系能持续较长时间。

国内的追踪研究也考察了儿童友谊的发展变化特点（赵冬梅 & 周宗奎，2016）。从友谊质量来看，在三年追踪期间，三、四年级儿童友谊质量的肯定与关心、帮助与指导、矛盾解决、亲密袒露与交流都有显著的上升趋势，但是友谊质量中的冲突与背叛也在显著增加。从友谊数量来看，三、四年级儿童的互选朋友数，在三年期间也有显著的增加趋势。并且，儿童的同性互选友谊数显著多于异性互选友谊，表明了**儿童期性别疏离**（sex segregation）的存在。

在交往活动中，有的儿童更善于结交朋友。心理学家认为，这可能与其社会认知发展水平较高有关。由于与同伴交往的经验发展了儿童的角色转换技能，而较高水平的角色转换技能又有助于儿童建立良好的交往关系。有关研究发现，角色转换技能较好的儿童比角色转换得分较低的同龄伙伴社会化程度更高，更受同伴欢迎，更善于与他人建立亲密的友谊。

同伴交往，尤其是更为亲密的友谊关系的建立，使儿童之间的相互影响日益增强，这种影响是以同伴的强化和同伴的榜样的作用而实现的。

当多数儿童都赞赏某一个儿童的行为时，这个儿童重复这一行为的可能性就会大大增加。在大多数情况下，受到同伴赞扬和喜爱都能强化儿童的行为。利弗（Leifer，1977）认为，一个儿童主动进行社会接触的方式有助于确定是否能得到强化。当儿童以友好的方式接近同伴，面带微笑、高兴地提议一项活动，其他儿童多数是会接纳的。但如果一个儿童采取命令的口吻或强迫的手段，则同伴顺从的数量就会急剧下降。

同伴的行为往往是儿童的一个榜样，他们模仿、学习榜样的行为。班杜拉（Bandura，1972）认为至少有三种不同的原因使得榜样能够影响他人的行为：一是通过观察他人的行动方式从而学会这种行为方式；二是通过榜样了解采取某种行为方式可能产生的后果；三是榜样可为儿童提示在陌生环境中能采取的行为方式。

2. 小学儿童的同伴团体 儿童在同伴群体中与同伴交往的需要是逐渐建立的，儿童与同伴的交往随年龄的增长而增加。埃利斯等人（Ellis et al.，1987）观察了436名2～12岁儿童在家中以及家附近的游戏活动，以了解儿童与成人的交往、与同龄伙伴的交往，以及与其他年龄儿童的交往情况。结果发现，从婴儿期到青少年前期，儿童与其他儿童的交往稳步增加，而与成人的接触则相对减少（如图6-7）。此外，儿童更多与同性别伙伴玩耍的趋势随年龄增加而加强。例如，研究表明，童年中期的男孩和女孩，得到的来自同性别同伴的积极提名、朋友提名，均显著高于来自异性同伴的提名数（吴姝欣，周宗奎，魏华，& 鲍娜，2013）。

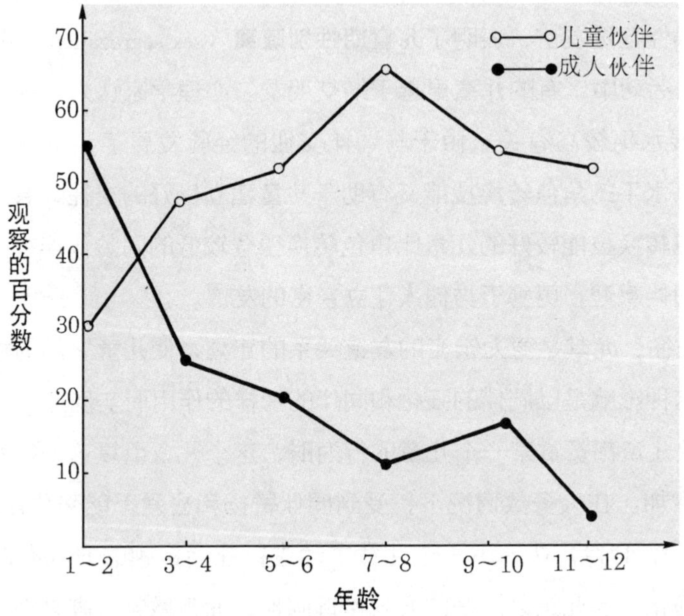

图6-7　儿童与成人和伙伴关系的变化
（引自Ellis，1987）

小学时期是开始建立同伴团体的时期，因而也被称为**帮团时期**（或**帮派时期**）(gang period)。同伴团体的影响是通过同伴交往实现的。社会心理学家认为同伴团体有几个特点：①在一定规则基础上进行相互交往；②限制其成员的归属感；③具有明确或暗含的行为标准；④发展了使成员朝向完成共同目标而一起工作的组织。儿童的同伴团体的形式是多样的，可能结构松散，也可能有组织、结构严谨。一般可分为两大类，即有组织的集体和自发的团体。

有组织的集体一般是在学校或其他组织的帮助下形成起来的。小学生的集体就是班集体。集体具有下列四个特点：第一，集体具有明确的共同目标以及由此而产生的共同行为。每个集体成员都是为共同目标而行动着，因而相互关心、相互督促。第二，集体具有统一的领导。第三，集体有共同的纪律，每个成员都要使自己的意志服从集体的意志，使自己的利益服从集体的利益。第四，集体具有共同的舆论。舆论是集体形成的重要标志，监督着每一个集体成员是否按集体的预定目标行动。

刚入学的儿童，还没有形成真正的集体关系和集体生活，也就是还没有形成**集体的意识**（collective consciousness）。班集体还只是人为编凑的、松散的集合。在教师的正确指导下，到一年级下学期时，儿童初步形成集体关系和集体意识。二年级的小学生已能明确意识到自己是班集体中的一名成员，能逐步把集体的要求转变为自己的要求，把班集体的荣誉当作自己的荣誉，服从集体的要求，完成集体所交给的任务。在这个时期，班集体内部成员也逐渐分化，一部分各方面能力较强的儿童开始崭露头角，成为班上各项活动的积极分子，逐步成为集体的重要支柱和教师的得力助手；另一部分儿童则成为班里的基本群众，这就使小学生的班集体在组织和纪律上得到巩固和加强，形成真正的集体。随着中高年级小学生的集体活动范围日益扩大，他们的集体意识日益提高，初步懂得集体利益与个人利益的关系，并能自觉服从集体，维护集体利益。李伯黍等人（1985）在对小学生集体观念发展的研究中，从对偶故事中的行为后果（肯定—受表扬、否定—受批评）与行为动机（为集体、为个人）的变化来探索小学生的集体意识。结果发现，小学生从一年级开始已产生了为集体的道德意识，在行为后果不变的条件下，已能分辨出为集体和为个人的行为动机，而且都未把个人的行为动机看得高于集体的行为动机；随着年龄的增长，小学生选择为集体的行为动机的人数比例逐年增加。这说明了小学生在教育的影响下已形成较强的集体意识。

自发团体（spontaneous group）的组织结构通常是松散的，形式是多样的，自发团体随时随地都可能存在，但由于其倾向性不同，自发团体可能是有组织的集体的补充，也可能是集体的对立面。按社会倾向性不同，自发团体可分为以下几类：①亲社会团体，社会上予以肯定的，如学习兴趣小组、社会公益服务小组等，有益于培养儿童良好的道德品质。②非社会团体，置身于基本的社会问题之外，建立在共同的娱乐活动基础上，如各种兴趣小组。③反社会团体，社会上予以否定的，以危害社会为目的的团体，如偷窃集团、流氓团伙等。

同伴团体所以会产生，是由人的社会性决定的。人是社会动物，是社会群体的一分子，具有交往与归属的需要。当人离群索居或置身于陌生人群中时会产生孤独、焦虑。作为社会个体的人，他的一切活动都需要与他人相互联系。

儿童的同伴团体能满足其交往与归属的需要，在促进儿童社会化过程中发生着重大影响。

虽然从学前期开始，儿童就已初步具有了一定的同伴交往经验，但这种同伴关系还是很不稳定的，是很容易发生变化的。因此，同伴对儿童的影响还不是很明显。进入小学以后，随着儿童独立性的逐渐增强和社会性的不断增加，他们开始建立比较稳定的同伴关系，寻求较为长久的友谊关系。在此基础上，就开始形成了同伴团体。儿童在团体中的地位、儿童是否被同伴团体接纳等就开始对儿童心理发展产生一定的影响。

一般来说，同伴团体的形成是有一个过程的。在学前期，基本上还没有形成同伴团体。日本心理学家广田君美研究了小学儿童同伴团体的形成和发展过程，把整个过程分为五个时期：

（1）**孤立期**（isolate period）：儿童之间还没有形成一定的团体、各自正在探索与谁交朋友（一年级上半学期）。

（2）**水平分化期**（horizontal differentiation period）：由于空间的接近，如座位接近、上学同路等自然因素，儿童之间建立了一定的联系（一至二年级）。

（3）**垂直分化期**（vertical differentiation period）：凭借儿童学习水平和身体强弱，分化为居统治地位的和被统治地位的儿童（二至三年级）。

（4）**部分团体形成期**（partial group founded period）：儿童之间分化并形成了若干个小集体，并出现了统帅小集体或班级的领袖人物，团体成员的团体意识加强了，并出现了制约成员行为的规范（三至五年级）。

（5）**集体合并期**（collective combine period）：各个小集体之间出现了联合，形成了大团体，并出现了统率全年级的领袖人物，团体成员的团体意识加强了，并出现了制约成员的行为规范。

无论是有组织的集体，还是自发形成的团体都对儿童的人格品质产生重要影响。这种影响主要是通过集体的舆论而实现的，如果儿童能遵守团体的规则，其行为符合团体的标准，则往往得到同伴的好评和尊重。相反的则受到团体的谴责与批评。特别需要指出的是，同伴群体会强化符合特定文化的性别角色行为，而惩罚或阻止跨性别的行为，例如男生表现出退缩行为，女孩具有外部攻击行为（赵冬梅 & 周宗奎，2016）。因而，儿童为了获得团体中的地位就必须遵守一定的准则。与此同时，自己在团体中的地位，团体成员对自己的评价等对其自我概念的形成也起着很大的作用。

3. 小学儿童的同伴接纳性 在同伴团体中，有些儿童往往是受大家欢迎的，其他孩子都喜欢和他一起玩，大家都尊重他；有的儿童则通常是为大家所不喜欢的，没有人愿意和他在一起；还有一些儿童在同伴中就不惹人注意，大家对他既说不上喜欢，也没有什么讨厌之感，他是否介入到同伴活动中来，大家并不在意。

上述第一类儿童通常被描述为平和的、开朗的、合作的并有忍耐性的，第二类儿童则被描述为破坏性的、夸张、势利、脾气不好、攻击性强等，第三类儿童则往往被认为是退缩的、安静的。

评定儿童的同伴接纳性的一个方法就是社会测量法。使用社会测量程序时，要求儿童回答最喜欢的同学和最不喜欢的同学，或要求儿童对自己所选择的伙伴进行评定。科伊等人（Coie et al.，1984）发现，通过这种社会测量方法可将儿童分成社会地位不同的四个范畴：受欢迎的（被较多人所喜欢和较少人不喜欢）、被拒绝的（很少被人喜欢，经常被人不喜欢）、受忽视的（即不被人喜欢，也不使人讨厌或不为人所重视）、有争论的（即被很多人喜欢，也被很多人不喜欢）。

影响**同伴接纳**（peer acceptance）的因素是多样的。道奇（Dodge，1983）的调查发现，友好、亲社会、有反应和积极交往总是使儿童易于被同伴接纳。相反的反应和反社会行为则可能引起同伴的拒绝。道奇在实验中让不熟悉的二年级男孩组成游戏团体，在新团体中受人欢迎的儿童一开始就表现出对他人的积极反应，他们在进入新团体时是比较稳重的，对情境进行机敏地观察，并逐渐增加交往，他们很少表现出攻击性行为。而那些在新团体中不受欢迎的男孩，缺乏适当的社会性行为，他们表现出较多的攻击性。在进入新团体的早期阶段就过于频繁地接近他人，但常受到拒绝或冷淡。他们缺乏接近他人的技能，表现出交往的笨拙，如用无关谈话去打断其他儿童正在进行的交往，较多地表现与他人的不一致，这种行为反应反而使他受到拒绝。受忽视的孩子通常把进入新团体视为一个机会，虽然他们仍较少活动，但比在原来团体有更多的社会性交往。然而由于缺乏社会交往技能和儿童的一些行为习惯所致，他们在新团体中的地位往往仍与原来班级相似。由此可见，儿童能否顺利地进入同伴团体并在团体中占据一定的地位，与儿童的交往技能有重要相关。除攻击性儿童之外，受欺负儿童和退缩儿童也被认为缺乏社会交往技能，从而影响了他们被同伴接纳的水平。例如，小学三到六年级的儿童中，不同类型的攻击/受欺负组别在同伴积极提名方面差异显著——没有卷入攻击/受欺负行为的未参与组最高，其余依次为单纯攻击组、单纯受欺负组和攻击/受欺负组（周宗奎，蔡春凤，& 赵冬梅，2006）。而安静退缩行为则能显著负向预测儿童交到的男生互选朋友数以及来自男生的同伴接纳水平（赵冬梅 & 周宗奎，2016）。除此之外，儿童的智力、学业，甚至外貌等往往也会影响儿童被同伴接纳。相貌漂亮、身体强健的儿童更易被同伴接纳。在小学高年级，成熟性也是影响同伴接纳的一个因素，早熟的男孩受到较多的赞扬，自我评价较高，他们比晚熟的儿童更受欢迎和更有社会性。

一些研究（Dodge，1933；French & Wass，1985）指出，一个儿童能否和其他儿童友好相处，外部因素（相貌、姓名等）固然是一个影响因素，但更为主要的是儿童的内在因素，即儿童的社会能力。善于交往、恰当地使用交往策略的儿童往往容易得到同伴的认可，受到同伴的欢迎。相反则易遭到同伴的拒绝。研究发现，受欢迎的儿童知道如何对一个新来者提出问题、提供信息并发出邀请。在与同学接触时，他们很少有攻击性，他们提出好的建议，赞同合作游戏，有礼貌并遵守团体标准，使用亲社会策略，如轮换、和解，而不是用打骂来解决问题，活动积极，有幽默感。

受拒绝的儿童通常缺乏社会交往能力，他们的行为（如站在食堂的桌子上）不受人欢迎。他们可能是注意分散，活动过度，有攻击性，不善于解决冲突。例如，问他们将如何对付一个拿走他的玩具的孩子时，他们通常会说“要揍他”。他们可能打断别人的活动，不能合作游戏，不能坚持与其他儿童玩；他们可能喋喋不休地惹人心烦，也可能是退缩的，自己独自玩耍。

不受欢迎儿童的行为可以试图改变，以使他们得到同伴的尊重和友谊。奥登和阿瑟（Oden & Asher，1977）曾教导三年级和四年级的社会孤立儿童如何与他人玩耍、注意、合作、轮流、分享、交往、支持和鼓励同伴。在完成六次教导过程之后的几天，询问所有三、四年级儿童，他们如何喜欢与一个同伴玩。结果发现，这些被试儿童的受欢迎评价显著提高，在一年后，其行为的改善仍很明显。拉迪（Ladd，1981）的另一项训练计划中，教导儿童使用积极的和支持的陈述，对同伴提出有益的建议，也评价自己的行为。一些儿童最初没有认识到自己的行为影响了同伴对自己的喜爱程度，一旦他们认识到自己的行为影响了同伴对自己的喜爱程度，就会在同伴接纳性、受欢迎性等方面表现出很大进步。

总之，一方面要鼓励小学生进行广泛的同伴交往，指导、培养和锻炼他们的交往技能，帮助他们掌握各种交往策略，使小学生在同伴团体和同伴交往中学习社会技能，发展社会性。另一方面，正是由于同伴团体对儿童可能产生巨大影响，教育者需要密切注意儿童的同伴交往对象和范围，避免儿童与不良儿童交往，指导儿童建立良好的同伴群体，使儿童能从同伴交往中受到积极的影响。

（二）父母与儿童的关系

虽然小学生的人际交往逐渐丰富起来，与同伴的交往也明显增多，但与父母仍保持着亲密的关系，父母、家庭仍是他们的“避风港”，小学生对父母怀有深厚感情。因此，小学生与父母的关系在其发展上仍起着重要作用。

在家庭生活中，父母通过几种社会化心理机制对儿童施加影响。第一，教导：父母的言传身教，直接向儿童传授各种社会经验和行为准则。第二，强化：父母采用奖惩的方式强化儿童的行为准则，并巩固这些行为准则的地位。第三，榜样：父母往往是儿童最早开始模仿的对象。儿童仿效父母，学习父母的行为方式。第四，慰藉：儿童对父母形成的依恋感使他们易于向父母倾诉不安和烦恼，以得到父母的安慰和帮助。除此之外，父母对儿童的态度，家庭教育气氛等，也对儿童的人格产生着影响。

许多研究结果都表明可以用接受—拒绝和限制—允许两个维度来说明儿童与父母的行为（如图6-8）。图6-8描述了用这两个维度以不同方式结合的几种教育模式。如父母既是接受的，又是限制的，可以称为是保护的和溺爱的；父母是拒绝的，又是限制的，可以称为是有要求的和对抗的；父母是容许而又拒绝的，可以被看成是冷淡的；父母是容许并且接受的，可被看成是民主的。图

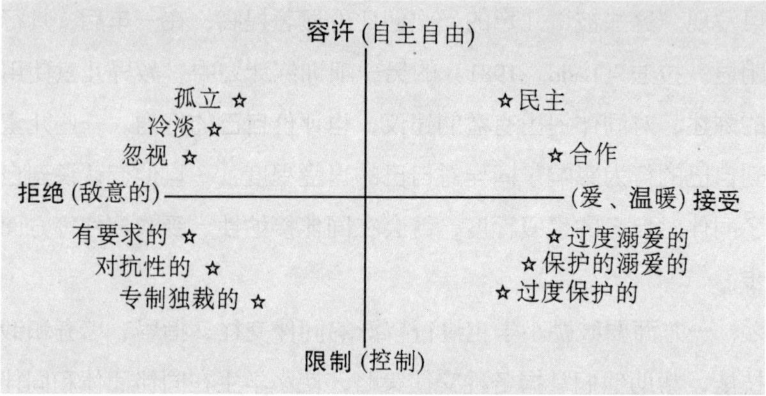

图6-8　教养儿童类型描述图式

（引自Baumrind，1983）

6-8中的星点表示父母在接受—拒绝和限制—容许的两维中可能所处的位置，如对儿童限制很高，稍许拒绝的父母；被描绘为专制的、独裁的。一般来说，温暖的接受型的父母可以较有成效地把自己的价值观和目标传递给儿童，而极端拒绝型的父母态度，更易引起儿童的问题行为。

鲍姆琳德（Baumrind，1966，1971，1983）采用多种方法从四个方面来评定父母行为：①行为控制，即努力影响儿童指向目标的活动，减少依赖性、侵犯性和顽皮行为，以促进对父母标准的内化；②成熟的要求，即迫使儿童在智力、社会或情绪上以高水平来行动；③父母与儿童交流的清晰性，如用说理的方式，使儿童顺从，询问儿童的意见和感觉；④父母的培育，既是温暖的（爱、照料、同情），又是关心的（表扬儿童的成就并感到高兴）。据此，可将父母分为三组：

（1）**权威型父母**（或**威信型父母**）（authoritative parents）：在上述四个方面得分较高。他们是温暖慈祥的，支持儿童的，诚恳的，与儿童交流良好，同时对儿童有一定的控制，要求儿童有成熟的行为，尽管他们尊重儿童的独立性，但通常坚持自己的观点，对儿童的命令是清晰的、毫不含糊的，父母的控制、引导性的训练与积极鼓励儿童自主和独立奋斗相结合。这类父母的孩子在独立性、成熟、主动性、自我信赖、自我控制、探索性、友谊以及成就指向等方面的评价较高。

（2）**专制型父母**（authoritarian parents）：他们在使用理性控制方面得分较

低，主要靠权力和强制性的训练，较少温暖、同情、培养孩子，他们高度控制儿童，随便使用权势，不鼓励儿童对父母的决定和规则有异议。这类父母的孩子有中等程度的自我信赖，但不满、退缩、怀疑。

（3）**放纵型父母**（laissez-faire parents）：他们不加控制，没有要求，有时给予孩子温暖。在家务方面组织不好或效果不佳，比较随便使用奖惩，无一规则，对成熟的行为要求极少，很少注意儿童独立性和自我信赖的训练，这类父母的孩子的自我信赖、探索性及自我控制力较差。

并不是所有的父母都可以归为这三类，有些父母教育属于另两种类型：第一种是和谐的父母，他们似乎有控制能力，很少支持，这些儿童仅仅做父母希望他们做的事情，而不需要明显的压力；第二种是不遵奉规则的父母，他们对儿童的容许是有原则地让儿童自由发展为基础的。

可见，父母对儿童的态度不同，教育方式不同，对儿童的发展也会有不同的影响。

（三）师生关系

师生关系（teacher-student relationship）是指小学生与教师的关系，也是其人际关系中的一种重要关系。与幼儿园的老师相比，小学老师更为严格，既引导儿童学习，掌握各种科学知识与社会技能，又监督和评价学生的学业、品行。与中学教师相比，小学教师的关心帮助更加具体而细致，也更具有权威性。由于小学师生关系的特殊性，小学教师对儿童的影响是重大而深远的。

人际交往通常都是双向性的，师生交往也同样如此。教师的教学水平、人格等影响着学生，而学生的学业成绩、活动表现、外貌等等对教师做出的评价也起着作用。同时，学生也利用种种指标来评价教师。

师生关系作为一种双向互动的人际关系，对其进行研究可以由学生和教师两个角度着手。就学生而言，儿童对教师的态度是师生关系的一个重要成分；就教师而言，教师的期望是师生交往中颇为重要的因素。所以在分析小学生的师生关系时，从儿童对教师的态度和教师的期望这两个角度来讨论。

1. 小学儿童对教师的态度　几乎每一个学生在刚跨进小学校门时都对老师充满了崇拜与敬畏，老师的要求甚至比家长的话更有权威。有关调查（余强基，1985）发现，84％的小学生（低年级小学生为100％）认为要听老师的话。这和皮亚杰认为6～8岁儿童的道德认知发展为权威阶段相符，对小学生而言，教师的话是无可置疑的。低年级儿童的这种绝对服从心理有助于他们很快学习和掌握学校生活的基本要求。然而，随着年龄增长，儿童的独立性和评价能力也随之增长起来。从三年级开始，儿童道德判断进入可逆的阶段，学生不再无条件地服从、信任教师了，“不一定都听老师的话”的要求随年级增高而逐步增加。他们对老师的态度开始变化，开始对老师做出评价，对不同的老师也表现出不同的喜好态度。调查还发现，小学生最喜欢的教师往往是讲课有趣、喜欢体育运动，严格、耐心、公正、知识丰富、能为同学着想的教师。对老师的评价影响着小学生对老师的反应，他们对自己喜欢的老师报以积极反应，极为重视所喜欢老师的评价，而对自己所不喜欢的老师往往予以消极的反应，对其做出的评价也可能做出相反的反应。如同样是批评，如果来自自己所喜欢的老师，则会感到内疚、羞愧，而如果这批评来自自己所不喜欢的老师，就可能引起学生的反感和不满。由此可见，小学生对教师的态度中的情感成分比较重，教师努力保持与学生的良好关系有助于其教育思想的有效实施。

2. 教师的期望对学生的影响 在古希腊的神话故事中，有这样一个故事：一个名叫皮格马利翁（Pygmalion）的国王，在雕塑一座少女的雕像时竟钟情于这位少女，自此以后国王日夜心恋雕像，最后，竟使这座少女雕像变为活生生的人而与他结为伴侣。

心理学家罗森塔尔（Rosenthal，1966，1968）曾进行过一著名的实验：对小学一至六年级学生进行智力测验，从中随机选取20％的学生，告诉这些学生的教师，他们是非常有发展潜力的，将来可能表现出不同寻常的智力水平。八个月后，再次施测智力测验，结果发现，那些随机抽取的所谓有发展前途的学生都表现了出乎意料的进步，尤其是一、二年级更为明显。研究者认为这是教师听信了实验者的预言，从而对学生产生了期望效果所致。尽管罗森塔尔的研究受到很多批评，但许多研究结果都证实，教师的期望可能至少会影响一年级和二年级学生的学习。小学低年级学生比高年级学生的改善更为明显，有几个可能的原因：第一，低年级学生关于学业的自我表象较为肤浅，对教师的不同对待方式更为敏感；第二，低年级学生没有累积的背景信息，因而教师更相信测验的结果。

有关研究（俞国良，1994）指出教师期望的广泛影响，如学习能力很差的学生，教师以积极的态度来教他们，他们可以比以消极态度进行教学的学生学得更好。一个学生受到教师对其IQ分数的过高评价，则该学生的阅读能力显著高于那些被教师评价其IQ过低的学生。甚至，学生的身体表现也受教师期望的影响。实验结果表明，教师的期望对学生的行为显然产生了影响，这种现象称为**皮格马利翁效应**（或**毕马龙效应**）（Pygmalion effect），也称为**罗森塔尔效应**（Rosenthal effect）。

研究（韩进之，1985；林崇德，1986，1993；纪秩尚等，1987）表明，教师是根据学生的性别、身体特征、社会经济地位、家庭成员、兴趣爱好等信息形成对某个学生的期望的。

当教师对学生有高期望时，他们就表现得更和蔼，更愉快；教师会更经常发出微笑，表现出友好的行动，点头，注视学生，谈话更多，提问更多，并提供较多的有挑战性的材料，提供更多的线索，经常重复问题，给予密切关注，等待学生回答的时间也更长，更经常赞扬学生。在情绪、身体语言、口头言语教学材料中，赞扬与批评等不同水平上，教师都表现出他们的期望。大量观察研究表明，教师对有高期望的学生和认为能力差的学生的对待方式有所不同，通过上述的种种传递方式，教师实际上传递这样一种思想，即期望高能力学生的失败是由于没有好好努力，而期望低能力学生的失败是由于缺乏能力。

教师的期望和他们与学生的关系受许多因素的影响：教师自己的态度、儿童的外表、种族、社会阶段、能力和兴趣、教师和儿童的人格、学业和家庭等。此外，对学生的控制程度也影响教师的期望。如果学生的表现是可预见的，回答老师的问题，交作业，参加考试，阅读课外书等，会给老师留下好印象，并提高老师的期望。

因此，在教育过程中，教师应善于向学生表现自己良好的期望，尤其对待后进学生更应满腔热忱，更多地采取积极鼓励的方式激励学生努力学习。

本章摘要

1. 学习分广义的学习与狭义的学习，幼儿的学习主要还是广义的学习，小学生的学习主要是狭义的学习。

2. 入学必须要有准备，主要包括**学习态度**、**学习习惯**、**学习方法**、**学习能力**、**社会性能力**五个方面的准备。

3. 初入学的儿童因为主客观上的种种因素，可能出现心理障碍，但在教师正确引导下，可以在短期内消除。

4. **学习**开始成为小学生的主导活动，这对他们的心理发展产生了最重要的影响。

5. 小学生的**学习动机**还是比较短近的、直接的、具体的和不稳定的。应该加强对小学生学习动机的培养。

6. 小学生的**学习兴趣**更多表现在学习过程上，且比较具体；从不分化到逐渐分化；从课内到课外；游戏成分逐渐减少。

7. 小学生的**学习态度**表现在对教师、班集体、作业、评分四个方面。

8. 提高小学生的**学习能力**，是小学阶段学习成功的一个重要因素。

9. 小学生的**学习障碍**，表现在认知、行为、情绪和社会性等方面，科学鉴别与评定是矫正的前提。

10. **具体运算**是初步逻辑思维，它具有**组合性**、**可逆性**、**结合性**、**同一性**、**重复性**等特点，但需要具体事物的支持，缺乏整体性。

11. 整个小学时期内，逐步从以具体形象思维为主要形式过渡到以抽象逻辑思维为主要形式，但小学儿童的思维仍然常有很大的具体性，小学四年级是这个过渡的关键期。

12. 在感知发展的基础上，小学生的观察力获得较快的发展，不仅表现出精确性、目的性、顺序性和判断力的良好品质，而且也是出现从认识个别对象 ⟶ 认识空间联系 ⟶ 认识因果关系 ⟶ 认识对象总体阶段。

13. 小学生已从幼儿的无意记忆占主导地位发展到有意记忆占主导地位，但是小学生还大量地需要无意记忆来积累知识。

14. 小学儿童的理解记忆逐步在学习中起主导作用，但是小学生还大量需要靠**机械记忆**来记忆材料。

15. 小学儿童的抽象记忆能力逐步占据优势，但具体形象记忆和词的抽象记忆是相辅相成的，在教学中，两者都有重要的作用。

16. 小学儿童能采用**复述**、**组织**等记忆策略，**元记忆**也在小学阶段获得迅速的发展。

17. 小学生道德的基本特点是协调性，主要表现在：逐步形成自觉地运用道德认识来评价和调节道德行为的能力；言行从比较协调到逐步分化发展；自觉纪律的形成和发展在这个阶段道德发展中占有相当显著的地位。小学三年级是小学生道德发展的关键期。

18. 小学生的自我意识是不断发展的，但不是直线的、均速的，一年级到三年级处于上升期，年级间有显著差异。三年级到五年级处于平衡发展阶段，其年级之间无显著差异。

19. 小学时期已重视与同伴建立友谊关系，也是开始建立**同伴团体**的时期，但其间有明显的功利性。

20. 小学阶段，父母、家庭仍然是他们的安全的“避风港”，小学生对父母怀有深厚的感情，亲子关系在这个阶段的心理发展中仍起重要的作用。

21. 小学生与教师的关系是其人际关系中的一种重要关系。与幼儿园老师比较，小学教师变得严格，更有权威性；与中学教师相比，小学教师更具有具体而细致的特点，所以，老师对小学生的影响是重大而深远的。

参考资料

1. 王耘，叶忠根，林崇德.（1993）. 小学生心理学. 杭州：浙江教育出版社.

2. Shaffer，D. R.，& Kipp，K.（2009，2016）. 发展心理学：儿童与青少年（邹泓等译）. 北京：中国轻工业出版社.

3. 朱智贤.（1990）. 中国儿童青少年心理发展与教育. 北京：中国卓越出版公司.

4. 朱智贤.（1962，1979，1993，2003，2009，2018）. 儿童心理学. 北京：人民教育出版社.

5. 董奇，林崇德.（2011）. 中国儿童青少年心理发育标准化测验简介. 北京：科学出版社.

6. 王翠翠，徐琴芳，陶沙.（2016）. 干预—应答模式鉴别学习障碍的有效性及其调节因素：20年研究的元分析. 心理发展与教育，32（6），706-716.

7. American Psychiatric Association.（2013）. *The diagnostic and statistical manual of mental disorders*: DSM-5.

8. Shaffer, D. R.（2008）. *Social and personality development*（6th ed.）. Boston: Cengage Learning.

9. 特里萨·M. 麦克德维特，珍妮·埃利斯·奥姆罗德.（2007）. 儿童发展与教育（李琪等译）. 北京：教育科学出版社.

10. 罗伯特·费尔德曼.（2007）.发展心理学——人的毕生发展. 北京：世界图书出版公司.

11. 朱智贤，林崇德.（1989，2002）. 儿童心理学史. 北京：北京师范大学出版社.

12. 董奇，林崇德.（2011）.当代中国儿童青少年心理发育特征. 北京：科学出版社.

13. 雷雳.（2015）. 小学生心理学. 杭州：浙江教育出版社.

14. 周宗奎.（2011）. 儿童青少年发展心理学. 武汉：华中师范大学出版社.

15. 张向葵，桑标.（2012）. 发展心理学. 北京：教育科学出版社.

16. 谷传华.（2010）. 儿童心理学. 北京：中国轻工业出版社.

17. Boyd, D. R., & Bee, H. L.（2010）. *The growing child*. Boston: Allyn & Bacon.

18. Damon, W., & Lerner, R. M.(2009). 儿童心理学手册（第六版）（林崇德，李其维，董奇译）. 上海：华东师范大学出版社.

19. Papalia, D. E., Feldman, R. D., & Martorell, G.（2012）. *Experience human development*. New York: McGraw-Hill.

[17] [illegible]

[18] Papalia D E, [illegible] development. New York: McGraw-Hill, [illegible]

第七章　青少年期的心理发展

（本章内容细目）

青少年期（或**青年期**）（adolescence）一般指11、12岁至17、18岁，相当于中学阶段的中学生。初中阶段为青少年期（11、12岁至14、15岁）；高中阶段为青年初期（14、15岁至17、18岁）。这个阶段，正处于青春发育时期，所以又称为**青春发育期**（adolescence puberty）。

青春是美好的，青春期是人的一生中最宝贵而又有特色的时期。中学阶段是人生中的黄金时代之一。青少年最突出的表现是朝气蓬勃，风华正茂，富有理想，热情奔放，发挥着聪明才智，身心都在迅速成长。青春期的特点主要有：**过渡性**（transition）、**闭锁性**（closure）、**社会性**（sociality）、**动荡性**（unstability）。

青少年阶段是一个过渡时期。青少年希望受到人们的重视，把他们看成“大人”，当成社会的一员，他们思想单纯，很少有保守思想，敢想敢说敢作敢为。但在他们的心目中，什么是正确的幸福观、友谊观、英雄观、自由观和价值观，还都是个谜。他们的自尊心和自信心在增强，对于别人的评价十分敏感，好斗好胜，但思维的片面性却很大，容易偏激，容易摇摆。他们很热情，也重感情，但有极大的波动性，激情常常占有相当地位。他们的意志特征也在发展，在克服困难时毅力还不够，往往把坚定与执拗，勇敢与蛮干、冒险混合起来。他们的精力充沛，能力也在发展，但性格未最后定型，尚未找到正确的活动途径。总之，这个年龄阶段的心理面貌很不稳定，且可塑性大，这是心理成熟前动荡不定的时期。因此，处于青少年阶段的中学生的教育和培养工作，在整个国民教育中起着关键性的作用。

本章内容拟从青少年的各种心理发展中，选择讨论以下问题：

1. 青春期生理有哪些变化？对青少年心理发展产生什么作用？
2. 中学生的智力发展有哪些特点？国内外心理学家们如何研究青少年的认知？
3. 中学生的情绪情感有什么特点？心理学家对之有何理论？
4. 青少年社会化有哪些表现？如何理解儿童青少年社会化的成熟？

第一节 青春期生理的剧变

青春发育期这个阶段，既不同于儿童，也不同于成人。它的最大特点是生理上蓬勃的成长、急剧的变化。

人体从出生到成熟，其生理发育有快有慢。有两个阶段处于增长速度的**高峰期**（peak period），一个是出生后的第一年，另一个就是青春发育期。在科学上称“人生的两次生长高峰”，见图7-1。除此之外，生理发育的速度都比较缓慢。

青春发育期生理上的变化是多种多样的，又十分显著。在形态方面，身高、体重、胸围、头围、肩宽、骨盆等，都加速增长；在机能方面，如神经系统、肌肉力量、肺活量、血压、脉搏、血红蛋白、红细胞等，均有加强；身体素质方面，如速度、耐力、感受性、灵活性等，变化很大；内分泌方面，各种激素相继增量；生殖器官及性功能也迅速成熟；等等。上述生理机能的变化虽

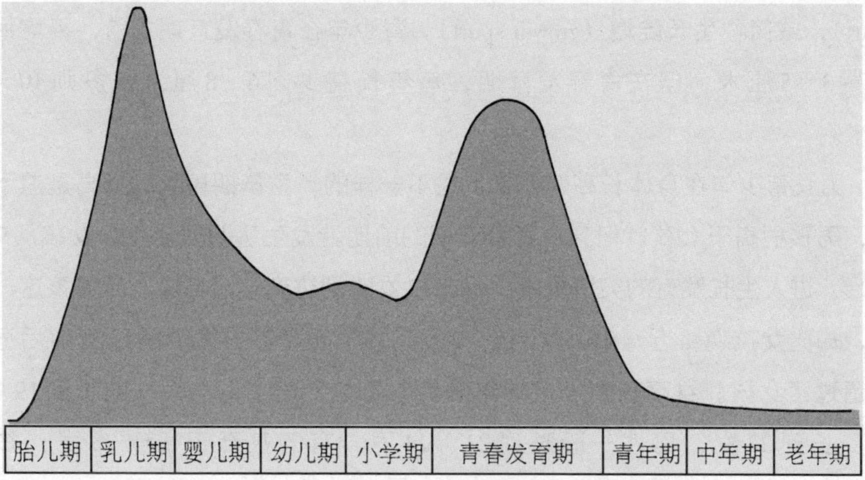

图7-1 人生的两次生长高峰示意图
（引自林崇德，1983）

然涉及方面很多，但归结起来，主要有三类，总称为“三大变化”。第一大变化是身体外形改变了；第二大变化是内脏的机能健全了；第三大变化是性的成熟，这是人体内部发育最晚的部分，它的发育成熟，标志着人体全部器官接近成熟（Dorn & Biro，2011）。

心理的发展，必须有生理作为基础。青春发育期生理上的显著变化，为青少年心理的急剧发展创造了重要的条件。

一、身体外形剧变

身体外形剧变是青春发育期最明显的特点，也是青春期生理发育的外部表现，既包括身高、体重的变化，又包括第二性征的出现。

1983年我撰写《中学生心理学》到1995年著本书青少年期心理发展，再到2013年修订《中学生心理学》，又到今天我修订本书青少年期心理发展，身体外形，尤其身高的数据我更换了4次，说明青少年身高随时代发展而变高。

（一）身体长高

几乎各国的青少年心理学都做如下的表述：身体迅速地长高，是青春发育期身体外形变化量最明显的特征，被称为**青春期生长陡增**（puberty growth spurt），或简称**生长陡增**（growth spurt）。青少年在青春发育期之前，平均每年长高3～5厘米，但在青春发育期，每年长高少则6～8厘米，多则10～11厘米。

男女青少年在身体长高的变化上是不一样的。童年期男女的身高是差不多的，男孩稍高于女孩。但到青春发育期的前期就发生了明显变化。女孩从9岁开始，进入生长发育的突增阶段，11～12岁时则达到突增高峰。而男孩这一过程，却比女孩晚将近两年，从11、12岁起才急起直追，终于在14岁前后身高又超过了女孩。身高长到一定的年龄就不再往上长了。女性一般长到19岁，至多长到23岁；男性一般长到23、24岁，有的甚至于长到26岁，参见表7-1、表7-2。可见，不管男性或女性既有发育的一般趋势，又有早晚之分。对于发育较晚的青少年，教师和家长也不必担心他们会成矮子。有关长期观察

表7-1　中国汉族男生身高样本数、平均值、标准差（单位：厘米）

年龄(岁)	城市男生			乡村男生			城乡男生合并		
	N	$\bar{X}$	S	N	$\bar{X}$	S	N	$\bar{X}$	S
7	4464	127.84	5.62	4486	125.41	5.71	8950	126.62	5.79
8	4489	133.19	5.87	4446	130.75	6.03	8935	131.97	6.07
9	4478	138.78	6.13	4488	135.59	6.39	8966	137.18	6.46
10	4485	143.58	6.76	4492	140.60	6.72	8977	142.09	6.90
11	4487	149.80	7.77	4497	146.37	7.63	8984	148.08	7.89
12	4479	155.88	8.46	4476	153.20	8.90	8955	154.54	8.79
13	4487	162.73	8.35	4485	160.07	8.68	8972	161.40	8.62
14	4487	167.87	7.20	4487	165.08	7.80	8974	166.48	7.64
15	4482	170.85	6.56	4495	168.73	6.85	8977	169.79	6.79
16	4481	172.16	6.26	4486	170.53	6.27	8967	171.35	6.32
17	4494	172.71	6.25	4484	171.40	6.26	8978	172.05	6.29
18	4289	172.60	6.19	4292	171.39	6.29	8581	172.00	6.27
19	2973	173.13	6.14	2980	171.67	6.17	5953	172.40	6.20
20	2970	173.39	6.21	2982	171.45	5.96	5952	172.42	6.16
21	2989	173.12	6.23	2987	171.48	6.10	5976	172.30	6.22
22	2865	172.62	6.27	2982	171.49	6.14	5847	172.04	6.23
19～22	11797	173.07	6.22	11931	171.52	6.09	23728	172.29	6.20

（引自高等教育出版社，2014）

表7-2　中国汉族女生身高样本数、平均值、标准差（单位：厘米）

年龄(岁)	城市女生			乡村女生			城乡女生合并		
	N	$\bar{X}$	S	N	$\bar{X}$	S	N	$\bar{X}$	S
7	4480	126.12	5.42	4462	124.13	5.68	8942	125.13	5.64
8	4487	131.63	5.73	4442	129.32	6.16	8929	130.48	6.06
9	4490	137.56	6.34	4490	135.05	6.60	8980	136.30	6.59

续表

年龄(岁)	城市女生			乡村女生			城乡女生合并		
	N	$\overline{X}$	S	N	$\overline{X}$	S	N	$\overline{X}$	S
10	4488	143.98	7.04	4479	141.30	7.24	8967	142.64	7.26
11	4474	150.87	7.20	4463	147.81	7.54	8937	149.34	7.53
12	4477	154.79	6.65	4474	152.70	7.04	8951	153.74	6.93
13	4495	158.04	5.93	4487	156.04	6.18	8982	157.04	6.14
14	4485	159.57	5.80	4484	157.73	5.73	8969	158.65	5.84
15	4489	160.10	5.66	4498	158.66	5.73	8987	159.38	5.74
16	4493	160.58	5.72	4474	158.94	5.78	8967	159.76	5.81
17	4490	160.53	5.74	4490	159.13	5.71	8980	159.83	5.77
18	4289	159.87	5.81	4258	158.92	5.77	8547	159.40	5.81
19	2997	160.99	5.72	2996	159.40	5.56	5993	160.19	5.70
20	2988	160.99	5.63	2996	159.75	5.61	5984	160.37	5.65
21	2987	160.78	5.65	3000	159.28	5.60	5987	160.03	5.67
22	2881	160.46	5.56	2987	159.29	5.61	5868	159.87	5.62
19～22	11853	160.81	5.65	11979	159.43	5.60	23832	160.12	5.66

（引自高等教育出版社，2014）

的资料表明：发育较晚的青少年的身高，往往高于发育较早的青少年。

身体高矮取决于什么呢？决定于人的骨头。一个人身上的骨头共有206块，对身高有作用的主要是几块**脊椎骨**（spine）和**下肢骨**（bone of lower limbs）。从整个人体发育过程来看，身体的高矮往往成为健康的标志之一。

（二）体重增加

青春发育期，学生的体重也在迅速地增加。在这之前，儿童每年体重增加不超过5千克。到了青春发育期，体重增加十分明显，每年可增加5～6千克，突出的可增加8～10千克。

男女青少年体重的增加也有差异。10岁之前，男女生体重相仿。10岁之后，女的领先发育，体重增加。两年之后，一般情况下男生赶上女生。

体重的增加，反映了内脏、肌肉和骨骼的发育情况，它也是一个人发育好坏的标志之一。

（三）第二性征的出现

第二性征（或**次性征**）（secondary sex characteristics）是指性发育的外部表现。一般地说，有下面的表现：

1. 男性的第二性征

（1）喉结突起，声音变粗：喉结与变声的关系极为密切，喉结增大的同时，声带增宽，因而发音频率降低，于是声调就变得粗而低沉。据科学的调查：男孩一般于13岁时进入变声期，最早者8岁，15岁时几乎已全部进入变声期，并已有50%的人声音变粗。19岁以后所有男性的喉结突起且声音变粗。变声期长短不一，短者四五个月，长者可达一年。

（2）上唇出现密实绒毛，或唇部有须，额两鬓向后移：男生常为此感到“自豪”，他们认为这样才像个“男子汉”。之后，胡须依次扩展到上唇中部及下唇中部，最后扩展到下颏，完成胡须发育的全部过程。

（3）阴毛、腋毛先后出现：男孩阴毛大都于14、15岁出现，腋毛比阴毛发育晚一年。

2. 女性的第二性征

（1）声音变尖：青春发育期女孩喉结虽然没有明显的外观变化，但喉结内部却有显著变化，即声带增长变窄，因而发音频率高，声调也随之变高。

（2）乳房发育：女孩进入青春发育期的第一个信息是乳房的变化。由于种族、地区和营养条件的不同，乳房发育的早晚差别较大。根据北京地区的调查，女孩最早从8岁开始发育，约半数在10岁开始发育，有少数到13岁才开始发育。

（3）骨盆逐渐长得宽大，臀部变大。

（4）阴毛和腋毛先后出现：阴毛和腋毛的发育迟于乳房。女孩的阴毛大都于13岁开始发育，最早见于10岁；腋毛大都于15岁开始发育，最早见于11岁。但偶然也有腋毛发育早于阴毛的。

青春发育期身体外形的变化，对青少年的心理发展作用很大。他们认识到“自己已经长大了”，意识到自己开始不再是“小孩子”，增强了他们自我意识的一些新体验，产生了**成人感**（feeling of being an adult），人格的发展速度加快了。但由于生理发展迅速，心理发展往往跟不上相应的变化，所以青春发育初期，即初中生或少年，行为举止常常显得笨拙。

身体外形剧变时期需要消耗大量的营养物质，所以，在这时给他们加强营养是非常必要的，还要引导他们加强体育锻炼，以促进他们的发育。要安排适度的劳动，注意饮食起居的卫生。抽烟喝酒对生理发育是极为有害的，应该严加禁止。2018年一篇发表在《自然神经科学综述》上的论文总结了饮酒对青少年大脑发育和行为的影响（Spear，2018）。研究表明，青少年饮酒影响大脑白质和灰质容量的发育，并影响青少年的注意力、语言学习、视觉空间加工和记忆力。

身体外形的变化，也造成某些中学生心理上一些不正常的变化，需要注意他们的心理卫生，特别是美感的卫生。有的女孩因发胖而发愁；有的男孩为自己的胡须茂密而顾虑重重；有的女孩因胸部丰满怕难为情而束胸、穿紧身衣，影响肺部、乳房的发育；有的男孩为显得利落而紧腰，爱把腰带勒得紧紧的，影响内脏（如胃、肝、脾等）的发育；等等。为此，要合理地引导，告诫正在发育的孩子，注意生理卫生，让身体各部分都能得到充分的发育。

二、生理机能的变化

体内的器官和组织各有各的机能。到青春发育期，体内各种生理机能迅速地增强，并逐步趋向成熟。

（一）心脏的成长

有人（郎景和，1979）做过一个统计，假定新生儿的心脏大小为1，那么可以列表表示，随着年龄增加心脏成长的趋势如表7-3所示：

表 7-3 心脏发育的趋势

新生儿	近1个月	12岁	35～40岁
1	3	10（接近成人）	心脏恒定

（引自郎景和，1979）

从上表可知，出生后1个月时，心脏的大小可增大到新生儿心脏大小的3倍；进入青春期，心脏生长迅速，在12岁时达到初生时心脏大小的10倍，接近成人水平；等到35～40岁时，心脏的大小开始恒定下来。

心脏所产生的压力称为**血压**（blood pressure），医学上叫它为**动脉血压**（arterial pressure）。血压说明整个人循环系统的工作情况。成人正常的血压高压为120毫米汞柱，低压为80毫米汞柱。12岁时，男孩一般血压为105/63毫米汞柱，脉搏为84次/分钟；女孩一般血压为102/63毫米汞柱，脉搏为85次/分钟。18岁时，男孩一般血压为113/70毫米汞柱，脉搏为79次/分钟；女孩一般血压为105/66毫米汞柱，脉搏为81次/分钟（中华人民共和国教育部等，2007）。

脉搏刚出生时为140次/分钟，11、12岁为80次/分钟，20岁左右为62次/分钟。年龄小为什么心脏会跳得快呢？一是由于脑的兴奋性大，二是由于排出血量少，供血不足，要满足生理机能对血液的需要，心脏就要加快跳动。

心脏的发育从心脏形体、恒定性、血压、脉搏等指标变化来看，大致在20岁以后趋向稳定。尽管男女发育有所差异，一般而言，女孩约比男孩早2年，但注意青春发育期心脏的保健和锻炼，将可奠定血液循环系统发育的重要基础。

（二）肺的发育

肺的结构，7岁时就已发育完成。肺重量的生长经过两次"飞跃"，第一次在出生后第三个月，第二次在12岁前后。12岁时肺的重量（390～500克）是出生时的9倍。12岁前后开始，肺发育得又快又好。肺活量的增长是肺发育的重要指标。

此外，男女中学生的肺活量的差距是很明显的。男生到17、18岁，女生到16、17岁就可以达到或接近成人的肺活量（男性约4217.68±690.89毫升，女性约3105.79±452.74毫升）。

（三）肌肉力量的变化

肌肉力量是身体素质的一个方面，它是通过人体在运动、活动和劳动中所表现出的机能力量。

体重的增加，表明肌肉和骨骼起了变化。尤其是肌肉，在青春期发育得特别快。肌肉发达了，力量也增大了，以手的握力为代表，可以看出青少年在14岁以前，男的握力略高；14岁以后，男、女之间握力的差距就越来越明显了。

肌肉力量的增长，为青少年体力的增强提供了可能性。中学生意识到这一点，对于他们的心理发展具有很大意义。因为他们体会到“有力量”，会加速他们的“成人感”，促进他们意志行为的发展。但是，青少年的肌肉力量比起成人来要疲劳得快些，还不能适应长期的紧张状态。这一点在参加体育活动和体力劳动的时候是必须考虑的。另外，运动器官的改造伴随着运动的不协调，表现为不善于控制自己的身体，例如，运动过多，动作不协调，不灵活，动作生硬等，这可能会使他们产生消极情绪体验或失去信心。

在青春发育期，肌肉力量的发展水平，男孩要较高于女孩，尤其在13～17岁，这种差别迅速加大。例如，女孩臂肌静止耐力只是男孩的三分之一，腰腹肌力量为男孩的三分之二，下肢爆发力为男孩的四分之三，速度和速度耐力相当于男孩的五分之四。因而在体育活动时，男女应该分开，锻炼的内容和要求的标准也要有所不同。

（四）脑和神经的发育

心理是脑的机能，也是高级神经活动的机能。脑的发育、神经系统的发育，是心理发展的直接前提和物质基础。脑和神经系统是怎样发育的？青春期脑和神经系统的发育又有什么特点呢？随着科学技术的进步，描述青春期脑和神经系统的发育特点成为可能（Casey，Jones，& Somerville，2011；Lenrot & Giedd，2011）。

1. 脑重量的发展 如前所述，人脑平均重量的发展趋势：新生儿为390

克；8、9个月的乳儿为660克；2、3岁的幼儿为900～1011克；6、7岁的儿童为1280克；9岁的小学儿童为1350克；13岁的少年达到1400克。成人脑重量平均为1400克，可见，到青春发育前期，脑的平均重量已经和成人的差不多了。

2. 脑容积的变化 研究表明，人脑平均容积也有一个发展的过程。新生儿占成人的63%，周岁儿童占成人的82%，10岁儿童占成人的95%，12岁接近成人的容积。可见，到青春发育前期，脑的平均容积就几乎达到成人水平。

3. 脑电波的发展 研究发现（刘世熠，1962，1964），4～20岁被试脑的脑电波的总趋势是α波（频率8～13周/秒）的频率逐渐增加。脑的发展主要是通过α波与θ波（频率4～8周/秒）之间的对抗而进行的，对抗的结局是θ波逐渐让位给α波。4至20岁被试脑的发展有两个显著加速的时期，或称两个“飞跃”。5～6岁是第一个显著加速的时期，它标志着枕叶α波与θ波之间最激烈的斗争。13～14岁是第二个显著加速时期，它标志着除额叶以外，几乎整个大脑皮质的α波与θ波之间对抗的基本结束。

从脑电波的发展来看，13～14岁时脑已基本成熟。这个成熟过程的顺序是：枕叶→颞叶→顶叶→额叶。儿童的枕叶到9岁基本上成熟，颞叶到11岁基本上成熟，而顶叶、额叶的成熟则更晚至13、14岁。

4. 神经系统的结构和机能的发育 到青春发育初期，神经系统的结构基本上和成人没有什么差异了。此时，大脑发育成熟，大脑皮质的沟回组织已经完善、分明。神经元细胞也完善化和复杂化，传递信息的神经纤维的髓鞘化已经完成，好像裸体导线外边包上一层绝缘体，保证信息传递畅通，不互相干扰。

青少年是大脑结构和功能发育的一个敏感期。青少年的脑发育与其高级认知能力的发展和心理健康有着十分密切的关系。随着核磁共振脑成像技术的快速发展，近几十年来，国内外研究者考察了青少年脑结构与脑功能的发育与其认知和心理健康的关系。

第一，青少年的脑结构发育与智力发展密切相关。2006年，在《自然》期刊上，美国和加拿大研究者发表的第一篇文章表明：青少年的智力发展与其大脑皮质的厚度相关（Shaw et al.，2006）。该研究考察了青少年的脑结构与智商的关系，发现大脑额叶发育与智力发展密切相关。2011年，在《自然》期刊上，英国研究者发表的论文表明：青少年的言语智力发展与语言激活脑区的灰质密度变化相关，而非言语智力发展与手指运动激活脑区的灰质密度变化相关（Ramsden et al.，2011）。

第二，青春期是精神疾病开始显现的高峰期，研究者发现青春期脑发育的个体差异与其心理健康密切相关。2017年，在《自然神经科学》期刊上，挪威研究者发表的论文表明：青春期脑功能连接发育迟缓与精神疾病相关（Kaufmann et al.，2017）。这些研究者使用了美国费城脑发育项目公开数据库中700多名8到22岁个体的脑功能成像数据。这些青少年完成了工作记忆、情绪认知、静息态的脑扫描。每个人的大脑网络连接就像指纹一样，具有独特性。该研究发现，大脑功能连接的独特性随年龄增长而增加；男性青少年脑功能连接的独特性低于同龄女性；患有精神疾病的青少年脑功能连接的独特性低于同龄健康青少年。

第三，青少年的脑结构与外界的环境也具有关联。2015年，在《自然神经科学》期刊上，美国研究者发表了一项贫穷与青少年脑结构的关联研究（Noble et al.，2015）。该研究分析了美国10个地区、拥有不同家庭社会经济地位的1099名儿童与青少年的大脑结构，发现家庭收入、父母教育水平与大脑皮质面积相关，而且在低收入家庭中，该效应更大。

第四，近年来，各国开始建设大样本的青少年脑发育数据库。例如，2015年，美国青少年脑认知发育ABCD计划启动，该项目将考察约1万名美国青少年脑发育与心理发展。我国各高校和研究机构采用核磁共振脑成像技术、脑电、近红外等多种技术手段，在全国各地也正在开展中国青少年的脑发育研究工作。

由此可见，脑和神经系统的基本成熟，为青少年心理基本成熟提供了可能性，但青少年毕竟处于从不成熟到成熟的过渡阶段，脑和神经系统都有待进一步加强锻炼，因此，妥善引导中学生合理安排作息时间，兼顾学习与娱乐，注意劳逸结合，这对他们身心健康成长与成熟是非常必要的。

三、性器官与性功能的成熟

生殖器官在青春发育期以前几乎没有什么发展，因此很少引起人们的关注。但随着青春发育期的到来，由于性激素的作用，沉静已久的生殖器官开始迅速发育，并完成了性器官与性功能的成熟。对于男女青少年，性器官和性功能的成熟，体现着各自不同的特点，但都给其身心的发展变化带来一系列具有深远意义的影响。

（一）女性生殖器官与机能的成熟

女性生殖器官的发育，从11、12岁开始。先是外生殖器的改变，继而阴道深度增加。

月经初潮（或**初经**）（menarche）是指女孩第一次来的**月经**（menstruation），标志着性发育即将成熟，是女性青春期来临的信号。在月经初潮的前后，还伴随着相当大的全身变化。女孩清楚记得自己的初潮日子，也有一定的心理影响。

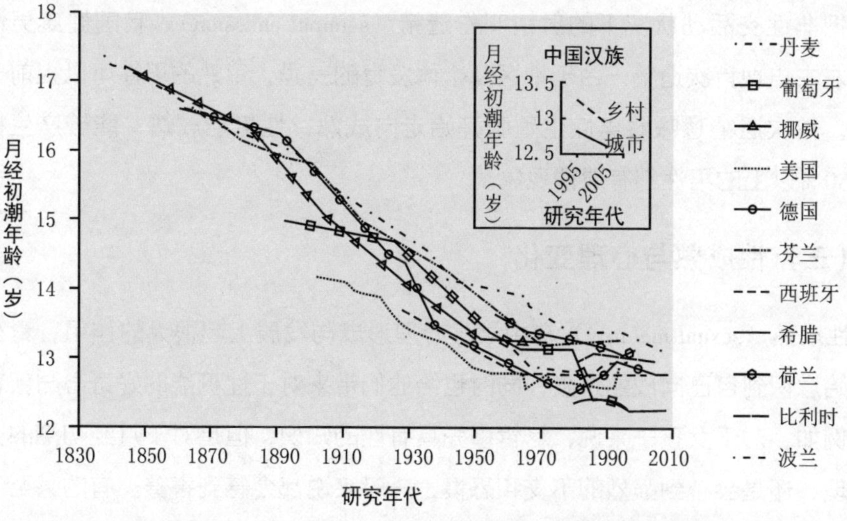

图7-2 1983—2010年部分国家地区女性月经初潮年龄

（引自Sorensen et al.，2012；宋逸，马军，胡佩瑾，& 张冰，2011）

月经初潮的出现，多半是身高增长速度开始下降后的半年到一年；体重的增长，晚于身高的增长，但在月经初潮之后，体重增长的速度显著加快，可以在一两年内，长胖很多。月经初潮之时，卵巢还未达到成熟时重量的30%，因此，在初潮之后的半年至一年内，月经还不能按照规律每月来潮。

月经初潮开始的年龄，国内外和各地区并不相同，一般在10～16岁之间。在发达国家，初潮年龄逐渐往前挪，如图7-2所示。目前，这些国家的女孩月经初潮的平均年龄为12、13岁。据统计，有些国家平均每十年提前3个月，也就是每40年，初潮可提前一年。我国相对地较晚。北京市女学生初潮的平均年龄，1963年至1964年平均为14.5岁（最早9岁，晚的甚至到20岁）。80年代再次调查发现有所提前（约13～13.5岁）。根据2005年全国学生体质健康调研数据，我国9～18岁汉族女生月经初潮年龄，城市女生（约12.6岁）早于乡村女生（约12.9岁），西北地区最晚（约13.1岁）。

（二）男性生殖器官与机能的成熟

男性生殖器官的成熟比女性要晚。10岁以前，睾丸只是缓慢地成长；到13岁，它才开始活跃，长到15岁，睾丸的重量接近成人。

男性长到15、16岁，随着生殖器官和第二性征的发育，出现了遗精。医学上把非性交活动状况下的射精叫作**遗精**（seminal emission）。我国健康男性15岁左右出现首次遗精。由于地区及个体发育的差异，早熟的男性可以提前一两年。首次遗精意味着男性生殖腺开始走向成熟，性机能成熟，能够产生精子。80%以上的男性都有遗精现象。

（三）性成熟与心理变化

性成熟（sexual maturity）在中学生心理形成与发展上起很大的作用，青少年开始意识到自己向成熟过渡，同时也给他们带来对于性机能的好奇心与新颖感。例如，对于女孩子来说，尽管事先具有性的知识，但是对于月经初潮的突然出现，还是会感到强烈的不安和恐惧，一般来说都会感到害羞。有的甚至于会陷入孤立或产生自卑感。又如，对于男学生来说，在女生面前好表现自己，不愿教师或家长在女生面前批评指责自己；情感上愿意接近女生，但在行动上又故意疏远，处于一种矛盾的心理状态。不管是男性或女性，都已开始意识到两性的关系，促使他们对于异性“兴趣”的发展，使他们产生新的情绪和情感体验。例如，开始“爱美”，注意自己的外表仪容，也有的出现爱照镜子、追求打扮的现象。

我们要了解性成熟给中学生心理带来的变化，要对他们进行必要的性知识的教育，不应该过于强调生理学因素，而应该更多地启发他们人生观的修养，自然地引导男女学生之间建立团结友爱的群体关系，组织丰富多彩的文体活动，尽量避免不良刺激的影响，把中学生的主要精力引导到学习活动中去，以培养健康的心理和良好的道德品质。

上面介绍了青春发育期的三大变化，即身体外形的变化、生理机能的生长发育以及性的成熟。有人会问，为什么会有这些变化呢？现代生理学研究认为，促使全身变化的总根源就是激素。在我们身体内部，有一些机构专门制造一些化学物质，虽然量不多，却起着左右身体机能的作用。这种化学物质就是**激素**（hormone）。产生激素的机构之中，最主要的就是**脑垂体**（或**脑垂腺**、**脑下垂体**）（hypophysis）。它倒持在我们脑子底面，约一克重，比豌豆稍大。脑下垂体的作用很大，它产生的激素有十多种。其中除了关系到发育生长的激素以外，还有作用于肾上腺、泌乳、催产、排尿等的激素，范围相当广。

到青春发育期，丘脑的**多肽**（polypeptide）释放激素，催动脑垂体，于是脑垂体分泌与发育有关的几种激素，特别是号称“三把钥匙”的激素。一是打开甲状腺的大门，增进人体新陈代谢；二是打开长骨生长的门户（生长素），使人体增高变重；三是使性腺的大门开启。

青春发育期的飞速变化，形成了人的一生中迅猛发育的“第二高峰”。处于这一时期的青少年形态、生理和心理都在发生急剧变化。特别是性成熟这一“突变”，往往给青少年带来不少暂时的困扰。但是由于这一时期患病率、死亡率较低，保健和教育工作往往被人们所忽视。这是一个矛盾，这个矛盾给教师、家长和成人社会提出一个新的课题。我们应当顾及这个年龄阶段的生理变化和心理变化，切实地有针对性地做好教育工作，以便使青少年顺利地度过这一生理上的特殊时期。

第二节 形式运算期中学生的认知发展

在青少年期，中学生的身心发展日趋成熟，社会接触面以及社会交往日益丰富、频繁，学习的内容和要求也更为复杂、深刻，这种种主客观条件的变化，不仅为青少年的认知发展创造了更有利的条件，同时也对其认知的发展提出了更高的要求。于是，青少年期，中学生体现出独特的认知发展的特点。我们主要从中学生的思维发展、思维品质的表现以及智力发展中，男女青少年的性别差异等几方面，来探讨青少年中学生的认知发展。

一、逻辑思维的发展

对于青少年思维发展的研究，首推皮亚杰的形式运算的思想。近几年我们也在从事这方面的研究，借此机会，对皮亚杰的形式运算思维以及青少年思维发展的特点，做一概述。

（一）皮亚杰的形式运算思维阶段

皮亚杰认为，到了11～15岁，青少年的思维能力超出了只感知具体事物的阶段，表现出能进行抽象的形式推理，这就进入了形式运算思维阶段（或形式运思期）。

1. 形式运算即命题运算 形式运算思维是在具体运算思维基础上发展起来的。这是和成人思维接近的、达到成熟的思维形式，亦即**命题运算思维**（propositional operational thinking）。

所谓形式运算或命题运算思维，就是可以在头脑中把形式和内容分开，可以离开具体事物，根据假设来进行逻辑推理的思维。关于形式运算图式，皮亚杰引用现代代数中四变换群和格的逻辑结构来加以刻画。四变换群和格的结构，不同于群集结构，这是一个逻辑结构的整体或系统，此时青少年可以根据假设和条件进行复杂而完整的推理活动。

所谓**四变换群**（INRC group），即可逆性的一种整体结构形式。前面提到过，可逆性包括逆反性（即否定性，用N表示）和相互性（用R表示），在群集运算阶段这两者还未形成一个系统。到了形式运算阶段，则逐步构成了一个四变换群系统。一个命题或一个事物的关系，可以有四个基本变换：正面或肯定（Identity，用I表示）、反面或否定（Negation，用N表示）、相互（Reciprocity，用R表示）、相关（Correlation，用C表示）。每一正面运算，从分类上必有一逆反（否定）运算，从关系上必有一相互运算，而相互的逆反则是相关。INRC的这种组合关系就构成四变换群，它可以穷尽命题的各种关系。例如，“P蕴含着Q”；它的否定是“P而不是Q”；它的相反就是“Q蕴含着P”；我们还可以得到互反的否定“Q而不是P”；等等。所谓**格**（lattice），就是在四个变换群的基础上，通过**集合论**（set theory）的“并集”（A并B）和“交集”（A或B）而组合起来的命题组合系统，实际上，它是在解决这一类问题时所提炼、概括而成的比较固定的命题运算模式。到了11～15岁期间，青少年尽管尚未意识到这些变换组合系统的存在，但他已能运用这些形式运算结构来解决所面临的逻辑课题，诸如组合、包含、比例、排除、概率、因素分析等等，此时已经达到逻辑思维的高级阶段，即成人的逻辑思维水平。

2. 形式运算与具体运算的差异 斯坦福大学的弗拉维尔（Flavell，1977）通过研究，在皮亚杰的基础上把具体运算思维者和形式运算思维者的差异归纳为七个方面，以此来比较童年中期与青少年—成人认知的差异。

（1）现实与可能：具体运算思维者在解决问题时，通常从实际出发，再消极地向可能性方面进展；相反地，形式运算思维通常从可能性开始，然后再着手于实际。对前者来说，抽象可能性领域被看作是不确定、现实的、安全可靠领域的偶然延伸；而对后者来说，现实则是可能性更广泛的领域中的一个特殊组成部分。对前者而言，可能性从属于现实，后者则是现实从属于可能性。

（2）经验—归纳与假设—演绎：形式运算者审查问题的细节，假定这种或那种理论或解释可能是正确的，再从假设中演绎出从逻辑上讲这样或那样的经验现象实际上应该出现或不出现，然后检验他的理论，看这些预见的现象是否确实出现。这就是所谓**假设—演绎推理**（hypothetic-deductive reasoning）。而具体运算者的**经验—归纳推理**（experience-induction reasoning）与此形成鲜明对照，它是非理论的、玄想的。

（3）命题内的与命题间的：具体运算思维者处理命题之时，只是单个地、彼此孤立地考虑与经验的真实性的关系，所证明的或所否定的只是看到对外部世界的单个命题，故皮亚杰称之为**命题内的**（intrapropositional）认知。形式运算思维者则看到命题与现实间的关系，他要推论两个或多个命题间的逻辑关系，故皮亚杰称之为**命题间的**（interpropositional）认知。

（4）组合与排列：具体运算思维过程出现组合性特点，但不能进行系统组合分析。形式运算思维者则能把组合素（变量、命题等）进行系统化的组合分析，如对A、B、C、D的组合，他会系统地且用有效方法把A开头的组合排列出来（AB、AC、AD），然后再把B开头的，C与D开头的组合排列出来。

（5）逆向性与补偿作用：在天平的一边加一点重量，天平就会失去平衡，怎样使天平重新平衡呢？有两种办法，一是把所加的重量拿走（逆向性的可逆思维），二是移动天平加重的盘子使它靠近支点，即使其力臂缩短，这是补偿或互反的可逆思维。具体运算思维者只能采用第一种方法，而形式运算思维者则能采用两种方法来解决问题，说明他了解天平的动力结构，具有**逆向性**（inversion）和**补偿作用**（compensation）两种思维能力。

（6）信息加工的策略：在对付范围较广而多变的问题（作业）时，组织和应付信息方面的计划性、策略性和有效性，既存在着随问题的差异而产生的差异，又存在着年龄的差异。这里有一个重要的趋向，形式运算思维者比起具体运算思维者，在调动其注意、组织作业的材料方面都更灵活、更有适应性，更善于采取很有效的提问策略，在抽象、迂回、有明确的计划性方面都更有策略性。

（7）巩固与稳定：思维发展中，存在着一个**巩固**（consolidation）与**稳定**（solidification）的问题。以重量守恒和可传递性为例，这种概念最早在童年中期形成，进入青春期就变得更加巩固。这就是说，形式运算思维比起具体运算思维来，在整个知识、技能和思维发展上，更为巩固和稳定，显示为一个主体的智力品质。

这七个方面的差异，说明了形式运算思维是一种提出假设、讲究策略、可逆性强的命题运算思维。进入形式运算思维阶段就意味着个体思维发展趋向稳定。

（二）青少年思维发展的特点

青少年的思维，在小学期思维发展的基础上，因新的教学条件和社会生活条件的影响而出现新的特点。

中学期青少年思维的基本特点是：整个中学阶段，青少年的思维能力迅速地得到发展，他们的抽象逻辑思维处于优势的地位。但少年期（主要是初中生）和青年初期（主要是高中生）的思维是不同的。在少年期的思维中，抽象逻辑思维虽然开始占优势，可是在很大程度上，还属于**经验型**（experience type），他们的逻辑思维需要感性经验的直接支持。而青年初期的抽象逻辑思维，则属于**理论型**（theoretical type），他们已经能够用理论做指导来分析综合各种事实材料，从而不断扩大自己的知识领域。同时，我们通过研究认为，从少年期开始他们已有可能初步了解辩证思维规律，到青年初期则基本上可以掌握辩证思维。

以下将从三个方面来讨论青少年思维发展的特点——**抽象逻辑思维**（abstract logical thinking）。

1. 抽象逻辑思维是一种通过假设的、形式的、反省的思维 这种思维具有五方面的特征：

（1）通过假设进行思维：思维的目的在于解决问题，问题解决要依靠假设。从青少年开始是产生撇开具体事物运用概念进行抽象逻辑思维的时期。通过假设进行思维，使思维者按照提出问题、明确问题、提出假设、检验假设的途径，经过一系列的抽象逻辑过程以实现课题的目的。

（2）思维具有预计性：思维的假设性必然使主体在复杂活动前，事先有了诸如打算、计谋、计划、方案和策略等预计因素。古人说："凡事预则立，不预则废。"这个"预"就是思维的**预计性**（prediction）。从青少年开始，在思维活动中就表现出这种"预计性"。通过思维的预计性，在解决问题之前，已采取了一定的活动方式和手段。

（3）思维的形式化：从青少年开始，在教育条件的影响下，思维的成分中，逐步地由具体运算思维占优势发展到由形式运算思维占优势，此乃思维的**形式化**（formalization）。

（4）思维活动中自我意识或监控能力的明显化：自我调节思维活动的进程，是思维顺利开展的重要条件。从青少年开始，**反省性**（或**内省**）（introspection）、**监控性**（monitoring）的思维特点越来越明显。一般条件下，青少年意识到自己智力活动的过程并且控制它们，使思路更加清晰，判断更加正确。当然，青少年阶段反省思维的发展，并不排斥这个时期出现的**直觉思维**（intuition thinking），培养直觉思维仍是这个阶段教育和教学的一项重要内容。

（5）思维能跳出旧框框：任何思维方式都可以导致新的假设、理解和结论。其中，都可以包含新的因素。从青少年开始，由于发展了通过假设的、形式的、反省的抽象逻辑思维，思维必然能有新意，即跳出旧框框。于是从这个阶段起，**创造性思维**（creative thinking），或思维的独创性获得迅速发展，并成为青少年思维的一个重要特点。研究发现（杨小洋，李歆瑶，& 周晖，2012），初中学生创造性思维和个人认识论存在显著正相关关系。在思维过程中，青少年追求新颖独特的因素、个人的色彩及系统性和结构性。

2. 抽象逻辑思维处于优势地位，是经验型向理论型过渡的地位 少年期思维发展的一个主要特点是：抽象逻辑思维日益占有主导地位，但是思维中的具体形象成分仍然起着重要作用。

少年期的思维和小学儿童的思维不同，小学儿童的思维正处在从具体形象向抽象逻辑思维过渡的阶段，而在少年期的思维中，抽象逻辑成分已经在一定程度上占有相对的优势。当然，有了这个“优势”，并不就是说，到了少年时期只有抽象思维，而是说，在思维的具体成分和抽象成分不可分的统一关系中，抽象成分日益占有重要地位。而且，由于抽象成分的发展，具体思维也不断得到充实和改造，少年的具体思维是在和抽象思维密切联系中进行的。

青年初期的思维发展具有更高的抽象概括性，并且开始形成辩证思维。具体地说，它表现在两个方面：

（1）抽象与具体获得较高的统一：青年初期的思维是在少年期的思维基础上发展起来的，但它又不同于少年期。少年期思维的抽象概括性已经有了很大的发展，但由于需要具体形象的支持，因此，其思维主要属于经验型，理论思维还不很成熟。到了青年初期，由于经常要掌握事物发展的规律和重要的科学理论，理论型的抽象逻辑思维就开始发展起来。在此思维过程中，它既包括从特殊到一般的归纳过程，也包括从一般到特殊的演绎过程，也就是从具体提升到理论，又用理论指导去获得知识的过程。这个过程表明青年初期的思维由经验型向理论型的转化，抽象与具体获得了高度的统一，和抽象逻辑思维的高度发展。

（2）辩证思维获得明显的发展：青年初期理论性思维的发展，必然导致辩证思维的迅速发展。他们在实践与学习中，逐步认识到一般与特殊、归纳和演绎、理论及实践的对立统一关系，并逐步发展着那种从全面的、运动变化的、统一的角度认识、分析问题和解决问题的**辩证思维**（dialectic thinking）。

由此可见，青少年思维发展趋势，是要达到那种从一般的原理、原则出发，或在理论上进行推理，做出判断、论证的思维。

3. 抽象逻辑思维的发展存在着关键期和成熟期 我们自己对中学生运算能力发展的研究（林崇德等，1983，1996，2012）中发现，初中二年级是中学阶段思维发展的关键期。从初二年级开始，他们的抽象逻辑思维即由经验型水平向理论型水平转化，到了高中二年级，这种转化初步完成。这意味着他们的思维趋向成熟。我们的研究对象共500名，从初一到高二每个年级各100名，分别测定其数学概括能力、空间想象能力、确定正命题，否命题，逆命题和逆反命题的能力，以及逻辑推理能力。从这四项指标来看，初中二年级是逻辑抽象思维的新的“起步”，是中学阶段运算思维的质变时期，是这个阶段思维发展的关键时期。

高中一年级到高中二年级（约15～17岁）是逻辑抽象思维的发展趋于“初步定型”或成熟的时期。所谓思维成熟，我们认为主要表现在下述三个方面：

（1）各种思维成分基本上趋于稳定状态，基本上达到理论型抽象逻辑思维的水平。

（2）个体差异水平，包括思维类型（形象型、抽象型和中间型），基本上趋于定型。

（3）成熟前思维发展变化的可塑性大，成熟后则可塑性小，与其成年期的思维水平基本上保持一致，尽管也有一些进步。

以上三个方面，不仅被我们的研究所证实，而且也被北京市几所重点中学的调查所证实，他们所调查的结果是：高一学生的智力表现和学习成绩变化还是较大的，而高二、高三的学生则比较稳定；几所大学学生的能力基础基本上和高中二、三年级的学生保持一致性，这说明其基础是高中阶段成熟期奠定的，例如，高中二、三年级数学成绩平常的学生，到大学几乎也成不了数学系的高才生。当然，文科方面的能力成熟期较晚，也可能会出现大器晚成，但是，成熟期毕竟是存在的。可见，抓住成熟前的各种思维能力与智力的培养是何等重要！

二、思维品质的矛盾表现

思维的发生和发展，服从于一般的、普通的规律，又表现出个性差异。这种差异表现为个体思维活动中的智力特征，这就是**思维特质**（thinking traits），又叫作**思维智力特质**（intelligence traits of thinking）。思维特质的成分及其表现形式有很多，诸如独立性、广阔性、灵活性、深刻性、创造性、批判性、敏捷性等等。在不同的年龄阶段，思维特质的各成分及表现形式体现着不同的发展水平，这就构成了思维的年龄特征。在青少年期其思维特质的最突出特点是矛盾表现。

在中学阶段由于独立思考的要求，青少年思维特质的发展出现新的特点，最为突出的是**独立性**（independence）和**批判性**（criticism）有了显著的发展。但他们对问题的看法上还常常是只顾部分，忽视整体；只顾现象，忽视本质，即容易片面化和表面化。这里，常常会发现和提出两个问题：中学生为什么有时要“顶撞”成人？中学生看问题为何容易带片面性和表面性？这是思维品质矛盾交错发展呈现出的问题。

从中学阶段开始，青少年思维的独立性和批判性有了显著的发展。青少年由于逐步掌握了系统知识，开始能理解自然现象和社会现象中的一些复杂的因果关系，同时由于自我意识的自觉性有了进一步的发展，常常不满足于教师、父母或书面中关于事物现象的解释，喜欢独立地寻求或与人争论各种事物、现象的原因和规律。这样，独立思考的能力就达到了一个新的、前所未有的水平。有人说，从少年期开始，孩子进入一个喜欢怀疑、辩论的时期，不再轻信成人，如教师、家长及书本上的“权威”意见，而且经常要独立地、批判地对待一切。这确实是中学阶段的重要特点之一。青少年不但能够开始批判地对待别人和书本上的意见，而且开始能够比较自觉地对待自己的思维活动，开始能够有意识地调节、支配、检查和论证自己的思维过程，这就使青少年在学习上和生活上有了更大的独立性与自觉性。教师和父母应该珍视他们这种思维发展上的新的品质。因为独立思考能力是一件极为可贵的心理品质，绝不能因为他们经常提出不同的或怀疑的意见，就认为他们是故意“反抗”自己，因而斥责他们，甚至压制他们。当然，这么说并不是允许他们随便顶撞长辈或师长，而是教师和父母要正确对待这个年龄阶段心理发展的特点。我们要启发中学生在积极主动思考问题的同时，还要尊重别人，懂得文明礼貌，学会以商量的态度办事。对那些确实无理顶撞的言行，我们也要适当给予批评。

青少年看问题容易片面化和表面化，这是这个年龄阶段的一个特点，是正常的现象。尽管中学生开始能够逐步地比较自觉地对待自己的思维活动，开始能够有意识地调节、支配、检查和论证自己的思维过程，使他们在学习上和生活上有更大的独立性和自觉性。然而，中学生思维的独立性与批判性还是不够成熟的，容易产生片面性和表面性。中学生思维的片面性与表面性的表现是各种各样的：有时表现为毫无根据的争论，他们怀疑一切，坚持己见但又常常论据不足；有时表现为孤立、偏执地看问题，例如，把谦虚理解为拘谨，把勇敢理解为粗暴或冒险；有时明于责人而不善于责己；有时好走极端，往往肯定一切或否定一切。在学习上也有同样情况，他们往往把已经掌握的规则或原理，不恰当地运用到新的条件中去，以致产生公式主义和死守教条的毛病。中学生在独立思考能力发展上的这些缺点，是与他们的知识、经验不足以及辩证思维尚未发展相联系的。教师和父母，一方面要大力发展他们的独立思考的能力，随时加以引导、启发；另一方面，还要对他们在独立思考中出现的缺点给予耐心的、积极的说服教育。对他们的缺点，采取嘲笑或者斥责的态度是不对的，采取放任不管或者认为年龄大一点自然会好起来的想法也是不正确的。

三、青少年智力发展的性别差异

男女青少年在智力，特别是思维能力的发展上究竟有无差异，这是心理学需要研究的一个课题，同时也是教育理论和教育实践中亟待解决的问题。

目前国际心理学界、教育界对此已有越来越多的研究。我国近几年心理学和教育学工作者也开始了一些研究。研究的结论，国内外大致相同：男女青少年在智力、思维能力发展上是有差异的，这个差异主要表现在智力、思维能力优异发展的各自特色上。它不仅反映了男女青少年思维发展上各自的年龄特征，而且也反映了男女青少年的智力因素，特别是思维能力发展特色上的不平衡性。那种认为研究男女青少年思维能力差异或智力差异就必须回答男女青少年哪个更聪明的说法，实际上是把问题看得过于简单和绝对化的结果。

在20世纪20年代，桑代克曾以实验证明，女性在语言表达、短时记忆方面优于男性；而男性在空间知觉、分析综合能力以及实验的观察、推理和历史知识的掌握等方面则优于女性。麦考比和杰克林（Maccoby & Jacklin，1982）在阅读关于这个问题的1700多篇主要心理学的论文后，获得类似的结论：女性的语言表达能力优于男性；男性的空间能力、数学能力优于女性。一项以2600名5到17岁的美国儿童青少年为被试的研究（Keith，Reynolds，Roberts，Winter，& Austin，2011）发现，与男生相比，女生在加工速度上表现出优势，并且一些年龄段上的女生在自由回忆上，以及年龄较小的女生在短期记忆上均表现出优势，而男生在视觉空间能力上表现出与发展水平相关的优势，但是在潜在的知识理解因子上不存在显著的性别差异。我国上海等地的研究也获得类似的结果。

根据心理学研究，特别是根据我国心理学工作者近几年来的研究，我们将男女两性思维差异的特点概括为如下两个方面：

（一）两性思维差异发展的年龄特征

男女两性思维差异的发展存在着年龄特征，这是国内外心理学研究（牛岛义友等，1983；傅安球，1988）所获得的结论。

1. 两性思维差异的发展 国外对此研究的方法主要采用智力测验。但由于智力测验量表和测验方法不尽相同，因而结论常不一致。例如，同是在日本，牛岛义友（1983）的研究表明，男女两性思维在婴幼儿期没有什么差异，到了学龄初期，男性较好；到了少年期，由于女性思维迅速发展，男女两性暂时没有什么差异；到了青年初期，男性再次领先，但自18岁以后（青年晚期）男女两性思维便不再有差异。而阪本一郎（1979）的研究则证明，女性智商一般比男性低，进入少年期前女性一般超过男性，在成人期则男性较为高。其他国家心理学家的研究也获得各不相同的结论。但是各国学者在男女两性思维差异与年龄有关这一点上，其观点基本上是一致的。例如，有研究以14853名英国双生子为被试，在其2岁到16岁期间共进行了9次智力测验（Stumm & Plomin，2015），结果发现这些儿童在智力测验的初始得分和认知发展的增长曲线上均存在显著的性别差异，具体表现为，在2至4岁时，女生的智力表现优于男生，而在童年晚期和青春期，认知增长的性别差异逐渐减小，在16岁时，这种差异变得不显著了。还有研究者针对以一般人群为样本，以瑞文推理测验为工具测量智力的57项研究进行了元分析，结果发现在6到14岁之间，男生和女生在智力测验上的得分不存在显著差异，但是在15岁及之后，男性在智力测验上的得分显著高于女性（Lynn & lrwing，2004）。一项关于瑞文推理测验上的性别差异的文献综述进一步提出，在青春期以前，男生在智力测验上的得分略高于女生，而从青春期开始，女生的智力测验得分开始高于男生，而在15岁之后，男生在智力测验上的优势开始出现并随着年龄而稳定增长（李春花，罗献明，王腾飞，& 徐芬，2011）。

林崇德等研究（1986）表明，男女两性思维差异的发展变化与年龄的递增是有密切关系的。其发展变化的趋势是：

（1）学龄前男女思维差异不明显，特别是乳婴儿期，几乎没有什么差异。幼儿期虽然已经显示出差异，其表现是女孩的思维发展略优于男孩，但不显著。

（2）从小学到初中一年级，男女两性思维差异逐步明显。

（3）初中二年级以后，青少年出现明显的具有两性特色的思维优异发展的差异，具体表现见下面的研究。

2. 两性思维差异的表现 林崇德、沈德立带领的青少年心理研究协作组

（1982）对男女中学生在逻辑推理能力、掌握逻辑法则，及辩证逻辑能力上的差异做了研究。我们按**形式逻辑**（formal logic）的分类，编制了测定中学生**归纳推理**（inductive inference）和**演绎推理**（deductive inference）测试题，测试结果分别见表7-4、表7-5；我们按**逻辑基本法则**（fundamental laws of logic）的分类，编制了测定中学生**矛盾律**（law of contradiction，即表述为A不是非A，或A不能既是B又不是B）、**排中律**（law of excluded middle，即表述为A是B或不是B）和**同一律**（law of identity，即表述为A）测试题，测试结果见表7-6；我们按照**辩证逻辑**（dialectical logic，即研究人类辩证思维的形式、法则和方法的科学，它把概念的辩证变化以及如何通过概念反映现实矛盾的问题作为自己的主要研究对象）的形式的分类，编制测定中学生辩证的概念，判断和推理的测试题，测试结果见表7-7。

从表7-4中可以看出，男女中学生在归纳推理的发展水平上并不体现出显

表7-4　男女中学生归纳推理发展水平的比较

项目＼成绩＼性别	男生（8839人）	女生（8259人）
总分数	62654	58381
平均分数	7.008	7.069
标准差	2.105	1.662

注：均数差异考验：均数差D$\overline{X}$＝0.019，标准差SE_{dx}＝0.0289，Z＝0.657，p＞0.05。（引自林崇德，沈德立等，1990）

表7-5　男女中学生演绎推理发展水平的比较

项目＼成绩＼性别	男生（8839人）	女生（8259人）
总分数	47600	42097
平均分数	5.39	5.10
标准差	2.018	1.976

注：均数差异考验：均数差D$\overline{X}$＝0.29，标准差SE_{dx}＝0.031，Z＝9.35，p＜0.01。（引自林崇德，沈德立等，1990）

表 7-6　男女中学生逻辑法则发展水平的比较

类别/项别 成绩/项目	矛盾律		排中律		同一律	
	平均数	标准差	平均数	标准差	平均数	标准差
男生(6698人)	13.27	3.27	10.43	2.78	12.24	2.56
女生(6975人)	13.42	2.59	10.46	2.68	12.47	2.56

注：均数差异考验：矛盾律和同一律 $p<0.01$，排中律 $p>0.05$。
（引自林崇德，沈德立等，1990）

表 7-7　男女中学生辩证逻辑思维三种形式发展水平的比较

类别/项别 成绩/项目	概念		判断		推理	
	平均分数	正确率(%)	平均分数	正确率(%)	平均分数	正确率(%)
男生(6766人)	7.94	56.71	8.18	54.53	6.70	31.90
女生(6261人)	7.70	55.00	8.49	56.60	6.82	32.48

注：均数差异考验：三种形式均无显著差异（$p>0.05$）。
（引自林崇德，沈德立等，1990）

著的性别差异。

表7-5说明男女中学生在演绎推理的发展水平上存在显著的性别差异，即男生演绎推理的发展水平明显优于女生。

从表7-6中可以看出，男女中学生在逻辑法则同一律的发展水平上不存在着性别差异；而对于逻辑法则中的矛盾律和同一律来说，男女中学生在这两个逻辑法则的发展水平上存在着显著的性别差异，而且都是女生的发展水平优于男生。

由表7-7中可以看出，男女中学生在辩证逻辑的三种形式的发展水平上并没有性别差异。

综合表7-4至表7-7得出，青少年学生思维发展具有如下的三个性别特点：

第一，形式逻辑思维发展水平较之辩证逻辑思维发展水平的性别差异明显。在形式逻辑思维内部的推理能力上，演绎推理较之归纳推理明显；在逻辑法则的运用上，同一律和矛盾律较之排中律明显。而辩证逻辑思维三种形式的发展水平，则是同步的。

第二，性别差异并不显示思维发展上的男优女劣或女优男劣，而是各有其发展特色。推理能力发展男生优于女生；逻辑法则的运用能力女生则优于男生。

第三，在形式逻辑思维的推理能力上，男生得分的离散性大于女生，表明其思维发展呈两极型；女生思维发展则较均衡。

（二）男女青少年思维发展的特点

男女青少年思维的发展在总体上的平衡性和发展特色上的不平衡性是统一的。

男女青少年思维发展总体上的平衡性，是从思维的综合平衡的意义上说的。但是，男女青少年的思维毕竟是有差异的。这种差异主要表现在男女思维发展的优异发展上。具体的特点有：

1. 表现在思维能力诸因素上。时蓉华的实验研究（1982）表明：事物比较能力，男性（正确率达91.3％）高于女性（正确率为79.4％）；电子计算能力，女性高于男性；方块分析能力，男性高于女性；图形分析能力，女性高于男性。

2. 表现在思维类型上。国内外的研究有比较一致的看法，就是女性偏于形象思维或思维的艺术型；男性则偏于抽象思维或思维的抽象型。

3. 表现在思维发展的速度上。如上一问题所述，在不同年龄阶段，男女两性思维发展的速度及水平都是有差异的。

第三节 中学生情绪的特征

从20世纪初霍尔的《青少年心理学》一书问世至今，已经过了100多年。在此期间，青少年心理学的研究提出了不少理论，如疾风怒涛说、心理断乳论、反抗期学说、第二次诞生观点等，大都是对青少年情绪情感变化多端的特征而提出来的。

一、情绪情感的两极性

青少年情绪情感最突出的特点是其两极性的表现，例如，当取得好成绩时非常高兴，表现为唯我独尊；一旦失败，又陷入极端苦恼的情感状态。又如，他们往往具有为真理献身的热情，盼望实现惊人的业绩；但也常常由于盲目的狂热而做蠢事或坏事。所以，霍尔就把青春期说成是**疾风怒涛期**（或**狂飙期**）(storm and stress period)。

（一）情感两极性的表现

人的情感是十分复杂的，它具有两极性。**情感两极性**（bipolarity of affection）有多种表现。第一，表现为情感的肯定及否定，如满意和不满意、愉快和悲伤、爱和憎等。第二，表现为积极的、增力的或者消极的、减力的，如愉快的情感驱使人积极地行动，悲伤的情感引起的郁闷会削弱人的活动能力。第三，表现为紧张及轻松的状态，如考试或比赛前的紧张情感，活动过去以后出现的紧张解除和轻松的体验。第四，表现为激动和平静，如激愤、狂喜、绝望和意志控制情感处于稳定状态。第五，表现在程度上，这反映在从弱到强的两极状态，如从愉快到狂喜，从微愠到暴怒，从担心到恐惧等；或反映在深刻程度上，如同样的情感却有不同的由来，不同的质量和水平。情感的两极性，反映了情感的内容、强度、稳定性、概括性和深刻性等，反映了情感的发展水平和复杂程度。

（二）中学生情感的两极性

中学生很容易动感情，也就是说，他们的情绪和情感比较强烈，带有明显的两极性，表现出如下特征：

1. 外部情绪的两极性

（1）强烈、狂暴性与温和、细腻性共存：少年的情绪表现有时是强烈而狂暴的，暴风雨式的。但有时，他们又表现出温和、细腻的特点。所谓温和性，是指人们的某些情绪在文饰之后，以一种较为缓和的形式表现出来。所谓细腻性，主要是指情绪体验上的细致和精确的特点。

（2）可变性与固执性共存：情绪的可变性，是指情绪体验不够稳定，常从一种情绪转为另一种情绪的特点。这种情况常出现在情绪体验不够深刻的情况下。对青少年来说，一种情绪较容易被另一种情绪所代替，而且常常以一种积极的情绪取代另一种消极情绪。情绪的固执性，是指情绪体验上的一种顽固性。青少年由于思维灵活性尚未成熟，在对客观事物的认识上，还存在着偏执性的特点，且给情绪上带来固执性。

（3）内向性和表现性共存：内向性是指情绪表现形式上的一种隐蔽性。从童年期转入青春期，青少年逐渐失去了单纯和率直，在情绪表露上出现了隐蔽性，将喜怒哀乐各种情绪都尽可能地隐藏于心中，尤其是对于一些消极性情绪，隐藏得更是严密。但青少年有时为了**从众**（conformity）或其他一些想法，常将某种原本的情绪加上一种表演的色彩，或夸大某种情绪，或削弱某种情绪。这种情绪表露的过程中，自觉或不自觉地带上了表演的痕迹，这就是情绪的表现性。

2. 内心表现的两极性 日本的依田新（1972）指出青少年写日记的心理特征及日记中表现出的坦白性和秘密性、真实性和虚伪性等矛盾状态。铃木康平（1987）也指出青少年在日记中表现出自我批判和自我安慰的矛盾两极性。

3. 意志的两极性 在中学阶段，青少年的意志始终共存着：积极性和消极性，认真和马虎，努力和懒惰，守纪和散漫，果断和犹豫等矛盾的两极性（张日昇，1993）。

4. 人际关系的两极性 主要表现为对双亲的正反两面的矛盾情感，例如孝顺和顶嘴等；朋友关系中的友情和孤独，亲切和冷漠，参与和旁观等矛盾的两极性（张日昇，1993）。

5. 容易移情 **移情**（**或同理心**）（empathy），即当一个人感知到对方的某种情绪时，他自己也能体验到相应的情绪。青少年时期更能在情绪上引起共鸣、感染和同情，从而得以识别并体验别人的情绪，影响自己的情绪并产生迅速的变化。

（三）中学生情感两极性产生的原因

为什么中学生的情绪和情感的两极性如此明显呢？这主要有两个原因：

其一，他们处于身心各方面迅速发展的时期。在社会各种关系和因素的作用下，他们的心理出现多种矛盾，表现在情绪和情感上，主要是各式各样的需要日益增长，而他们对这些需要的合理性的认识水平高的主观状态与社会客观现实之间有矛盾。中学生的需要有合理的和不合理的成分，而社会现实也有合理和不合理的因素，它们经常处于矛盾状态。例如，有时候青少年的需要和观点是合理的，像他们要求良好的学习环境、正当的职业、正确的领导和一个更加完善的社会风气等等，但是现实社会还有缺点或弊病，不能使他们的合理需求得到满足或实现。如果他们求告无门，又找不到适当的方法，就会产生苦恼、愤懑、讥讽或者灰心绝望等情绪和情感。有时候青少年的需要是合理的，但又是不切实际的。如果他们得不到成人社会的正确指导，认识不到社会发展的客观规律性，也同样地会产生急躁、不满或消极的思想、情绪和情感。这种不断增长的个体需要时而得到社会认可或得到满足，时而受到社会的否定或难以实现，这就成为他们产生复杂的、摇摆不定的强烈情绪和情感的主要来源和根据。

其二，由于青春发育期性腺功能显现，性激素的分泌会通过反馈增强下丘脑部位的兴奋性，使下丘脑神经过程总的趋势表现出兴奋性的亢进，就与大脑皮质原有的调节控制能力发生一时矛盾，使大脑皮质与皮下中枢暂时失去平衡，这种状态可能是青春发育期的中学生情绪和情感两极性明显的生理原因。

二、心理性断乳与反抗行为

在青少年期，经常表现出的“反抗”行为，除了上一节所涉及的思维品质的矛盾表现之外，还有情绪情感上的特征。这种反抗情绪，应该看作是青少年“过渡期”的一种必然表现形式。

（一）心理性断乳和反抗期理论

在发展心理学史上，心理性断乳和反抗期理论，就是针对上述表现形式提出来的。

1. 何林渥斯的心理性断乳学说 在青少年心理学书籍里面，经常出现“心理性断乳”一词。最先使用此语的是何林渥斯（Hollingworth，1928）。

何林渥斯将青少年期认识为由儿童期到成人期的过渡时期，对这一过渡时期的实质如果认识错误的话，就会引起生理疾病或心理不适应。

青少年期所直接面临的问题，在未开化种族里所广泛举行的青春期的公**众仪式**（public ceremonies），亦称**成年礼**（puberty rite），表现得非常清楚：第一，从家庭的羁绊里解放出来并成为部族独立的一员；第二，青少年自身的食粮必须通过自身努力去获得，即面临着职业的选择问题；第三，青少年现已达到性成熟并已具备了生殖能力这一事实获得确实的认定；第四，作为成熟的人必须具备世界观的形式。何林渥斯将以上的各问题逐次进行详尽地论述和讨论，特别是对第一个问题心理性断乳做了较具体的说明。

作为青春期的“公众仪式”最重要的机能之一，一般认为是从家庭的羁绊中解放出来。从12岁到20岁左右，一般来说，人会有“若能摆脱家庭成为自由而独立的人就好了”这样的冲动。何林渥斯将青少年从家庭中独立出来的过程，称之为**心理性断乳**（psychological weaning）。这是一个与婴儿期因断奶而改变营养摄取方法的**生理性断乳**（physiological weaning）相对照的概念。无论是哪一种断乳，其共同特点是，断乳前所形成的适当且必要的习惯，已与新的需要、冲动、行动不相适应并发生矛盾。改变这一习惯及原有的心理水平已成为必然，这就使得母子之间形成的习惯必须改变，也就造成了在青少年期的心理适应上所反映出来的心理性断乳的复杂性。

何林渥斯又出版了《发展心理学概论》(Hollingworth，1930)，其中一章专门介绍了青少年期心理，包括：公众仪式，身体变化中所包括的心理适应，个别差异，父母的习惯与需要，社会化的过程，怀疑及知识的渴望，青少年的智力教育及职业，青少年的情绪与情操，情绪的稳定等内容。

2. 彪勒的反抗性理论 彪勒（Bühler，1920）将青年期分为两个时期，第一时期是以否定倾向为主的青年前期，她称之为**青春早期**（或**青春前期**）(prepuberty phase)；第二时期是以肯定倾向为主的青年后期，她称之为**青春晚期**（或**青春后期**）(postpuberty phase)。

她认为否定期在青春期前即已发生。伴随着身体急速成熟，青少年往往产生诸如不愉快、心神不定、不安、郁闷、感情易于激动和兴奋等现象，态度变得粗野，并产生一些反抗、胡闹、攻击、破坏行为。因此，这一时期又称为**反抗期**（period of resistance）。

伴随着生理机能的成熟，机体内部组织日趋稳定，青年的社会文化成熟也进入新阶段，这时候，青年第一次有意识地产生了真实而自然的体验，感到从未有过的幸福的喜悦。青年开始发现面前所展现出来的新的价值世界，并且青年的人格向积极的、肯定的方面转变。同时也产生了与人接触的需要，明确意识到异性之爱。

但是这里并不是说前期毫无光明的一面，后期也绝无黑暗之处。而只是强调作为基本特征，青春早期以否定的态度倾向为主，青春晚期则以肯定的态度倾向为主。

（二）反抗情绪的表现

青少年的反抗情绪有着各种各样的表现，我们将其概括如下三个方面。

1. 青少年反抗情绪的表现时机 在什么情况下，青少年容易出现强烈的反抗情绪呢？据我们观察记录表明，青少年一般在下列一些具体情况下产生反抗情绪：

(1）心理性断乳受到阻碍。青少年极力要求独立，但成人（父母或教师）没有这种思想准备，仍以过分关切的态度对待他们。

（2）青少年的自主性被忽视，感受到妨碍。成人不听他们的主张，将他们一味地置于支配之下。

（3）青少年的人格展示受到阻碍。通常的情况下，成人只顾青少年的学业成绩，而对于他们寓于人格的活动却加以限制或禁止，这会引起青少年的反感。

（4）当成人强逼其接受某些观点时，他们拒绝盲目接受。

2. 反抗情绪与代沟 在社会上，人们常常把青少年的反抗情绪与代沟等同起来。其实，两者尽管有联系，但又有区别。

代沟（generation gap）系20世纪60年代末期由美国人类学家米德（Margaret Mead，1901—1978）提出的概念。它是指两代人之间存在的某些心理距离或隔阂。因历史时代，环境影响和生活经历的不同，两代人对现实和未来的看法、态度各异，常常引起矛盾与冲突。在个体的发展中，代沟现象明显地出现在青少年期。两代人之间发生的人际关系，称为**代际关系**（relations between generations）。在童年期，儿童是无条件地依恋教师，他们遵守着听话的道德；到青少年期，“成人感”“自主性”或“独立意向”的发展，使他们开始改变与成人的关系，要求成人重视他们的意见，并希望获得更多独立自主的权利。如果成人能重视他们的思想和行为，平等对待他们，就可以成为他们的朋友和师长，否则就会遭到抗议，这是他们向成人争取权利、企图改变与成人关系的一种表现。因此，代沟尽管不是青少年反抗情绪的主要原因，但也是一个重要因素。

青少年产生反抗情绪，并与成人的冲突很多情况下都是交往方式所引起的。青少年时期这种关系的模式继续发展，可能会变得比较关心和体贴父母。倘若成人能够采取民主教育的方式，如耐心地解释自己的要求，在升学、就业、交友等问题上支持和尊重青少年的合理意见，让他们参加家庭、学校事务的决策等，青少年是能够同成人建立融洽的相互关系的。所以，代际关系是否能和谐、合作，代沟所造成青少年的反抗情绪能否避免，关键在于长者的教育机智。

3. 反抗情绪与逆反心理 **逆反心理**（psychological inversion）本身不是心理学的概念而是个日常用语，主要用来描述青少年由于自身成熟而产生的独立或自重的要求，以及对上一代的不满、反抗的矛盾情绪。青少年对某一事物或某一结论同成人持对立的情绪，其主、客观原因是比较复杂的。

从青少年心理发展的特点来看，有两个方面是容易造成情绪波动且难以控制的因素，这就是上述腺体发育的生理因素和思维品质矛盾表现的心理因素。青少年产生逆反心理也有客观的原因，有人调查表明，青少年的逆反心理往往发生在父母或教师等成人遇事“婆婆嘴”，说话过头，违反了青少年的求知欲、好奇心、交友结伴的特点的时候。因此，只要成人在教育青少年时注意尊重他们，讲究方法，并提倡青少年也要自觉孝敬长者、体谅长者、理解他们的苦衷，和加强修养、控制感情，青少年的“逆反心理”是能克服的。

三、心态的不平衡性

青少年在青春期渡过的是一段半幼稚和半成熟、独立性和依赖性错综复杂、充满着矛盾的时期。他们的内心充满着烦恼，例如，不知道应该以何种姿态出现于公众面前，如何处理与父母的关系开始出现的裂痕，如何保持或确立自己在同伴之中应有的地位。于是出现许多**矛盾性心态**（ambivalence），诸如，生理发育与心理发展的矛盾，反抗性与依赖性的矛盾，闭锁性与开放性的矛盾，理智与情感的矛盾，勇敢与怯懦的矛盾，高傲与自卑的矛盾，否定童年与眷恋童年的矛盾，等等。所以说，青春期是个体心理发展充满矛盾的阶段，处于心态的不平衡性时期。经过**心理整合**（psychological integration）过程，一旦达到身心和谐，就达到了**心态平衡**（psychological balance）阶段。

（一）心态不平衡性的阐述

如前所述，霍尔在心理发展问题上提出了复演论。他的《青少年心理学》一书，从复演论出发，论述了青少年情绪情感的心态不平衡性的表现及根源。

1. 青少年心态不平衡的实质　霍尔认为，青少年期标志着一个崭新的、更完善、更具有人性特征的任务的产生。这观点与幼儿期所表现出来的在人类的进化历史上的古代渔猎时期的特征相对照，青少年期所表现出来的某些特质却是在近期研究中得以发现的。伴随着身高、体重、性等的急剧发育，身心机能的比重得以改变。同时，青少年期又向往成人的生活并对选择职业产生兴趣的年龄。有个性的性格得以形成且富于可塑性，青少年变得满腔热情且更加**人类化**（humanization）、**文明化**（civilization）。然而，青少年期是动摇起伏的不稳定时期，有着对立的冲动。

2. 青少年心态不平衡的表现 霍尔在他的《青少年心理学》一书中列举了青少年所具有的对立冲动：

第一，热衷于几小时、几天、几周或几个月精神过分旺盛的活动，然后走向反面——很容易疲倦，以至于筋疲力尽而无精打采。

第二，生活于快乐与痛苦的两极摆动之间：从得意扬扬、尽情欢乐到哭泣叹息、忧郁厌世。

第三，自我感增加了，于是出现所有形式的自我肯定（虚荣心、自信、自高自大），同时又怀疑自己的力量，担心自己的前途，害怕自尊心受到伤害。

第四，生活不再是自我中心的，出现了自私与利他之间的轮换更替。

第五，良心已可以开始扮演主要的角色，出现迫切追求正义与说谎犯罪等好坏行为的更替。

第六，许多社会性本能也有同样的情况：羞怯的、忸怩的、好孤独，沉浸于主观生活与不甘孤单，想搭伴结伙，崇拜英雄，对新的伟大思想盲目崇拜，对文艺作品过分倾向等交替。

第七，与此非常类似的变化是，从强烈的敏感到冷静，以至冷漠、无情或残忍。

第八，对知识的好奇和渴求，理智的狂热有时变得简直过于热切。

第九，在知与行之间摆动：手不释卷、热心读书、想有学问与自觉或不自觉地走到户外、欣赏大自然、创一番事业的冲动。

第十，保守本能与激进本能两者间的更替。

第十一，感官与智力有明显的相互作用，似乎各有其开始形成的阶段。

第十二，聪明与愚笨的并存。

霍尔认为，青少年正是在经历了以上各种内部冲突和更替之后，才最终复演成为人类文明的一员。他论述了发展的社会基础，强调社会因素，特别是教育的作用，并分析了各种不同青少年的心理特征，认为心理的发展是不均衡的，尤其在情感上、心态上不平衡。

（二）从情感不平衡向情感稳定发展

青少年的情绪情感，由心态不平衡向心态平衡过渡，从两极性明显地向稳定性发展。中学生的情感尽管两极性明显，但还是逐渐趋于稳定。主要表现在两个方面：

1. 对感情的自我调节和控制能力逐渐提高 初中生对自己情感的自我调节和控制能力相对要差些，波动性更为明显，往往还不善于使自己的情感受时间、地点、场合等条件的支配和克制自己的情感表现。高中生的控制能力则随着知识、智力的发展，意志力和人格部分倾向性的发展而提高，并逐渐地与前途、理想交织在一起，显得比较稳定、持久和善于自我控制与调节。但是，高中生的激情在一定场合仍表现得比较明显。

要培养青少年的**挫折忍耐力**（或**挫折容忍力**）(frustration tolerance)，使他们学会调节情感的本领。挫折耐力就是对挫折情境的预料和对挫折的抵抗能力。情绪、情感是能够被意识到并受思想意识的调节的，但人在受挫折的时候容易产生消极的情绪，理智降低，做出不该做的事情。为了避免或减少这种情况，就要引导中学生加强道德意识和乐观主义修养，同时增强挫折耐力，学会对复杂的事情进行全面分析，对挫折的情境做好预见性思想准备，一旦出现挫折，会冷静分析挫折的内外困境而采取恰当的行为，并学会在激怒、苦闷的情况下进行情感的自我调节。

2. 逐步带有文饰的、内隐的、曲折的性质 初中生尽管不像儿童那样掩盖不了自己内心的感情而极力使自己的感情不外露，但由于调节、控制能力较差，仍容易外露出一时激动的情况。高中生在这方面就带有文饰的、内隐的、曲折的性质了。他们能够根据一定条件支配和控制自己的情感，使外部表情与内心体验出现不一致性。因此，要逐步了解和掌握青少年情感稳定性的变化，不能仅仅以他们的表情作为判定其思想感情的依据，而应该综合一段时间的全部表现及其人格的特点，经过深入细致的分析得出结论，这样才比较可靠。

第四节 青少年期的社会性发展

青少年期的生理、认知和情感发展变化的特点，也决定着这一时期的社会性发展。青少年社会化的任务主要表现在以下六个方面：

1. 追求独立自主 由于成人感的产生而谋求获得独立，即从他们的父母及其他成人那里获得独立。

2. 形成自我意识 确定自我，回答“我是谁？”这个问题，形成良好的自我意识。

3. 适应性成熟 所谓适应性成熟，即适应那些由于性成熟带来身心的，特别是社会化的一系列变化。

4. 认同性别角色 获得真正的性别角色，即根据社会文化对男性、女性的期望而形成相应的动机、态度、价值观和行为，并发展为性格方面的男女特征，即所谓男子气（或男性气质）和女子气（或女性气质），这对幼儿期的性别认同来说是个质的变化。

5. 社会化的成熟 学习成人，适应成人社会，形成社会适应能力。逐步解决价值观、道德发展的成熟是适应成人社会的社会化的成熟的重要标志。

6. 定型性格的形成 发展心理学家常把性格形成的复杂过程划分为三个阶段：第一阶段是学龄前儿童所特有的、性格受情境制约的发展阶段；第二阶段是小学儿童和初中的少年所特有的、稳定的内外行动形成的阶段；第三阶段是内心制约行为的阶段，在这个阶段里，稳固的态度和行为方式已经定型，因而性格的改变就较困难了。

如第一章所述，社会化的有些过程在青少年阶段可完成，这就是儿童青少年社会化的成熟。这个成熟的核心，表现在自我意识的稳定、价值观的形成和道德趋向初步成熟三个方面。

一、自我意识的发展

我们从自我评价、自我体验和自我控制三个方面来分析青少年自我意识发展的特点。

（一）青少年自我评价的发展

自我评价是指主体对自己思想、愿望、行为和人格特点的判断和评价。到了青少年阶段，他们逐渐摆脱成人评价的影响，而产生独立评价的倾向。上中学之前，学生在道德判断中往往着眼于行为效果，到了中学则转向注重内部动机的判断。在良好的教育条件下，他们从初中开始就能做出效果和动机的辩证判断。另外，青少年评价能力发展的一个突出特点，就是十分重视同龄人对自己的评价和看法。他们开始时将同龄人的评价和成年人的评价同等对待，慢慢地就表现为更重视同龄人的意见而忽视成人的意见。

1. 自我评价的独立性和依附性 自我评价的独立性是相对于自我评价的依附性而言。独立的自我评价，是青少年有“主见”的表现，这在人的成长过程中有着非常重要的意义。韩进之等人（1990）围绕以下的一些问题，判断学生自我评价的独立性状况，例如询问学生：老师、同学对你有什么看法，你认为他们的意见都正确吗？你做事拿不定主意吗？独立进行自我评价的能力随学生年级的上升而不断提高，到初中二年级以后就达到较为稳定的水平。初中生自我评价能力的发展见表7-8。

2. 自我评价的具体性和抽象性 自我评价的具体性，是指学生注重从外部表现或行为结果来评价自己，而不能从内部动机来剖析自己，还不能上升到理

表7-8 青少年自我评价能力的发展

项目＼年级	五年级	初一	初二	高二	F值检验
平均数	2.02	2.21	2.31	2.33	742.04**
标准差	0.41	0.38	0.34	0.34	

注：**表示 $p<0.01$。
（引自韩进之等，1990）

论的高度。具体性评价往往就事论事，具体而琐碎。而抽象性评价是指对具体评价的概括与深化。两者相比，具体性评价的水平较低，这即体现出主体的自我意识还不够成熟。

韩进之等人（1990）用诸如“你认为怎样才算是一个好学生”之类的问题询问学生，结果将学生的答案分为三类：具体、外部的答案；抽象、内部的答案；内容介于两者之间的评价答案。

在大连地区，实验者从小学一年级到高二的几个年级中各抽取了100名学生，将其答案进行分析，制成了大连地区学生自我评价的具体性和抽象性发展示意图，见图7-3。

从图7-3可以看出，青少年进入中学以后，抽象性的评价人数大幅度上升，而具体性的评价人数越来越少；到了高二年级，评价注重具体的表面的现象基本上不存在了，这意味着青少年阶段是自我意识由具体性向抽象性发展的时期。

3. 自我评价的原则性和批判性 自我评价的原则性，一般是指个体以一定的道德观念和社会行为准则为依据而做出的自我评价；自我评价的批判性则是

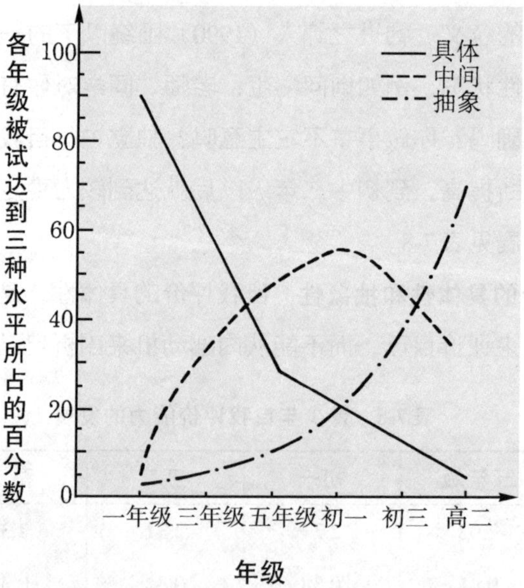

图7-3 大连地区中学生自我评价的具体—抽象性发展

（引自韩进之等，1990）

指个体自我评价的全面性和深刻性。二者是联系在一起的，都是指自我评价的客观性和准确性是否符合社会准则，及符合程度的问题。另外，二者都是随着年龄和环境、教育的影响同步发展起来的。进入中学阶段，由于道德观念和抽象逻辑思维的发展，青少年明显地表现出从道德原则出发进行自我评价的现象，并显示出一定的全面性和深刻性。他们能够将自己的行为和行为动机联系起来，从初中开始就能较全面地评价自己的行为，比较深入地分析自己的个性品质并能初步分析这些个性品质优劣的基本原因。到初中三年级以后，青少年的这种自我评价的深刻性和全面性继续发生质的变化，即其自我评价的批评性又得到进一步的发展。

4. 自我评价的稳定性 自我评价的稳定性可以反映出中学生在评价中的负责态度和其所采用的标准是否一致。如果认识水平低、标准不明确，或者态度随便，都会使他们的自我评价出现不稳定的结果。稳定性差也是自我意识发展不够成熟的表现，它可以对两次或多次有一定间隔时间的自我评价结果进行比较而找到结论。

我们从表7-9中可以看出，随着年级的升高，前后两次测试结果的**相关系数**（correlation coefficient）也相应增大，中学生自我评价的稳定性越来越好。

表7-9 全国九个地区自我评价问卷复测相关系数

年级	一年级	三年级	五年级	初一	初三	高二
相关系数(r)	0.37	0.51	0.61	0.67	0.73	0.78

（引自韩进之等，1990）

（二）青少年自我体验的发展

自我意识中情感体验往往是通过学生的态度反映来进行研究的。青少年在心理上的成人感、闭锁性、自尊感对其自我体验的发展是最具有现实意义的。

1. 成人感 所谓成人感指青少年感到自己已经长大成人，渴望参与成人角色，要求独立、得到尊重的体验和态度。

如前所述，当青少年的“成人感”出现时，便产生一系列独立自主的表现：他们一反以往什么都依赖成人、事事都依附教师和家长的心态，不是事无巨细样样请教大人了，也不再是敞开心扉，什么都可以公开了。他们有自己的见解和社会交往，乐于将属于自己的一块“小天地”安排好，并按一定的要求保持好，还渴望得到家长的承认。他们要求和成人建立一种朋友式的新型关系，迫切要求老师和家长尊重和理解自己，如果家长和老师还把他们当作“小孩”而加以监护、奖惩，无视他们的兴趣、爱好，他们可能以相应的方式表示抱怨，甚至产生抗拒的心理。于是，从初中时期起，他们就产生强烈的自立愿望，开始疏远父母而更乐于和同龄人交往，寻找志趣相投、谈得来的伙伴。而青少年生理成熟所导致的心理上的成人感与现实中的幼稚并存，这种身心不平衡的状态常容易使青少年产生心理冲突（赵景欣，刘霞，& 申继亮，2008）。

2. 自尊感　自尊感（或**自尊**、**自尊心**）（self-esteem）是社会评价与个人的自尊需要之间相互关系的反映。黄煜烽等人（1993）认为，当一个人的生理需要、安全需要和社会需要得到一定程度的满足时，人就产生对荣辱的关心，即自尊需要。它包括自我尊重和受社会尊重两个方面。所谓自我尊重，就是要求独立、自由、自信，对成就和名誉的向往等；所谓受社会尊重，就是指希望被人认可、受人尊重，以及对地位、实力、威信方面的考虑等等。人生活在社会群体中，不仅要自己尊重自己，而且希望别人也尊重自己，希望自己的才能和工作得到社会的承认，在群体中占有一定的位置，享有一定的声誉，获得良好的社会评价。这是一种普遍的心理现象，青少年当然也不例外。青少年自尊感的体验容易走向极端，如前所述，当社会评价与个人的自尊需要相一致、自尊需要得到肯定与满足时，他们往往会沾沾自喜甚至会得意忘形；如果社会评价不能满足自尊需要或者产生矛盾时，他们就可能妄自菲薄、情绪一落千丈，甚至出现不负责任的自暴自弃。纵向追踪研究表明（潘颖秋，2015）：初中生自尊水平和认知自主水平随年龄增长而上升，亲子关系和认知自主对初中生自尊发展有促进作用，而学业压力对初中生自尊发展有抑制作用。针对初中学生自尊的另一项纵向追踪研究发现（张国华，戴必兵，& 雷雳，2013）：较高的自尊水平能够预防初中生的病理性互联网使用。

3. 从闭锁性到自卑感　如前所述，青少年期在心理发展上表现出较明显的闭锁性，这成了这个阶段自我体验的一个重要表现形式。

随着闭锁性的发展，青少年到了高中时期容易出现自卑感。所谓**自卑感**（sense of inferiority）是一种轻视自己、不相信自己，对自己持否定态度的自我体验。儿童很少有什么自卑感，自卑感萌芽于少年期，容易产生在青年初期。自卑的人常常有着强烈的**防卫心理**（defence mentality）。郑和钧等人（1993）研究指出，防卫心理主要表现在**伪装**（dissimulation）、**转嫁**（shifting）、**回避**（shunning）和**自暴自弃**（giving oneself up as hopeless）等几个方面。一个人若被自卑感所笼罩，其精神活动就会遭到严重的束缚，会变得不肯面对现实，丧失独立向上、自强不息的精神。因此，要使自我意识和人格健康发展，就必须从自卑感中解脱出来。

（三）青少年自我控制的发展

青少年的自我评价和自我体验的发展为其自我控制（或自持）的发展奠定了基础。

1. 自我控制的基本动因 从行为产生的原理来看，行为控制的基本过程与行为发生的过程大致相同：自我需要产生某种行为的动机，在一定的动机作用下，主体筹划行为的计划，并完善计划和选择行为方式，使自我调控行为得以实施。因此整个自我调控的动因，可以概括为相辅相成的自我需要和自我教育两个部分，其中自我教育是实现自我需要的必然过程。从动因上看，自我教育是自我需要的发展和继续，自我需要又是在自我教育的过程中得到深化、完善，直至实现的过程。

2. 自我控制的年级差异 在教育实践中，我们发现中学各年级的学生自我控制能力的发展是有差异的。就整体而言，初一学生年龄尚小，自我控制能力较差，随着年龄的增大，学生生活经验与社会经验的不断丰富，心理上独立性的不断增强，自我控制的动力由主要来自外部的力量，转变为以内部自我控制力量为主。这个过程集中反映在初二学生的身上。所以，相对地说，初二年级不仅比较难管理，而且学习成绩的高低分化也比较明显。初三和高中学生相对来说年龄又大些了，学习的自觉性有所提高，而初二年级的学生往往容易放松自己。此外，高一年级（16～17岁）面临从初中生转变为高中生的角色转换，相比其他年级更易产生自我控制弱的问题，例如分心、冲动等（Wang，Fan，

Tao，& Gao，2017）。因此，在中学教育中，必须注意初二、高一年级的特点并做到因势利导。

3. 初中生与高中生自我控制能力的差别 从整体上看，青少年在初中和高中阶段的自我控制能力是有区别的。初中生自我控制能力的发展还是初步的，虽然开始出现以内部动力为主的特点，但其稳定性和持久性却不够理想。一方面，他们的思想方法开始转向以内部归因为主，另一方面，他们又过高地估计了自己的力量与形象。

意识到自己并且开始较稳定而持久地控制自己，是高中生自我意识的一个重要特点。高中生更多地要关心和思考自己的前途、理想的问题，但在**主观的我**（subjective self）和**社会的我**（或**社会我**）（social self）之间，**理想自我**（或**理想我**）（ideal self）与**真实自我**（或**真实我**）（real self）之间是存在着矛盾的，这就促进了高中生的自我调节和控制能力的发展，否则，必然会导致一种较深的挫折感，使自我矛盾激化。高中生认识自己和控制自己的途径有三：一是以他人为镜调节自己；二是以自己活动的结果为镜调节自己；三是通过对自己的内部世界的分析、内省认识并调节自己，如古人所云"吾日三省吾身"。只有这样，才能发展自我控制能力，增强社会适应能力，从而更好地实现青少年阶段社会化的任务。

二、价值观的确立

青少年阶段是价值观确立的时期。因为在这个时期，青少年的各个方面都表现出极为迅猛的发展变化，这势必会影响到青少年价值观的发展与确立。而且，随着青少年期发展任务的完成，青少年则开始倾向于以一个成人的姿态去迎接新生活的挑战，因此，青少年时期是个人价值观确立的重要时期。有鉴于价值观在个体心理和行为中发挥着重要作用，这里有必要对青少年的价值观做一详细的探讨。

（一）价值观的本质

关于个人价值观结构的探讨，最初出现在杜威（Dewey，1939）的"价值理论”中。杜威指出，价值观是个人与他人及其周围世界相互作用的结果（Bargo，1980）。杜威的这一观点基本上得到了后来研究者的认可。所以，**价值观**（view of value）指的是个人对周围世界中人、事、物的看法，是个人据以评价和区分好坏的标准，它可以推动并指引个人做出决定和采取行动。

1. 价值观的形成 价值观萌芽在幼儿期、童年期，这期间主要是接受社会既定的价值。这时，社会化代理人（比如父母或其他成人）对于儿童的行为要求，以及儿童对于同性父母的认同，形成了儿童的基本价值观念和基本行为规范。随着年龄的增长和身心的日益成熟，尤其是认知能力的发展，青少年开始对周围世界有了新的认识，开始意识到以往价值的逻辑性矛盾和父母价值观念的局限性，并进而对既存价值观进行批评，以重新建立自己的价值观。于是，由童年期具体的、重视外在价值的价值观念开始向青少年期抽象的、重视内在价值的价值观念过渡。

价值观作为习得的**人格**（或**个性**）（personality），青少年价值观学习的历程可分为四个阶段：先有价值感，而后有价值观，进而建立价值标准，最后才能做价值判断（张春兴，1993）。价值感是个人主观的感受，它由个人生理上和心理上的需要产生相应的要求，这些需求一旦得以满足，即个人有一种心得，因而产生价值感。比如，一个人身处危难时求助于朋友，得到朋友帮助渡过难关，那么，友情友谊对个人就有价值感。对于个人来说，有价值感的东西会很多，即个人的价值感是多元取向的，这实际上就给青少年造成了冲突、为难的困境，而青少年必须就此做出选择。正是在不可回避、对多元取向价值的定向中，青少年通过了解、思辨、选择、比较、组合、调整等学习历程，最终建立起属于自己的价值观。

2. 价值观的特点 价值观作为个人对周围世界中人、事、物的看法，它具有如下主要特点（黄希庭，1991）：

（1）**主观性**（subjectivity）：个人据以评价和区分好坏的标准，是根据个人自己内心的尺度来把握的，它取决于主体自身的需要。

（2）**选择性**（selectivity）：指青少年随着身心的成熟，开始主观地、有意识地选择符合自己的评价标准，形成个人特有的价值观。

（3）**稳定性**（stability）：个人的价值观形成之后具有相当的稳定性，往往不易改变，并在个人的兴趣、理想、信念和行为上表现出来。

（4）**社会历史性**（sociohistoricality）：处于不同历史时代、不同社会生活环境中的人的价值观是不同的。

3. 价值观的种类 客观世界的纷繁复杂以及个人需要的千差万别，决定了相应的价值观内容的丰富多彩。研究者根据不同的标准对价值观进行了不同的分类。

施普兰格（Spranger，1928）根据社会文化生活方式，把个人价值观区分为六种，即理论的、经济的、审美的、社会的、政治的和宗教的。

莫里斯（Moris，1956）提出三种精神（酒神精神、普罗米修斯精神、如来精神）作为价值的根本基础，从而设定了十三种生活道路模式；日本学者见田宗介（1966）把它们定为中庸型、达观型、慈爱型、享乐型、协同型、努力型、彩色型、安适型、容忍型、克己型、冥想型、行动型和奉献型。

另一种为很多哲学家、人类文化学家和心理学家所认同的分类，是由**人本主义**（humanistic）心理学家罗克奇（Rokeach，1972）提出的。罗克奇根据“行为方式或世界的终极状态”，把价值观分为**工具性**（instrumental）的和**终极性**（terminal）的。

在罗克奇的基础上，施瓦茨（Schwartz，1987）提出价值观可从三个角度进行分类，一是“理想的最终状态或行为”，与罗克奇理论的“工具性”“终极性”价值观对应；二是“利益”，对应“个人主义价值观”“集体主义价值观”和“个人主义—集体主义兼有的混合价值观”；三是“动机”，对应“满足个体生物需要的动机”“协调社会互动的动机”“使群体得以生存并维护群体利益的动机”。该理论自1987年初步形成至2012年理论重构，成为价值观研究领域最为成熟和被广泛接受的理论（李玲 & 金盛华，2016）。

此外，雷塞尔（Rescher，1969）还根据自我—他人维度把价值观区分为自我取向的和他人取向的两种。

总之，不同的研究者根据各自不同的研究兴趣、研究背景及个人的思维视野，从不同的角度对价值观进行了类别上的区分。由于各观点各具其理，因此它们在为价值观的研究提供了不同思路的同时，也说明价值观的研究是一个十分复杂的课题。

（二）价值观的测量

对于价值观的研究，目前心理学家主要是采用问卷法。由于各研究者关于价值观分类的标准不同，所以他们所设计使用的问卷也是不同的。

罗克奇（Rokeach，1973）设计的**罗克奇价值调查表**（Rokeach Value Survey Scale）是运用最广泛的一种问卷。罗克奇指出，**工具性价值观**（instrumental-values）指的是道德感能力，而**终极性价值观**（terminal-values）指的是个人价值和社会价值。因此，罗克奇提出的工具性价值包括以下18项，即有抱负、胸怀宽广、有能力、令人愉快、整洁、勇敢、宽恕、助人、诚实、富于想象、独立、聪明、逻辑性、钟情、服从、有教养、负责任、自我控制；而终极性价值观则包括以下18项，即舒适的生活、兴奋的生活、有所作为、世界和平、美的世界、平等、家庭安全、自由、幸福、内心平静、成熟的爱、国家安全、享乐、拯救灵魂、自尊、社会承认、真正的友谊、才智。被试分别针对这两种价值观的18个项目，通过确定他所认为的相对重要性排序，就可以反映出他所持的价值观了。

与施瓦茨价值观理论配套的两个测量工具施瓦茨价值观调查表（Schwartz Value Survey，SVS）(1994)、新版肖像价值问卷（The Portrait Values Questionnaire，PVQ）(2012）已被研究人员广泛使用。施瓦茨（2012）提出有19种个体基本价值观：思想自主、行动自主、刺激、享乐主义、成就、支配权力、资源权力、面子、个人安全、社会安全、传统、规则遵从、人际遵从、谦逊、友善—关怀、友善—可依赖、博爱—关注、博爱—大自然、博爱—宽容。SVS对价值观是直接测量，而PVQ是间接测量。测量结果需用每一项平均数减去所有项平均数，从而得到价值观相对重要性分数（Schwartz，2005）。

奥尔波特等人（Allport，Vernon，& Lindzey，1960）的**价值研究**（Study of Values）量表，也是被广泛运用的一种测验。他们确定了六种基本个性动机作为价值的成分，即理论的、经济的、审美的、社会的、政治的和宗教的。这一测验由45个项目构成，要求被试反映自己选择的偏好程度。它测的是实际的偏好，而非应该的偏好。

事实上在阿尔波特等人的量表之前，肖尔（Shorr，1953）就已开发了**价值**

活动测验（Test of Value Activities），这一测验包含四个价值观维度，即理论的、社会的、审美的和经济政治的。每一维度涉及20个问题，所以这份问卷共包括80个项目。

值得一提的是，贝利斯和考奇（Boles & Conch，1969）以不同的方法来研究价值观。他们不是主观地确定价值项目，相反地，他们通过小组面谈和问卷获得了252个项目，形成了他们的**价值素描问卷**（Value Profile Questionnaire）。他们的研究产生四个互不相关的因素，即对权威的接受、需要决定的表现对价值决定的约束、平均主义、个人主义。

此外，莫里斯（Moris，1956）编制的**生活方式问卷**（Life Style Questionnaire），可用来测量人们对13种生活方式的价值观；萨珀（Super，1970）编制的**职业价值观量表**（Vocational Values Scale），可用来测量职业威望和喜爱度。

（三）青少年价值观的实际状况

心理学家、社会学家进行的一些实际调查，为我们展示了青少年价值观的一些实际面貌。

1. 当代青少年的价值观 在1988至1990年间，中国社会科学院社会学研究所青少年研究室负责主持开展了“10年来中国青年价值取向演变”的研究，进行了两次全国规模的问卷调查，其研究成果的总结为我们提供了当代青少年价值观的生动画面。

（1）在人生价值方面：调查结果表明，多数青少年（63.7％）关于人生目标的价值取向，倾向于兼顾个人与后代幸福；同时，纯自我取向的（20.1％）比后代取向的（15.3％）多；这与年龄较大的青年成人（31～35岁）相反。青少年显示出更强的自我肯定、自我扩张的倾向。

（2）在自我追求方面：过半数的青少年（50.2％）希望成为名人，14.1％则否认，35.6％不确定；而青年成人相应的百分比为34.9％、32.6％、27.9％。青少年无论在对成功、成就、出类拔萃和出人头地的向往上，还是对这种向往的大胆表露上，都显得更具个性、更无所拘泥。

（3）对于挫折和失败的归因方面：更多的青少年（65％～71％）是内部归

因，意即认为挫折和失败是由于“个人能力不够”“未尽更大努力”等；少数人（27％～32％）归因于“命运不好”“环境条件差”等外部因素。这显示了青少年较为积极主动的人生态度。

（4）在认为自己目前最大的苦恼方面：青少年最大的苦恼是才能不足（50.2％）、不能实现抱负（39％）、孤独不被理解（31.2％）；而自己最大的幸福是事业成功（48.3％）、有知心朋友（39％）、有一个温暖的家（37.1％）。青少年的苦恼和幸福是对应的，对于他们来说，同伴的认可、理解和友情是获得幸福感的非常主要的条件。

（5）在道德价值观方面：关于人最重要的品质，青少年的定位依次为善良、正直、进取、自信、勤劳、勇敢、宽容、谦虚、无私、认真。他们对于构成人类社会基础文明的道德价值以及自我肯定取向的价值看得很重，而对于过去所崇尚的“无私”“认真”则看得较轻。

（6）关于道德评价标准方面：青少年与年龄较大的青年成人相比，显得更少走极端，很少有人做出极端性的赞成和斥责，而“说不清”这种中间立场的人却不少。这也反映出青少年正处于价值定向的困境中。

（7）关于人我关系的道德原则方面：青少年对“主观为自己，客观为别人”的赞同（39.3％）少于反对（53.7％），这种价值定向与青年成人相反。对“人不为己，天诛地灭”的赞同（27.6％）也是少于反对（76.6％），这种取向比青年成人更加突出。

（8）在择业方面：青少年的择业动机依次为发挥特长（43.9％）、实现抱负（41％）、稳定（39％）、符合兴趣（37.1％）、收入高（31％）。与青年成人相比，他们关于个人成就的需求较强烈，而对生活保障的需求则稍逊。

（9）在政治价值观方面：青少年依次持社会安全（49.8％）、经济实力强（39％）、生活水平高（25.8％）为政治价值标准。此外，青少年在如何形成国家决策的问题上，有更为明显的激进、自由的情绪特征；他们忧国忧民的参与意识也比较强，比如，赞成“位卑未敢忘忧国”的占77.3％；而且青少年的诉讼观念和法制观念也较强。

2. 青少年价值观发展的年龄特征 黄希庭等（1989）使用罗克奇价值调查表对我国的城市青少年学生价值观进行了调查。结果表明，初中和高中各年级学生价值观总的来看相当一致：在终极性价值观中，有所作为、真正友谊、自尊、国家安全被列为最重要的价值观，而内心平静、舒适的生活、兴奋的生活、拯救灵魂被列入最不重要的价值观；另一方面，在工具性价值观中，有抱负、有能力、胸怀宽广被列为很重要的价值观，而整洁、自我控制、服从则被列为很不重要的价值观。这一结果与上述中国社科院的调查结果相似，而且其他的研究（王新玲，1987）也得出了相似的结论。

然而，尽管青少年的价值观总体上较一致，但某些价值对不同年龄的青少年来说，却有不同的重要性。从黄希庭等的调查结果中看到，从初一到高三，随着年级的升高，成熟的爱、社会承认、有能力、独立、钟情等在青少年的眼中变得越来越重要。这反映出进入青春发育期的青少年随着身心的成熟，独立意识大大增强，以及他们对社会交往和自己未来生活追求的更多的关注；而且伴随异性同伴关系的发展，青少年男女之间的交往更趋成熟，开始具有成人男女交往的性质。另一方面，世界和平、国家安全等对于青少年的重要性却随年级升高而下降。

不同年龄的青少年在价值观上的这种变化，也得到了其他研究（谭欣，1990；陈丽君，2008）的支持。总之，虽然青少年作为整体在价值观上有其特有的相似性和一致性，但是对于不同年龄的青少年来说，某些价值却有不同的意义。

3. 青少年价值观的历史变迁　莫里斯（Moris，1956）曾用自己编制的生活方式问卷针对美国、挪威、印度、日本和中国的青少年进行了调查，结果发现当时中国青少年的价值观多属于“协同型”和“奉献型”，即他们强调参加集体活动、与他人和谐相处、并采取积极和实际的行动，同时也强调为他人和社会，及全世界的未来献身。这种价值观正好反映了当时中国的社会历史要求。

在20世纪70年代，日本心理学家（田崎仁等，1970，1974）两次对中学生劳动观的研究也发现历史变迁性，其结果如图7-4所示，这表明在1970年，日本中学生的劳动观取向更多地表现为义务型（45.1%），即无偿为社会尽义务，只有少数人取向于金钱型（20.9%），即为了收入而劳动；但到了1974年，这两种劳动观取向的人数情况却出现了相反的结果，即金钱型的劳动观

（54.5％）远远多于义务型的劳动观（10.9％）。这个变化说明，日本中学生的劳动观随着时代的变化也体现出历史变迁性。而自我实现型，即为了实现个人专长而劳动的劳动观在两个年代的日本中学中间并没有体现出明显的历史变迁性，只有1.3％的增长变化。

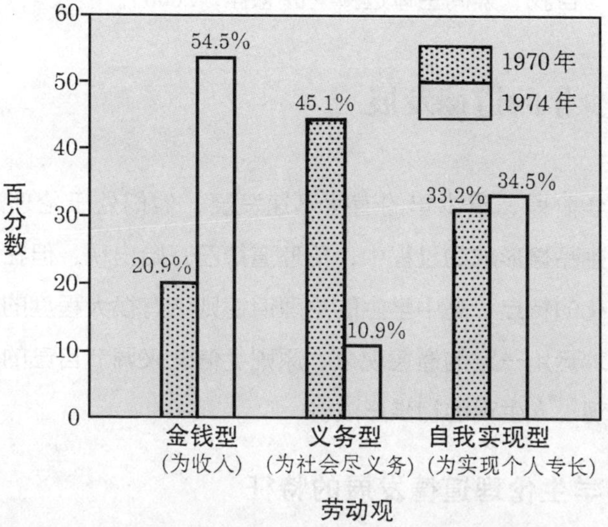

图7-4　现代中学生未来劳动观的调查图（日本）
（引自田崎仁，1978）

赵瑞祥、杨新益于80年代初的有关调查，又为我们展示了20世纪70年代初我国青少年的价值观侧影。调查结果表明，大多数中学生的学习动力来自“为四化学好本领”（61.40％），而“为报答父母期望”（14.35％）和“为了个人出路”（14.00％）的却属少数。另一方面，对未来职业的选择和愿望，青少年对于从事脑力劳动的职业（比如科学家、工程师、教师、医生）选择较高，这也反映了当时强调的以四化建设为中心的时代特色。再者，对“人不为己，天诛地灭”的赞同，人数不足3％。

20世纪80年代末90年代初的青少年的价值观却出现了很多新的特点，其中一个根本变化就是他们的价值观有了很突出的自我取向，而不是像50年代或70年代末80年代初那样重视社会取向，他们更强调自己作为个体存在的价值。比如，当代青少年中有27.6％的人赞同“人不为己，天诛地灭”，而80年代初却不足3％。当然，他们对外部世界也同时给予了很大的关注，也准备承担社会及历史赋予他们的责任。

总的来说，自改革开放至21世纪初，青少年价值观从集体利益、整体利益、长远利益、精神利益、集体控制取向，转变为个人利益、局部利益、眼前利益、物质利益、自我实现取向。青少年价值观的特点主要为爱国无价、维护民族尊严、笃信自我、崇尚主体选择（薛忠祥，2008）。

三、青少年的道德发展

在整个中学阶段，青少年的道德迅速发展，他们处于伦理道德形成的时期。在初中学生品德形成的过程中，伦理道德已开始出现，但在很大程度上却表现出两极分化的特点。高中学生的伦理道德则带有很大程度的成熟性，他们可以比较自觉地运用一定的道德观念、原则、信念来调节自己的行为，伴之而来的就是价值观、人生观的初步形成。

（一）中学生伦理道德发展的特征

中学生个体的伦理道德是一种以自律为形式，遵守道德准则并运用原则、信念来调节行为的品德。这种品德具有六方面的特征：

1. 能独立、自觉地按照道德准则来调节自己的行为 “伦理”是指人与人之间的关系以及必须遵守的道德行为准则。伦理是道德关系的概括，伦理道德是道德发展的最高阶段。从中学阶段开始，中学生个体逐渐掌握这种伦理道德，而且还能够独立、自信地遵守**道德准则**（moral code）。我们所说的独立性就是**自律**（self-discipline），即服从自己的人生观、价值标准和道德原则；我们所讲的自觉性，也就是目的性，即按照自己的道德动机去行动，以便符合某种伦理道德的要求。

2. 道德信念和理想在中学生的道德动机中占据重要地位 中学阶段是中学生道德信念和理想形成，并开始运用它们指导自己行动的时期。这一时期的道德信念和理想在中学生个体的**道德动机**（moral motivation）中占有重要地位。中学生的道德行为更有原则性、自觉性，更符合伦理道德的要求。这是人的人格发展的新阶段。

3. 中学生道德心理中自我意识的明显化 前文提过的"吾日三省吾身"，意思是任何人做任何事时，都需要三思而后行。但从中学生**道德发展**（moral development）的角度来看，是提倡自我道德修养的反省性和监控性。这一特点从青少年开始就越来越明显，它既是道德行为自我强化的基础也是提高道德修养的手段。所以，自我调节道德心理的过程，是自觉道德行为的前提。

4. 中学生道德行为习惯逐步巩固 在中学阶段的青少年道德发展中逐渐培养起良好的**道德习惯**（moral habit）是进行道德行为训练的重要手段。因此，与道德伦理相适应的道德习惯的形成又是道德伦理培养的重要目的。

5. 中学生道德发展和人生观、价值观的形成是一致的 中学生人生观、价值观的形成与道德品质有着密切联系。一个人人生观、价值观的形成是其人格、道德发展成熟的重要标志。当青少年的人生观萌芽和形成的时候，它不仅受主体道德伦理价值观的制约，而且又赋予其道德伦理以哲学基础，因此，两者是相辅相成的，是一致的。

6. 中学生道德结构的组织形式完善化 中学生一旦进入伦理道德阶段，他的道德动机和道德心理特征在其组织形式或进程中，就形成了一个较为完整的动态结构。其表现为：①中学生的道德行为不仅按照自己的准则规范定向，而且通过逐渐稳定的人格产生道德和不道德的行为方式。②中学生在具体的道德环境中，可以用原有的品德结构定向系统对这个环境做出不同程度的同化，随着年龄的增加，同化程度也增加；还能做出道德策略，能否决定出比较完整的道德策略是与中学生独立性的心理发展相关系的；同时能把道德计划转化为外观的行为特征，并通过行为所产生的效果达到自己的道德目的。③随着中学生反馈信息的扩大，他们能够根据反馈的信息来调节自己的行为，以满足道德的需要。

（二）中学生道德从动荡迈入成熟

少年期的道德具备动荡性，到了青少年初期，才逐渐变为成熟。

1. 少年期道德发展的特点是动荡性 从总体上看，少年期的道德虽具备了伦理道德的特征，但仍旧是不成熟、不稳定的，并有较大的动荡性。

少年期中学生道德动荡性特点的具体表现是：道德动机逐渐理想化、信念化，但又有敏感性、易变性；他们道德观念的原则性和概括性不断增强，但还带有一定程度具体经验的特点；他们的道德情感表现得丰富、强烈，但又好冲动而不拘小节；他们的道德意志虽已形成，但又很脆弱；他们的道德行为有了一定的目的性，渴望独立自主地行动，但愿望与行动又有一定的距离。所以，这个时期，既是人生观开始形成的时期，又是容易发生两极分化的时期。品德不良、走歧路、违法犯罪多发生在这个时期。因此，这个阶段的中学生品德发展可逆性大，体现出他们那种半幼稚、半成熟、独立性和依赖性错综复杂而又充满矛盾动荡性的特点。

究其原因，有如下三点：第一，生理发展剧变，特别是外形、机能的变化和性发育成熟，然而，心理发育却跟不上生理发育，这种状况往往使初中学生容易产生冲动性。第二，从思维发展方面分析，少年期的思维易产生片面性和表面性。因此，他们好怀疑、反抗、固执己见、走极端。第三，从情感发展上分析，少年期时而情感振奋、奔放、激动，时而又动怒、怄气、争吵、打架；有时甚至会走向泄气、绝望。总之，他们的自制力还很薄弱，因此，易产生动摇。这就是上述的人生发展中的心理性断乳期，是站在人生的十字路口上，也是人生观、价值观开始形成的阶段。我们的初中教师，特别是初中二年级的教师，应从各个方面帮助他们树立正确的观点，特别是人生观、价值观和道德观，以便他们做出正确的抉择。

2. 青年初期是道德趋向成熟的开始 青年初期，这里主要约指初二后到高中毕业。这个时期结束，即年满18岁时正好取得公民资格，享有公民的权利和履行公民的义务。青年初期品德发展逐步具备上述伦理道德的六个特点，进入了以自律为形式、遵守道德准则、运用信念来调节行为的品德成熟阶段。所以，青年初期是走向独立生活的时期。成熟的指标有二：一是能较自觉地运用一定的道德观点、原则、信念来调节行为；二是人生观、价值观初步形成。这个阶段的任务是形成道德行为的观念体系和规则，并促使其具备进取和开拓精神。

然而，这个时期不是突然到来的。初中年级是中学阶段品德发展的关键时期，继而初中升高中，开始向成熟转化。应该指出，在初二之后，一些少年在许多品德特征上可能逐步趋向成熟；而在高中初期，却仍然明显地保持许多少年期“动荡性”的年龄特征。

3. 青少年道德发展出现关键期和成熟期的时间 我们对在校中学生道德发展的研究中，以上述品德的六个特点作为中学生道德发展的指标，追踪调查了北京市50个班集体2250名中学生，看看什么时候是中学生道德发展最容易变化的阶段。结果（见表7-10）发现初中二年级学生所占的百分数在上、下两个学期（54%和30%）都明显地高于相邻的两个学期，即初中一年级下学期（10%）和初中三年级上学期（6%），这说明，初中二年级是中学阶段道德最容易变化的阶段——中学生道德发展的关键期或转折期（林崇德，1980）。

表7-10 中学生道德发展关键期的确定

年级	初一（下）	初二（上）	初二（下）	初三（上）
百分数	10%	54%	30%	6%

（引自林崇德，1980）

在同一个调查研究中，以“自觉运用道德观点、原则和信念来调节道德行为”和“人生观、价值观的初步确立”这两个项目作为道德发展成熟的指标，结果发现（如表7-11所示），从初中三年级下学期开始，百分数出现突增的趋势，并继而维持相对稳定的水平。因此，我们推测，从初中三年级下学期到高中一年级是青少年道德发展的初步成熟期。

表7-11 中学生道德发展成熟期的确定

年级	初二（下）	初三（上）	初三（下）	高一（上）	高一（下）	高二以后
百分数	4%	6%	38%	36%	10%	8%

（引自林崇德，1980）

由于道德成熟前后可塑性是不一样的，我们应该把握成熟前可塑性大，特别是少年期这一道德易两极分化的有利时机，加强对青少年的德育工作。

鉴于上面的论述，可见青少年由自我意识的发展，价值观的确定，道德的稳定或成熟，集中地表现出在青少年阶段已经掌握和再现社会经验、社会联系和社会必需的自我监控、价值、信念以及社会所赞许的行为方式；完成了儿童青少年的社会化，以新的角色进入社会，真正成为社会的一员，为发展到成年期做了准备。

本章摘要

1. 青少年是人的一生中最宝贵而又有特色的时期。这个时期的身心发展极为迅速，同时又呈现**过渡性**、**闭锁性**、**社会性**和**动荡性**的特点。

2. 青少年正处于青春发育期，身体外形和生理机能发生剧变，加上性的成熟，总称为“生理上三大变化”，是人生发育的第二高峰期。

3. 青春期的身高、体重迅速发展，出现**第二性征**。身体外形的变化，使青少年产生成人感，并带来许多心理卫生的问题。

4. 青春期，心脏、肺、肌肉力量等生理机能正在成熟；特别是脑和神经的发育达到成人的指标，奠定了中学生的心理发展，特别是逻辑抽象思维发展的物质基础。

5. 青春期的成熟，给中学生心理带来多方面的变化，要对他们进行必要的性知识教育，不应该过于强调生理学的因素，而应该更多启发他们加强人生的修养。

6. 皮亚杰的**形式运算**思维，可以概括出中学生认知的特点。所谓**形式运算或命题运算思维**，就是可以在头脑中把形式和内容分开，可以离开具体事物，根据假设来进行的逻辑推演的思维。

7. 整个中学阶段，青少年思维能力迅速地得到发展，他们的抽象逻辑思维处于优势的地位。但青少年期属于**经验型**，青年初期则属于**理论型**。

8. 初中二年级是中学阶段思维发展的关键期，高一至高二年级（约15～17岁）是逻辑抽象思维发展趋于“初步定型”或成熟的时期。

9. 中学阶段的思维品质呈矛盾表现，独立性和批判性有了显著的发展，但他们看问题还常常是只顾部分、忽视整体；只顾现象、忽视本质，即容易片面化和表面化。

10. 青少年男女智力、思维能力的差异主要表现在智力、思维能力优异发展的各自特色上，出现总体上的平衡性和发展特色上的不平衡性的统一。

11. 中学生**情感两极性**明显，表现在外部情绪、内心活动、意志、人际关系和移情等方面。

12. 何林渥斯将青少年从家庭中独立出来的过程，称之为**心理性断乳**。青少年的心理性断乳必须改变许多习惯，以适应青少年期的发展。

13. 彪勒将青少年期称作**反抗期**，产生反抗情绪的条件不少。消除**代沟**，克服青少年的**逆反心理**，有助于青少年避免反抗情绪的发生。

14. 霍尔从多方面论述了青少年的心态不平衡性。青少年的情绪情感，由心态不平衡向心态平衡过渡，从两极性明显地向稳定性发展。

15. 青少年社会化任务主要表现在：谋求独立、确定自我、适应性的成熟、获得性别角色、适应成人社会、定型性格的形成。

16. 独立的**自我评价**，是青少年有“主见”的表现；由具体评价向抽象评价发展，且以后者占优势，是青少年自我评价的形式；随着年级的升高，稳定性成为青少年自我评价的特征。

17. 在青少年**自我体验**的发展中，成人感、自尊感、闭锁感和自卑感都具有现实意义。

18. 初中生的**自我控制**能力还是初步的；意料到自己并开始较稳定而持久地控制自己，是高中生自我意识的一个重要特点。

19. 青少年的**价值观**兼顾个人，显示出更强的自我肯定、自我扩张的倾向。其道德价值，以善良、正直、进取、自信、勤劳、勇敢、宽容、谦虚、无私、认真依次定位；其择业动机，以发挥特长领先；在政治价值观方面，青少年以社会安全、经济实力强、生活水平高为政治价值标准，他们忧国忧民的参与意识比较强。

20. 中学生个体的伦理道德是一种以**自律**为形式、遵守**道德准则**并运用原则、信念来调节行为的品德。少年期品德发展的特点是动荡性，青年初期是品德趋向成熟的开始，其中初二年级是转折期。

参考资料

1. 朱智贤.（1962，1979，1993，2003，2009，2018）. 儿童心理学. 北京：人民教育出版社.

2. 朱智贤.（1990）. 中国儿童青少年心理发展与教育. 北京：中国卓越出版公司.

3. 理查德·勒纳，劳伦斯·斯坦伯格.（2013）. 青少年心理学手册（第三版）（张文新等译）. 北京：北京师范大学出版社.

4. Damon，W.，& Lerner，R. M.（2009）. 儿童心理学手册（第六版）（林崇德，李其维，董奇译）. 上海：华东师范大学出版社.

5. 林崇德.（2013）. 中学生心理学. 北京：中国轻工业出版社.

6. 杰弗里斯·麦克沃特等.（2009）. 危机中的青少年（第三版）（寇彧等译）. 北京：人民邮电出版社.

7. Roehlkepartain, E.C., King, P., Wagener, L., & Benson, P.（2005）. *The handbook of spiritual development in childhood and adolescence.* Thousand Oak, CAs: Sage.

8. Shantz, C. U., & Hartup, W.（1992）. *Conflict in child and adolescent development.* New York: Cambridge University Press.

9. 黛安娜·帕帕拉，萨莉·奥尔兹，露丝·费尔德曼.（2013）. 发展心理学（李西营等译）. 北京：人民邮电出版社.

第八章　成人前期的心理发展

（本章内容细目）

成人（adult），顾名思义，是指已经成熟的人，一般指年满18岁后那一部分人的总体。成人的年龄跨度很大，其中既包括青年晚期（即成人前期或成年前期），又包括中年期（也称成人中期）和老年期（又称成人晚期）。不同时代、不同国家、不同民族划分人的年龄标准不尽相同，受到多种因素的制约。

成人前期（或**成年前期**）（early adult），又称**青年晚期**（post youth），系指处于18～35岁这个年龄阶段的个体发展期，这是个体从“疾风怒涛”的青年前期而逐步走向一个相对平静、相对成熟的发展时期，其间的痛苦与欢乐构成一个人一生中最绚丽多彩的乐章。当个体进入成人前期后，就面临着一系列新的发展任务，包括学习深造、就业、择偶、建立家庭、抚育子女和创造事业等，这就需要个体具备适应这些新任务的心理品质。个体对于这一系列的发展任务，一般是分阶段逐步完成的。当然，处于成人前期各个年龄阶段中的个体，并不只是绝对地顾及一种发展任务，而是在接受多种发展任务的同时，较侧重于其中的某一方面，做出具体安排。因为成人前期中相当一部分成员在上大学本科和研究生，所以大学生心理研究成为这个阶段一项重要研究课题。

在成人前期，毫无疑问地，如此众多而重大的发展任务，对个体的适应性是一个严峻的挑战。从这个阶段开始，个体成为一个承担所有社会责任、真正意义上的社会人，个体在实现这一连串的发展任务中，也就对自己进行了社会的定位；从个体的思维发展看，个体在这个阶段，进入后形式思维，或辩证思维阶段，思维超越了那种严格的逻辑程式，而且考虑到众多因素对事物发展的影响；而其情绪情感，这个时候个体的任务在于获得亲密感，避免孤独感，体验着爱情的实现；从社会性发展的角度考察，个体在这个阶段最明显的特征是其人生观的确立。

在本章中，我们着重讨论以下问题：

1. 成人前期的心理发展具有哪些特点？

2. 成人前期的认知发展有何变化？如何理解思维发展的第五个阶段？

3. 成人前期创造事业需要具备哪些条件？

4. 成人前期价值观的特点是什么？

5. 成人前期的社会性发展有什么新特点？个体如何适应丰富多彩的社会生活？

第一节 从志于学到而立之年

孔子曰："吾十有五而志于学，三十而立，四十而不惑，五十而知天命，六十而耳顺，七十而从心所欲，不逾矩。"（《论语·为政》）这是孔子的毕生发展观，阐明了人的心理，特别是成人心理发展趋势，它体现了人的心理发展的一般规律，并一直影响着我国两千多年来对个体发展阶段的认识。

在18～35岁的成人前期，诚如孔子所指出的，正是处于从"志于学"到"而立"之年。18岁是多数国家授予公民公民权的年龄，高中毕业也在18岁前后。这个年龄是个体分化或分层的时期：有一部分人去上大学深造，另一部分人开始就业。若干年后，大学毕业生除少数人继续深造之外，绝大多数走向就业。再过若干年，都就业于一定岗位，获得了某些职业。到三十岁是"而立之年"，"而立"含义虽广，但大致蕴含三层意思：一为独立成家，经济自立；二为建立事业，开创事业；三为事业有成，有所作为。简言之，就是成家立业。

从个体心理发展的视野观之，这一时期既符合个体发展的一般特征，即普遍性，又具有此一特定年龄阶段的独特性。其最明显的特征表现为以下三个方面：一是这个阶段的发展任务较之青年期更为繁重、艰苦和复杂；二是其所承担的社会角色发生了很大的改变；三是无论在生理上还是心理上，他们都开始走向人生的巅峰。这里，我们着重从上述三方面详细分析成人前期个体发展的特征。

一、成人前期的特征及发展任务

目前发展心理学界，在论述成人前期的特征时，往往从青年晚期的特征开始，这是有一定道理的。

青年晚期的年龄规定在国际发展心理学界并不划一，有的定为18～21岁或22岁；有的定为18～25岁；现在的倾向则延伸到28岁或30岁甚至到35岁。不管如何规定，青年晚期至少是成人前期的主要阶段。

（一）成人前期的基本特征

成人前期的基本特征，大致表现为五个方面：

1. 从成长期到稳定期的变化 儿童青少年阶段被称为**成长期**（grow period），从本书第五章到第七章，我们都可以看到这种趋向。青少年时期生理发展达到高峰期，心理也趋向初步成熟，如上章所述，15～17岁无论是思维（认知、智力），还是品德（社会性），都达到了一定的成熟水平。进入成年前期后，就转入到**稳定期**（period of maintenance level）。这种稳定性体现在这个阶段的绝大多数人的身上，具体表现为：①生理发展趋于稳定；②心理发展，尤其是情感过程趋于成熟，性格已基本定型，若要改变也是非常困难的；③生活方式，在35岁之前基本趋于固定化和习惯化；④有一个较为稳定的家庭；⑤社会职业稳定，且能忠于职守。

2. 智力发展到达全盛时期 人的认知、智力在18～35岁进入全盛时期。见图8-1：

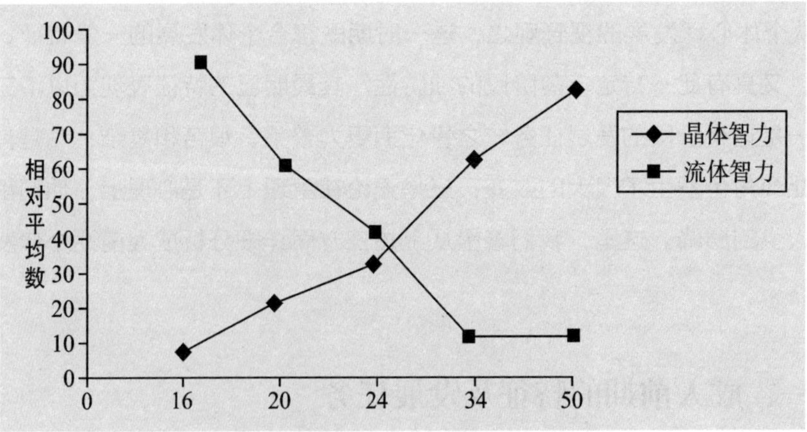

图8-1 流体智力与晶体智力的发展

这幅图的制作者、研究者是美国心理学家卡特尔等人（Cattell，Horn，1967，1970，1982；Horn & Hoper，1992）。所谓流体智力是指与遗传和生理发育相联系的智力，随着十三四岁脑和神经系统的成熟，平均到16岁，流体智力达到了顶峰，然后慢慢地下滑；而人的智慧，主要依靠晶体智力，它以经验、知识为基础，来自教育，来自学习。这两条折线都能被用上是什么年龄？20～34岁。即成人前期，这个时期，人们以兴趣、理想、情感、态度、价值观等非智力因素为契机，勤奋刻苦地在这两种智力基础上完成学业，争取成才。否则，就应了古人那句话：少壮不努力，老大徒伤悲。

3. 恋爱结婚到为人父母 18～35岁这个阶段是恋爱、结婚、养儿育女的年龄。

我国城市的女性在20世纪40年代平均初婚年龄为19.2岁，50年代为20岁，60年代为21.5岁，70年代为23.1岁，到了1980年为24.8岁，1985年又上升到25.4岁。根据2014年全国调查（梁颖，张志红，高文力，& 阚唯，2018），中国当前城镇男女初婚年龄平均约为28岁和24岁，农村男女初婚年龄平均约为26岁和22岁。

恋爱为结婚的定向阶段，自然早于上述年龄，但一般也在18岁之后。这是因为：①大多数青年此时已经就业，获得了一定的劳动技能，初步完成了社会化的重要任务；②心理发展成熟，特别是价值观和人生观相对稳定；③生理发育成熟，性意识也趋于成熟（约20岁，其成熟指标为理解两性关系、产生精神上的性需要、形成自觉控制性冲动的意志力）（卢家楣，1989）。于是自然地开始考虑终身大事。

结婚之后未必人人都要孩子，但生儿育女毕竟是婚后的一件大事。对绝大多数成人前期的成员来说，为人父母是最重要的生活角色。尽管有人在成年中期也继续生育，但多数女性在40岁之前生育，再加上目前多数配偶年龄相仿，所以，成人前期是进入扮演父母角色的重要阶段。

4. 创立事业到紧张工作 金兹伯格（Ginzberg，1972）提出一个人的职业选择要经历三个阶段：

（1）幻想阶段：10或11岁之前，个体憧憬着各种令人瞩目的职业，而不考虑现实的可能性。

（2）尝试阶段：为青少年期，产生选择职业的倾向，但由于年龄不同，这种倾向的侧重点也不一样。11～12岁，主要从兴趣、爱好出发；13～14岁，开始注意自己相应的能力条件；15～16岁，从一些职业的价值进行分析；17～18岁，综合考虑兴趣、能力、价值观诸方面因素，做出有关职业可能性的选择。

（3）现实阶段：始于18岁，个体具体选择职业，并在一定领域内实现自己的愿望。

现实阶段正是在成年前期开始的。由于成年前期有了一定的职业，且这种职业是和兴趣、能力、价值观联系在一起的，于是职业必然成为个体的一个立足点，以此确信自己的存在，并作为实现自我价值的重要手段；顺理成章的，创业也必然成为这个年龄阶段的主要目标。

创业是追求事业的成功。尽管成功要有一定的机遇，但更重要的是利用自己的智慧和潜力为实现既定目标去不断奋斗。因此，而立阶段的成年前期肯定要努力地工作。

努力工作对个人来说就是一种压力。如果需求适度，成就辉煌或知足常乐，往往会越来越有所作为；如果需求太高，成就一般，或事业成就与个人期望相差太大，则会为自己成了一名爬不上顶峰的“登山者”而感到沮丧。可见，紧张的工作也带来了紧张的情感体验，甚至于产生焦虑，这常出现在30～35岁这个年龄阶段。

5. 困难重重到适应生活 成年前期是未来生活的实习期，是人生建功立业的准备阶段，欢乐与痛苦构成人生绚丽多彩的乐章。这个阶段将面临很多从未遇到过的困难。过去有双亲照顾、老师指导、同学协助，而今在结婚成家、养儿育女、事业成就、社会关系、经济问题面前，一切要自立、自行解决，这必然是一个与过去成长期不一样的“多问题”时期。因此，良好的生活适应，就成了这个时期的主要发展课题。我曾对大学生做演讲，希望他们要适应困难，克服困难。

面对困难，笑对困难，克服困难；
容忍寂寞，放弃虚荣，轻装前进；
调整心态，扬长避短，应对挑战。

如果适应不良，就可能产生心理疾病。霍姆斯等人（Holmes et al.，1974）运用**生活图表**（life graph，即依生活事件的重要性排列而作的图表）的观点调查了五千多人的心理疾病史，列出生活事件表。表内几十项生活事件，按其对心理影响的程度排列，影响程度最大的为100，每项都给予一定的分值。若一个人在一年内累积分超过200分，就有50％的概率发生心理障碍；若其超过300分，这种概率几乎为100％。

生活事件与成人心理变化的关系是十分密切的，不同生活事件又对成人心理起着不同的影响，因此，对成人期的心理研究应该强调生活事件对成人心理的影响。

（二）成人前期的发展任务

成人前期的发展任务与其基本特征是相辅相成的：一定的发展任务可以表现为一定的发展特征；而一定的基本特征又提供了完成发展任务的条件。

1. 发展任务 早在20世纪30年代，威廉（Williams，1931）就提出成人前期的**发展任务**（developmental task）。他认为，青年男女为了满足心理上的适应，就必须实现两个目标：①从精神上脱离家庭而走向独立；②建立与异性朋友之间的良好关系。之后，许多心理学家从各自的理论观点出发，列举了各种各样的项目，作为成人前期的发展目标或发展任务。

一般来说，成人前期的发展任务有：

（1）学习或实践，并与同龄男女之间新的熟练交际方式。

（2）承担作为男性或女性的社会任务。

（3）认识自己身体的构造，有效地使用自己的身体。

（4）从精神上到行为上都独立于父母或其他成人。

（5）具有在经济上自立的自信。

（6）选择职业及就业。

（7）恋爱、结婚及为人父母。

（8）发展作为公民一员所必需的知识和态度。

（9）追求并完成负有社会性责任的行为。

（10）完善价值观和伦理体系。

2. 社会要求决定着发展任务 成人前期的发展任务多取决于社会要求。年届18岁就取得公民权，他们依据自己国籍所在国家的宪法或法律规定，享有权利并承担义务。青年晚期的任何一个社会成员，假如不能符合特定社会的要求，不能积极地承担社会义务，又不能享受应有的社会权利，他就不能很好地执行各种社会行为准则，其社会适应必定是失败的。因此，成人前期必须逐步适应并自觉按照社会要求来采取行动。于是，社会要求就表现在成人前期的种种发展任务上。这些任务主要表现在如下五个方面：

（1）就业、创业，既为社会创一番事业，又取得经济上的自立。

（2）择偶、婚配，建立和谐的家庭。

（3）生儿育女，抚育子女，开始树立家长教育观念。

（4）作为社会群体的一员，逐步取得群体中的地位和社会地位。

（5）做一个合格公民，承担起公民的基本义务，享受公民的基本权利。

二、社会角色的变化

角色（role）原指戏剧舞台上的人物。20世纪20年代，心理学家引入社会心理学理论中，称为**社会角色**（social role）。社会角色是由人们的社会地位所决定，是社会所期望的行为模式。包括三层含义：①指一套社会行为模式，每种社会行为都是特定社会角色的体现；②指由人们的社会地位和身份所决定的，角色行为真实地反映了个体在群体生活和社会关系中所处的位置；③指符合社会期望的，按照社会所规定的行为规范、责任和义务等采取行动。

个体有的角色是生来就有的。如性别角色，人们在不知不觉中开始承担这种角色。但多数角色是变化的，随着年龄的变化，不断地出现各种社会角色。成人前期，每个人的社会角色都发生了很大的变化，因此，成人前期要通过**角色学习**（role learning）来了解和掌握新角色的行为规范、权利和义务、态度和情感、必要的知识和技能，以实现角色与位置、身份相匹配，即所谓**角色适称**（role appropriateness）。这样，使成人前期的个体在现实生活中扮演的角色，符合社会对该角色应遵守的行为规范的要求。

成人前期社会角色的变化主要表现在以下几个方面：

（一）从非公民到公民

如前所述，进入成人前期，享受公民权，而公民角色是与所在国籍所规定的公民义务和权利联系在一起的。

1. 公民的基本义务 宪法或法律规定公民必须遵守和履行基本义务。这些基本义务包括：拥护政权、制度、政体和国体；维护国家统一和民族利益；遵守法律、法规、公共秩序和各种纪律；爱护和保卫公共财产；尊重社会公德；保守国家机密；保卫祖国、抵抗侵略、依据法律服兵役；等等。这些义务符合公民所在国家绝大多数人的最大利益，体现国家利益和个人利益、权利和义务的统一性。

2. 公民的基本权利 宪法或法律规定公民享有包括政治、经济、文化和社会的各个方面的基本权利。这些基本权利包括：有选举权和被选举权；有言论、出版、集会、结社、游行、示威、宗教信仰的自由；人身自由、人格尊严和住宅不受侵犯；通信自由和通信秘密受法律的保护；对国家机关和公务人员可以提出建议、批评，对其违法失职行为可以申诉、控告或检举；有劳动权、受教育权、休息权，当年老、疾病或丧失劳动能力情况下获取国家和社会帮助的权利；有进行科学研究、文学艺术创作和其他文化活动的自由；妇女在各方面享有同男子平等的权利；等等。公民在行使自由和权利的时候，不得损害国家、社会、集体的利益和其他公民的合法自由和权利。

（二）从单身到配偶

绝大多数单身男女都是在成人前期结成夫妻、互为配偶的。

1. 恋人角色的确立 恋爱双方一是自己结识，二是经人介绍。结识后一旦确认一方为恋爱对象，“恋人”角色也就确立了。恋爱是一种以婚姻为定向，以培养爱情为根本的男女间的交往（卢家楣，1989）。追求爱情，是恋人角色的首要任务。

爱情是婚姻的基础，但不是决定婚姻关系的唯一条件。在现实社会中，男女结合除爱情外，还得考虑政治、经济、社会地位等条件，只是随着时代的变迁，对这种条件的侧重点也随之发生变化。目前，中国青年已把品德、才华、相貌、性格等放在主要位置，而经济、社会地位、职业等也是作为重要因素。

恋人角色的确立，尽管有突发式的，即所谓“一见钟情”，但大多数都有一个发展过程。属于“谈—恋—爱”三步曲式的情理交融的恋爱。霍布金斯（Hopkins，1983）从恋爱双方的认知角度提出恋爱发展的三个阶段。第一阶段为**过滤阶段**（filtering），男女双方注意点较多集中在彼此的外貌特征上；第二阶段为**收缩阶段**（narrowing），虽然这时外貌仍是十分重要的，但男女双方把注意点已转移到彼此的内在特征和社会成熟性，以及情感上的交流方面；第三阶段为**评价阶段**（evaluation），男女双方的注意点进入彼此深层的人格特征上，诸如忠诚、信赖、稳定性等。这是很有见地的，与目前青年的实际情况也基本吻合，这已为我们的研究（林崇德等，1990）所证实。

2. 恋爱成功者角色的特点 恋爱有成功，也有失败。在成功的恋爱中，双方在角色扮演上的表现有如下特点：

（1）完善的人格：如前所述，中国青年将品德、才华、相貌、性格放在主要的位置上。这些因素除相貌之外，其余均属于人格因素。特别是品德，在品德成分中，首推忠诚因素。英国社会调查（1987）表明，恋爱成功的原因，86％归于忠诚；恋爱失败的原因94％归于不忠诚。

（2）最优契合：即表现为“合得来”，卢家楣研究（1989）指出，“合得来”的恋爱角色，有两条爱情心理原则，一是**相似性**（similarity），即男女双方在某些方面，特别是在兴趣、爱好、观念等倾向性方面和性格方面的相似或相近，这有助于爱情的发生和发展；二是**互补性**（或**相补性**）（complementarity），即男女双方在身体特征、气质和性格等某些方面的相异或相反实现互补的因素，也有助于爱情的发生和发展。

（3）端正恋爱态度：一是尊重恋人，爱护恋人；二是尊重自己，不能自卑；三是要自重，不轻浮、不轻率；四是不要猜疑，及时解除误会；等等。

3. 担当配偶的角色 结婚后建立了家庭，配偶双方要履行夫妻义务，即男性在家庭中“扮演”一个好丈夫的角色，女性在家庭中“扮演”一个好妻子的角色。社会期望夫妻角色都能做到：①对配偶的恩爱感情要忠诚专一，坚守节操，讲究婚姻道德；②不能朝三暮四，喜新厌旧，不能不顾及对方的痛苦去寻欢作乐；③在事业上要相互支持，志同道合；④经济上要民主、平等，开支上相互协商、妥善安排；⑤在生活上相依为命、同甘共苦，包括有和谐的性生活；⑥不论碰到何种天灾人祸、痛苦不幸，都应该忠贞如一，尽夫妻之责；⑦尊重双方父母，赡养双方父母；⑧生儿育女，承担起为人父母的职责。

（三）从为人子女到为人父母

结婚之前，在家庭里是为人子女；成立新家之后，一旦生儿育女，就为人父母了。成人前期的绝大多数成员，开始逐步担当起为人父母的角色。

子女的质量问题，是摆在父母面前的第一个问题。如何讲究优生优教，如何注意子女保健、卫生和营养，如何从婴儿呱呱坠地的那一天起，就有意识地对其品德、知识、健康等方面采取良好的教育措施，使他们早日成才，这是做父母，特别是青年父母的一项神圣职责。所以，父母这个角色，既是子女的养育者，又是孩子的第一任教师。今天，社会上越来越多的父母开始学习抚养和教育子女的道理和方法，肩负起养育下一代的重大责任，这是一种十分可喜的现象。扮演好父母的角色，首要的一条是注意以身作则地教育子女，掌握教子之道，懂得上梁不正下梁歪——身教之重要，懂得严格与慈祥、肯定与否定、奖励与惩罚、教育要求一致性等关系，从而成为一个成功地教育子女的父母。

（四）从学生到职业人员

在18岁之前，多数青少年是学生。18岁后逐步就业，因此，成人前期是由学生转变为职业人员角色的重要阶段。

职业选择发展是一个动力过程。在这个过程中，个体对职业角色的探索和确立，能给正在发展中的自我概念最大的表现机会。萨帕认为，成人前期在进行职业选择的过程中，必须处理好五项职业发展任务，其中每一项任务的完成，都包含两个主要的发展时期——探索阶段和确立阶段。第一项任务是**结晶化**（crystallization），约14～18岁，即将职业观念整合到自我概念中形成与自我概念相关的职业观念。第二项任务是**职业爱好专门化**（vocation preference specification），约18～20岁，学习职业训练课程，为择业做适当准备。第三项任务是**职业爱好落实**（implementation of a vocational preference），约20～25岁，进行广泛的职业训练，或直接担任所爱好的职业。第四项任务是**稳定化**

(stabilization)，约25～35岁，落实了具体的某一特定职业，通过尝试使自己适合工作。第五项任务是**巩固**（或**凝固作用**）(consolidation)，约在35岁以后，在本职业上获得一定程度的成功和某种稳定的地位。

这些发展任务完整反映成人前期职业人员角色的确立、表现和稳定。

（五）从向往职业到事业的初步成功

成人前期在选择的职业上不断进步，从**职业**（occupation）、**工作**（job）发展到**事业**（career）。尽管有些人很看重职业，且选择一个职业决定其一生的生涯，但仍有不少成年前期的成员，事业心很强，利用稳定的职业、工作开创自己的事业，开始卓有成效地立业、奋斗。这样，必然产生一批成功者或初步成功者，即达到有所作为的程度，这是促使这种阶段成员的社会地位分化、贫富分化、角色分化的重要原因。

这种**角色分化**（role specialization）的影响因素很复杂，有客观因素，也有主观因素；有机遇，也有内在努力。我们丝毫不贬低外部条件，但内在主观因素往往显得更为重要。美国维德利（Vedrey，1979，1986）写的一本《成功者心理学》曾先后印刷七次，很受欢迎，作者强调成就大业者的十种心理品质：现实的自我觉察、自我尊重、自我控制、自我激励、自我期望、自我意象、自我调节、自我修养、自我规范、自我投射。作者还指出，成功就是不断地进取；成功就是慷慨地把自己奉献给别人；成功就是一种毫无保留的爱。

三、走向顶峰时期

成人前期是人生走向鼎盛的阶段。这主要表现在四个方面：

（一）生理特点

在18～35岁的男女，生理发育已达成熟并呈现稳定状态。其特点为：①个体面部皮肤滋润，头发乌黑浓密，牙齿洁净整齐，体魄健壮，骨骼坚强且较柔韧，肌肉丰满且有弹性，脂肪所占体重比例适中；②个体内部各种机能良好，心脏血液输出量和肺活量均达到最大值，血压正常，有时略有偏高，这时期个体消化机能也很强，因此，食欲较好；③个体自身的抵抗力强，而且能自觉地使用各种方法增强体质，预防疾病，所以这时疾病的发生率相对较低，即使患上某些疾病，也能在较短时间内治愈康复；④体力和精力均处于“鼎盛”期，能承担较繁重的脑力劳动和体力劳动，能为社会做出较大贡献。18～35岁是生理最敏捷的阶段，大多数国内外优秀运动员都处于这个时期，运动员获得冠军，固然以运动技能技巧为主，但与其体力发展和生理特点也有直接关系。因此，这个时期是生育的高峰期。

（二）智力状态

与生理成熟同步，成年前期的智力也发展到“鼎盛”时期。这里，我们在前文引用的流体智力与晶体智力发展趋势，已经展示了成人前期的智力状态。

当然，前文论述只是表明了普通人智力发展的一般趋势，即人类一般智力在35岁左右达到高峰。但是，不可否认占相当比例的人，特别是一些科学家、政治家、思想家等在50岁以后智力水平甚至高于他们的年轻时代（这将在后两章展开论述）。不管如何，我们可以得到这样的结论：从成人前期起，人类的智力进入顶峰。

（三）创造与成就的最佳年龄

发展心理学的研究中**年龄与成就**（age and achievement）是一个重大课题，并提出创造与成就的最佳年龄问题。当然，人才有早慧现象，但也有“大器晚成”。自然科学与社会科学的创造与成就年龄有很大的区别；人与人之间也有很大的区别。不过，开始成才的年龄一般是在25～40岁，也就是说，创造与成就的最佳年龄一般出现在25～40岁，这是国内外心理学界比较一致的看法。

莱曼（Lehman，1936）从20世纪30年代开始，一直从事人类创造力发展的研究。他曾研究了几千名科学家、艺术家和文学家的年龄与成就，认为25～40岁是成才的最佳年龄。马森（Mussen，1991）所著的《人类心理发展历程》也持类似的观点。

张笛梅（1980）统计出从600年到1960年完成1911项重大科学创造发明的1243位科学家、发明家；王通讯等人（1980）根据此项统计得出人才成功的曲

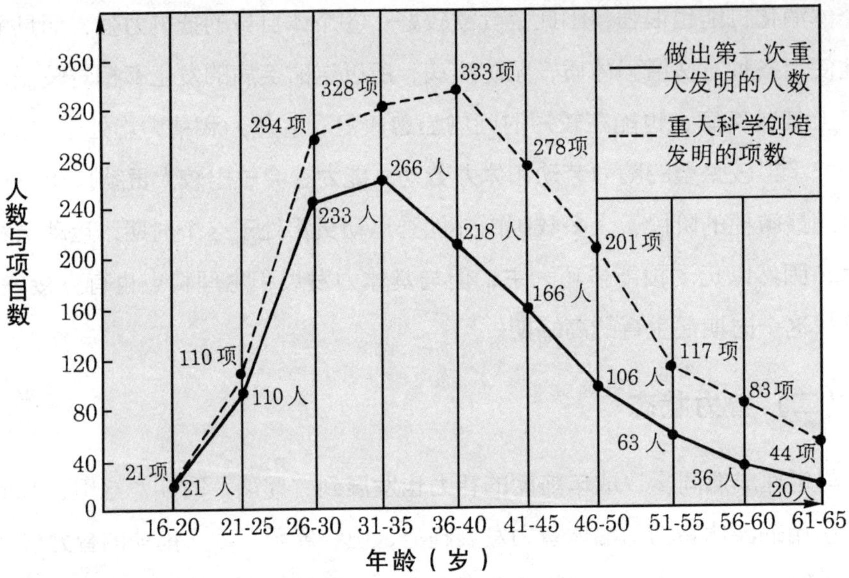

图8-2 人才成功曲线图

（引自王通讯等，1990）

表8-1 不同学科的成才的平均年龄

学科	成才平均年龄（岁）	学科	成才平均年龄（岁）
化学	26～36	声乐	30～34
数学	30～34	歌剧	35～39
物理	30～34	诗歌	25～29
实用发明	30～39	小说	30～34
医学	30～34	哲学	35～39
植物学	30～39	绘画	32～36
心理学	35～39	雕刻	35～39

（引自叶奕乾等，1982）

线如图8-2，结果与前述观点相似。从图中可以看出，无论是做出第一次重大发明的人数，还是做出重大发明创造的项数，成人前期都是最佳年龄期。

叶奕乾等人（1982）根据莱曼的研究，将不同学科成才的平均年龄归纳如表8-1。从表中可知，尽管不同学科个体成才的平均年龄不尽相同，但大部分学科的成才年龄基本上都集中于成人前期。

尽管创造与成就在年龄研究结果上尚有分歧，但由表8-1可以看出，成年前期是创造与成就的最佳年龄。至少是成才的开始，为成年中期达到事业的顶峰创造了条件。

（四）社会交往的特点

随着自我同一性的发展，成人前期的个体能按照自己的需要、愿望、能力、爱好同其他人发展关系。他们开始不急于表达自己的观点，而是愿意或有兴趣倾听他人的意见。马森（Mussen，1991）指出，此时的人际交往变得更友好、和善和相互尊敬，甚至可能有进行肯定或批评性探讨的更大余地。于是成人前期的社会交往便表现出如罗杰斯（Rogers，1971）所说的健康**人际关系**（interpersonal relation）的两个特点，一是每个人能对有关系的他人发展**无条件积极关注**（unconditional positive regard）；二是能准确地感知他人的思想、情感。这样交往促使个体积极发展社会关系（social relationship），特别是人际关系，赢得他人的好感与支持，为开创自己事业奠定社会关系的坚实基础。

第二节 成人前期认知的发展

从“志于学”到“三十而立”，创造与成就的心理基础离不开认知的发展。近年来，西方心理学家对成人期认知发展进行了深入的探讨，形成了一些颇富新意的理论，这些理论为我们了解成人前期个体认知发展的特点，提供了明显启示，在本节中，我们将结合国外的研究，着重讨论如下几个问题：

一、思维发展的第五阶段

诚如前述，皮亚杰以认识论为理论基础，把个体的思维发展划分为感知运动、前运算、具体运算、形式运算四个阶段。后来的研究者发现，皮亚杰的阶段划分并不完整，形式运算并不是个体认知发展的最高阶段。到20世纪80年代以后，研究者用**后形式运算**（post-formal operation）、**反省判断**（reflective judgement）、**辩证思维**（dialectical thinking）、**认识论认知**（epistemic cognition）等不同的概念，来描述个体思维超出皮亚杰形式运算阶段以后的认知图式，统称为思维发展的第五个阶段。我们认为，这种思维发展的第五个阶段就是成人前期的认知特点。

（一）第五阶段思维特征的论述

第五阶段思维是什么意思，又有什么特征，在国外有不少心理学家对这种思维特征做了论述。

1. 里格的辩证运算 在20世纪60年代有两个研究发现，在皮亚杰的空间守恒任务中，个体并未表现出守恒的能力，第一章提到的里格（Reigel，1973）据此提出，形式思维并不能用来表述成人的思维，皮亚杰的**形式运算**（或**形式运思**）（formal operation）只在某些特定条件下，如逻辑、纯学术领域中适用。1973年，他首先提出**辩证运算**（dialectical operation）的概念，即强调人的思维的具体性与灵活性，对于诸如现实与可能、归纳与演绎、逆向性与补偿作用、命题内与命题间的问题，能做全面的、矛盾的处理。他还认为辩证运算可以更好地描述成人的思维。因与皮亚杰的形式运算相对应，辩证运算也有四种形式：感知动作、前运算、具体运算和形式运算中出现辩证运算的思维特征。个体可以从形式运算的任一水平，直接发展为与之相应的辩证运算模式，见图8-3。

里格认为，皮亚杰理论是一种**异化理论**（theory of alienation），他以同化与顺适这一辩证基点来描述人的认知发展，认为个体的认知向着抽象思维发展，但当个体的思维发展到形式运算阶段，这种思维表现为一种形式化了的无矛盾的思维，其发展的基点就不复存在。而在里格看来，矛盾是思维发展的源泉，例如，在感知运动、前运算和具体运算阶段，就会遇到诸如上下、前后、左右等相对性的或矛盾性的关系概念，在形式运算阶段更需要有动态的、发展的、变化的辩证观点。所有这些，都要以矛盾作为思考问题的基础，于是个体思维的发展是不断地抛弃皮亚杰理论中的结构，越来越接受矛盾，使每个阶段都有辩证运算的成分存在，逐步达到思维的成熟阶段。图8-3即表示，在不同年龄出现的不同运算阶段中，均包含有不同水平的辩证运算成分。

2. 对后形式运算的具体分析　对于皮亚杰来说，形式运算阶段是认知发展

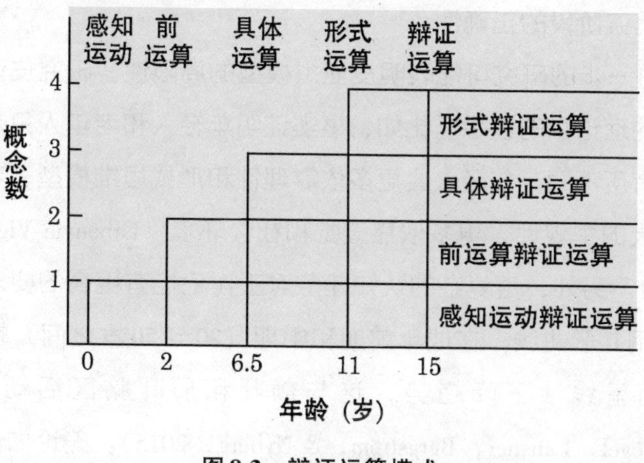

图8-3　辩证运算模式

（引自Riegel，1973）

的最后阶段。皮亚杰把青少年期描述为思想上开始一个新水平的阶段。这个时期，青少年获得了思考自己心理过程、设想某种状况中多种可能，以及心理上产生多个假设的能力。简单地说，青少年期相对少年期，以更符合逻辑、抽象和创造性的途径考虑问题。

许多心理学家已经推测在形式运算之后是否有第五个本质不同的思维水平（Demetriou，1988；Soldz，1988）。对**后形式运算思维**的不同观点中有以下三个共同特点：第一，成年人开始认识到知识不是绝对的而是相对的。他们认识到没有单纯简单的事实，认为事实是被构造出来的现实——我们经历过，并且被大脑活动加工过。（在工作中有许多时候人们对一个项目有不同的看法，需要学会合作。）第二，成年人开始接受生活中存在的矛盾，以及知识之间的不兼容。这是在由成人扩展的社会空间中形成的理解。在更大的社会空间中，成年人面临着不同的观点、不同的人，以及不相容的角色。他们不断被要求从多个可能中选择一个行为过程。（我们必须尊重和按照老人们告诉我们的去做——即便我们相信那可能不是最好的行为过程。）第三，因为成年人认识到生活中存在矛盾，所以必须找到一些相容的整体来组织他们的经历。换句话说，必须综合信息，将每条信息作为整体的一部分进行解释。（有时我们不得不看更大的画面，认识到我们需要工作来养活自己和家庭——即便我们不满意工作环境。）

这里是后形式运算思维的一个初步模型。需要进一步的研究来确定认知发展模型中的第五阶段的正确性。

另外，进一步的研究可能表明皮亚杰模型的局限性。研究皮亚杰学说的人逐渐挑战他的理论中的设想。比如，事实证明年轻人和老年人只是在他们认知能力的方面有所不同。年轻人会更多依靠理性和形式思维模型；老年人在推理时会发挥更大的主观性，更多依靠直觉和社会环境（Labouvie-Vief，DeVoe，& Bulka，1989）。另外，更复杂的认知任务对工作记忆有更高的要求，它的毕生发展轨迹呈倒U形曲线，在成年前期和中期（20到50岁之间）较为稳定，而在成年晚期呈线性下降趋势，这与额叶和顶叶脑区活动有密切关系（Eriksson，Vogel，Lansner，Bergström，& Nyberg，2015）。无论如何，大多数心理学家现在承认认知发展贯穿整个生命过程，这个观点在过去的40年已经获得了全世界的认可。

（二）成人前期的思维发展

智力测验表明，个体在20至25岁之间，思维以比较缓慢的速度发展，以后则渐趋稳定，进入高原期，直到50岁左右开始缓慢下降。

成人前期个体的思维优势主要表现在理解能力、分析问题能力、推理能力及创造思维能力等方面。这个时期的个体，已具有较稳定的**知识结构**（knowledge structure）和**思维结构**（thinking structure），并积累了许多经验，掌握了解决某些实际问题的技能，思维品质也趋于稳定。

一般来说，个体从少年期起开始掌握辩证思维；青少年初期辩证思维获得较快的发展；成人前期的辩证思维达到成熟程度。不仅由里格指出这三个时期的个体能解决辩证问题的数量分别为30％、51％和62.5％；而且，成人前期在信息加工中不单单限于储存与提取，还能提出疑问，能全面把握信息，突破固定的步骤，灵活地检验反思，协调信息加工过程的矛盾，做出较合理的反应。

二、成人前期基本能力的发展

成人前期，不管是从事学习（主要是在大学里攻读各种学位或接受成人教育），还是就业进行工作，都需要以一定能力作为基础，于是促使其各方面能力也获得应有的发展。

（一）成人前期的一般能力

如前所述，成人前期的一般能力或一般智力达到鼎盛时期。

1. 能力和智力　**能力**（ability）与智力的关系是密不可分的。首先，能力与智力同属于个性或人格的范畴，它们都是在成功地解决某种问题（或完成任务）时，所表现出来良好适应性的个性心理特征。其次，能力与智力有一定区别，一般地说，前者偏于活动，注重于解决会与不会的问题，它是保证顺利地进行实际活动的稳固心理特征的综合；后者偏于认识，注重于解决知与不知的问题，它是保证有效地认识客观事物稳固的心理特征的综合体。再次，活动与认识总是统一的。认识离不开一定的活动基础，活动又必须有认识参与。因此，能力与智力是一种互相制约、互为前提的交叉关系。最后，能力中有智力，智力中有能力，智力和能力的总称为智能。我国古代不少名篇如《吕氏春秋·审分》《九州春秋》《论衡·实知》等，均将两者结合起来统称为“智能”。但不论能力还是智力，其核心成分是思维，诸如理解、命题、分析、推理、证明等，都是思维的具体表现形式，其基本特征是概括。

2. 成人前期一般能力的发展 一般能力或一般智力是由思维感知、观察、记忆、想象、语言和操作技能组成。成人前期个体的一般能力，从两个方面表现出来，一是认识，一是实际操作。成人前期的认识发展，前面已做较多的分析，这里不再赘述。成人前期的实际操作能力有两层含义：

其一指已表现出来的实际能力和已达到的某种熟练程度，可用**成就测验**（achievement test）来进行测量。

其二指潜在能力，即尚未表现出来的心理能量，但通过学习或训练后可以发展起来的能力与可能达到的某种熟练程度，可用**性向测验**（aptitude test）来进行测量。

无可讳言，实际能力与潜在能力是不可分割的整体。潜在能力是一个抽象的概念，它仅指出了各种能力展现的可能性，只有在遗传与成熟的基础上，通过学习或训练才可能变成实际操作能力。潜在能力是实际能力形成的基础和条件，而实际操作能力是心理潜能的展现，二者不可分割。

能力测验表明：成人前期通过学习和训练，可获得相当的知识、学识、技能，并在此基础上使自己的职业、工作达到一定的成功；成人前期是将潜在能力转变成实际操作能力的时期；成人前期也是在实际工作中表现出成就差异的阶段。

综上所述，成人前期在一般能力发展上，不仅使所有的一般能力都获得齐全而成熟的表现，而且都几乎达到“高峰”，且出现**高原期**（plateau period），直至50岁以后才开始缓慢地下降。成人中期在事业上的成就，正是以成人前期一般能力发展作为智力基础的。我们对大学生的基因—脑—行为研究表明（Zhu，Chen，Dang，Dong，& Lin，2017；Zhu，Chen，Xue，Lei et al.，2014；Zhu，Chen，Xue，Moyzis et al.，2014），成年前期的智力和大脑特定脑区的体积（例如，海马脑区和丘脑）及神经递质基因有关。

（二）成人前期的特殊能力

成人前期表现出许多特殊能力，以便适应这个阶段发展的角色变化。

1. 职业能力 成年前期个体就业成为各种职业人员，需要具备从事各种职业活动的特殊能力。例如，教师的教育能力就是一种特殊能力。韩进之等人（1992）认为，教师应具备的能力包括有：全面掌握和善于运用教材的能力，良好的语言表达能力，善于了解学生人格心理特征和学习情况的能力，敏感、迅速而准确的判断能力，组织领导课内、外活动的能力，独立思考和创造性地解决教育、教学问题的能力，因材施教的能力，教育机智等。

对职业能力的测量工具，是上述的成就测验和**职业性向测验**（occupational aptitude test）。前者测定的是个人从事现有职业所表现出来的实际能力，后者测定的是个人的潜在职业能力。现有的职业性向测验多用于测量个人在音乐、艺术、机械、文学、创造发明等方面的特殊潜在能力。

成人前期为表现其职业角色行为，经过**技能训练**（skill training）后而进入职业活动领域，职业能力从中获得发展。即近35岁的时候，从事各种职业的个体，大多数能熟悉掌握特定职业角色所需要的技能，使其胜任本职、提高功效、创立事业。这也是成年前期成为创造发明、建功立业年龄阶段的原因之一。

2. 处理人际关系的能力 个体在18～35岁这个年龄阶段，是建立各种复杂人际关系的最重要时期，人际关系主要表现在恋爱、婚姻、家庭、与他人的友谊及其在工作、学习、娱乐活动中与人形成的各种联系上。文化背景、民族传统、时代背景及一个人的人格、品德、性别、受教育程度都会影响其对待恋爱、婚姻、家庭和其他人际关系的态度及处理这些关系的方式和方法。成人前期的个体正是在这错综复杂的关系中，学会适应和协调彼此的需要，解决各种矛盾，发展其处理人际关系的能力。例如，怎样区分友谊和恋爱的界限；在恋爱过程中怎样相互融合而又不失独立的自我；怎样从独身或与父母在一起的生活过渡到小家庭生活；怎样处理与配偶的关系和与婚外异性朋友的关系；怎样协调配偶与父母的关系、自己与子女的关系，以及自己与上司、与同事、与职业有关人员的人际关系等。所有这些都表现出个体处理人际关系能力的水平。若能处理好这些关系，成人前期的个体就会体会到人与人的亲密感情，而使生命充满活力；否则，将会感到孤独并难以适应成人社会。

3. 管理能力 **管理**（management）有狭义与广义之分。狭义的管理主要指经济管理或企业管理；广义的管理泛指一切单位或组织有目的、有计划的管理。管理的对象有物与人两个方面。管理的职能有计划、组织、指挥、控制和协调等方面。

到了成人前期，每一个体都可能要进入一个单位，包括自己的家庭；都要接触物（如工厂的机器、工具、设备等）和人（如企业中的生产组织，学校里的学生等）；都有一个计划、组织、协调等过程，包括在家里，也有一个经济管理、生活安排等。如果一旦担任单位管理人员，就有诸多的领导行为和**管理系统**（management system）。所谓领导职务的高低，在一定意义上，就是管理人数的多少。于是，对每个成人前期的个体来说，在一定程度上都有一个发展**管理能力**（management ability）的要求。例如，教师的教学管理能力，企业人员对技术系统（生产过程）与社会心理系统（社会过程）的管理能力等。这种管理能力高低是决定成年前期个体在事业上是否有所作为的重要因素之一。管理能力在成年前期获得一定发展，到成年中期，甚至于成年晚期，都会获得进一步发展。管理能力是选拔人才，特别是选拔领导人才不可或缺的条件。

4. 适应能力 **适应**（adaptation）原来是一个生物学的概念，心理学中用这个概念来说明个体对环境变化做出的反应。皮亚杰认为，智慧的本质从生物学角度来说就是一种适应。人的**适应行为**（adaptive behavior）包括诸多内容，如智慧、情感、动机、社会、运动等。与这种适应行为相对应的能力就是**适应能力**（adaptive ability）。成人前期适应能力是个体在事业上有所建树且走向兴旺发达的必要条件，也是其心理适应的前提。我们将在第四节再对此展开分析。

三、智力与事业

成人前期是走向鼎盛的时期，其突出的表现是在事业上有所作为。要成就一番事业，与智力、能力有直接的联系，因为工作成就在很大程度上取决于智力和能力。

马森（Mussen，1991）在谈到成人前期的智能与事业问题时指出，智力与职业选择有着多种联系，有些是直接的，有些则是间接的。有些工作需要超常的智力才能做出成绩，因此这类工作需要学校训练，例如，医生必须是那些能够完成医学学位课程的人。**智商分数**（intelligence quotient，简称IQ）与“经济上的成功”有约0.50的相关。此外，有些职业还注重别的一些能力，例如，艺术家必须有创造性；组装工作要求有良好的运动技能；绘图、建筑、服装设计则要求有良好的空间能力；等等。

其实，天生其人必有才，天生其才必有用。每一种智能都能从事一定的事业。成年前期的每个个体，是否能“而立”“有为”，关键是在人生的坐标上能否根据自己的智能找到其适合的位置。

（一）智力类型与事业

每个人智力不仅表现出各种不同的才能，而且表现为不同的类型。所谓**才能**（talent），是指人们认识、理解、创造事物的能力；所谓**类型**（types）则是人们如何组合和使用自己的才能。成年前期事业的成功往往凭借不同智力的组合类型。

林崇德等人（1992）曾对学科能力的构成作过如下的示意图，见图8-4。我们认为，个体的学科能力是一个由学科性质、思维类型和神经机能三个维度所组成的立体结构。其中学科性质包含三个类型，即文科、理科和交叉学科；思维类型包括思想型、艺术型和中间型三类；而神经机能也有三类，即偏左脑功能型、偏右脑功能型和功能均衡型。

在上述众多交互作用因素中，对成人前期的不同个体而言，会造成掌握智力类型的明显差异。虽然不同的青年教师在教育工作中都能获得出色的成绩，但是这种成绩很可能是从不同的能力组合中获得的。有的教师也许语言能力占优势，有的则可能是逻辑性推理占优势。前者可能利用演讲教育使学生明白教育内容，后者则认真分析教材，实际地将教育内容化成涓涓细流，一点点渗透进学生的心田。同理，同样具有领导才能的人，有的善于统筹全局和制定策略，有的则善于条理归类和处理细节。不了解这一点，就不可能真正地对不同

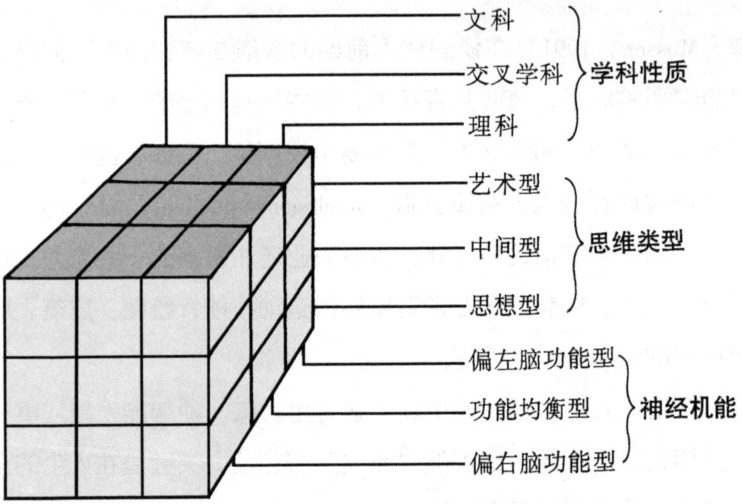

图 8-4　学科能力结构示意图

（引自林崇德等，1992）

智力类型的成人前期个体，进行适性的求职指导。

（二）智力表现范围与事业

智力的表现范围很广，主要表现在：学习领域与非学习领域，表演领域与非表演领域，学术领域与非学术领域，并从中显示出智力的个别差异来。当然，这些领域是交叉的，往往没有严格的界线。成年前期事业的成功，常常与所从事职业需要的智力范围有密切的关系。

有些人表现出擅长学习的智力，进而在成人前期获得学位，争取在事业上有所长进。可是升学如爬宝塔，底大顶小，不可能人人都爬到宝塔顶。目前我国每年考入大学的人数占高中生的五分之一至四分之一，对同龄人来说约三十至四十分之一。可见，智力一般在非学习领域的成人前期个体身上获得更多的表现。

有些人表现出杰出的表演才能。如运动负荷和运动技术，音乐听力、噪音、节奏和旋律感，美术的认知能力、绘画创作能力、工艺制作能力和审美能力等，因此到了成年前期，就表现出表演方面的才华横溢。另外一些人却在表演领域显示不出任何才华。

有些人的智力表现在学术领域。这种智力核心是独立从事某专门领域的科研能力，此外还包括自由探讨、写作（著书立说）、创造发明等能力。成年前期的年轻学者就是以这种智力为前提的。另外一些人智力表现在非学术领域，例如，组织管理才能、宣传才能、军事才能、商业才能等。人们在学术领域和非学术领域中表现出明显的个别差异。一个优秀的青年科学家，未必是一个好的行政领导，还可能在从事生意买卖时大亏其本；相反的，一个杰出的年轻行政领导或宣传家，就未必能从事学术工作，也未必能做好经商工作；等等。

事业成功绝不限于认识能力、学习能力和分析综合能力，人才的要求也不按一种模式发展，而更需要成人前期智力的多样性和多重性。

（三）非智力因素与事业

非智力因素（nonintellective factors）又称**非认知因素**（noncognitive factors），它是指除了智力与能力之外，与智力活动效益发生交互作用的一切心理因素。它包括与智力活动有关的情感因素、意志因素、兴趣、动机、理想、需要的表现形态、气质因素和性格因素。尽管情绪智力的概念一直存在争议，但许多人类脑损伤研究表明，杏仁核与前额叶等脑区与情感能力密切相关，而这些情感能力在个人的生活与工作中起到重要作用（Hogeveen，Salvi，& Grafman，2016）。

对于成人前期个体的事业来说，非智力因素产生三个方面的作用（林崇德，1992）：

1. 动力作用（dynamic） 成人前期的需要，特别是职业兴趣，是引起其积极从事活动的内驱力。职业兴趣是最活跃的职业动机，它犹如催化剂不断地促进人们去积极投入职业活动，去对某个问题加以深入思考。职业活动不断开辟着他们智能发展的道路，其探索不断深化他们对问题的认识，思考则不断发展着他们分析问题和解决问题的能力。心理学早有研究表明（Alexander，1935）兴趣因素在学术成就或技术创造中起着举足轻重的作用。例如，在科学成就方面，兴趣因素的荷重是0.74，而一般智能因素的荷重只有0.36；在英语方面，兴趣因素的荷重是0.48，而一般智能的荷重是0.43。事实上，任何有成就的人，他们都热衷自己的事业或专业，甚至达到了废寝忘食的程度。天才的秘密就在于强烈的兴趣和爱好，从而产生无限的热情，这是勤奋的重要动力，也是事业成功的关键。

2. 习惯和定型作用（或定向化）（canalization） 即把某种职业认识或职业行为的组织情况越来越固定化。习惯没有高低之分，但有好坏之别。在职业活动与智能的发展中，良好的职业活动与智能的固定化，往往取决于主体原有的意志、气质等非智力因素以及各种技能的重复练习的程度。意志或意志力直接影响职业训练、职业活动与智能的目的性、自觉性和坚持性，从而影响事业成就的质与量。气质包括强度、速度和灵活程度等因素，直接制约智能的性质、职业活动的效率和特征。这些都在职业活动中起定型或习惯的作用。

3. 补偿作用 非智力因素能够弥补智力与能力的某些缺陷或不足，促进事业的成功。性格在这方面的作用是比较突出的，一个人在事业中的责任感、坚持性、主动性、自信心和果断性等意志特征，以及勤奋、踏实的性格特征，都可以使个体克服智能上基础较差的弱点。“勤能补拙”的事例在事业成功者中是屡见不鲜的，这正反映出这些非智力因素在事业中发挥着作用。

第三节 | 人生观的成熟

人生在世，每个人都会对人生有一个根本看法，且伴随着相应的态度。人们经常会考虑自身活着的意义、目的以及社会地位和道德标准等问题，并要对群己关系、人己关系和自我修养等问题持一定的观念，这一切都是**人生观**（outlook of life）。

人生观的形成和发展，以人的思维和自我意识发展水平，对社会历史任务及其意义的认识为心理条件。如前所述，个体的人生观萌芽于少年期；初步形成于青年初期。人生观的成熟或稳定是在青年晚期或成人前期。青年初期前，探索人生的道路和思考人生的意义往往不是很自觉、成熟的。进入青年初期后，随着社会生活范围的扩大，生活经验的丰富，心理水平的提高，开始较为主动和经常地从社会意义与价值来衡量所从事活动和接触的事件，但由于这个时期的人生观是从感性体验中得来的，因而还不稳定。到了青年晚期或成人前期，由于所从事的社会任务已基本定向和专业化，从而加深了对该任务的社会意义与作用的认识，使他们不至于因外界环境条件的变化而改变社会生活意义的看法，因而使青少年初期初步形成的人生观趋于稳定。

人生观的成熟或稳定，主要表现在价值观、道德观和社会观三个方面。

一、成人前期的价值观

从青少年到成人前期，价值观逐步趋于稳定，并且形成了稳定的价值系统。我们从以下两个方面来分析成人前期的价值观。

（一）价值观的特点

成人前期的价值观，表现出如下四个方面的特点。

1. 价值观发展趋势 成人前期价值观有一个趋于自我成熟的过程。

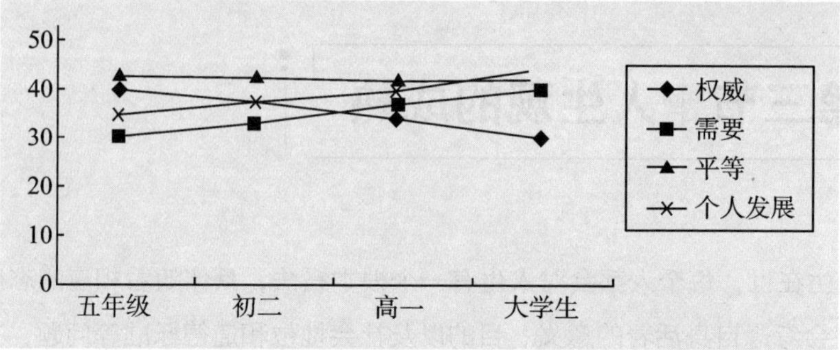

图8-5 四种价值取向与被试年龄、年级发展的关系

（引自寇彧，2013）

从图8-5可知，个体在发展成熟过程中，对于任何观念的习得，都有一个从外部控制下的服从到自己主动认同和喜爱赞赏的过程。个体从进入青春期开始到成人前期（大学生），自我意识逐渐高涨，引发的是对自我各个方面的强烈的认识欲望和突出表现自我的强烈愿望，所以，对“需要表达”的价值取向和“个人发展”的价值取向开始认同，并越来越重视。

2. 价值观趋于稳定 影响成人前期价值观趋于稳定的因素是错综复杂的，既有外部环境的因素，又有个体内在的生理和心理因素。进入成人前期，随着社会要求的提高和成人前期生活方式的改变，以往的兴趣需要做重新估价。

这就构成了相应的综合观念系统的**价值观**（view of value）。成人前期的价值观就是社会意识形态在个体身上的折射。加上成人前期生理及其功能发育的成熟，由此产生一种强烈的指向个人内部的“自我”意识和评价，开始思考个人生活追求和自己在社会生活中的地位、作用。成人前期的智力水平也能使其有意识独立判断、思考人生价值，并结合现实情况做出自己认为合理的选择。由此可见，促进成人前期价值观发展的社会兴趣，其变化原因，既来自年龄因素，更缘起于社会文明与环境的改变。

3. 对人生的看法是比较乐观的 杜登汉的研究（Tuddenham，1982）指出，“当一个人从暴风雨似的青春期转入宁静的成熟期时，对人生的看法就比较乐观了”。图8-6表示成人乐观态度的增进。从图中可知，由于青年期处于“急风暴雨”之中，个体常常容易受到外界的干扰与左右，因而一遇挫折就往往悲观失望。而在成人前期，随着知识经验的丰富、社会阅历的增加，个体对自己、对社会的认识更加客观、深入，这时他们很少为外物所动，而是坚定地向着自己的目标奋进，在人生态度上他们表现得更为达观、成熟，很少有悲观绝望的感受。

4. 关注面的扩大 在成人前期，价值观的人文化与关注面在不断扩展，这与对他人幸福和人类事务兴趣的日益增强是密切相关的。对他人更感兴趣、更加关心，是其成熟的最明显标志之一。几乎每一位人格理论家都在努力探讨成年前期这种关注、兴趣的发展。有人论述了成人前期各成员的**社会兴趣**（social interest）问题，有人使用**趋同性**（homonomy）一词，来阐述其与小组中其他成员增强和谐以及联合行动的趋向；也有人提出了归属和爱的需要，又有人则强调感情移入和无条件的积极关注。成人前期对他人关注的增强，明显地

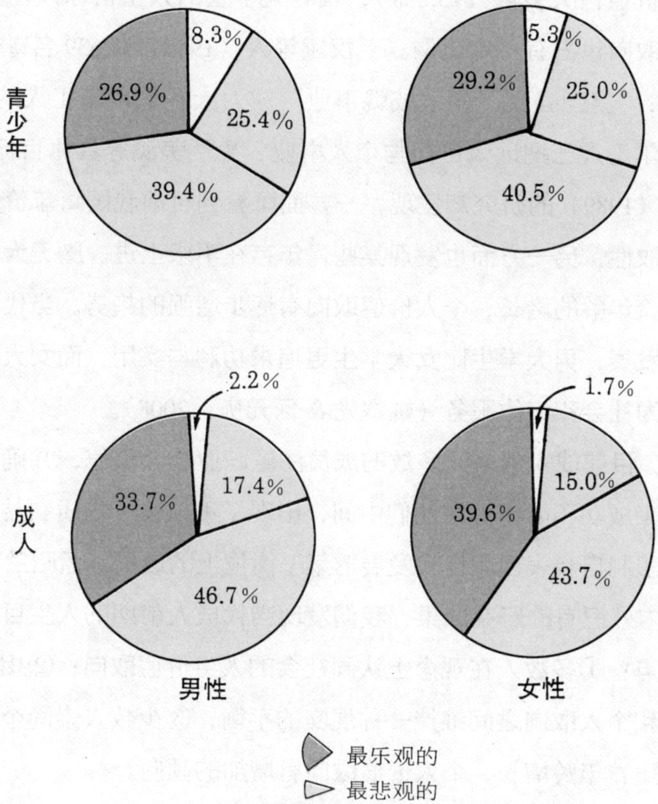

图 8-6 成人乐观态度的增进

（引自 Tuddenham，1982）

表现在职业兴趣测验得分的差异上。此外，成人前期对人权、社会福利和宗教信仰自由等兴趣也在显著地增长，且趋于稳定状态。

（二）价值观三个成分的变化

综合有关研究资料（Mussen，1991；黄希庭，1992；林崇德，1989；卢家楣，1989），可以将个体的价值观划分为**人生目标价值**（value of life goal）、**人生手段价值**（value of life means）和**人生评价价值**（value of life assessment）三个方面。

1. 对人生目标的看法 对人生目标的看法是价值观的核心成分。它决定着成人前期价值观的性质和方向，因而成为价值观研究的重点。

陈科文（1985）对北京高校528名大学生进行了人生观目标调查，结果发现追求社会价值占大多数（73.2％），表明大学生的人生目标以社会取向为主导，但个人取向也占有一定比例。毛汉斌等人（1985）对639名青年工人进行的调查发现："富国强民"和"成就事业"成为大多数青年工人的奋斗目标，同时不少青年工人已把远大目标与个人事业、生活美满等具体目标结合起来。黄希庭等人（1989）的研究却发现，一方面可看到目前我国青年价值目标上的积极性和进取性，另一方面也发现某些青年存在不求上进、胸无大志等消极现象，而且随着年龄的增长，个人价值取向有逐步增强的趋势。当代大学生追求自身完善和发展，男大学生比女大学生更追求功利与实用，而女大学生比男大学生更追求为社会和集体服务（姚本先 & 何元庆，2008）。

在西方，目前成人前期大多数的成员注重职业社会价值，并确信经过自己的努力会带来成功和财富。在他们中间，出现了不热衷于物质利益，不愿意把自己束缚在限制自我表现和自我发展的某一岗位上的成员（孟昭兰，1994）。

综合国内外已有的研究成果，我们发现当代成人前期的人生目标价值主要呈现如下特点：①多数人在观念上认同社会的人生价值取向；②相当比例的人试图在社会和个人取向之间维持一种现实的平衡；③少数人崇尚个人奋斗的人生目标；④随着年龄增长，个人价值取向有增加的倾向。

2. 对人生手段的看法 人生手段是实现人生目标的保证。对人生手段的价值观直接关系到个人所选择的人生道路。彭凯平、陈仲庚（1989）调查690名大学生，发现价值倾向由强至弱的顺序是政治、审美、理论、经济、社会和宗教，且存在着性别差异。主要是男性更重理论倾向，女性更重审美倾向。曾建国（1991）用生活方式问卷对1354名各族青年进行了人生价值手段的调查，各族青年选择排在前面的是“多彩生活”“开朗达观”“传统美德”“友好协作”“奉献自我”“奋斗拼搏”。陈科文（1985）的调查指出，大学生选择的人生手段首先是强调个人奋斗、自强不息而较少考虑他人的帮助和集体的智慧。中国社会科学院青少年研究室的调查（1988）表明：面临挫折的青年中有15％宁愿采取消极态度，坚决抗争的也是15％，大多数青年宁愿通过转移目标或接受现实而采取折中态度。

综合以上调查研究，成人前期在人生手段价值观上主要有如下特征：①多数人努力进取、自强不息；②成人前期手段价值观出现自我取向和多元化趋势，比较重视个人素质的意义；③在重大的挫折面前，多数个体在进取和承认现实之间调和折中，也有少数人消极退缩。

3. 对人生价值的评价 对人生价值的评价也是价值观的重要方面，它反映了价值观的动力特征。这个问题虽然研究难度较大，但也有很多探讨。总的来看，成人前期各成员对人生价值的评价主要有如下特征：①大多数成人前期的个体，在观念上赞同社会和集体取向的人生价值评价标准；②近半数的个体力求在“贡献”和“名利”标准之间求得平衡，而对现实人生价值的具体评价则侧重于人生重大问题，如事业、自我发展、婚姻家庭友谊等；③成人前期在人生价值评价标准的选择上，表现出比较大的独立性和稳定性；④少数个体推崇个人取向的人生价值标准，并且随着年龄增长，成人前期赞同个人取向的比例有所增加。

二、成人前期的道德观

道德观（moral idea）的研究，无论是在哲学、伦理学，还是在心理学中，都是极重要的领域。道德观可以看作是个人根据自己的道德需要，对个人行为和社会现象的道德方面所持的基本信念和态度的总和。李伯黍指出：

当一个人愿意接受某一事物，他必然对这一事物做出估量，赋予它一定的价值。同样地，当一个人愿意接受某一社会道德规范时，说明它已赋予这一道德规范以一定的价值，从而使外部的道德规范内化为个体的道德价值观念。（李伯黍，1990）

从心理学的角度来看，道德观是一个多层式、多维度、多侧面的复杂心理组合体。它既包含个人对道德目标、道德认知、道德手段、道德效果的看法，也包含在更深层次上的一些道德心理成分，如道德动机、道德信念等，还涉及个人道德价值的取向。

道德观作为一种综合的心理系统，对成人前期道德的发展起着多方面的作用。它指导道德认知和道德行为定向，使个体有选择地去确定认知的对象和行动的环境；它是个体衡量道德行为、判断道德行为价值的基础，个人据此对自己或他人的道德行为做出判断；此外，它还承担着发动、维持、调节道德行为的作用。个体行为是以基本道德观为出发点的，道德行为的进程和目的都以道德观为参照标准。

（一）道德观发展的特点

西方关于个体道德判断发展最有代表性的研究，是皮亚杰和柯尔伯格等社会认知学派学者的研究成果，但无论是皮亚杰还是柯尔伯格，他们的研究对象都限定在成年人之前的个体范围。但西方心理学也研究了成人的道德观，提出成年人会以自身的经验来解释柯尔伯格的道德两难问题。例如，有过癌症经历的人对柯尔伯格两难故事中丈夫偷药以挽救垂死妻子的事件表现出更为宽容的趋势，原因是他们自己的亲身经历和对所爱的人的疾病经历的体验，与其认知的发展一起相互作用，使得他们可以从更为复杂的角度来全面认识现实的道德现象，具体来说，即他们从现实生活中体验到他人福祉的责任与理想的道德原则构成的价值冲突，使得他们的道德判断更为灵活。所以，就道德判断而言，个人的认知发展并不是唯一原因。西方这些研究结果的科学性如何？我们进行了一项验证性研究，得到了与此类似的结果。寇彧等人（2006，2012）在探讨儿童与青少年和成人前期大学生对行贿行为的认知发展时发现，被试对假设情境问卷中行贿的道德判断以及对行贿做法的认同，都表现出随年龄增大而显著升高的趋势，同时，对行贿的道德判断与对行贿做法的认同有显著相关，被试越是认为行贿不道德就越不认同行贿。但是，被试对行贿的道德判断与对行贿做法的认同之间的关系也存在不受被试年龄的调节的情况，这说明个体对行贿的道德判断随着年龄上升的趋势并不能解释其对行贿做法的认同随着年龄增大而上升的趋势。那么，是什么导致了个体在走向成熟的过程中所表现出的道德认知发展呢？研究者在实验中通过操纵示范性规范来考察其在不同年龄被试对行贿做法认同中的作用。结果发现，高示范性规范组的被试比低示范性规范组的被试对行贿做法更为认同，并且示范性规范的作用随被试年龄增大而增强。于是，研究者认为，人体对行贿的道德判断，以及行贿的示范性规范对不同年龄被试的行贿认知具有不同作用，年幼个体（例如小学儿童）主要受到其对行贿做法所做的道德判断的影响；而青少年同时受到其道德判断和示范性规范的独立影响；对于大学生被试来说，则更受示范性规范的影响，通过道德功利主义调整其道德判断，从而更认同行贿做法。研究者在这项研究中所操纵的示范性规范，即相应情境中多数人遵循的规范。也就是说，个体在进入成年后，其道德判断的灵活性进一步增强，他们虽然对道德现象有着更清楚的认识，知道什么是道德的，什么是不道德的，但不会刻板地单纯依据道德判断来决定自己对某个行为或事件的认同。也不会单纯地依据道德判断来做出自己的行为决策。说明人进入成年，道德观呈现**自律**（autonomy）的特点。

（二）道德观的表现

成人前期道德观有多方面的表现，我们将其概括为下面两类。

1. 道德目标、道德动机、道德手段的表现 黄希庭等人（1990）对沿海和内地260名大学生的调查表明，在道德目标方面，大学生心目中排在前十位的是：诚实、正直、自信、爱国、自尊、自强、民主、上进心、宽容和坚强。最无价值的道德目标则是：虚伪、阴险、狡诈、毒辣、横蛮、轻浮、怯懦、势利、放荡、无耻。中国传统社会提倡的道德价值观现在已不受重视，例如相当多的青年把“顾全大局”“集体精神”“简朴”“孝顺”看得无足轻重。“顺从”这一传统美德已被归入“最无价值”一类。

大学生心目中最有价值的道德动机是：人格高尚、内心平静、证明自己的存在、世界和平，而社会要求、带来荣誉感、异性喜欢等项目则被排在相对不重要的位置上。

在道德手段评价方面，最有价值的排列顺序是：勇于负责、言行一致、聪明颖慧、自我克制、宽以待人、洁身自好、乐于助人、见义勇为、大公无私。在“最无价值”的道德手段中，其排列顺序依次则为：吹牛拍马、阴谋诡计、不择手段、以势压人、自我炫耀、谦恭顺从、默默无闻。与传统的“温、良、恭、俭、让”的道德观相比，已经发生了很大的转变。

在黄希庭等人（1992）的另一项研究中，大学生对人格特征形容词的好恶，也反映了其道德观的倾向。最受欢迎的人格特征形容词依次是：爱国、博学、纯洁、理智、真挚、自重、体贴、成功、有为、高尚等。从中不难看出传统道德观念和理想主义色彩的影响。

陈欣银（1987）的研究发现，大学生对八种道德价值观念所排出的重要性顺序为：真诚、平等、利他、尊老、集体、责任、报答、律己。与中小学儿童相比，成人前期集体观念地位降低了，真诚、平等、利他性等观念则被看得很重。

2. 道德观的价值取向表现 成人前期各成员随着社会经验的积累和态度的定型，个体开始形成比较稳定的价值取向。张荆（1990）的问卷调查表明：爱国品质在我国成人前期的道德价值观中占有重要的位置。对“个人的事小，国家的事大”和“位卑未敢忘忧国”持赞成态度的青年在60％以上，普遍表现出对国家效忠与对国家大事的关心。集体主义在成人前期的道德观中仍然具有较高的价值，“大河无水小河干”得到绝大多数青年的认同。而利他主义在青年的道德价值观中已不占优势，个人本位主义有所表现。研究者认为，从进取性道德价值观取向看，当代青年似乎陷入一种两难的选择境地之中，在态度上渴望竞争，在行为上又裹足不前；有较强的进取心，敢于求新、求变。从协调性价值取向看，当代青年也存在着困惑。家庭生活孝顺父母虽仍被看重，但顺从却不如以前重要，青年人更重视与长辈的平等关系，特别是当涉及自己的大事时，要求平等、独立。

三、成人前期的社会观

成人前期认知能力、社会生活技能等方面的渐趋成熟，使个体开始对个人生活与社会生活中的一些基本问题，形成了自己比较稳定的看法。譬如，人际观、自我观、审美观、宗教观和幸福观诸方面的**社会观**（social outlook）都有这种发展趋势。

（一）人际观

人际观（interrelation outlook）指在人际交往过程中，交往主体对交往客体及其属性与满足交往主体需要的程度、重要性做出评价的观念系统，它包括对人际交往的动机、目标、手段等的基本态度和看法。

成人前期的生活环境和职业影响着人际观的形成。黄希庭等（1981）的调查表明，大学生选择知心朋友的标准依次是："志同道合，互相帮助""志趣相投、性格相近""真诚相待、互相尊重"。人际交往中大多数人看重"合作""友好"的价值取向。对朋友的"品德"（主要是正直、诚实、助人、勇敢等品质）最为重视，其次是"才能"（主要指事业心、有知识、有能力、有主见）。黄希庭等人（1988）的调查结果表明，成人前期大学生的人际观主要特点是追求共同理想、兴趣相投、交流思想和排难解忧。他们最看重的是志趣相投、性格相近、真诚可靠、乐于助人等因素。青年职工择友方面的人际价值标准最重视爱好相同，其次是有才干，仍然是强调"志趣"和"能力"（毛汉斌等，1985）。在代际人际关系方面，当代青年在处理与父母的关系时主张"说服"和"顺从"并重。意即在对待父母时既看重"平等"，尊重父母，顺从父母，又要求独立（张荆，1990）。

（二）自我观

自我观（self-outlook）是指个人对自己以及自己与他人和社会关系的观念系统。

1. 成人前期自我观的一般特点 成人前期的自我观主要有如下特点：

①自我观的内容极大地丰富和分化。这一时期的自我观开始具备复杂的多维度、多层次的心理结构。②独立意识明显发展。成人前期对自己的独立地位有了更明确的认识，已经自主和自立。③关注自己的个性发展。成人前期已经认识到自身整体形象在社会生活中的重要性，开始关心和调整自己个性中的优点和缺点，所以对他人关于自己的评价和看法非常敏感。④自我评价的成熟。成人前期开始表现出真正独立的自我评价能力，个体不仅能评价自己的内心品质，而且能评价个人内部心理活动和行为效果的一致程度，还常常对自己的整个心理和行为面貌进行分析、比较、评价。⑤强烈的自尊心和道德意识。成人前期的自尊心由于独立人格的形成而更趋强烈，进入社会生活所必需的道德意识也有了极大的发展。

2. 成人前期自我观的表现 成人前期自我观特点的研究，主要集中在自我认识、自我体验、自我控制几个方面。

自我认识（或**自我知觉**）（self-knowing or self-perception）突出地表现为自我评价（朱智贤，1962，1979）。成人前期的自我评价有如下特点：①评价的广泛性。这个时期的个体已能对自身做出较全面的评价，评价内容涉及生理自我、社会自我和心理自我三方面，具体内容相当全面。②评价的独特性。成人前期个体的自我意识在其内容的丰富、细腻、表达风格以及对自己个性理解分析深刻程度等方面具有很大的差异，表现明显的独特性。③评价的独立性。成人前期进一步摆脱对长辈和权威的依赖，也开始克服同伴团体的强烈影响，表现出真正的个体独立性。④评价的概括性与稳定性。成人前期的自我评价开始具备整合、同摄、稳定、一致的特点。个体能脱离具体情境，单纯从理性上进行自我评价，能够辩证地看待自己，并在不同场合所做的自我评价有相当高的稳定性和一致性。⑤评价的适当性与矛盾性。成人前期大部分个体的自我评价与他人评价之间并无大的差异，说明这一时期的自我评价有较大的适当性。但绝大多数人又都存在着自我评价的矛盾性，主要表现为理想我与现实我、主体我与社会我之间存在矛盾。正是这种矛盾性与适当性的并存，成为其自我激励、自我教育的原动力。

成人前期的**自我体验**（或**自我情感体验**）（self-feeling）也具有一些独特的特点：①自我体验的多样化。成人前期出现了一些以前很少体验到的情感，如自怜、自惭等。对内外刺激都有更深刻的内心体验和反应。这一时期的基本情调倾向于热情、憧憬、自信、舒畅、紧张、急躁等。②自我体验的敏感性。随着自尊心和自信心的增加，这个时期的个体对他人的言行和态度极为敏感。涉及“我”及相关的名誉、地位、理想、人际关系等问题，尤其容易引起比较激烈的情绪体验。③自我体验的深刻性。成人前期的自我评价逐渐从自我的外层进入到自我的内层，这时的自我体验也日益深刻化，与外部生理有关的体验更多地转向于道德品质、社会价值、内心思索等方面的深层体验。

成人前期的自我控制也逐渐趋向成熟。这时的自我控制由开始时的被动向主动发展。个体常能为一定的目的自觉地实施自我控制，并且伴随着出现一种强烈的自我完善的愿望。个体意识到的自我力量，参照社会规则，自我控制开始向自我教育的方向发展。

（三）审美观

审美观（aesthetic）是指人们对客观事物审美价值的把握。包括人们从审美角度做出的判断、评价和态度，是人们分辨美丑时所持的基本观念。审美观的形成，受到心理因素、社会因素、审美实践等因素的制约。成人前期的审美观是在个体审美态度和审美能力发展的基础上形成的。

研究审美观难度较大。我国心理学家（刘兆吉，1988，1991；黄希庭，1988，1994；卢家楣，1989）在成人前期的审美趣味、审美判断类型、审美标准等审美价值观的重要问题上做了一些有益的探索。其特点可归纳如下：

1. 审美趣味多样化，但发展很不平衡 成人前期的审美趣味是丰富多样的，生活中各种事物和活动都可以成为审美的对象。但是，由于存在着多种不同的审美形态，如优美、壮美、喜剧美、悲剧美、丑美等，因此成人前期审美观发展出现了不平衡现象。如喜剧美似乎就比悲剧美在审美上能得到更好的发展。

2. 审美评判自主、独立，但带有盲目性 成人前期力求主动、独立地从自己对事物的审美认识中去做出审美价值的判断和选择。这是自我意识在审美价值观中的突出表现。但由于个体经验缺乏，这一时期的审美观存在一定的盲目性，如对“流行”的偏爱就是一种典型的表现。

3. 追求新奇，但鉴别力不强 探奇寻胜的审美倾向是与成人前期的思维敏捷、强烈好奇相联系的。但他们在对审美对象的深刻性和丰富性的分析和把握上还需锻炼、提高。

4. 反传统意识较强，亦大量接受传统、民族的审美特点 由于社会生活的变迁和个体成长经历的迥异，使得成人前期个体在审美观上与上一代相比发生了很大的变化，一些传统的审美观受到排斥或被忽视。但研究也发现“和谐、悦乐、恬静、舒适、告诫、优雅”等审美情趣具有相当一致的继承性。

（四）幸福观

幸福和幸福观是哲学、伦理学和心理学研究中一个很复杂的问题。一般说来，**幸福观**（outlook about happiness）是人们关于幸福目标、幸福动机、幸福手段、幸福标准、幸福效果所持基本态度的观念系统。

中国社会科学院社会学研究所（1988）的一项调查表明，成人前期对幸福的理解，第一是事业成功，第二是健康和金钱。事业成功所带来的幸福感与因才能不足或无法发挥而引起的苦恼是一致的，这表明成就不仅是成人前期渴望实现的价值，而且是他们最高的人生价值追求。其他一些研究也得到了与此类似的结果。一言以蔽之，可以说在成人前期的大多数成员普遍认为“事业成功”“受到理解和尊重”“有温暖的家和知心朋友”是人生的最大幸福。

（五）宗教观

宗教观（outlook about religion）是个人对宗教信仰、宗教价值、宗教活动等基本宗教问题的态度和看法。从心理学角度看，个人宗教观的形成受到内外多重因素的影响，其中主要有灌输与宗教教育、遵从和自居作用、归因和认知失调等。成人前期的个体在宗教方面开始具有比较成形的看法。

个体对某宗教信仰或不信仰，要经历一个转变、接受、选择的过程。成人前期对某种宗教价值的选择、皈依主要有如下类型：①危机型。由于个人冲突的急剧解决而突然树立信念。②渐进型。在长期与宗教接触的过程中受到其影响而自觉自愿地选择。③重新整合型。从精神崩溃解体状态到重新进入某种宗教价值的信仰体系之内。④程式型。某些团体中个体达到一定的“责任年龄”

之后，都要经历某种宗教仪式，接受形式上的皈依。

张日昇（1989）对中日大学生宗教观的研究体现了成人前期的宗教观，其要点如下：①无论是中国大学生还是日本大学生，均有五分之一至五分之四表示关心宗教信仰；但隶属于某一宗教团体，从事宗教活动，或反对宗教的人数都非常少，这比西方要少得多。②两国大学生绝大多数持“宗教是人类软弱无能的表现”的宗教观，也不相信世界上有神、佛的存在和保佑，因而对宗教倾向于持否定的态度，相较之下，非大学生对宗教持不否定态度比大学生多得多。③宗教态度和宗教观之间有极其密切的相关。这说明在成人前期，有什么样的宗教观就会出现什么样的宗教态度。

第四节 成人前期的社会性

成人前期的社会性，由于其社会角色的变化而形成了新的特点。主要表现在友谊与爱情等社会情感方面、心理适应方面和志向与理想、个性意识倾向性等方面。

一、成人前期的友谊和爱情

成人前期的情感不仅表现在发展趋势逐渐稳定，而且也表现在社会性情感占主导地位。这个阶段社会情感的重要表现形式是友谊和爱情。

（一）友谊

友谊是人们在交往活动中产生的一种特殊情感，它与交往活动中所产生的一般好感是有本质区别的。国内外最近研究发现（海斯，1980；李伯黍，1986；卢家楣，1989），友谊是一种来自**双向**（或**交互**）（reciprocal）关系的情感，即双方共同凝结的情感，任何单方面的良好，不能称为友谊。友谊以亲密为核心成分，亲密性也就成为衡量友谊程度的一个重要指标。罗杰斯（Rogers，1985）对这种亲密性做了三点概括：①能够向朋友表露自己的思想感情和内心秘密；②对朋友充分信任，确信其“自我表白”将为朋友所尊重，不会被轻易外泄或用以反对自己；③限于被特殊评价的友谊关系中，即限于少数的密友或知己之间。元分析研究表明，从1998年到2009年，中国大学生人际信任水平存在下降趋势（辛自强 & 周正，2012）。

1. 友谊发展的阶段 从青少年期到青年晚期或成人前期，友谊发展有一个过程。当然，友谊发展是终生的，一个人毕生都需要友谊。国内外的研究（Douvan & Adelson，1966；卢家楣，1989）将青年期友谊发展分为三个阶段：

第一阶段是少年期：这个时期突出的心理特点是渴望有很多朋友，到处能受人欢迎。但由于进入青春发育期，身心发展不同步，心理成熟水平落后于生理发育水平，此时对友谊的理解并不深刻，友谊关系的维持主要靠共同活动，而不全是情感上的共鸣，因而友谊的稳定性较差。

第二阶段是青年初期：个体一方面力图摆脱社会关系的束缚和依赖，独立地走向社会，另一方面又面临社会出现的种种矛盾和困难，渴望得到知心朋友的帮助和支持，获得某种安全感。因此，他们把友谊视作相互间的忠诚和信赖，这就使友谊关系深化，稳定性提高。由于对友谊迫切需要，担心得不到友谊或失去友谊的焦虑情绪也在这阶段达到较高程度。

以上两个阶段正是青少年期，如上章所述，这是交友数量最多的阶段。

第三阶段是17、18岁以后（实际上是进入成人前期了）：个体心理发展逐渐成熟，个性（人格）特点日益稳定、明显，对友谊的理解深刻，把友谊关系建立在相互间的亲密和情感的共鸣基础上，友谊在这个阶段中内化，使其稳定性进一步提高。

2. 成人前期友谊的特点　情绪依恋的需要是友谊产生的基础。友谊的本质是一种愿意与他人建立和维持良好关系的情感需要，是成人前期最主要的情感依恋方式与人际关系。友谊的需要是成人前期社会化的标志之一。友谊的行为特征是同情、热情、喜爱与亲密。

（1）择友的条件：郭占基等人（1988）对2000名初中生、高中生和大学生的调查发现，这三个年龄阶段择友条件遵循着这样的顺序：性格相投→品德→知识→能力→爱好→政治、“够意思”→面貌→获益→同等地位，其中前四个条件占被调查人数的71%。随着年龄的增大，注重品德、能力的择友标准有逐渐递增的趋势。

杜芙和阿戴尔森（Douvan & Adelson，1966）、卢家楣（1989）皆明确地指出，17、18岁以后，对朋友的选择更注重个性品质、志向等因素。

实际上，成人前期在择友方面，与其他年龄段一样，也是以情趣相投为基础的。只是这个时期的情趣更多地放在工作上、社交上、志向上及价值观念等方面。这些方面的类同和共鸣，是成人前期择友的基础。

（2）交友的数量：成人前期的交友数量不如青少年期，因为成人前期已婚的男女，他们相依为伴，注重家庭生活，加上生儿育女等家务较重，自然在交友数量上就会减少；即使未婚成年人，由于择友条件的严格把关，与青少年期相比，所交朋友数量也自然减少，但亲密性却在提高。

（3）知己的程度：成人前期，一般人都有一些老朋友、挚友或知己。但知己的程度却是不一样的。赫洛克（Hurlock，1982）指出，成年男女拥有的知己数量，要看其是否能够把自己的兴趣、问题与希望向别人倾诉而定。很多人不愿意和别人讨论自己的问题，既为给别人留个好印象，又怕对方把他的“秘

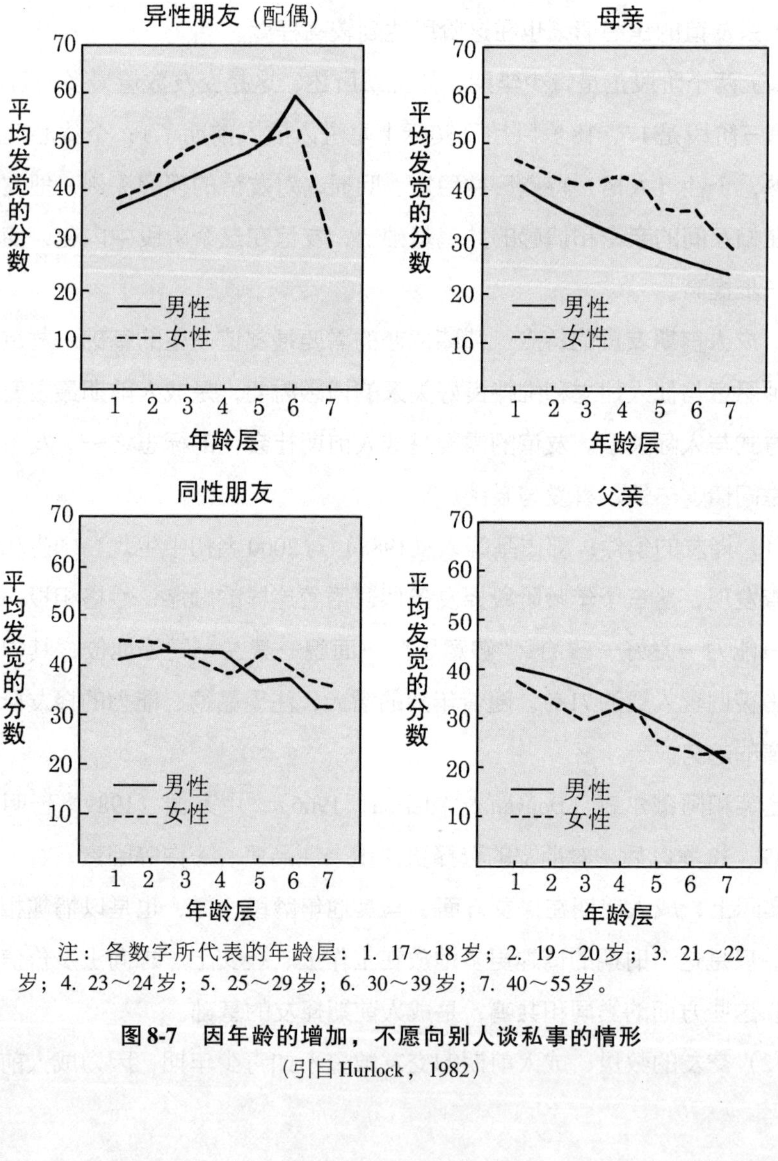

注：各数字所代表的年龄层：1. 17～18岁；2. 19～20岁；3. 21～22岁；4. 23～24岁；5. 25～29岁；6. 30～39岁；7. 40～55岁。

图8-7　因年龄的增加，不愿向别人谈私事的情形

（引自Hurlock，1982）

密”告诉旁人。图8-7将说明随着年龄增大，表达内在感受改变的情形，以及在35岁以后自我表白越来越少的情形。无论是与父母亲的关系，还是与异性（配偶）、同性朋友的交往，35岁是一个关键期，且在平均发觉的分数上都呈下降趋势，这说明此时他们很少愿意进行自我表白，而对自己的兴趣、需要、理想等已有了充分的认识，对自己的能力、才艺、价值也有了充分的信心。

（4）朋友的类型：赫洛克（Hurlock，1982）研究指出，男女成人前期已婚的朋友一般可分为两类，一类是兴趣相投的同性朋友；另一类是**家庭朋友**（family friends），即配偶双方都一起认识的朋友。低社会经济阶层的已婚成人之“家庭朋友”，通常要少于高社会经济阶层的已婚成人。

（二）爱情

爱情（love）是指男女间一方对另一方所产生的爱慕恋念的感情。

卢家楣（1989）研究指出，爱情有三种层次和三个主要特征，这三种层次为：以性爱为主，以情爱为主，性爱与情爱的和谐统一。层次越高的爱情越牢固，越具有生命力。这三个特点为：排他与守一的统一，冲动与韧性的统一，自私与无私的统一。

一般来说，个体在童年期应该没有爱情，到青少年期才初发情窦，但毕竟是社会不提倡的“早恋”。人类爱情的鼎盛期在成人前期。

1. 爱情发展的过程 成人前期的爱情从无到有、从弱到强、从不成熟到成熟，尽管存在着个体差异和年龄差异，但发展速度是较快的，在这个发展过程中，只有不断地解决理想与现实的矛盾、性爱与情爱的矛盾、爱情与事业的矛盾，才能使爱情之花桃李芬芳永不凋谢。

2. 爱情与婚姻 爱情不等于婚配，但毕竟天下有情人大多数都成了夫妻（眷属）。婚姻不仅是爱情的产物，而且还使爱情进一步升华与发展。

婚姻会给成人前期的个体带来许多需要适应的新问题，对这些问题适应的过程，正是爱情形成、发展和完善的过程。

（1）对配偶生活方式的适应。夫妻双方在以前的独身生活中已形成了自己独特的生活方式，当双方结合在一起后，彼此都需要重新调整自己的行为模式以适应对方，促进爱情的健康发展。

（2）结婚后家务劳动量显著增加。完成家务，要占用双方许多学习工作和娱乐时间，因此，有的国家或地区的妻子，为了爱情和家庭放弃了工作，但更多夫妻为了爱情和家庭，要适应这个现实的新情形。

（3）结婚后，要面临生育问题。从妻子怀孕到小生命降临，夫妻间要再次经受爱情的考验。

（4）组成家庭后，经济问题立即摆到重要的议事日程上。一个家庭若没有最基本的经济保障，有时也很难和谐、愉快，因此婚后一方面需要调整自己过去的一些消费习惯，另一方面更要以辛勤的劳动获取报酬，以保证家庭有更充裕的经济来源。

（5）个体结婚后，就与对方的父母及其他成员构成姻亲关系，尽管年轻夫妻不一定与姻亲居住在一起，但也需要对他们的许多方面进行适应，以保证家庭和谐、爱情幸福。

3. 在爱情上有性别差异 男女在爱情上存在着一定的性别差异。卢家楣（1989）、赫洛克（Hurlock，1982）都在这方面进行了研究。

（1）男女对爱情的侧重不同：女方更重视被男方所爱，而男方则更偏重他所爱的人。换句话说，女方追求的是爱情，男方则重视所爱的女人本身。

（2）男女爱情憧憬和指向不同：女方较富于现实，如想象组织家庭、幻想丈夫的模式和子女的抚养等具体问题；而男方的爱情憧憬往往指向于两人之间的爱情生活，更富有浪漫色彩。

（3）男女对爱情对象选择定向上的不同：在选择对象上，女方更注重才能，男方则更注重外貌和人品；女方更注意对方的事业心，而男方则更注意对方的温柔贤惠。

（4）男女性欲强弱随年龄的不同：①影响男性性欲的性冲动，在20岁左右达到最高峰，到30岁左右开始减低；女性性欲最强的时期是将近30岁的时候，即一般女子结婚数年之后。如果女子与较年长的男子结婚，男女性欲最强的时期有所差别，就成为较重要的问题。②女性的性欲周期性的变化，一般在排卵期与月经前夕形成两个高峰时期；男性的性欲尽管在时间上也有些变化，但远不如女性那么明显。为了爱情，男女双方都要处理好性爱与情爱的关系，使性生活成为不仅不阻碍爱情生活，而是有助于爱情生活的一个和谐部分。

二、成人前期的志向与理想

成人前期的“三十而立”，主要是指确立大志、事业有成。这大志、事业心突出地表现在**志向**（will）与**理想**（idea）上。所谓志向与理想都是与奋斗目标和意志相联系的需要之不同表现形态，是事业成功的心理基础。不过志向偏**意向**（intention），理想则具有**想象**（imagination）的成分。确立大志、树立远大的奋斗目标，是成人前期发展的一个重要特征。这种奋斗目标是个体积极追求的对象，作为志向与理想的奋斗目标，应符合事物发展的客观规律，个体对它既有生动的想象内容，明确的意图谋虑，又有喜爱赞扬等积极的情感体验，并表现出力求加以实现的意志行动。

成人前期的志向与理想大致要从下面三个方面表现出来。

（一）确立志向与理想

成人前期随着自我意识的发展，知识水平的提高，分析问题能力的增强及人生观的稳定，使他们的志向与理想渐趋确立。

1. 成人前期志向与理想发展的社会性 萧前瑛等人（1985）对4032名大学生进行了调查，并且把被试的志向与理想分成四种类型：第一种，具有大公无私的意图或目标，即以集体、社会、国家或人类的利益为目标；第二种，具有公私兼顾的打算或设计，对个人发展与公众利益均有考虑；第三种，志向与理想模糊不清，缺乏明确的目标；第四种，具有以私为主的欲念或想法。

研究结果表明，属于第二类个体随年龄增长而增加，这说明了大学生志向与理想的务实性，他们重视务实，希望为社会工作、贡献。

研究者根据对结果的分析，把志向与理想从内容上分为三种：社会志向与理想，个人志向与理想，职业志向与理想。

（1）社会志向与理想：主要是指对群己关系的志向与理想，如对国家、民族、政党、团体和社会等关系的关注。研究者指出，大学生关心国家大事的程度可分为四个水平：一是关心国家命运和前途者占85.1％；二是认为自己是无名小卒，不起作用者占3％；三是认为国家大事管不了，只管自己者占7.7％；

四是很少过问国家大事者占1.3%。

（2）个人志向与理想：主要指如何理解人生的意义、人生目标和个人追求。研究者指出，大学生对人生的向往可分四个层次：一是认为活着为了让别人生活更美好者占16.8%；二是认为活着既为别人，也为自己生活得更好者占68.3%；三是认为这无法说清楚或未曾思考者占5.7%；四是认为活着为自己生活更美好者占3.2%。

（3）职业志向与理想：表现在对工作意义的认识以及事业心上。

由此可见，成人前期的志向与理想，既有较明显的社会性，又具一定的现实性。

2. 成人前期志向与理想发展的稳定性 **自我实现需要**（或**自我实现需求**）（self-actualization need）是在高层次社会性成就需要中的一种，它反映了个体要求自我设计、自我完善，以充分发挥自己潜能，实现自我价值的强烈愿望，反映了个体志向与理想的完善和稳定的程度。

游季浦等人（1985）对200名大学生的调查中提到"成功与自我实现需要"的人占总数的93.51%。黄希庭等人（1987）对478名大学生的调查中发现，"渴望自己有所创造、有所建树，并向社会显示自己的存在的需要"是大学生三种主要需要之一（另两种是求知需要和友情需要）。

一般来说，成人前期的个体，多数能够根据自己的志向、理想、兴趣、爱好和特长，选择自己的学习方向、工作职业、生活方式和成才道路，力求在某些方面完善自己、发掘自己、实现自我价值。由此可见，这个阶段的志向与理想渐趋稳定。

（二）追求事业上的成功

追求事业上的成功，是成人前期胸怀大志的表现。然而，任何人在事业上奋斗都会有一番艰辛的历程，这已成为众所皆知的事实。马森指出：

> 过去，一个人的头一个职业往往决定其一生的生涯。而现在的青年人比以往任何时候都看重事业而非某一特点的工作。他们知道退休前自己可能从事几种不同的工作，他们的目标是为一系列的职业标出

某种方向和有组织的性质。他们将考虑“这个工作会导致什么结局”，以及“我在这一岗位上所获得的有价值的经验”。此外，他们还考虑某个特定工作本身所带来的个人满足感及收入等。（Mussen，1991）

1. 事业的选择 选择事业是事业成功的开始，所以选择事业不是一件轻易的事情。正如马森等人（Mussen et al.，1991）所指出的，选择事业至少在选定第一个重要工作时，在很多方面类似于选择配偶。

选择事业要考虑到事业的社会地位等一系列社会因素，同时也取决于个体的职业兴趣以及个体的智力与能力等因素。

2. 职业的价值观 成人前期在事业上是否成功，往往与职业的价值观联系在一起。不同的个体之间，价值观有明显的差别。

（1）大学生的职业价值观：国内外的研究指出，大学生“热衷事业”者的比例逐年提高，如图8-8所示。而关心“赚钱”并以此作为衡量工作重要标准的比例也在增高，从1970年的近三分之一增加到1973年的几乎三分之二

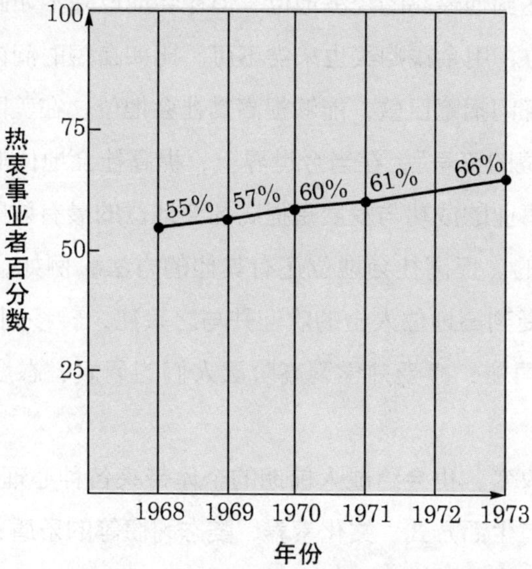

图8-8 大学青年热衷事业的人数

（引自黄希庭，1987）

（Yankelovich，1974；Mussen，1991；黄希庭，1987）。

（2）非大学生的职业价值观：马森（Mussen，1991）研究表明，非大学生对自己在工作中同时获得经济保障和自我实现的前景，不像大学生那样抱乐观态度，而是持怀疑态度。可以观察到，非大学生对自己工作能获得一定的收入不抱怀疑态度，他们的收入甚至远远高于大学毕业生，但对自我实现的态度却差异很大。

3. 男女职业选择的差异 由于种种原因，不管国内还是国外，不管是否上大学，不同性别在选择职业上是有区别的。加上妇女有生儿育女期，所以，女性在事业上要达到同龄男性的成就，需要花费更大的努力。

（三）向往一定的社会地位

向往一定的社会地位，是成人前期胸怀大志的一个重要方面。然而，成人前期中有些人能满足于现有的社会地位，但是多数人则不然（Hurlock，1982）。

因为社会地位是一个复杂的概念，既包括经济地位，更重要的是指政治地位、文化地位、社会阶层、社会声誉、舆论看法等等。相对而言，经济地位容易上升，像赫洛克（Hurlock，1982）指出的那样，美国的成年男女，到30岁以后，一般都已达到他最高的经济地位，但社会地位并不如此。

提高社会地位，用金钱购买也未尝不可。比如在短时间内暴富起来的商人做好事、向有关部门捐赠巨款，能够提高其社会地位。在美国，这叫作“以金钱购得象征性地位的符号”。在当今世界上，提高社会地位的重要方法是接受高等教育。因为事业的成功与发展是提高社会地位的最有效的垫脚石。尽管如此，却不是绝对的。提高社会地位还有其他的方法，例如，和地位高的人结婚，接受遗产，受到高地位人士的欢迎并与之来往，转移到较高阶层的教会，搬到富有的社区居住，接受并学习高阶层人们的习惯、态度与表示地位的符号等。

社会地位的改变，也会给成人前期的个体带来各种心理适应问题，例如，地位提高后与原有生活方式、文化素养、姿态习惯等的矛盾；地位变化与人际关系的矛盾；地位上升与地位下降的矛盾；等等。社会地位的变迁在成人前期是经常遇到的事情，过分的紧张与压力对心理健康十分不利。

三、成人前期的心理适应

联合国**世界卫生组织**（World Health Organization，简称WHO）在1955年把“健康”定义为：“不但没有身体缺陷的疾病，还要有完整的生理、心理状态和社会适应能力。”心理学中的适应，意味着对社会环境变化做出的反应。成人于现实生活中，在思想或行动上做自我调整，借以保持自身与环境间的和谐关系，此一历程即是**心理适应**（或**心理调适**）（mental accommodation）。

成人前期的心理适应范围很广，主要表现在三个方面，即对婚姻、对子女和对职业的适应。

（一）对婚姻的适应

如前所述，“而立”之年首要任务便是“成家”，缔结“婚姻”。婚姻由男女双方缔结而成，在缔结的过程之中或之后，有一个是否成功适应的表现。如果是成功的适应，则是一种美满的或比较美满的婚姻，如果是失败的适应，最后的结局往往是离婚。

1. 婚姻适应成功的表现 婚姻适应是成人前期最重要、最严峻的人生课题。婚姻中的人际关系，比其他人际关系更难适应。为了使婚姻适应成功，务须做好六件事，即婚姻适应成功从六个方面表现出来：

（1）相亲相爱，忠贞如一：夫妻双方对夫妻之间的恩爱感情，要忠诚专一，并要形成互敬、互爱、互信、互勉、互助、互让、互谅、互慰的平等和睦的关系。

（2）性生活和谐：性的适应是一项最难适应的任务，所以夫妻双方要了解一些有关性生活的生理常识和卫生知识；性生活要有节制不可过于频繁；夫妻双方要相互配合，男方要体贴女方；性生活要讲卫生，不要在经期、妊娠初期和分娩前过性生活。

（3）处理好家庭人际关系：不管是**核心家庭**（nuclear family）还是大家庭，都要处理好与配偶家人及外人的关系，家庭各成员之间要相互尊重、关心和爱护。

（4）家庭经济生活民主化：要有良好的预算、支出，不欠债，不借贷，适当储蓄，所有这些，都是夫妻协商、经济生活民主化的结果。此外，对财物的渴望和提高社会经济地位的欲望，要立足实际，不能好高骛远或者巧取豪夺而贪得无厌。

（5）共同做好家务劳动：在我国，男主外（经济来源的主要提供者）、女主内（操持家务，生儿育女）的传统夫妻角色日趋改变，因此，夫妻双方分担家务，互相理解和支持，是相当必要的。这样就不会出现**懒丈夫症候群**（lazy-husband syndrome），由于丈夫不管家务，而导致夫妻间感情的紧张和摩擦。

（6）扮演好父母角色：出现了对子女的适应。

这六条是婚姻适应成功的基准，与之相反的就是婚姻不适应。婚姻不适应的结果是夫妻感情的破裂，严重的会导致离婚。这在成人前期还是比较普遍的问题。

2. 离婚 离婚是一个社会问题。在美国，离婚率占40％以上。1986年，我国离婚人数达70多万对，离婚率占0.6％。从1987年起几乎每年都呈上升的趋势，目前，一些大城市离婚人数占当年结婚人数的20％～25％。

（1）离婚的原因：离婚是多方面因素引发的，绝不是单纯的某一因素所致。据我们了解，离婚的原因很多，比如，早婚，而其婚姻适应所必须具备的心理发展尚不够成熟；新式的求偶方式，使双方不能有睿智的选择；男女双方的文化背景不同，给婚姻适应带来强大的压力；电影、大众传播等使人们太注重罗曼蒂克的享受；夫妇单方面或双方面均想要发展各自的兴趣与人格；不能适应为人父母的角色；想提高社会地位的压力太大；过分不重视“家”是一个群体（或团体）。

可见，离婚的原因十分复杂。例如，职业妇女与家庭主妇就不一样；同样是职业妇女，而知识女性又有其特殊性；男女在离婚申诉上是有差异的；不同阶层、不同社会地位的人群对离婚理由的表述又是不一样的。此外，离婚与夫妻年龄，以及结婚年龄也有密切的关系。在我国的离婚者中，30～40岁年龄的人数最多，约占总数的一半。我国离婚者的主要原因还在于婚姻不适应，直接原因往往有三方面：①夫妻中有一方对爱情不忠诚，造成“第三者”介入；②与家人不和睦，特别是婆媳关系紧张，使夫妻难以相处；③经济地位不平等造成的种种矛盾。

（2）离婚后家庭成员的适应：有人认为，离婚比死亡具有更强的创伤作用，这是有道理的。离婚，对夫妻、家人和孩子，都会有创伤。所以要适应离婚带来的新情况。

对丈夫、妻子来说，要适应离婚本身以及感情上的变化；适应夫妻相互间的攻击；适应社会上的态度；适应经济上的变化；适应新居住环境；适应再婚。

离婚对孩子带来的不良影响最大。研究表明（Guidubaldi，1986；林崇德等，1988）离婚导致子女的压抑和不安。亲子关系尤其是父子关系对离异家庭子女适应的影响较大（王永丽 & 俞国良，2010）。离婚和完好家庭的子女在情绪—社会性、智力—学业、亲子关系—同伴关系等一系列指标上存在着较显著的差异。父母离婚对男孩的影响比女孩更大，特别是在较大年龄水平上；父母离婚的不良影响首先被男孩所体验到，甚至在单亲家庭生活平均6.39年后，离婚家庭的男孩仍在一系列指标上表现出比完好家庭男孩的适应性较差，离婚所造成的子女适应危机不是一种暂时现象。随着岁月的流逝和生活的演进，特别是父母与子女日后生活关系的变化和社会的关怀爱护，离婚家庭的子女才逐渐开始适应现实的环境。

（二）对子女的适应

成人前期多数要为人父母。一对两情相悦的青年夫妇，婚后第二年或若干年“突然”多了一个新生命，成为三人家庭，接着可能成为多口之家。这对青年父母而言，有一个适应过程。

马森等人（Mussen et al.，1991）提出了“第一个孩子的危机”观点，研究表明83％中产阶层夫妇中，愿意将第一个孩子的来临称为“广泛的”或“严重的”危机。因为为人父母后，在社交活动、家务负担、经济开支、住房条件和夫妻交流以及感情等方面都会受到不同程度的影响。例如，第一个孩子有可能危及夫妻亲密婚姻关系的发展。62％首次做父亲的人都感到自己被“冷落”了。又如以家庭劳动时间来说，会出现图8-9所示的繁重负担。在没有小孩时，一个人做家务的时间每周为30小时，但有了小孩后，特别在孩子还很幼小时，一个人每周做家务的时间就大大地增加了，这种时间上的增加，意味着家务负担的繁重。我们认为“第一个孩子的危机”现象是极少数，绝大多数年轻父母还是持悦纳孩子的观点。

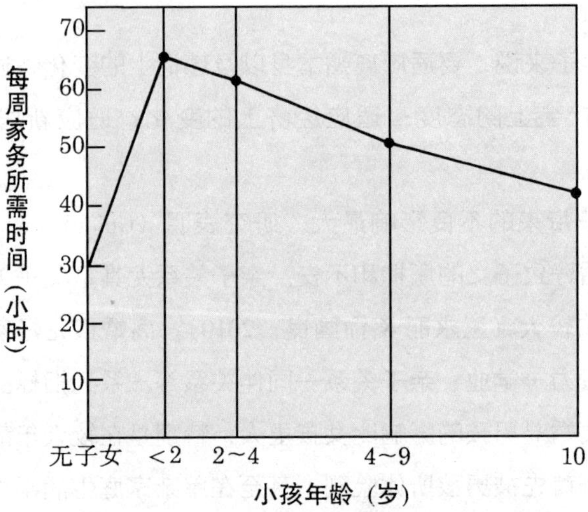

图8-9　小孩年龄大小与家务的轻重

（引自Mussen et al., 1991）

然而，孩子是重要的，多数父母从自己孩子身上得到了最大的愉悦和满足。有一项研究将40对婚姻美满的夫妇与40对婚姻不如意的夫妇做了比较，当问到什么是婚姻的最大满足时，最常见的答案是“孩子”，且两组在这一点上竟无差异。对婚姻不满的夫妇中，有63％的人认为孩子是自己婚姻中仅有的满足。中国近年来出现破镜重圆的复婚现象，也从另一个侧面支持了上述研究结论。北京曾是离婚率较高的城市，现在这座城市的复婚率为10％。复婚的原因多种多样，其中因为孩子的占50％以上。可见，孩子是维系婚姻关系的重要纽带。

显而易见，这里存在着一个矛盾。一方面，有了孩子似乎会出现“危机”；另一方面，孩子又是婚姻的重要内容。因此，如何对待孩子，不同的青年夫妇会出现不同的适应风格：第一种是晚育；第二种是根本不要小孩；第三种是重新明确父母的职责，夫妇一起承担起家务负担；第四种是留有一定时间，用于夫妇之间的接触，这是一段**双亲时间**（parents' time），届时将孩子“忽视”片刻；第五种是接受如何充任父母的优育和优教措施。在上述几种不同的适应风格中，我们认为实行优育、优教是对子女适应，当好父母的重要决策。

优育（good caring）主要包括孩子出生后身心健康发展所需要的条件。如卫生保健、疾病预防和护理、合理的营养、必备的用具及良好的生活环境等等。**优教**（good education）则要求按照孩子的生理、心理特征，用正确的指导思想和科学的方法进行教育，使他们实现正常的、全面的发展，从而逐步地健康成长（卢乐山 & 林崇德，1992）。

（三）对职业的适应

个体一般都是在成人前期就业的。就业后，对职业有一个适应的过程。这些适应包括：对工作本身的兴趣，投入工作时间的长短，与同事和上司的关系，对工作环境的态度，等等。

1. 影响职业适应的因素 影响职业适应的因素很多，主要取决于以下几个方面：

（1）性别：男性与女性相比，既表现出有较好的适应性，但又表现出较大的不稳定性或流动性。

（2）年龄：年龄越大人们改变职业的可能越小，如图 8-10 所示。不同年龄的个体对职业适应的内容有所区别。成人前期主要是追求工作和成绩，中年以后主要追求的是薪水和职位。

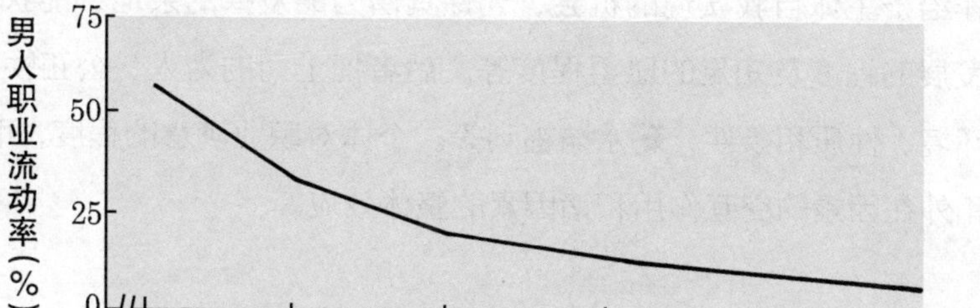

图 8-10　男人职业流动性的变化趋势

（引自程学超，1991）

（3）看工作是否能实现主体所希望的角色：如果答案是肯定的，则会感到满足，于是全身心投入职业生活，当然适应性也好；否则就不感兴趣，适应性也就差了。譬如，有的人不愿意从事某一职业，但考试时却偏偏被录取到从事这一职业的大学学习，其结果是毕业后很长时期激发不起其兴趣，对职业难以适应，而要求变更工作。

（4）职业训练（受教育程度）和职业能力：某一个体职业训练有素，功底好，能力强，则胜任该项工作，适应性水平高；否则，就难以胜任工作，适应性当然也就差了。然而，职业能力是一种特殊能力，对某一工作，甲可能适应，乙可能不太适应，丙则可能很不适应；而换成另一工作，甲可能不适应，丙可能很适应。全才而能适应一切职业者毕竟是极少数。

2. 职业适应的评价 赫洛克（Hurlock，1982）指出，有两个标准可以评定年轻人对职业适应的成败与否：第一是工作的成功与成就；第二是个人与家人对这个工作及社会经济地位所感到的满意程度。

（1）工作成就："三十而立"，意味着年轻人"攀登高峰""有所成就"的追求心理，于是他们将全部精力放在工作上，促使自己到30岁时事业有成。但影响职业适应因素是多方面的。中年以前，职业上的职务、地位等分化是十分明显的。只有到中年后期，企求成功的愿望不如成人前期那么强烈，代之而来的是安全感，到那时才会出现职业稳定性比发展性更重要的情形。对职业适应最差的是失业者。

（2）满意程度：影响对职业满意程度的既有内在因素，又有外在因素。前者指工作给予主体自我实现的机会，允许其潜力的发挥的余地，能获得赞许、责任与发展的程度及知足的愿望程度等。后者指上司的为人、公正性和期望，工作的环境、性质和条件，薪水与福利等。个体对职业满意的程度，取决于内在因素和外在因素的交互作用和诸因素的整体效应。

本章摘要

1. 从18～35岁的**成人前期**，正处于从“志于学”到“而立”之年。“而立”含义虽广，但大致蕴含三层意思：一为独立成家，经济自立；二为建立事业，开创事业；三是事业有成，有所作为。

2. 成人前期，即**青年晚期**的发展任务，主要表现在择业和就业，择偶和成家，生儿育女，获得社会地位，做一个好公民等方面。

3. 成人前期的基本特征是，从成长期到**稳定期**的变化；此时智力发展到达“鼎盛”时期；从恋爱结婚到为人父母；从创立事业到紧张工作；从困难重重到适应生活。

4. 成人前期的**社会角色**的变迁：从非公民到公民；从单身到配偶；从为人子女到为人父母；从学生到职业人员；从向往职业者到事业的初步成功者。

5. 成人前期是人生走向鼎盛的阶段，表现在生理特点、智力状态、创造与成就最佳年龄的开始和社会交往的特点四个方面。

6. 自20世纪80年代以来，研究者用**后形式运算**、**反省判断**、**辩证思维**及**认识论认知**等不同的概念，来描述个体思维超出皮亚杰形式运算阶段以后的认知图式，并将其统称为思维发展的第五阶段。这种思维发展的第五阶段就是成人前期的认知特点。

7. 成人前期在一般能力发展上，不仅使所有的一般能力都获得齐全而成熟的表现，而且都几乎达到“高峰”，且出现高原期，直到50岁以后才开始缓慢地下降。

8. 成人前期表现出许多特殊能力，如职业能力、处理人际关系的能力、管理能力和适应能力等，以便适合这个阶段发展中的角色变化。

9. 智能与职业选择有多种联系，有些是直接的，有些则是间接的。每一种智能都能从事一定的事业，成人前期的每个个体，是否能“而立”“有为”，关键问题是在人生的坐标上能否根据自己的智能特点找到其适合的位置。

10. 成人前期事业成功与否，与**非智力因素**有着密切的关系。非智力因素对事业来说，起着动力作用、习惯和定型作用以及补偿作用。

11. 成人前期价值观不仅逐步稳定而且表现出对人生的看法是比较乐观

的；关注面在逐渐扩大；**人生目标价值**、**人生手段价值**和**人生评价**有其年龄特色。

12. 成人前期道德观，不仅进入**自律**和**普遍神圣论**阶段，且发展是稳定的，其社会认知能力和道德目标均开始进入高水平时期。

13. 成人前期认知能力、社会生活技能等方面的逐渐成熟，使个体开始对个人生活与社会生活中的一些基本问题，形成了自己比较稳定的**社会观**。例如，**人际观**、**自我观**、**审美观**、**宗教观**和**幸福观**诸方面的**社会观**都有这种发展趋势。

14. 进入成人前期，对**友谊**的理解深刻了，把友谊关系建立在相互间亲密和情感共鸣的基础上，友谊在这个阶段中内化，使其稳定性进一步提高。

15. 成人前期的**爱情**从无到有、从弱到强、从不成熟到成熟，尽管存在着个体差异和年龄差异，但发展速度是较快的。在这个过程中，只有不断地解决理想与现实的矛盾，才能使爱情开花结果。

16. “三十而立”中的立大志和事业心，主要表现在成人前期的志向与理想上。这个时期确立了社会性强、稳定的志向和理想，开始追求着事业上的成功，并向往着一定的社会地位。

17. 成人前期婚姻的心理适应，主要是处理好夫妻之间的感情专一关系、和谐性生活、经济生活民主化、与自己的或对方的家人和睦相处、共同承担家务和教养子女的任务。

18. 成人前期对子女的心理适应，主要是做好优生、优育和优教工作。对子女，既不能规矩太多，又不能管理太松，应按照科学育儿的方法，处理好亲子关系。

19. 成人前期对职业的心理适应，主要是培养和发展对工作的兴趣，处理好与同事、上司的人际关系；本人与家人对职业感到满意；工作的成功与成就应看作是对职业良好适应的指标。

参考资料

1. 马森，凯根等.（1991）. 人类心理发展历程（孟昭兰等译）. 沈阳：辽宁人民出版社.

2. 林崇德.（1992，2017）. 学习与发展. 北京：北京师范大学出版社.

3. 卡拉·西格曼，伊丽莎白·瑞德尔.（2009）. 生命全程发展心理学（陈英和审译）. 北京：北京师范大学出版社.

4. 黄希庭.（1994）. 当代中国青年价值观与教育. 成都：四川教育出版社.

5. 詹姆斯·W. 范德赞登，托马斯·L. 克兰德尔，科琳·海恩斯·克兰德尔.（2011）. 人类发展（第8版）（俞国良等译）. 北京：中国人民大学出版社.

6. 赫洛克.（1984，1986，1990）. 成人心理学（胡海国编译）. 台北：桂冠图书公司.

7. Gormly, A. V., & Brodzinsky, D. M.（1993）. *Life-span human development*（5th ed.）. New York: Harcourt Brace Jovanovich.

8. Jensen, L. C., & Merrill, K.（1986）. *Parenting*. New York: CBS College Publishing.

9. Mallmann, C. A., & Nudler, O.（1986）. *Human development in social context: A collective exploration*. London: Hodder & Stoughton.

10. Rebok, G. W.（1987）. *Life-span cognitive development*. New York: Holt.

11. 李虹.（2004）. 压力应对与大学生心理健康. 北京：北京师范大学出版社.

12. 樊富珉.（2014）. 大学生心理素质教程. 北京：北京师范大学出版社.

13. Baltes P. B.（2006）. *Lifespan development and the brain: The perspective of biocultural co-constructivism*. New York: Cambridge University Press.

第九章　成人中期的心理发展

（本章内容细目）

成人中期（或**成年中期**）（middle adulthood），又称**中年期**（middle age），一般指35～55、60岁这段时期。成人中期的年龄范围是相对的，不是一成不变的。这是因为随着生活和医疗条件的改善，人类的平均寿命不断延长，因而划分成人前期、成人中期和成人晚期的年龄界限也随之发生改变。此外，在具体研究过程中，研究对象之间由于生活的自然条件、地理环境、生活方式、生活水平、个人修养等方面的差异，即使年龄相同，其健康状况和衰老程度也可能相差很大。所以，成人中期究竟始于30岁还是35岁，终止到55岁还是60岁，这不是原则问题，对于不同个体来说，这种划分更是因人而异的。

我们在这里不过分严格规定年龄界限，而是将成人中期作为人生历程中的一个阶段。这个阶段由青年而来，向老年奔去，其间在身心发展上呈现出许多特点。中年人是事业的中坚和骨干，他们执着地追求和艰难地拼搏着。“路漫漫其修远兮，吾将上下而求索”这是亿万中年人的共同心声。另一方面，由于成人中期时间相隔很大，二十余年，所以研究者往往将35～50岁作为**中年前期**（early middle age），在这个时期，个体处在生命的全盛时期，体力好、精力旺盛、工作能力强、效率高，知识经验和智力水平都处于高峰期；50～60岁作为**中年后期**（post middle age），在这个时期，个体的体力和心理发展状态虽呈下降趋势，但这不是急剧下降，同时又因随年龄增长，个体的经验越来越丰富，知识面更宽广、深厚，故工作能力和效率依然较高。虽然如此，中年前期与后期还有着许多共同点。在这里，为了论述方便，我们不一一列举，而是结合成人中期的身心特征，从发展的角度一起加以探讨。

本章主要讨论以下问题：

1. 成人中期的一般特征是什么？
2. 成人中期认知发展有何特点？如何理解个体思维发展的最后阶段？
3. 成人中期生活方式的特征是什么？在家庭和职业方面又有什么特点？
4. 怎样看待成人中期社会性发展的稳定状态？怎样对待中年危机？又怎样增强心理与社会适应性？

第一节 从不惑到知天命

子曰：“四十而不惑，五十而知天命。”（《论语·为政》）所谓“不惑”，意指遇事能明辨不疑；所谓“知天命”，意指能认识未知的、难以抗拒的、无法预测的力量。孔子用“不惑”与“知天命”的形象说法，深刻地勾勒出成人中期的整个面貌。同时，社会生活实践也告诉我们，绝大多数中年人无论对事实判断、价值判断，还是解决各种问题、掌握客观规律，一般都已日臻完善。

人到中年，个体表现出诸多不同于其他年龄段的特点，其中最重要的特点在于，成年中期的个体其生理功能开始逐步衰退，且在整个社会中承担着“中流砥柱”的作用。因此，这个阶段的个体表现出很强的事业心和很高的创造性，成为整个社会前进和发展的主力军。但同时他们又痛感肩上担子的沉重，处于家庭和事业的夹缝中，因而常处于紧张、焦虑和动荡不安的状态中。这里，我们以三方面对此加以具体分析。

一、人生旅途的中点

程学超（1991）在其主编的《中年心理学》中指出，人到中年，大致走完人生旅途中的一半。确实，不管人的寿命如何延长，中年期作为其漫长人生旅途的“中点”，这是确定无疑的也是众多发展心理学家的共识。

（一）中年期的特点

处在人生旅途“中点”的中年人，其心理发展有着特殊的表现，这种心理特点也反映了中年期的整个特点。

1. 生理功能的衰退 成人中期的各种生理功能较前一阶段都有不同程度的改变。特别是中年后期，这种老化的倾向尤其明显。从外表看，毛发逐渐稀少、变白；皮肤日益显得粗糙，出现褶皱；体重有增加趋势，尤其是腰部脂肪明显增加；身高也有所降低。机体组织中钙质增加，感受功能衰退，尤其是视听能力变化明显。视力衰退，容易产生病变，45岁后老视；听觉方面按声音频率高低顺序，听觉逐渐减弱。进入成人中期后，新陈代谢的速度开始减慢，脑重量减轻，血液对黏液腺、肝、肾上腺、胰腺、性腺的供应减少，内分泌腺功能改变或降低，性欲和性冲动减退。女性50岁左右经历更年期，男性的更年期则要晚几年。许多人对更年期的变化不能适应，女性尤其明显。当然，这种生理变化都是相对的。生活条件、工作状况、身体素质、心理特点等都对生理变化产生一定影响，从而造成个别差异。

2. 智力有明显的上升或下降 成人中期的智力变化很复杂。那些直接与神经系统状态相联系，而较少依赖于后天经验的智力因素有下降趋势，如机械记忆能力、快速反应和注意分配或高度集中能力等。那些较多依赖于教育和实践经验的智力因素，如词汇、推理能力、解决问题的策略等，中年人的成绩要优于年轻人。从整体发展趋势看，在职业、家庭中负以重任的中年人，其智力并没有明显改变。但对于某一个体来说，智力可能有明显的上升或下降，个体间有很大差异。例如，学习的机会和高成就的动机，就能使中年人的智力有所提高。

智力活动的最高形式是创造力。成人中期是创造的黄金年华。关于这一点，我们将在下面专门展开论述。

3. 紧张的情绪状态 成人中期不仅有诸如上述的生理变化，而且也面临着社会角色的变化。中年人在社会生活的各个方面都扮演着骨干的角色，他们在承担繁重的社会工作同时，又有沉重的家务劳动。所有这些变化给中年人带来沉重的压力，于是容易产生紧张与焦虑。一般来说，中年人对于生理和社会的变化，须经过较长的时间才能适应，随着适应性的提高，紧张与焦虑的状态才会逐步消失。其他的情绪特征在55岁以前，也在不断变化着，例如，男子较年轻时表现出更多的柔情和情绪性；女子则比年轻时增加了攻击性，减少了情绪性。一般到55岁左右时，个体的角色、兴趣、活动与自己的身心状态均取得良好的协调和平衡。

4. 兴趣爱好的重点在转移 成人中期的兴趣范围不如青年期那么广泛，但兴趣的重点有所转移。一般表现在：①事业心的增强，对社会公务越来越感兴趣。②社会参与心增强，对政治时事比较关心。以上两方面的兴趣既决定了中年人的社会地位，又反映了中年人承担着社会中坚的角色。③休闲需求增强，休闲方式从剧烈运动型转变到安静型。中年人喜欢的休闲活动主要有：阅读、听广播、看电视、钓鱼、散步、下棋、拜访亲友和适当旅游等等。随后，中年人兴趣的变化趋于稳定。

5. 面临中年危机的人格 成人中期的人格处于矛盾变化的状态。人到中年，一方面人格趋于稳定，且更趋于内向，他们关心自己的内心世界，经常反省，男女性格也逐渐趋中。另一方面，几十年的生活会使每个中年人对人、对己、对事的态度均发生改变，随之而来的可能是整个人格的不同程度的变化。这是因为人到中年后，敏锐地感到自己的体力、精力、魅力逐渐不如从前，个体主观愿望与客观条件、与事业成就的矛盾也逐步加剧，加上子女逐渐长大，有的不再将父母当作权威，有的进入社会不再依靠父母，这些都会给中年人带来某种失落感，于是产生了**中年危机**（crisis in middleage），即表现出对诸多新问题、新情况不能适应而出现了一种心理不平衡的现象。多数人能够顺利度过这场“危机”，他们重新衡量自己的价值，并在健康、生活、工作、成就诸方面确立了新的起点。

（二）成人中期的发展任务

面临“老之将至”的中年人，其发展任务是什么？这是发展心理学研究领域比较关心的课题，不同发展心理学家，从不同角度对此做了阐述。

提出成人中期的发展任务的先驱是荣格（Jung，1933，1953，1969，1971）。他首先提出通过平衡或整合人格中的冲突来建立真实的自我。其次，直到40岁，个体才开始关注自我在家庭和社会中的责任，并着力在人格中发展相应的品质，从而实现自己的外部目标。女性强调表现和养育，男性则追求成就。再次，他提出了“中年危机”概念，希望将克服中年危机作为中年人的一项任务。最后，他强调中年人开始转而关注内在的精神自我，通过表达自己从前“否认”的自我，从而实现“对立统一”。

继荣格之后是埃里克森的观点。埃里克森（Erikson，1950，1963）认为，成人中期发展的主要任务是获得创生感，避免**停滞**（stagnation），体验**关怀**（care）的实现。**创生**（generativity）是一个含义很广泛的概念，它包括履行父母职责，如生儿育女；也包括被称之为“生产力”、“创造性”的内容，如积极参与竞争，为社会做出贡献。因此马森（Mussen，1991）认为，埃里克森的“创生”概念，类似于马斯洛（Maslow，1970）的自我实现概念。而所谓**自我实现**（self-actualization），是一种尽力成为最完善的人的动机或愿望。当个体进入中年期以后，他们的事业成果逐步积累，家庭成员增多，他们往往身兼数职，不惜代价地工作。然而，对于长期持续拼搏的中年人来说，往往因为工作超负荷、负担过重，其中的一些人，一旦感到自己不能一如既往地参与竞争与进行创造时，就逐渐进入停滞状态。根据埃里克森的观点，在中年期，每个人此时或彼时都会有些“停滞”。因此，解决创生与停滞的矛盾，使个体获得创生、避免停滞，这是成人中期的主要任务。如果能圆满地完成这一任务，就有助于中年人表现出与创生相关的优良品质，即**关心品质**（virtue of care）。具有这一品质的人表现为能关心自己所从事的工作，承担家庭义务和教育子女、赡养老人的责任，而且他们做这一切，完全是自觉自愿的。

莱文森和哈威格斯特是荣格和埃里克森的追随者。莱文森（Levinson，1983）认为，成人发展是由一系列交替出现的稳定期和转折期构成的。他提出了**生活结构**（structure of life）的概念，就是个人的社会角色的综合体。成人中期的发展任务是巩固自己的兴趣、目标及各种承诺，即处理好现实与可能之间的矛盾，获得智慧、有见识、同情心、视野开阔等品质。哈威格斯特（Havighurst，1974）认为，成人中期的发展任务主要来源于个人内在的变化、社会的压力以及个体的价值观、性别、态度倾向等方面。他把中年期的发展任务具体地归纳为如下七点：①履行成年人的公民责任与社会责任；②建立与维持生活的经济标准；③开展成年中期的业余活动；④帮助未成年的孩子成为有责任心的、幸福的成年人；⑤同配偶保持和谐的关系；⑥承受并适应中年人生理上的变化；⑦与老年父母相适应。

我们认为，成人中期的发展任务，要根据其正处于人生历程“中点”的各种特点而制定，应该包括下面六个方面的内容：①接受生理的变化，在保健上进行自我调节；②根据智能的特点，在工作上做好自我更新；③面对巨大的压力，在情绪上加以自我控制；④鉴于兴趣的转迁，在活动上学会自我休闲；⑤正视“中年危机”，在人格上实现自我完善；⑥适应家庭状况，在婚姻上促进自我监督。

二、创造的年华

在第八章，我们已经提到，成人前期是创造与成就最佳年龄的开始，为成人中期达到顶峰创造了条件。

创造（creativity）是一种行为表现，此一行为表现之结果富有新奇与价值，故创造性人物有能力在其一生中，创造出他人望尘莫及的成果来。在成人前期获得一定成就以后，中年人则进一步投入创造，使其成就达到登峰造极的地步，这样成人中期顺理成章就成为**创造的年华**（creative age）。通过对自然科学领域1901年至2011年550名诺贝尔奖获得者相关数据的统计（门伟莉 & 张志强，2013），自然科学领域诺贝尔奖科研创造峰值年龄现处于44岁到47岁。在这之后，由于体力和精力的缘故，某方面的创造动机和创造成果在逐渐减退。当然，也有大器晚成者，如我国古代著名的医学家、药物学家李时珍61岁时，才完成鸿篇巨制《本草纲目》；也有终生进行创造而锐气不减的，例如弗洛伊德的早期著作《释梦》普遍被看作是他的最重要的著作，但他继续扩展、说明、修订、发展了他的精神分析理论，直到83岁逝世时为止。但是，这类例子毕竟只是少数，多数人的创造年代在成人中期。

马森等人（Mussen et al.，1991）指出，创造者的全部成果非常均衡地分布于整个一生之中。他列举了一项研究，738名被试的年龄都在79岁或79岁以上。结果发现：历史学家、哲学家、植物学家、发明家四类人在60多岁成就最多；科学家则在40、50、60多岁时成就卓著；艺术家要在更早些的年岁上，在30、40、50多岁时就成果迭出。图9-1中的三幅图展示了这些研究结果。

图中显示的某些职业的作品百分数是由最多产的十年中的作品百分数来表示的。诗人、建筑师、化学家通常在40岁时创造成果最多；发明家、历史学家则是在60岁。此处总结的资料只是解说性的，因为被试的知名度不同，成

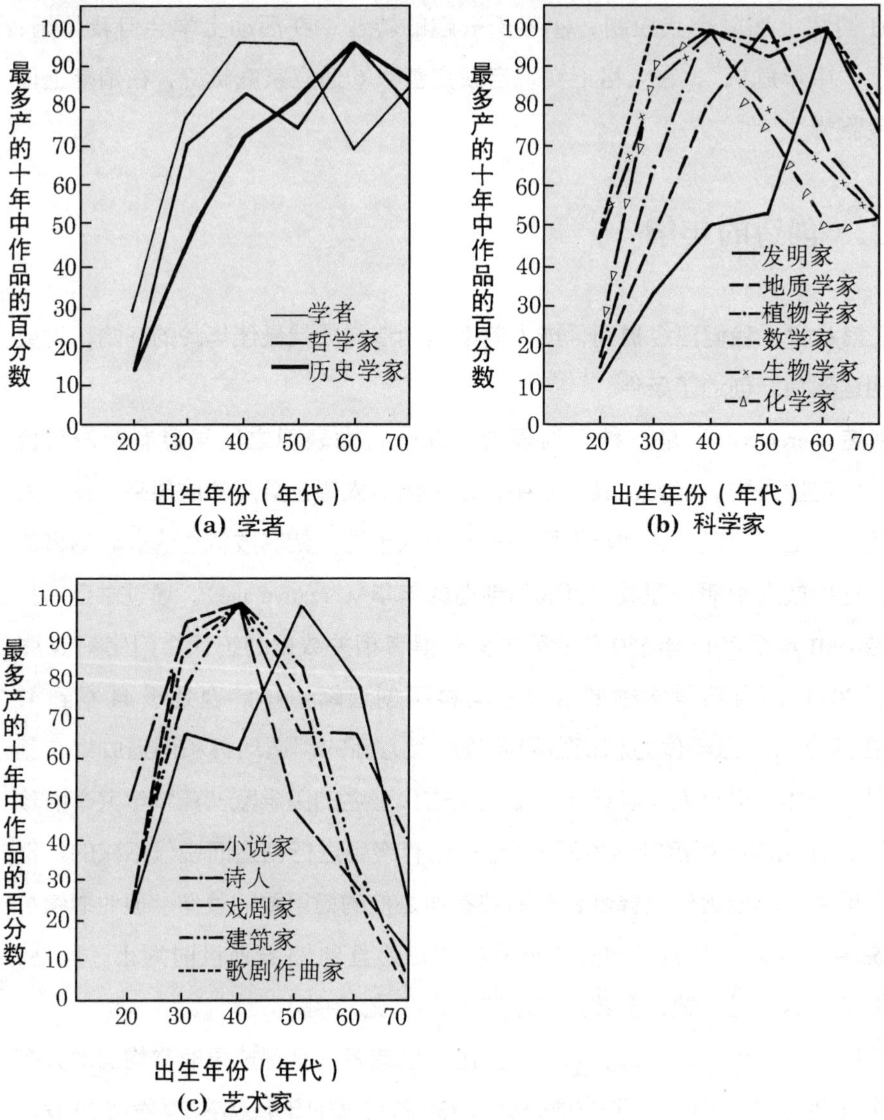

图 9-1　各类职业创造年华的年龄分布图

（引自 Dennis，1966）

就的计算单位也不同（如一首诗与罗马历史是无法等量齐观的）。

斯金姆伯格（Schiamberg，1985）也引证过类似的研究。被试是 100 名 70～79 岁和 56 名 80～89 岁的科学家，调查他们发表科学论文数量的情况。结果表明，学者们撰写的科学论文，30 岁以下较少，30～59 岁期间最多，即达到高峰，且近乎高原状态，60～69 岁减少了 20%。图 9-2 展示了这个结果。

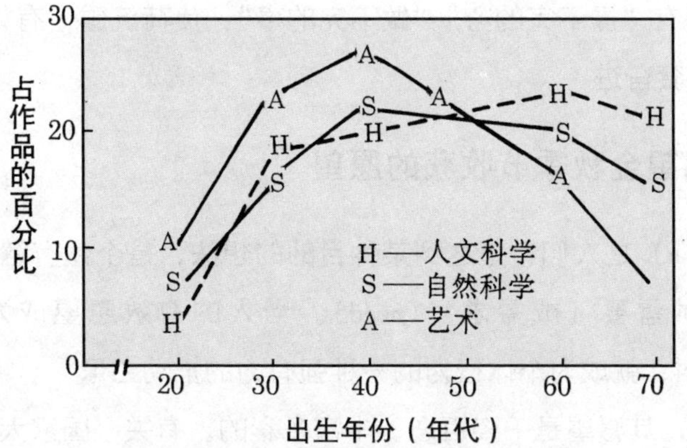

图9-2　科学家的创造力与年龄关系

（引自Schiamberg，1985）

从2003年到2013年，我先后主持两项有关拔尖创新人才的教育部重大攻关课题，我们发现，创造性人才的发展大致经历五个基本阶段：自我探索期、才华展露与专业定向期、集中训练期、创造期和创造后期。在34位自然科学家、36位社会科学家和33位企业家被试中：①创造期多半在成人前期，创造后期基本上在成人中期；②社会科学家比起自然科学家来，其成果更多产生在成人中期，即更有“大器晚成”或“宝刀未老”的趋势；③我们自然科学家被试所获的院士多半在成人中期，而目前我国评定的院士70％以上在成人中期；④成人中期有丰富的研究或经营经验，尽管精力不如成人前期，但经过调整工作内容后，继续出创造性成果；⑤创造后期将自己研究成果转成实际产品，更能产生社会效益；⑥成人中期的自然或社会学家把主要精力投入到培养学生上，成人中期的企业家也特别注意选择接班人，都是使创新产业后继有人。

由此可见，从“不惑”到“知天命”的成人中期是创造的黄金时期，是成就最多的年龄阶段。

三、繁重负担与艰苦奋斗的中年人

在人的一生中，哪个阶段负担最重？答案毫无疑问的是中年人。在社会上，处于“不惑”之年到“知天命”的中年人备受青睐，成为中坚，充当各行各业的骨干；在家庭里，上敬老，下抚小，承上启下，充当一家之主，终日里外应酬。于是有“操不完的心”“做不完的事”，负荷沉重，有如识途的老马，不知张弛地拉套奋进。

（一）渴望金秋季节收获的愿望

愿望（wish）是人们希望达到某种目的的想法，是个体有意识的并指向清晰目标的一种**需要**（或**需求**）（need）。当人的有效愿望成为活动的动机（motivation）时，就成为个体行为的一种强有力的推动力量。

人到中年，其愿望是千姿百态、丰富多彩的。有关心国家大事的，如政治安定、民富国强的愿望；有凌云壮志的，如雄心勃勃、事业有成的愿望；有生活现实的，如增加工资、提高待遇的愿望等，不一而足。但对大多数中年人来说，渴求“金秋季节收获”的愿望是普遍的主要愿望。

1. 期待金秋收获是一种高层次的愿望　相对青少年期和成人前期来说，成人中期从总体看，其生理、安全、归属和爱等较低层次的需要已基本满足。按照马斯洛的**需要层次理论**（或**需求层次论**）（hierarchy of needs theory），低层次的需要获得满足后，高层次的需要就会出现。于是追求地位、拥有金钱、受到尊重和自我实现的愿望十分强烈。在这种强烈的成就动机驱使下，中年人不断进取，努力使自己的才能和学识更趋于完善，做出更多的成就。

库勒（Kuhler，1952）揭示的不同年龄段生活目标上的变化图，图9-3也说明这一点。从图中可以看出，西方的已婚女子，在成人前期的主要任务是照顾孩子，做一个好的家庭主妇；但到50岁左右，子女离家自立后，则希望参加更多的社会工作，拥有一份职业，并取得成就或升迁，这也属于期待实现“金秋收获”愿望的结果。已婚男子在成人中期，把生活的主要目标放在工作和事业上。为了使“金秋”有“收获”，40岁左右是已婚男子希望改行或变换工作的高峰期，以后改行的愿望就日渐降低了，保持原来职业的愿望日渐加强；但在45岁左右则把主要目标放在事业取得成功上，以后这一目标逐渐降低。按照自己的愿望去争取收获，必然使成人中期要花费很大的代价，做出很多令人叹为观止的艰苦努力。

2. 望子成才是金秋收获替代性的满足　无论是自己做出成就的中年人，还是自己平庸过了大半生的中年人，一般地说，他们对子女的期望都比较高。前

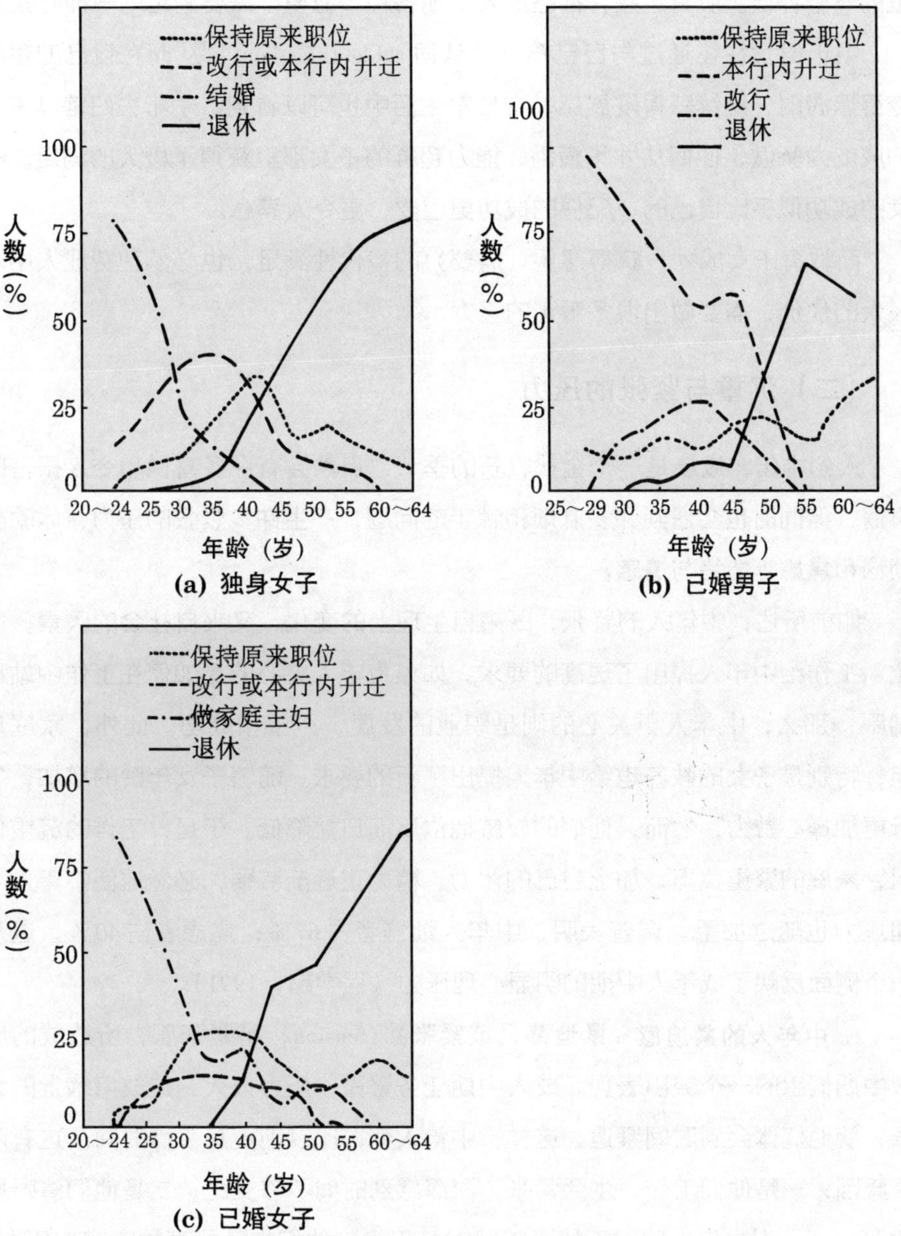

图 9-3　不同年龄阶段的人们在生活目标上的变化

（引自 Kuhler，1952）

者是希望自己有良好的继承者；后者是希望将子女的成长，作为对自己事业无成的一个补偿。所有这些，都是成人中期各种“愿望”需要满足的一种方式。

中年男女往往通过与自己孩子的**认同**（identification），从而在自己的生活变得迟滞时，继续获得发展感。在日常生活中也可以看到，中年夫妇常以子女的成就为骄傲，他们从才华横溢、能力超群的子女那里获得了极大的满足。子女的成功似乎比自己的、配偶的成功更重要、更令人满意。

而教育子女成才，获得愿望（需要）的替代性满足，也必然花费成人中期很大的代价，需要做出很多艰苦的努力。

（二）沉重与紧张的压力

人到中年，应该是一个金秋收获的季节，自然会有许多喜悦和令人振奋的事情，但同时也会遇到许多麻烦和棘手的问题，产生许多紧张的压力，体验到烦恼和焦虑等情绪与情感。

如前所述，中年人的紧张，既来自生理上的变化，又来自社会的因素。职业、工作给中年人提出了更高的要求。如果青年人关心的是如何在工作中站稳脚跟，那么，中年人更关心的则是职业的发展、声望和成功。此外，家庭负担，特别是子女的教养也给中年人提出了新的要求。随着子女年龄的增加，父母更加操心费力，然而，他们的权威地位反而日益降低。于是，工作的沉重负担，家庭的繁重负担，加上自己的体力、精力正逐渐减弱，必然地使中年人心理压力也随之加重。调查表明，中年人烦恼者占67％；焦虑者占40％。这从一个侧面反映了成年人中期的明显心理压力（程学超，1991）。

1. 中年人的紧迫感 **紧迫感**（或**紧张**）（tension）是紧张压力所造成的成人中期情感的一个突出表现。成人中期任务繁重，压力很大，造成情绪上的紧张，使他们体会到时间紧迫。这样，中年人变得比以前更加珍惜时间。这有两个原因：一是他们工作、生活紧张，深深感到时间不够支配；二是他们清晰地意识到，人到中年，此时不搏更待何时？于是，他们主动找事做，增加压力。然而时间却是一个常数。因而使他们常常为时间太紧，而有很多想做的事情做不了感到焦虑、烦躁不安，从而加剧了紧张，产生了强烈的紧迫感。

2. 中年人的焦虑 中年人的焦虑表现范围广泛，内容复杂且形式多样。有来自家庭，特别是来自子女的焦虑；有来自职业、工作的焦虑；也有来自对自己的现状评价产生的焦虑；或来自健康的焦虑；等等。

赫洛克（Hurlock，1982）指出，焦虑情绪在成人中期各个年龄阶段的表现是有差异的。图9-4表明，成人中期焦虑开始呈渐增趋势。直到接近50岁才开始缓慢下降；女性的焦虑比男性更为强烈些。

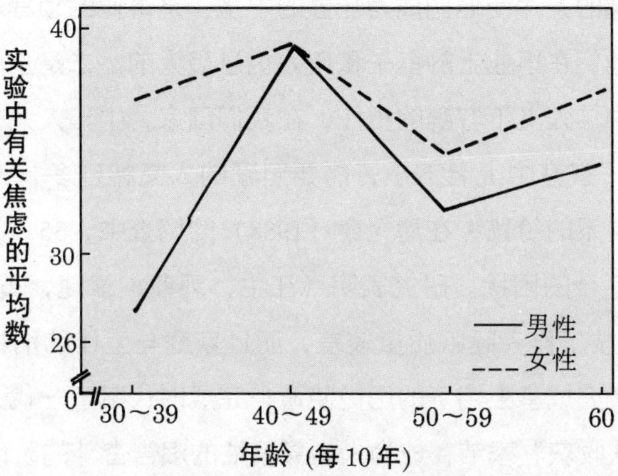

图9-4　成人中期的焦虑

（引自Hurlock，1982）

程学超（1991）引证研究说明，严重的焦虑、抑郁可能引起自杀。30～40岁年龄阶段的个体自杀率明显增高，40～60岁是自杀高峰期，60岁以后即开始下降。尽管自杀者在同龄人中毕竟是极少数（近期的数字为不到万分之一），但自杀的发展趋势，从另一个侧面说明了成人中期的社会适应、情感适应和承受压力的情况。

3. 中年人的烦恼　烦恼（trouble）每个年龄阶段者都有，但中年人烦恼的内容和体验，都超过其他年龄阶段。中年人烦恼的原因，正是中年人自身所处的环境、地位、所肩负的责任、人际关系的复杂性以及由此而产生的冲突。程学超、富康（1991）调查了“引起中年人烦恼”的因素，依次排列为：身体不好、社会分配不公、想做的事做不了。此外，还有子女成长不称心、工作不理想、个人价值被否定、人际间的内耗（猜忌与摩擦）、真诚不被人理解等等，均是引起中年人烦恼的因素。

（三）面临重重的困难

成人中期在事业上肩负着“挑大梁”的社会重任，在生活上“挑重担”，不论是广度还是深度，其负担是最重的。这种负担是多方面的，主要表现为三个方面，一是事业上的压力，中年人年富力强，比老一辈有精力，比年轻人有经验。这些优越的条件使他们成为社会的中坚，是事业的领导和骨干力量，但正因为如此，他们在事业上的担子和压力也是最大的。二是生活上的重担，养家糊口是每个中年人义不容辞的责任，在我们国家，中年人尤其不易，他们的薪水普遍不高，家庭中上老下小，需要照顾的人又特别多，而且家务劳动繁重。三是人际关系的纷扰，在潘允康（1988）的调查中，35％的中年人认为自己受人际关系不合的困扰。研究表明（江兰，郭菲，章婕，黄峥，& 陈祉妍，2010），中年科技工作者睡眠质量较差，而且家庭与工作的消极作用会增加其睡眠问题。为了完成承上启下的历史使命，完成时代赋予一代人的重任，成人中期这一“金秋收获”季节，成为人生最繁忙的艰苦奋斗的阶段。

成人中期的沉重负担和艰苦奋斗，锻炼了中年人的意志，造就了多数中年人按照既定目标，而排除困难和干扰的意志品质。富康（1991）用**卡特尔16种人格因素测验**（Cattell’s 16 Personality Factors Questionnaire，简称16PF），对50名中年教师（年龄为35～48岁）和50名青年学生（年龄为19～25岁）进行了测试，发现中年教师比青年学生更加负责任、敢作敢为、有自控力。信心、决心、恒心是中年人克服困难的意志保证，这种意志保证充分表现在他们通过卓有成效的努力，战胜重重困难和各种艰难险阻顺利到达彼岸的奋斗过程中。

第二节 成人中期的认知发展

人到中年，其认知发展更加错综复杂，因而增加了对此研究的难度。早期研究者倾向于认为成人中期的认知发展随着年龄增长而逐渐下降。近年来的研究者通过更精细的实验设计系统研究发现，成人中期的认知发展相对稳定，甚至在某些方面有所提高。这说明了由于随着成人中期心理研究资料的积累，中年人的认知发展特点正日益明朗化。在本节，我们结合国外的材料并从以下两个方面具体讨论成人中期个体认知发展的特征。

一、智力发展的最后阶段

从**智力发展**（intelligence development）的视野来看，成人中期智力发展处于“最后”阶段，从55岁或66岁起，智力开始转入**衰退时期**（period of decline）。

（一）智力发展模式

所谓**智力发展模式**（development pattern of intelligence），主要是指智力发展水平随年龄而变化的轨迹。任何一种智力发展模式必须回答：智力发展是单向的还是多向的；是单维的还是多维的。关于儿童青少年的智力发展，不管是哪一种智力理论，还是使用哪一种智力测量工具，所得的结论都是比较一致的，那就是随年龄的增长，智力水平呈单调上升趋势。或者是高一级阶段的智力取代低一级阶段的智力，如皮亚杰提出的四阶段理论；或者是智力测量分数随年龄增长而增加。然而成年期的智力是如何变化的呢？众多的成人智力发展研究表明：中年人的智力发展模式是晶体智力继续上升，流体智力缓慢下降；智力技巧保持相对稳定，实用智力不断增长。

1. 晶体智力与流体智力 20世纪早期的一些理论家和研究者都确信，随着年龄增长，中老年生理功能退化，其智力水平也不可避免地出现下降的趋势。然而，这种单调下降的智力理论随着研究的深入而不断受到质疑。智力是由不同成分构成，各种成分的发展变化轨迹又是互不相同的，为了精确描述各种智力成分发展的特点，卡特尔与霍恩依据智力发展与生理、文化教育的关系，把智力区分为两大类，即晶体智力和流体智力。

所谓**晶体智力**（或**固定智力**）（crystallized intelligence），意谓通过掌握社会文化经验而获得的智力。如词汇、言语理解、常识等以记忆贮存为基础的能力；**流体智力**（或**流动智力**）（fluid intelligence），则是以神经生理为基础，随神经系统的成熟而提高，相对地不受教育与文化的影响。如知觉速度、机械记忆、识别图形关系等。卡特尔与霍恩以及后来学者的研究，收集了大量的数据来揭示这两种智力各自的发展轨迹。黛安娜·帕帕拉等人（2013）指出，这两种智力的发展路径不同。一般来说，流体智力在成年早期达到顶峰，而晶体智力在中年甚至是老年都会有所提高（Horn，1982a，1982b；Horn & Donaldson，1980）。但是，由于这些研究大都是横断研究，因此可能反映的仅是代际差异，而不是年龄的变化趋势。西雅图纵向研究的结果就与之不同。尽管流体智力确实比晶体智力下降得要早，但是某些流体智力的衰退直到中年才会出现，如归纳推理和空间定向能力（Willis & Schaie，1999）。

目前对知觉速度这项流体智力比较一致的看法是，大致在二十几岁会达到高峰。工作记忆在个体二十几岁之后开始下降。但是，这些变化是渐进的，不会必然导致认知功能受损。中年人通过获取一些受学习和经验影响的更高阶的能力来弥补这些基本神经能力的丧失（Lachman，2004；Willis & Schaie，1999）。鉴于大部分中年人的认知功能都很强健且稳定，因此，如果在60岁之前个体表现出显著的认知功能下降，很可能是在神经方面出了问题（Schaie，2005；Willis & Shcaie，1999）。

2. 外显智力与内隐智力 根据智力适应理论，各个年龄阶段有各自的智力活动任务，对应于不同的智力活动任务，智力的构成成分也不相同。目前，随着对智力结构研究的不断深入，心理学家对智力的构成成分，提出外显智力与内隐智力的概念。

（1）外显智力：对智力结构成分的研究，心理学家进行了大量的探索，归纳起来，主要是两种思路：一是心理测量理论。研究者根据自己对智力结构的认识，选取编制测量智力结构成分的材料，通过外在的测量材料来考察智力结构中各成分的关系及发展。二是信息加工理论（或讯息处理论），即把智力活动过程视为信息加工过程。不论是心理测量理论，还是信息加工理论，它们都是基于研究者的智力观，通过外在的刺激材料进行测量评定的，所以，它们又统称为外显智力（explicit intellect）理论。人们习惯上把研究者所持的智力理论称为外显智力。从发展心理学的角度看，外显智力理论对智力发展的研究多侧重于智力的量变，考察某种智力成分水平的变化，未能够从生活实际和社会的角度，去分析各年龄阶段智力活动性质的变化。因此，与外显智力理论相对应，以斯腾伯格（Sternberg，1985）为首的几位美国心理学家提出了智力的内隐理论。

（2）内隐智力：智力的**内隐理论**（implicit theory）是指人们（包括心理学家和普通人）在日常生活和工作背景下所形成的，且以某种形式保留于个体头脑中的关于人类智力结构及其发展的看法，简称**内隐智力**（implicit intellect）。1985年斯腾伯格等人对成人智力的内隐理论进行了系列研究。首先要求152名17～83岁的被试列出30、50、70岁中聪明者与愚笨者的行为特征，然后把被试所列的行为特征整理列表，要求22名24～84岁的被试对上述行为特征在确定30、50、70岁中聪明者与愚笨者的重要性进行评定。最后请69名26～85岁的被试对上述特征在区分30、50、70岁中聪明者与普通人的作用进行评定。具体情况见表9-1。

表9-1的内容表明，中年人智力活动所表现出的主要方面，不同于其他年龄阶段的个体，不仅有与学术有关的能力，而且还有与生活、社会有关的能力；同时，在智力活动的深度和广度上都达到了最高的程度。对中年人而言，参加研究的被试更强调他们的日常问题解决能力的重要性，强调中年人根据知识经验和社会阅历，主动适应人际环境和社会环境的重要性，而对30岁的人则不然。显然，这与中年人智力活动的主要任务是相一致的。

表 9-1　内隐理论中的智力内涵

30 岁	50 岁	70 岁
Ⅰ. 解决问题的新颖性	Ⅰ. 解决问题的新颖性	Ⅰ. 流体智力与晶体智力的混合物
A. 对获取知识了解新事物很感兴趣	A. 能够以创新和独特的方式分析新问题	A. 词汇丰富
B. 表现出好奇心	B. 能够知觉与贮存新信息	B. 阅读内容广泛
C. 敢于对公众媒介的内容质疑	C. 能够以各种各样的新概念进行学习和推理	C. 能够理解反馈(信息)并做出相应反应
D. 能够用各种各样的新概念进行学习和推理	D. 敢于对大众媒介的内容质疑	D. 能从无关信息中筛选出有关的信息
E. 能够以创新和独特的方式分析新问题	E. 表现出好奇心	E. 能从给出的信息中得出结论
Ⅱ. 晶体智力	Ⅱ. 日常生活能力	Ⅱ. 日常生活能力
A. 是自己领域内的行家能手	A. 能根据生活情境调整自己	A. 思想与行动中都充满智慧
B. 能胜任工作	B. 对人与事富于觉察力	B. 对人与事富于觉察
C. 能从给出的信息中得出结论	C. 能够适应有挫折的生活情境	C. 三思而后行
D. 讲话富于智慧	D. 能很好地适应环境	D. 能够适应有挫折的生活情景
	E. 知道自己专门知识领域以外的事物	E. 知道自己周围正在发生的事情
Ⅲ. 日常生活能力	Ⅲ. 社会能力	Ⅲ. 认知投入
A. 良好的大众意识	A. 举止得体	A. 表现出好奇心
B. 能根据生活情境调整自己	B. 高尚的价值观念	B. 胜任工作
C. 能够适应有挫折的生活情境	C. 对自己的家庭及家庭生活很感兴趣	C. 正确评价青年人与老年人
D. 对自己的家庭及家庭生活很感兴趣	D. 很好的大众意识	D. 对自己的家庭及家庭生活感兴趣
E. 能很好地适应环境	E. 是自己领域内的行家能手	

(引自 Sternberg，1985)

（二）智力活动发展的性质

智力发展模式比较强调智力水平的变化，换言之，它关心的是各种智力成分（如逻辑思维能力、记忆、言语能力等）如何随年龄而变化，考察的是智力水平与年龄这两个变量之间的函数关系。然而，智力发展不仅有量变，也有质变，关于中年人智力活动的性质，这是发展心理学家近年来非常关注的问题。在大量的实验研究和理论分析中，较为一致的观点是，中年人的智力活动性质不同于其他阶段个体的智力活动。

1. 毕生智力发展阶段　皮亚杰认为智力的本质是适应。越来越多的心理学家认识到，进入成年期后，智力变化仍具有适应意义。这就是说，中年人的智力活动特点是与其对环境的适应分不开的。环境对个体有什么要求，个体相应的智力功能就得到发展。

美国心理学家沙依（Schaie，1978）根据**智力适应理论**（theory of intelligence adaptation），即个体的智力从本质上说是一种适应，把人的一生智力发展划分为不同阶段，如图9-5所示。

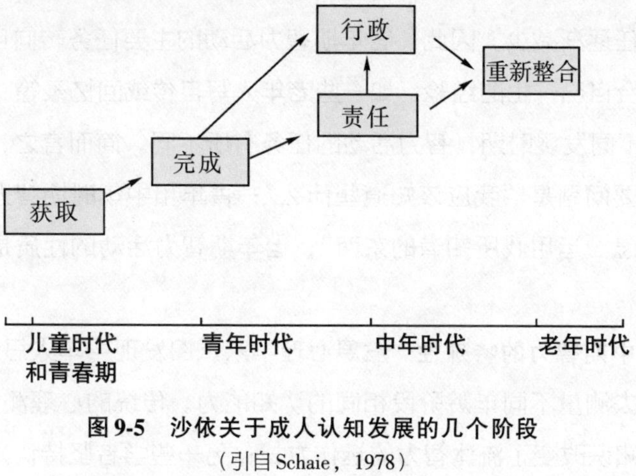

图9-5　沙依关于成人认知发展的几个阶段

（引自Schaie，1978）

沙依认为，儿童青少年时期，智力发展的根本特征是获取信息和解决问题的技能。皮亚杰及其他一些心理学家提出的认知发展理论，已对这一发展过程做出了很好的解释。然而，这种智力理论的发展观点只适合于儿童和青少年时期，对成年期智力的性质与特征应从新的角度来认识。沙依认为，在中年初期，即青年晚期，青年人开始从事各种职业，建立家庭。此时的主要任务就是为实现自己的理想和奋斗目标而努力工作。这个年龄阶段涉及抽象的认知技能，而且还会涉及标准化智力测验没有测量到的能力。同时在这一过程中，青年人的自我意识得到进一步发展，能够对自己的活动进行监控，评判当前的活动与设定的目标之间的距离。

青年人在上述各种能力发展的基础上，个人的独立性达到了较高程度，紧接着转入下一发展阶段——责任阶段。从年龄上看，这一阶段正是成人中期。中年人是社会的中坚，与其他年龄阶段的人相比，他们的社会责任最为重大。他们不仅要承担家庭方面的责任，如抚育、教育子女，而且更主要的是承担事业方面的责任。因为大部分中年人都是各行各业的专家或骨干，他们的工作质量在一定程度上影响到整个社会各项事业的发展。此外，还有一部分中年人从事行政领导工作。由承担一般社会责任到承担行政领导责任，取决于多种因素如个人的才能、成就，甚至于机会。

在60岁或65岁以后，就进入老年时代，这一时期，人们获取知识的需要减弱了，未来对老年人来说是短暂的、无关紧要的。由于退休，老年人需要承担的社会责任逐渐减少。因此，老年期智力活动的主要任务转向自己的内心世界，重新整合自己一生的经验，如一些老年人写自传或回忆录等。

总之，不同发展时期，智力活动的任务有所不同。简而言之，儿童时代智力发展的主要问题是“我应该知道些什么”；青年和中年时期智力活动的性质是“我应该怎么运用我所知道的东西”；老年期智力活动的性质是“我为什么要知道”。

2. 成人中期智力的特殊性 发展心理学家试图发现中年人思维的特殊性，而不是努力去测量不同年龄阶段相同的认知能力。传统的心理测量学派认为，不断增加的知识改变了流体智力的运作方式；另一些学者坚持认为成熟的思维代表了认知发展的一个新阶段——“智力的特殊形式”（Sinnott，1996），这种特殊形式可能会提高个体的人际交往技能和解决实际问题的能力。

（1）专业知识在中年人智力中的作用。国内外关于新手与专家智力比较研究中可以看到，中年人思维之所以较为成熟，是由于他们所从事的领域内解决问题有专业知识与专业技能。这在一定程度上是对晶体智力的一种解释。对专业知识与专业技能的概况，就形成专业人员（往往是中年人）在专业领域内解决问题的基础。

（2）整合性思维。在第八章我们曾提到后形式运算思维，这种思维并没有局限在成年期的某个特定阶段，但它似乎更适用于成年中期的复杂任务、多重角色、复杂选择和挑战，如需要综合与平衡工作和生活的要求（Sinnott，1998，2003；帕帕拉等，2013）。后形式运算思维的一个重要特征是它具有整合的本质。成熟的成年人整合逻辑与直觉和情绪，整合相互矛盾的事实和观点，用已知的知识整合新的信息。他们在解释自己所读到的、见到的和听到的事情时总会赋予其意义。与直接接收信息不同的是，成熟的成年人会用他们的生活经验及以前的知识对所接收的信息进行过滤。

（3）社会认知与伦理认知构成了成人中期智力的主要内容（见下一个问题的论述）。

二、社会认知与伦理认知

智力活动的任务和智力的主导成分是中年人智力活动性质的外部特征，与之相对应的则是中年人智力活动的内在特征，即**智力操作方式**（pattern of intellectual operation），或**认知加工方式**（或**认知处理方式**）（pattern of cognitive processing）。认知加工方式涉及智力活动的内在过程，具体说就是个体加工什么样的信息和如何加工信息组织知识经验。中年人认知加工的主要内容是社会信息，根据诸如自己和别人的行为、社会交往、社会规则和集体组织间的关系等社会信息，而开展认知加工活动。因此，**社会认知**（social cognition）与**伦理认知**（ethics cognition）是成人中期智力发展的重要特点。

（一）中年人社会认知与伦理认知的加工方式

由于中年人的认知任务是以如何运用知识技能为主，因此抽象的学术认知固然重要，但社会认知与伦理认知更加重要。

1. 由抽象到具体　中年人认知加工方式不再以抽象的逻辑思维为主，而是由抽象上升到具体。换而言之，就是在解决问题时，不仅考虑问题的逻辑结构，而且还考虑问题的背景。例如，美国心理学家拉鲍维—维夫（Loabouvie-Vief，1987）曾做过一个著名的研究，她给9～49岁的被试呈现一系列故事，下面就是其中的一个故事：

> 约翰是一个有名的酒鬼，尤其是他去参加晚会时经常喝得大醉，他的妻子玛丽警告他，如果他再喝醉，她就带孩子离开他。一天晚上，约翰又外出参加晚会并喝醉了。（Loabouvie-Vief，1987）

问：玛丽会离开约翰吗？你对你的回答有多大把握？

结果表明，青少年在解决问题时，解决问题的办法是由问题中的形式条件决定的，即被试不仔细考虑问题的内容，也不变换思考解决问题的角度，只是严格按照三段论推理，且对自己的答案十分肯定。而成年人，尤其是中年人，在解决问题时不仅要考虑问题的逻辑结构，即三段论推理的过程，还要考虑到问题的背景、特征，如故事中主人翁的动机、情感等主观因素，从而对三段论推理的大前提成立的条件与范围予以考虑，所以对这类道德推理或认知问题做符合社会情理的解决，也成了解决问题过程的必要组成成分。换句话说，中年人在做出重要决定时，往往不单纯地根据逻辑的理由。中年人由于社会认知能力而获益，这种能力就是对社会经验和各种知识进行思考后产生的**洞察力**（或**领悟**）（insight）。这是在成功地解决许多个人和社会**两难问题**（dilemma）后获得的。解决那些各有哲理而又互相对立的观点，对发展中年人的社会认知能力有特殊的重要性。

2. 历史—伦理—道德的认知成分　中年人的社会认知，相对的一个成分是“历史—伦理—道德”问题，于是他们在认知中，根据自己人生经验中的道德准则、价值观和目标，稳定地认知伦理关系，并付诸道德行为。不同环境条件下道德行为的社会一致性，在相当程度上取决于成人中期的伦理认知，于是可信赖的、稳定的道德行为在成人中期表现得最为明显。

（二）影响中年人认知活动的主要因素

众所周知，影响智力活动的因素是多样的。对中年人而言，影响智力活动的主要因素是社会因素，这正反映了成人中期社会认知与伦理认知的特点。尽管影响中年人认知活动的也有身体健康水平，成人中期作为人生的生理发展的一个转折期，也是身体健康易出问题的时期，因此，生理转折的变化对中年人认知活动的影响也是十分重要的，但起根本作用的还是社会因素。即社会历史因素。中年人与儿童青少年相比，由于他们年龄大，自然经历的社会历史事件就多，因此，社会历史问题对中年人来说，是主要的影响因素。另一是职业因素，中年人各自都从事特定的职业活动，这是儿童青少年没有的，鉴于此，职业因素对智力活动的影响亦不可忽视。

1. 社会历史因素 中年人的年龄较大，其实际经历的社会历史事件较多，社会历史因素在他们身上产生的烙印也相对深刻些。因此，社会历史因素就成为影响他们认知活动的特定因素。这种因素对认知活动产生的影响效应就是现在许多发展心理学家所说的**群伙效应**（或**同辈效应**）（cohort effects）。群伙是指同一时代的人。

如，在一次“目前中国社会道德爬坡还是滑坡？”的讨论中，不少中年学者比较了20世纪50、60、70、80和90年代社会道德的变化，使年轻学者从社会历史因素中了解社会道德的发展变化，同时也可看到中年人认知活动往往把社会历史因素作为其重要的依据。

2. 职业因素 在生活中我们经常会遇到这样的现象，同一个东西对从事不同职业的人会有不同的认识结论。如“O”，化学家把它看成“氧”，会计把它看成“零”，英语教师把它看成一个英文字母。这说明职业对人的认识活动会产生一定的影响。究竟职业对人的认知产生什么样的影响？

我们在对自然科学与社会科学的学者以及企业家的创新或创造性的心理特征研究中，被试都是在成人中期年龄段，他们对创造性的心理特征看法有很大的差异。自然科学家认为重要心理特征主要包括内部驱动力的动机形成、面向问题解决的知识构架、自主牵引性格、开放深刻的思维与研究风格、强基础智力五个因素；社会科学家突出表现在人格方面，这些领域不仅包括关注活动过程本身的内在兴趣，而且还包括价值内化程度较高的外部动机以及内在兴趣紧密联系的情感体验。而民营企业家的重要特征包括创造性基础素养、创造技能与品质、人格与品德、创造性驱动四个方面，着眼于利益的最优化。

职业对个体认知的影响，不在于职业的种类，主要在于职业活动的性质。如果所进行的活动需要发挥个人的主动性，需要运用个人的思想，需要个人进行独立判断等，那么这种事业活动有利于认知功能的发挥，对认知产生积极的影响；反之，那些简单的、机械的、重复性的职业活动，则对认知产生积极影响的可能性就小得多。

第三节 成人中期的家庭生活与职业

中年人是家庭的支柱、社会的中坚。因此，与人生历程中的其他阶段相比，成人中期时的家庭生活与职业活动尤为重要，这是他们生活的主旋律。

一、成人中期的家庭生活

中年人的大部分发展任务都是在家庭生活（极少数是单身生活）内得到实现的，家庭是中年人积极开展职业活动的根据地和后勤基地。

（一）成人中期的婚姻

人到中年，绝大多数的个体已经成家，但这个阶段的婚姻状况会表现出各种不同的情形。

1. 中年人的婚姻状况 在美国，约有96％的成年人在54岁前结婚，但是其中40％以上以离婚而告终。具体地分析，第一次结婚的人中约有37％离婚；第二次结婚的人，离婚率高达59％。

我国地区中年人的婚姻状况可以用表9-2来说明。

从表9-2可以得出以下几个结论：①中年人完整婚姻占绝大多数，不完整婚姻占少数；②随年龄增长，未婚率、有配偶率降低，丧偶率、离婚率上升；③未婚率、丧偶率，男性均高于女性（其中55～59岁组男女丧偶率的差异是个特例，女性高于男性）。

2. 婚姻关系的变化 在不同时期，婚姻生活具有不同的特点。社会学家把婚后夫妻关系变化，划分为如下几个时期：

（1）热烈期：这是新婚宴尔的甜蜜和亲昵阶段。夫妻间的感情浓烈，充满激情，表现为夫妻间强烈的依恋感和频繁的性亲近。

表 9-2　35～59 岁中年人婚姻状况统计表

年龄（岁）	性别	未婚	有配偶	离婚	丧偶
35～39 岁	男	6.51 %	89.50 %	3.75 %	0.23 %
	女	2.50 %	94.11 %	2.78 %	0.61 %
40～44 岁	男	4.20 %	91.55 %	3.69 %	0.56 %
	女	0.95 %	94.93 %	2.98 %	1.14 %
45～49 岁	男	3.08 %	92.63 %	3.21 %	1.08 %
	女	0.47 %	94.80 %	2.46 %	2.27 %
50～54 岁	男	2.25 %	93.20 %	2.80 %	1.77 %
	女	0.29 %	92.96 %	2.25 %	4.50 %
55～59 岁	男	2.16 %	91.86 %	2.64 %	3.64 %
	女	0.22 %	90.09 %	1.77 %	7.92 %

（引自国家统计局，2017）

（2）矛盾期：夫妻俩各自从原来的家庭中分化出来，开始独立的家庭生活，在生活节奏、经济开支、感情调适、人际交往上出现了较多的矛盾。矛盾期的时间长短是夫妻关系好坏程度的“温度计”。若矛盾期短，矛盾不突出，说明这对夫妻能和谐相处。反之，这种夫妻的感情容易出现裂痕。

（3）移情期：这一时期以新生命的降生为标志。夫妻双方这时都会不自觉地将对配偶的爱大部分转移到孩子身上，在强调亲子间纵式联系的中国家庭尤其如此。再加上工作压力增大，家务劳动增多，闲暇时间减少，于是生活失去了原来的浪漫，而变得实在和严酷了。移情期一般出现在成人前期与中期的前半阶段。

（4）深沉期：此时孩子年龄已大或已独立为成年人，关心照料孩子的负担减轻了。此时，孩子已具有相当大的独立性，无论物质上还是精神上，对父母的依赖性大大降低。因此，中老年夫妇又重把注意力转移到对方身上，夫妻间强烈的依赖感和性亲近，比起热烈期要显得深沉、含蓄，情感体验更为深刻。

3. 中年人的性生活　性功能的下降是成人中期的生理特点。中年人性功能下降，必然也表现在性生活频率的下降上。

中年人应该有正常的性生活，这是增强夫妻间情感基础的一个重要方面，但基于中年人的生理特点，也必须讲究性身体卫生，注意节制。

4. 离婚 关于离婚率，近十余年来都是呈上升趋势。在我国，从1980—1990年，离婚对数分别是27、34、37、41、54、63、74、79万对；从2007年至2016年，离婚对数分别为：209、226、246、267、287、310、350、363、384、415万对（中华人民共和国民政部，2017）。

如前所述，在我国，30～40岁是离婚率最高的年龄段。40～50岁以上，从离婚率总体看，虽然略有下降的表现，但也是离婚率比较高的年龄段。尤其是中年男性，随着年龄段的上升，离婚所占的比重，也有上升的趋势。由此可见，成人中期乃人生婚恋多变之年，导致中年人婚姻离异的主要原因有：感情转移，怀有二心，给予“第三者插足”的机会；感情不和，积怨太深，导致婚姻破裂；性生活不协调，长期分居，促使一方或双方处于压抑状态；认知错觉，无中猜疑，造成夫妇互不信任、感情不睦；再婚嫁娶，迁就夫妻，往往子女介入而被迫离婚；等等。这些离婚的原因与成人前期离婚的缘由是有一定区别的。不管何种原因离婚，对于当事者来讲，都是一种严重的消极生活事件。尤其对中年夫妇而言，造成彼此的心理创伤乃至带来长期难以平复的创伤。尽管此时子女普遍已进入青少年或成年期，但也会对之造成严重消极的影响。

（二）成人中期的代际关系

中年人的**代际关系**（或**代间关系**）（relations between generations）有两层含义，一是与孩子的关系，二是与父母的关系。不论是与孩子由上到下的关系，还是与父母由下到上的关系，这种关系或代际影响都是双向的，即不仅父母可以影响孩子，孩子也可以影响父母，只不过影响的方式与程度不同而已。归结为一点，代际关系是父母与子女的互动和交互影响。

1. 与孩子的关系 中年期是一个发展时间比较长的阶段，在这段时间内，孩子由儿童成长为成年人。随着孩子年龄的增长，亲子间的关系也发生了相应的变化。

未成年之前，绝大多数孩子都是与父母生活在一起的。因此，亲子之间无论是交往的次数，还是相处的时间，都是比较多的，相互影响也是比较明显的。我国传统观念是三代或四代同堂，今天从社会评论来看，它有优点，也有欠缺的地方。在由老、中、少三代组成的家庭中可以发现，关于饮食、健康锻炼、政治态度、儿童教育等问题的看法，三代人之间是相互影响的。

尽管孩子在未成年之前，在物质上和精神上都是依赖于其父母，但是，他们的独立性是不断发展的，尤其是青少年期，追求独立与自主的倾向尤为明显，对父母不再言听计从。此阶段如果父母未认识到孩子的发展变化，仍以原来的方式对待他们，把他们仍当作“小孩子”看待，那么就很容易在父母和孩子之间产生冲突或隔阂。在孩子即将离家自立时，他们已有相当大的独立性和自主能力，他们有自己的思想，自己的生活目标，他们将按自己的意愿选择职业，建立家庭。此时，做父母的一方面要给孩子一定的自主权，不宜过多干涉，更不能包办代替，否则易引起亲子矛盾；另一方面，父母还要用自己的知识经验与生活阅历，给孩子以指导和帮助。总之，在孩子离家自立之前，无论父母的教育观念和方式怎样，他们的情感指向主要是孩子。在孩子离家自立时，中年人对婚姻的满意度最低。

当孩子离家后，由于空间上的限制，再加上孩子已经成为成年人，他们在各个方面都已基本成熟，思想观念、人格特质等都趋于稳定，父母对他们的影响相对减少、减弱，亲子关系也不同于以前了。一方面父母和孩子都是成年人，在许多方面都是平等的、相同的，比如都有工作、都是自立的、都有家庭等；另一方面，此时情感投入也不同以前了。在孩子成年前，父母情感投入与指向在孩子身上占有很大比例；在孩子成年离家后，中年父母的注意力开始转向配偶或第三代身上。而进入成年期的孩子，他们的注意力主要指向自己的家庭与事业。尽管如此，在日常生活中可以看到，在一般情况下，此阶段的亲子关系仍是很密切的，青年子女往往在经济上还需要父母的接济，需要父母帮助他们照看孩子，而父母也可以从中体验到一种满足。

2. 与父母的关系 在孩子离家独立生活以后，中年人抚养下一代的使命基本结束了。然而，家庭负担并没有因此而减轻。因为此时自己的父母已年届古稀，赡养老人的问题又摆在面前。尤其是我国广大农村地区，这种情形更普遍，老年人没有社会保障，晚年生活主要由子女负责。照顾老年人，尤其是身体状况欠佳的老年人，不仅经济上要承担责任，而且心理上也要承担一定的压力。因为对老年人而言，仅有物质生活的保障是不够的，情感的交流与沟通也是非常必要的。

二、成人中期的职业

人到中年，职业已趋稳定，因此成人中期的职业就是他的事业。平时说中年人成为社会的中流砥柱，主要是指他们在职业中担当的角色和在事业中做出的成就。

（一）成人中期的职业发展

申继亮（1994）的研究指出，中年人的职业发展有多层含义，既有心理的，也有生理的；既有社会的，也有个人的。这是一个错综复杂的过程。

1. 职业发展的心理特点 从心理发展上讲，中年人的职业发展过程就是埃里克森所讲的获得创生感、避免停滞感的过程。在工作中，创生不仅表现为中年人比以往生产出更多的物质产品和精神产品，而且还表现在中年人乐于充当“导师”角色，将自己拥有的知识经验传授给其他人，尤其是年轻人。如果他们没有体验关怀的实现，那么将会产生停滞感。

从职业活动上考察，中年期是个人事业趋于成熟并达到巅峰的时期，他们可能是生产能手、有相当学术造诣的学者、经验丰富的管理者等等。事业上的成功往往意味着角色的改变，从专业活动的具体实践者转变为管理者、指导者。同时，中年期也是个人依赖事业发展情况，进行自我评价的时期。他们往往用目前事业上取得的成就去对照、检查先前设立的奋斗目标。如果已基本实现或将要实现目标，那么就很有可能感受到自我满足，表现出积极的自我意象。相反的，如果认识到没有实现或不可能实现先前确立的奋斗目标，那么就需要重新评价原来的目标，通常也重新评价自我。如果在此基础上，不能根据自己的具体情况调整事业目标和志向，那么就会产生消极的情绪体验，如挫折感、停滞感和自我匮乏感。

2. 职业发展的社会性特点 从社会发展方面看，中年人面临接受再教育的问题。当今社会是高速发展的社会，科学技术日新月异，工作的条件与要求也随之不断改变，如电子计算机的广泛使用，对生产、科研、管理、教学等都产生了重要影响。中年人要适应社会变化，跟上时代前进的步伐，事业上才能不断进步，取得新的成就。这就得要求中年人接受再教育，学习新知识、新技术，否则就会被时代所淘汰。由于中年人的知识结构、技术经验与时代发展对各种职业活动提出的新要求之间存在着差异，所以中年人面临的职业挑战是严峻的。尤其是失业以后，重新就业的困难度就更大。有人把中年人重新就业的障碍归纳为如下五个方面：①雇主的消极态度；②中年人的薪水高于年轻人；③年纪稍大的人不愿意重新安置自己；④雇主的观念，认为雇聘年纪大的人是不明智的投资，因为雇员年龄大其职业生涯就短；⑤与年轻人相比，年龄大的人相对来讲受教育程度低，掌握的现代技术少，这就会使中年人的重新就业"雪上加霜"。

3. 职业发展的卫生特点 从医疗卫生方面看，中年人要注意防止职业病。一般来讲，中年人的职业习惯已基本形成，对自己的职业比较熟悉，能够掌握自己所承担职业的规律与特点，并且有希望在工作上做出成就。但是长期的职业习惯所接触的物理、化学以及社会因素，都有可能导致某些疾病的发生。例如，中年知识分子由于担负的社会责任重大，工作量大，长期从事紧张的脑力劳动，身体活动少，平时缺乏时间锻炼身体，因此较易罹患神经衰弱。此外，知识分子与工人、农民相比，有较强的事业心、荣誉感、竞争性，在人际关系上内心活动更为突出。他们长期心理负担过重，使大脑皮质过度紧张，由此作用于**自主神经系统**（autonomic nervous system）又称**植物神经系统**（vegetative nervous system），即作用于支配内脏机能的神经装置，会导致内脏机能紊乱。所以消化性溃疡、慢性胃炎是中年知识分子常见的疾病。此外，如果各种复杂的心理压力作用于心血管系统，还会成为高血压、冠心病的诱发因素。临床资料表明，外科医生、麻醉师、会计师、飞行员、火车司机等，由于大脑经常处于紧张状态，所以发生消化性溃疡、高血压、胃功能紊乱者，较从事其他职业的人明显增多。中年的工人、农民，由于长时间的体力劳动，由心理因素引起的疾病相对较少，但工人、农民的疾病也与其职业有明显的关系。据统计，中年工人、农民患有软组织劳损和风湿病痛者占40％左右。另外，由于各自生活、工作环境的卫生条件不同，工人、农民较知识分子更容易患感染性疾病，如肠道传染病和结核病等。为了提高健康水平，防止职业疾病，中年人在工作之余，应积极培养业余爱好，以调剂工作压力所带来的不良影响。

（二）成人中期的职业适应

人到了中年，择业基本完成，绝大部分的个体，尤其是男性个体，都有了自己的职业，但是，对职业是否适应，却有着不同的表现，且有不同的影响因素。

1. 成人中期职业适应的表现

（1）中年人对职业的适应，首先取决于成人前期对职业的选择：年轻时期职业选择的满意程度，决定其日后对工作的投入量和获得成就的大小。

（2）中年人对职业的适应，取决于事业心：并不是所有做出成就的中年人都是在年轻时就选择了理想的职业，有的可能当初对职业的满意程度并不高，有的可能是改行而从事新的职业。他们之所以做出了成就，主要是来自事业心和进取心。王极盛（1986）在科学管理人才成长因素的心理学研究中列出了影响科技人员成长的十个因素。在这十个因素当中，有四个分别是事业心、献身精神、立志、顽强的意志，其中事业心居第二位。而且进一步研究发现，事业心与立志、意志的顽强性、献身精神等因素之间呈高相关。可见，事业心对中年人的职业适应产生了举足轻重的作用。

（3）工作中职务的升迁与工作类别变化，影响其对职业的适应：中年人在职业中的角色扮演，往往来自职业中职务的升迁和工作类别的变化。这一系列的变化，也直接影响到中年人及其家庭的经济来源和收入的多少。

（4）职业适应与人际关系联系在一起：中年人与同事、上司、下属之间的关系状况，它直接影响着中年人对职业的适应，这将在下一个问题中再做进一步的论述。

2. 成人中期职业适应的影响因素 中年人在职业、工作和专业中能否有所成就，是否有良好的适应能力，既取决于主体的心理因素，也取决于客观的社会因素。

（1）心理因素：主要是兴趣、事业心、勤奋和能力。人到中年，不论是

“名人”，还是“凡人”，多数中年人对职业都有基本相似的经历和体验，最突出者便是工作压力大（占41％）。而兴趣、事业心、勤奋和能力等水平的不同往往会使人对同样的工作压力产生不同的感受，付出不同努力，从而导致其职业的情况大相径庭。事实上智（能）力与非智力因素对职业适应也是十分重要的。

（2）客观社会因素：中国人历来讲究“天时、地利、人和”，也就是“机遇”，这也是影响职业适应的重要条件。机遇好的人，往往对职业的满意度也高。一般地说，“天时”“地利”等条件一般难以改变，而人和，即人际关系，在一定程度上还是可以通过自身的努力去改善。建立良好的人际关系对职业适应与事业成功是十分必要的。

第四节 成人中期的社会性发展

成人中期展示出一个较完善的社会性。人格完全趋于稳定状态，自我意识具有更高的监控作用，性别角色已经整合，人际关系不断得到协调。与此同时，中年人身心疾病在加剧，社会现实已向他们亮出“黄牌警告”。此时此刻，心理适应和调节应成为中年人保健的不可缺少的重要内容。

一、成人中期的人格稳定性

成人中期乃是人格稳定之年。当然，人格稳定并不等于人格不发展，在第一节中我们提到中年人的发展任务时，论及成人中期面临着一系列人格发展的任务，中年人正是在这些发展任务的基础上，才有人格的自我完善。

（一）人格结构的稳定性

成人中期人格的稳定性主要表现为其人格结构的基本稳定性。虽然个体在成年中期面临一系列的发展任务，但这些任务的完成只是有助于人格的完善，并不从根本上改变其结构本身。这已经为许多研究所证明。特别地，研究者多是从人格特质的角度得到人格结构稳定性的结论的。

1. 人格特质 在众多的人格理论中，特质理论是较有代表性的一种，主要代表人物有奥尔波特（Gordon Allport，1897—1967）和卡特尔（Raymond Bernard Cattell，1905—1998）。他们认为，**人格特质**（personality trait）是个体反映环境刺激的一种内在倾向，它是由遗传和环境两方面的因素形成的，对个体行为有动机作用。我们用于描述自己或其他人时使用的一些形容词，就是这样一些特质，如内倾、独立性、攻击性等。

卡特尔提出了著名的卡特尔16种人格因素测验。这16种人格特质是乐群性、聪慧性、稳定性、恃强性、兴奋性、有恒性、敢为性、敏捷性、怀疑性、幻想性、世故性、忧虑性、实验性、独立性、自律性、紧张性。

奥尔波特和卡特尔关于人格特质的分类，在他们之后的人格研究领域产生了广泛的影响。许多人格心理学家根据他们的思想，对人格特质进行了大量的研究。研究者根据横断研究和追踪研究两方面的研究结果，建立一种新的人格特质模型。该模型包括三个独立的维度，即神经过敏症、外倾、开放性。每个维度又包括六个方面，具体内容如下：①**神经过敏症**（nervousness）维度。包括焦虑、敌意、自我意识、抑郁、冲动性和脆弱性。②**外倾**（extroversion）维度。包括热情、爱交际、武断、活动性、寻求兴奋、积极情绪。③**开放性**（openness）维度。包括幻想、美学、行动、观念、价值观、情感。

2. 中年人人格结构的稳定性 **人格结构**（personality structure）的稳定性，包括两层基本含义：一是人格结构的构成成分不变；二是各成分的平均水平不变。把成年中期人格结构的特点与其他发展阶段相比，成人中期人格结构保持相对稳定。

（二）成人中期的人格发展特点

我国有些心理学家从各自的研究中，揭示了中年人的人格特点。例如，程学超、毛伟宾（1991）全面地从自我概念、性别角色、时间观念、生活评价、权威感受、内倾性格六个方面归纳了中年人的人格特点；申继亮（1994）则突出重点地从人格特质、发展任务和自我意识三个大的方面概括了中年人的人格特点。以下我们将自我调节功能、性别角色、对自己内心世界的关注、对生活的评价四个方面加以对比分析。

1. 自我调节功能趋向整合水平 自我不仅可以作为客体被人们所认识，而且也可以作为主体发挥调节功能。国内外的人格研究（范德赞登等，2011；郭永玉，2016；林崇德，2017）都认为，自我是人格的核心，成熟的人格有着拓展的自我，了解了自我发展也就等于认识了人格的发展。所谓自我（ego）就是“组织者”，是个体的价值观、道德、目标、思想过程的整合器，自我是一个努力去控制、整合、并弄懂经验的过程，它并不是自我的某种功能，而是自我本身。由自我负责进行的整合活动是非常复杂的，是受个人经验影响的。自我的发展是个人与环境交互作用的结果，自我的改变也意味着人们的思想、价值、道德、目标等组织方式的改变。按照拉文格的观点，自我发展既不单纯是序列的，也不单纯是类型的，而是二者的综合，即发展类型说：自我的发展既是一个过程又是一个结构。

近年关于自我发展的横断研究和追踪研究都表明，自我发展与年龄有密切关系。成年期自我发展主要经历如下几个阶段：

（1）**从众水平**（level of conformity）：从众就是按规则行事。只有少数成年人处于这个水平。在这一水平上，个体的行为完全服从于社会规则，如果违反了社会规则，就会产生内疚感。

（2）**公正水平**（level of fairmindedness）：也叫**良心水平**（level of conscience），处于这一水平的个体，他们遵守（或服从）规则并不为了逃避惩罚，也不是因为群体支持和采纳这些规则，而是真正为了他自己才选择、评价规则的。也就是说，社会的、外在的规则，已经内化为个体自己的规则，个体有了自己确立的理想和自己设立的目标，形成了自我评价标准。因此，此时自我反省思维也发展起来。

（3）**自主水平**（level of autonomous）：自我评价标准与社会规则，个人的需要和他人的需要，双方并不总是一致的、和谐的，有时也是矛盾的、有冲突的。在上一水平，个体不能容忍这些矛盾与冲突的存在，通过两极化的思想方法来解决矛盾。而这一水平的突出特点就是能承认、接受这些矛盾与冲突，对这些矛盾与冲突表现出高度的容忍性。因此，对于异己之见不再感到不安，而是能欣然接受，能认识到其他人也有自我完善的需要。在思想方法方面，不再用两极化或二元论的观点看世界，而是能把**现实**（reality）视为复杂的、多侧面的，认为可以从多种方式，多种角度看问题。

（4）**整合水平**（level of integration）：这是自我发展的最高水平，只有极少数人能达到这一水平。在此阶段，个体不仅能正视内部矛盾与冲突，而且还会积极去调和、解决这些冲突，他们还会放弃那些不可能实现的目标。成人中期的自我调节功能趋向这个水平。

2. 性别角色进入整合阶段 任何人身上都存在着两个互相独立、互无联系的**行为丛**（或**行为群**）（behavior clustering）。其中一个为**男性化行为丛**

（masculinizing behavior clustering），主要是关于胜任感方面的，如计划、组织及取得成就的能力；另一个为**女性化行为丛**（feminizing behavior clustering），主要是关于情感方面的，如关心他人、善良和依赖性。每个人都具有这两组行为丛的某种特质，只是不同的人中每组行为丛所占的比例是不一样的。有些人的男性特质和女性特质都比较高，这种个体为**男女同化**（或**双性性格**）（androgyny），被称作“完美人格”；而另一些人的男女特质都比较低，被称为**未分化**（或**未分类**）（undifferentiated）的人格。这样就产生男性化、女性化、二者具备、二者都不具备的四种性别角色。

莱文森（Levinson，1983，1986）提出，在人的一生中性别角色发展经历了三个阶段：①在人生的头几年，性别角色处于一个完全的、未分化的阶段；②一个高度分化的、适合性阶段：在此阶段中，性别角色是严格地、极端地区分开来的；③整合阶段：在这个阶段中，先前处于两极状态的性别角色开始逐渐整合为一体。这个阶段直到成人中期才完全整合起来。

在成人中期的生活中，男性和女性彼此互相接近，变得更为相像。男女两性在生活中是沿着不同的道路，占有男性化行为丛（特质）和女性化行为丛（特质），达到性别角色的整合。而整合性别角色，即形成完美人格的能力，这与人的整个心理健康密切相关。在50岁时，心理健康的男性和女性都具有整合的性别角色。

3. 对自己的内心世界日益关注　在成人中期，反思和内省成为其心理生活颇具特色的形式。正如荣格所指出，当跨入中年、进入后半生后，个体的心理发展倾向于重新逆转，更多地表现出内倾性的特点。他们不再有青年期暴风骤雨般的激情，他们变得老练持重，遇到挫折时能反省自问，而且还能根据先前的目标来评价自己已取得的成就，以现有的成就和期望的成就来调整自己的奋斗目标。总之，后半生的发展是转向内部的。荣格的观点也得到了一些研究的印证。例如著名的“堪萨斯城研究”。这是一项有关成人人格发展的系列研究，始于20世纪50年代，研究对象为生活在堪萨斯城的40～80岁成年人。研究方法包括**投射测验**（projective test）、**问卷调查**（questionnaire survey）和**访谈**（interview）。该项研究的结果之一是发现与年龄相关的变化，主要发生在内在心理生活过程之中，表现为对外部世界积极趋向的态度日益减退。例如，40岁的人认为通过自己的身体行动可以影响环境，而60岁的人则更容易认为环境左右着他们，身体的作用只能是服从和顺应，即个体处于一种**防御**（defense）状态。这种防御状态也叫**消极适应**（passive adaptation）。由消极适应引起的中年人的反思、内省，不同于老年期的追忆，它是以当前生活事件为主要内容，但它也可能成为老年期追忆的前奏。堪萨斯城研究的这一结论，在不同文化地区如墨西哥、以色列等地也得到了验证，说明这种人格变化是一种发展性变化，具有一定的普遍性。

4. 对生活的评价具有现实性 人到中年，对社会、对他人、对自己的评价都是十分现实的，尤其是对个人成就的评价，懂得如何对个体生活的梦想、目标与现实的实际之间的差异进行评价。

对社会的评价，表现出既关心又实事求是；既有分析又比较中肯；既符合社会潮流又有其独特的性质。

对他人的评价，大都是从自己现时的经济、社会地位出发。中年人一般有了教育与人际关系的基础，对种种社会关系也已有了健全的价值观念与判断能力，对周围环境的他人也看得较透彻了，因此，评价他人既有其客观性的一面，又带有自身经济、社会地位的影响等主体性的一面。

对自己的评价，如劳恩桑（Lowenthal，1975）的调查所指出的，中年男子的自我评价更为谨慎、坦率；而中年女子的自我评价更为果断、实事求是。尽管不少中年男女还有雄心和抱负，但也有不少中年人更重视“量力而行，尽力而为，顺其自然”。正如毛伟宾（1991）研究所指出的，到四十多岁，中年人就逐渐开始承认这样一个事实，即个人的成就难免受制于实际能力；同时也开始相信“谋事在人，成事在天”。因为中年人确信自己已尽了最大的努力了，并懂得如果勉强地再以年轻时的观念来行事，就得遭受更多的打击和忧虑。

二、成人中期的人际关系

成人中期是人生中扮演角色最多的时期。这种**社会角色**（social role）的多重性，不仅决定中年人人际关系的特点，而且也促使中年人领会到处理好人际关系的重大意义。所谓**人际关系**（interpersonal relation），是指人与人交感互动时存在于人与人之间的关系。人际关系对成人中期来说有格外的意义，因为这个时期拥有比之前的任何时期都复杂多样的生活路径。中年人只有不断协调人际关系，才能使自己有效地工作、生活，并保持身心健康。

（一）中年人人际关系的影响因素

1. 交往范围广泛 多方面的交往、多重社会角色决定中年人人际关系的复杂性。我们从生活中看到，中年人交往范围很广，在社会上，有群己与人己的关系，有竞争与合作的关系；在工作中，有同事与上下级的关系；在家庭里，有如上述的双重身份的“亲子”关系，婆媳（翁婿）关系；等等。这就决定了中年人人际关系的复杂性。

2. 人际关系的紧张 人事关系的紧张给中年人人际关系带来纷扰或内耗。人到中年，成为社会的中坚与骨干，但每个人都有成就欲，而获得成功难免要有竞争，竞争有正当的方式，也有不正当的手段，谣言、嫉妒、偏见就是不正当的竞争手段，这种不正当手段是造成中年人人际关系纷扰或内耗的主要原因。除中年人人际关系的内耗表现之外，近年来社会上还因竞争机制的大力提倡而加剧了人际关系纷扰的增长趋势。

3. 人际关系结构的稳定 由于中年人在十几年或几十年长期生活中与人相处，造成了亲、疏人际关系的稳定性。长期以来的人际交往，中年人具备了社会学上所分类的人际关系之八种模式：①由管理、指挥、指导、劝告、教育等行为导致尊敬和服从等反应；②由帮助、支持、同情等行为导致信任和接受的反应；③由同意、合作、友好等行为导致协助和温和的反应；④由尊敬、信任、赞扬、求助等行为，导致劝导和帮助等反应；⑤由害羞、礼貌、敏感、服从等行为导致骄傲、控制等反应；⑥由反抗、疲倦、怀疑等行为，导致惩罚或拒绝的反应；⑦由攻击、刑罚、不友好等行为，导致敌对和反抗等反应；⑧由激烈、拒绝、夸大、炫耀等行为，导致不信任或自卑等反应。

总之，中年人的尊敬、信任、帮助、拒绝、敌对等一切人际关系，日臻稳定。

4. 人际关系深刻性的要求 中年人在长期与人相处中，由于各种成败的经验与教训，考验了自己所处的各种人际关系，使人际关系比较深刻。人际关系包括认识（相互了解）、动作（交往动作）和情感（肯定与否定的）三种成分，其中情感是核心成分。中年人在长期与人交往过程中，了解了人，明确了人的行为，在信念、价值观和人格特征上形成了可接受性，无论人际关系给予自己经验，还是留下教训，在感情上都是深刻的，这些就促使成人中期在人际关系上比以往阶段要谨慎得多。

（二）中年人人际关系的特点

鉴于上述的影响因素，成人中期的人际关系必然表现出：

①扮演多重社会角色，在人际关系的范围上较广泛。

②在生活中要交结三教九流，因而在人际关系的层次上显得较复杂。

③时间长、经历各种类型的人际关系，在人际关系的结构上较稳定。

④经历各种成败的考验，在人际关系的情感上比较深刻。

⑤存在着纷扰和内耗，在人际关系的交往上比较谨慎。

三、成人中期的心理适应

成人中期是人生旅程中最繁忙、最紧张、负荷最重的时期，也是播种后“收获”的季节，但同时又是要十分珍重、爱惜身体的阶段。

（一）中年危机

中年危机，主要指人格方面的危机，同时也包括整个身心变化的转折，以及在实现这个转折过程中所出现的各种“故障”。中年人为完成特定的历史使命，在长时期快节奏、超负荷的不断“运转”中，容易在身心健康上出现问题，这是中年人开始走下坡路的信号，也是社会生活现实向中年人亮出的无情的“黄牌警告”。

1. 更年期传出衰退的信号 人到中年期，既是心理成熟期，又是经历巨大变化的转折期，医学上称之为**更年期**（climacterium）。男性和女性都有更年期，但男子表现不明显。

（1）**女性更年期**（female climacterium）：指妇女绝经前后的一段时期。即指性腺功能开始衰退直至完全消失的时期，其持续时间的长短因人而异，一般为8～12年。多数女性更年期发生在45～55岁之间，平均年龄为47岁左右。但也有少数女性要到55岁左右才开始进入更年期。一般来说，第一次月经来潮较早的人，更年期来得比较晚；月经来得迟的人，更年期来得比较早；没有生育过孩子的人绝经比较早，而生育多的人绝经比较晚。现代研究表明，妇女绝经的早晚，还与种族、家庭、气候、营养等因素有一定的关系。目前随着人们生活水平的不断提高，体质的增强，绝经年龄已出现了向后推延的趋势。

在更年期，女性的第二性征将逐步退化，生殖器官慢慢萎缩，其他与雌性激素代谢相关的组织也随之退化。在卵巢分泌激素减少的同时，大脑丘脑下部、脑垂体和卵巢之间的平衡关系也发生了改变，因而产生了丘脑下部和垂体功能亢进现象，表现为自主神经系统功能紊乱等一系列症状。如面部潮红、出汗、头痛、眩晕、肢体麻木、情绪不稳定、小腹疼痛、心慌、失眠、易怒，甚至多疑等。学者们统称这种症状为**妇女更年期综合征**（female climacterium syndrome）。

虽然女性更年期综合征是由生理内分泌的改变引起的，但它不是唯一的影响因素。中年女性所处的家庭、社会地位及复杂的心理社会因素，也参与了整个病理过程，对更年期综合征所出现的时间和反应的程度都有重要的影响。临床观察发现，处于更年期的妇女，由于亲子关系紧张、夫妻不和、工作不顺心等因素的影响，易表现出严重的精神症状。

一言以蔽之，更年期综合征的症状多种多样。这些症状主要是妇女自己的主观感受、自我描述、具有移动性，没有恒定的、确切的部位，同时多受气候、环境、精神等因素的影响，表现为时隐时现，时轻时重。根据文献报告，更年期综合征在绝经前出现占53.7%，绝经时出现的约为18.7%，绝经后出现的约占27.6%。

更年期无疑是每一位女性生命过程中必然经历的一个阶段，它的出现属于自然生理现象，任何人都无法抗拒。同样的，这个时期在部分妇女身上表现出来的综合征（或症候群），是妇女生理现象改变以后的一种自然反应，并不是什么大病，经过半年到两年左右的时间，身体内部就会建立起新的平衡，恢复正常的生理状况。因此，更年期的妇女应以科学态度，正确认识和对待这种生理的变化，消除顾虑，减少思想负担，排除紧张、消极、焦虑、恐惧情绪，避免或尽量减少不必要的刺激，保持精神愉快、心情舒畅，这样就会使不舒适的感觉减轻或消失，从而顺利地度过生命历程中的这一转折期。研究表明（尹延梅，岳静玲，& 程淑英，2009），45～55岁城市女性更年期症状越明显抑郁评分越高，改善更年期症状可减低女性更年期抑郁的发生。

（2）**男性更年期**（male climacterium）：虽然没有女性那样以绝经为明显标志，但是在50岁左右，男性的睾丸逐渐萎缩，性功能也出现由盛到衰的变化过程，主要表现为以性功能减退为其鲜明特征的一系列症状。在医学上这个时期称为**男性更年期综合征**（male climacterium syndrome）。

男性更年期主要有以下几个方面的变化：

①精神情绪的变化：随着机体内分泌的变化，出现烦躁、易怒或精神压抑等现象。有时仅仅因为某一件小事而自责、自卑，甚至丧失信心。在社会生活及人际交往中容易产生失去信心、多疑、不合群及自我孤独感等现象。

②自主性神经循环机能障碍：主要表现为心悸、恐惧不安、呼吸不畅、兴奋过度、眩晕、耳鸣、食欲不振、便秘等症状。

③疲劳：因睡眠减少，机体感到疲乏无力，对生活中面临的各种事情缺乏兴趣，往往感到精力、体力不济，视力迅速下降，自感心有余而力不足。

④性机能降低：表现为性欲、阴茎勃起、性交、射精、性欲高潮一系列功能减退症状。

上述症状的出现主要是由于睾丸萎缩、退化而引起了丘脑、垂体、肾上腺等全身内分泌变化。从生理上讲，上述症状出现的年龄、程度及持续的时间长短与睾丸的变化是相一致的。但是，另一方面，各人所表现出来的症状却有很大的差别。有的人在40岁时就明显地表现出性功能下降，逐步出现更年期症状；有的人则在60岁时才开始出现上述变化。研究表明，我国大多数男性在50岁左右就表现出明显的性欲减退和性功能减弱的现象。

男性更年期与女性更年期一样，是生命过程中必然经历的一个阶段，是一种自然生理现象。为顺利度过这一转折期，不仅要正确认识和对待更年期出现的生理变化，还要注意安排好个人的工作与生活，做到饮食、起居、工作有序，体力或大脑负担适度，同时也不过于安逸。工作时间则集中精力，业余时间多从事一些感兴趣的有益活动，从而保持精神愉快、心情舒畅、情绪稳定的生活状态。

2. 心理负荷超载打破身心平衡 **身心关系论争**（body-mind problem）是理解心理实质的一个重大问题。无论是**身心等同说**（theory of body-mind identity）、**身心平衡论**（body-mind parallelism），还是**身心交感论**（body-mind interactionism），都强调生理发展与心理发展的一致性和协调性。

然而，人到中年强烈的事业心与成就欲，驱使中年人坚持不懈、锲而不舍地进行顽强拼搏，于是繁重的工作加上沉重的家庭负担超出了这个时期生理的承受力，身心之间便形成巨大的反差。因此这种**心理负荷**（mental workload）不仅打破了身心平衡，而且也带给中年人极度的**心理疲劳**（mental fatigue）。所谓中年人心理疲劳是指中年人的心理活动过激或不足，使神经系统紧张程度过高或长时间从事单调、厌烦的工作而引起疲劳。这种疲劳表现为：体力不支，注意力不易集中，容易出现错觉，思维迟缓，语言功能差，情绪低落，并同时伴有工作效率低，错误率上升等现象。心理疲劳的持续发展，将导致头痛、眩晕、心血管和呼吸系统功能紊乱、食欲减低、消化不良及失眠等，严重的将导致中年夭折、精英早逝。所有这一切，不能不提醒中年人：生活现实是无情的，它已向大家亮出了“黄牌警告”。

（二）中年人心理适应的范围与内容

生活现实向中年人亮出了“黄牌警告”，中年人处于自珍自重之年。因此，中年人的一切心理适应都要从这个特点入手，这是中年人适应的关键。

1. 中年人心理适应的范围 中年人的心理适应，主要是对职业、家庭、人际关系，及自己身心变化的适应。对此，我们在前面都已做了阐述，这里就不展开了。

2. 中年人心理适应的内容

（1）正视现实：正视自身身心发展的基础、现状和可能性，对生活中的各种问题、困难和矛盾，既要积极进取，奋发图强，尽我所能；又要从实际出发、实事求是，量力而行。

（2）知足常乐：客观地评价自己在学习、工作和事业上的成绩，力求知己知彼，百战不殆。中年人的聪明才智已发挥在前半生的学习、工作和事业上，对前半生在事业上取得的成绩，要做客观的评价，既要继续努力，又要知足常乐，不应该为达不到的某种成就、职务、名望而耿耿于怀，造成心理负担。

（3）善与人相处：中年人所面临的人际关系很复杂，因此，与人相处要豁达、尊重和信任。当然既要做到“宁可天下人负我，我决不负天下人”，又要有“害人之心不可有，防人之心不可无”的意识。这样，中年人可以在善与人相处、乐与人相处的良好人际环境中愉快地生活。

（4）情绪稳定：遇事冷静，不断调整自己的情绪。中年人处于各种巨大的紧张之中，加上更年期的缘故，容易“上火”。因此，要善于不断控制和协调自己的情绪，加强冷静应变能力的锻炼，这是中年人提高应变能力，不被突如其来的天灾人祸所击垮的重要保证。

（5）警惕心理致病：心理可以防病、治病，也可以致病。中年人心理上的紧张感、挫折感与压抑感，不良的人际关系，心理冲突与心理危机，以及性格不良等，都是致病的因素。心血管疾病、消化道溃疡和癌症等，无不与心理因素有关。因此，加强自我修养，调整不良情绪，保持愉快心境，遇事乐观，自尊自制，健全性格，这是消除与预防心理致病因素的关键。

总之，中年人如果有良好的心理适应，既能雄心勃勃、拼搏奋进、大展宏图、“金秋”丰收，又能实事求是、轻松潇洒、家庭幸福、乐观向上，必将健康而稳定地度过“中年危机”，顺利地进入老年期。

本章摘要

1. 处于人生旅途中点的中年人，其心理发展有着特殊的表现：生理功能的衰退；智力有明显的上升或下降；紧张的情绪状态；兴趣爱好的重点在转迁；面临**中年危机**的人格。

2. 成人中期的发展任务是：在保健上进行自我调节；在工作上做好自我更新；在情绪上加以自我控制；在活动上学会自我休闲；在人格上实现自我完善；在婚姻上促进自我监督。

3. 从“不惑”到“知天命”的成人中期是创造的黄金时期，是成就最多的年龄阶段。

4. 在人的一生中，中年人的负担最重，压力最大，困难最多。在社会上，中年人备受青睐，成为中坚力量，充当各行各业的骨干；在家里，上敬老、下扶小，充当一家之主，终日里外应酬，负荷沉重，如识途的老马，不知张弛地拉套奋进。

5. 成年阶段，包括成人中期，**流体智力**缓慢下降，而**晶体智力**则保持相对的稳定；智力技能和情境、知识相联系的应用，使实用智力成为主导性的智力活动。

6. 成人中期智力发展的序列研究表明，中年人智力保持着上升或稳定的趋势，而且受社会历史发展因素的影响。

7. 中年人的社会认知，相对的一个成分是“历史—伦理—道德”问题，于是他们在认知中，根据自己人生经验中的道德准则、价值观和目标，稳定地认知伦理关系，并付诸道德行为。

8. 中年人**内隐智力**表现在不仅有与学术有关的能力，而且还有与生活、社会有关的能力；同时，在智力活动的深度和广度上都达到了高峰。

9. 中年人不仅婚姻完整者占绝大多数，且在情感上，从对子女的爱的移情期到子女成人后又把注意力转移到配偶身上的深沉期。

10. 成人中期的代际关系包括两层含义，一是与孩子的关系，二是与父母的关系，不论是与孩子的“由上到下”的关系还是与父母的“由下到上”的关系，这种关系或代际关系都是双向的，而中年人承上启下，心理承受压力颇大。

11. 成人中期的职业发展有多层次的含义，既有心理特点又有生理特点、卫生特点，既有社会特点又有个人特点，这是一个错综复杂的过程。

12. 成人中期人格结构的稳定性包括两层基本含义：一是人格结构的构成成分不变；二是各成分的平均水平不变。

13. 成人中期人格发展的特点是：自我调节功能趋向整合水平；性别角色进入整合水平；对自己的内心世界日益关注；对生活的评价具有现实性。

14. 中年人**人际关系**的特点是：在人际关系的范围上比较广泛；在人际关系的层次上显得比较复杂；在人际关系的结构上比较稳定；在人际关系的情感上比较深刻；在人际关系的交往上比较谨慎。

15. 中年人为完成特定的历史使命，在长时期快节奏、超负荷不断的"运转"中，容易在身心健康上出现问题，这是中年人开始走下坡路的信号，也是生活现实向中年人亮出的"黄牌警告"。

16. 中年人的心理适应，主要是对职业、家庭、人际关系，以及自己身心变化的适应，其适应的内容包括正视现实、知足常乐、善与人相处、情绪稳定、警惕心理致病等。

参考资料

1. 马森，凯根等.（1991）. 人类心理发展历程（孟昭兰等译）. 沈阳：辽宁人民出版社.

2. 朱智贤.（1989）. 心理学大词典. 北京：北京师范大学出版社.

3. 黛安娜·帕帕拉，萨莉·奥尔兹，露丝·费尔德曼.（2013）. 发展心理学（李西营等译）. 北京：人民邮电出版社.

4. 詹姆斯·W. 范德赞登，托马斯·L. 克兰德尔，科琳·海恩斯·克兰德尔.（2011）. 人类发展（第8版）（俞国良等译）. 北京：中国人民大学出版社.

5. 程学超.（1991）. 中年心理学. 济南：山东教育出版社.

6. 李晓东.（2013）. 发展心理学. 北京：北京大学出版社.

7. Albrecht, S. L., Chadwick, B. A., & Jacobson, C. K.（1987）. *Social psychology*. New York: Prentice-Hall.

8. Baltes, P. B.（1978, 1987, 2010）. *Life-span development and behavior*. New York: Academic Press.

9. Freiberg, K. L.（1987）. *Human development: A life-span approach*（3rd ed.）. Boston: Jones & Bartlett.

10. Gormly, A., V. & Brodzinsky, D. M.（1993）. *Life-span human development*.（5th ed.）. New York: Harcourt Brace Jovanovich.

11. 雷雳.（2017）. 发展心理学. 北京：中国人民大学出版社.

12. 杨丽珠，刘文.（2006）. 毕生发展心理学. 北京：高等教育出版社.

13. Lerner, R. M.（2010）. *The handbook of life-span development*. New York: John Wiley & Sons.

第十章　成人晚期的心理发展

（本章内容细目）

成人晚期（或**成年晚期**）（old adult），也称**老年期**（aging period），一般指60岁至死亡这段时期。俗话说得好，“朝阳固然可爱，夕阳也当珍惜”。成人晚期的身心发展处于一个令人珍惜的矛盾变化之中，一方面由于成人晚期是人生的**衰退期**（period of decline），不论是生理组织的功能，还是认知能力都走向衰退；另一方面，成人晚期经验丰富，技能熟练，因此老年人的智力并非全面衰退，有的处于创造阶段，且其智力变化的个别差异也很大，不能一概而论。以人格发展为例，成人晚期人格上表现出以自我为中心、猜疑心、保守性、情绪性、内倾性和顺从性等老年人特有的特点，所以容易产生老年人的病理心理问题。然而，他们的人格稳定，生活方式也较稳定，待人处事老练稳固，成为其他年龄阶段人们的长者。这就是“夕阳能烧红晚霞一片，缀亮满天繁星”的道理。一般而言，成人晚期普遍地要面临退休与死亡两大难题，构成了特殊的心理适应和濒临死亡的心理反应。据此，世界卫生组织发出“让老年人焕发青春”的号召，可谓寓意深刻。就绝大多数人来说，都会有走向成人晚期的一天。有人说，人生百年，唯有60～80岁这20年才是无忧无虑，无牵无绊，享受人生的黄金时代。这是有一定道理的。然而，在这个年龄阶段的人，并非都能享受人生，还有不少过得很不如意。这里关键的一个条件是良好的心态。所以，如何使当今的老年人和未来的老年人得到最佳的身心健康，继续发挥其才智与专长，幸福、愉快地欢度晚年，这已成为**老年心理学**（geriatric psychology）的主要研究课题。

毋庸置疑，心理学对老年人心理特征的研究还很少，这种状况在我国表现得尤为明显。然而，随着经济的发展，人们生活质量的提高，老龄问题越来越成为一个重大的社会问题。研究老年人的心理特征，为老年人的身心保障服务，为国家的老龄决策提供理论依据，这已经成为社会对心理学家提出的一个艰巨的任务，为此，在本章中我们拟主要从如下问题入手，探讨成人晚期个体的心理发展特征：

1. 面临退休现实，成人晚期的认知有哪些表现？
2. 成人晚期的认知有何特点？如何评价老年人的智力？
3. 老年人的人格是如何变化的？怎样分析这个时期的社会性变化？
4. 什么叫长寿心理？如何有效地开展老年人的心理卫生保健工作？
5. 面临死亡威胁，成人晚期最后阶段的心理状态怎样？

第一节 成人晚期的心理适应

金秋时节，面临身心衰退的过程，退休后的社会角色和职能的变化，家庭结构关系的变化，以及经济拮据或财产继承等新问题，成人晚期必须对此做出明确的回答，因此产生对这些问题适应的需要，于是便出现了老年人的心理适应。

一、老龄与老化的新解释

老龄与老化是老年心理的两个概念。**老龄**（old age）指进入老年期的年龄。随着社会的发展，增龄现象越来越普遍，老年化社会和老龄的社会问题越来越明显。**老化**（ageing）则是指从人的生长发育、成熟到衰退过程最后一阶段所表现出来的一系列形态学，以及身心功能方面衰退性的变化，其中**衰老**（senility）是老化过程的最后阶段或结果。近年来，老年心理研究关注的主要问题包括：①生理基础（神经基础、行为与遗传、认知神经科学、脑结构与功能变化、激素与行为）；②感知觉（视、听、动作）；③基本认知（记忆、智力、行为速度、执行功能、认知干预）；④复杂认知与智慧（创造力、问题解决、决策）；⑤人格与社会性（人格、动机、情绪情感、老化态度、控制）；⑥心理与行为健康（临床评估、心理病理学、心理干预、健康行为、死亡与临终、工作、睡眠及睡眠障碍、压力）；⑦社会文化影响（文化与种族、社会影响、老年生态学、老年照料、晚年家庭、代际沟通）。（彭华茂，2017）

（一）老龄

在某一社会人口的平均构成中，高龄者的比例相对提高了，通常叫作**人口老龄化**（aging of population）。

1. 人口老龄化的界定 根据**联合国教科文组织**（United Nations Educational，Scientific and Cultural Organization，简称UNESCO）的规定，在某一国家或地区人口的年龄构成中，60岁以上者占10％或65岁以上者占7％，则称为人口老龄化的国家或地区。

目前，随着社会经济、科学技术的发展和卫生医疗、生活条件的改善，越来越多的国家或地区跨入到人口老龄化的社会。显然地，老龄化的趋势，与一个国家或地区的经济发达程度成正比。

在美国1975年有4330万人寿命超过60岁（占全国人口19.7％），2200万人寿命超过65岁（占全国人口的10％）。预计到2030年，将有27.1％的人寿命会超过60岁，22％的人寿命会超过65岁。

在日本，第二次世界大战结束时，寿命超过65岁的人口为4.59％；1970年达7.06％，从而进入人口老龄化社会；2018年，已有27.7％的人口超过65岁。

中国自20世纪90年代进入老龄化人口的结构，这比欧美发达国家晚了半个到一个世纪，比日本晚25年。到2013年，我国60岁以上老年人突破2亿大关，老龄化水平达14.8％。但我国从老龄化开始到达高度老龄化，只经历了40多年时间，比欧美（大约经历80多年）、日本（经历50～60年）速度要快、规模要大，属于未富先老。

2. 老龄化与近代社会生活 老龄化发生在近代社会。近代工业社会里，老年人都能在做工、养家的年龄之后仍然健在。而在古代农业社会里，老年人极少。不管在任何社会里，老年人有经验、知识渊博，往往担任家长的角色，握有产权、族权。经济先进国家在百余年的广泛变迁中，确定了今天老年人的地位，这就有效地解决了在经济上不再劳动的老年人维持收入的问题。老龄化的社会生活问题表现在以下各方面：

（1）人口基础：西方国家老年人的数目一直在显著增加，其增长比率比总人口数增长比率要快得多。这种比例的改变主要是由于死亡率下降，使儿童青少年人数增加相对变慢。此外，在老龄化社会里，妇女的比例也在增长（妇女比男人寿命稍长）。

（2）经济地位：老年人的社会经济地位与这个社会的经济发展状况有密切联系。在一定范围内相比较而言，老年人一般处于不利地位，大都由于参加劳动少而收入降低。因而社会必须对退休金、养老金或社会保证金做出老龄规定。事实上，绝大部分老年人虽然已到60多岁，却认为自己宝刀不老，仍可为社会做事。

（3）教育条件：老年人比青年人接受正规教育的机会要少，接受新知识与新方法的机会也少。而对许多老年人来讲，接受新知识、再教育不仅对其晚年生活是一种充实，而且还提供给他们一种发挥余热的途径。

（4）居住环境：人口分布、社区规划、房屋设计和买卖等方面的历史性变迁，都会影响老年人的自然和社会生活环境。

（5）在家庭中的地位：随着家庭结构的变化，家庭更多地转化为**核心家庭**（nuclear family），即由父母及其子女所组成的家庭。许多老年夫妻单独居住，不与子女共同生活，于是对家庭其他成员的影响逐渐减弱。但在东方国家，多数老年父母还是与子女一起生活。

老龄化的社会生活表现，给老年人的心理，特别是人格变化带来了许多社会影响。老年人只有根据这些变化，做好应变的准备，才能有良好的心理适应，做到有备无患，兵来将挡。

3. 老龄化使老年人的角色发生改变 老龄化社会生活，使老年人的社会角色发生了一系列的改变：

从为生活奔波的谋职者变成了退休者，即使是有知识的长者，也得退居“二线”。这样使老年人进入了闲暇阶段。

从经济比较富裕者变成收入微薄者，或为经济困难者。在西方，即使大多数高收入老人，按照经济学家所规定的贫富标准，还是不能进入较富裕者的行列。

从关怀子女者变成接受子女赡养者。年龄越大，老年人对子女生活依靠的程度也就越大。

从配偶共同生活逐渐变成鳏夫或寡妇（其中寡妇更多一些）。

可见，老年人的角色变化对其心理影响是相当大的，只有根据角色的变更，不断调整自己的行为，才能有良好的心理适应。

（二）老化

人的生理和心理随着时间推移而发生的退化性变化称为老化。

1. 关于衰退的事实 狭义的老化是指一种衰退期的状态，而成人晚期则正处于这种状态。从生理上看，各系统的机能都趋向衰退。

（1）在神经系统方面：脑细胞减少，到90岁左右脑细胞数目只有中、青年的70％左右，细胞的功能也在减弱。

（2）在循环系统方面：心肌细胞逐渐减少，心肌收缩力下降，因而心搏量减少；血管阻力也因血管内腔变狭窄而逐渐变大，心脏病、高血压等疾病的发病率增多。

（3）在呼吸系统方面：肺的肺泡部分相对地减少，由20多岁时占肺的60％～70％降至50％以下；肺组织的弹性因弹力纤维功能下降而降低，气管绒毛上皮出现萎缩、变性；呼吸肌的肌力下降，因而肺活量减少；咳嗽和咯痰的能力下降。

（4）在消化系统方面：口腔黏膜、唾液腺发生萎缩，唾液分泌减少；胃壁伸缩性减弱；肝脏有萎缩趋势，肝细胞减少、双核细胞增加，肝功能可维持正常；胆囊、胆管等弹性纤维显著增生，胆道壁增厚；肠道肌层萎缩，黏膜分泌功能下降，蠕动减少。

（5）在泌尿系统方面：肾脏重量减轻、老化，因而控制能力下降；前列腺肥大现象增多。

（6）在内分泌方面：甲状腺重量减轻，甲状腺功能减弱，肾上腺重量也减轻，男性激素的合成能力明显下降；甲状旁腺分泌功能下降；性腺萎缩，分泌功能下降。

（7）在骨骼系统方面：骨组织处于萎缩和肥厚交错状态，骨容积逐渐减小；骨的含钙量减少，脆性增加，容易骨折。

（8）在皮肤、肌肉系统方面：皮肤的组织萎缩，深部脂肪减少，弹性下降；皮脂腺萎缩、汗液分泌减少，皮肤干燥、无光泽、皱纹多；肌肉萎缩，弹性减弱，肌肉的肌力减小。

从心理上看，各种感觉（视觉、听觉、味觉、嗅觉、触觉）能力下降。例如，视力下降，耳聋，品味能力差，嗅觉不灵，皮肤触觉迟钝等。记忆力下降，不论是识记，还是再认、重现能力均不如中、青年。思维迟滞，想象力也不如青少年和中年丰富。

就整个智力活动状况看，呈衰退趋势。一般认为智力在16岁以前是快速发展，其后减缓；20岁左右达到智力发展顶峰，其后智力保持一段高原期；到35～40岁开始缓慢衰退；60岁后加速衰退；80岁后急剧衰退。

2. 人类老化是生理现象，亦是社会现象 人类的老化问题不仅作为自然状态存在着，而且受社会的影响。它往往是生物学、社会学、心理学、医学和环境保护科学等多个领域的现象复杂地交织在一起，互相影响着。因此，老化问题既是一种生物与社会交叉的现象，又是多种学科共同研究的对象。

于是，一方面老化现象作为一个生物学事实，有着共同的规律，它具有**普遍性**（universality），即老化现象在生物中普遍发生；老化现象如同诞生、成长和死亡，也是个体内在固有的，具有**内在性**（intrinsicality）；老化现象是一种不可逆、不再复原的过程，具有**进行性**（progressiveness）；且老化现象明显地体现在生理功能下降上，具有**有害性**（deleteriousness）。另一方面，老化现象又取决于担负社会任务方面的个体，具有很大的个性差异性。虽然成人晚期的社会任务较成人前期、中期要少，应是退休而不是工作，但仍然在工作岗位上的男女，虽然身体的操作方面差些，工作效率并不低，创造能力并不减退，如许多学术的、科学的和美术的老专家，这些都是不可忽视的、对社会有贡献的潜在力量。由此可见，在一定意义上说，老化现象是相对的而不是绝对的，这尤指生物方面，而不是社会方面。若不然，对老年人可能是一种“惩罚”，而对社会则是人力资源的浪费。

3. 关于老化的理论 对老化的研究过程中，形成了一些观点，其中有影响的理论是从社会学到心理的理论。

社会学的理论，主要有三种：一是**减少参与理论**（disengagement theory）：这是库明和亨利（Cumming & Henry，1961）提出来的老化理论，意指老年人期冀愉快生活着的一种理论性的建议。该理论认为，若要使老年期享有愉快的生活，最基本的原则是减少职业性与社交性的活动，尤其在情感性人际关系上更应避免涉入。二是**持续活动理论**（activity theory）：这种理论并没有明确的提倡者，但哈威格斯特（Havighurst，1953，1974）很赞赏这种老化理论。这种理论也是对老年人期冀愉快生活的一种建议。该理论认为，若想老年期享有愉快的生活，最基本的原则是使老年人保持与社会接触，继续以往中年期的一切活动；即使到了退休，仍须以退而不休的做法，在活动中获得充实感，从而避免因退休而带来的失落与寂寞。三是**连续性理论**（continuity theory）：这种理论是由纽加顿和罗伯特（Neugarten & Robert，1964）等人提出。进入老年，应继续保持着良好的习惯和爱好；即使习惯与爱好发生变化，也应看作是对现实的一种适应。连续性理论主张在适应上可有不同的方向，又承认每个老年人都存在着各自的差异性。

心理学的老化理论比较有影响力的是社会情绪选择理论。在更宏观的社会实践层面，学者们提倡健康老龄化、成功老龄化和积极老龄化，特别是积极老龄化是当前整个老年工作的核心理念，心理学也越来越偏向探讨积极老龄化视角下的老化规律和干预途径（王大华，2017）。

近些年来，美国斯坦福大学卡斯滕森等人（Carstensen et al.，1995，1999，2002）提出了社会情绪选择理论（socioemotional selectivity theory，简称SST）。社会情绪选择理论原研究个体对未来时间的感知及其与社会动机、社会目标追求、情绪管理和认知过程的关系。后来研究者在发展心理学与老年心理学的背景下，阐述了老化问题上社会交往的选择和社会情绪管理的心理机制，即从情绪、动机、时间知觉等角度来说明个体在老年期出现社会交往行为的减少是由于其感知到时间的有限，使得社会行为动机转向情绪调节为目的。

所谓健康老龄化是指人们已不再单纯追求长寿，而进一步探索如何能提高老年人的健康水平，以保持老年人晚年的生命质量（Baltes，1986，2001；许淑莲，1988）；所谓成功老龄化是指把老龄化现象放在更为广阔的社会背景中讨论，以超越个人的层面，使老年人生活条件、参与生产的意愿、能力与权利得到尊重与保障，并建设“老年友好社会”（Rowe & Kahn，1987；张旭升 & 林卡，2015）；而积极老龄化是对老龄化从消极趋向积极的论述，并逐渐形成了应对21世纪人口老龄化问题的新的理论、政策和发展战略。山东大学刘文教授等人（2015）对积极老龄化理论的发展脉络做了梳理（见表10-1）。

表 10-1 积极老龄化理论的发展脉络

时间(年)	提出者	成果
1987	约翰和卡恩(John & Kahn)	在《科学》杂志上发表《人的老龄化:普通与成功》,认为过去的研究只考察了受损和正常两种类型的老龄化,没有考虑老年人口的异质性。主张在正常老龄化中增加成功老龄化类型的研究,“成功”意指生理健康,即不被老年疾病困扰,针对那些功能局限最少的老年人
1987	世界卫生大会	首次提出“健康老龄化”概念,把“健康老龄化的决定因素”列为老龄研究项目的主要研究课题
1990	世界卫生组织世界老龄问题大会(哥本哈根大会)	把“健康老龄化”作为应对人口老龄化的一项发展战略
1993	第 15 届国际老年学大会(布达佩斯大会)	把“科学要为健康的老龄化服务”作为会议的主题
1982	美国西奈山医学院国际长寿中心主任罗伯特·巴特勒(Robert Butler)	提出“生产性老龄化”,不仅强调老年人要有健康,而且认为老年人应参与社会经济活动并有所贡献
1997	西方七国丹佛会议	首次提出“积极老龄化”的概念
1999	欧盟召开“积极老龄化”国际会议	学者们从理论上探讨了积极老龄化问题及其解决的现实可能性
2002	世界卫生组织	出版《积极老龄化:从论证到行动》一书,将“积极老龄化”的内涵定义为“人到老年时,为了提高生活质量,使健康、参与和保障的机会尽可能发挥至最大效应的过程”
2002	联合国第二次老龄问题世界大会	通过《老龄化马德里政治宣言》《老龄问题国际行动计划》

注:刘文、焦佩根据相关资料整理。

二、退休与心理适应

退休(retirement),这是一个历史并不太长的现代概念,意指职工退出工作岗位的养老制度。每个国家要根据本国有关职工退休处理的规定,对不同职业、职务的职工达到一定年龄和工龄后安排退休。职工退休后,按照全国各地规定的标准，由职工所在的企业（事业）或民政部门按月或按年发给退休金，直到本人去世为止。因此，退休是每个老年人要面临的一种现实。

（一）退休的心理反应

老年人对退休的态度具有很大的差异。按老化健康、成功、积极理论，老年人退休的心理反应趋向越来越正面的状态。

对待退休，有一部分老年人感到高兴，特别是那些健康状态不好者，可以利用退休，脱离艰苦的劳动，调整自己的生活节奏。一项针对中国城镇低龄退休老人的研究发现（张奇林 & 周艺梦，2017），与没有工作的城镇低龄退休老人相比，有工作的老人闲暇活动少、幸福感低。但多数退休者不太愿意，甚至产生失落感和自卑感，特别是一些知识阶层的人和行政人员，这些人在西方多半属于中上或高层社会集团，更会感到自己成为无用的、被社会抛弃的人。

老年人因退休产生失落感和自卑感的原因来自四个方面：

首先，工作是个人自我观念的核心。成人晚期在退休前对事业有着深厚的感情，而退休是对老年人自己有存在价值和有用的看法的一种挑战；一旦退休，感情上无着落。难怪有些老年人风趣地比喻自己与工作“失恋”了。

其次，失去工作等于失去社会的敬重和社会赋予他们的权力和责任。退休前，职工把自己看作是社会的主人、事业的主人，参与意识强，一旦离开了工作岗位，老年人就不能全身心投入工作了。因此，有些老年人说：“我们不是贪恋名与利，而是抱有对社会、工作的责任心，现在要和自己的事业‘画句号’，实在缺少很好的精神准备。”

再次，在成人中期，尽管上有老下有小，健康上曾获“黄牌”警告，但在工作上还是花费了全部时间和精力，以致被称为“工作狂”；而进入成人晚期，身体还很好，子女已独立，本可以再拼一场，但退休年龄到了，不能拼了，所以从心底里不愿意。

最后，退休造成经济上的收入的减少，例如，在西方，退休者房子越住越小，小汽车越坐越差，肯定导致失落感。

（二）退休的心理适应

老年人对退休的现实有一个适应的过程，这个适应程度主要取决于其主体，因此，自我调节是十分必要的。

1. 个人对退休的适应取决于其态度和人格 那些把将要到来的退休视为一种伤痛或曾对社会做出有益贡献的人，有相当一部分人会发现退休是难熬和不愉快的；而把退休视作一个成功生活历程的一部分、一段循序渐进的生涯的最后阶段的态度，则有助于促成对退休的积极适应。

那些被判明不能适应退休的人，其性格往往易怒和被激愤情绪所支配。良好适应退休生活的事例发生在具有健全或成熟人格的人的身上；也发生在被认为“通常消极被动”不愿承担责任的人身上；还发生在应变性强或防御机制强，免于陷入焦虑的人身上。

2. 个人对退休的适应取决于自我调节 老年人对退休要有良好的适应，必须做好自我调节。

其一，自己为自己做“广告”，为社会做点事，不仅发挥老年人的“余热”，而且也证明自身确实存在着社会工作的潜力。

其二，自己为自己做“设计”，“老有所学”，诸如进“老年人大学”一类的学习场所，这不仅发展了老年人的兴趣，老有所为，发挥专长，为社会继续做好事，而且继续在群体之中，满足了退休后的交往、友谊、归属等方面的需要，克服冷落感和孤独感。在我国，近年来，微信逐渐成为退休老人的一种新兴社交方式。

其三，自己为自己做好“安排”，正确认识闲暇，利用自己获得的“自由”，创造性地**自我发展**（self-development），例如广场舞、老年合唱团等，既寻找退休后的生活乐趣，又增加团体活动，为社会做点力所能及的事情。

所有这一切，都将会成为成人晚期对退休心理适应的一些重要方面。

三、家庭变化与心理适应

成人晚期的家庭变化主要表现在两个方面，一是老夫妻关系的变化；二是老人与第二代、第三代关系的变化，随之产生一系列心理适应问题。

（一）老年夫妻关系与心理适应

在老年期，夫妻关系是他们具有健康的心理适应力，能顺利走完人生最后阶段的基石：一个人步入老年期后，心理上的无用感与无助感日渐强烈，这时良好的夫妻关系是他们心理上的最大慰藉。下面我们从三个方面来展开论述。

1. 老年期的依恋 **成人依恋**（或**成人依附**）(attachment in adult）一般出现在50岁以后的成人中期与晚期，特别是**老年期依恋**（或**老年期依附**）(attachment in old age)。此时，老年夫妻双方在情感和精神上互相依赖、互相慰藉，就是“老来伴”的含义。天津市退休老人与伴侣感情的问卷调查（1988）发现感情深厚的占61%；感情一般的占16.5%，感情不好的仅占2.4%。还有占20%的被试未交问卷。可见老夫妻依恋的事实是存在的。重要原因有：①子女独立，有的已自立门户建立其核心家庭，这会使老年夫妻倍感冷清；②退休后，社会活动减少，交际范围缩小，常感孤单和寂寞；③健康状况的下降使得他们生活能力受影响；④自信程度降低，老年人常常失去自身的价值感，觉得到了这个年龄自己是无用的人了；⑤死神的威胁，产生一种心理紧张和恐惧感。由于上述这些方面的变化，老年夫妻在情感上比以往任何时候都更加靠近。这是良好心理适应的表现形式。他们在孤独和紧张中，相互依靠，相互慰藉，在生活上，相互扶持，以求平安地度过晚年。近期追踪研究表明（叶婉青，李晓彤，& 王大华，2018)，婚姻满意度越高的老年人在两年后会更少使用他责（将自己所经历的事情归责于他人）和沉思（思考与消极事件有关的想法和感受）策略。

2. 老年人的性欲 老年人性激素分泌量显著减少乃至枯竭。但由于大脑中既往性活动的表象及其新的组合想象，以及性活动的体验，作为内部刺激，老年人仍有性欲或继续性活动的可能。

3. 寡妇、鳏夫以及老年人再婚 在对老年人死亡问题的研究中，几乎各国研究资料都表明：男的先走，女的照样长寿；女的先走，男的往往过不了一两年跟着走。这是一种较为普遍的现象，但不是一种绝对的规律。

（1）寡妇与鳏夫：在美国，所有65岁以上的妇女，一半以上是寡居。丈夫年龄一般要比妻子大，而妇女又活得比男人长，所以，寡妇多的不相称的比例就不足为奇了。当然，鳏夫也有一定比例，只是比寡妇少，还不到寡妇的一半。

我国统计，60～79岁的老人中丧偶者，男性占25.3％，女性占55.1％；80岁以上丧偶者，男性占59.5％，女性占92.5％。寡妇与鳏夫在我国老年人中高比例地存在，而且寡妇比鳏夫要多得多。

失去配偶的角色变化，对当事者老年人心理的影响之大是难以预料的。一个人在配偶丧亡后的一年或一年多的时间里，还充满着高度紧张感。照顾好丧偶老年人，使他们产生良好的心理适应，是社会、特别是老年人家人的一项艰难的工作。老年人自我心理调节，当然也是十分重要的，否则，一位老人先“走”，另一位老人可能会跟着与世长辞，尤其是感情特别深厚的老年夫妻更是如此。这在生活中也是经常出现的。

（2）再婚：“找一个老伴，重建家庭”是解决家庭生命周期**空巢**（empty nest）阶段给老年人带来的多种困苦，以便建立良好心理适应的最佳途径。

潘穆（1983）调查指出，当前我国城市老人再婚有“三多三少”及“四性”的特点。

“三多三少”是：在老年独身者中，主观上有再婚需求的多，客观上能再婚成功的少；男性老人有再婚要求的多，而女性老人有再婚想法的少；社会和家庭，特别是子女对老年人再婚反对、阻碍的多，而同情、支持的少。

“四性”是：目的互助性；对象的实惠性；年龄的差距性；婚礼的简单性。

再婚老人心理协调的“敏感点”何在？程学超、王洪美（1986）指出，一是对先前配偶的感情，再婚双方要互相体谅；二是对社会上流行的某种习惯的舆论观点，再婚双方要科学分析；三是对前后老伴的对比，再婚双方要建立情感、用情感影响去支配认知。

（二）与第二代及第三代之关系

在老年人的各种复杂的人际关系中，大量的或者突出的是两代人之间的所谓**代际关系**。这其中最重要的又当数与子女之间的亲子关系和与第三代孙辈之间的祖孙关系。

1. 亲子关系 老人与第二代的关系变化，不仅表现在子女的自立上，而且还表现在经济上。老年人中一部分收入高的，多年有积蓄，甚至有自己的房子；但还有一部分退休后收入低，没有资产，于是如前边提到的，从关怀子女者转变为接受子女赡养者。后一类老人，在中国，靠女儿赡养的占3%～5%，靠儿子赡养的占90%。80%的农村老人的“老有所养”是一个突出的社会问题。年龄越大，老年人对子女生活依靠的程度也就越大。且老年人中长期有病者问题更多。如何适应这种变化，不仅需要**亲子关系**（parent-child relation）的密切，特别是子女的孝顺，而且还要靠社会支持。

2. 充当祖父母 当了祖父母，是否像传统所说的，和蔼可亲、对孙儿女感兴趣，这是值得研究的一个问题。在一项关于祖父母的内容广泛的研究中（马林等，1991），大约三分之二的人认为充当这个角色是令人满意的。也有少数人表示不愉快，重要原因有两个：一是与第二代在教育第三代的方法上有矛盾；二是年龄较轻的不愿充当这个角色，认为“祖父母”是一种与“老年”相连的概念，自己并没有“老”。

充当祖父母的表现也有各种的类型，诸如正规祖父母的“娇惯”型，退休后的“找乐趣”型，对孙子女保持一定距离的“疏远”型，代替第二代照看第三代的“现代父母”型。不同类型，有着不同的投入，会产生不同的效果。

不管如何，充当祖父母，定期与第三代接触、交流、沟通，是促使老年人心理健康的一种有效途径。这样，不仅使第三代有人照顾，而且也使老年人“老有所养”。即使在诸如老人俱乐部、老人院生活的老人，每天晚上接回家中，与第二代、第三代相处，享受“天伦之乐”也是促进老人长寿的一种措施。

四、社会支持与心理适应

老年人一旦退休，即便不少人不是在情感上有失落感，也会产生经济问题，上面提到我国的农村老人“老有所养”成为一个突出的社会问题，就是一个事实。所有这一切都说明老年人得以欢度晚年，还必须要靠**社会支持**（social support）。

社会支持应包括对老年人经济上的支持、精神上的支持、生活上的支持等，这些都是成人晚期心理适应的保证。

（一）经济接济

多数的老年人需要社会提供退休金、养老金和社会保证金等社会福利，“老有所养”这是成人晚期生存条件的基本经济保障。

退休金（pension）是连续而定期地对年老、丧失工作能力或由于工作已满规定期限而退休的人员的货币支付。个人退休金计划始于19世纪的欧洲，影响享受退休金资格及数额的因素很多，有就业年限、年龄、工资，有时也包括过去所做的贡献。

养老金（old-age pension）是对缺乏劳动力而又无赡养者的鳏寡、孤独者支付救济金或抚恤金，以保障老年人应享的权利，解除他们生老病死等后顾之忧。

社会保证金（social security fund）包括用于社会救济、社会福利和劳动保险等方面的支出。**社会救济**（social relief）指国家对城乡困难户的生活救济，救济对象主要是指无依无靠无经济来源的鳏、寡、孤独者、丧失劳动力和收入不足以维持基本生活（或在贫困线以下）的人们。**社会福利**（social welfare）是指国家为安置残疾人员、精神病人和孤寡老人而兴办的各种事业、企业和各种社会福利基金，及各种教育、文化、体育措施。**劳动保险**（labor security）是劳动者因为各种原因不能继续从事劳动或暂时中断劳动，从国家和社会获得物质帮助的一种社会保障制度。劳动保险的某些长期待遇，就包括退休、养老基金等。

老年人只有在生存条件有基本经济保障的情况下，才有安全感，才能适应退休后经济状况的变化。

（二）精神寄托

多数老年人为退休感到烦恼，这不仅因为他们的个人身份在很大程度上原本是由其职业决定的，而且他们为不能达成自己的生活目标而感到精神空虚，因而不愿或不能接受其奋斗目标的终结。

针对这种心理状态，社会要给予老年人精神上的支持，采取各种措施，把老年人组织起来，例如创办老年人大学，成立老年人的各种对问题儿童青少年的帮教团体，开展各种有益老年人身心健康的文娱、棋类比赛，甚至组织老年人学习气功、广场舞和老年合唱团等，使老年人有精神寄托，甚至于发挥余热，继续为社会做贡献。

老年人只有在精神上有所寄托的情况下，才有充实感和斗志，才能适应退休后无所事事的现状。

（三）生活照料

有些老年人属于鳏寡孤独；有的虽有子女，却单独生活；即使是与儿女一起，但子女处于重负荷的中年期，工作繁忙，白天家里无人，只留年迈老人留守空房。于是有相当一部分的老年人在生活上需要照顾。

社会要给予这部分老年人生活上的支持，疏通各种赡养和养老渠道，建立专为老年人服务的老年人俱乐部、养老院、孤寡老人敬老院、老人乐团、老人商店等组织和团体，使全体老年人都能安度晚年。

老年人，特别是鳏寡孤独老人，只有在生活上有照料的前提下，才能安安稳稳地生活下去，才能适应孤独状态的出现。

（四）社会风气

老年人既有自卑感，又有不服老的自尊心。他们中间有部分人的消极情绪也在逐步增多，常常会无端地恐惧、忧虑、失望，对一点小事竟大发雷霆、争吵不休，因此需要社会的谅解、体贴和关心。社会上应加强舆论宣传，倡导“尊老、爱幼”，尤其在中国，尊老爱幼早已是中华民族的优良传统；要树立敬老、爱老、养老的社会风气。

在我国人口老龄化最高的地区是上海，上海的60及60岁以上的人口比重最高。上海是个工商业大城市，也有环境污染的现象，甚至饮用水源黄浦江也曾被污染。但上海人长寿，除了医疗条件和生活条件比较优越之外，与关心老年人的社会风气不无关系。在上海，70岁老年人受到诸多的照顾和尊重。

像这样生活在上海地区的老年人，在敬老和爱老的社会风气下，自然地在情绪体验上获得欣慰和喜悦，必然地在心理上适应自身老化的各种变化。所以西方发展心理学提出SOC老年人适应模型是有道理的，即老年人在社会支持下必须**选择**（selection）一定数量的目标，**优化**（optimization）资源以实现目标，而在资源减少或欠缺的条件下，采取措施与策略达到**补偿**（compensation），以提高老年人的适应能力。

第二节 老年人的认知

子曰：“六十而耳顺，七十而从心所欲，不逾矩。”（《论语·为政》）这里既指老年人的认知，特别是社会认知的特点，又指老年人的社会性特点。

随着成人晚期的身心变化，老年人的认知也会出现新特点。然而，成人晚期的认知，绝不能简单地从成熟期递减来认识，而应该从一个完整的认知结构出发，全面地分析老年人的认知特点。“耳顺”之年，“耳闻其言，则知其微旨（意）”；到了70岁，由于经验丰富，可“从心所欲”而不会违背规矩，可见老年人的认知有着成熟性和稳定性的一面。因此，对老年人认知的评价，必须要具全面性。

一、增龄与老年人的智力

如前所述，**增龄**（aging）不仅指年龄的增加，而且也指成熟期以后随年龄增加而老化。

增龄是否带来老年人智力衰退的趋势，这是发展心理学界极为关心的课题。

心理学研究获得，老年人的智力变化有两个不一致的事实，一是呈衰退的趋势，二是呈稳定的趋势。

（一）老年人的智力呈衰退的趋势

早年的研究者琼斯和康拉特（Jones & Conrad，1933）发现，人的智力在21岁时为顶峰，其后便开始下降，到了55岁下降到14岁时的智龄。米勒斯夫妇（Miles & Miles，1932）的研究结果表明，18岁为智力顶峰，其后便开始缓慢下降，50岁时相当于15岁时的智力，80岁以上便急剧下降。韦克斯勒

（Wechsler，1944，1955）也运用自己制定的**韦氏成人智力量表**（或**魏氏成人智力量表**）（Wechsler Adult Intelligence Scale，简称WAIS）对成人进行了两次智力测验，结果表明，男子25～32岁、女子20～24岁为智力发展的顶峰，随后便开始呈下降的趋势。

卡普兰（Kaplan，1947）将上述三项研究结果加以整理，获得了成人智力的年龄变化曲线，如图10-1所示。

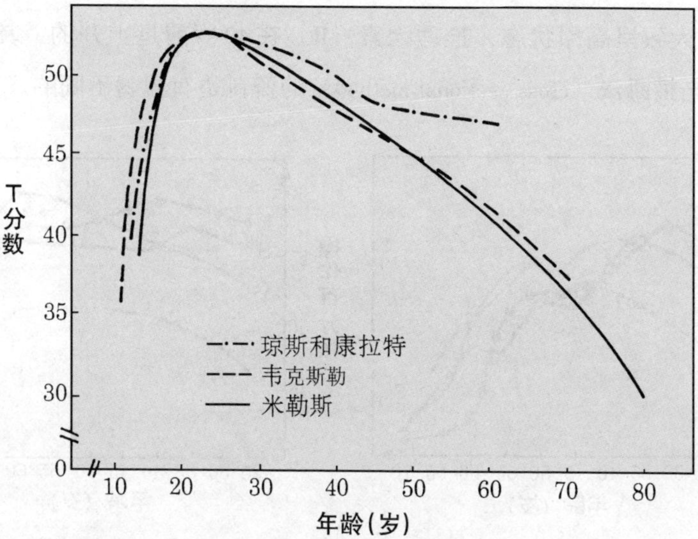

图10-1　成人智力的发展曲线

（引自Kaplan，1947）

从图10-1可以看到，人的智力尽管发展高峰点在研究中尚未统一，但毕竟有一个发生发展和衰退的过程。人到成人晚期，智力呈衰退的趋势，各种感觉能力在下降，记忆力也在下降，思维灵活性变差了，想象力也不如青少年与成人前、中期丰富。我国研究（唐细容，蒋莉，曾慧，& 姚树桥，2013）发现，中国成人晶体智力在74岁前比较稳定，没有明显老化，但流体智力和注意记忆能力可能在45岁开始老化。

（二）老年人的智力呈稳定的趋势

20世纪60年代以后的智力变化的研究认为老年人的智力并非全面衰退。

因为智力是综合的心理特征，研究智力的方法也不一样，于是简单说老年人的智力呈衰退趋势的结论就受到质疑。

克隆巴赫、沙依和斯特罗瑟（Cronbach，Schaie，& Strother，1963，1970）在20世纪60～70年代还对老年人进行纵向的追踪研究，获得图10-2之结果。后来，更多的研究（Craik & Salthouse，1999；Salthouse，2006）支持了沙依等人的结论。

从图10-2中可见，用**纵向法**（或**纵贯法**）（longitudinal method）资料，言语因素（V）和计数因素（N）在60岁以前曲线是继续上升的，空间因素（S）在60岁时大致呈高原状态，推理因素（R）在40岁前是上升的，其后是缓慢下降。这与**横断法**（cross-sectional method）的资料是有显著不同的。

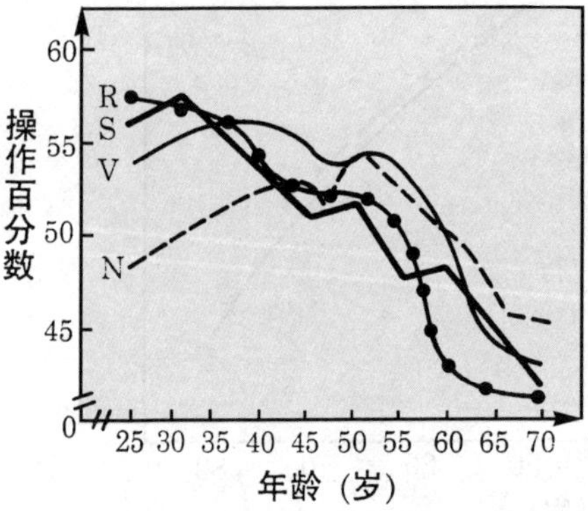

横断法的结果

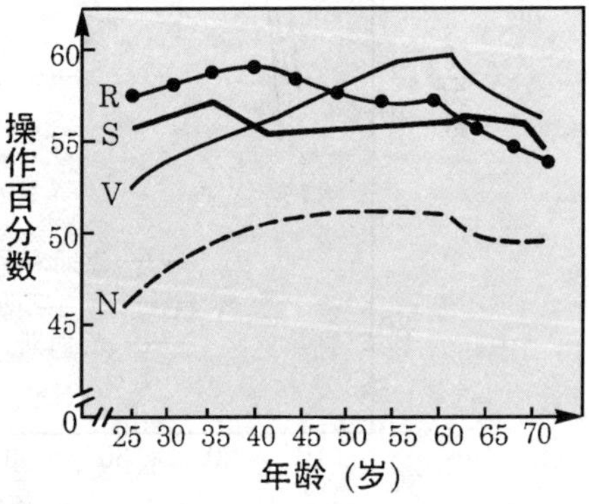

纵向法的结果

注：R：推理智力；S：空间智力；V：语言智力；N：计数智力。

图10-2　年龄对智力发展的研究结果

（引自Cronbach，1970；Schaie & Strother，1963）

由此可见，从整体来看，老年人智力衰退是个事实，但并不是所有智力因素都受增龄的影响而衰退，换句话说，老年人的智力因素并非全部衰退。其一，老年人的智力是一个完整的结构，有的因素在衰退，有的因素保持稳定，有的因素如依赖于知识、文化、经验的智力因素（例如知识的广度、词汇、判断力等）还可能发展。其二，不同老年人的智力变化很不一样，有人衰退得快，甚至出现**老年性痴呆症**（senile dementia）；也有人衰退得慢，到70、80岁后才明显衰退；还有人仍然“从心所欲”地从事某方面的创造性的事业；至于有些人六十“耳顺”圣通，七十则“由圣入神”，尽管是极少数，但毕竟也是存在的。可见具体问题要做具体分析，不可一概而论。其三，成人晚期智力变化的影响因素是不同的。老年人智力衰退虽是个普遍的事实，但又因人而异，因此需要分析影响老年人智力的五种因素：遗传、机体、知识、职业、性别，由于影响因素不同，必然造成老年人的智力变化的个体差异。当然，以上的这些差异是综合地发生，交互作用的，构成成人晚期智力衰退及其个体差异的整体效应。

二、成人晚期记忆的变化

不论是国内还是国际心理学界，对成人晚期认知变化的研究，相当程度上是在研究老年人的记忆变化，获得“老年人记忆力下降”的结论，尽管这种下降的速度并不大。

（一）成人晚期记忆的特点

假定18～35岁的人，其记忆的平均成绩为100%（最高），35～60岁的记忆平均成绩为95%，60～85岁的约为80%～85%。在成年人中期和晚期，40岁以后和70岁以后是两个记忆明显衰退的阶段（Arenbery，1983）。

1. 成人晚期理解记忆尚佳，机械记忆则进一步衰退 成人晚期对自己所理解的材料记忆与成人前期、中期相比，没有多大差别，而对无意义联系材料的记忆成绩，从成人前期到中期、再到晚期逐步地衰退。许淑莲等人（1982）对50～90岁成人短时记忆研究指出，老年人数字记忆有如下特点：各年龄组（自50岁起，每隔10岁为一年龄组）成绩均随年龄增长而下降；各年龄组间分别比较，60岁组与70岁组或80岁组的差异是显著的，可见70岁后顺背数字广度才有明显减退；倒背数字，各组间比较，均有显著差异（$p<0.01$）。

记忆人的姓名困难是老年人常见的烦恼，本研究进行的人像特点联系回忆结果证实了这一点。其研究结果表明，老年人记忆“姓氏”最难，“爱好”次之，职业再次之。80岁组机械记忆姓名的平均成绩仅达20岁组的30%，这说明机械记忆是老年人的一个困难课题。

2. 成人晚期短时记忆、工作记忆有所减退 许淑莲等人（1982，1985）对

102个50～90岁中老年人的短时记忆进行研究并与20～25岁组做比较，获得结果是：①由总体上考察，记忆都有随年龄增长而逐步衰退的显著趋势。其中在图片自由回忆总分和逻辑故事记忆的分节分数方面，减退的趋势更为明显；顺背数字和逻辑故事记忆的中心意义分数随年龄增长而缓慢下降。②老年人的记忆减退有其特点：记忆逻辑故事时，对中心意义的记忆虽有随年龄增长而明显减退的现象，但其减退的速度较分节记忆缓慢，这和老年人的意义识记较机械记忆减退为晚相联系；顺背数字的成绩虽也有明显的减退，但减退的速度较慢，70岁以后才有很明显的减退，这可能由于它所包含的初级记忆成分较多，而老年人的初级记忆较晚才受到损害的缘故。可见老年人短时记忆减退表现在初级记忆比次级记忆减退得慢；而需要集中注意和组织的记忆材料对老年人更困难；老年人对那些容易的不计时间或材料记忆，并不比年轻人差。

3. 成人晚期的记忆保持能力在下降 杨治良等人（1981）曾对八个年龄组（幼儿组，6岁；初小组，8岁；高小组，10岁；初中组，14～15岁；大学组，21岁左右；中年组，40岁左右；壮年组，50岁左右；老年组，55岁以上）运用具体图形、抽象图形和词三种材料，进行信号**检测论的再认实验**（recognition experiment with signal detection method），获得如图10-3所示的趋势。

从图10-3可以看出：①与其他年龄组相比，老年人的再认能力在下降。

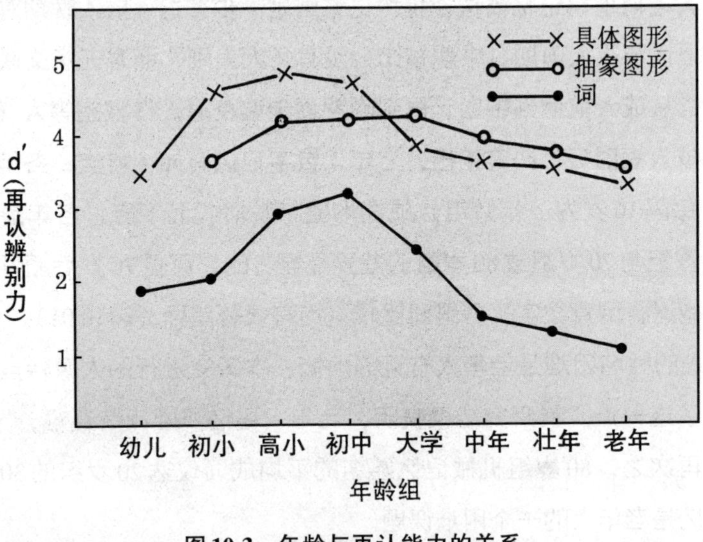

图10-3 年龄与再认能力的关系

（引自杨治良等，1981）

②老年组和其他年龄组一样，都不容易再认那些既无直观支撑又不理解的抽象图形；相反的，却比较容易再认那些易于定名的具体图形和熟悉的词。也就是说，如上提到的，老年人的理解记忆效果比机械记忆的效果好。

4. 成人晚期对远事的保持比对近事的保持好 老年人的记忆保持能力在下降，但并非全部衰退。一般地说，老年人对较为远期的经验或事物保持得较好，如对往事的回忆比较清晰而富有情感，甚至对往事的某些细节都能记忆犹新，加以回忆；而对新近所说的材料或对最近发生的事情却保持得很差。

（二）影响成人晚期记忆减退的因素

综上所述，许多研究证实成人晚期个体的记忆力明显地减退。那么，这种记忆力减退的原因何在呢？我们主要从以下三点来分析：

1. 生理因素 成人晚期记忆减退主要与其生理衰退有关。成人晚期在生理上，各系统的机能都走向衰退。记忆首先与神经系统有关。老年人脑细胞不仅数量减少且功能也在减弱；脑重减轻；侧脑室扩大；大脑皮质变小；神经束内脂肪沉积，这些变化都是促使老年人记忆力下降的原因。近年来，大脑静息态研究发现随着阿尔茨海默病病程推进，患者显示出默认网络连接逐渐减弱以及额叶认知网络连接先增强后减弱的整体趋势（樊东琼，李锐，雷旭，& 喻婧，2016）。此外，记忆力与心血管系统状态有关。在脑动脉硬化、脑供血不足的情况下，老年人自然难以保持良好的记忆。

2. 文化教育因素 不同文化水平的老年被试，其记忆减退的表现是不一样的，许淑莲等人的实验（1982，1985）也证明了这一点，见图10-4。

三种记忆的成绩，随着增龄都在减退，但有文化组成绩在各种实验中都最好，无文化组在各种实验中最差。由此可见，记忆减退还取决于文化教育因素，并且常常因人而异。

3. 心理因素 老年人退休后会产生心理的自卑感与失落感，往往有感叹“我老了，记忆坏了……”这种消极的**自我暗示**（self-suggestion），会加速其记忆的减退。程学超等人的研究（1986）指出，有些老年人意志消沉、缺乏职业和智力上的激励因素，这比“增龄”更能使人的记忆力衰退。这又进一步说明记忆减退因人而异。

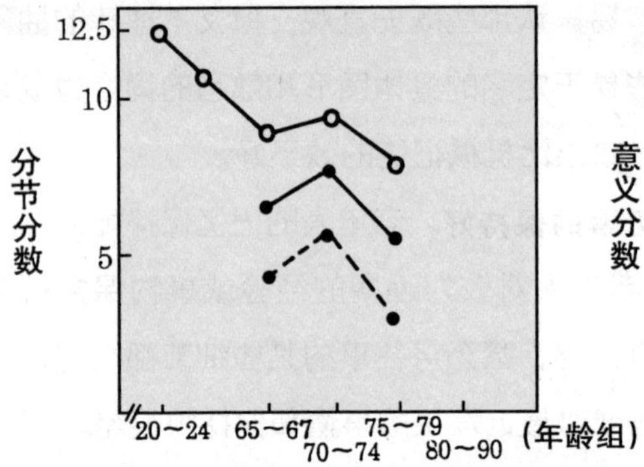

（a）各年龄组逻辑记忆成绩（分节分数）

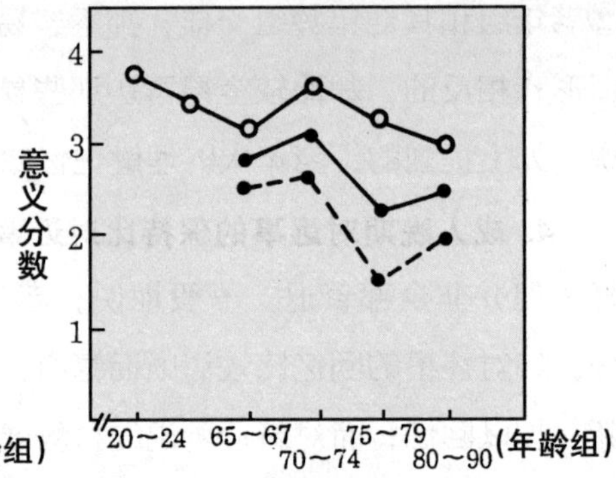

（b）各年龄组逻辑记忆成绩（意义分数）

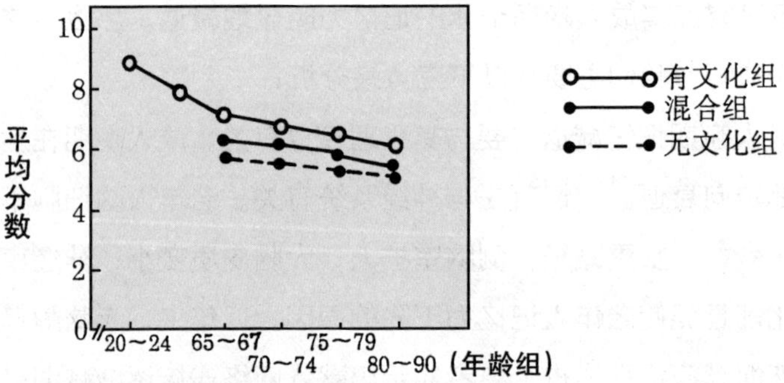

（c）各年龄组图像自由回忆成绩（平均分数）

图 10-4　记忆减退速度实验在不同文化水平的老年被试之结果

（引自许淑莲等，1982，1985）

三、成人晚期的思维特征

从总体上说，成人晚期的思维呈衰退趋势。但又具有较大的不平衡性。那些依赖于机体状态的思维因素衰退较快，如思维的速度、灵活程度等。而与知识、文化、经验相连的思维因素衰退较迟，如语言理论思维、社会认知等，甚至于老年期仍有创造思维。就这样，呈现出成人晚期的思维特征。

（一）语言—理论思维

成人晚期的思维是**语言—理论思维**（language-theory thought）。在智力衰退的过程中，老年人的语言性思维、空间关系的掌握、推理能力等理论思维水平下降的幅度较小。

沙依（Schaie，1977，1978）对老年人思维变化的研究很有意义。他从20世纪50年代中期开始，共调查了3000多人，其中有些人每7年复查一次，连续测查21年，最后发现：人在80岁以前，在语言的流畅性和对空间关系等思维因素的掌握方面，其能力不会有什么大的下降。

克隆巴赫等人（Cronbach et al.，1970）采用纵向研究法，对同一组被试的智力进行了追踪研究（1919—1961），年龄为19～61岁，结果表明：61岁之前的语言、推理等思维作业的水平保持不变，到61岁以后才有所下降，但下降幅度也不大。见图10-5。

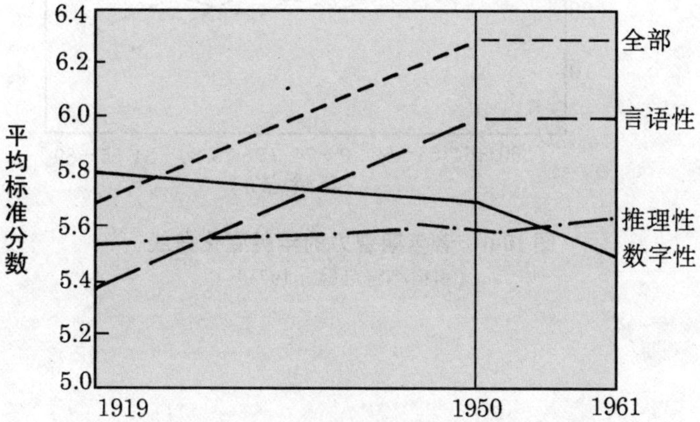

图10-5　智力测验追踪研究的结果变化

（引自Cronbach et al.，1970）

日本小野寺等人（1973）用韦氏成人智力量表测验334名60岁以上的老人，尽管是一般性的智力测验，但也可看出思维发展的某些特征。参见图10-6。

从图10-6明显可以看到，尽管男女被试的测验成绩在60岁以后开始缓慢地下降，但是言语性测验和动作性测验成绩的下降程度是不一样的。其中言语性测验成绩下降缓慢，而动作性测验成绩下降得较快些。

简而言之，成人晚期是理论型的思维。这种思维以文化教育、知识、经验为基础，通过抽象假设、逻辑推理、反省监控来完成。其特点是发生迟，衰退

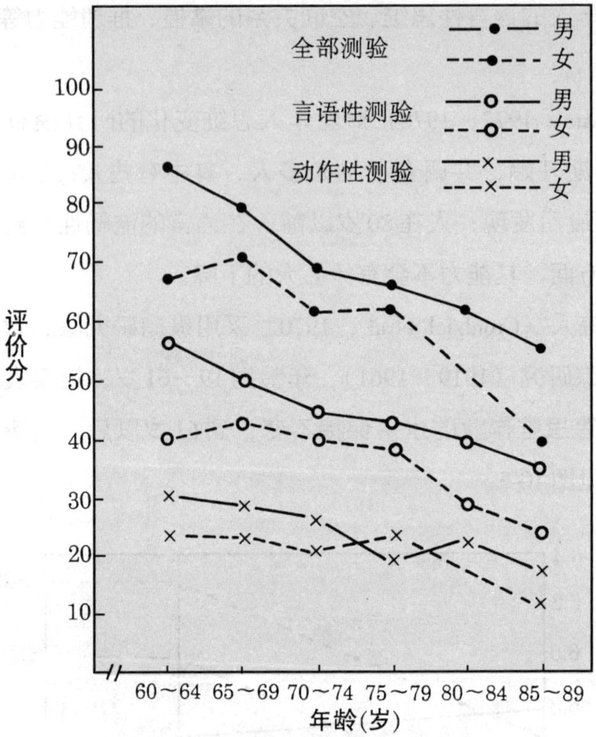

图10-6　老年期智力的年龄变化曲线

（引自小野寺等，1973）

也慢。

（二）思维内容偏重对社会的认知

从思维上说，孔子说的“六十而耳顺”，说的是听别人言语，便可分辨真假，判明是非；“七十而从心所欲，不逾矩”，说的是所想所做，十分自若，决不越出“法”或“礼义”的规矩。所有这一切，主要都在说老年人的认知。

人到老年，主要面临的是社会生活，于是老年人对社会制度要加以综合地认识，从而构成老年人行为的基础。社会提供给老年人多种信息：一是随着退休后角色的改变，社会对他的看法也随之发生改变，如何适应、如何应对、如何分辨是非真假等，这构成了老年人思维的重要内容；二是对一生的回顾，个人的成功与失败、经验与教训，老年人要加以思考与“整理”，把它作为教育第二代、第三代的材料；三是保持晚节，为社会发挥余热，以及对“生死”问题的思考（这将在第五节展开论述）；四是凭老年人自身的成见，对现时社会刺激做出种种分析，而这种种分析，在伦理上，不会越出成人晚期个体的“礼仪”规矩，即按照信念、价值观和人生观来进行认知。

（三）思维仍有创造性

成人晚期的思维仍然具有创造性，老年人仍然具有创造力。因为人的创造虽然有高峰年龄，但创造的年龄间距宽广。2003—2007年与2012—2016年，我分别主持了两项“关于创造性与创新人才”的教育部哲学社会、科学重大攻关项目，其中拔尖创新人才的被试有院士34位、德高望重社科名家36位、民营企业家34位，其中80%的被试年龄在60～75岁，属于成人晚年，这些创新人才100%仍在从事创造性活动。院士们说他们主要学术成果产生在成人中期，但现在也有学术成果；而老社会科学家表示，现在的成果不比成人中期少；老企业家表示现在做生意更成熟了。这里分析的是科学家、哲学家和企业家的创造性工作，至于“大器晚成”的例子更是不胜枚举。可见，人到老年，其思维仍然有创造性。当然，以上例子举的都是知识界、学术界和企业界。一般的人其思维也仍然有创造性。不过，知识界、学术界、艺术界、企业界和政界更为明显。国际上也有把从事艺术创作活动的老年人与不从事艺术创作活动的老年人分两组调查，前者从事绘画和造型艺术的创作，平均年龄为83岁；后者是养老院身心健康的老年人，平均年龄为75岁。调查内容为记忆、判断、行为、创造力、情绪等。结果发现，从事艺术创作活动的老年人不仅自觉创造力在发展，自认为“创造力更强了”的人有46.7%，创作内容越来越成熟的占66.7%，“创造力与创作内容降低”者一个也没有，而且对知、情、意自觉有衰退感觉的人较少，对身心忧虑的人也少。这只能说明老年人思维的创造性一是取决于教育条件，即与文化、知识、经验有着密切的联系；二是取决于事业心、责任感，以及稳定而广泛的兴趣。同时这也有力地证明老年人从事创造性思维活动有利于身心健康。

（四）思维衰退

尽管在成人晚期，个体的思维依然具有创造性，但不可否认，在这一阶段，个体的思维从总体上说，表现出衰退的趋势，这种**思维衰退**（thinking decay）突出地表现在以下三点上：

1. 老年人思维的自我中心化 按照皮亚杰的观点，儿童青少年自我中心的表现欲随年龄增长下降。**自我中心主义**（egocentrism）主要指从自己的观点和立场去认知事物，而不能从客观的、他人的观点和立场去认知事物，儿童在6、7岁以前是**自我中心年龄**（egocentric age）。近年来发现，皮亚杰的思维发展阶段论以反方向在老年时重现了日益增长的推测，那就是老年人随年龄增长而越来越自我中心化。在儿童身上，自我中心思维可能随着其社会性的发展而逐渐下降；而老年人思维的自我中心化，就是老年时逐步脱离社会所造成的结果。

老年人思维的自我中心化特点，主要表现在老年人坚持己见，带有很大的主观性，而不能从他人和客观的观点去全面地分析问题。但老年人和年轻人同样能解决问题、与人交往，这一点与儿童的自我中心思维不一样，因为自我中心儿童，只要不会从他人的角度去看问题，就会在解决问题时发生困难。

2. 老年人在解决问题时深思熟虑，但又缺乏信心 为了证明这个观点，马森（Mussen，1991）设计了一项对几名未受过高等教育的65～75岁的中产阶级妇女进行“面积守恒”作业的实验研究：两个等面积的纸板代表草地，有一头牛在上面吃草，另有牛舍十四间。在一个纸板上是放在一起的，而另一纸板上是散放的，由此测定被试对草地面积的判断，分析其可逆性。研究结果表明，这些妇女具备了守恒问题的基本能力，但由于过分的深思熟虑和缺乏信心，所以在皮亚杰的逻辑思维作业中表现拙劣，思维敏捷性变慢，反应时间变长。

3. 老年人思维的灵活性变差，想象力减弱 老年人因体力衰退，活动范围相应变小，交往对象减少，所以他们在思考问题时显得迟滞、灵活性差，想象力远远不如青少年和中年人。

老年人思维衰退的原因不仅有身体、生理和行为衰退的因素，而且有认知方面各因素变化的因素。具体地说，老年人感知觉的变化很大，各种感觉器官的功能变得很不敏锐，受老化影响严重的是视觉和听觉；与此同时是如前所述的记忆力减退。这些认知因素的变化，使思维的基础和材料部分受到了损伤，这是造成思维衰退的直接原因。正是感知、记忆、思维的衰退，促使增龄中老年人的智力、认知的整体减退。至于思维、认知、智力变化的个别差异问题，那是问题的另一个方面了，在此不再赘述。

第三节 | 老年人的社会性

孔子所说的“六十而耳顺，七十而从心所欲，不逾矩”，点出了老年期的社会性，特别是道德修养的特点。“耳闻其言，则知其微旨而不逆也”，即“言入于耳，扬其善、隐其恶”。换言之，对各种言论，包括对别人的和对自己的好话、坏话都听得进去。自志学到从心，善始善终，贵不逾法。老年人的社会性成熟稳定，能按照自己的心愿去做任何事情，得心应手，绝不会违背法度和礼仪，简直达到了“天人合一”的境地。当然，这仅仅是老年人社会性发展的一面。另外，老年人毕竟个体差异十分显著，必然会出现在社会性发展上存在问题和缺陷的一面，这就要求我们进行客观分析和评价。

一、成人晚期人格的变化

西方心理学界比较重视埃里克森的人格发展观，认为成人晚期的人格特点主要是完善感与失望感。老年人主要为获得完善感和避免失望与厌恶感，体验着智慧的实现。这时人生进入了最后阶段，如果对自己的一生获得了最充分的评价，则产生一种**完善感**（feeling of perfection），这种完善感包括一种长期锻炼出来的智慧和人生哲学，伸延到自己的生命周期以外，产生与新一代的生命周期融合为一体的感觉。一个人达不到这一感觉，就不免恐惧死亡，觉得人生短促，对人生感到厌倦和失望。

老年人逐步走向人格的完善，走向成熟，进入最高智慧境地，这正是孔子的“耳顺”到“从心所欲，不逾矩”的思想。

（一）老年人的人格特征

成人晚期的人格特征，主要来自一生的连续发展。尽管其心理的老化为其人格发展带来一些改变的因素，但老年人的人格应该看作是从童年期到中年期人格发展的继续。

1. 稳定、成熟、可塑性小是成人晚期人格的主要特点 肯士曼等人（Kunzmann，Little，& Smith，2002）研究指出，从理论上看，人格发展阶段论认为包括老年人在内的整个成人期是不断变化时期，个体总体发展是积极的，而人格发展特质论更强调老年期人格的稳定性，人格特质、类型是较难改变的，尽管有消极变化的成分。

2. 自尊心强、衰老感及希望做出贡献传于后世 这是成人晚期**人格倾向性**（personality inclination）的明显特点。

老年人鉴于自身的经验和智慧，他们希望第二代、第三代对其尊敬并接受其忠告和帮助。所以，被尊敬的需要，成为老年人需要的重点。

随着身心衰退的变化，老年人会产生衰老感，常常被孤独和冷寂的感觉所困扰，于是人格趋于**内向性**（interiorty）。

老年人希望做出贡献传于后世，留给后世有精神的，也有物质的东西。其类别取决于种族特点和受教育的程度。一般来说，西方人喜欢留给后人精神作品，东方人则喜欢留给后人物质财富；知识界老人喜欢给后人留下精神作品，非知识界老年人则喜欢给后人多留物质财富。

3. 成人晚期人格的积极因素是有责任心，而消极因素主要是以自我为中心，猜疑多虑，刻板性强，不容易听取反面意见等 这不仅被我们自己的研究所肯定（林崇德，2009，2017），而且也被国外的研究所证实（Nofile & Fleeson，2010）。

（二）老年人的人格类型

成人晚期人格变化具有很大的差异性，大致分为四种类型。

1. 成熟型（mature type） 这类老年人经受多种考验与锻炼，所以能以积极的态度对待现实，特别是在退休的时候，也能心安理得，毫无怨言；积极参与工作和社会活动，发挥其余热；满足自己一生已有的事业，不提奢望；积极处理人际关系，特别是家庭的人际关系，表现出恰当的自我尊重。

2. 安乐（椅）型（rocking chair man） 这类老年人人格的特点是逍遥自

在。他们在人生中属于“与世无争”或无拘无束者，所以能承认和接受现在的自我，即对于退休的现状以及置于这种现状下的自身都能接受；尽量享受着闲暇生活的乐趣，满足于这种隐退的生活，自得其乐；满足现状，对退休后参加工作不感兴趣，不存奢望；对别人在物质上或精神上的帮助心安理得。

3. 防御型（armored type） 这类老年人人格的特点是自我防卫强。他们是属于争强好胜者，为了不受老化的威胁，设置了牢固的**自我防御**（或**自我防卫**）（ego-defense）体系。他们不能正视老化，回避衰老，企图借助工作或社会活动来排除因身心机能衰退所带来的不安；由于忙碌，也无暇顾及未来与老死；对闲暇缺乏正确的理解，而对工作、对事业有着过分的要求；对年轻人有看不惯、不满甚至嫉妒心，有着较深的“代沟”。

4. 易怒型（angey man） 这类老年人人格的特点是攻击性较强，自我封闭，对事物失去兴趣。他们在人生的历程中可能失败较多。其攻击性有两种明显的表现，或是对别人，或是对自己。这类老年人千方百计回避衰老的现实，恼恨自己没有达到人生目标。他们将挫折、失败、恼怒发泄到别人身上，表现出敌意与攻击性行为，或充满偏见；也可能把自己的不幸归咎于自身，自己责备自己，因而总是悲观失望。

总之，成人晚期人格有差异，这既取决于主体毕生的性格、人格倾向、价值观和人生观，又取决于一生的经历和特点，还受个人的境遇（如退休与子女分离、丧偶、面临死亡等）和整个社会环境的制约。

（三）对毕生的回顾

进入成人晚期后，大部分老年人处于退休后的休养状态，昔日的忙碌和操劳已不复存在了。这时个体普遍地调整心态，颐养天年。这其中必然包括对自己已经走过的人生的回顾与总结，而且，这种人生历程与回顾对老年人来说，也是极为必要的。

1. 对毕生回顾的表现形式 进入成人晚期必然要面临死亡的挑战，这会激起老年人在人生告终前对毕生的回顾。这在老年人人格中称为生命的回顾过程。这个过程可能是细致和精心加以组织的，其具体表现有：①一般的回忆，例如与老伙伴、老朋友谈论往事，喜欢翻阅相册和集贴簿，故地重游，沉思往事和怀旧等；②向第二代、第三代讲述自己的过去，谈经验、说教训，对第二代、第三代寄以希望；③撰写回忆录或自传，可以以第一人称写，也可以用第三人称请别人写。

对毕生的回顾，可能与想给后人留下一些遗物有关，也可能与安排传人（接班人）有关。对于一般人来说，往往是做些回忆，向第二代、第三代讲述过去，并给他们留下一些遗产；对于知识分子，尤其是名人来说，喜欢用丰硕的论著（学术思想）留给后人，回忆录和自传是集其经历和其人生智慧之大成；对于有权力的人来说，就是选择自己的传人或接班人，这里既包括政权机构的传人或接班人，又包括学术界的梯队建设，因为梯队建设是老一代学术权威的学术生命之延续。当然选择传人或接班人有一个“任人唯贤”或“任人唯亲”的问题，其中影响因素之一取决于这当权的老年人的人格。所有的这一切，在一定意义上说，对毕生的回顾，是一个生命周期用明智的方式对另一个生命周期施加的影响。

2. 对毕生回顾的意义 对毕生的回顾，可以稳定或巩固延续一生的人格，使良好的人格类型成为老年人发挥余热、欢度晚年的主体内在基础。

对毕生的回顾，有助于老年人的心理适应，老年人通过对毕生的回顾，看到自己的价值，更好地安排晚年，适应现实。

对毕生的回顾，是对老年人心理治疗的一种方式。医生可以根据老年人对毕生回顾的过程及其类型的综合分析，了解由人格变化而导致的病因；还可根据老年人翻阅相册、旧信函，以及与家人的谈话内容进行系统分析，了解来自毕生经历与现时环境的致病因素，加以心理治疗，这无疑地有助于老年人的健康。

二、成人晚期的自我意识

从客观上说，成人晚期是个体老化的阶段、衰退的时期。但对于老年人来说，他们如何认识和体验自己的这些变化，并开始控制自己因身心变化带来的情绪反常，这就是研究成人晚期自我意识的内容。

（一）内容和范围

同样，与老年人有关的自我观念，在不同年龄阶段对这类观念表现出不同的想法，即有以年轻人为中心而考虑的观念，也有从年轻时期向老年变化而涉及的观念，又有以老年人为中心而思考的观念。成人晚期的自我意识，当然是以老年人为中心而思考的自我意识。

考察老年人的自我意识，涉及三个依据：因人而宜、因地而宜、因时而宜，即老年人的自我个体条件的依据、环境条件的依据和时间条件的依据。这三个侧面构成了老年人的生物性自我、社会性自我和时间性自我。

从以老年人为中心而思考的**生物性自我**（biological self）、**社会性自我**（social self）和**时间性自我**（timely self）来看，老年人**自我意识**包括：①老年（老人）观和生死观；②老年人的生活态度和社会态度；③对年轻时期的追忆或现世观；④余世观和来世观。

由此可见，老年人的自我意识是一个相当复杂的课题，除这里论述其中一些问题之外，其余将在第四节和第五节里展开阐述。

（二）老年人自我意识的认知

老年人是从什么时候开始有“老年”的自我意识，老年人自我意识的发展有无转折点？这是老年心理学关心的重要课题。

1. 老年意识出现的年龄 自我认定“老年人”，个体差异很大。它取决于环境和自身条件。

环境因素主要指时空问题。在时间上，社会的平均寿命是一个重要因素。我国20世纪60年代平均寿命为57岁，相当一部分60岁上下的人认为自己是老年人；现在平均寿命为73.5岁，尽管人们清楚在社会上60岁以上占10%或65岁以上占7%就属于老年化社会，但是60～65岁的老年人，半数以上没有“老年人”的自我意识；到我国最长寿的上海市，接触65～75岁的老年人，他们大多数不承认自己已经老了。当然，人的寿命的延长，不完全是个时间问题，它是一个国家、一个社会的政治、经济、文化、科技进步的综合反映，也是一个空间问题，也就是说在空间上，城乡之间、政治经济条件、医疗条件、文化教育环境以及亲人死亡的事件等都在影响老年意识出现的年龄。

自身或主观条件包括心理年龄、健康状况、生活现状、人格特点和对未来的心态等都会影响“不服老”或老年意识出现的年龄。

2. 老年人自我意识的认知，取决于实用性的人格 对于老年人自我意识的认知与基于年龄的自我刻板化和各种各样的长期身体健康和心理幸福感结果有关。可是，对于老年人功能限制的日常经验是如何与自我评价中消极年龄刻板印象维度相关的，研究者（Allen，Mejia，& Hooker，2015）检验了在基线水平的远端人格特质和整体的年龄自我知觉是如何影响日常经验的加工，发现这种日常经验与随时间变化的基于年龄的自我刻板印象有关。数据来自一个100天的基于网络的个人生活理解和社会经验的研究，研究者检验了人格和不同年龄自我意识之间的关系，这种年龄差异的自我意识主要指的是两个年龄段刻板印象相关的日常经验：认知局限和有用性的变化。多层随机系数模型表明，人格和自我意识老化与在学习期间所报告的精神难以集中的有用性和频率存在联系。精神难以集中的这种日常经验与更低的知觉有用性显著相关，且尽责性调节这种关系。通过将人格和整体自我意识与日常经验联系起来，研究者的发现有助于理解自我刻板印象过程，而人格和自我意识都可能会对此产生长期影响。

（三）老年人的社会性自我

由于社会环境的影响，产生自我意识中的社会性。老年人的社会性自我，主要表现在老年人自我意识的幸福观、未来观和生活态度三个方面。

1. 老年人的主观幸福观 对自己生活是否感到幸福，这是老年人自我意识的一个重要方面，这种感受直接影响他们的社会适应程度。

我国学者（王大华 & 申继亮，2005）采用自编的老年人日常环境控制感问卷、主观幸福感问卷和一般自我效能感问卷对217名60岁以上老年人施测。探索性因素分析表明，老年人日常生活环境控制感包括三个维度：物理环境控制、人际环境控制和假想环境控制。相关及回归分析表明：老年人物理环境控制感与主观幸福感中的正性情绪存在密切关系，可以明显预测主观幸福感中的正性情绪；老年女性的日常环境控制感高于老年男性。

2. 老年人自我意识的未来观　成人晚期迈向人生的最后阶段，老年人对自己的未来是如何看待的，这确实是一个有意思的研究论题。国内外的研究都表明，老年人自我意识的未来观属于悲观的，包括感到无可事事者毕竟是少数。美国学者的研究（Kave & Halamish，2015）表明，在对未来的看法上，年轻人、中年人和老年人的自信心没有太大的差异，甚至老年人对其知识更加自信。不少研究指出，对未来属于维持现状者占多数，一般尽可能保持原有的兴趣爱好；属于沉浸在过去的回忆者占极少数。近几年，属于过好晚年的每一天者在我国越来越多，他们利用广场舞、老年文娱团体，甚至旅游反映了其“老有所乐”；平均年龄在74岁的清华大学上海校友合唱团，在上海和中央电视台演播，获得广大观众的点赞，展示了我国知识界老年人对未来充满着自信。

3. 老年人自我意识的生活态度　老年人的生活态度是其自我意识的重要内容之一。随着年龄的增长，“我已经老了”这印象越来越深入老年人的脑海，成为其自我意识中一个重要组成部分。这时有部分老年人就逐步表现出对自己生活的淡漠态度对未来也不抱希望，只是对生存还有一种强烈的留恋。

我们承认老年人自我意识的生活态度，对生活有衰退感，例如，对现实生活的积极性丧失；对现实生活的幸福感降低；对未来的志向性减少。但在我国，由于逐步实现小康生活，对生活有衰退感的老年人比例越来越少。相反地，在老年人中出现“不服老”或无老年人意识而有其积极性者越来越多。在一定意义上，也反映了我国对老年人的社会支持。由此可知尊老、爱老是何等重要。

三、成人晚期的人际关系

退休决定了成人晚期的角色改变，这种角色的变化，使老年人的人际关系也发生较大的变化。如何协调老年人的人际关系，这直接影响到老年人能否顺利地适应成人晚期的生活及其身心健康、心理气氛和行为表现。

（一）影响老年人人际关系的因素

在老年人人际关系的变化中，主要的影响因素有：

1. 交往范围缩小，老年人人际关系减少 一般来说，人到老年，随着身心功能的衰退，活动能力就会降低，加上退休后接触人的范围变小，交往领域也自然地逐步缩小。这样，从成人中期到成人晚期，必然地从广泛的人际关系中逐渐缩小其交往的范围。

2. 各种人际关系随着时间的推移，在感情上更加深刻 比起以往的时期，老年人的人际关系经受的时间更长，而且受信念、价值观和人格等内在因素的影响也更强烈，于是感情体验就更加深刻。

3. 经受长期考验，各类人际关系的结构更加稳定 由于老年人在数十年长期与人交往中，或亲或疏，或近或远，一般都比较稳定。特别是对知己朋友，有数十年的考验，交情变得更加坚定。一般各种人际关系的稳定性不易改变。

4. 退休后的角色变化，人际关系的内容亦随之变化 原先的下属可能变成上司，原先的联络者可能变成"人走茶凉"；与社会上的交往也在减少，与家庭内成员的交往却在增加；与原工作机构里的成员交往在减少，与社会上一起闲暇活动者如棋友、鱼友、一起做操、练功等老年伙伴的交往在增加。

以上只不过反映一般人退休后人际关系的变化及其特点。实际上，人与人在人际关系上存在着很大的差异性。

（二）代际关系

在本章第一节已论述了老年人与第二代、第三代人际关系与心理适应的问题，在一定意义上也阐述了代际关系。这里不再赘述。但有两个问题必须在此展开，一是代际距离；二是成人晚期特有的家庭关系——婆媳关系。

1. 代际距离 早在1965年，希尔、艾尔德斯和卡尔逊（Hill，Aldous，& Carlson，1965）通过对家庭内三代人在消费和生活方式等方面的研究，发现在某些类型的家庭中，有一些特点在几代的人际关系中存在着连续性，另一些特点则不存在这种连续性。因此，他们认为，代际的心理冲突主要表现在一些次级的价值观念上。各代之间在主要的或核心的价值观念上具有一致或相似的看法。

形成这种代际关系心理距离的原因是很复杂的。一般来说，两代人或三代人发展变化的社会文化背景不同，社会化经历不同，心理年龄不同，社会角色也不同，因此，造成老年人与第二代、第三代之间的心理距离是在所难免的。

程学超、王洪美（1986）在综合归纳各种有关材料和观点的基础上，指出我国老一代与年轻一代之间的**代际距离**（或**代沟**）（generation gap）主要表现在下面几个方面：

（1）在思想上：老一代人比较务实、内倾；年轻一代则较开放、外倾。

（2）在道德观念上：老一代人强调道德准则；年轻一代则强调个人不受约束。

（3）在家庭关系上：老一代人强调第二代、第三代服从长辈；年轻一代则强调民主家庭。

（4）在行为反应上：老一代人比较保守，反应比较迟钝；下一代则比较敏感、灵活。

（5）在性情上：老一代人比较沉着、老练；年轻一代则较活泼、开朗。

（6）在生活上：老一代人比较实际、俭朴，不太注重享受；年轻一代则较多幻想，讲究实惠、享受。

（7）在家庭责任上：老一代人愿为家庭做出牺牲，倾向大家庭；年轻一代则重视个人自由，喜欢小家庭生活。

（8）在用钱上：老一代人比较节俭；年轻一代则不那么算计、勤俭。

（9）在服装上：老一代人主张朴素大方；年轻一代人则追求新奇，讲究时髦。

上述代际关系的种种差异，只是大致地反映了我国老一代人与年轻一代人之间差异的一般倾向，我们决不能由此判定每一个老年人同第二代、第三代都存在着这些差异，也不能由此认为同一代人诸方面的特性完全相同而没有差异。

2. 婆媳关系 人到老年，子女多达适婚年龄，于是成家、养儿育女，又进入新一轮的生命循环。子女成家，不管是否与老年人一起生活，都会产生新的特殊关系：婆（公）媳关系、翁（姑）婿关系。而家庭内最微妙、最难处理的要算婆媳关系。俗话说“婆媳亲，全家和”，婆媳关系的融洽与否直接影响着整个家庭中其他的人际关系。

婆媳关系在家庭中有其特殊性，它既非婚姻关系，又非血缘关系，却是以亲子关系与夫妻关系为中介所组成的特殊人际关系。婆媳相处，有时会遇到人际冲突和相互接纳不良的问题，在儿子中介失衡时就容易产生人际关系失调，造成婆媳不和。因此，有效地处理好婆媳关系，不仅有利于建立和睦的家庭，而且也有利于老年人的心理适应。

第四节 成人晚期的心理卫生

步入成人晚期，随着身体各种机能的衰退，老年人在心理上也开始出现一些明显的变化，这些变化可能直接导致一些心理障碍。因此，老年人要增进身心健康，除了讲究生理卫生，还须讲究心理卫生。

一、心理病理学与老年人生活

在老年期，由于身体机能的衰退，以及心理适应性方面出现的问题，许多老人都会不同程度地产生一些心理障碍，甚至出现心理病理性反应，这严重影响个体的晚年生活，也给老年人的家庭和社会带来许多不便。因此，我们有必要从心理病理学的角度关注老年人在生活中出现的种种心理问题。

（一）心理病理学

了解心理病理学，能使我们更好地认识老年人的病理变化和健康。以下按两个方面加以说明：

1. 心理病理学的概念　**心理病理学**（psychopathology）是专门研究心理疾病原因与机制的一门学科，换句话说，它是一门研究心理障碍的基本性质及其产生原因、结构、变化、机制和过程的科学。它是精神病学等学科的基础之一，但顾名思义，它重病理研究，其与以治疗为主的**精神病学**（或**精神医学**）（psychiatry）稍有不同，后者是侧重诊断、治疗以至预防心理疾病的一门医学。

从心理病理学的历史考察，最先提出心理病理学这一名称，并将其发展成为系统学科的是埃宾（Ebing，1875）。其间，德国的贾斯珀斯（Jaspers，1962）功不可没，他主要探讨了心理障碍发生发展的影响因素及其生理、心理机制，被誉为这一研究领域的杰出代表。近些年，心理病理学成为一门重要的心理学交叉学科。

在心理病理学的理论观点上，由于研究者来自不同的学术训练环境，及各自的专业、文化背景和研究兴趣有所不同，因而其研究观点各异。例如精神分析学家关注早期婴幼儿经验与以后心理异常的关系，强调早期生活经验对成人心理发展的影响作用，认为成人的精神病变绝大部分源于儿童时期；而学习理论家则以可观察到的外显行为出发，从遵循人类行为形式的原则来探讨心理病理现象，认为异常行为与正常行为的机制相同，不需要强调器质或神经生理性的特点。这些探讨，应该说各有千秋，目前对此的研究正在进一步深入。

2. 心理病理和成人的生命历程 为了更好地了解老年期心理病理的各种表现，我们有必要从生命全程观点来谈这个问题。

首先，如何区分心理卫生和心理病理是探讨心理病理问题的关键。一般来说，人们很难对正常和异常行为下一个准确定义，因为人们对行为的期望及行为的标准是随时间、情绪和年龄变化的。因此，心理卫生的标准要视具体情况而定。比勒恩和雷纳（Birren & Renner，1980）曾就心理卫生的实质总结了几种观点：①对自我的积极态度；②对现实的标准知觉；③对环境的把握；④自主性；⑤个性的平衡；⑥成长和自我实现。但这个定义，未必都适用于老年人。例如，一些被认为是异常的行为（如抑郁、攻击性、孤僻、被动等）在某种情况下，对很多老年人实际上是适应性的行为。但是，由于生理、经济、社会和健康等原因，一些老人没有机会把握他们的环境，抑郁或敌意可能是对这种限制的适当的、合理的反应，且这种反应实际上可能有助于他们有效地应付所处的环境。

其次，生命历程的观点与传统医学模式不同，这种观点认为，心理病理产生于个体间因素、个体内部各因素、生物的和身体的因素以及生命周期因素的复杂的交互作用。只有将人际关系、个别因素、生物的和自身的因素以及生命周期因素综合考察之后，我们才能确认存在的心理障碍并对其进行治疗。例如，由于老年人可能更多地遇到朋友亡故的事情，对他们来说，悲痛和忧伤是正常的，但对其他年龄阶段的人们并非如此。

（二）老年人生活的心理问题

成年晚期，个体可能出现多种的心理问题。归纳起来，主要有两类，一类是心理疾病，另一类是老年人的社会适应问题。

1. 老年人最常见的心理疾病　步入老年，有许多心理疾病困扰着老年人，其中，抑郁和痴呆是老年人最严重和常见的两种疾病。当然，老年人的心理疾病因人而异，具有很大的个体差异性。

（1）**抑郁**（depression）：大多数老人承认他们曾有抑郁性症状（Gallagher & Thompson，1983）。对此的解释既有生物、生理的因素，也有心理与社会的因素。其表现为，感到消沉、沮丧。弗赖伊（Fry，1986）认为，老年人可能不会给他们的“沮丧”感受贴上抑郁的标签，而是称为“悲观”或“无助”，从而出现冷漠、自我排斥、面无表情等；对他们而言，退缩、不与任何人说话、死守着床、不爱惜自己的身体等现象是很常见的。莱曼（Lehman，1981）认为，抑郁常与一些身体症状（失眠、食欲的变化、疼痛扩散、呼吸困难、头痛、疲乏、感觉丧失等）相伴随。但对此评估要非常谨慎，因为有些身体症状可能是与抑郁无关，也可能是反映一些潜在的疾病。只有当上述症状持续两周以上，排除导致这种症状的其他原因，同时专家确认了这些症状对日常生活的严重影响时，才能确认为抑郁。所以，对抑郁的诊断不能只靠测验得分，而须经过全方位的评估之后才能做出准确的诊断。对抑郁的治疗要视具体情况而定，对重度抑郁，可能需服药；对严重的长期患者还要用**电休克疗法**（或**电痉挛治疗法**）（electroconvulsive therapy，简称ECT），而对于轻度抑郁，则可运用各种形式的心理疗法。

（2）**痴呆症**（dementia）：与老化相联系的各种疾病中没有一种比痴呆症更可怕了，它使人几乎丧失理智，甚至连自己的亲人也不能辨认。现在有许多有争议性的统计数据，例如，65岁以上老年人中有九分之一，75岁以上老年人中有五分之一患有某种类型的痴呆。数字不完全确切，每个国家统计也不一致。在目前已被确认的12种痴呆症中，最常见且最为人知的是**早老性痴呆症**（或**阿尔茨海默病**）（Alzheimer' s disease）（Alzheime，1907）。引起这种病的主因是大脑潜在的神经病变与神经化学变化，其表现症状是：认知功能逐渐退化；记忆力、学习能力、注意力和判断力下降；时空定向出现问题；沟通困难；个人卫生自理能力下降；社会性行为不适当；人格发生改变。开始时这些症状一般表现得并不明显，很像是抑郁、紧张等心理疾病；渐渐地，症状越来越恶化，病人变得不能自制，越来越依赖他人的照料；最后，病人发展到连穿衣、吃饭都不能自理。对此的诊断包括了解过去的病史、获得认知发生缺陷的材料、全面了解身体状况和神经系统的检查、通过实验室实验排除其他疾病、精神病学的评价，以及进行神经心理测验等方面。由于早老性痴呆症无法治愈，因而早期干预往往是寻找一些能减轻认知障碍的办法，如改善记忆的药物。此外，也可用创设支持环境的办法来解决认知问题，例如在橱框上贴标签等；还可通过一些行为技术来治疗抑郁、易怒等情绪问题，采取环境干预的办法，如控制声、光和卧室的温度来改善睡眠等。

2. 老年人的主要社会心理问题 如前所述，人口的老龄化现象势必带来许多老年人的生活问题，如城市孤寡老人、老年人自杀、虐待老年人、老年越轨和犯罪、老年人婚姻等，这些老年人的生活问题与其心理问题密切相关。具体地说，老年人的社会心理问题主要是四种问题：①老年人的心理活动和人格特征；②对退休的心理适应；③衰老、疾病引起的社会心理反应；④在家庭中的“角色扮演”。这些问题大都在前文已经涉及，故不再赘述。

二、老年人的心理卫生

心理问题可能是成人晚期许多个体普遍存在的问题。但这并不可怕，只要能帮助老年人掌握解决心理问题的方法，就有可能防止和减少老年人的心理问题，使他们能更愉悦地安度晚年。

（一）老年人心理卫生的概念

要讨论老年人的心理卫生问题，首先须从概念上理清心理性的含义，明确老年人心理卫生的原则。

1. 老年人心理卫生 **心理卫生**（或**心理健康**）（mental health）一般指人们以积极的、有效的心理活动，平衡的、正常的心理状态，对当前和发展着的社会和自然环境做出良好的适应。老年人讲究心理卫生，是一剂延年益寿的良方。

具体来说，老年人的心理卫生，应该根据老龄阶段的生理特征、心理特征和心理发展规律，通过各种有益的社会活动和训练，凭借家庭和社会的良好影响来维护老年人已经确立的人格、健康的心理和社会适应能力，使老年人在学习、生活和各项社会活动中保持身心健康，为了实现这一点，须做到“预防为主”。

2. 老年人心理卫生的原则 老年人心理卫生要注意保持自我意识、维护人际关系、继续社会适应和参加劳动锻炼四项原则。

（1）保持自我意识：就老年人心理卫生来说，自我意识的核心是自知和自爱。自知即认识自己，通过自我观察、自我体验、自我判断和自我评价，对自己的能力、情感、人格以及心理特征有一个正确的认识，在此基础上，展开自己的活动。有些老年人，由于对自身缺乏正确的认识，或不自量力，或妄自菲薄，从而滋生心理疾病。自爱比自知更难些，其内涵包括自尊、自信、自制和自强，以个体接纳自己、喜欢自己、爱惜自己、保护自己的形式表现出来，这是求得自身充分发展的前提条件。

（2）维护人际关系：老年人应积极维护和正常对待人际关系，在人际互助过程中，提高自身的心理健康水平。鉴于老年人的心理特点，注意以下三方面尤为重要：一是真诚地鼓励和赞美他人；二是善意地建议或批评他人；三是从尊重人的基本立场出发，不把自己的观点强加给他人。

（3）继续社会适应：社会生活环境是不断更新变化的，这就要求老年人活到老，学到老，继续与现实环境保持良好的接触；积极投身社会生活，对生活中的各种问题，不退缩、不幻想、不逃避，面对现实，以切实的方法予以处理，这实际上也是一个继续社会化的过程。

（4）参加劳动锻炼：老年人参加一些力所能及的劳动锻炼，不仅具有经济和道德意义，而且具有心理意义。没有适当劳动锻炼的老年人，是难以维持身心健康的。劳动锻炼能够有力地延缓身体机能和心理能力的衰老，同时可以与现实世界保持直接的对话，摆脱过分关注自己的自我中心主义倾向以及一些不必要的忧虑，在这个过程中可以认识自己存在的价值，并从中享受到人生的乐趣。

（二）老年人心理卫生的具体内容

要摆脱心理的困扰，幸福地安度晚年，人们可以列出许多针对老年人的忠告。但考虑到老年人的身心特点，我们认为，要保护心身的健康，作为老年人应特别注意以下几点：

1. 争取老年新生 老年人的心理卫生没有灵丹妙药，但是努力认识和实践**老年新生**（youth of old age）观，对于增进老年人的心理卫生是有益的。为使老年人以后的岁月过得满意，就必须有一个崭新的心理阶段的开始，把自己从“青年情结”中释放出来，以协调的统一人格在现实生活中计划未来。至于某些随年龄出现的生理、心理机能的衰退，而愈来愈感到和周围世界隔绝，如耳聋、眼花、白发、驼背等的老年人，应尽可能利用人造工具的帮助，以补偿日益增长的感觉缺陷，为实现老年新生铺平道路。

2. 更新思想观念 思想决定行动，老年人的思想观念和心理卫生关系密切。老年人一旦有了积极向上、乐观进取的精神，他的心情将是愉快舒畅的，胸怀将是豁达宽广的，并对生活充满了信心和力量，这是心理健康的思想保证。然而，不可能每个老人都能做到积极进取这一点，更多的人则是现实地生活着。鉴于此，面对现实的人生，接受有益的观念是必要的。第一，正确对待死亡，把它看成是人生的一个过渡，生命过程的一个部分。第二，慷慨赠予，照亮自身。老年人在把自己的光明慷慨地赋予世界之后，太阳收起光线，以照亮自身。第三，重视晚年生活的意义。晚年一定有着自己的意义，必须从中挖掘生活的意义，拓展人生的价值才能找到生命的归宿。上述这些观念，对促使老人保持正常的心理状态是有益的，同时也有利于他们面对现实的人生。

3. 培养学习的兴趣 老年的生活内容、形式发生了很大变化，空巢家庭越来越多，要填补空虚的好办法就是学习。这种学习是通过前面提到的“老年人大学”的方式实现。在老年人大学里，他们在思维方式、知识结构等方面相似，也就有了共同语言。但也必须指出，老年人的学习受不同的兴趣制约，有的依靠自学，有的依靠讨论，从而表现出不相同的学习活动。仇立平（1988）曾对我国老年人学习兴趣爱好进行调查，结果如下：电影、电视（28.79％），看报、听广播（19.08％），戏曲（17.52％），看书（7.59％），花鸟鱼草、棋类扑克、闲谈聊天、书法绘画（14.84％），其他（12.52％）。这说明老年人的学习兴趣是多种多样的，照顾和满足老年人的兴趣，使他们找到新的精神寄托是保持良好的心理状态，适应变化的新环境的有力保证。

4. 参加身体锻炼 老年的身体状况是个敏感的问题，同样的病发生在其他年龄段可能不以为然，而在老年人则可能带来很大的心理负担。因此，老年人对自己的身体健康状况尤为关心。老年人勤于锻炼，原因颇多，但其中主要的还是对健康的重视，这无疑丰富了老人的生活，增强了体质，对他们的心理健康也发生了一个积极的促进作用。

（三）长寿者心理

长寿可以说是人类不老的梦想之一，早在古代，我们的祖先就为求长寿而费尽周折。但人们在谈及长寿上，往往都只说如何保养身体，而忽视心理因素的作用，这显然是片面的。随着研究的深入，现在人们慢慢地意识到，要想长寿，就必须重视个体的心理因素的影响。

1. 人的寿命与长寿 古时认为“人生七十古来稀”，今天已是“九十多来兮，八十不稀奇，七十算弟弟”。可见人类的生存年限在不断提高。然而，人类最高寿限或者说正常寿命究竟有多长，这是自古以来人们十分关心的问题。

一般来说，人的自然寿命可根据生物学的普遍规律及动物实验结果加以推测，其方法有三种：①性成熟期测算法；②生长期测算法；③细胞分裂次数和分裂周期预算法。据此推算人的寿命在100～175岁。

历史上有许多长寿者，如英国老人马斯·佩普活了152岁；另一位寿星弗姆·卡恩寿高207岁；匈牙利维诺·罗汶夫妇共同生活147年，罗汶活了172岁，老伴活到164岁。据我国第三次人口普查统计，百岁老人共有3851人，年龄最大者已达130岁。可见，随着社会和科学的发展，生活水平的提高，人类的寿命在不同地区均有提高。这说明我们正处在一个“百岁诚可期”的令人振奋的时代，而人类的寿命进一步提高，无疑对文明社会的进步与发展具有重要意义。

2. 影响寿命的主要因素 人类的自然寿命可达百岁以上，但由于有机体内因素的消极影响，使许多人中途夭折。影响寿命的主要因素有环境因素和心理因素两类。

（1）环境因素：人类的生活环境包括自然环境和社会环境。自然环境中的气候、水质、辐射、药物、噪音、空气、细菌、营养等多种自然条件，物理和化学因素，都可在各个水平上影响衰老和寿命。例如，自然因素在组织和器官水平上的影响，在细胞分子水平上的影响，等等。另一方面，人生活在一定的社会条件下，要受到来自社会的各种因素的作用。例如，社会生产力发展的水平、作息制度、生活方式、生活习惯、医疗水平等因素，都会对人类的衰老和寿命产生影响。

（2）心理因素：人作为社会关系的产物，其内部的心理活动往往在一定程度上影响个体的衰老进程。身心两者的关系是辩证的，互为因果的。心理因素对人类寿命的影响表现在情绪因素、智力因素和社会心理因素三方面。第一，情绪因素。老年人易生消极情绪，好动肝火，焦虑、抑郁、孤独、烦恼、发怒等，这些消极情绪常会激起心脏血管方面的疾病，从而加速衰老，缩短寿命。第二，智力因素。一般来说，智力水平高的人对自然和社会环境适应能力强，能根据外在条件的变化而及时调节自己的行为，使之处于健康的身心状态，这有利于延年益寿。反之，则会导致过早离世。第三，社会心理因素。稳定的社会秩序、社会环境，良好的人际关系，群体凝聚力，都会促进老年人的心理健康。这方面，特别是家庭人际关系尤为重要，家庭成员志趣相投和相互吸引与否，和健康与寿限关系密切。

（四）长寿者的心理特点

现代心理学研究表明，古今中外的长寿者，他们均有自己独特的心理特点。归纳起来，这些心理特点表现在以下几个方面：

1. 积极活动 长寿老人大多数老当益壮，热爱生活、热爱工作、热爱劳动，对生活满腔热忱，对人生持有积极信念，做到生命不息，活动不止。这样能促进身心向健康方面发展。

2. 情绪乐观 长寿老人情绪愉快且安定，适应能力强。他们的情绪快乐，心情舒畅，绝不为生活中的小事而紧锁双眉，而是乐观地面对，把环境中的不良刺激视为生活的磨炼，情绪波动较少，人体的生理功能始终处于协调状态。

对退休老人所做的调查表明，发现情绪稳定与身体健康、心理健康水平显著相关。要想做到情绪乐观稳定，具体措施有四条：①善于控制自己的情绪；②有幽默感；③知足常乐；④加强修养。

3. 性格开朗 性格开朗是大多数长寿老人的一个心理特点。具有良好性格的老人在生活、工作中遇事想得开，不钻牛角尖，不患得患失，心胸豁达，通情达理。

4. 人际关系良好 良好的人际关系，会使交往双方心情愉快，心理距离更近，社会适应能力更强；反之，则会导致心情压抑，产生无助感，从而影响健康，引起疾病。调查研究表明，家庭和谐、心情愉快的老人，患病率为1.4%；因家庭不和、子女不孝等因素，老人患病率高达40%。因此，正确处理人际关系，建立良好的人际网络，是老年人安度晚年的心理基础。

此外，修身养性、清心寡欲、饮食有节、起居有常，以及良好的生活习惯与和睦的家庭关系等都有利于增进身心健康、延年益寿。

第五节　生命的最后阶段

老年人要面临一个徘徊在死亡边缘的现实。对此，许多老年人总是不敢正视。然而，对生命规律采取不关心或否定态度，不能说是年龄增长达到成熟的人应有的态度。老年人不仅要正视死亡，而且更应该把死亡与生命融合起来，从从容容，走完自己生命的最后历程，从而发现人生的全部意义。在本节中我们将从发展心理学的角度，探讨在成年晚期个体对待死亡的态度，分析濒临死亡时个体的心理反应，讨论个体面临居丧时的心理调适问题。

一、死亡概念的发展

人们对**死亡**（death）这个概念并不陌生，个体从童年开始就逐步理解了这个概念的含义。然而没有哪一个阶段的人比成人晚期的人能更深刻地感受到死亡的存在。在这一时期，个体越来越意识到死亡的临近，并由此产生了许多心理的波动。对死亡这个现实的接受和适应也成为成人晚期个体心理生活的重要内容之一。

（一）老年人的生死观

成人晚期个体如何看待“死亡”，这直接影响到个体对其晚年生活的设计和生活态度。因此，我们有必要确知老年人的**死亡观**（death outlook），明白这种死亡观形成和发展的历程。这对我们帮助老年人调节其心理生活，提高生活质量是大有裨益的。

李晓东（2013，2016）提出，科学理解死亡是老年人生死观的基础。死亡，包含三个成分：一是不可逆转性，即一旦活着的有机体死亡，其肉体就不可能重新获得生命；二是无功能性，即一旦死亡发生，身体机能就停止运转了；三是普遍性，即所有活着的有机体最终都会死亡。

1. 对死亡的意识 人们对于客观世界、内部生理过程或主观体验的意识，总是在前意识上不同程度地表现出来。同样，老年人对死亡的意识，也可以通过**死亡概念**（concept of death）而间接地反映出来。研究表明，老年人的这种死亡意识往往发生在**前意识**（preconscious）水平上。

关于老年人死亡意识的大规模研究是由美国杜克大学的杰弗斯等人（Jeffers et al., 1966）主持的。他们共调查了140名60～94岁不在养老院老人的死亡念头，发现这些老人中49%说，每天至少有一次想到死，25%说每星期至少一次，而5%否认他们曾经想到死，1%未明确表态。这表明老年人已经意识到或部分意识到自己接近死亡的边缘，这与年轻人、中年人形成了鲜明的对比。因为这样的念头在60岁以上的人们中比在青年中较为普遍（Riley，1968）。我们认为，产生这种现象的可能解释是，年轻人觉得自己年龄较小、生命力旺盛且健康状况良好，因而就觉得离死较远；而老年人则可能已意识到自己身体状况衰退的速度以及生命力的萎缩，因而对死较为敏感。

随着人们年龄的增加，老人们更清楚地意识到死亡，且很少有人害怕死亡。理由有三条。第一，年龄较大的人们已经经历了一个适度的平均生命，并且他们很少想到可资利用的未来，他们只着眼于现实，对未来的命运缺少幻想。第二，随着他的朋友和周围人年龄的增长和严重疾病的出现，增加了死亡出现的频率，这样使他们对死亡已习以为常，看作是个体生命的必然归宿。在他们眼里，死亡是不可避免的客观规律。第三，这些人对待死亡的被动态度和他们对死后生活的一些信仰，这两者构成了一个强有力的情景，使他们随着年龄的增长，对死亡越发产生一种坦然的态度，由这种态度而形成的坚强信仰，为他们处理因年龄增长和死亡引起的焦虑提供了一种最重要的防御剂。据此，登普西（Dempsey，1975）得到的结论是：老年人不会害怕死亡，他们在面临死的挑战时表现出来的态度是比较冷静、沉着的。显然地，这个结论与施奈德曼的调查结果完全相反。

总的来说，现有的研究表明，老年人对死亡的意识可能发生在前意识水平上，他们出现死亡念头的频率较高，在身体患病的情况下问题更加严重。显然，从发展的角度看，现实地承认死亡是生命的必然结局，这很可能是情绪成熟、心理健康的标志。

2. 老年人生死观的形成 与老年人死亡意识相对应的另一问题是老年人的**生死观**（outlook of life-death）。老年人的生死观不仅与人格、人生观和价值观紧密联系，而且与其毕生的生活经历，所处的社会文化、政治、经济条件和家庭关系也有着不可分割的联系。

我国学者对老年人的生死观也进行了若干研究，例如，《关于老年人生死观的调查和初步分析》（程学超等，1991）、《上海城市老年人生死观的调查研究》（曾建国，1992）等。这些研究均认为我国老年人生死观是中华民族文化圈的产物，特别是受儒家生死观念的影响更为明显。同时，不同时代或同一时代不同的生活条件下，老年人的生死观也有所不同，这说明时代背景也是影响老年人生死观的一个因素。其他的如个人的生活阅历、知识经验、受教育程度、人格特点、家庭成员关系、生活状况、经济条件、社会地位等因素也影响着老年人的生死观。总之，老年人的生死观是主客观相互作用的"积淀物"。

老年人的生死观的一个重要方面，是希望**暴死**（sudden unexpected death），就是在形式上希望自己是能一下子死去的"死"的愿望。

为什么老人会产生"暴死"的念头？我们认为，这一方面是老人对护理自己的人（亲属）的体谅，另一方面也是对自己身心健康的丧失、经济自立的丧失，与家庭、社会联系的丧失，以及生存意义的丧失，即对严重违反个人尊严的反抗。这些复杂的情绪、情感构成了希望暴死的强烈动机。因此，老人们希望暴死并非出自本意，形式上尽管他们乞求死，而实质上却是希望以死而得到更为充实的"生"。这在本质上与希望长寿是同义的。

（二）对死亡的态度与死亡焦虑

从某种意义上说，成年晚期的个体的死亡观是其内在的心理现实，这种观念最直接地表现为个体在其日常生活中对待死亡的态度。从更广泛的意义上讲，这种死亡态度受到许多外在因素的影响，这其中最重要的外在因素有两个，一是社会因素，一是宗教因素。

1. 社会对待死亡的态度 随着死亡率降低，更多的人能够进入老年期，从而出现年龄结构老化的现象，这种现象使人们往往容易把死亡和老年人联系在一起，实际上这是很不确切的。虽然老年人并不怕死，但他们最厌恶的问题就是否认死亡事件的本身。

人们初看到的死亡现象往往来自人们的长辈、其他的亲戚、朋友、熟人和家庭中的亲密成员的死亡。在父母逝世之前，子女多半已是成年人了，这个时期的生活经历对他们来说并不显得特别重要。当他们的长辈疾病加重死亡后，长辈的尸体马上离开病房而运到医院的太平间或者地下室。当其他人问及发生了什么事时，医生或死者的家属往往会委婉地说，他“满期了”（寿终正寝了）或者他“走了”“离开了”（逝世了）。现在，在人们生活的许多领域里，社会的发展和进步正在设法改变人们对死亡的态度，避免人们在死亡面前恐惧与惊慌，而是能用镇定自若、冷静沉着的态度正确地对待死亡。

一般来说，老年人经历过的社会沧桑，使他们面对死亡的自然规律时，能保持清醒的头脑，部分的原因是他们对生活的许多方面采取比较开放的态度，对于生活有着自己独特的见解，不受社会环境所左右。在这些人的思想中，存在着较多的对死亡的社会认识，他们把死亡作为社会生活的一部分内容，死亡本身意味着人类向大自然的回归，把死亡当作自然界发展进步不可违背的规律。有了这些与社会发展与进步相协调的认识，对死亡就能采取较为正确的看法。显然地，这些对死亡的认知有利于人类自身的发展。

2. 死亡焦虑（death anxiety） 死亡焦虑是关于死亡的态度集合，包括恐惧、威胁、不安、不舒服以及其他的负性情绪反应，是一种无特定对象的弥散性恐惧（Neimeyer，1998）。按照常理，人们对死亡会感到忧虑。一般来说，老年人虽然更常想到死亡，但却不像年轻人那样恐惧，可能是因为他们经历社会上“死亡”现象比年轻人要多得多，也可能对自己的一生感到充实而满意，从而降低了死亡焦虑，但这一点却增加了青少年和中年人的死亡恐惧（夏埃 & 威里斯，2002）。

研究发现，影响老年人死亡焦虑的因素主要有：①住在疗养院中的老人有更高的死亡焦虑，即使他们身体相对健康，但由于暴露在失能、濒死和死亡的环境中，增加了他们的焦虑。②老年女性比老年男性死亡焦虑高。③受教育程度高的老年人死亡焦虑低。④有虔诚宗教信仰的老人死亡焦虑低。（Azaiza，Ron，Shoham，& Gigini，2010；李晓东，2013，2016）

二、濒临死亡的心理反应

虽然在整个成人晚期个体已经逐步接受了死亡的存在，但当死亡真的就站在个体面前时，个体的心理反应远不是那样简单和平淡，而常常表现出非常复杂的心理活动。我们将从以下两个方面来讨论濒临死亡时个体的心理反应。

（一）濒死的心理体验

早在古代，有人就曾记载了个体死亡时的心理感受。随着科学心理学的发展，濒死时的心理体验问题也引起了发展心理学家们的重视。这一方面是“终生发展”思想的反映；另一方面也是人们认识自身存在的需要。

1. 死前的心理活动 多年来，人们一直认为当人的心脏脉搏停止跳动或呼吸停止时，这个人就被确认为已经死亡了。现在，死亡这一概念包括大脑的彻底死亡，也包括心脏和脉搏的停止活动。下面这几项标准可以作为我们决定死亡的原则：在1小时内，个体不再有任何动作或呼吸；在24小时内，个体没有任何反射活动，也没有脑电波活动的迹象；在24小时内，这些状况没有任何变化。

在临床医学上，急救技术的进一步发展和应用，使我们有可能观察到人临死前的心理活动和心理状态。通过推迟垂死病人的死亡时间，我们可以询问并记录人们临死前的种种心理体验。临床医生和临床心理学家在遵循伦理原则的前提下进行了这种研究。伍迪（Woody，1977）通过观察许多垂死病人的病例，发现人们临死前仍有一系列与平时类似的心理活动，如想象、记忆、思维、联想等，不过这种心理活动显得更特殊些。具体地说，个体在濒临死亡时，首先体验到一种分离感，即他的精神从肉体中分离出来，并且感到他被推进一个黑暗的隧道。然后，这些垂死的人发现自己出现了另一种形式的“精神实体”，可以非常轻易地从一个地方向另一个地方进行运动，这种现象将持续一段时间。在这种状态之后，他们体验到和长期没有见面的朋友、情人重聚，这个时候，一件最令人不能相信的事是出现了一盏明亮的灯，并使人感到温暖，这时他们非常注意所在环境中的灯光，这是一种比较快的回光返照现象或者说是他们沉浸在错误的判断方式中。最后，他们报告说已经离开黑暗的隧道，并且体验到思想迅速进入他们的躯体。此后，一瞬间就苏醒了。对于大多数死而复生的人来说，濒临死亡的体验在个体的态度上带来了深远的变化，他们不但变得对死亡不再害怕，而且变得更加关心他们以前经历过的关于学习、爱情和生活的价值问题。

2. 死前的心理状态 萨鲍姆（Sabon，1981）对这个问题进行了系统研究，他对那些医学上已经判断为濒临死亡，而后来病情又好转的病人进行随机取样，然后对他们进行观察、询问和调查，发现其中40％的人对自己死亡的遭遇有着很清晰的印象。也有研究指出，对死亡不同认知和体验产生不同的死亡意识，抽象的认知产生死前的焦虑，具体的认知产生死亡反省（Cozzolion，2006）。

人们对濒死时的体验这个问题已经提出了很多观点，有的人认为濒临死亡时的体验是可理解的，有的人认为那是达到高峰时的体验，有的人认为是对死亡生活的一瞥。一些研究者坚信这些体验并不纯粹是个体的幻觉，而是与个体濒死之前的身体状况和强烈的情绪激动有着密切关系。对于人们死后的生活，任何人的研究工作都不足以证明是这样而不是那样一种模式，因为每个人离开现实世界的真正死亡只有一次，所以不可能体验死亡之后的生活实践再回来告诉活着的人们。人们对死后的生活的描述都是按照他们的主体愿望想象出来的。

（二）趋向死亡的阶段

1. 罗斯的研究 人们除了对濒临死亡时的体验进行若干研究外，更对临死时的体验发生了浓厚的兴趣。在这个领域最有代表性的研究者是罗斯。从1964年开始，她和她的同事在芝加哥大学的医院里临床观察研究了500多个快要死亡的病人案例，从中得到一些描述性的材料，并试图寻找一条研究临床体验的分析途径。1975年，她发现了一个重要的现象：当没有告知病人任何病情时，这些病人仍能感觉到这样一个事实，那就是他们接近死亡的时间越来越短。罗斯认为个体在临死时一般均要通过以下几个阶段，虽然有时候这些阶段也可能互相交叉或者重叠，但是为了叙述方便，我们人为地把它们区分开来。

第一阶段：否认死亡时期。在这个时期，这些垂危的病人否认死亡事件将会发生，他们认为死亡不可能发生在自己身上。病人对即将发生的死亡的否认，有助于保护自己免受死亡带来的深刻情感的煎熬，给人们提供了时间去处理所面临的糟糕事实。接着，个体倾向于向其他人表现出他愿意谈论死亡的微小信号。这说明他已经开始从彻底否认死亡发生的死胡同里走出来了。但是这个阶段中，死者的亲友或医生只愿意在探望的时间里和垂危者谈论死亡。谈论几分钟后就戛然而止，不愿做长谈或深谈。其目的仅是希望他有一个正确的思想准备，留出更多的时间让他去考虑如何适应即将来临的死亡。

第二阶段：愤怒情绪。在这个阶段里，人们开始承认死亡，结果带来了情绪上的极不稳定，他们感到愤怒和怨恨。他们常常自言自语："为什么死亡偏偏降临到我头上呢？"他们常常带着这种情感去对待周围的人们，这时往往会发一阵无名之火，但一顿脾气后伤害了亲人时，又感到很后悔。这种情绪反复无常，实际上是妒忌他人的生命和健康的表现。对于活着的人们来说，这时非常重要的工作就是帮助这些垂死的人把这些情感表达出来，不要让他们把怨恨、妒忌带到另一个世界中去。

第三阶段：讨价还价。此阶段的主要特征是试图对死亡时间讨价还价。处于这个阶段的个体常说："我知道我将要死了，但是……""但是"后面的潜台词是非常清楚的。总之，垂危的人都想要再多活几天，多做一点事，再多看一眼世界，他们对生活表现出从未有过的留恋。然后他们就会天真地想象："如果我和医生或家属认真合作，那么，也许我能再活一段时间，那时我女儿大学毕业，我儿子结婚，我也就无所牵挂了。"实际上，这种牵挂不过是逃避死亡的借口而已。

第四阶段：沮丧情绪。这是对过去的丧失和目前面临的巨大丧失的哀伤情绪。他们为自己即将到来的死亡而悲哀，并希望别人分担自己的哀痛。在理智上，他们对自然规律所带来的死亡威胁不再感到恐惧，开始面对现实，但又觉得自己在不断地被抛弃，内心感到愤愤不平，陷入抑郁而不能自拔，处于一种矛盾冲突的交织中。在这个时候，死者非常重要的一件事是向他人发泄悲痛的情绪和表达悲哀的绝望。这时死者的朋友和亲人往往会做一件错事，那就是否认死者的这些情感，而鼓励他"振作起来"，这无疑是火上浇油，使他处于一个更加愤怒焦虑的状态之中。

第五阶段：接受死亡。虽然并不是所有垂死的人都经历过这个过程，因为在某个时刻，大多数垂死的人都已经在接待探访者和其他人的过程中消耗了大量的时间和精力，他们还来不及仔细考虑就过世了。这时，他们就有意或无意地接受了它。虽然他们更有可能是死在医院里，但是他们大都不想孤孤单单地死去，这就是为什么大多数人喜欢死在家里的原因。事实上，临死的很多痛苦来自内心的苦恼和矛盾，特别是害怕和长期生活在一起的朋友、亲人的分离，于是感到抑郁、愤怒甚至于绝望。

应该说，罗斯对垂死者死亡过程的研究有开创性的意义，为以后人们对临终体验的研究打下了基础。并且她第一个提出了大多数人的死亡并不是按部就班的观点，提出了抑郁、苦恼、痛苦将贯穿于死亡过程始终的观点，这些都是与实际情况相符合的，而且对于人们加深对人本身的认识具有一定的启发。但是，应该看到她的死亡过程模式也有很多不足。这个理论不能解释由于疾病引起的自然死亡，并忽视了垂死者的性别差异、年龄差异、个性差异、认知风格差异和文化环境差异，认为这些差异引起的临终体验是不同的，她进一步指出个体差异在临终的体验方面比任何阶段更加突出。

2. 正确地面对死亡　人们面对死亡时，其中一个最普遍的反应是以错误的方式去生活，自暴自弃。当有的人遭受器质性疾病的折磨时，他们往往只求助于医生的诊断，而放弃了利用自己身体的防御机制，在心理上进行调节、利用生物反馈对疾病产生积极的影响，个体的主观能动性在其眼中是无足轻重的。还有，当这些人意识到自己的生命快要结束时，他们面对死亡的挑战，只是审慎地平均使用时间，结果使时间效率不高，并且往往是事倍功半。面对死亡时的另一个普遍反应就是通过否认死亡来缓和、减少紧张，然而结果往往是适得其反。这些人越是否认，死亡的时间也就来得越快。

萧纳塔曼（Shueidman，1973）通过研究后认为，老年人的绝大部分痛苦来自严重疾病的折磨，老年人不希望用类似于以前的生活方式来结束他的风烛残年。例如有的老人在医院里拒绝治疗，拔下针管搅乱药剂，然后攀过床的横档，打开窗户，从楼上纵身跳下。在旁人看来，这种死亡方式显然是不足取的。因此，学会正确认识死亡是非常重要的。

三、居丧

处于成人晚期的个体，很少有夫妻双方在同一时期去世的，总是有一方先走一步。因此，可以说有约半数的老年人要经历居丧这一事件的发生，并体验由于丧偶而带来的伤痛。

（一）居丧的概念

居丧是一个倍受痛苦煎熬的时期，也是一个对失去配偶这个痛苦事实逐渐适应的过程。

1. 什么是居丧 当我们在生活中失去非常亲密的人时，就会明确意识到生活中缺少了什么，或者说失去了构成生活某一部分的东西。这时我们的情感就会倍受煎熬，内心感到异常痛苦。由这种事情引起的悲伤、哀痛，我们称之为**居丧**（funeral arrangement）。

社会学家常常要求人们按照社会既定的风俗习惯、道德准则、行为规范来更多地认识和解决居丧问题。在社会学家提出的社会模式中，寡妇必须穿上黑色的丧服，以表示对丈夫的忠贞；鳏夫必须穿上黑色的长袍，以表示对妻子的追悼，这些都是居丧行为的具体体现。随着社会的发展，守灵和吊唁正在被一些有意义的纪念活动所代替，人们希望居丧者从悲痛中振作精神，在居丧后尽可能地在学习、生活、工作中重新唤起对生命的热烈追求。化悲痛为力量，这是现代人对待居丧的基本态度。

居丧引起的悲伤体验，常常有各种不同的强度水平，这取决于死者和生者两者关系的亲密程度。对大多数人来说，居丧引起的悲伤体验一般取决于当时的情景，而这种情景又通过葬礼和场面来体现。例如，死者若是叔叔、婶婶，那么他们的葬礼场，就不及直系成员的死亡场面所引起的悲伤程度大。当我们在一瞬间获悉某人突然逝世时，我们很快就会把这事给忘了。而那些失去父母的人，他们的痛苦体验则会更加深刻、持久些。

2. 居丧与悲痛体验 人们的居丧过程与临终时的体验有很多相似处。例如，当我们面对某人的死亡时，最初的反应常常是否认他的死亡。然而事实上这种事件已经发生了。这反映了人们总是不愿意接受没有任何心理准备的东西，于是就采取否认的方式来缓和冲突引起的心理紊乱，以达到一种心理平衡。愤怒是我们从居丧者身上看到的另一种情感表现。当人们明确意识到死亡事件确实发生，而且这个事件又与自己关系极其密切的时候，有的人常会对其他人发泄他的情绪，例如无故对家庭成员挑剔、与之发生争执甚至责备、批评或诅咒医生、护士等。有时候还会表现为对这个死亡事件的发生存在着内疚。例如与死者生前曾经争吵过，或死者曾经施恩于自己，这时我们就会拼命自责，有一种负疚感。这种负疚感深深隐藏于潜意识之中，只有在适当的时候，它才会表现出来。

居丧的共同特点是一种悲痛的过程（Patricelli，2006；李晓东，2013，2016）。哈罗维茨（Harowitz）提出了四阶段居丧模型：懊恼阶段，否定和侵扰阶段，恢复阶段，完成阶段。兰度（Rando）提出六R悲痛模型：承认丧失（recognize），反应（react），重温过去（re-collect & re-experience），放弃（relinguish），重新调整（readjust），重新建立关系（reinvest）。

（二）居丧心理体验的差异

对于亲人的逝去，不同的人的身心体验是不尽相同的，这种居丧心理体验的特殊性，主要表现在两个方面：年龄差异和性别差异。

1. 居丧心理体验的年龄差异 在居丧心理体验方面存在着年龄的差异。儿童不能理解死亡的真正意义，因而他们倾向于依靠本能的和即时的反应，悲痛过程较快消失。居丧的中年人和老年人在死亡面前则显得比较老练、沉着，他们能充分依靠成熟的防御机制来对待突然来临的或意料之中的灾难。老年人在居丧过程中能更灵活地处理疾病和疾病的症状，他们对死亡的认识比中年人更深刻，因此，在对待死亡时更加冷静。人们居丧时的各种各样反应，是和他们心理发展水平相适应的，不同年龄阶段的人对亲人死亡会做出不同的反应，并通过防御机制来实施这种反应。在反应过程中不断获得新知识、新经验，适应突如其来的、意料之外的各种事件，它们既包括学习、工作方面的困难挫折，也包括生活、家庭方面的不幸和悲伤，亲人的死亡仅是这类事件中的一种。

2. 居丧心理体验的性别差异 在面对亲友的死亡时，男性比女性的反应更加严重，女性比男性更具有控制力。

如前所述，配偶去世后不再婚的男人寿命更短。但是，妇女的死亡率几乎不受丈夫去世的影响。好像配偶去世对于老年妇女来说更容易控制悲伤。那些丧失了配偶的妇女与同样年纪的再婚妇女相比较，死亡率只存在着微小的差别。而对于鳏夫来说，死亡率就比再婚的男子要高得多。这除了有男女生理方面的原因之外，还有两个因素：一是女性的自控情绪情感的能力大于男性；二是男性的生活自理能力一般不如女性，一旦失去日常照顾自己的妻子，生活都会发生困难。西方的心理学也提出了三个类似的理由。第一种解释认为男人的浪费、偏食、滥吃、狂饮等比女人要严重得多，在生活上男人没有女人的管理将会搞得一团糟，而生活上的无规律、无节制、无管制状况，会深深地危及健康，从而缩短寿命。第二种解释认为，男人更需要妻子的体贴、关心和理解，丈夫在情感上更依赖于妻子。因为男人在工作中承受了比妇女更大的压力和紧张，有更多的责任和义务，碰到更多的困难和挫折，所以需要妻子更多的抚慰和温顺。第三种解释则认为，鳏夫更多地沉浸在对往事的回忆中，沉浸在对配偶死亡的悲哀中，这种被压抑的悲伤时时折磨着他的心灵。而那些再婚的男子，新的生活激起了他新的追求，他由于亡妻而引起压抑的悲痛被再婚妻子的体贴所代替，他在生活中看到的是一线光明、一些生机，这种心理状况当然是有利于身心健康的。然而，再婚毕竟不如原配，老年人再婚成功率往往是不高的。

3. 让居丧者走出困境　有几种方式可以使居丧体验产生较好的效果：把事情谈透彻，把事情想清楚，把事情做完整！虽然在居丧头几个星期里，其他人要与居丧者谈论他们所挚爱的人的死亡事实是非常困难的，但是过一段时间，当我们把这件事谈透彻之后就能对居丧者有所帮助，因为他毕竟经受了相当长的一段时间的痛苦煎熬。在居丧过程中，记住已经发生的那些主要的事情，并把我们的注意力集中在这些事上面，不断思索、理清头绪，就有利于我们对居丧及对寂寞的感受。作为他人的朋友，应该去倾听居丧者的痛苦、悲伤，尽可能地和居丧者谈论他的感受和思想，帮助他尽快地从悲伤的气氛中走出来。

另外，鼓励居丧者表达和发泄他们的悲伤情感也是非常必要的。当居丧者在生活中对其亲近的朋友，尤其是那些与他私交甚厚的朋友吐露内心的忧伤时，他的悲伤能够得到某种程度的减轻。当人们用关切的神情、温柔的目光、体贴的动作、得体的语言对待居丧者时，就能使他感受到温暖，感到彼此之间心理距离的接近，从而向人们倾吐出他心头的巨大悲伤。这个时候有的人会号啕大哭，有的人会歇斯底里地喊叫，有的人会默默垂泪，有的人则会报以感激。所有这些，对于他们减少内心的悲痛，使心境恢复平静都是非常有效的。

本章摘要

1. 面临身心衰退的过程，面临退休后的社会角色和职能的变化，面临家庭结构关系的变化，以及经济拮据或财产继承等新问题，**成人晚期**必然要对这些问题进行适应，并出现老年人的心理适应。

2. 在某一社会人口的年龄构成中，高龄者的比例相对高了，就出现**人口老龄化**。老龄社会生活表现，老年人的角色改变，要求老年人必须有一个良好的心理适应。

3. **老化**是一种人的生理和心理随着时间推移而发生的进化性变化。人类老化是一种生物现象，又是一种社会现象。**老年减少参与理论**与**老年持续活动理论**以及**连续性理论**是老化的三种理论。

4. 尽管有一部分老年人对退休表示高兴，可以脱离劳动，但还有为数不少的退休者，因不同的原因却存在着失落感和自卑感。对退休的适应，既取决于退休者的态度和人格，又取决于**自我调节**。

5. **老年期依恋**，这是老年夫妻对家庭变化的一种良好心理适应的表现；老年人再婚是寡妇与鳏夫建立良好心理适应的一种途径；充当祖父母，定期与第三代交往，是促进老年人心理健康乃至长寿的一种有效措施。

6. 对老年人的**社会支持**应包括经济、精神、生活等方面的支持和尊老爱老的社会风气，这些都是成人晚期心理适应的社会保证。

7. 由于不同因素的影响，老年人的智力因素有的呈衰退的趋势，也有的呈稳定的表现。

8. 老年人理解记忆尚好，机械记忆在进一步衰退；短时记忆在减退；记忆保持能力在下降；对远事的保持比近事的保持好。

9. 成人晚期的思维是**语言—理论思维**；思维内容偏于对社会的认识；思维仍然有创造性。

10. 成人晚期**思维衰退**的表现为：老年人思维的自我中心，深思熟虑但又缺乏信心。故思维敏捷性较差、灵活性较差、想象力减弱。

11. 老年人人格的主要特点是稳定、成熟，可塑性小；自尊心强、衰老感及希望做出贡献传于后世是其人格倾向性的明显表现；老年人人格的消极因素主要是以自我为中心、猜疑多虑、刻板性强，不易听取反面意见等；老年人人格类型有**成熟型**、**安乐型**、**防御型**和**易怒型**等。

12. 自我认定和他人认定“老年人”是有差别的；出现“老年人”的自我意识较晚，65～69岁还有半数老年人没有“老年人”的自我概念，然而在70～74岁人当中，约有70％的人自觉地感到自己已经老了。

13. 老年人**人际关系**随交往减少而使范围减小；随时间的推移在感情上更加深刻；由于经受长期考验使结构更加稳定；且因角色改变故在内容上也随之变化。

14. 步入老年，有许多心理疾病困扰着老年人。其中，**抑郁**和**痴呆**是老年人最严重和常见的两种心理疾病。当然，老年人心理疾病因人而异，具有很大的个体差异性。

15. 老年人**心理卫生**的原则，其内容包括保持自我意识、维持人际关系、继续社会适应、做一些力所能及的劳动锻炼等要旨。

16. 老年人**心理卫生**的具体内容，有争取老年新生、更新思想观念、培养学习兴趣、参加身体锻炼等措施。

17. 长寿者的心理特点：积极活动、情绪乐观、性格开朗和人际关系良好。

18. 老年人的**生死观**不仅与其人格、人生观、价值观和宗教观紧密联系，而且与其毕生的生活经历，所处的社会文化、政治、经济条件和家庭关系也有着不可分割的联系。

19. 走向死亡要经过**否认死亡**、**愤怒情绪**、**讨价还价**、**沮丧情绪**和**接受死亡**等一系列的阶段，但由于性别、年龄、个性、认知风格、文化环境和死亡原因等存在着差异，所以个体濒临死亡时的体验很不相同。

20. **居丧**心理体验存在着年龄差异、性别差异、与死者关系的差异。人们应该去倾听居丧者的痛苦、悲伤，尽可能地和居丧者谈论其感受和思想，帮助他们尽快地从悲伤的气氛中走出来。

参考资料

1. 许淑莲等.（1987）. 老年心理学. 北京：科学出版社.

2. 程学超，王洪美.（1986）. 老年心理学. 济南：山东教育出版社.

3. 李晓东.（2013）. 发展心理学. 北京：北京大学出版社.

4. 黛安娜·帕帕拉，萨莉·奥尔兹，露丝·费尔德曼.（2013）. 发展心理学（李西营等译）. 北京：人民邮电出版社.

5. 詹姆斯·W. 范德赞登，托马斯·L. 克兰德尔，科琳·海恩斯·克兰德尔.（2011）. 人类发展（第8版）（俞国良等译）. 北京：中国人民大学出版社.

6. Gormly, A. V., & Brodzinsky, D. M.（1993）. *Life-span human development*（5th ed.）. New York: Harcourt Brace Jovanovich.

7. Schaie, K. W., & Willis, S. Z.（1986）. *Adult development and aging*. Scott: Foresman.

8. Valsiner, J.（1989）. *Human development and culture: The social nature of personality and its study*. Lexington, Mass: Lexingtion Books.

9. Santrock, J. W.（2009）. *Life-span development*. Boston: McGraw-Hill.

10. 韩布新，李娟，陈天勇.（2013）. 老年人心理健康研究报告. 北京：中国科学技术出版社.

11. 肖健，沈德灿.（2009）. 老年心理学. 北京：中国社会出版社.

12. Baltes, M. M., & Baltes, P. B.（2014）. *The psychology of control and aging*. London: Psychology Press.

13. Whitbourne, S. K., & Whitbourne, S. B.（2011）. *Adult development and aging: Biopsychosocial perspectives*（4th ed.）. New York: Wiley.

14. Schaie, K. W., & Willis, S. Z.（2016）. *Handbook of the psychology of aging*（8th ed.）. San Diego: Academic Press.

参考文献

Abeles, R. P. (1987). *Life-span perspectives and social psychology*. Hillsdales, NJ: Lawrence Erlbaum Associates.

Ainsworth, M. (1979). Infant-mother attachment. In M. Richards (1980, Ed.), *The child's integration into the social world*. Cambridge: Cambridge University Press.

Ainsworth, M., & Bell, S. M. (1970). Attachment, exploration and separation: Illustrated by the behavior of one-year-old in a strange situation. *Child Development*, 41, 49–67.

Albrecht, S. L., Chadwick, B. A., & Jacobson, C. K. (1987). *Social psychology*. New York: Prentice-Hall.

American Psychiatric Association. (2013). *The diagnostic and statistical manual of mental disorders*: DSM-5.

Armon, C. (1984). Ideals of the good life and moral judgement: Ethical reasoning across the life-span. In L. C. Michael (Ed.), *Beyond formal operations: Late adolescent and adult cognition development*. New York: Praeger Publishers.

Ashmen, D. H., & Persented, M. (1979). *Infant memory in everyday life*. Paper presented at the meeting of the American Psychological Association.

Aslin, R. N., & Smith, L. B. (1988). Perceptual development. *Annual Review of Psychology*, 39, 435–473.

Baldwin, J. M. (1994). *The development of the child and of the race*. New York: Macmillan.

Baltes, P. B. (1978, 1987, 2010). *Life-span development and behavior*. New York: Academic Press.

Bandura, A. (1971). An analysis of modeling process. In A. Bandura (Ed.), *Psychological modeling*. New York: Lieber Atherton.

Bandura, A. (1977). *Social learning theory*. Englewood Cliffs, NJ: Prentice-Hall.

Bandura, A. (1986). *Social foundations of thought and action: A social cognitive theory*. Englewood Cliffs, NJ: Prentice-Hall.

Barrett, M., et al. (1990). Early language development. In A. Slater, & G. Bremner (1990, Ed.), *Infant development*. Lawrence: Erlbaum.

Bates, J. E., et al. (1979). Language and communication in infancy. In J. D. Osofsky (1987, Ed.), *Handbook of infant development*. New York: John Wiley & Sons.

Batesson, G. (1956). *The message "This Is Play" in group processes: Transactions of the second conference*. New York: Josiah Macy Jr. Foundation.

Bee, H. (1985, 2012). *The developing child* (13th ed.). New York: Harper & Row.

Belsky, J., et al. (1984). Stability and change in mother-infant and father-infant interaction in a family setting: One-to-three-to-nine months. *Child Development*, 55, 706–717.

Benyamin, B., Pourcain, B., Davis, O. S., Davies, G., Hansell, N. K., et al. (2014). Childhood intelligence is heritable, highly polygenic and associated with FNBP1L. *Molecular Psychiatry*, 19 (2), 253–258.

Berman, P., & Pedersen, F. (1986). *Men's transition to parenthood: Longitudinal studies of early family experience.* Hillsdales, NJ: Lawrence Erlbaum Associates.

Bjorklund, D. F., & Pellegrini, A. D. (2003). The origins of human nature: Evolutionary developmental psychology. *Evolution & Human Behavior*, 24(2), 144–147.

Black, J., Puckitt, M., & Bell, M. (1992). *The young child: Development from prebirth through age eight.* New York: Macmillan.

Bloom, L. (1970). *Language development: Form and function in emerging grammars.* Cambridge, Mass: The MIT Press.

Bornstein, M. H., & Lamb, M. E. (1992). *Development in infancy.* New York: McGraw-Hill.

Bower, T. G. R. (1979). *Human development.* San Francisco: Freeman.

Bowlby, J. (1969). *Attachment and loss. Vol. 1: Attachment.* London: Hogarth Press.

Bowlby, J. (1980). *Attachment and loss. Vol. 3: Loss, sadness, and depression.* New York: Basic Books.

Brazelton, T. B. (1983). *Infants and mothers: Difference in development.* New York: Delacorte.

Brown, A. L., et al. (1983). Learning, remembering and understanding. In P. H. Mussen (Ed.), *Handbook of child psychology* (Vol. 3). New York: John Wiley & Sons.

Brown, C. (2008). *Developmental psychology: A course companion.* London: Sage Publications.

Callahan, E. J., & Mccluskey, K. A. (1983). *Life-span developmental psychology: Non-normative life events.* New York: Academic Press.

Campos, J. J., et al. (1982, 1992, 2000). *Development in infancy.* New York: Random House.

Campos, J. J., & Kermoian, R. (1988, 1992). *Locomotor experience: A facilitater of spatial cognition development.* New York: John Wiley & Sons.

Casey, B. J., Jones, R. M., & Somerville, L. H. (2011). Braking and accelerating of the adolescent brain. *Journal of Research on Adolescence*, 21, 21–33.

Chandall, V. J. (1985). *Child development.* New York: West Publishing Company.

Clarke, S., & Pedersen, F. A. (1980). *The father-infant relationship.* New York: Praeger.

Collins, W. A. (1984). *Development during middle childhood.* Washington, D. C.: National Academy Press.

Damon, W. (1977). *The social world of the child.* San Francisco: Jossey-Bass.

Damon, W., & Hart, D. (1982). The development of self-understanding from infancy through adolescence. *Child Development*, 53(4), 841–864.

Datan, N., Greene, A. L., & Reese, H. W. (1986). *Life-span developmental psychology: Intergenerational relations.* Hillsdales, NJ: Lawrence Erlbaum Associates.

David, W. (2012). *Developmental psychology and early childhood education: A guide for students and practitioners*. Los Angeles:SAGE.

Davies, P. (1988). Neurochemical studies: An update on Alzheimer's disease. *Journal of Clinical Psychiatry*, 49(5), 23–28.

Davis, M. H. (2007). *Empathy:A social psychological approach*. Colorado: Westview Press.

De Haan, M., & Johnson, M. H. (2003). *The cognitive neuroscience of development*. New York: Psychology Press.

Ding, X. P., Heyman, G. D., Fu, G., Zhu, B., & Lee, K. (2017). Young children discover how to deceive in 10 days: A microgenetic study. *Developmental Science*. doi: 10.1111/desc.12566.

Dishion, T. J. (1987). *Developmental psychology*. New York: Simon.

Dodge, K. A., Schlundt, D. C., Schocken, I., & Delugach, J. D. (1983). Social competence and children's sociometric status: The role of peer group entry strategies. *Merrill-Palmer Quarterly*, 29 (3), 309–336.

Dorn, L. H., & Biro, F. M. (2011). Puberty and its measurement: A decade in review. *Journal of Research on Adolescence*, 21, 180–195.

Draper, T., Ganong, M. C., & Goodell, V. (1980). *See how they grow concepts in child development & parenting*. New York: Butterick.

Egeland, B., & Farber, E. A. (1984). Infant-mother attachment: Factors related to its development and changes over time. *Child Development*, 55(3), 753–771.

Eisenstadt, J. M. (1978). Parental loss and genius. *American Psychologist*, 33(3), 211–223.

Elisabeth, K. R. (1970). *On death and ageing: In questions and answers on death and ageing*. New York: Macmillan.

Elkind, D. (1979). *The child and society: Essays in applied child development*. New York: Oxford University Press.

Ellis, E. S., et al. (1987). A component analysis of effective learning strategies for LD students. *Learning Disabilities Focus*, 2(2), 94–107.

Emde, R., & Harmon, R. (1983). *Continuities and discontinuities in development*. New York: Plenum Press.

Erikson, E. H. (1963). *Childhood and society* (2nd ed.). New York: Norton.

Eriksson, J., Vogel, Edward K., Lansner, A., Bergström, F., & Nyberg, L. (2015). Neurocognitive Architecture of Working Memory. *Neuron*, 88, 33–46.

Erlenmeyer-Kimling, L., & Miller, N. E. (1986). *Life-span research on the prediction of psychopathology*. Hillsdales, NJ: Lawrence Erlbaum Associates.

Fantz, R. L. (1963). Pattern vision in newborn infants. *Science*, 140, 296–297.

Field, T. M. (1981). Interaction of high risk. In D. Sawin, et al. (Eds.), *Exceptional infants*. New York: Brunner.

Flavell, J. H. (1975). A developmental study of logical search behavior. *Child Development*, 47(4), 941–948.

Flavell, J. H. (1976). Retrieval of recently learned information development of strategies and control skills. *Child Development*, 47(4), 941–948.

Flavell, J. H. (1977). *Cognitive development*. Englewood Cliffs, NJ: Prentice-Hall.

Flavell, J. H., & Wellman, H. M. (1977). Metamemory. In R. V. Kail & J. W. Hagen (Eds), *Memory in cognitive development*. Hillsdale, NJ: Erlbaum.

Focut, H. C., et al. (1988). *Friendship and social relations in children*. New York: John Wiley & Sons.

Freedman, D. G. (1974). *Human infancy: An evolutionary perspective*. Hillsdale, NJ: Erlbaum.

Freiberg, K. L. (1987). *Human development: A life-span approach* (3rd ed.). Boston: Jones & Bartlett.

Friedman, S. L., et al. (1975). Newborn habituation to visual stimuli. In E. Hall (1986), *Child psychology today*. New York: Random House.

Frodi, A. M., & Lamb, M. E. (1978). Sex differences in responsiveness to infants: A developmental study of psychophysiological and behavioral responses. *Child Development*, 49(4), 1182–1188.

Fry, P. S. (1986). Assessment of pessimism and despair in the elderly: A geriatric scale of hopelessness. *Clinical Gerontologist*, 5(1), 193–201.

Gallagher, D. E., & Thompson, L. W. (1983). Effectiveness of psychotherapy for both endogenous and nonendogenous depression in old adult outpatients. *Journal of Gerontology*, 38(6), 707–712.

Gardner, B. T., & Gardner, R. A. (1969). Two-way communication with an infant chimpanzee. In A. M. Schrier & F. Stollintz (1972, Eds.), *Behavior of nonhuman primates* (Vol. 4). New York: Academic Press.

Gibson, E. J., & Walk, R. D. (1960). The visual cliff. *Scientific American*, 202, 64–71.

Gilgen, A. R. (1980). *American psychology since World War II*. Westport: Greenwood Press.

Goldparb, W. (1947). Special disorders of childhood. In J. R. Lachen-Meyer & M. S. Gibbs (Eds.) (1982), *Psychopathology in childhood*. New York: Gardner Press.

Gormly, A. V., & Brodzinsky, D. M. (1993). *Life-span human development* (5th ed.). New York: Harcourt Brace Jovanovich.

Goswami, U. (2010). *The Wiley-Blackwell handbook of childhood cognitive development* (2nd ed.). Hoboken: Wiley.

Green, R. F. (1969). Age-intelligence relationship between ages sixteen and sixty-four: A rising trend. *Developmental Psychology*, 1(5), 618–627.

Griffiths, R. (1985). *The abilities of babies*. New York: McGraw-Hill.

Grusec, J. E., & Lytton, H. (1988). *Social development*. New York: Springer-Verlag.

Haith, M. M., & Campos, J. J. (1983). *Infancy and developmental psychology*. New York: John Wiley.

Hall, E., Lamb, M., & Perlmutter, M. (1986). *Child psychology today* (2nd ed.). New York: Random House.

Hall, G. S. (1922). *Senescence: The last half of life*. New York: Appleton & CO.

Halliday, M. A. K., McIntosh, A., & Strens, P. (1975). *The linguisitic sciences and language teaching*. Bloomington: Indiana University Press.

Harris, J. R., & Liebert, R. M. (1991). *The child: A contemporary view of development*. Englewood Cliffs, NJ: Prentice-Hall.

Harris, M. (2008). *Exploring developmental psychology: Understanding theory and methods*. London: Sage Publications.

Harter, S. (1985). *Manual for the self-perception profile for children*. Denver, CO: University of Denver.

Hartup, W. W. (1983). Peer relations. In P. H. Mussen (Ed.), *Handbook of child psychology*, Vol. 4 (4th ed.). New York: John Wiley.

Hauert, C. A. (1990). *Developmental-motor and neuropsychological perspectives*. New York: Elsevier Science.

Havighurst, R. J. (1953). *Human development and education*. New York: Longman.

Haywood, K. (1986). *Life-span motor development*. Champaign: Human Kinetics Publisher.

Hensch, S. A. (2001). *Developmental psychology: Childhood and adolescence*. Cambridge: Wadsworth.

Hetherington, E. M., & Parke, R. D. (1990). *Child psychology: A contemporary view point*. New York: McGraw-Hill.

Hetherington, J. K., & James, M. (1972). Effects of father absence on personality development in adolescent daughters. *Developmental Psychology*, 7, 313-326.

Hill, R. F., Aldoms, J., & Carlson, R. (1965). *Family development in three generations*. Cambridge: Schenkman.

Hoffman, L., Paris, S., & Hall, E. (1994, 1999). *Developmental psychology today*. New York: McGraw-Hill.

Hogeveen, J., Salvi, C., & Grafman, J. (2016). Emotional Intelligence: Lessons from Lesions. *Trends in Neurosciences*, 39, 694-705.

Horowitz, F. D., & Coloombo, J. (1990). *Infancy research: A summative evaluation and a look to the future*. Detroit: Wayne State University Press.

Huston, A. C., & Ripke, M. N. (2006). *Developmental contexts in middle childhood: Bridges to adolescence and adulthood*. Cambridge: Cambridge University Press.

Izard, C. E. (1982). *Measuring emotions in infants and children*. New York: Cambridge University Press.

Jacklin, C. N., & Maccoby, E. E. (1974). *The psychology of sex differences*. Stanford, CA: Stanford University Press.

Jacklin, C. N. & Maccoby, E. E. (1977). Social behavior at thirty-three months in same-sex and mixed-sex. *Child Development*, 49, 557-569.

Jeffers, M. W., & Foner, A. (1968). *Ageing and society*. New York: Russell Sage Foundation.

Jensen, A. R. (1980). *Bias in mental testing*. New York: Free Press.

Jensen, L. A. (2010). *Bridging cultural and developmental approaches to psychology: New syntheses in theory, research, and policy*. New York: Oxford University Press.

Jensen, L. C., & Merrill, K. (1986). *Parenting*. New York: CBS College Publishing.

Kaplan, O. J. & Jones, H. E. (1947). Psychological aspects of mental disorders in later life. In O. J. Kaplan (Ed.), *Mental disorders in later life*. Stanford, CA: Stanford University Press.

Karen L. F., Cynthia, B., Jacqui, S., & Toni, C. A. (2010). *Handbook of life-span development*. New York: Springer Publishing Company.

Keith, T. Z., Reynolds, M. R., Roberts, L. G., Winter, A. L., & Austin, C. A. (2011). Sex differences in latent cognitive abilities ages 5 to 17: Evidence from the differential ability scales (second edition). *Intelligence*, 39(5), 389–404.

Kelvin, L. S., & Robert, J. H. (1987). *Child and adolescent development*. Boston: Dallas Genevia.

Kevin, D. (2015). *The Wiley handbook of developmental psychology in practice: Implementation and impact*. Hoboken: Wiley.

Knowles, R. T. (1986). *Human development and human possibility: Erikson in the light of Heidegger*. Lanham, MD: University Press of America.

Kobasigawa, A. (1974). Utilization of retrieval cues by children in recall. *Child Development*, 45(1), 127–134.

Koch, C. S. (1983). *Children development through adolescent*. New York: Murray.

Kohlberg, L. A. (1966). A cognitive-developmental analysis of children's sex-role concepts and attitudes. In E. E. Maccoby (Ed.), *The development of sex differences*. Stanford, CA: Stanford University Press.

Kohlberg, L. A. (1969). Stage and sequence: The cognitive-developmental approach to socialization. In D. A. Goslin (Ed.), *Handbook of socialization theory and research*. Chicago: Rand-McNally.

Kotelchush, M., et al. (1976). The infant's relationship to the father. In M. E. Lamb (Ed.), *The role of father in child development*. New York: Wiley.

Krupenye, C., Kano, F., Hirata, S., Call, J., & Tomasello, M. (2016). Great apes anticipate that other individuals will act according to false beliefs. *Science*, 354, 110–114.

Kuhn, T. S. (1962). *The structure of scientific revolutions*. Chicago: University of Chicago Press.

Lachenmeyer, J. R., & Gibbs, M. S. (1982). *Psychology in childhood*. New York: Gardner.

Ladd, G. W. (1981). Effectiveness of a social learning method for enhancing children's social interaction and peer acceptance. *Child Development*, 52, 171–178.

Lamb, M. E. (1982). *Nontraditional families*. Hillsdale, New York: Erlbaum.

Langford, P. E. (2005). *Vygotsky's developmental and educational psychology*. New York: Psychology Press.

Leahey, T. H. (1992). *A history of psychology*. Englewood Cliffs, NJ: Prentice-Hall.

Lefrancois, G. R. (1991). *The life-span*. Cambridge: Wadworth.

Lenroot, R. K., & Giedd, J. N. (2011). Annual research review: Developmental considerations of gene by environment interactions. *Journal of Child Psychology and Psychiatry*, 52, 429–441.

Lerner, R. M. (2010). *The handbook of life-span development*. New York: John Wiley & Sons.

Lerner, R. M. (2015). *Handbook of child psychology and developmental science: Socioemotional processes* (7th ed.). Hoboken: Wiley.

Lerner, R. M. (2015). *Handbook of child psychology and developmental science: Theory and method* (7th ed.). Hoboken: Wiley.

Lipsitt, L. P., & Kaye, H. (1964). Conditioned sucking in the human newborn. *Psychonomic Science*, 1, 29–33.

Loervinger, J., & Ruth, W. (1970, 1978). *Measuring ego development*. San Francisco: Jossey-Bass Inc.

Ludlow, A. (2014). *Developmental Psychology*. New York: Palgrave Macmillan.

Lynn, R., & Lrwing, P. (2004). Sex differences on the progressive matrices: A meta-analysis. *Intelligence*, 32(5), 481–498.

Maccoby, E. E. (1980). *Social development: Psychological growth and the parent-child relationship*. San Diego: Harcourt Brace Jovanovich.

Maccoby, E. E., & Martin, J. A. (1983). Socialization in the context of the family: Parent-child interaction. In P. H. Mussen (Ed.), *Handbook of child psychology* (4th ed.), Vol. 4. New York: Wiley.

MacFarlane, A. (1977). *The psychology of childbirth*. Cambridge, MA: Harvard University Press.

Mallmann, C. A., & Nudler, O. (1986). *Human development in social context: A collective exploration*. London: Hodder & Stoughton.

Matas, L., Arend, R. A., & Sroufe, L. A. (1978). Continuity of adaptation in second year: The relationship between quality of attachment and later competence. *Child Development*, 49, 547–556.

McCartney, K., & Phillips, D. (2011). *Blackwell handbook of early childhood development*. Hoboken: Wiley.

McCluskey, K. A. (1984). *Life-span developmental psychology: Historical and generational effects*. Orlando: Academic Press.

McKinney, J. D. (1989). Longitudinal research on the behavioral characteristics of children with learning disabilities. *Journal of Learning Disabilities*, 22(3), 141–150.

McNeill, D. (1970). *The acquisition of language*. New York: Harper & Row.

Miller, G. A. (1956). The magical number seven, plus or minus two: Some limits on our capacity for processing information. *Psychology Review*, 63, 81–97.

Montemayor, R., & Eisen, M. (1977). The development of self-conceptions from childhood to adolescence. *Developmental Psychology*, 13, 314–319.

Morris, C. (1956). *Varieties of human value*. Chicago: University of Chicago Press.

Muir, D., & Fied, J. (1979). Newborn infants orient to sounds. *Child Development*, 50, 431–436.

Mussen, P. H. (1980). *Handbook of child psychology*(4th ed.). New York: John Wiley & Sons.

Noble, K. G., Houston, S. M., Brito, N. H., Bartsch, H., Kan, E., Kuperman, J. M., et al. (2015). Family income, parental education and brain structure in children and adolescents. *Nature Neuroscience*, 18(5), 773–778.

Oden, S., & Asher, S. R. (1977). Coaching children in social skills for friendship making. *Child Development*, 48, 495–506.

Ornstein, P. A., Medlin, R. G., Stone, B. P., & Naus, M. J. (1985). Retrieving for rehearsal: An analysis of active rehearsal in children's memory. *Developmental Psychology*, 21(4), 633–641.

Osofsky, J. D. (1987). *Handbook of infant development*. New York: John Wiley & Sons.

Papalia, D. E., & Wendrosolds, S. (1987). *A child's world*. New York: McGraw-Hill.

Parke, K. D., & Tinsley, B. R. (1987). Family interaction in infancy. In Osofsky (Ed.), *Handbook of infant development*(2nd ed.). New York: John Wiley & Sons.

Parkers, C. M. (1972). *Bereavement: Studies of grief in adult life*. New York: International Universities Press.

Parten, M. (1932). Social play among preschool children. *Journal of Abnormal and Social Psychology*, 27, 243–269.

Philip David Zelazo, P. D. (2013). *The Oxford handbook of developmental psychology*. New York: Oxford University Press.

Piaget, J. (1950). *The psychology of intelligence*. London: Routledge & Kegan.

Pillemer, D. B. (2005). *Developmental psychology and social change: Research, history, and policy*. New York: Cambridge University Press.

Premack, D., & Premack, A. J. (1983). *The mind of an ape*. New York: Norton.

Puckitt, M., Black, J., Wittmer, D., & Peterson, S. (2009). *The young child: Development from prebirth through age eight* (5th ed.). New York: Macmillan.

Qin, S., Cho, S., Chen, T., Rosenberg-Lee, M., Geary, D. C., & Menon, V. (2014). Hippocampal-neocortical functional reorganization underlies children's cognitive development. *Nature Neuroscience*, 17(9), 1263–1269.

Rebok, G. W. (1987). *Life-span cognitive development*. New York: Holt.

Rescher, N. (1969). *Introduction to value theory*. New York: Prentice-Hall.

Riegel, K. F. (1973). The final period of cognitive development. *Human Development*, 16, 346–370.

Roehlkepartain, E. C., King, P., Wagener, L., & Benson, P. (2005). *The handbook of spiritual development in childhood and adolescence*. Thousand Oaks, CA: Sage.

Rogers, D. (1982). *Life-span human development*. Monterey, CA: Brooks/Cole.

Rokeach, M. (1972). *The nature of human values*. New York: Free Press.

Rosenthal, R., & Jacobsen, L. (1968). Teacher expectations for the disadvantaged. *Scientific American*, 218(4), 19–28.

Rubin, K. H., et al. (1983). The relationship of child's play to social growth and development. In H.

C. Foot, et al. (Eds.), *Friendships and social relations in children*. London: Wiley.

Sabornie, E. J., & Kauffman, J. M. (1986). Social acceptance of learning disabled adolescents. *Learning Disability Quarterly*, 9(1), 55–60.

Santrock, J. W. (1986). *Life-span development* (2nd ed.). Dubuque, Iowa: Brown.

Santrock, J. W. (2006). *Life-span development* (10th ed.). Boston, Mass: McGraw-Hill.

Santrock, J. W. (2017). *Life-span development* (16th ed.). New York: McGraw-Hill.

Schaffer, H. R. (2006). *Key concepts in developmental psychology*. London: Sage Publications.

Schaie, K. W. (1978). Toward a stage theory of adult cognition development. *Journal of Ageing and Human Development*, 8, 129–138.

Schaie, K. W., & Herzog. (1983). Fourteen-year cohort-sequential analysis of adult intellectual development. *Developmental Psychology*, 19, 531–534.

Schaie, K. W., & Willis, S. Z. (1986). *Adult development and aging*. Scott: Foresman.

Schiamberg, L. B. (1988). *Child and adolescent development*. New York: Macmillan.

Schwartz, S. H., & Bilsky, W. (1987). Toward a universal psychological structure of human values. *Journal of Personality and Social Pshchology*, 53(3), 550–562.

Schwartz, S. H. (1994). Are there universal aspects in the structure and contents of human values? *Journal of Social Issues*, 50, 19–45.

Schwartz, S. H. (2005). Robustness and fruitfulness of a theory of universals in individual vales. *Soviet Physics Jetp Ussr*, 11(3), 56–95.

Schwartz, S. H., Cieciuch, J., Vecchione, M., Davidov, E., Fischer, R., & Beierlein, C., et al. (2012). Refining the theory of basic individual values. *Journal of Personality & Social Psychology*, 103(4), 663–688, 53(3), 550–562.

Seifert, K. L., & Hoffnung, R. J. (1991). *Child and adolescent development*. Boston: Library of Zaxingtion Books.

Selman, R. L. (1983). A naturalistic study of children's social understanding. *Developmental Psychology*, 19, 82–102.

Serbin, L. A., & Tonick, I. J., et al. (1977). Shaping cooperative cross-sex play. *Child Development*, 48, 924–929.

Shaffer, D. R. (2006). *Social and personality development* (5th ed.). Cambridge: Wadsworth.

Shaffer, D. R., Kipp, K. (2006). *Developmental psychology: Childhood and adolescence*. Boston: Cengage Learning.

Shantz, C. U., & Hartup, W. (1992). *Conflict in child and adolescent development*. New York: Cambridge University Press.

Siegler, R. S. (1986). *Children's thinking*. New York: Prentice-Hall.

Siegler, R. S., & Crowley, K. (1991). The microgenetic method: A direct means for studying cognitive development. *American Psychologist*, 46(6), 606–620.

Simonson, M. R., et al. (1994). *Educational computing foundations* (2nd ed.). New York: Macmillan.

Skinner, B. F. (1938). *The behavior of organisms*. New York: Appleton-Century Corofts.

Skinner, B. F. (1971). *Beyond freedom and dignity*. New York: Knopf.

Skinner, B. F. (1974). *About behavior*. New York: Vintage Books.

Slaby, R. G., & Frey, K. S. (1975). The development of gender constancy and selective attention to same-sex models. *Child Development*, 46(4), 849-856.

Smetana, J. G. (1985). Preschool children's conception of transgressions. *Developmental Psychology*, 21, 18-29.

Smiley, S. S., & Brown, A. L. (1979). Conceptual preference for thematic or taxonomic relations: A nonmonotonic age trend from preschool to old age. *Journal of Experimental Child Psychology*, 28 (2), 249-257.

Sorensen, K., Mouritsen, A., Aksglaede, L., Hagen, C. P., Mogensen, S. S., & Juul, A. (2012). Recent secular trends in pubertal timing: Implications for evaluation and diagnosis of precocious puberty. *Horm Res Paediatr*, 77, 137-145.

Spear, L. P. (2018). Effects of adolescent alcohol consumption on the brain and behavior. *Nature Reviews Neuroscience*, 19, 197.

Specht, R. (1982). *Human development: A social work perspective*. Englewood Cliffs, NJ: Prentice-Hall.

Steinberg, L. D. (2011). *Life-span development: Infancy through adulthood*. Belmont, CA: Wadsworth, Cengage Learning.

Sternberg, L., & Belsky, J. (1991). *Infancy, childhood, adolescence*. New York: McGraw-Hill.

Strom, R. D. (1987). *Human development and learning*. New York: Human Sciences Press.

Stumm, S. V., & Plomin, R. (2015). Socioeconomic status and the growth of intelligence from infancy through adolescence. *Intelligence*, 48, 30-36.

Sugarman, L. (1986). *Life-span development: Concepts, theories, and interventions*. London: Methuen.

Teti, D. M. (2008). *Handbook of research methods in developmental science*. Hoboken: Wiley.

Thomas, A., & Chess, S. (1977). *Temperament and development*. New York: Bruner/Mazel.

Thompson, D. (2012). *Developmental psychology in historical perspective*. Malden, MA: Wiley-Blackwell.

Thorndike, E. L. (1913). *Educational psychology of sex difference*. Stanford, CA: Stanford University Press.

Tonry, M. H. (1991). *Human development and criminal behavior: New ways of advancing knowledge*. New York: Springer-Verlag.

Troll, L. E. (1985). *Early and middle adulthood: The best is yet to be-may-be* (2nd ed.). Monterey: Brooks/Cole Pub. Co.

Valsiner, J. (1989). *Human development and culture: The social nature of personality and its study*. Lexington, Mass: Lexingtion Books.

Valsiner, J. (2002). *Handbook of developmental psychology*. London: Sage Publications.

Van Dongen, J., Slagboom, P. E., Draisma, H. H., Martin, N. G., & Boomsma, D. I. (2012). The continuing value of twin studies in the omics era. *Nature Reviews Genetics*, 13(9), 640.

Vygotsky, L. S. (1956). *Thinking and language*. Moskva: Education.

Vygotsky, L. S. (1978). *Mind in society: The development of higher psychological processes*. Cambrige, Mass: Harvard University Press.

Walk, R. D. (1981). *Perceptual development*. Pacific Grove, CA: Brooks/Cole.

Wang, L., Fan, C., Tao, T., & Gao, W. (2017). Age and gender differences in self-control and its intergenerational transmission. *Child Care Health & Development*, 43(2), 274–280.

Watson, P. J., Headrick, D., & Mckinney, J. (1989). Dimensions of private self-consciousness and attributional style. *Personality & Individual Differences*, 10(3), 367–369.

Wechsler, D. (1944). *The measurement of adult intelligence* (3rd ed.). Baltimore D: Williams & Wilkins.

Weiner, I. B. (1982). *Child and adolescent psychology*. New York: John Wiley.

Weiner, I. B. (2012). *Handbook of psychology* (2nd ed.). Chichester: Wiley.

Wiederholt, J. E. (1982). *Life-span instruction for the learning disabled*. Rockville, Md.: Aspen System Corp.

Wittrock, M. (1980). Audition of newborn infants. In H. Bee (1980), *The developing child*. New York: Harper & Row.

Wolman, B. B. (1983). *Handbook of developmental psychology*. New York: Prentice-Hall.

Yang, J., Kanazawa, S., Yamaguchi, M. K., & Kuriki, I. (2016). Cortical response to categorical color perception in infants investigated by near-infrared spectroscopy. *Proceedings of the National Academy of Sciences*, 113(9), 2370–2375.

Yussen, S. R., & Levy, V. M. (1977). Developmental changes in knowledge about different retrieval problems. *Development Psychology*, 13(2), 114–120.

Zahr-Waxle, C., Radke-Yarrow, M., & King, R. A. (1979). Child rearing and children's prosocial imitations toward victims of distress. *Child Development*, 50, 319–330.

Zanden, V., & Wilprid, J. (1985). *Human development* (3rd ed.). New York: Knopf.

Zhang, F., Zhou, Z., You, Z., Fan, C., Gao, C., et al. (2014). Friendship quality, social preference, proximity prestige, and self-perceived social competence: Interactive influences on children's loneliness. *Journal of School Psychology*, 52, 511–526.

Zhao, T. C., & Kuhl, P. K. (2016). Musical intervention enhances infants' neural processing of temporal structure in music and speech. *Proceedings of the National Academy of Sciences*, 113(19), 5212–5217.

Zhu, B., Chen, C., Dang, X., Dong, Q., & Lin, C. (2017). Hippocampal subfields' volumes are more relevant to fluid intelligence than verbal working memory. Intelligence, 61, 169–175.

Zhu, B., Chen, C., Xue, G., Lei, X., Li, J., Moyzis, R. K., et al. (2014). The GABRB1 gene is associated with thalamus volume and modulates the association between thalamus volume and intelligence. *Neuroimage*, 102, 756–763.

Zhu, B., Chen, C., Xue, G., Moyzis, R. K., Dong, Q., et al. (2014). The SEMA5A gene is associated with hippocampal volume, and their interaction is associated with performance on Raven's Progressive Matrices. *NeuroImage*, 88, 181-187.

鲍里索夫. (1985). 少年身心发育之路（刘洪芝译）. 北京: 世界知识出版社.

比纳·西蒙. (1983). 儿童智力对抗发展（张述祖总审校）. 北京: 人民教育出版社.

毕有余，张向葵. (2008). 二年级小学生"记""忆"策略的微观发生研究.心理发展与教育，24（1），25-30.

波林. (1980). 实验心理学史（高觉敷译）. 北京: 商务印书馆.

柏曼. (1935). 腺与人格的关系. 见何林渥斯（赵演译）. 发展心理学概论. 上海: 商务印书馆.

车文博. (1989). 弗洛伊德主义原著选辑. 沈阳: 辽宁人民出版社.

陈帼眉，沈德立. (1981). 幼儿心理学. 石家庄: 河北人民出版社.

陈鹤琴. (1923). 儿童心理学研究. 上海: 商务印书馆.

陈丽君. (2008). 当代青少年价值观的特征及相关研究.上海师范大学博士学位论文.

程学超，王洪美. (1986). 老年心理学. 济南: 山东教育出版社.

程学超. (1991). 中年心理学. 济南: 山东教育出版社.

黛安娜·帕帕拉，萨莉·奥尔兹，露丝·费尔德曼. (2013). 发展心理学（李西营等译）. 北京: 人民邮电出版社.

董奇. (1992). 心理与教育研究方法. 广州: 广东教育出版社.

董奇. (1993). 儿童创造力发展心理. 杭州: 浙江教育出版社.

董奇，林崇德. (2011). 当代中国儿童青少年心理发育特征. 北京: 科学出版社.

董胜莲，吴庆文，安子薇. (2012). 女性更年期抑郁症相关因素分析. 中国健康心理学杂志，1160-1162.

Damon，W.，& Lerner，R. M. (2009). 儿童心理学手册（第六版）（林崇德，李其维，董奇译）. 上海: 华东师范大学出版社.

樊东琼，李锐，雷旭，喻婧. (2016). 阿尔茨海默病及轻度认知障碍静息态大尺度脑网络功能连接的改变.心理科学进展，217-227.

范存红，王宪钿. (1963). 4～7岁儿童连贯性语言的初步调查研究. 中国心理学会1963年学术年会资料，未发表.

方晓义. (1988).《皮亚杰理论的发展: 新皮亚杰学派》一书简介. 心理发展与教育，6(2)，28-32.

弗洛伊德. (1930). 精神分析引论（高觉敷译，1930）. 上海: 商务印书馆.

傅安球. (1988). 男女智力差异与教育. 北京: 北京出版社.

傅安球，史莉芳. (1993). 离异家庭子女心理学. 杭州: 浙江教育出版社.

高觉敷. (1982). 西方近代心理学史. 北京: 人民教育出版社.

高玉祥. (1989). 个性心理学. 北京: 北京师范大学出版社.

格莱因. (1983). 儿童心理发展的理论（计文莹等译）. 长沙: 湖南教育出版社.

龚浩然，黄秀兰，俞国良. (1993). 青年社会心理学. 杭州: 浙江人民出版社.

古迪纳. (1980). 发展心理学（符仁方等译）. 贵阳: 贵州出版社.

韩进之. (1990). 残废人口心理诊断与训练. 北京: 光明日报出版社.

何林渥斯. (1935). 发展心理学概论（赵演译）. 上海: 商务印书馆.

赫洛克. (1984，1986，1990). 成人心理学（胡海国编译）. 台北: 桂冠图书公司.

华生. (1935). 华生氏行为主义（陈德荣译）. 上海: 商务印书馆.

黄希庭. (1989). 心理学实验指导. 北京: 人民教育出版社.

黄希庭. (1991). 心理学导论. 北京: 人民教育出版社.

黄希庭. (1994). 当代中国青年价值观与教育. 成都: 四川教育出版社.

霍尔. (1929). 青年期的心理与教育（李浩吾译）. 上海: 世界书局.

江兰，郭菲，章婕，黄峥，陈祉妍. (2010). 家庭—工作交互作用与中年科技工作者睡眠质量相关性分析. 中国临床心理学杂志，639-641.

姜德珍，沈政. (1990). 延缓衰老的奥秘——老年心理学漫谈. 北京: 中国经济出版社.

姜英杰，严燕. (2013). 4～6岁儿童元记忆监测判断的发展. 心理科学，37(2)，406-410.

焦小燕，盖笑松，郭璇. (2017). 学前儿童抑制控制的发展趋势及其对言语理解和数学认知的预测作用. 心理科学，40(2)，373-379.

杰弗里斯·麦克沃特等. (2009). 危机中的青少年（第三版）（寇彧等译）. 北京: 人民邮电出版社.

卡拉·西格曼，伊丽莎白·瑞德尔. (2009). 生命全程发展心理学（陈英和审译）. 北京: 北京师范大学出版社.

科恩. (1985). 中学高年级学生心理学（陈贤义等译）. 北京: 知识出版社.

劳拉·E. 贝克. (2008). 婴儿、儿童和青少年（第5版）（桑标等译）. 上海: 上海人民出版社.

李春花，罗献明，王腾飞，徐芬. (2011). 瑞文推理测验上的性别差异. 心理科学进展，19(7)，1076-1082.

李丹，李伯黍. (1989). 儿童利他行为发展的实验研究. 心理科学，(5)，8-13.

李虹. (1994). 胎教音乐对胎儿影响的实验研究. 心理学报，26(1)，51-58.

李惠桐，李世棣. (1978). 三岁前集体动作发展的调查. 见中国心理学会第二届年会（1980），发展心理、教育心理论文选，p370-399. 北京: 人民教育出版社.

李惠桐. (1984). 三岁前儿童感知觉发展顺序. 见朱智贤（1990），中国儿童青少年心理发展特点与教育. 北京: 卓越出版公司.

李林慧，周兢，刘宝根，高晓妹. (2011). 学前儿童图画故事书阅读理解研究. 中国特殊教育，2，90-96.

李玲，金盛华. (2016). 价值观理论的发展历程与最新进展. 心理科学，39(1)，191-199.

李晓东. (2013). 发展心理学. 北京: 北京大学出版社.

理查德·勒纳，劳伦斯·斯坦伯格.（2013）. 青少年心理学手册（第三版）（张文新等译）. 北京: 北京师范大学出版社.

利伯特.（1983）. 发展心理学（刘范等译）. 北京: 人民教育出版社.

梁颖，张志红，高文力，阚唯.（2018）. 近40年我国18～59岁初婚夫妇婚姻匹配变动的城乡差异性分析. 人口学刊，60-71.

林崇德.（1992，2017）. 学习与发展. 北京: 北京师范大学出版社.

林崇德.（1983）. 中学生心理学. 北京: 北京出版社.

林崇德.（1989）. 品德发展心理学. 上海: 上海教育出版社.

林崇德.（2005）. 试论发展心理学与教育心理学研究中的十大关系. 心理发展与教育，1，1-6.

林崇德.（2013）. 中学生心理学. 北京: 中国轻工业出版社.

林崇德.（2014）. 品德发展心理学. 西安: 陕西师范大学出版社.

刘世熠.（1962）. 我国儿童的脑发展的年龄特征问题. 心理学报，（2），89-98.

刘焱.（1988）. 儿童游戏的当代理论与研究. 成都: 四川教育出版社.

卢家楣.（1989）. 现代青年心理探索. 上海: 同济大学出版社.

陆哥.（1994）. 90年代华生发展生活心理学（符仁方等译）. 贵阳: 贵州教育出版社.

罗斯.（1990）. 死亡心理奥秘（俞国良，杨福康译）. 北京: 中国国际广播出版社.

罗羽东.（1985）. 中年保健. 北京: 知识出版社.

马森等.（1990）. 儿童发展与个性（缪小春等译）. 上海: 上海教育出版社.

马晓辉，雷雳.（2010）. 青少年网络道德与其网络偏差行为的关系. 心理学报，42，988-997.

麦克米伦.（1989）. 学生学习的社会心理学（何立婴译）. 北京: 人民教育出版社.

毛泽东.（1937）. 矛盾论. 见毛泽东选集（1960），第一卷. 北京: 人民教育出版社.

门伟莉，张志强.（2013）. 科研创造峰值年龄变化规律研究——以自然科学领域诺奖得主为例. 科学学研究，1152-1159.

孟昭兰.（1989）. 人类情绪. 上海: 上海人民出版社.

莫书亮，段蕾，金琼，孙葵，周宗奎.（2010）. 小学儿童的友谊质量: 社会交往技能、 心理理论和语言的影响. 心理科学，（2），353-356.

莫闲.（2008）. 学习动机整合理论的建构与研究展望、心理科学，31(6)，1517-1520.

帕普利等.（1981）. 儿童世界（上下册）（华东师范大学外国教育研究所译）. 北京: 人民教育出版社.

潘颖秋.（2015）. 初中青少年自尊发展趋势及影响因素的追踪分析. 心理学报，787-796.

庞丽娟，李辉.（1993）. 婴儿心理学. 杭州: 浙江教育出版社.

佩里.（1968）. 青年思维的特点. 见朱智贤（1984），当前儿童心理学的进展. 北京: 北京师范大学出版社.

彭聃龄.（1991）. 语言心理学. 北京: 北京师范大学出版社.

彭华茂.（2017）. 21世纪中国老年心理学研究: 现状与未来. 心理发展与教育，496-503.

彭祖智.(1984). 3～6岁儿童言语发展的初步分析. 中国心理学会1984年学术年会资料，未发表.

皮亚杰.(1980). 儿童心理学（吴福元译）. 北京: 商务印书馆.

皮亚杰.(1981). 发生认识论原理（王宪钿等译）. 北京: 商务印书馆.

皮亚杰.(1984). 结构主义（皮连生译）. 北京: 商务印书馆.

皮亚杰.(1990). 儿童早期智力的起源（高如峰等译）. 北京: 教育科学出版社.

普莱尔.(1960). 幼儿的感觉与意志（唐钺等译）. 北京: 科学出版社.

邵郊.(1987). 生理心理学. 北京: 人民教育出版社.

申继亮.(1993). 当代儿童青少年心理学的进展. 杭州: 浙江教育出版社.

司马贺.(1986). 人类的认知——思维的信息加工理论（荆其诚，张厚粲译）. 北京: 科学出版社.

斯米尔诺夫.(1984). 苏联心理科学的发展与现状（李沂等译）. 北京: 人民教育出版社.

宋逸，马军，胡佩瑾，张冰.(2011). 中国9～18岁汉族女生月经初潮年龄的地域分布及趋势分析. 北京大学学报: 医学版，43，360-364.

孙晓军，张永欣，周宗奎.(2013). 攻击行为对儿童受欺负的预测: 社会喜好的中介效应及性别差异. 心理科学，36(2)，383-389.

唐细容，蒋莉，曾慧，姚树桥.(2013). 成人认知功能的发展与老化: 一项控制同辈效应的横断研究. 心理发展与教育，3，262-267.

特里萨·M. 麦克德维特，珍妮·埃利斯·奥姆罗德.(2007). 儿童发展与教育（李琪等译）. 北京: 教育科学出版社.

佟月华.(2004). 学习障碍儿童社会技能研究的新进展. 中国特殊教育，12，56-60.

王重鸣.(1990). 心理学研究方法. 北京: 人民教育出版社.

王翠翠，徐琴芳，陶沙.(2016). 干预—应答模式鉴别学习障碍的有效性及其调节因素: 20年研究的元分析. 心理发展与教育，32(6)，706-716.

王永丽，俞国良.(2010). 离异家庭子女适应的中介因素研究. 心理科学，5，1273-1275，1279.

王耘.(1992). 婴幼儿心理发展研究新进展. 昆明: 云南少儿出版社.

王耘，叶忠根，林崇德.(1993). 小学生心理学. 杭州: 浙江教育出版社.

魏华，范翠英，周宗奎，田媛，亓艳丽.(2011). 不同性别儿童的关系攻击、友谊质量和孤独感的关系. 中国临床心理学杂志，19(5)，681-683.

吴姝欣，周宗奎，魏华，鲍娜.(2013). 童年中期的性别隔离与孤独感的关系研究.中国临床心理学杂志，21(3)，479-482.

吴天敏，许政援.(1979). 初生到三岁儿童言语发展记录的初步分析. 心理学报，(2)，153-165.

辛自强，林崇德.(2002). 微观发生法: 聚焦认知变化. 心理科学进展，10(2)，206-212.

辛自强，周正.(2012). 大学生人际信任变迁的横断历史研究. 心理科学进展，3，344-353.

许淑莲等. (1987). 老年心理学. 北京: 科学出版社.

薛忠祥. (2008). 改革开放30年来青少年价值观的演变特征及教育策略. 复印报刊资料: 青少年导刊, (12), 3-8.

燕国材. (1998). 中国心理学史. 杭州: 浙江教育出版社.

杨国枢. (1984). 小学与初中学生自我概念的发展及其相关因素. 见杨国枢, 张春兴 (主编), 中国儿童的行为发展. 台北: 台北环宇出版社.

杨国枢. (1988). 心理学研究的中国化: 层次与方向. 见张人骏, 台湾心理学, 55-85. 北京: 知识出版社.

杨小洋, 李歆瑶, 周晖. (2012). 中学生个人认识论对创造性思维的影响: 自我提问的调节作用分析. 心理发展与教育, 6, 603-610.

杨治良, 叶奕乾, 祝蓓里, 高月梅, 李敏. (1981). 再认能力最佳年龄的研究——试用信号检测论分析. 心理学报, 13(1), 42-52.

姚本先, 何元庆. (2008). 大学生人生观研究. 心理科学, 1, 92, 97-99.

叶恭绍. (1982). 少年卫生学. 北京: 人民卫生出版社.

叶婉青, 李晓彤, 王大华. (2018). 老年人对夫妻间负性事件的认知性情绪调节策略及其与婚姻满意度的关系: 交叉滞后分析. 心理学报, 50(4), 426-435.

尹延梅, 岳静玲, 程淑英. (2009). 更年期女性伴发抑郁情绪的现状研究. 中国健康心理学杂志, 9, 1106-1107.

游志麒. (2009). 童年中后期儿童尊重的发展及社交/领导性的影响——三年追踪研究. 华中师范大学硕士学位论文.

游志麒, 周然, 周宗奎. (2013). 童年中后期儿童同伴接纳知觉准确性与偏差及其对社交退缩的影响. 心理科学, 36(5), 1153-1158.

游志麒, 张凤娟, 范翠英, 平凡, 周宗奎. (2016). 班级朋友对抑郁的影响: 一项社会网络分析. 心理发展与教育, 32(3), 339-348.

游志麟. (2018). 儿童青少年社交自我知觉与社会适应. 武汉: 长江少年儿童出版社.

詹姆斯·W. 范德赞登, 托马斯·L. 克兰德尔, 科琳·海恩斯·克兰德尔. (2011). 人类发展 (第8版) (俞国良等译). 北京: 中国人民大学出版社.

张伯源, 任保崇. (1989). 残疾人的心理诊断与训练. 北京: 光明日报出版社.

张春兴. (1992). 张氏心理学辞典. 上海: 辞书出版社.

张春兴. (1994). 现代心理学. 上海: 上海人民出版社.

张春兴. (1998). 教育心理学. 杭州: 浙江教育出版社.

张国华, 戴必兵, 雷雳. (2013). 初中生病理性互联网使用的发展及其与自尊的关系: 同学关系的调节效应. 心理学报, 45(12), 1345-1354.

张静, 田录梅, 张文新. (2012). 社会能力: 概念分析与模型建构. 心理科学进展, 20(12), 1991-2000.

张令振. (1992). 美国儿童电视收视行为研究. 心理发展与教育, 8(2), 41-44.

张梅，辛自强，林崇德.（2013）. 两人问题解决中惯例的测量及其微观发生过程. 心理学报，45（10），1119-1130.

张奇林，周艺梦.（2017）. 中国城镇低龄退休老年人工作与幸福感的关系. 心理学报，4，472-481.

张述祖，沈德立.（1987）. 基础心理学. 北京: 教育科学出版社.

张永欣，孙晓军，丁倩，陈武，牛更枫，周宗奎.（2016）. 儿童人格特质对孤独感的影响: 友谊质量的中介效应. 中国临床心理学杂志，24（1），60-63.

赵冬梅.（2007）. 童年中后期同伴交往的发展与心理适应: 3年追踪研究. 华中师范大学博士学位论文.

赵冬梅，周宗奎，孙晓军，Hsueh Y.，& Cohen，R.（2008）. 小学儿童互选友谊的发展趋势及攻击行为的影响: 3年追踪研究. 心理学报，40（12），1266-1274.

赵冬梅，周宗奎，范翠英，柯善玉.（2009）. 童年期攻击行为发展的追踪研究. 心理发展与教育，25（4），30-36.

赵冬梅，周宗奎.（2016）. 儿童的同伴交往与心理适应. 北京: 中国社会科学出版社.

赵景欣，刘霞，申继亮.（2008）. 留守青少年的社会支持网络与其抑郁、孤独之间的关系——基于变量中心和个体中心的视角. 心理发展与教育，24（1），36-42.

郑和钧等.（1993）. 高中生心理学. 杭州: 浙江教育出版社.

郑日昌.（1987）. 心理测量. 长沙: 湖南教育出版社.

郑信雄.（1990）. 突破孩童的学习障碍. 台北: 远流出版公司.

周宗奎.（1992）. 学前儿童社会性发展. 昆明: 云南少儿出版社.

周宗奎，蔡春凤，赵冬梅.（2006）. 不同攻击/受欺负类别儿童的同伴交往自我知觉. 心理发展与教育，22（2），23-28.

周宗奎，范翠英.（2003）. 儿童社交问题解决与其社交地位关系的初步研究. 心理科学，26（5），834-838.

周宗奎等.（2005）. 童年中期同伴关系与孤独感的中介变量检验. 心理学报，37（6），776-783.

朱曼殊等.（1986）. 儿童语言发展研究. 上海: 华东师范大学出版社.

朱智贤.（1962，1979，1993，2003，2009，2018）. 儿童心理学. 北京: 人民教育出版社.

朱智贤.（1989）. 心理学大词典. 北京: 北京师范大学出版社.

朱智贤.（1990）. 中国儿童青少年心理发展与教育. 北京: 中国卓越出版公司.

朱智贤，林崇德.（1986）. 思维发展心理学. 北京: 北京师范大学出版社.

朱智贤，林崇德.（1989，2002）. 儿童心理学史. 北京: 北京师范大学出版社.

朱智贤，林崇德，董奇，申继亮.（1991）. 发展心理学研究方法. 北京: 北京师范大学出版社.

索引

微信扫码关注
获取本书索引

图书在版编目（CIP）数据

发展心理学 / 林崇德著. -- 杭州 : 浙江教育出版社, 2019.6（2023.4重印）
ISBN 978-7-5536-7231-1

Ⅰ. ①发… Ⅱ. ①林… Ⅲ. ①发展心理学 Ⅳ. ①B844

中国版本图书馆CIP数据核字(2018)第074248号

发展心理学(第二版)

DEVELOPMENTAL PSYCHOLOGY(SECOND EDITION)

林崇德 著

责任编辑 江 雷
美术编辑 韩 波
责任校对 余晓克
责任印务 陈 沁
封面设计 观止堂_未氓 孔舒琴

出版发行 浙江教育出版社 （杭州市天目山路40号 邮编:310013）
网 址 www.zjeph.com
激光照排 杭州兴邦电子印务有限公司
印 刷 浙江新华数码印务有限公司
开 本 710mm × 1000mm 1/16
印 张 40
插 页 2
字 数 631 000
版 次 2019年6月第1版
印 次 2023年4月第2次印刷
标准书号 ISBN 978-7-5536-7231-1
定 价 78.00元